国家示范性院校建设教材
提升专业服务产业项目建设教材

建筑识图与构造

JIANZHU
SHITU YU GOUZAO

主　编　肖伦斌　袁　敏
副主编　冯昆荣　范晓莉　刘梅梅

图书在版编目（CIP）数据

建筑识图与构造 / 肖伦斌，袁敏编著. —成都：西南交通大学出版社，2013.9（2022.8 重印）
ISBN 978-7-5643-2660-9

Ⅰ. ①建… Ⅱ. ①肖… ②袁… Ⅲ. ①建筑制图－识别②建筑构造 Ⅳ. ①TU2

中国版本图书馆 CIP 数据核字（2013）第 214736 号

建筑识图与构造

主编　肖伦斌　袁　敏

责任编辑	杨　勇
助理编辑	曾荣兵
封面设计	墨创文化
出版发行	西南交通大学出版社 （四川省成都市金牛区二环路北一段 111 号 西南交通大学创新大厦 21 楼）
发行部电话	028-87600564　028-87600533
邮政编码	610031
网　　址	http: //www.xnjdcbs.com
印　　刷	成都蜀通印务有限责任公司
成品尺寸	185 mm×260 mm
印　　张	21.5
字　　数	537 千
版　　次	2013 年 9 月第 1 版
印　　次	2022 年 8 月第 6 次
书　　号	ISBN 978-7-5643-2660-9
定　　价	49.00 元

前　　言

本书根据教育部组织制定的《高等职业学校专业教学标准》中的建筑工程技术专业培养方案和课程标准，采用“任务导向”的课程开发模式，强化课程的实践性和职业性。本书具有以下特色：

（1）锤炼精品。本书是在“国家示范建设”、“骨干院校建设”和“提升专业服务地方产业”三大项目建设的基础上进一步完善和提炼，同时依据行业特点和岗位职业资格标准确定学生应具备的知识、能力和技能，按照建筑企业施工过程和职业人才成长规律，以学生职业能力培养为中心，突出“教、学、做”一体化的课程开发。

（2）体系和内容安排新。本书以认识建筑构造组成、掌握构造原理和方法、熟练识读建筑施工图为主线，将投影与建筑制图、民用建筑构造、工业建筑构造、建筑识图等内容巧妙地融为一体；同时，配套开发教学资源库、网络课程以及音像制品等多种形式的数字化配套教材。

（3）以职业岗位分析入手，构建课程框架。本书围绕教学活动、教学内容和职业能力进行课程构建，设置了 15 个教学活动和 10 个职业技能训练任务，倡导启发式、探究式、讨论式、参与式教学，促进知识与技能相结合、理论与实践相统一。

（4）对接职业标准和岗位要求。符合《高等职业教育专业教学标准》中的建筑工程技术教育人才培养目标和规格的要求；同时，内容对接建设行业施工员、质量员、安全员等初始岗位群和建造师、监理工程师等后续管理岗位群对所需的基本理论和专业知识的要求。

（5）与企业合作开发并建设教材。为了适应课程改革的需要，本书在编写初期，多次到企业调研，邀请行业企业技术人员参与教材的编写和修订工作。

本书由绵阳职业技术学院和中国十九冶集团有限公司、中铁二局集团建设有限公司等企业技术人员联合编写。全书由肖伦斌、袁敏主编，冯昆荣、范晓莉、刘梅梅副主编，杨波、叶忠勤、周建福等参编。全书由肖伦斌统稿。

本书在编写过程中，参考和引用了国内外大量文献资料，在此谨向原书作者表示衷心感谢。由于编者水平和教学经验有限，书中难免存在不足之处，敬请各位读者批评指正。

编　者

2013 年 01 月

目　录

第1章　制图基本知识

☞ 学习目标：

1. 掌握制图常用工具与仪器的使用方法；
2. 掌握制图标准的基本内容；
3. 掌握建筑制图的绘制过程和方法。

教学时间：4 学时

活动及技能训练时间：学时

延伸活动或技能训练时间：（4 学时）

教学过程/教学手段/教学场所安排：

教学过程	具体内容	教学方法及时间安排			场所安排
		授课时间	活动时间	延伸时间	
1.1 绘图工具的用法	常用绘图工具及用法	1			教室
	绘图辅助工具及用法				
	其他绘图工具				
1.2 建筑制图标准	图纸幅面及会签栏	2			教室
	图线、字体与比例				
	尺寸标注				
1.3 绘图的一般方法和步骤	制图前的准备工作	1			教室
	画底稿的方法和步骤				
	铅笔加深的方法和步骤				
	徒手绘图				
技能训练 1：字体和线型练习				（4）	制图室
Σ		4		（4）	

1.1 绘图工具的用法

绘图工具、仪器需要正确使用并注意维护保养，才能保证所绘图形的准确性，提高绘图速度。常用的绘图工具有图板、丁字尺、三角板、计算机等。

1.1.1 常用绘图工具及用法

1. 图 板

图板是用木质做成工作边框，用胶合板制作，供铺放图纸的长方形案板，如图 1-1-1 所示。要求板面平整光滑，左边的工作边必须平直，用丁字尺画平行线。图板是木制品，用后应妥善保存，要垂直放置，注意防潮、防曝晒。

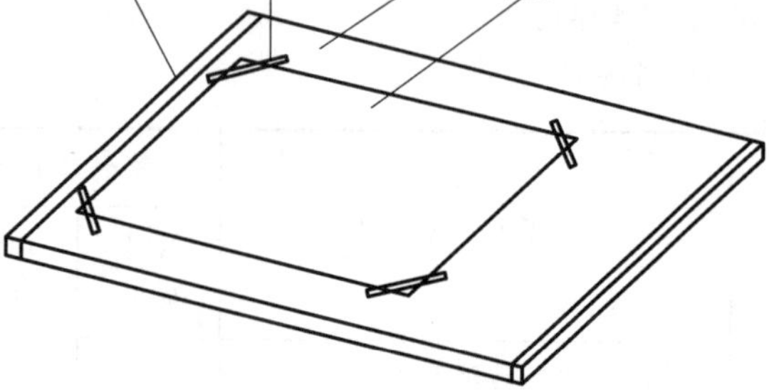

图 1-1-1 图板

常用的图板有 3 种规格：0 号图板（900 mm × 1 200 mm），适用于绘制 A0 图纸，1 号图板（600 mm × 900 mm）适用于绘制 A1 图纸，2 号图板（450 mm × 600 mm），适用于绘制 A2 或小于 A2 尺寸的图纸。

2. 丁字尺

丁字尺由互相垂直的尺头和尺身组成，一般采用有机玻璃材料制成，如图 1-1-2 所示。使用时，尺身要牢固地连接在尺头上，尺身的工作边必须保持平直光滑。丁字尺用后应挂起来，以防尺身变形。

图 1-1-2 丁字尺

丁字尺是画水平线的长尺，画图时，左手握住尺头使其紧靠图板左边，并上下推移至需要的位置，右手握笔沿丁字尺工作边从左向右画水平线，如图 1-1-3 所示。画水平线时，由上至下逐条画出。

常用的丁字尺有 1 500 mm、1 200 mm、1 100 mm、800 mm、600 mm 等多种规格，一般与相应的图板规格配套使用。

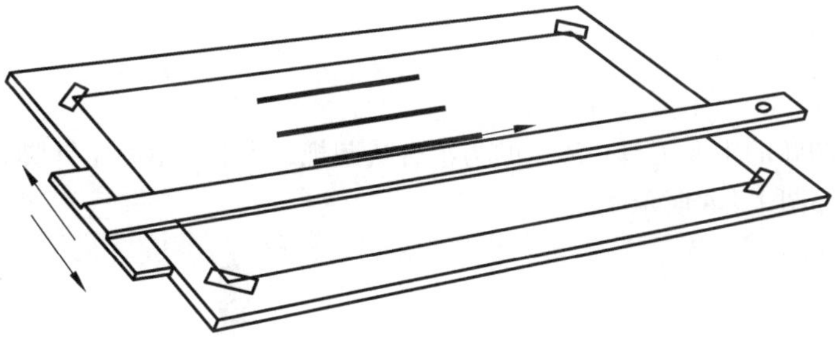

图 1-1-3　丁字尺画水平线

注意：不可用丁字尺靠图板的上边、右边、下边画垂直线或用丁字尺下缘画水平线。

3. 三角板

三角板一般采用有机玻璃材料或塑料制成，绘图用的三角板是两块直角三角板，一块 45°×45°×90°，另一块 30°×60°×90°，其规格有 200 mm、250 mm、300 mm 等多种。

三角板主要用于画直线。两块三角板可配合丁字尺自下而上画一系列铅垂线以及与水平线成 30°、45°、60°、75° 及 15° 的斜线。画线时，使丁字尺尺头与图板工作边靠紧，三角板与丁字尺靠紧，左手按住三角板和丁字尺，右手画竖线和斜线，如图 1-1-4 所示。

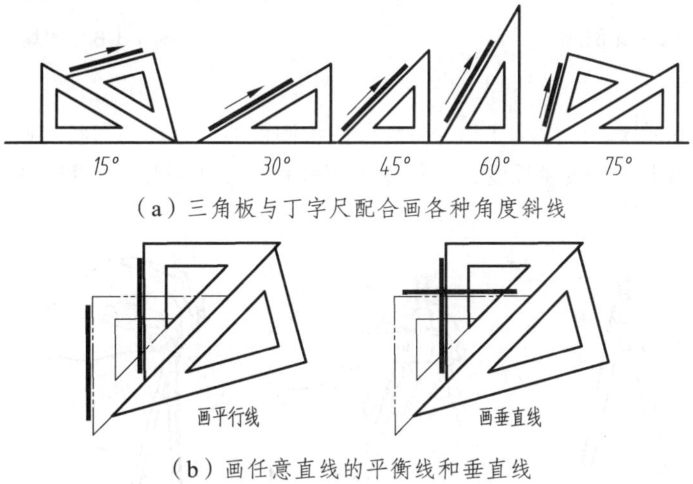

（a）三角板与丁字尺配合画各种角度斜线

（b）画任意直线的平衡线和垂直线

图 1-1-4　三角板的用法

4. 比例尺

比例尺是绘图时用来按比例放大或缩小线段长度的尺子。常用的比例尺是三棱比例尺，上有六种刻度，如图 1-1-5 所示。画图时可按所需比例，用尺上标注的刻度直接量取，不需要换算。

首先在比例尺上找到所需的比例，然后看清尺上每单位长度所表示的相应长度，就可以根据所需要的长度，在比例尺上找出相应的长度作图。例如，要以 1∶100 的比例画 2 700 mm 的线段，只要从比例尺 1∶100 的刻度上找到单位长度 1 m（实际长度仅是 10 mm），并量取从 0 到 2.7 m 刻度点的长度，就可用这段长度绘图了。

但所画图样如正好是比例尺上刻度的 10 倍或 1/10，则可换算使用比例尺。

5. 圆规和分规

（1）圆规。

圆规是画圆或圆弧的主要工具。常见的为组合式圆规，其主要由固定针脚、可移动的铅笔脚、鸭嘴脚及加长杆，如图 1-1-6 所示。

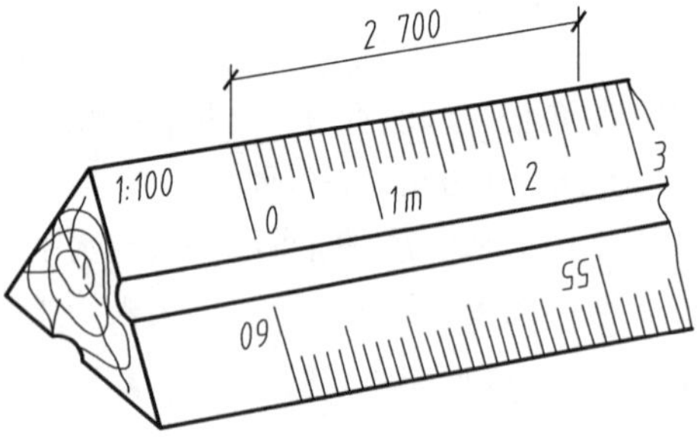

图 1-1-5　比例尺

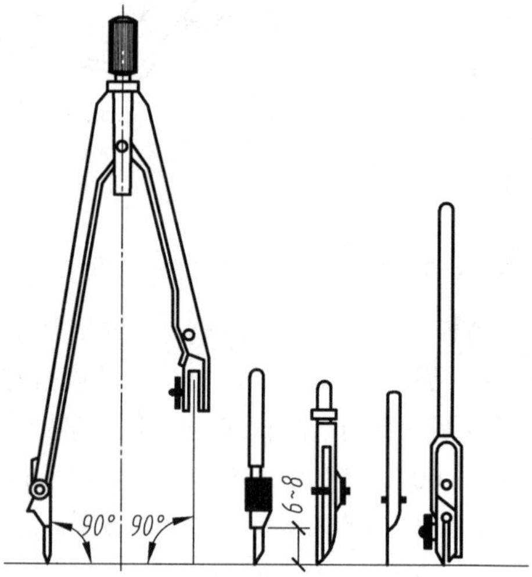

图 1-1-6　圆规

（2）分规。

分规是用来量取线段、度量尺寸和等分线段的绘图仪器。分规的形状与圆规相似，但两腿都装的是钢针，主要用于量取线段长度，也可用于等分直线段或圆弧，如图 1-1-7 所示。使用时，要求分规两针脚高度一致。

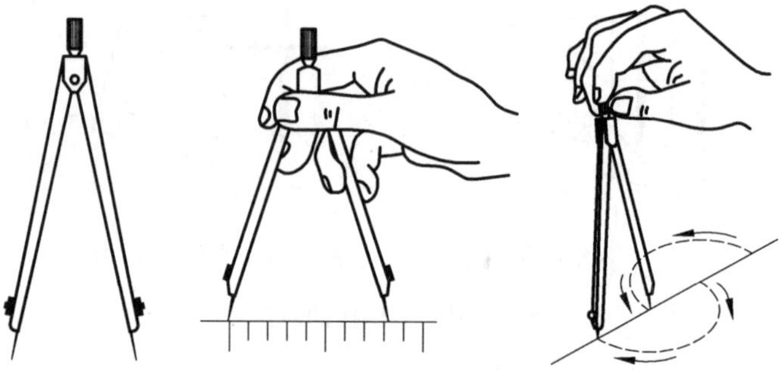

（a）分规　　（b）量取长度　　（c）等分线段

图 1-1-7　分规

6. 绘图笔

绘图笔的种类很多，主要有以下几种：

（1）铅笔。

绘图铅笔有木铅笔和活动铅笔两种。铅芯有不同的硬度：H 表示硬芯铅笔，有 H，2H，3H，…，6H，用于画底稿；B 表示软芯铅笔，有 B，2B，3B，…，6B，用于加深图线的色泽用；HB 表示中等软硬铅笔，用于注写文字及加深图线等。

使用铅笔时，应从无标记的一端开始。画底稿、细线、底稿线或写字时，用圆锥形铅笔；而矩形铅笔用于加深细线，矩形的短边 *b* 就是所需图线的宽度，如图 1-1-8 所示。

使用铅笔绘图时，握笔要自然，速度、用力要均匀。画线时，应使铅笔垂直纸面，向运动方向倾斜 60°，如图 1-1-9 所示。画长线时要一边画一边旋转铅笔，使线条保持粗细一致。

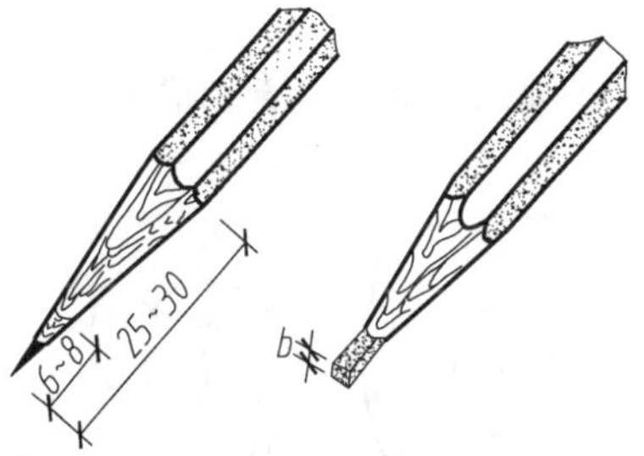

图 1-1-8　铅笔

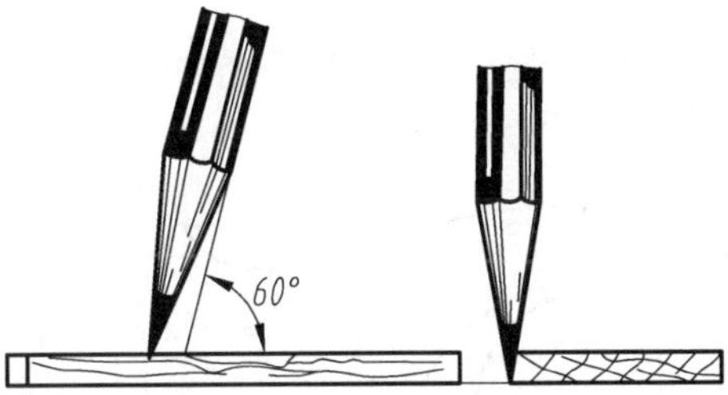

图 1-1-9　铅笔倾斜 60°

（2）鸭嘴笔。

鸭嘴笔又名直线笔，是上墨、描图的工具。笔上的螺钉可以调节两叶片间的距离，以决定墨线的粗细，如图 1-1-10 所示。使用前，旋转调整螺钉，使两叶片间距约为线型的宽度，用蘸水钢笔将墨水注入两叶片间，笔内墨水的高度以 5 mm 左右为宜。正式描图前，应进行反复调整线型宽度、擦拭叶片外面沾有的墨水等工作。

图 1-1-10　鸭嘴笔

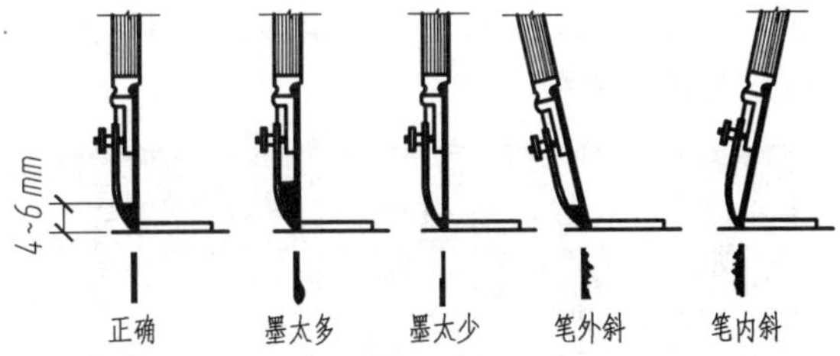

图 1-1-11　鸭嘴笔正确的笔位

正确的笔位如图 1-1-11 所示，墨线笔与尺边垂直，两叶片同时垂直纸面，且向前进方向稍倾斜。当笔杆向外倾斜时，笔内墨水将沿尺边渗入尺底而弄脏图纸；当笔杆向内倾斜时，则所绘图线外侧不光洁。

（3）绘图墨水笔。

绘图墨线笔，也称针管笔，是目前广泛使用的一种绘图用笔，如图 1-1-12 所示。它的笔头是一针管，针管直径因粗细不同有多种规格，可画出不同线宽的墨线，使用方法与鸭嘴笔相同。使用绘图墨水笔时，应该注意：绘图墨水笔必须使用碳素墨水或专用绘图墨水，以保证使用时墨水流畅；用后要用清水及时把针管冲洗干净，以防堵塞。

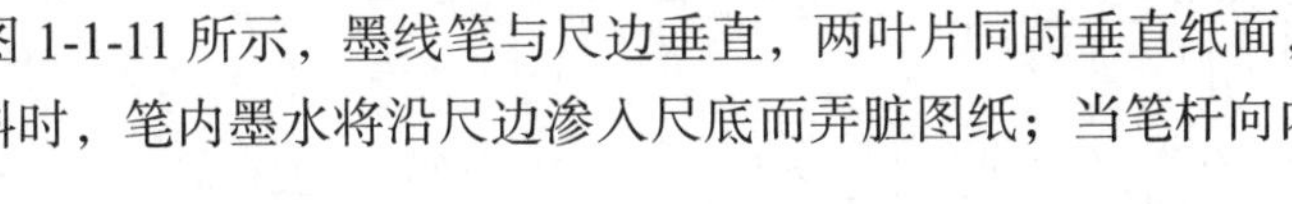

图 1-1-12　绘图墨水笔

1.1.2　绘图辅助工具及用法

1．曲线板

曲线板用于画非圆曲线。用曲线板画曲线的方法如图 1-1-13 所示。

在曲线板上选取相吻合的曲线段，从曲线起点开始，至少要通过曲线上的 3 ~ 4 个点，并沿曲线板描绘这一段密合的曲线。但不能把密合的曲线段全部描完，而应留下最后一小段。用同样的方法选取第二段曲线，两段曲线相接处应有一段曲线重合。如此分段描绘，直到描完最后一段，如图 1-1-14 所示。

图 1-1-13　曲线板

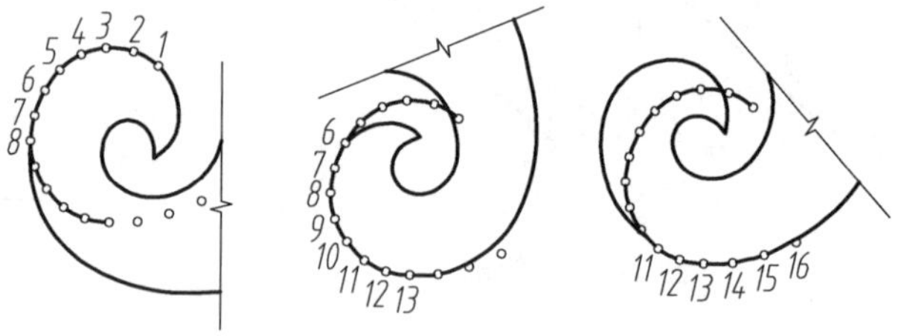

① 连 1 ~ 8 点　　② 连 6 ~ 13 点　　③ 连 11 ~ 16 点

图 1-1-14　描绘过程

2. 模　板

为了提高制图速度和质量，将图样上常用的符号、图形和比例刻在有机玻璃板（或塑料）上，做成模板，方便使用。模板的种类很多，如建筑模板、家具模板、结构模板、给排水模板等，图 1-1-15 所示为建筑模板。

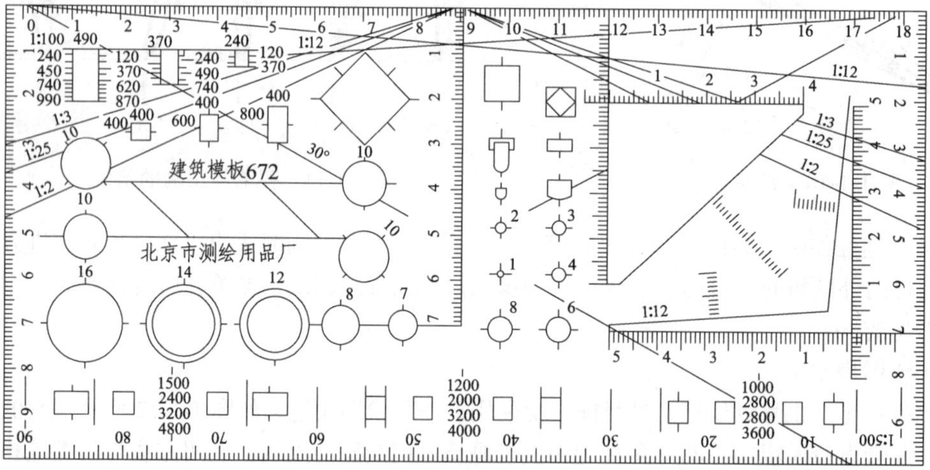

图 1-1-15　模板

3. 擦图片

擦图片是用于修改图线的，形状如图 1-1-16 所示，其材质多为不锈钢。修改图线时，为了防止擦除错误图线时影响相邻图线的完整性而使用擦图片。使用时将其覆盖在要修改的图线上，使修改的图线露出来，擦掉重画。

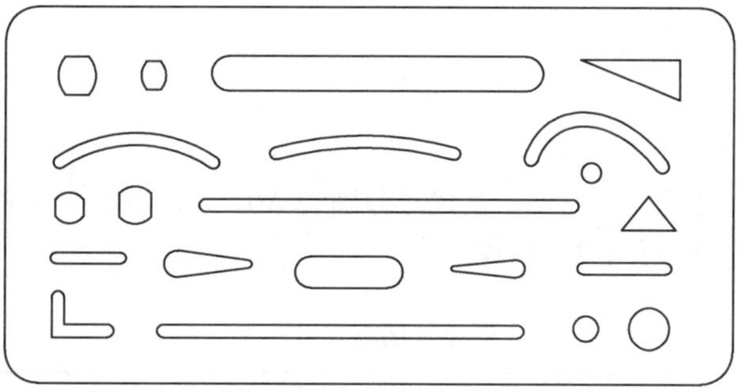

图 1-1-16　擦图片

1.1.3　其他绘图工具

除上述工具外，还有削铅笔刀、橡皮、一字尺、量角器以及掸灰用的小刷和透明胶带等。

绘图机是一种综合的绘图设备，即将绘图用的图板、图架、丁字尺及量角器等工具组合在一起的装置。其构造形式有多种，图 1-1-17 所示为导轨式绘图机。

自动绘图系统由电子计算机、绘图机、打印机和图形输入设备等组成，随着计算机绘图软件（CAD）的发展，绘图的质量和工作效率大大地提高，使建筑工程设计的周期也大大缩短。

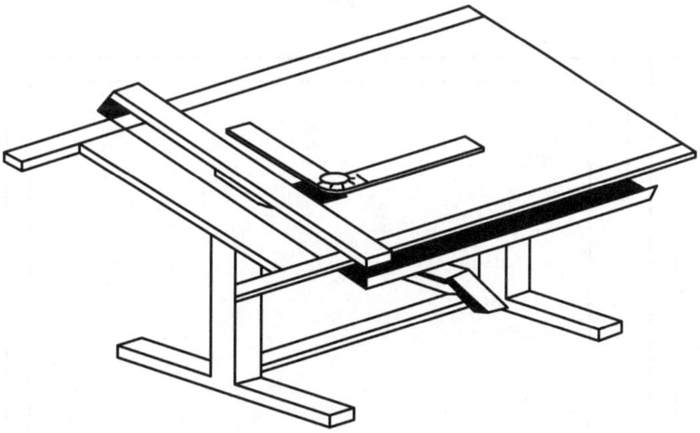

图 1-1-17　导轨式绘图机

1.2　建筑制图标准

为了使建筑图纸的规格统一，提高绘图的效率，保证图面质量，满足设计、施工、管理、存档的要求，以适应工程建设的需要，国家计划委员会颁布了《房屋建筑制图统一标准》（GB/T50001—2001）、《总图制图标准》（GB/T50103—2001）、《建筑制图标准》（GB/T50104—2001）、《建筑结构制图标准》（GB/T50105—2001）、《给水排水制图标准》（GB/T50106—2001）等六大标准，要求所有工程人员在设计、施工、管理中必须严格执行。本节主要介绍《房屋建筑制图统一标准》的基本内容，即图纸幅面、图线、文字、比例、尺寸标注。

1.2.1　图纸幅面及会签栏

1．图纸幅面

图纸幅面的基本尺寸规定有五种，其代号分别为 A0、A1、A2、A3 和 A4。所有设计图纸的幅面及图框尺寸，均应符合表 1-2-1 的规定。

表 1-2-1　图框及图框尺寸（单位：mm）

幅面尺寸	A0	A1	A2	A3	A4
$b \times l$	841×1189	594×841	420×594	297×420	210×297
c	10			5	
a	25				

从表中可以看出：A0 = 2A1 = 4A2 = 8A3 = 16A4

图纸幅面通常有两种形式，即横式和立式。长边作为水平边使用的图幅称为横式图幅，如图 1-2-1 所示；短边作为水平边使用的图幅称为立式图幅，如图 1-2-2 所示。A0 ~ A3 可横式或立式使用，A4 只能立式使用。

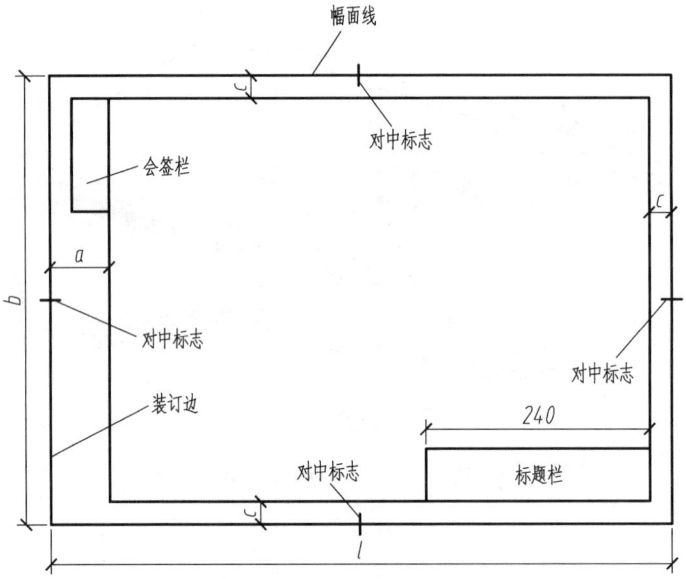

图 1-2-1　横式图幅

图幅内应画出图框，图框线用粗实线绘制，与图纸幅面线的间距宽 a 和 c 应符合表 1-2-1 的规定。

为了复制方便，可采用对中符号。对中符号是位于四边幅面线中点处的一段实线，线宽为 0.35 mm，伸入图框内 5 mm。

如果图纸幅面不够，可将图纸长边加长，短边不得加长。图纸长边加长尺寸应符合表 1-2-2 的规定。

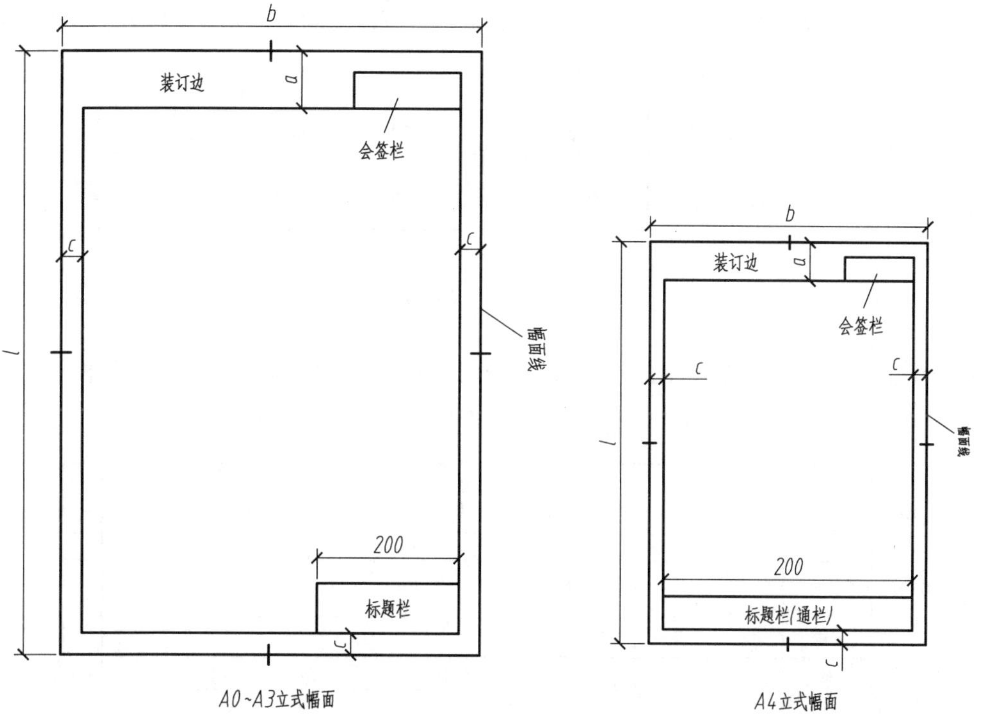

图 1-2-2　立式图幅

表 1-2-2　图纸长边加长尺寸（单位：mm）

幅面代号	长边尺寸	长边加长后尺寸
A0	1 189	1 486、1 635、1 783、1 932、2 080、2 230、2 378
A1	841	1 051、1 261、1 471、1 682、1 892、2 102
A2	594	743、891、1 041、1 189、1 338、1 486、1 635、1 783、1 932、2 080
A3	420	630、841、1 051、1 261、1 471、1 682、1 892

2. 标题栏和会签栏

在每张施工图中，为了方便查阅图纸，图纸右下角都有标题栏，即图标，用于填写工程图样的图名、图号、比例、设计单位、注册师姓名、设计人姓名、审核人姓名及日期等内容。标题栏的长边应不小于 200 mm，短边尺寸宜为 40 mm、30 mm、50 mm，如图 1-2-3 所示。

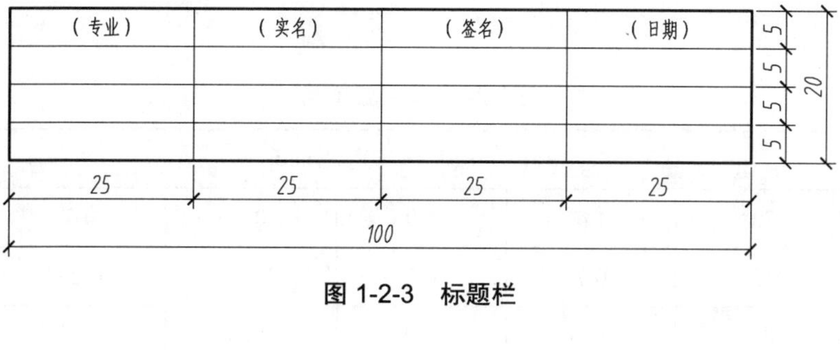

图 1-2-3　标题栏

会签栏是指工程建设图纸上由各工种负责人员填写所代表的有关专业、姓名、日期等的一个表格，一般位于图纸的左上角，如图 1-2-4 所示。

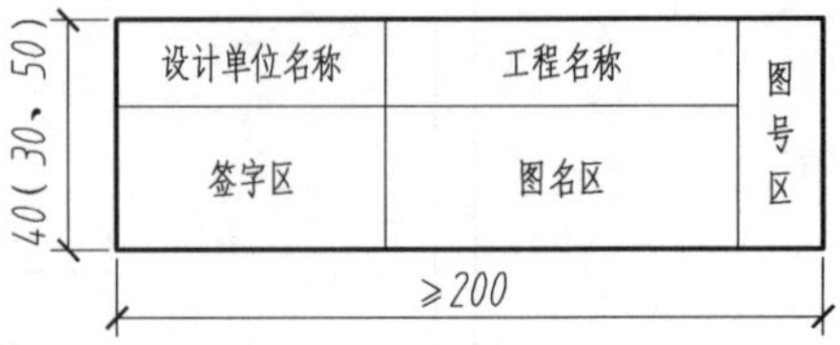

图 1-2-4　会签栏

对于学生在学习阶段的制图作业，建议采用图 1-2-5 所示的标题栏，不设会签栏。

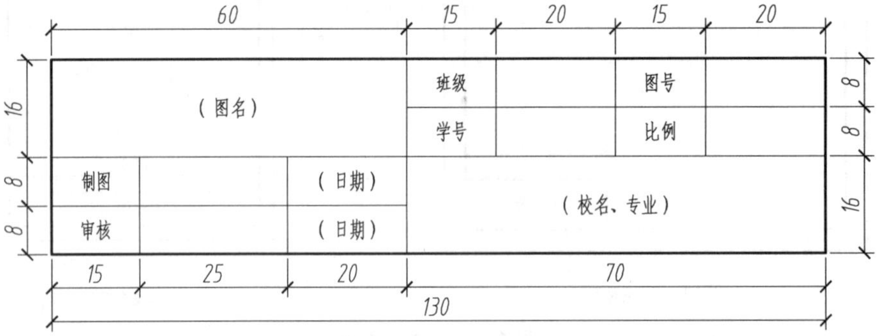

图 1-2-5　学生用标题栏

1.2.2　图线、字体与比例

1. 图　线

任何工程图样都是采用不同的线型与线宽的图线绘制而成的。因此，熟悉图线的类型及用途、掌握各类图线的画法是建筑制图最基本的技术。

（1）线型的种类。

为了使图样主次分明、形象清晰，建筑制图采用的线型有实线、虚线、单点长画线、双点长画线、折断线和波浪线等，其中有些线型还分粗、中、细三种。

（2）图线的画法要求。

① 对于表示不同内容的图线，应先确定其宽度所用粗线的宽度 b，再确定中线宽度为 $0.5b$，最后定出细线 $0.25b$ 的宽度。粗、中、细线形成一组，叫做线宽组，常用的线宽组如表 1-2-3 所示。

表 1-2-3　常用线宽组

线宽比	线宽组/mm					
b	2.0	1.4	1.0	0.7	0.5	0.35
$0.5b$	1.0	0.7	0.5	0.35	0.25	0.18
$0.25b$	0.5	0.35	0.25	0.18		

② 在同一张图纸中，相同比例的图样，应选择相同的线宽组。

③ 相互平行的图线，其间隙不宜小于其中的粗线宽度，且不宜小于 0.7 mm。

④ 虚线、单点长画线或双点长画线的线段长度和间隔，宜各自相等，虚线的线段长度为 3 ~ 6 mm，单点长画线的线段长度为 15 ~ 20 mm。

⑤ 对于单点画线或双点画线，当在较小图形中绘制有困难时，可用实线代替。

⑥ 单点画线或双点画线的两端不应是点，点画线与点画线交接或点画线与其他图线交接时，应是线段交接，如图 1-2-6 所示。

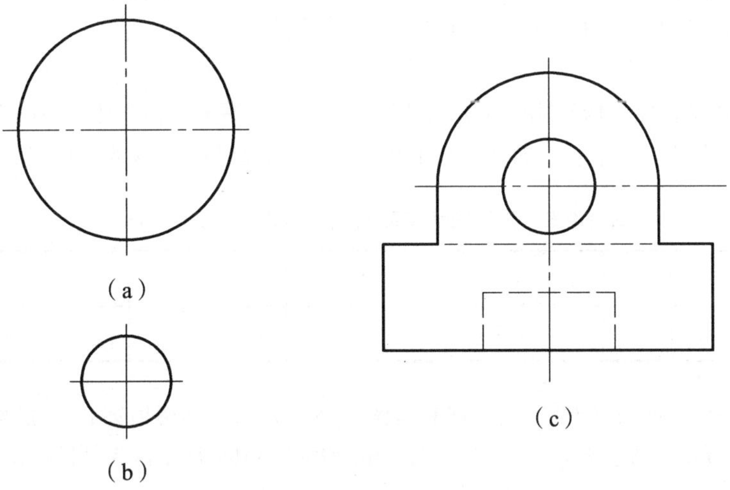

图 1-2-6　点画线交接

⑦ 虚线与虚线交接或虚线与其他图线交接时，应是线段交接。虚线为实线的延长线时，不得与实线连接，如图 1-2-7 所示。

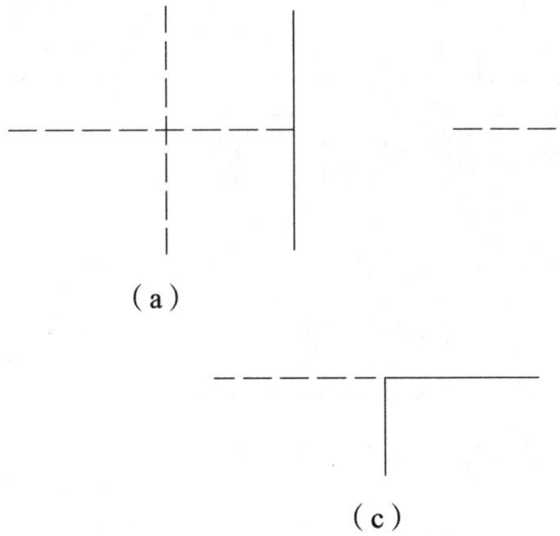

图 1-2-7　虚线交接

⑧ 图线不得与文字、数字或符号重叠、混淆，不可避免时，应首先保证文字等的清晰。图纸的图框和标题栏线可采用表 1-2-4 中规定的线宽。

表 1-2-4　图框线、标题栏的线宽（单位：mm）

幅面代号	图框线	标题栏外框线	标题栏分格线、会签栏线
A0、A1	1.4	0.7	0.35
A2、A3、A4	1.0	0.7	0.35

2. 字　体

绘制好的建筑图样，须用文字（即数字）加以注释，因此，建筑工程图中的汉字、数字、字母等必须做到笔画清晰、字体端正、排列整齐、间隔均匀。

（1）汉字。

图样及说明中的汉字，应采用国家公布的简化汉字，并写成长仿宋体。在图纸上书写汉字时，应画好字格，然后从左向右、从上向下横行水平书写。字的高与宽的关系，应符合表 1-2-5 中规定。

表 1-2-5　长仿宋体字高与宽关系表（单位：mm）

字　高	20	14	10	7	5	3.5
字　宽	14	10	7	5	3.5	2.5

长仿宋字的书写要领：横平竖直，注意起落，填满方格，结构匀称。在实际应用中，汉字的字高应不小于 3.5 mm，高：宽 = 3：2，字与字间隔约为字高的 1/4，行与行的间隔约为字高的 1/3，笔画宽度约为字高的 1/10。长仿宋体字的示例如图 1-2-8 所示。

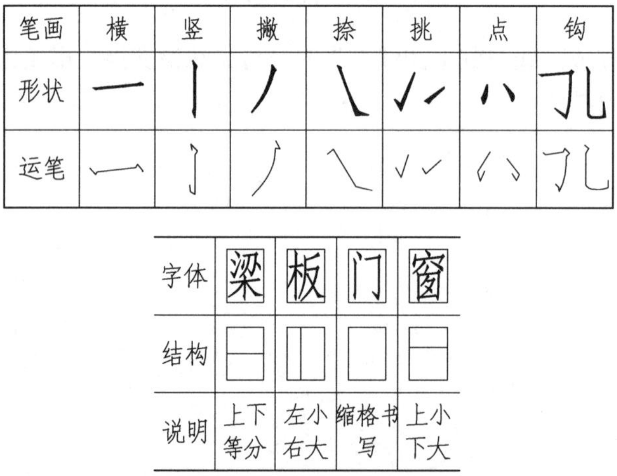

图 1-2-8　长仿宋字示例

（2）数字和字母。

数字和字母在图样上书写有直体和斜体两种写法，但同一张图纸上必须统一。拉丁字母、阿拉伯数字与罗马数字，如写成斜体字，其斜度应是从字的底线逆时针向上倾斜 75°。

数字和字母的字高应不小于 2.5 mm，如图 1-2-9 所示。

图纸中表示数量的数字应用阿拉伯数字书写。

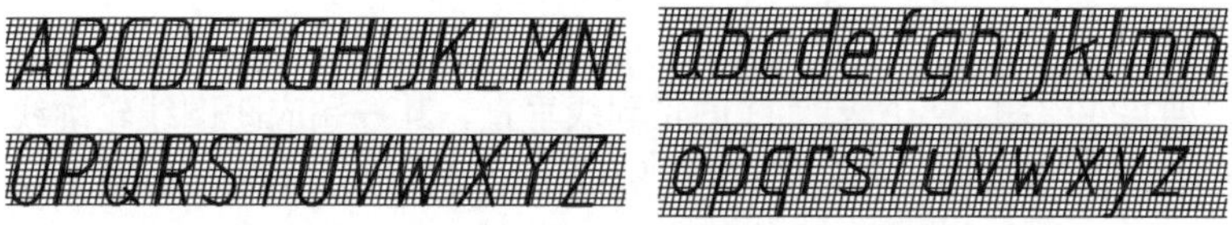

（a）拉丁字母

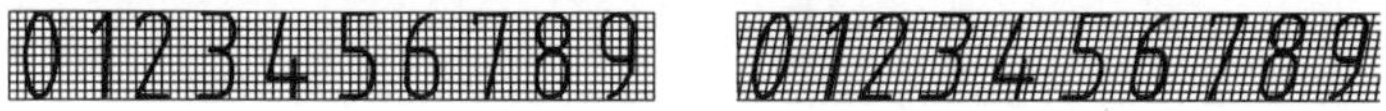

（b）阿拉伯数字

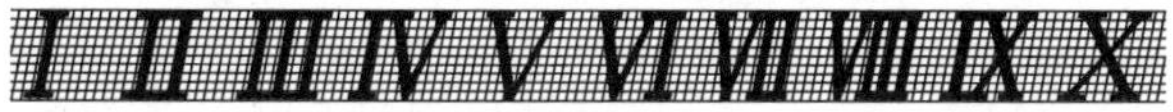

（c）罗马数字

图 1-2-9　数字和字母在图样上的书写形式

3. 比　例

图样的比例是图形与实物相对应的线性尺寸之比，它是线段之比而不是面积之比。

图纸上使用比例是为了将建筑物不变形地缩小或放大在图纸上，比例应该用阿拉伯数字表示，如 1∶1、1∶10 等。

比例的大小是指其比值的大小，如 1∶50 > 1∶100。比值大于 1 的比例，称为放大的比例，如 5∶1；比值小于 1 的比例，称为缩小的比例，如 1∶100。

建筑工程图上常采用缩小的比例，如图 1-2-10 所示为同一扇门用不同比例画出的立面图。

比例宜注写在图名的右侧，字的底线应取平；比例的字高应比图名的字高小 1 号或 2 号，如图 1-2-11 所示。

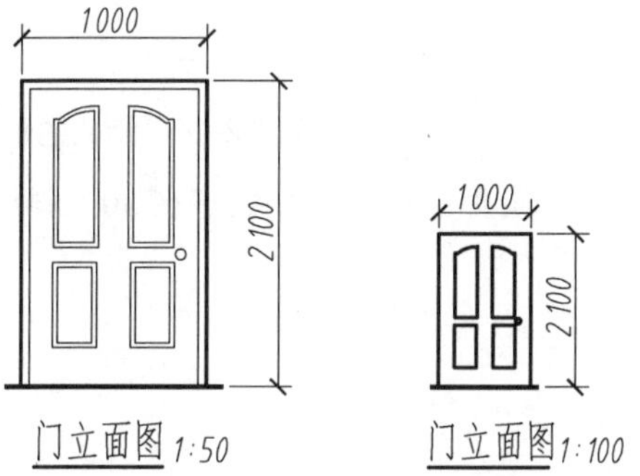

图 1-2-10　同一扇门不同比例示例

图 1-2-11　比例注写

1.2.3　尺寸标注

建筑图样中除了要画出建筑物的形状外，还必须认真细致、准确无误地标注尺寸，以作为施工的依据。

1. 标注尺寸的四要素

图样上的尺寸，应包括尺寸界线、尺寸线、尺寸起止符号和尺寸数字四个要素，如图 1-2-12 所示。

（1）尺寸界线。

尺寸界线用细实线绘制，与所要标注的轮廓线垂直，其一端应距图线轮廓线不小于 2 mm，另一端宜超出尺寸线 2 ~ 3 mm，必要时图样轮廓线也用可作尺寸界线，如图 1-2-13 所示。

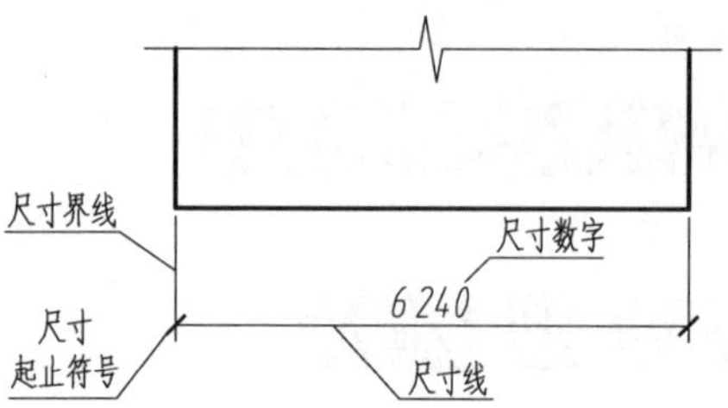

图 1-2-12　尺寸组成四要素

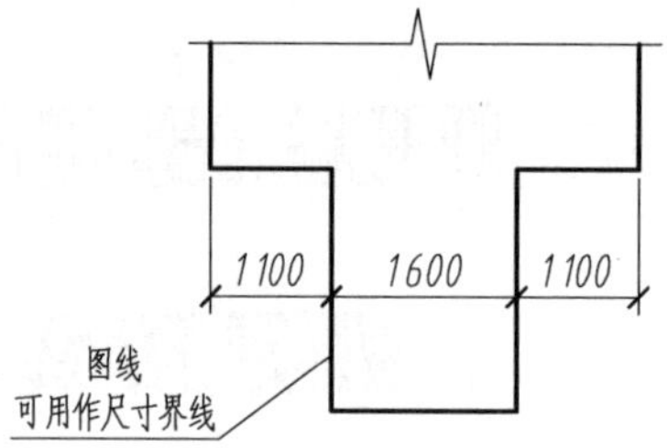

图 1-2-13　尺寸界线

（2）尺寸线。

尺寸线表示所要标注轮廓线的方向，用细实线绘制，与所要标注轮廓线平行，与尺寸界线垂直，不得超越尺寸界线，也不得用其他图线代替。

（3）尺寸起止符号。

尺寸起止符号是尺寸的起点和止点，一般采用中实线绘制，其斜方向应与尺寸界线成顺时针 45°，长度为 2 ~ 3 mm；半径、直径、角度和弧长的尺寸起止符号，宜用箭头表示。箭头的画法如图 1-2-14 所示。

（4）尺寸数字。

尺寸数字必须用阿拉伯数字注写。图样上的尺寸，应以尺寸数字为准，不得直接从图上量取。图样上的尺寸单位，除标高及总平面图以米（m）为单位外，其余均以毫米（mm）为单位，图中尺寸后面可以不注单位。

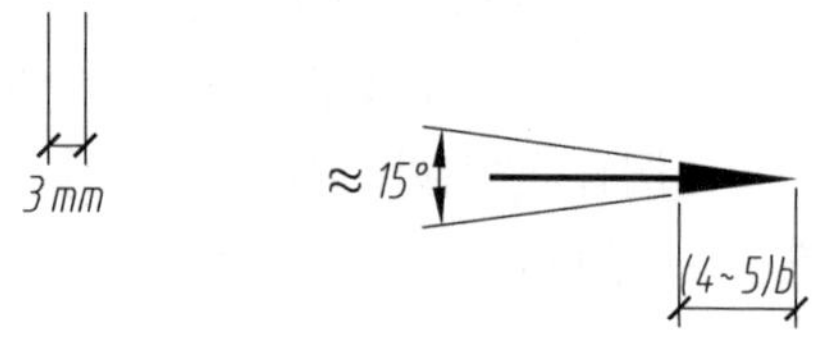

（a）尺寸起止符号　　（b）箭头的画法

图 1-2-14　箭头的画法

尺寸数字的读图方向应按图 1-2-15（a）的规定标注；若尺寸数字在 30° 斜线区内，宜按图 1-2-15（a）阴影中的形式标注。

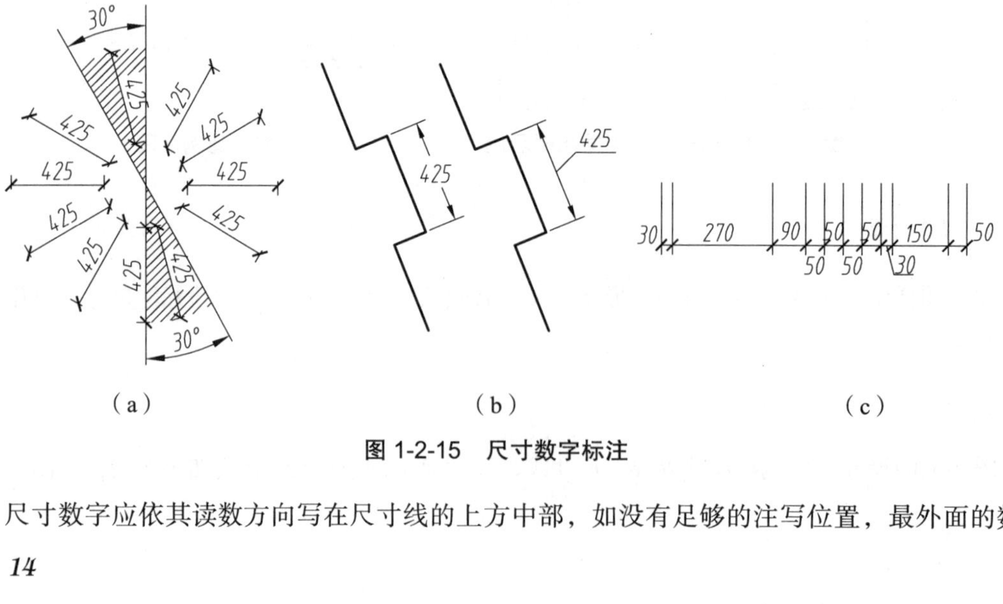

（a）　　（b）　　（c）

图 1-2-15　尺寸数字标注

尺寸数字应依其读数方向写在尺寸线的上方中部，如没有足够的注写位置，最外面的数字可注写在尺寸界线的外侧，中间相邻的尺寸数字可错开注写，也可引出注写，如图 1-2-15（c）所示。

为保证图上的尺寸数字清晰，任何图线不得穿过尺寸数字。不可避免时，应将图线断开，如图 1-2-15（b）所示。

2. 尺寸的排列与布置

尺寸的排列与布置如图 1-2-16 所示，应注意以下几点：

（1）尺寸宜注写在图样轮廓线以外，不宜与图线、文字及符号相交。必要时，也可标注在图样轮廓线以内。

（2）互相平行的尺寸线，应从被注写的图样轮廓线由近向远整齐排列，小尺寸在里面、大尺寸在外面。小尺寸距图样轮廓线距离不小于 10 mm，平行排列的尺寸线的间距宜为 7 ~ 10 mm。

（3）总尺寸的尺寸界线，应靠近所指部位，中间分尺寸的尺寸界线可稍短，但其长度应相等。

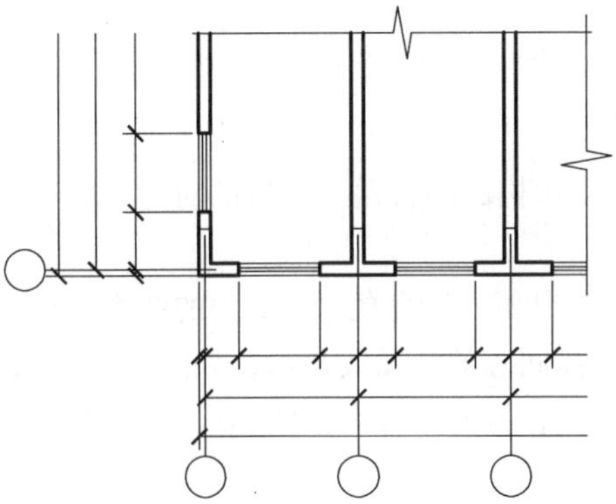

图 1-2-16　尺寸的排列与布置

3. 半径、直径的尺寸标注

（1）半径尺寸。

半圆或小于半圆的圆弧，一般标注半径尺寸，尺寸线的一端从圆心开始，另一端用箭头指向圆弧，在半径数字前加注半径代号“*R*”。较小圆弧的半径数字可引出标注；较大圆弧的尺寸线，可画成折断线，如图 1-2-17 所示。

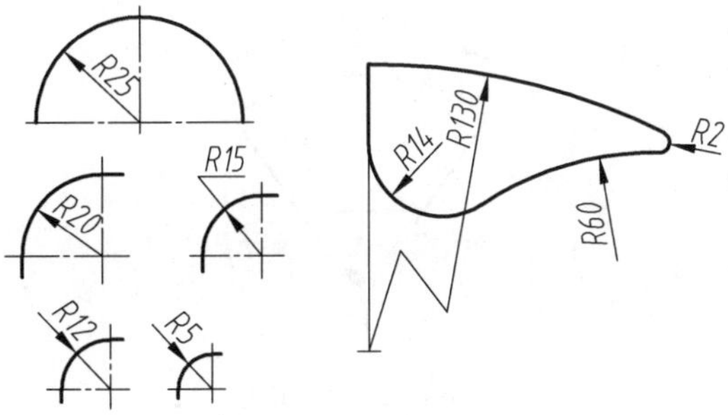

图 1-2-17　半径的标注

（2）直径尺寸。

圆或者大于半圆的弧，一般标注直径，尺寸线通过圆心，两端指向圆弧，用箭头作为尺寸的起止符号，并在直径数字前加注直径代号“*ϕ*”。较小圆的尺寸可标注在圆外。如图 1-2-18 所示。

球体的尺寸标注应在其直径和半径前加注字母“*S*”，如图 1-2-19 所示。

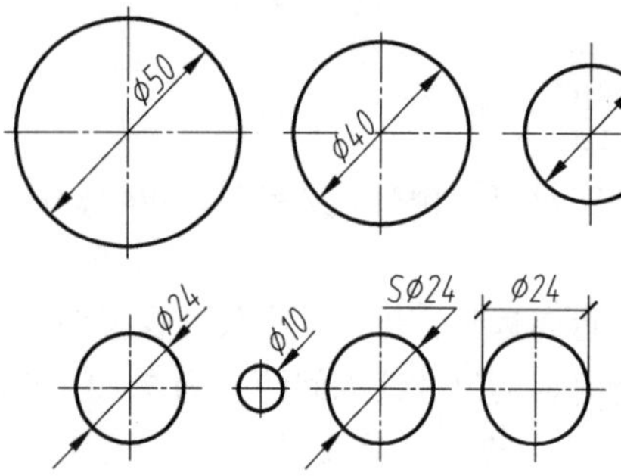

图 1-2-18　直径的标注

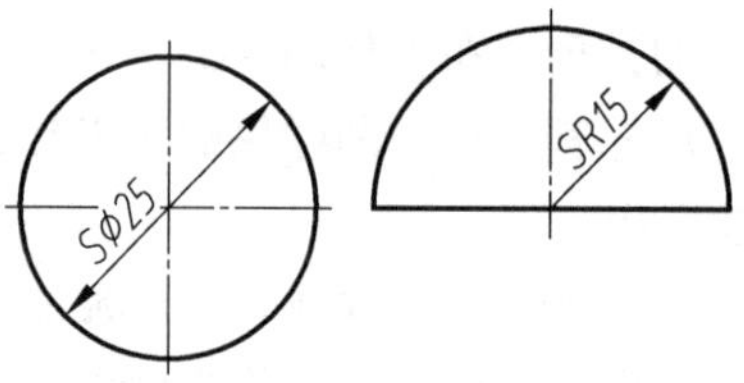

图 1-2-19　球体的尺寸标注

4. 坡度、角度、弧长、弦长的尺寸标注

（1）坡度尺寸。

斜边需标注坡度时，用由斜边构成的直角三角形的对边与底边之比来表示，如图 1-2-20 所示。

（2）角度尺寸。

角度的尺寸线用圆弧表示，其圆心为角的顶点，角的两边为尺寸界线，如图 1-2-21（a）所示。

弧长的尺寸线应采用与圆弧同心的圆弧线表示，如图 1-2-21（b）所示。

标注弦长时，尺寸线应与弦长方向平行，如图 1-2-21（c）所示。

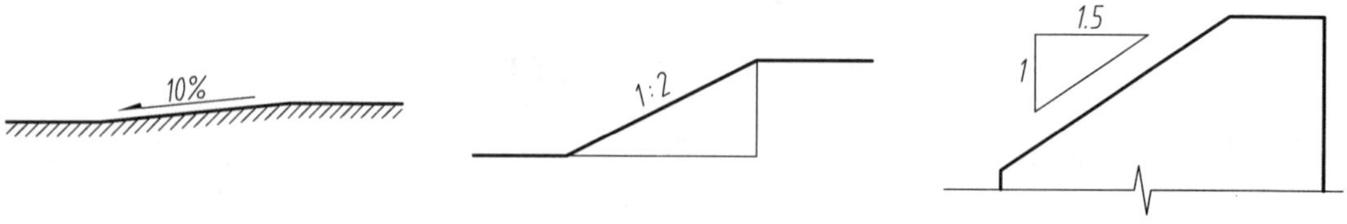

（a）　（b）　（c）

图 1-2-20　坡度标注

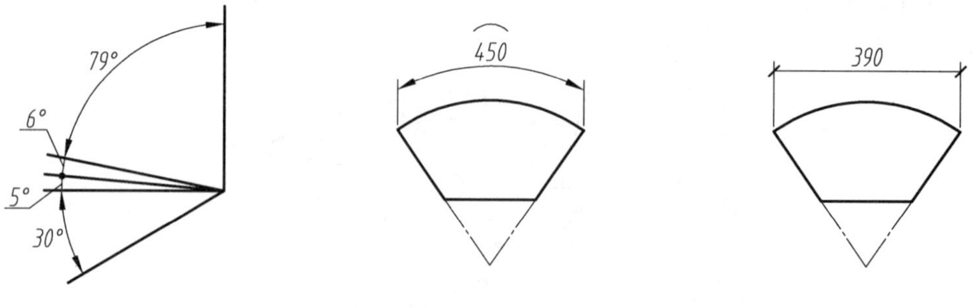

（a）角度的标注　（b）弧长的标注　（c）弦长的标注

图 1-2-21　角度尺寸

5. 尺寸的简化标注

（1）单线图尺寸。

对桁架简图、钢筋简图、管线图等单线图标注其长度时，可直接将尺寸数字注写在杆件或管线的一侧，如图 1-2-22 所示。

（2）连续排列等长尺寸。

对于连续排列的等长尺寸，可用“个数 × 等长尺寸 = 总长”的形式标注，如图 1-2-23 所示。

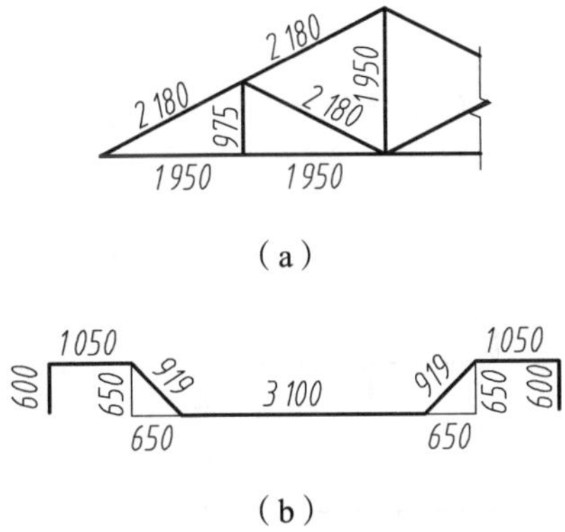

图 1-2-22　单线图标注

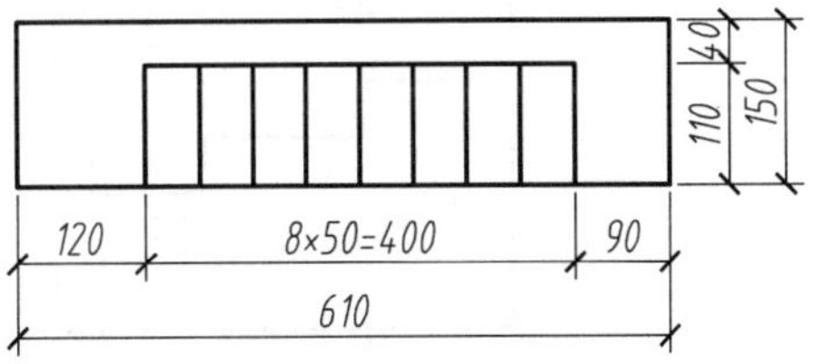

图 1-2-23　连续排列的等长尺寸标注

（3）同要素尺寸。

当形体内的构造要素（如孔、槽等）有相同者，可仅标注其中一个要素的尺寸，并在尺寸数字前注明个数，如图 1-2-24 所示。

（4）非圆曲线尺寸。

外形为非圆曲线的构件，可用坐标形式标注尺寸，如图 1-2-25 所示。

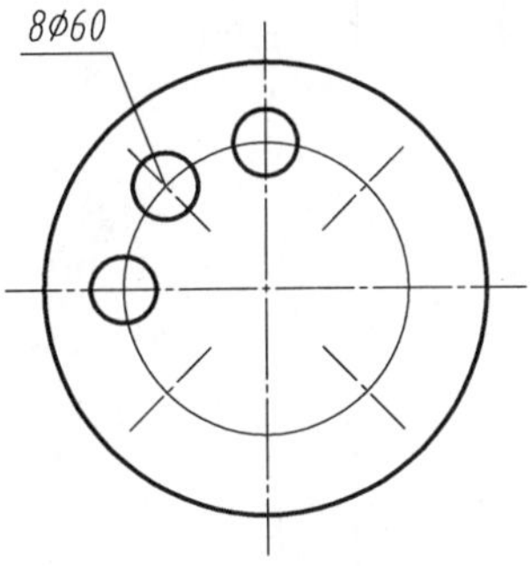

图 1-2-24　同要素尺寸标注

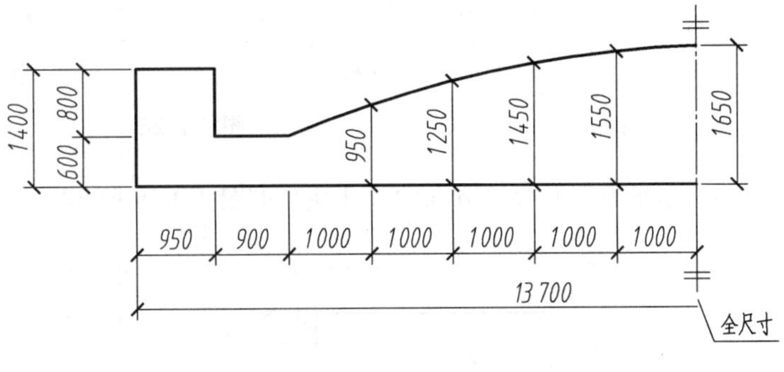

图 1-2-25　坐标标注形式

6. 尺寸标注的注意事项

（1）轮廓线、中心线可用作尺寸界线，但不能用作尺寸线，如图 1-2-26 所示。

（2）不能用尺寸界线作尺寸线，如图 1-2-27 所示。

（3）应将大尺寸标在外侧、小尺寸标在内侧，如图 1-2-28 所示。

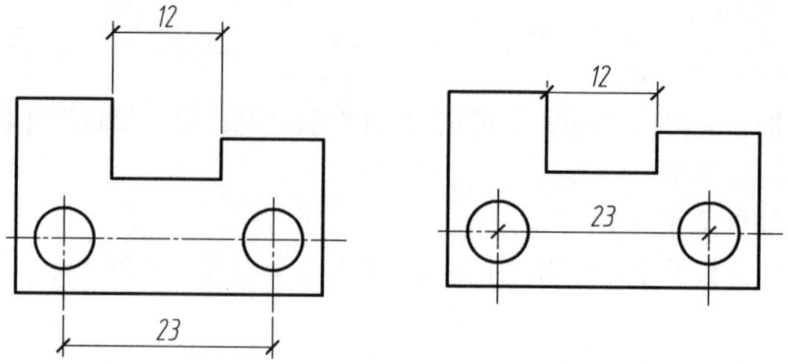

（a）正确　　（b）错误

图 1-2-26

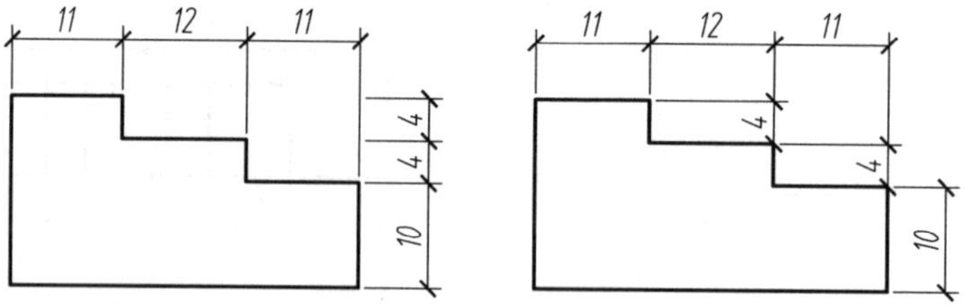

（a）正确　　（b）错误

图 1-2-27

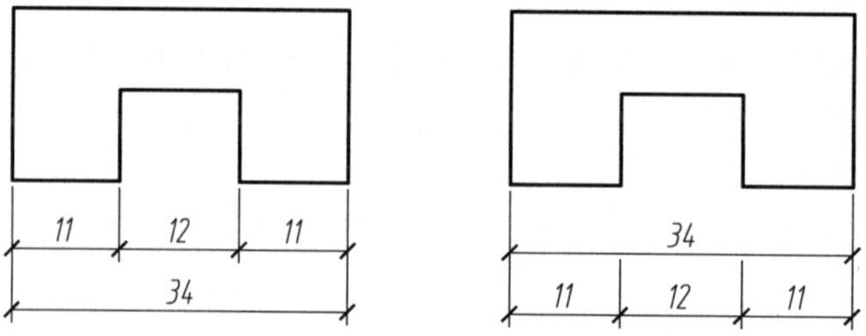

（a）正确　　（b）错误

图 1-2-28

（4）水平方向和竖直方向的尺寸注写如图 1-2-29 所示。

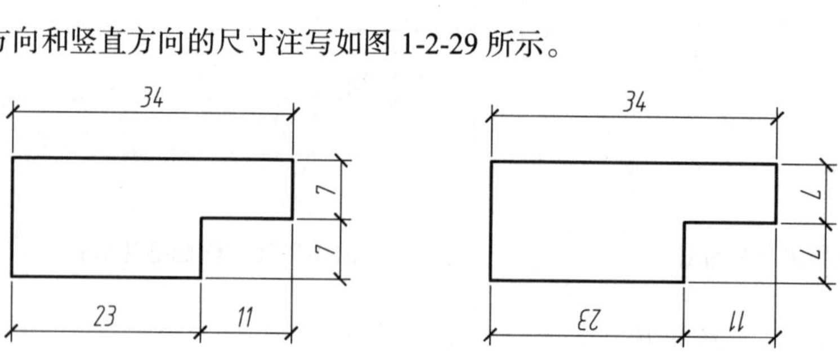

（a）正确　　（b）错误

图 1-2-29

（5）任何图线不能穿交尺寸数字。无法避免时，需将图线断开，如图 1-2-30 所示。

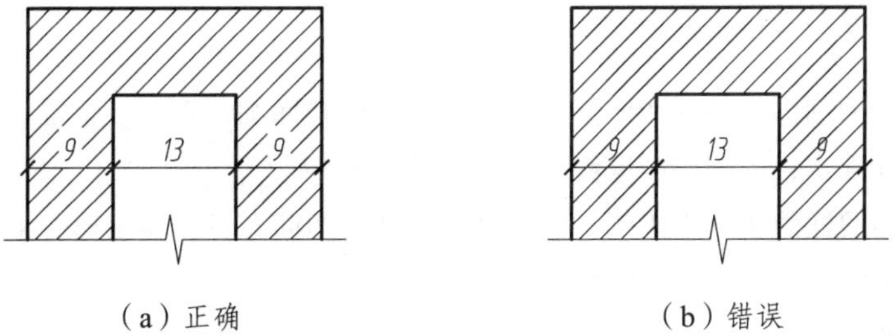

图 1-2-30

（6）同一张图纸所标注的尺寸数字字号应大小统一，如图 1-2-31 所示。

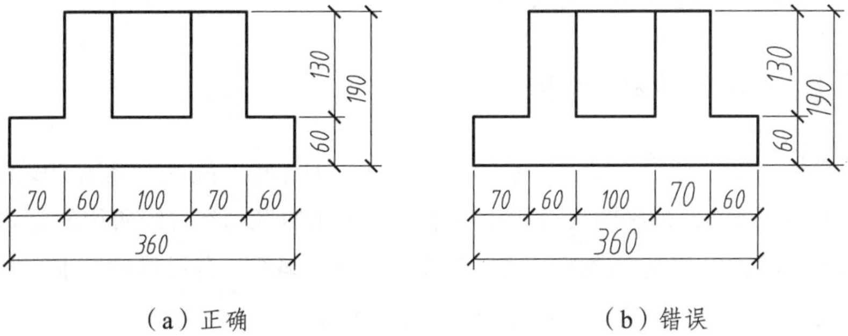

图 1-2-31

1.3　绘图的一般方法和步骤

绘图的方法与步骤：先做好制图前的准备工作；画底稿；然后进行校对，根据需要进行铅笔加深或上墨；最后，经过复核，由制图者签字。

1.3.1　制图前的准备工作

1．准备工具

准备好所用的工具和仪器，并将工具、仪器擦拭干净，磨削好铅笔及圆规上的铅芯。

2．安排工作地点

使光线从图的左前方射入，并将需要的工具放在方便之处，以便顺利地进行制图工作。

3．固定图纸

选好图纸，将用胶带纸图纸按对角线方向顺次固定在图板上，平整图纸，使图纸的左方和下方留有一个丁字尺的宽度。

1.3.2　画底稿的方法和步骤

画底稿时，宜用削尖的 H 或 2H 铅笔，所有的线应轻而细，不可反复描绘，能看清即可。

（1）根据国标规定，先画好图框线和标题栏的外轮廓。

（2）根据所绘图样的大小、比例、数量进行合理的图面布置，如图形有中心线，应先画中心线，并注意给尺寸标注留下足够的位置。

（3）画图形的主要轮廓线时，由大到小，由整体到局部，直至画出所有轮廓线。为了方便修改，底图的图线应轻而淡，能定出图形的形状和大小即可。

（4）画尺寸界线、尺寸线以及其他符号。

（5）仔细检查底图，擦去多余的底稿图线。

1.3.3　铅笔加深的方法和步骤

铅笔加深要做到粗细分明，符合国家标准的规定：加深粗实线的铅笔用 HB 或 B、2B；加深细实线的铅笔用 H 或 HB，加深圆弧时所用的铅芯，应比加深同类直线所用的铅芯软一号。

（1）加深图线时，一般是先曲线，其次直线，最后为斜线。各类线型的加深顺序为：细单点长画线、细实线、中实线、粗实线、粗虚线。

为了使同类线型宽度粗细一致，可以按线宽分批加深：先细单点长画线、细实线，再中实线、中虚线，然后画粗实线、粗虚线，最后画折断线和波浪线。

（2）同类图线要保持粗细、深浅一致，按照水平线从上到下、垂直线从左到右的顺序一次性完成，然后加深所有的倾斜线。

（3）当图形加深完毕，再加深尺寸线与尺寸界线等，然后画尺寸起止符号，填写尺寸数字和书写图名、比例等文字说明和标题栏。

（4）加深完毕后，必须认真复核，如发现错误，则应立即改正。修正时，如果是铅笔加深图，可用擦图片配合橡皮进行，尽量缩小擦拭的面积，以免损坏图纸。

（5）由制图者签字。

1.3.4　徒手绘图

徒手草图是不用工具而按目测比例和徒手描绘的工程图样，多用于设计草图和现场测绘。

徒手绘图一般选用 HB 或 B、2B 铅笔，主要是画直线，有时也要画圆或椭圆等曲线。可画在白纸上，也可画在印有浅色方格的草图纸上。

徒手草图应基本做到：图形正确，线型分明，比例匀称，字体工整，图面整洁。

画较长的直线，可用目测在直线中定几个点，笔从起点画线，而眼则看其终点，分几段画出。画较短的直线，则常用手腕运笔。

画斜线时，可按近似比例作直角三角形画出，如图 1-3-1 所示，分别以 $30° \approx \arctan 3/5$、$45° = \arctan 1$、$60° \approx \arctan 5/3$，目测画出与水平线成 30°、45° 和 60° 的斜线。

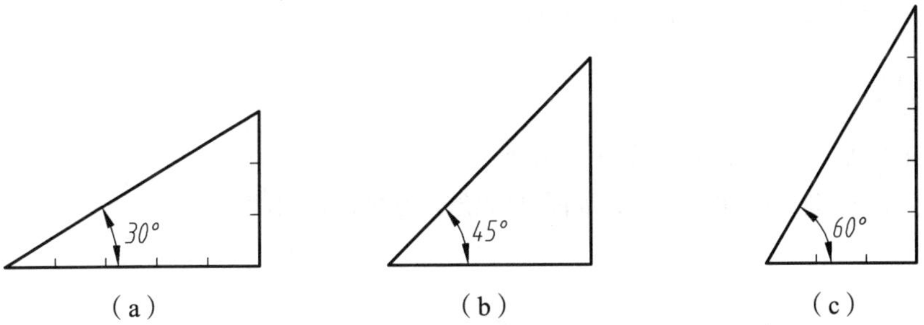

图 1-3-1　斜线画幅法

画圆时，可先过圆心作均匀分布的径向射线，然后在各射线上以目测半径长度画出圆周上的点，最后连成圆。画较小的圆时，可作出 4 个点后连线，如图 1-3-2（a）所示；画较大的圆时，则可作出 8 个点或 12 个点后连成圆，如图 1-3-2（b）所示。

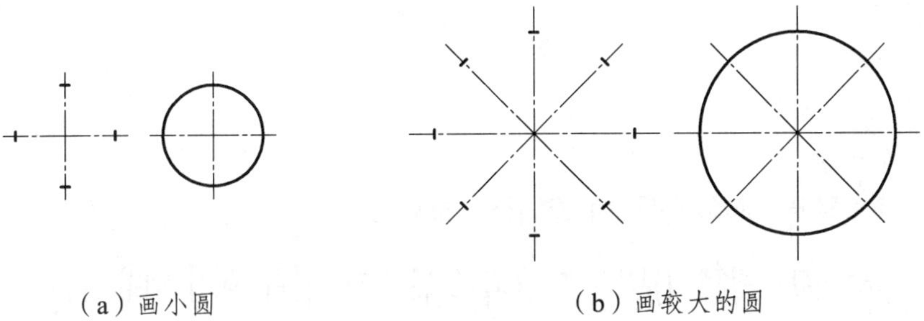

图 1-3-2　圆的画法

画椭圆的步骤如下：先按椭圆的长、短轴作出外切椭圆长、短轴顶点的矩形；然后连对角线，从椭圆的中心出发，在四段半对角线上按目测 7∶3 的比例作出诸分点；最后把这四个点和长、短轴的端点顺序连成椭圆，如图 1-3-3 所示。

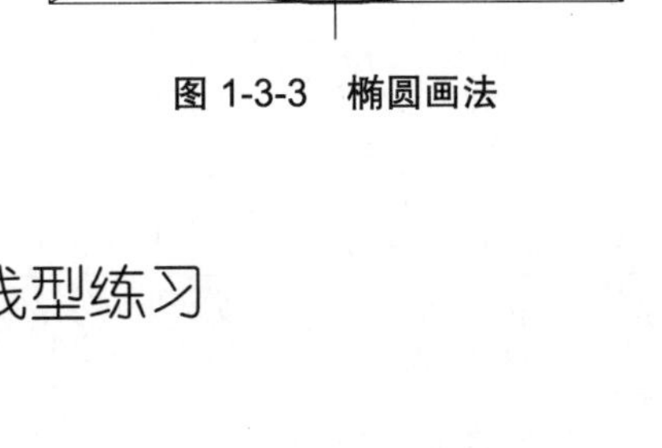

图 1-3-3　椭圆画法

技能训练 1：字体和线型练习

1. 技能训练目的

（1）了解并遵守制图基本规定（图幅、图线、字体、比例、尺寸注法、材料图例等）。

（2）学习正确使用绘图工具和仪器的方法。

2. 技能训练成果

（1）在规定的页面上完成字体练习。
（2）按指定的比例和尺寸，在 A2 幅面抄绘给定的图纸和图例。

3. 技能训练要求

（1）严格遵守制图标准，正确使用工具和仪器，培养认真负责的工作态度和严谨细致的工作作风，做到作图准确、图线分明、字体工整、整洁美观。
（2）应注意图面布置，使图形安排匀称、美观。
（3）字体练习应每天完成一遍，至少坚持 1 个月时间。
（4）材料图例不标注尺寸，只需在画图时按指定的尺寸和比例画出各个材料图例的框格大小及内部线条等。

4. 练　习

（1）汉字练习。
要求：横平竖直，起落分明，笔锋满格，布局均匀。

砂 石 木 灰 浆 玻 璃 马 赛 克 防 潮 城 市 道 路 给

檐 口 暖 电 气 照 明 设 备 油 毡 隔 热 吊 顶 天 棚

变形伸缩缝安全栏杆消材料绝缘温度砌墙预

留孔洞现浇技术要求一二三四五六七八九十

（2）数字及字母练习。

直体：1234567890

直体：abcdefghijklmnopqrstuvwxyz

直体：ABCDEFGHIJKLMNOPQRSTUVWXYZ

斜体：1234567890

斜体：abcdefghijklmnopqestuvwxyz

斜体：ABCDEFGHIJKLMNOPQRSTUVWXYZ

（3）按照图中指定的比例和尺寸，抄绘给定的基础图、平面图和材料图例。

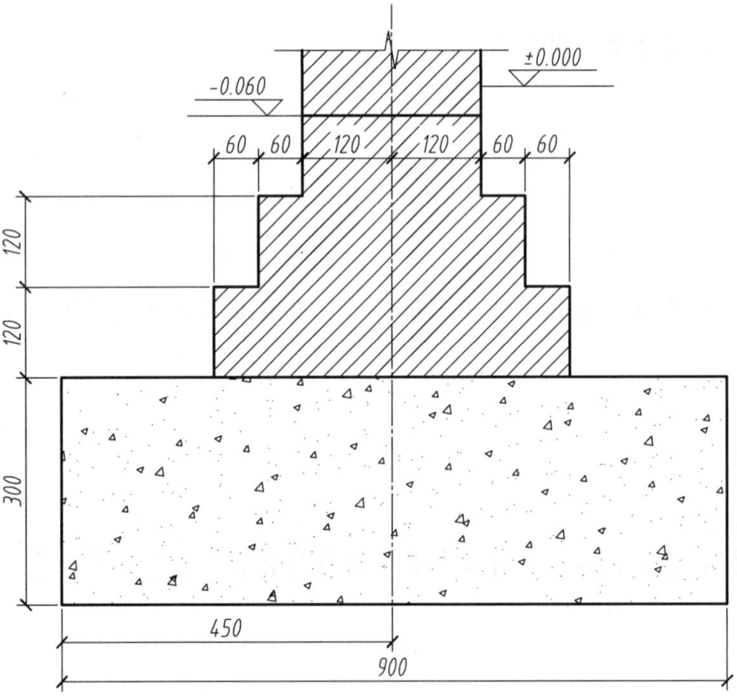

基础1:10

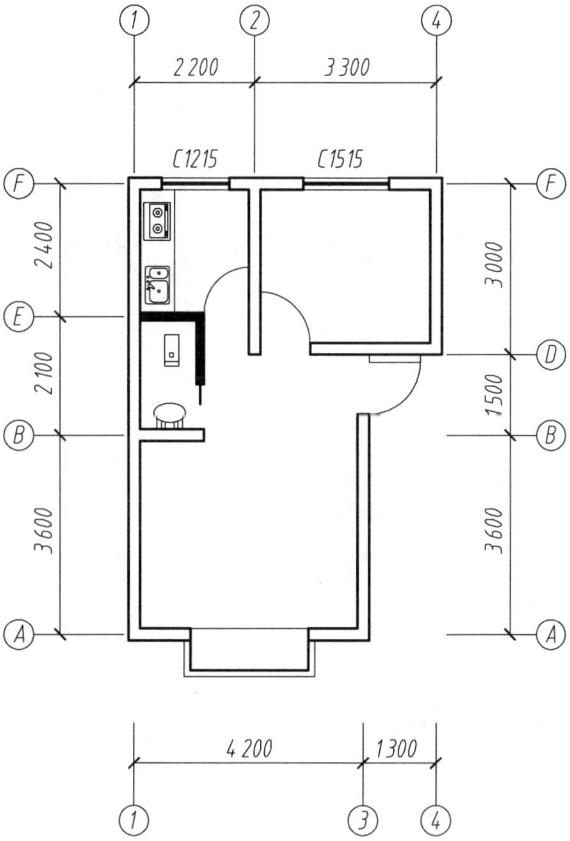

平面图 1:100

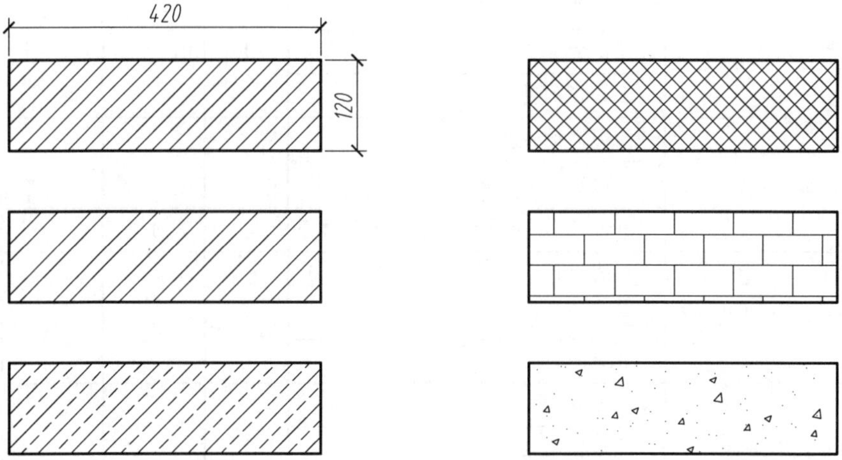

材料图例 1:10

第 2 章　投影的基本知识

☞ 学习目标：

1. 掌握投影的基本概念和投影的分类；
2. 掌握正投影的基本特性及三投影面体系；
3. 掌握点、直线、平面的正投影规律；
4. 掌握轴测投影的基本知识和画法。

教学时间：7～8 学时

活动及技能训练时间：1 学时

延伸活动或技能训练时间：(学时)

教学过程/教学手段/教学场所安排：

教学过程	具体内容	教学方法及时间安排			场所安排
		授课时间	活动时间	延伸时间	
2.1 投影的形成和分类	投影的概念	1			教　室
	投影的分类				
	正投影的特性				
2.2 三面正投影	投影面的设置	1			教　室
	三面正投影图的画法				
	教学活动 1：认识投影及投影体系		1		活动室
2.3 建筑形体基本元素的投影	点的投影	3			教　室
	直线的投影				
	平面的投影				
2.4 轴测图的基本知识	基本概念	2			教　室
	正等轴测图				
	正面斜轴测图				
Σ		7	1		

2.1 投影的形成与分类

2.1.1 投影的概念

日常生活中的影子现象，是在阳光或灯光的照射下，物体在地面或墙面上会呈现出与物体轮廓形状类似的影像。影子是一片黑影，不能表达物体的真面目，如图 2-1-1（a）所示。假想所有物体都是透明体，光线能够穿透物体，这样得到的影子可反映物体的具体形状，这就是投影，如图 2-1-1（b）所示。

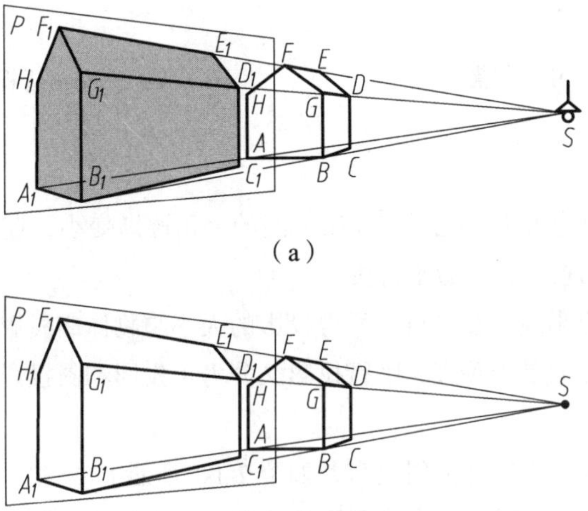

图 2-1-1 投影的形成

在制图中，把光源称为投影中心，光线称为投射线，光线的射向称为投射方向，落影的平面（如地面、墙面等）称为投影面，影子的轮廓称为投影，用投影表示物体的形状和大小的方法称为投影法，用投影法画出的物体图形称为投影图。

产生投影必须具备三个条件：

（1）光线——投影线。

（2）形体——只表示物体的形状和大小，而不反映物体的物理性质。

（3）投影面——影子所在的平面。

2.1.2 投影的分类

根据投影中心距离投影面远近的不同，投影分为中心投影和平行投影两类。

1. 中心投影法

由点光源产生放射状的光线，使形体产生的投影，叫做中心投影，如图 2-1-2 所示。

用这种方法得到的投影直观性较强，符合视觉习惯，常用作建筑方案设计图和效果图（即透视图），如图 2-1-3 所示。但采用这种方法作图较难，而且物体的真实形状和大小不能直接在图中度量，不能作为施工图用。

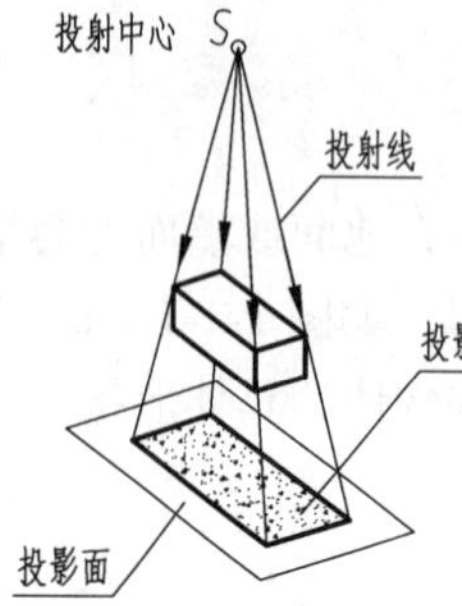

图 2-1-2　中心投影

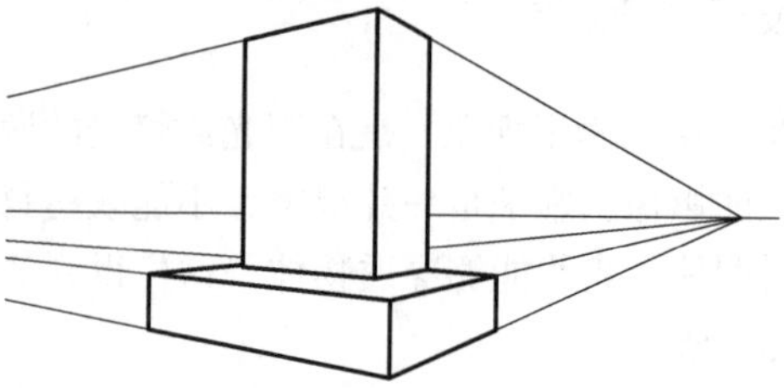

图 2-1-3　透视图

2. 平行投影法

当点光源向无限远处移动时，光线与光线之间的夹角逐渐变小，直至为 0°，这时光线与光线互相平行，使形体产生的投影，叫做平行投影。

平行投影的特点：投影线相互平行，所得投影的大小与物体离投影中心的远近无关。

根据平投影线与投影面是否垂直，平行投影又分为正投影和斜投影。

（1）斜投影。

投影线与投影面倾斜的投影称为斜投影，如图 2-1-4 所示。

斜投影直观性较好，立体感强，但作图较繁，表面形状在图中往往失真，度量性差，只能作为工程上的辅助图样，图 2-1-5 所示为用斜投影作的轴测投影图。

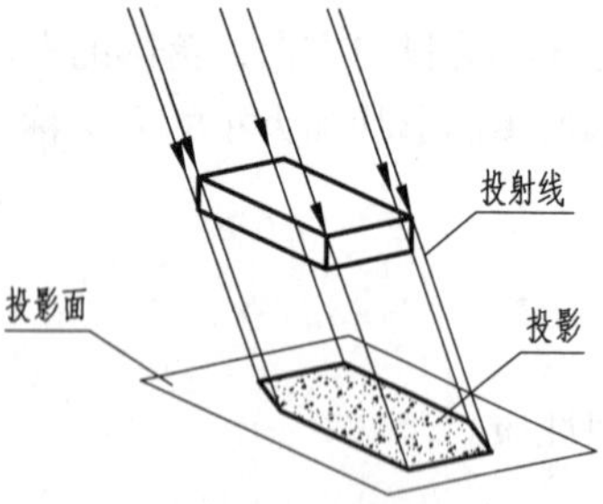

图 2-1-4　斜投影

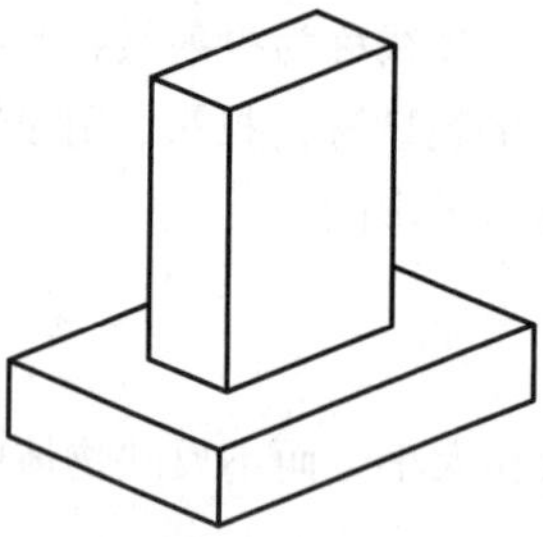

图 2-1-5　轴测投影

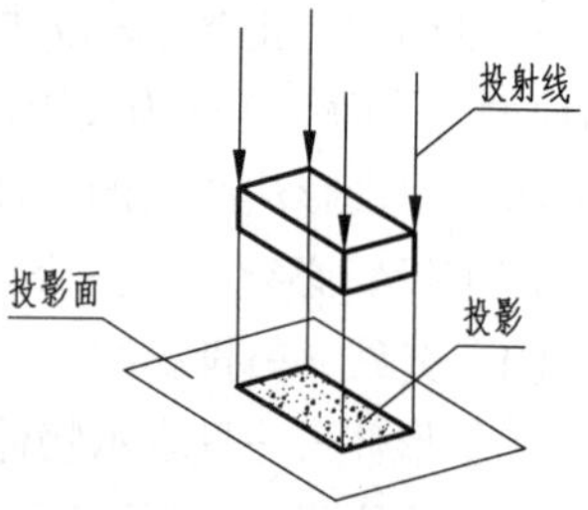

图 2-1-6　正投影

（2）正投影。

正投影是投影线与投影面垂直的投影。正投影具有作图简单、度量方便的特点，被工程制图广泛应用；其缺点是直观性较差，投影图的识读较难，如图 2-1-6 所示。

采用相互垂直的两个或两个以上的投影面，按正投影方法在每个投影面上分别获得同一物体的正投影，然后按规则展开在一个平面上，便得到物体的多面正投影图，如图 2-1-7 所示。

2.1.3　正投影的特性

1. 平行性

空间两直线平行（*AB*∥*CD*），则在同一投影面上的投影仍然平行（*ab*∥*cd*），如图 2-1-8 所示。

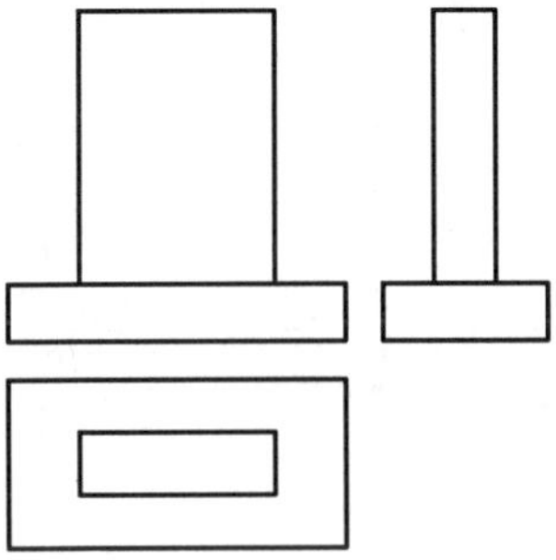

图 2-1-7　多面正投影

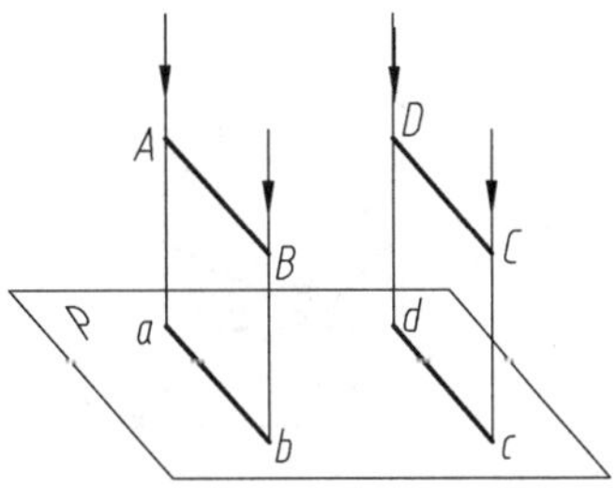

图 2-1-8　直线的平行性

通过两平行直线 *AB* 和 *CD* 的投影线所形成的平面 *ABba* 和 *CDdc* 平行，而平面与同一投影面 *P* 的交线平行，即 *ab*∥*cd*。

2. 定比性

点分线段为一定比例，点的投影分线段的投影为相同比例，*AC*∶*CB*＝*ac*∶*cb*，如图 2-1-9 所示。

3. 度量性

线段或平面与投影面平行时，其投影仍然是线段或平面，且反映线段或平面的实形，如图 2-1-10 所示。

线段 *AB* 平行于投影面 *P*，它在平面 *P* 上的投影反映线段 *AB* 的实长，即 *AB*＝*ab*。平面 *ABCD* 平行于投影面 *P*，其在 *P* 面上的投影反映平面 *ABCD* 的真实形状和实际大小，即▱*ABCD*≌▱*abcd*。这种性质称为正投影的显实性。

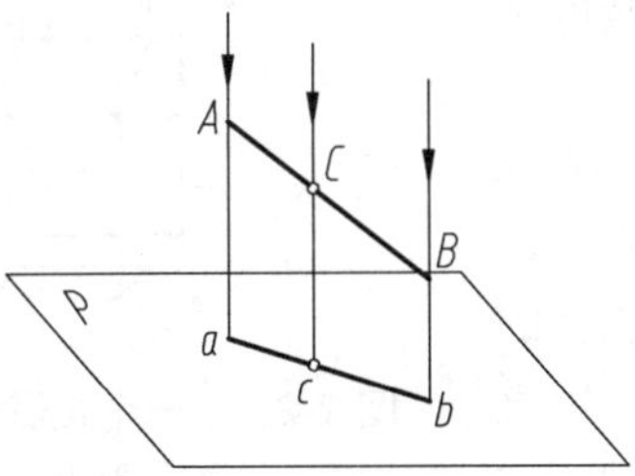

图 2-1-9　定比性

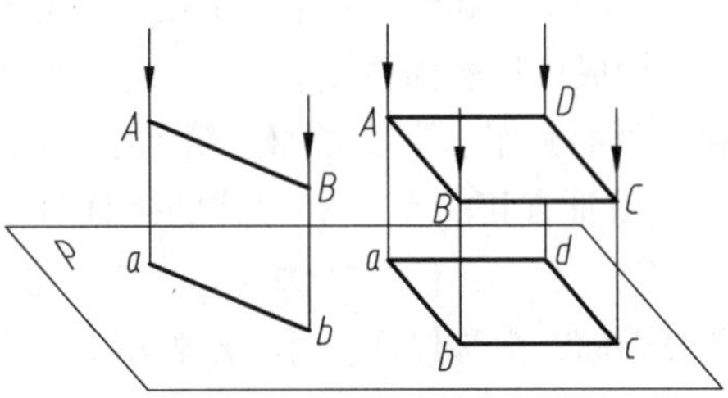

图 2-1-10　度量性

4. 类似性

线段或平面与投影面倾斜时，线段的投影仍为直线，但不反映线段的实长；平面的投影仍为平面，但形状和大小都发生变化。如图 2-1-11 所示，当线段 *AB* 或平面 *ABCD* 不平行于投影面时，其投影 *ab*＜*AB*；平面 *ABCD* 的投影 *abcd* 仍为平面，但 *abcd* 不仅比平面 *ABCD* 小，而且形状也发生了变化。这种性质称为正投影的类似性。

5. 积聚性

直线或平面与投影面垂直时，其投影积聚成点或直线，如图 2-1-12 所示。这种性质称为正投影的积聚性。

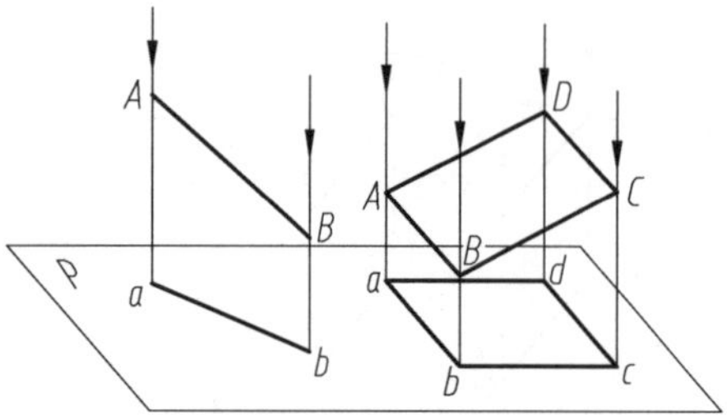

图 2-1-11　类似性

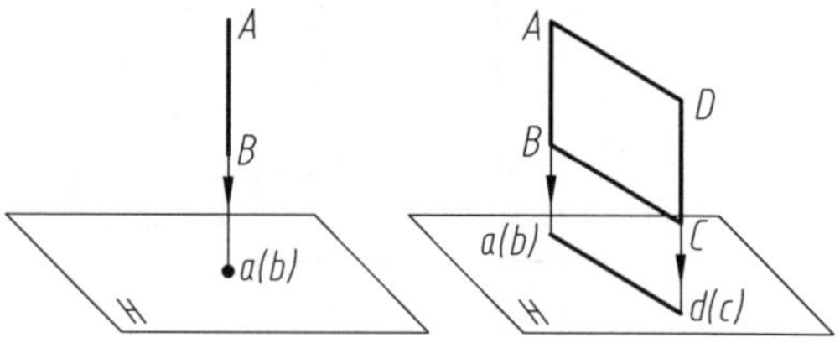

图 2-1-12　积聚性

2.2　三面正投影

2.2.1　投影面的设置

当投影方向、投影面确定后，物体在一个投影面上的投影图是唯一的，但一个正投影图不能完整地反映出物体的全部面貌，如图 2-2-1 所示的四个空间不同形状的物体，它们在同一个投影面上的正投影却是相同的。有时两个投影图也不能完整地反映出物体的全部面貌，如图 2-2-2 所示的不同形体，它们在同两个投影面上的正投影却是相同的。

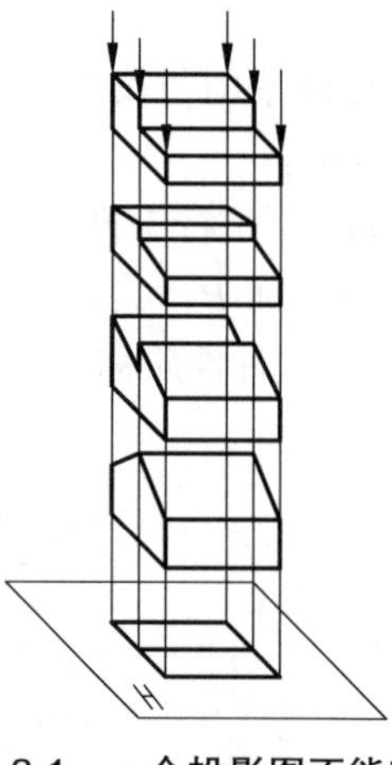

图 2-2-1　一个投影图不能完全反映物体

因此，要准确、完整地表达物体的形状和大小，一般需要有两个或两个以上的正投影图。通常，采用三个相互垂直的平面作为投影面，构成三投影面体系，如图 2-2-3 所示。

水平位置的平面称作水平投影面，简称水平面，用 *H* 表示；与水平投影面垂直相交呈正立位置的平面称为正立投影面，简称正面，用 *V* 表示；位于右侧与 *H*、*V* 面均垂直相交的平面称为侧立投影面，简称侧面，用 *W* 表示。三个相互垂直投影面的交线叫投影轴，分别为 *OX*、*OY*、*OZ* 轴，三轴相交于一点 *O*，称为原点。

1. 三面正投影的形成

将物体放在三投影面体系中，位于观察者和投影面之间，使物体的三个主要特征面分别平行于三个投影面，按箭头所指的投影方向分别向三个投影面作正投影，即得物体的三视图，如图 2-2-4 所示。

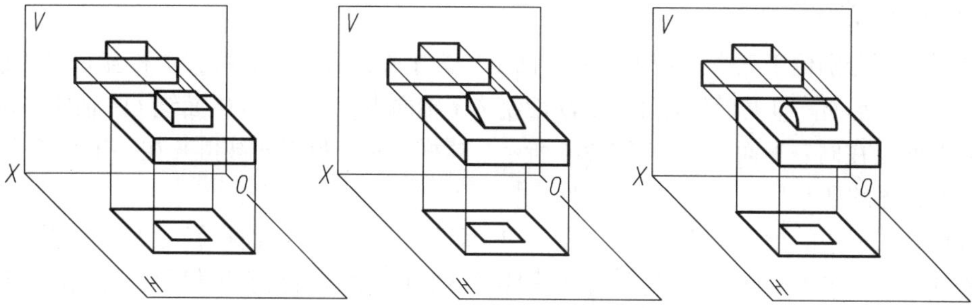

（a）　　　　（b）　　　　（c）

图 2-2-2　形体的两面投影

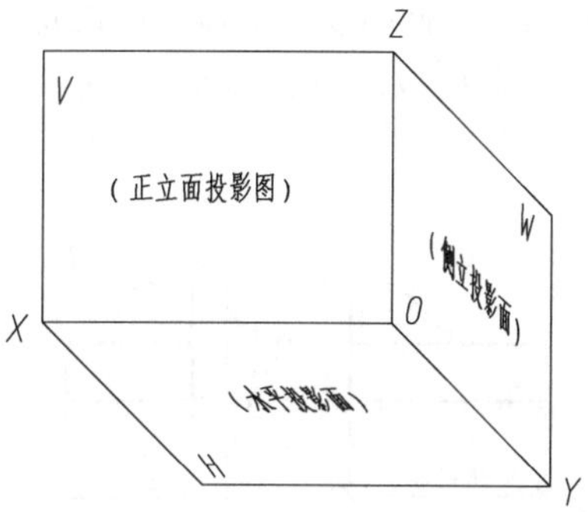

图 2-2-3　三面投影的建立

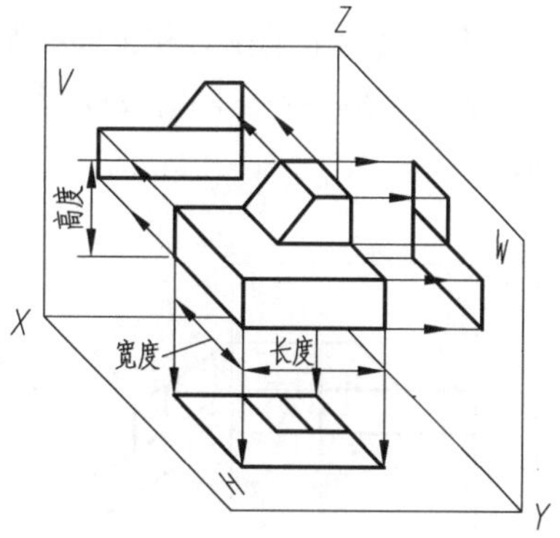

图 2-2-4　三面正投影图的形成

从物体的前方向后方投射，在 *V* 面上得到的视图，称为正面投影或 *V* 面投影，反映物体的上下、左右的相互关系，即物体的长度和宽度。

从物体的上方向下方投射，在 *H* 面上得到的视图，称为水平投影或 *H* 面投影，反映物体的左右、前后的相互关系，即物体的长度和高度。

从物体的左方向右方投射，在 *W* 面上得到的视图，称为侧面投影或 *W* 面投影，反映物体的上下、前后的相互关系，即物体的宽度和高度。

由此可见，三投影面体系能比较完整地反映出物体的全貌，如图 2-2-5 所示。

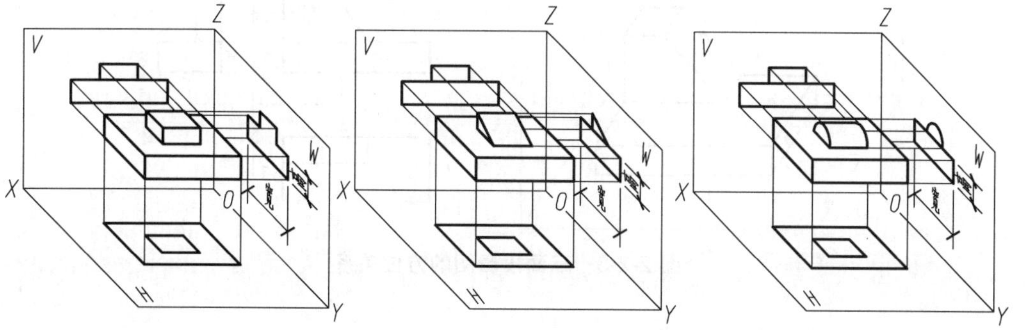

（a）　　　　（b）　　　　（c）

图 2-2-5　形体的三面投影

2. 投影面的展开规则

三个投影面分别位于三个互相垂直的平面上，为了作图方便，需将三个相互垂直的投影面展开摊平成为一个平面。即 *V* 面保持不动，*H* 面绕 *OX* 轴向下翻转 90°，*W* 面绕 *OZ* 轴向右翻转 90°，使它们与 *V* 面处在同一平面上，如图 2-2-6 所示。这样，三个投影面被摊开在一个平面内的方法，叫做三面投影图的展开。

展开后，三视图的排列位置：*H* 面投影在 *V* 面投影的下方，*W* 面投影在 *V* 面投影的右方。在画三视图时可不画出投影面的边界，在初学投影作图时，最好将投影轴保留，并用细实线画出。

3. 三面正投影的特征

空间形体都有长、宽、高三个方向的尺度。由于作形体投影图时形体的位置不变，展开后，同时反映形体长度的水平投影和正面投影左右对齐——长对正，同时反映形体高度的正面图和侧面图上下对齐——高平齐，同时反映形体宽度的水平投影和侧面投影前后对齐——宽相等，如图 2-2-7 所示。

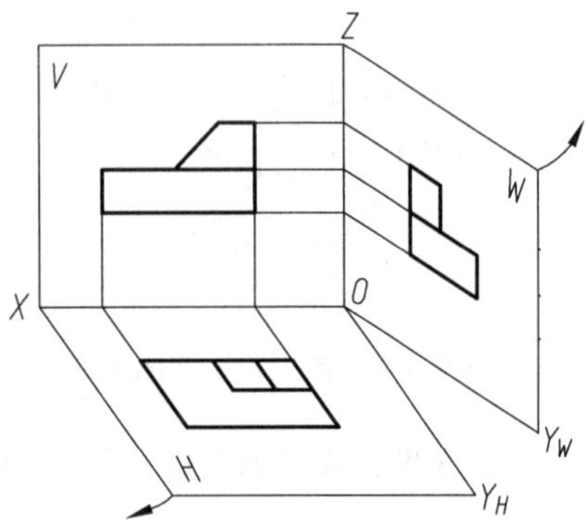

图 2-2-6 展开后的三面投影图

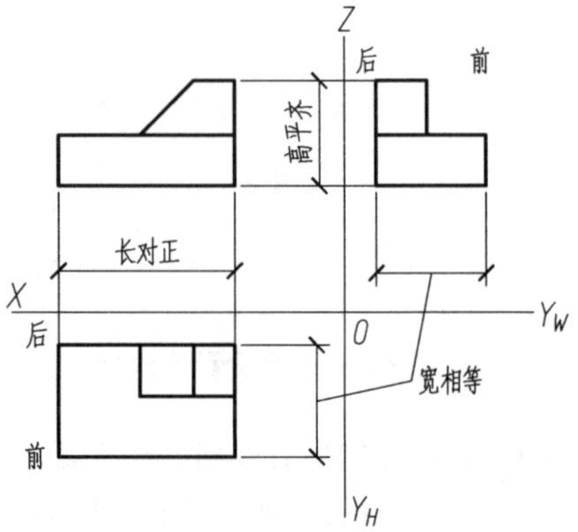

图 2-2-7 三面正投影规律

归纳起来，三面正投影规律为："长对正、高平齐、宽相等"。另外，三面投影图的方位关系如图 2-2-8 所示。

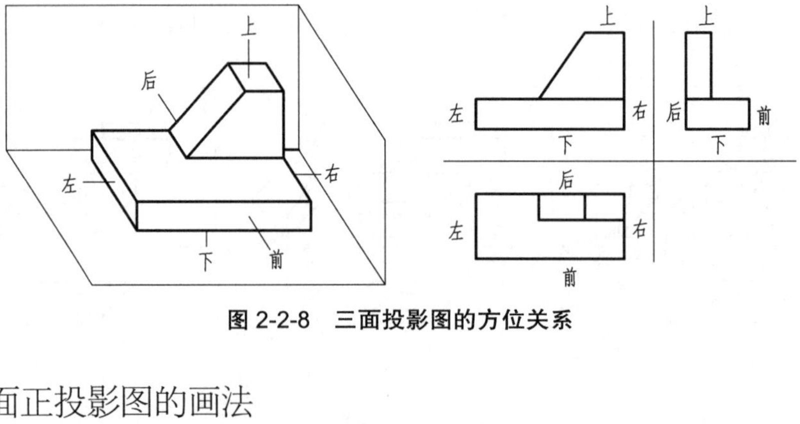

图 2-2-8 三面投影图的方位关系

2.2.2 三面正投影图的画法

（1）画出水平和垂直十字相交线表示投影轴，作出形体的水平投影图。如图 2-2-9（b）所示。

（2）根据“三等”关系：正面图和平面图的各个相应部分用铅垂线对正（等长）；正面图和侧面图的各个相应部分用水平线拉齐（等高）；利用平面图和侧面图的等宽关系，从两坐标轴的交点作一条向右下斜的 45° 线，然后在平面图上向右引水平线，与 45° 线相交后再向上引铅垂线，把平面图中的宽度反映到侧面投影中去，作出形全的正面投影图和侧面投影图，如图 2-2-9（c）、（d）所示。

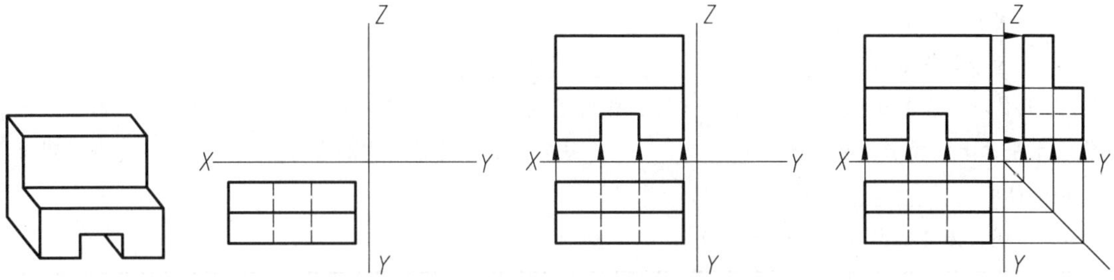

（a）立体图　（b）作水平投影　（c）作正面投影　（d）作侧面投影并加深

图 2-2-9　三面正投影图作图步骤

教学活动 1

认识投影及投影体系（1 学时）

活动项目	课堂活动内容	时间	资源
认识投影及投影体系	① 将教室的窗帘拉上，用手电筒照在一个粉笔盒上，让同学们观察粉笔盒留在墙上的影子，建立投影的概念，分析投影形成的几个条件。 ② 粉笔盒不动，将手电筒移至较远处，让同学们观察墙上投影变化情况，总结中心投影和平行投影的不同和特点。 ③ 将学生分成 5 人一组，分别拿出已经按要求（已去除掉纸盒的顶面、前面和左面三个面）准备好的空纸盒和一个长方体（方形橡皮或火柴盒等）： a. 按要求在空纸盒上标出 *V*、*H*、*W* 面，建立一个三面投影体系；在长方体的六个面上标出其上、下、左、右、前、后的文字。 b. 每组同学相互配合，用正投影的方法分别在空纸盒的三个投影面上画出长方体的投影并且标出看到的相应文字。要求每画一个投影的同时，在长方体上将可以看到的产生此投影的面用不同颜色的水彩笔涂上颜色。 c. 观察空纸盒上的投影图和涂料不同颜色的长方体，总结长方体投影的特点和正投影的特点。 ④ 将空纸盒底面和右面连接处拆开，将纸盒的三个面展开在一个平面内，观察开始画出的三个投影图在展开的投影图中的位置关系及方位，总结三面投影图的规律。	1 学时	手电筒 空纸盒 长方体 水彩笔 多媒体 精品课程 工作纸

续上表

工作纸——认识投影以及投影体系
任　务： 1. 投影形成的条件有哪几个？ 2. 中心投影和平行投影的特点有哪些？ 3. 正投影的特性是_________、_________和___________。 4. 三面投影图的规律是_____________________________。 5. 形体在三面投影体系中的位置确定后，相对于观察者，它的空间就有上、下、左、右、前、后六个方位。水平面上的投影反映形体的_____________ 关系，正面投影反映形体的____________关系，侧面投影反映形体的 ____________关系。 6. 简述长方体三面投影图的画图方法。

2.3　建筑形体基本元素的投影

空间形体是由点、线、面构成的，研究空间点、线、面的投影是绘制建筑工程图样的基础。点是最基本的几何元素，学习点的投影是学习其他投影的基础。

2.3.1　点的投影

1. 点的三面投影

点的投影为点，故在三个面的投影均为点。

将空间点 A 置于三投影面体系中，自 A 点分别向三个投影面作垂线（即投射线），三个垂足就是点 A 在三个投影面上的投影，如图 2-3-1 所示。

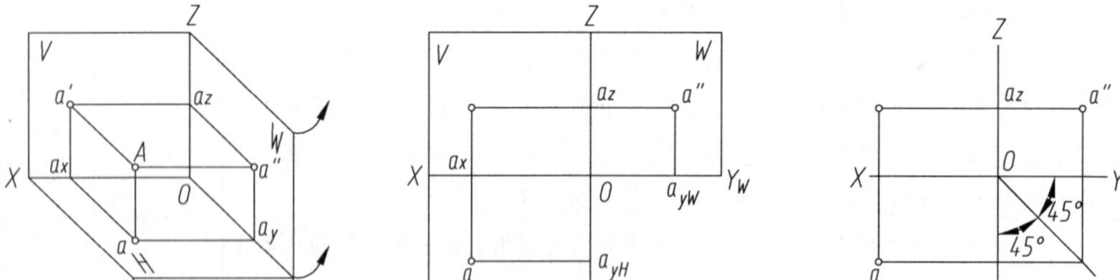

（a）轴测图　　（b）展开投影面　　（c）投影图

图 2-3-1　点的三面投影

用细实线将点的相邻投影连起来，如 aa'、aa'' 称为投影连线。

水平投影 a 与侧面投影 a'' 不能直接相连，作图时常以图 2-3-1（c）所示的借助斜角线或圆弧来实现。

2. 点的投影规律

将点按图 2-3-1 进行投影和展开投影面后，点的投影具有下述规律：

（1）点的正面投影 a' 和水平投影 a 的连线必垂直于 X 轴，即 $aa' \perp OX$；点的正面投影 a' 与侧面投影 a'' 的连线必垂直于 Z 轴，即 $a'a'' \perp OZ$；点的水平投影 a 到 OX 轴的距离等于其侧面投影 a'' 到 OZ 轴的距离，即 $aa_x = a''a_z$。

（2）点的投影到投影轴的距离反映该点的坐标，也就是该点与相应的投影面的距离。

（3）点在任何投影面上的投影仍然是点。

点的投影规律符合投影规律，只要给出点的任何两面投影，就可以求出第三面投影，如图 2-3-2 所示。

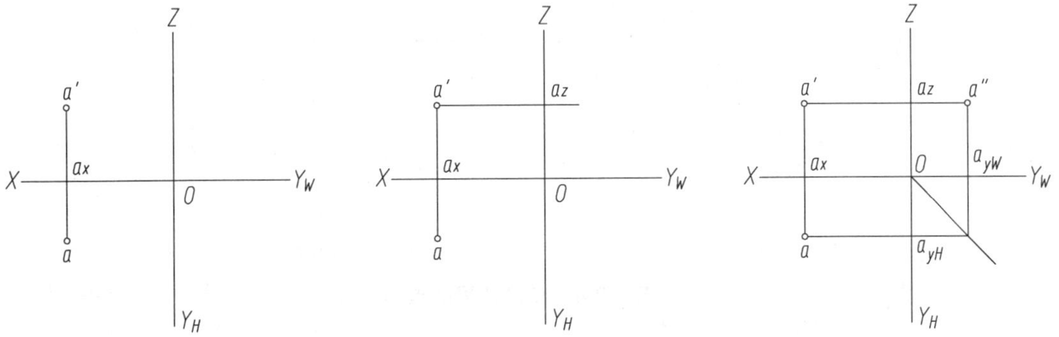

（a）已知点 A 的两投影 a、a'　　（b）过 a' 作 OZ 轴的垂直线 $a'a_z$　　（c）在 $a'a_z$ 的延长线上截取 $a'a_z = aa_x$，a'' 即为所求

图 2-3-2　已知点的两面投影，求作第三面投影

3. 点的坐标

把三投影面体系看作空间直角坐标系，投影轴 OX、OY、OZ 相当于坐标轴 X、Y、Z 轴，投影面 H、V、W 相当于坐标平面，投影轴原点 O 相当于坐标系原点。

如图 2-3-3（a）所示，空间一点到三投影面的距离，就是该点的三个坐标（用小写字母 x、y、z 表示）。

利用点的坐标就能较容易地求作点的投影及确定空间点的位置，如图 2-3-3（b）所示。

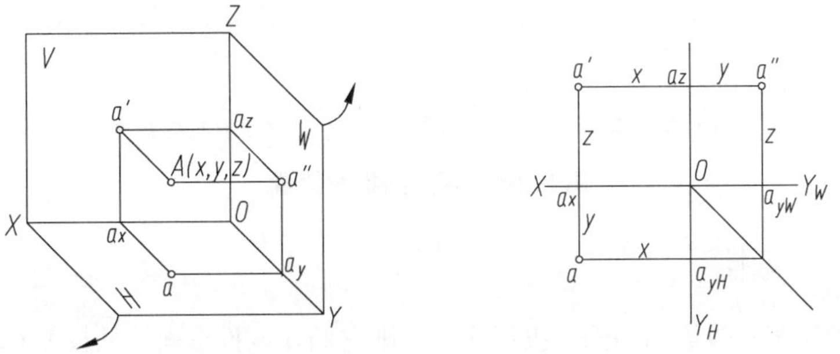

（a）　　（b）

图 2-3-3　点的坐标

4. 特殊位置的点

当点在某一投影面上时，它的坐标必有一个为零，三个投影中必有两个投影位于投影轴上。

当点在某一投影轴上时，它的坐标必有两个为零，三个投影中必有两个投影位于投影轴上，另一个投影则与坐标原点重合。

当点在坐标原点上时，它的三个坐标均为零。

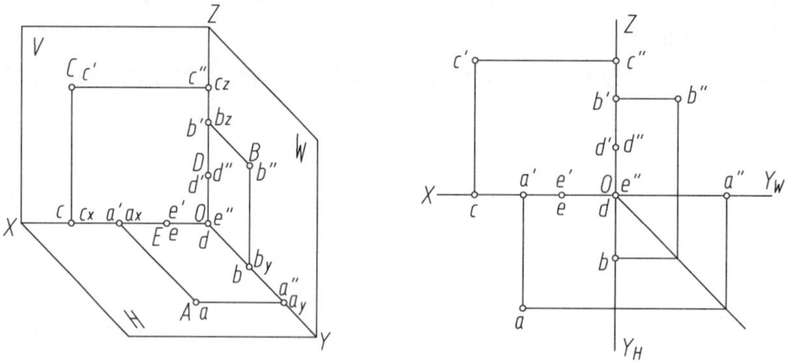

（a）　　　　　　　　（b）

图 2-3-4　特殊位置的点

5. 两点的相对位置

空间两点间有左右、前后和上下的位置关系，这些位置关系可在其三面投影图中得到反映。同样也可以用坐标值判断两点的相对位置，坐标值大的点在左、前、上方，坐标值小的点在右、后、下方。图 2-3-5 中，*A* 点在 *B* 点的左、前、下方，*B* 点在 *A* 点的右、后、上方。

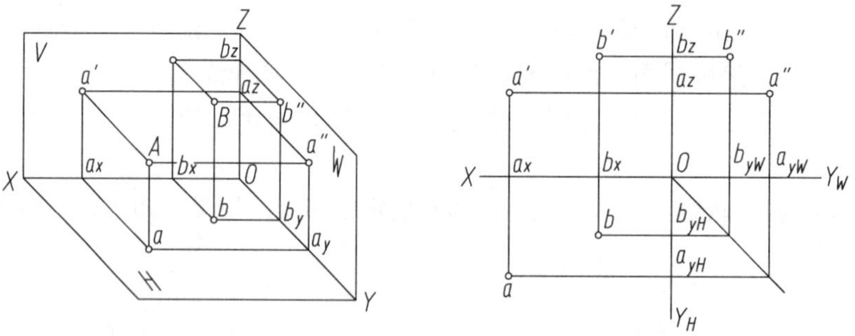

（a）直观图　　　　　　（b）投影图

图 2-3-5　两点的相对位置

6. 重影点及可见性

当空间两点处于某一投影面的同一投影线上，则它们在该投影面上的投影必然重合。这两个点称为重影点，其中位于左、前、上方的点为可见点；位于右、后、下方的点被遮挡，为不可见点，其投影在标注时加括号以示区别，如图 2-3-6 所示。

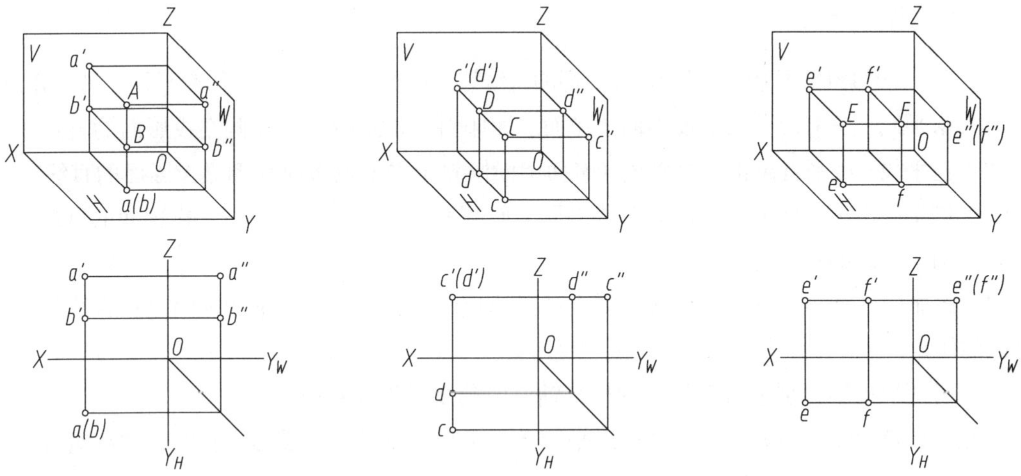

（a）　　（b）　　（c）

图 2-3-6　重影点的投影

2.3.2　直线的投影

直线的投影也可以由直线上两点的投影确定。求直线的投影，只要作出直线上两个点的投影，再将同一投影面上两点的投影连起来，即得该直线的投影。

直线按其与投影面的相对位置不同，可以分为特殊位置的直线和一般位置的直线，而特殊位置的直线又分为投影面平行线和投影面垂直线。

1. 一般位置直线

与三投影面都倾斜的直线称为一般位置的直线。一般位置直线的投影如图 2-3-7 所示。

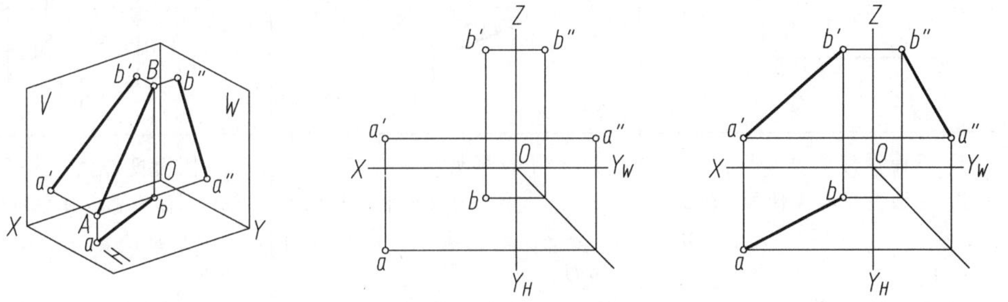

（a）　　（b）　　（c）

图 2-3-7　一般位置直线的投影

一般位置直线的投影特点：

（1）一般位置直线的三个投影均倾斜于投影轴，但与投影轴的夹角不反映直线与投影面的倾角。

（2）一般位置直线的三个投影均为直线，不反映实长。

可以看出，一般位置直线的三个投影均为斜线。

2. 投影面平行线

平行于一个投影面而倾斜于另两个投影面的直线称为投影面平行线。投影面平行线又可分为：

（1）水平线——平行于水平投影面（*H* 面）而倾斜于正立投影面和侧立投影面的直线。

（2）正平线——平行于正立投影面（*V* 面）而倾斜于水平投影面和侧立投影面的直线。

（3）侧平线——平行于侧立投影面（*W* 面）而倾斜于水平投影面和正立投影面的直线。

投影面平行线的投影特性：

（1）投影面平行线在其平行的投影面上的投影反映实长，与投影轴的夹角反映直线与另两个投影面的倾角。

（2）另两个投影分别平行于相应的投影轴，但其投影长度缩短。

因此，在投影图上，如果有一个投影平行于投影轴，而另一个投影为斜线，此空间线一定是投影面平行线，如表 2-3-1 所示。

表 2-3-1　投影面平行线

名称	正平线（//*V* 面）	水平线（//*H* 面）	侧平线（//*W* 面）
直观图	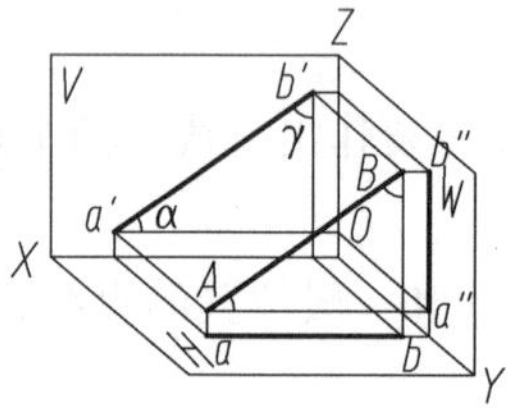	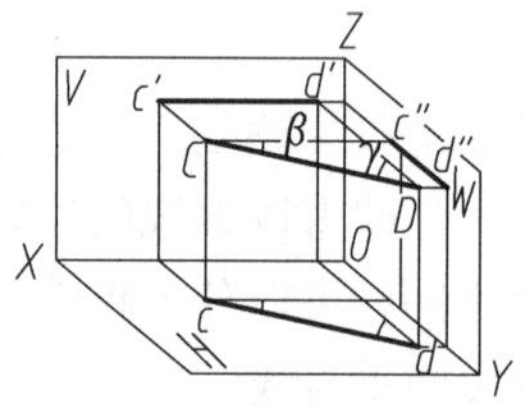	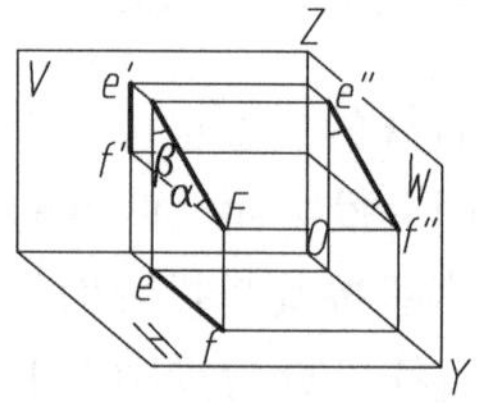
投影图	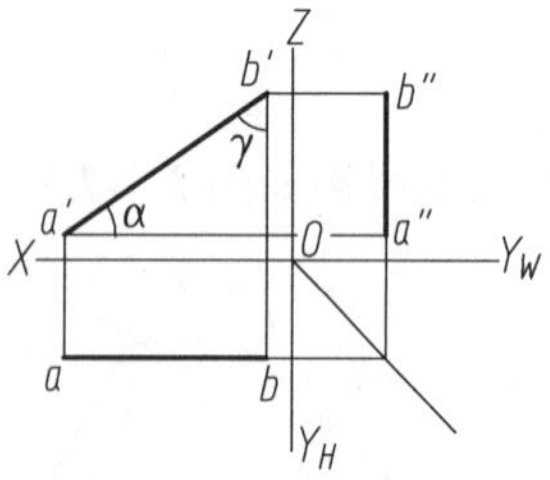	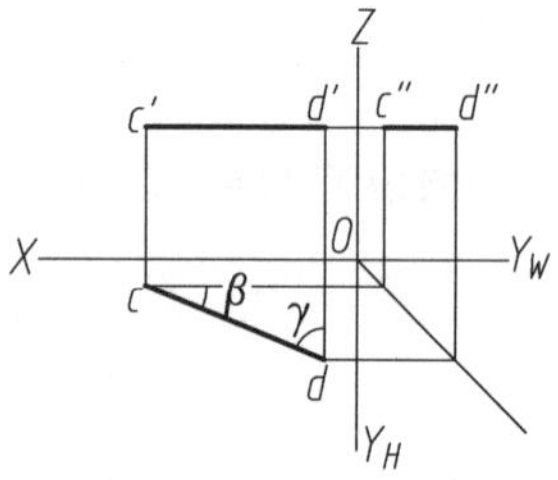	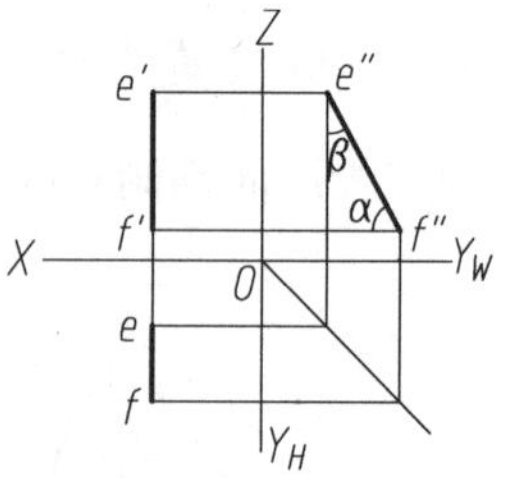
投影特征	① 正面投影反映实长。 ② 正面投影与 *X* 轴和 *Z* 轴的夹角，分别反映直线与 *H* 面和 *W* 面的倾角。 ③ 水平投影及侧面投影分别平行于 *X* 轴与 *Z* 轴，但不反映实长	① 水平投影反映实长。 ② 水平投影与 *X* 轴和 *Y* 轴的夹角，分别反映直线与 *V* 面和 *W* 面的倾角。 ③ 正面投影及侧面投影分别平行于 *X* 轴及 *Y* 轴，但不反映实长	① 侧面投影反映实长。 ② 侧面投影与 *Y* 轴和 *Z* 轴的夹角，分别反映直线与 *H* 面和 *V* 面的倾角。 ③ 水平投影及正面投影分别平行于 *Y* 轴及 *Z* 轴，但不反映实长

3. 投影面垂直线

垂直于一个投影面而平行于另两个投影面的直线称为投影面垂直线。投影面垂直线也可分为：

（1）铅垂线——垂直于水平投影面（*H* 面）而平行于正立投影面和侧立投影面的直线。

（2）正垂线——垂直于正立投影面（*V* 面）而平行于水平投影面和侧立投影面的直线。

（3）侧垂线——垂直于侧立投影面（*W* 面）而平行于水平投影面和正立投影面的直线。

投影面垂直线的投影特性：

（1）投影面垂直线在垂直的投影面上的投影积聚成为一个点。

（2）在另外两个投影面上的投影分别垂直于相应的投影轴，并反映实长。

因此，在投影图上，如果有一个投影积聚为一点，而另两个投影分别垂直于相应的投影轴的直线，此空间直线一定是投影面垂直线，如表 2-3-2 所示。

表 2-3-2　投影面垂直线

名称	正垂线（⊥*V* 面）	铅垂线（⊥*H* 面）	侧垂线（⊥*W* 面）
直观图	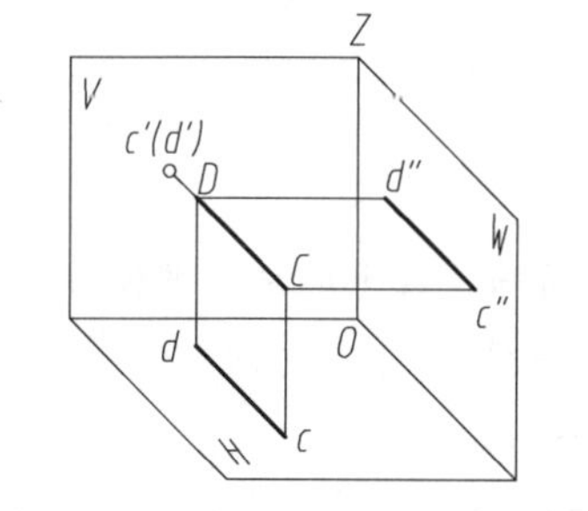	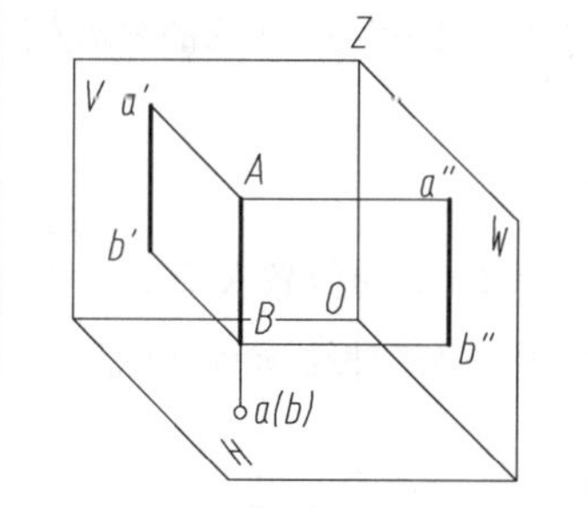	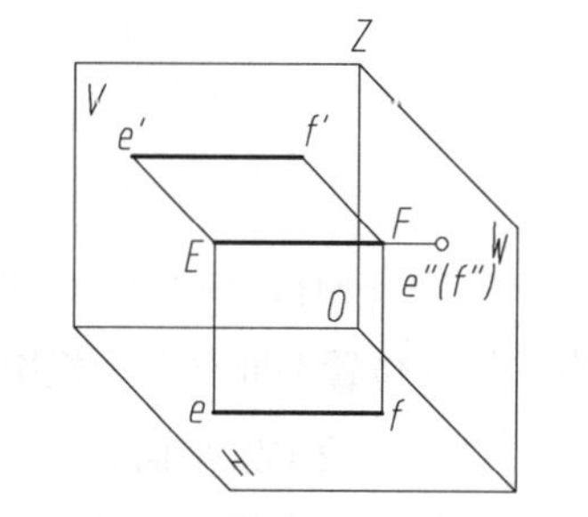
投影图	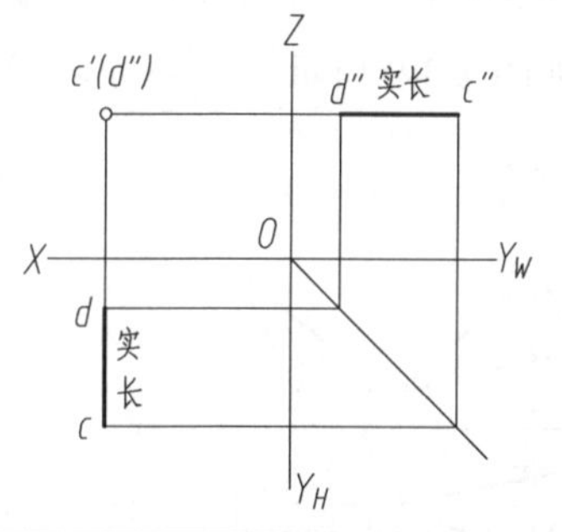	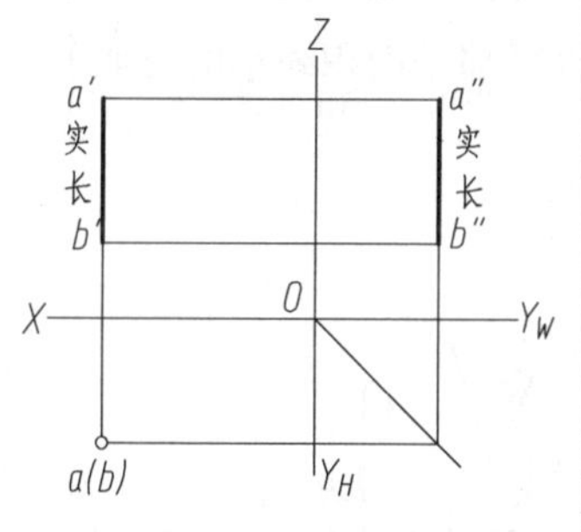	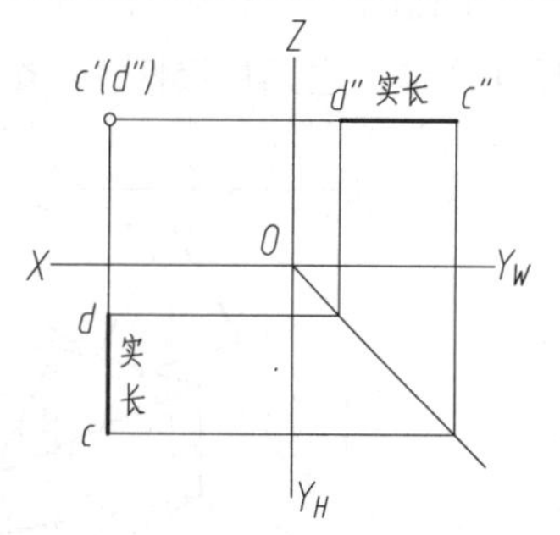
投影特征	① 正面投影积聚为一点。 ② 水平投影及侧面投影分别垂直于 *X* 轴及 *Z* 轴，且反映实长	① 水平投影积聚为一点。 ② 正面投影及侧面投影分别垂直于 *X* 轴及 *Y* 轴，且反映实长	① 侧面投影积聚为一点。 ② 水平投影及正面投影分别垂直于 *Y* 轴及 *Z* 轴，且反映实长

2.3.3　平面的投影

1. 平面的几何元素表示法

平面通常是由点、线或者线、线所围成。平面在空间的位置可用下列的几何元素来确定和表示。

（1）不在同一直线上的三点，见图 2-3-8（a）。

（2）一直线和直线外一点，见图 2-3-8（b）。

（3）两相交直线，见图 2-3-8（c）。

（4）两平行直线，见图 2-3-8（d）。

（5）平面图形，见图 2-3-8（e）。

在投影图中可以用上述任一组几何元素的两面投影来表示平面，并且同一平面在同一位置用任一组几何元素来表示位置都不变。

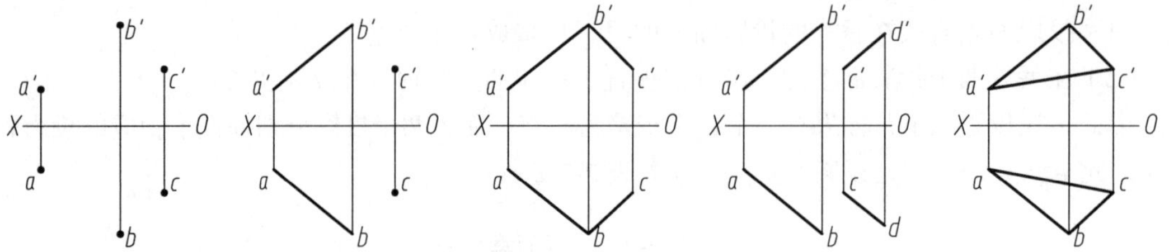

（a）　（b）　（c）　（d）　（e）

图 2-3-8　平面的表示方法

2. 各种位置平面

空间平面按其相对三个投影面的不同位置关系，可分为特殊位置平面和一般位置平面。其中，特殊位置平面又分为投影面平行面和投影面垂直面。

（1）一般位置平面。

倾斜于三个投影面的平面，称为一般位置平面。一般位置的平面在三个投影面上的投影都不反映实形，也无积聚性，三个投影都是面积缩小的类似形，如图 2-3-9 所示。

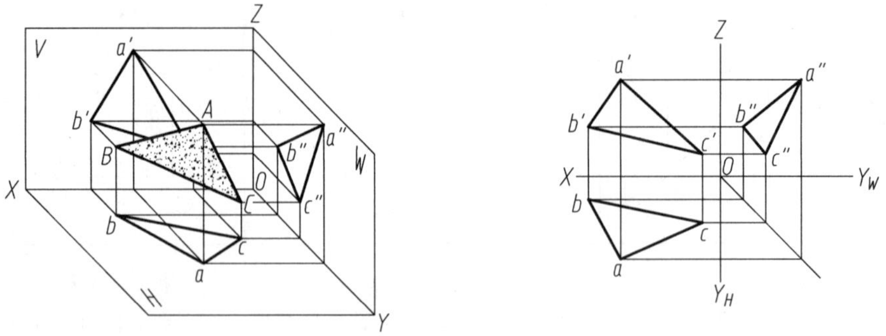

（a）　（b）

图 2-3-9　一般位置平面

（2）投影面垂直面。

只垂直一个投影面的平面，称为投影面垂直面投影面垂直面可分为：

① 铅垂面——垂直于水平投影面而倾斜于正立投影面和侧立投影面的平面。

② 正垂面——垂直于正立投影面而倾斜于水平投影面和侧立投影面的平面。

③ 侧垂面——垂直于侧立投影面而倾斜于水平投影面和正立投影面的平面。

投影面垂直面的投影特性（见表 2-3-3）：

① 投影面垂直面在与其垂直的投影面上的投影积聚成一条倾斜于投影轴的直线，该直线与投影轴的夹角反映该平面与另两个投影面的倾角。

② 在另外两个投影面上的投影是平面的类似形。

表 2-3-3 投影面垂直面

名称	正垂面（⊥V 面）	铅垂面（⊥H 面）	侧垂面（⊥W 面）
直观图	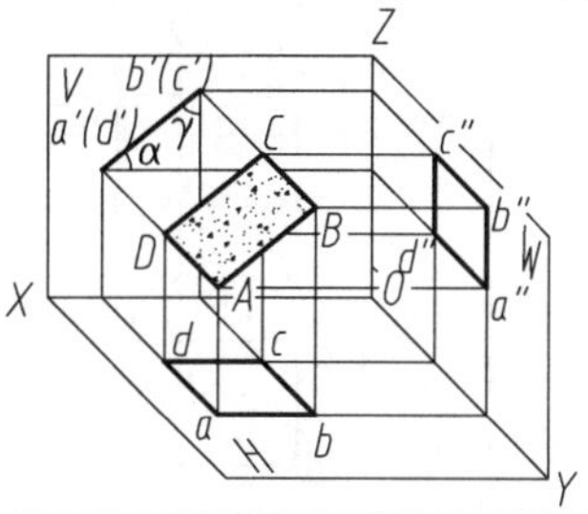	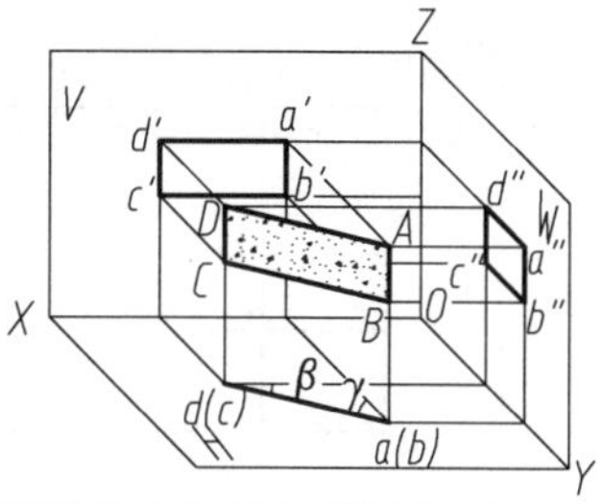	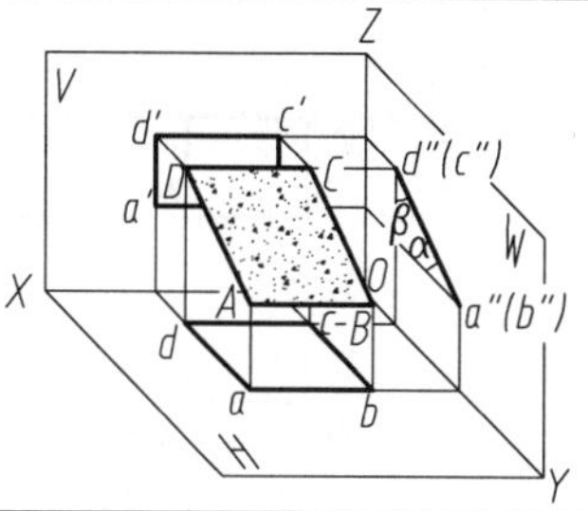
投影图	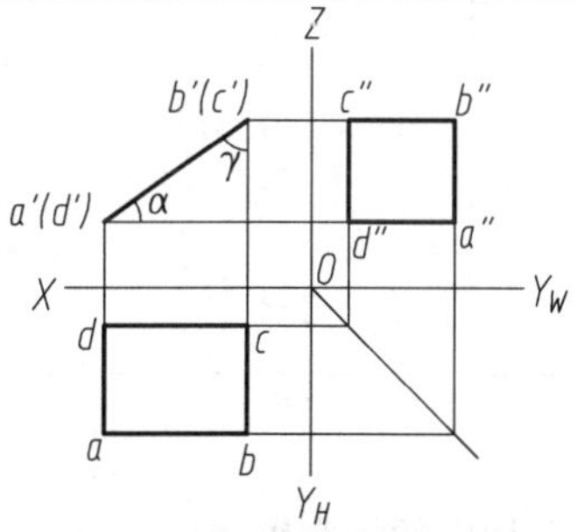	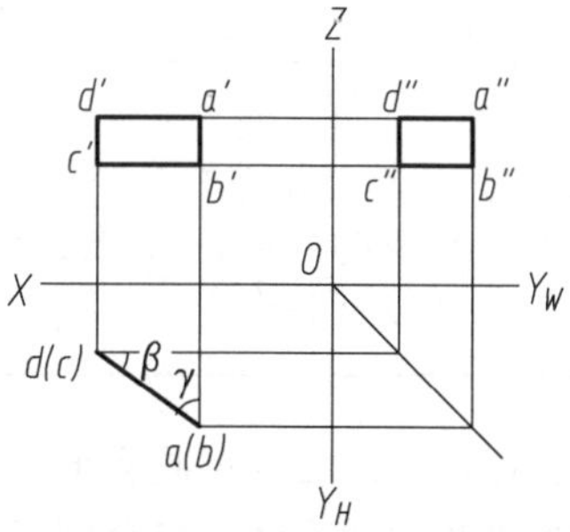	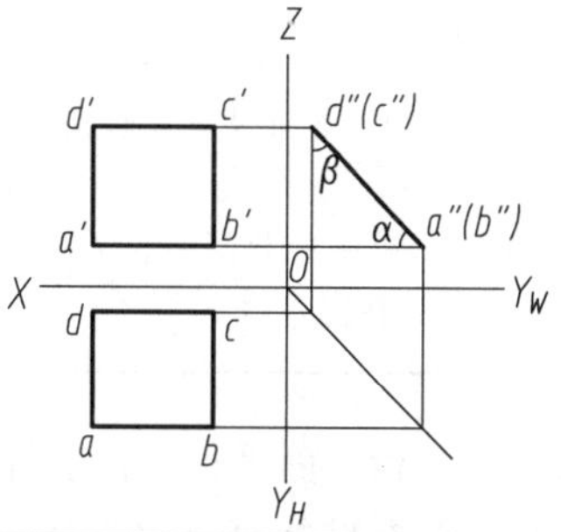
投影特征	① 正面投影积聚成一条直线。② 正面投影与 X 轴、Z 轴的夹角分别反映平面与 H 面和 W 面的倾角。③ 水平投影及侧面投影为平面的类似性	① 水平投影积聚成一条直线。② 水平投影与 X 轴、Y 轴的夹角分别反映平面与 V 面和 W 面的倾角。③ 正面投影及侧面投影为平面的类似性	① 侧面投影积聚成一条直线。② 侧面投影与 Z 轴、Y 轴的夹角分别反映平面与 H 面和 V 面的倾角。③ 水平投影及正面投影为平面的类似性

（3）投影面平行面。

平行于投影面的平面，必定垂直于其他两个投影面，称为投影面平行面。投影面平行面可分为：

① 水平面——平行于水平投影面而垂直于正立投影面和侧立投影面的平面。

② 正平面——平行于正立投影面而垂直于水平投影面和侧立投影面的平面。

③ 侧平面——平行于侧立投影面而垂直于水平投影面和正立投影面的平面。

投影面平行面的投影特性（见表 2-3-4）：

表 2-3-4 投影面平行面

名称	正平面（//V 面）	水平面（//H 面）	侧平面（//W 面）
直观图	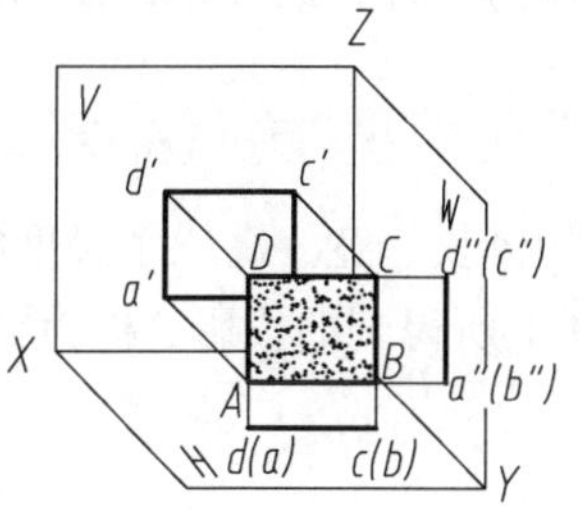	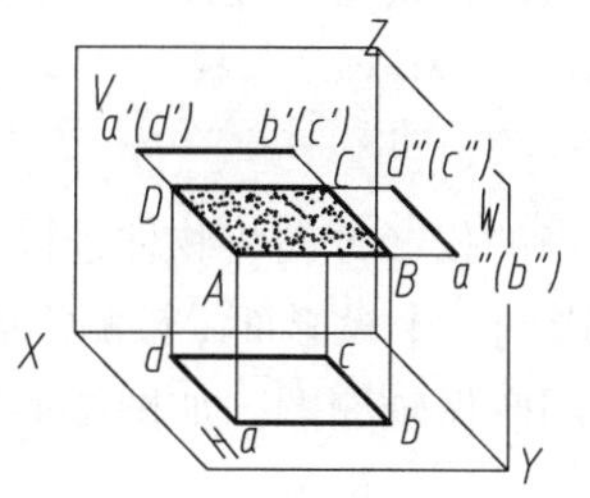	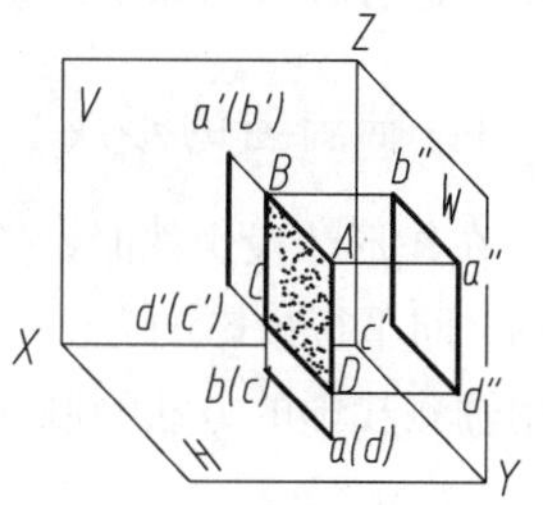

续表 2-3-4

名称	正平面（//V面）	水平面（//H面）	侧平面（//W面）
投影图	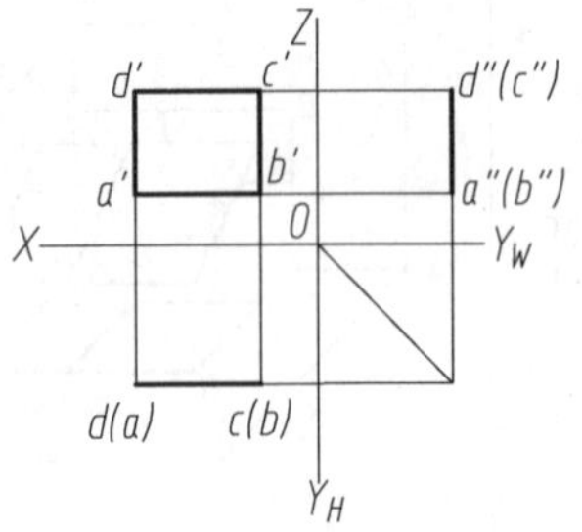	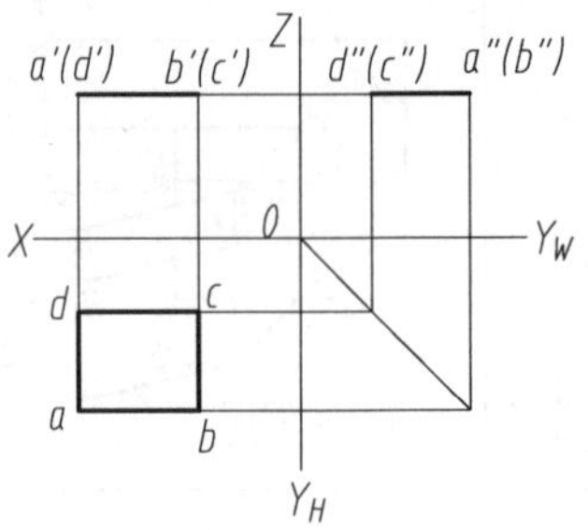	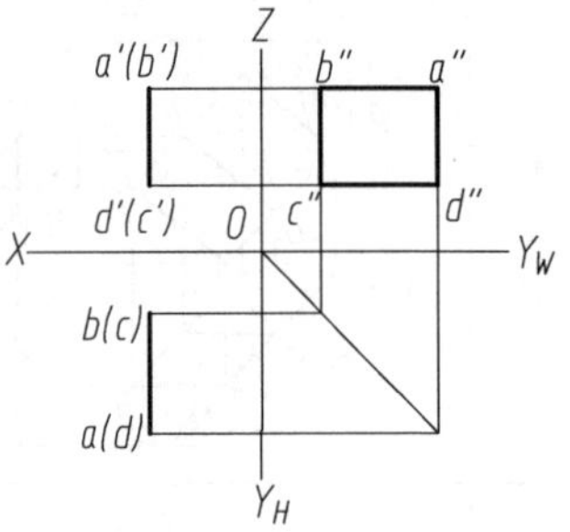
投影特征	① 正面投影反映实形。② 水平投影及侧面投影分别积聚成一条直线，且分别平行于 X 轴及 Z 轴	① 水平投影反映实形。② 正面投影及侧面投影分别积聚成一条直线，且分别平行于 X 轴及 Y 轴	① 侧面投影反映实形。② 水平投影及正面投影分别积聚成一条直线，且分别平行于 V 轴及 Z 轴

① 投影面平行面在平行的投影面上的投影反映实形。

② 在另外两个投影面上的投影积聚成直线，且分别平行于相应的投影轴。

2.4 轴测图的基本知识

2.4.1 基本概念

前面介绍的正投影图能完整、准确地表达形体的形状和大小，且绘制简便，便于度量，因此常作为工程设计和施工中的主要图样。但这种图样中的每一个投影只能反映形体的两个向度，因而缺乏立体感，在识读时必须把三个投影图联系起来才能想象出空间形体的全貌。当形体结构复杂时，其正投影图就较难看懂，因此有时采用立体感较强的轴测投影图作为工程上的辅助图样。前面插图中的立体图就属于轴测投影图。

轴测投影虽然直观性较强，但也存在一定的缺点，如不能准确地反映形体的真实形状和大小，不便于尺寸的度量。如图 2-4-1 所示的双槽水池，它的上口是两个大小相等的正方形，在轴测投影中表现为平行四边形。水槽下部的圆形排水孔在轴测投影中变成椭圆形孔，直角的轴测投影为钝角或锐角，因此轴测投影在应用上有一定的局限性。在给排水和暖通等专业图中，常用轴测投影图表达各种管道系统的空间连接；在其他专业图中，有时也作为一种辅助性图样使用。

1. 轴测图的形成

在作形体投影图时，选取适当的投影方向将物体连同确定物体长、宽、高三个尺度的直角坐标轴，同平行投影的方法一起投影到一个投影面（轴测投影面）上所得到的投影，称为轴测投影。应用轴测投影的方法绘制的投影图叫做轴测图，如图 2-4-2 所示。

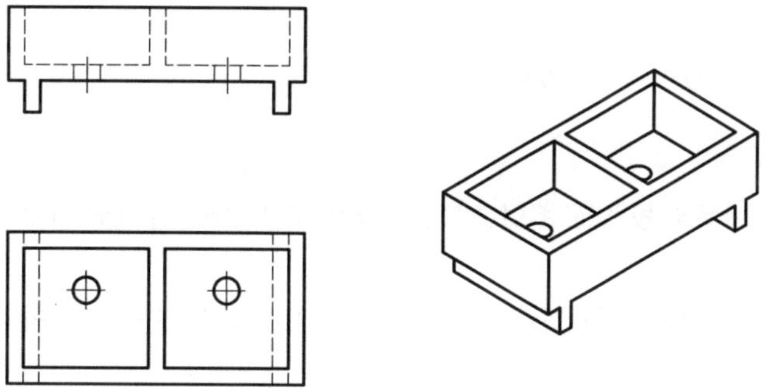

图 2-4-1　正投影图与轴测图

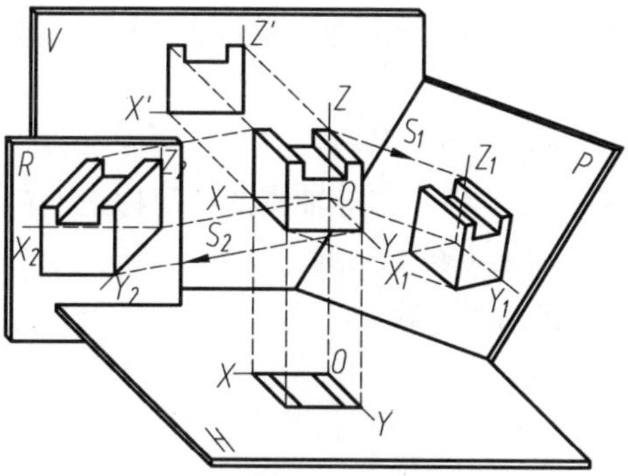

（a）轴测投影形成

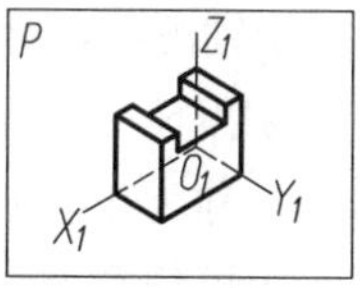

（b）正轴测投影图

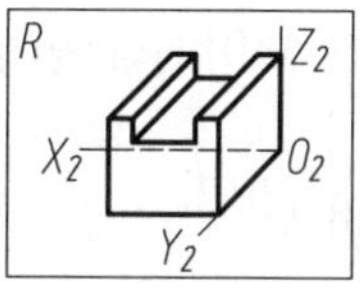

（c）斜轴测投影图

图 2-4-2　轴测图的形成

2. 轴测投影的特点

（1）空间相互平行的直线，其轴测投影仍然相互平行。因此，形体上平行于三个坐标轴的线段，在轴测投影中都分别平行于相应的轴测轴。

（2）空间相互平行的两线段长度之比，等于它们轴测投影的长度之比。但是，只有与坐标轴平行的线段，才与轴测轴发生相同的变形。

3. 术　语

（1）轴测投影面。

轴测图所处的平面称为轴测投影面，如图 2-4-2（a）中的 P、R 平面。

（2）轴测轴。

表示空间形体长、宽、高三个方向的直角坐标轴 OX、OY、OZ，在轴测投影面上的投影 O_1X_1、O_1Y_1、O_1Z_1 称为轴测轴。

（3）轴间角。

相邻两轴测轴之间的夹角 $\angle X_1O_1Z_1$、$\angle Z_1O_1Y_1$、$\angle Y_1O_1X_1$ 称为轴间角，三个轴间角之和为 360°。

（4）轴向伸缩系数。

轴测轴上某段长度与它的实长之比称为该轴的轴向伸缩系数。X、Y、Z 轴的轴向伸缩系数分别用 p、q、r 表示，即

$$p=\frac{O_1X_1}{OX},\ q=\frac{O_1Y_1}{OY},\ r=\frac{O_1Z_1}{OZ}$$

4. 轴测图的分类

根据空间直角坐标系对投影面相对位置的变化以及投射线对投影面是否垂直，轴测投影可分为两类：

（1）将形体的三条坐标轴倾斜于投影面放置，利用正投影法所得的轴测图，称为正轴测图，如图 2-4-2（b）所示。

（2）将形体一个方向的面及其两个坐标轴与轴测投影面平行，投射方向倾斜于轴测投影面，并与形体的外表面倾斜，所得轴测图称为斜轴测图，如图 2-4-2（c）所示。

由于形体相对于轴测投影面的位置及投影方向不同，轴向伸缩系数也不同，因此，正轴测图和斜轴测图又各分为以下三种：

① $p_1=q_1=r_1$，称为正（斜）等轴测图，简称正（斜）等测；

② $p_1=q_1\neq r_1$（可任意两个系数相等），称为正（斜）二等轴测图，简称正（斜）二测；

③ $p_1\neq q_1\neq r_1$，称为正（斜）三轴测图，简称正（斜）三测。

在建筑制图中常用的轴测图有正等测、正面斜二测图等。

2.4.2 正等轴测图

1. 正等轴测图的特点

当确定形体空间位置的三个坐标轴与轴测投影面的倾角（均为 120°）相等，投射线与轴测投影面垂直时，所得到的轴测投影称为正等轴测投影，简称正等测，如图 2-4-3 所示。

理论上可以推出 $p=q=r\approx 0.82$，为了作图简便，常采用简化轴向伸缩系数 $p=q=r=1$，称为简化系数。

根据习惯画法，OZ 轴成竖直位置，X 轴和 Y 轴的位置可以互换。

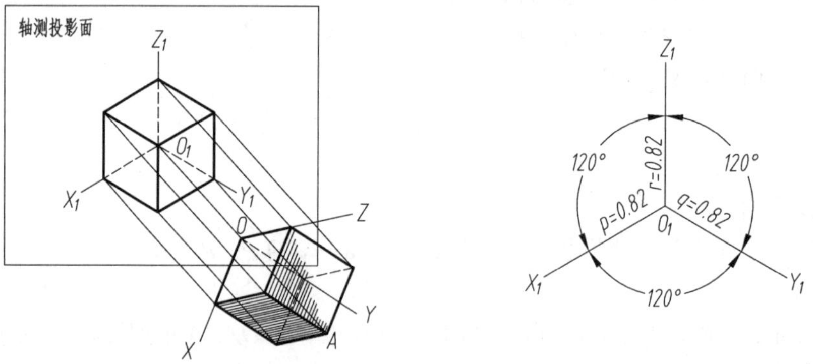

（a）正等测轴测投影的形成　　（b）轴间角和轴向伸缩系数

图 2-4-3 正等测轴测投影

2. 平面体正等轴测图的画法

平面体正等轴测图的绘制主要采用坐标法、切割法、叠加法和特征面法等，但有时也将几种方法混合使用。

（1）坐标法。

坐标法是指根据物体表面上各点的坐标，画出各点的轴测图，然后依次连接各点，即得该物体的轴测图。

画正等轴测图时，首先要确定正等轴测轴，一般将 O_1Z_1 轴画成铅垂线，再用丁字尺画一条水平线，在其下方用 30° 三角板作出 O_1X_1 轴和 O_1Y_1 轴，如图 2-4-4 所示。画正等轴测图时，三个轴测轴的轴向伸缩系数均是 1，即按实长量取。

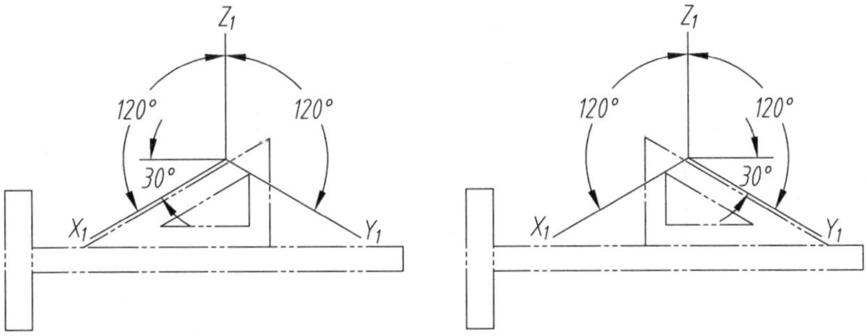

图 2-4-4　正等测轴测轴的画法

【例 2-4-1】 作出长方体的正等测图，如图 2-4-5 所示。

（1）如图 2-4-5（a）所示，在正投影图上定出原点和坐标轴的位置。

（2）如图 2-4-5（b）所示，画轴测轴，在 O_1X_1 和 O_1Y_1 上分别量取 a 和 b，画出四棱台底面的轴测图。

（3）如图 2-4-5（c）所示，在底面上用坐标法根据尺寸 h，作棱台各角点的轴测图。

（4）如图 2-4-5（d）所示，依次连接各角点，擦去多余图线并加深，即得四棱台的正等测图。

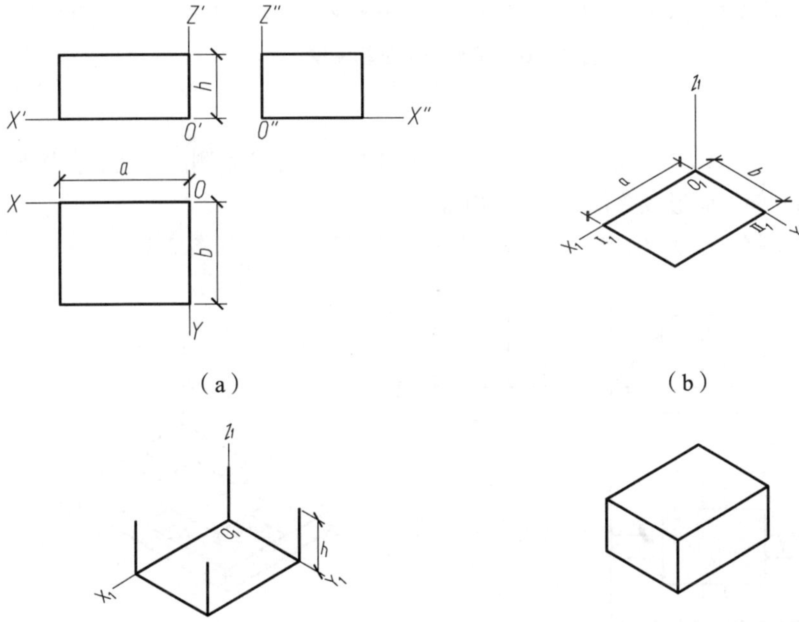

（a）　（b）

（c）　（d）

图 2-4-5　长方体正等测图的画法

（2）切割法。

当形体是由基本体切割而成时，可先画出基本体的轴测图，然后再逐步切割而形成切割类形体的轴测图。

【例 2-4-2】 根据正投影图，用切割法作出形体的正等测图。如图 2-4-6 所示。

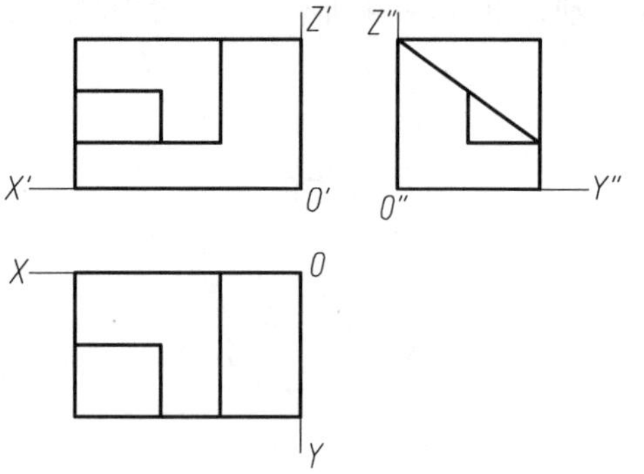

（a）形体的正投影图

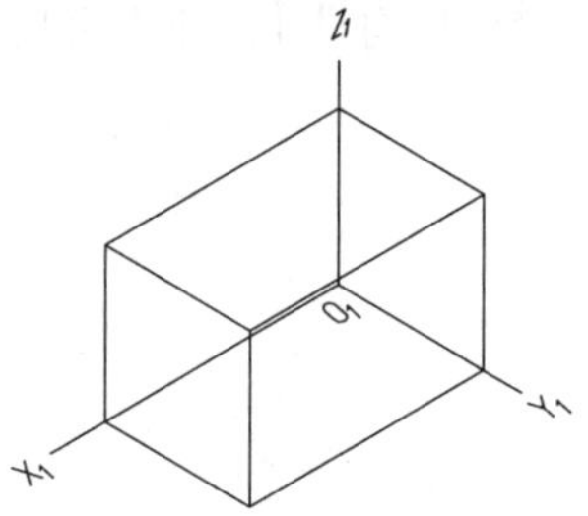

（b）画长方体的轴测图

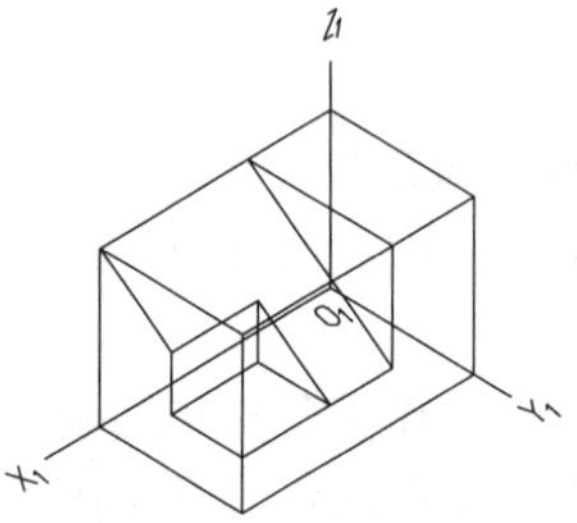

（c）画切去的两个三棱柱

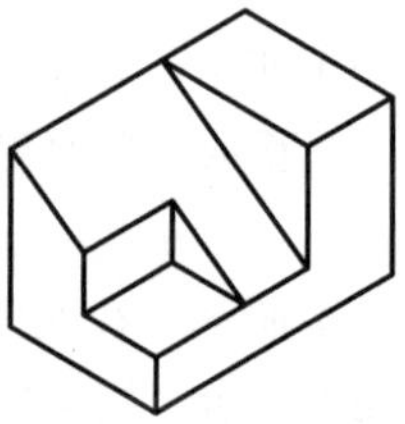

（d）擦去多余图线、加深加粗，完成作图

图 2-4-6 切割法画正等测图

（3）叠加法。

当形体是由几个基本体叠加而成时，可逐一画出各个基本体的轴测图，然后再按基本体之间的相对位置将各部分叠加而形成叠加类形体的轴测图。

【例 2-4-3】 根据正投影图，用叠加法作出形体的正等测图。如图 2-4-7 所示。

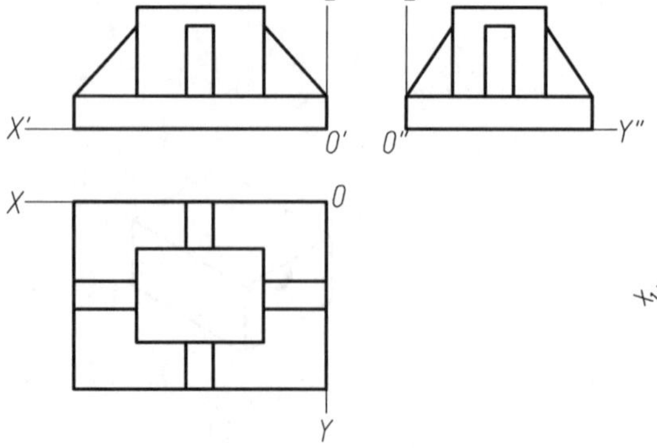

（a）形体的正投影图

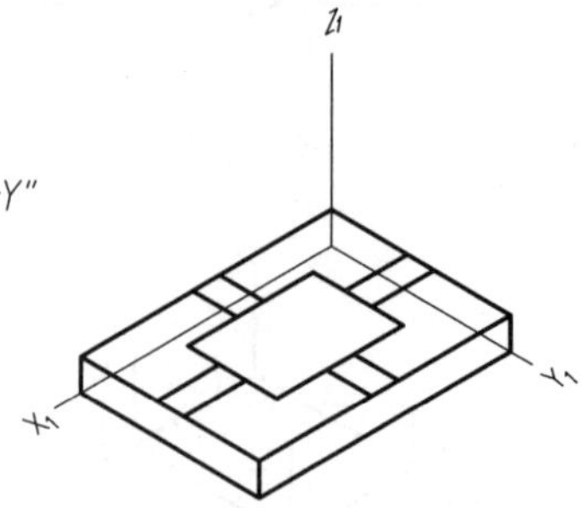

（b）画底板

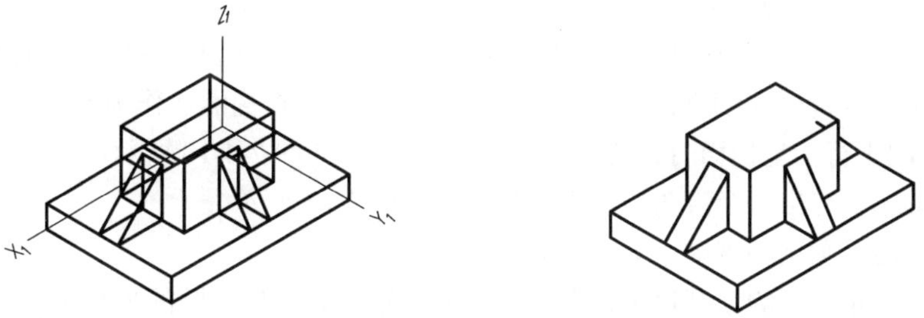

（c）叠加画出长方体和三棱柱　　（d）加深加粗，完成作图

图 2-4-7　叠加法画正等测图

（4）特征面法。

当形体的某一端面较为复杂且能够反映形体的形状特征时，可先画出该面的正等测图，然后再“扩展”成立体，这种方法被称为特征面法。

【例 2-4-4】　根据正投影图，用特征面法作出形体的正等测图。如图 2-4-8 所示。

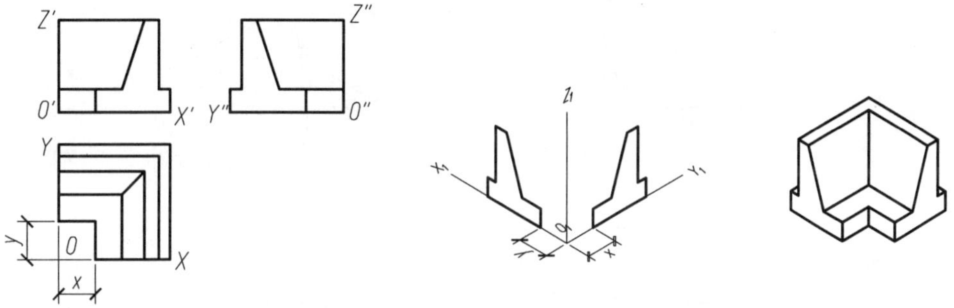

（a）　　（b）　　（c）

图 2-4-8　用特征面法画正等测图

3. 曲面体正等轴测图的画法

在轴测投影中，除斜轴测投影有一个面不发生变形外，一般情况下正方形的轴测投影均为平行四边形，平面上圆的轴测投影则均为椭圆，如图 2-4-9 所示。

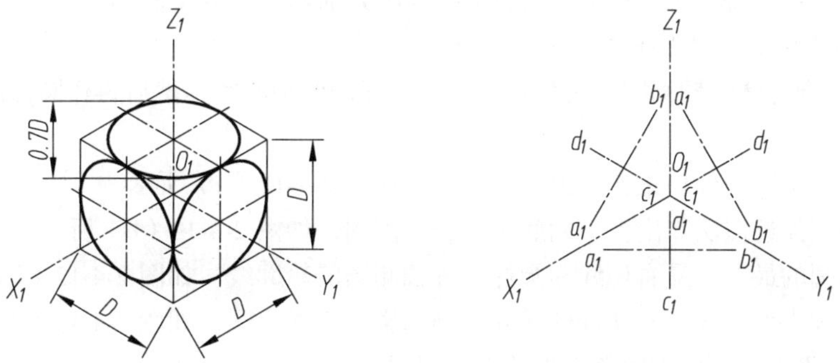

（a）三面圆　　（b）短轴 c_1d_1 长轴 a_1b_1

图 2-4-9　坐标面及其平行面上圆的正等测图

（1）圆的正等轴测图的画法。

当圆的轴测投影是一个椭圆时，其作图步骤如下：作出圆的外切正方形作为辅助图形，先作圆的外切正方形的轴测图，再用四心圆弧近似法作椭圆或用八点椭圆法作椭圆。

当曲面体上圆平行于坐标面时，通常采用“四心法”，如图 2-4-10 所示。

① 在正投影图上定出一个直角坐标系，如图 2-4-10（a）所示。

② 在合适的地方画出轴测轴，如图 2-4-10（b）所示。

③ 作圆的外切正方形的轴测投影，在 X_1 轴和 Y_1 轴上分别量取圆的半径实长，得 A_1、B_1、C_1、D_1 四点，过 A_1、B_1、C_1、D_1 分别做 X_1 轴和 Y_1 轴的平行线得菱形，如图 2-4-10（b）所示。

④ 将两钝角的顶点 O_1 及 O_2 与两对边中点 B_1、C_1、A_1、D_1 连线，分别交菱形的长对角线于 O_3、O_4。O_1、O_2、O_3、O_4 即为椭圆的四个圆心，如图 2-4-10（c）所示。

⑤ 以 O_1B_1 为半径，O_1 和 O_2 为圆心作上下两段大圆弧，再以 O_3B_1 为半径，O_3 和 O_4 为圆心作左右两段小圆弧即为所求圆形轴测图，如图 2-4-10（c）、（d）所示。

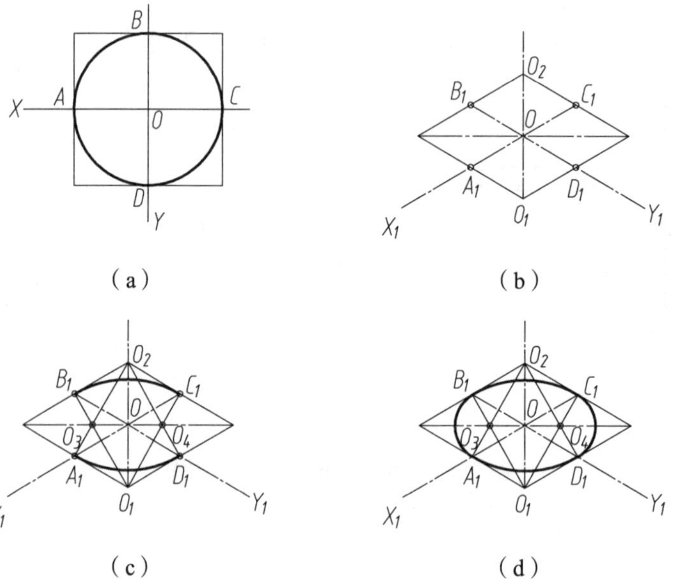

图 2-4-10　四心法画圆的正等测图

H、V、W 面上的圆的正等测圆（椭圆）的画法分别如图 2-4-11 所示。

（2）根据正投影图，作圆柱体的正等测图。

分析：要作圆柱体的轴测图，可先作上、下底面圆的轴测图，然后再作圆柱的轮廓素线。

作图步骤如下：

① 作上、下两底圆外切正方形的正等测图，如图 2-4-12（a）所示。

② 用四心圆弧近似法作出上下两底圆的正等测图，如图 2-4-12（b）所示。

③ 作两椭圆的最左、最右切线为圆柱正等轴测图的轮廓线，如图 2-4-12（c）所示。

④ 检查后擦去多余线条，加深图线并绘制阴影，完成全图，如图 2-4-12（d）所示。

（3）根据正投影图，作带圆角平板的正等测图。

分析：圆角为 1/4 圆周，作图时不必画出整个圆的轴测图，可根据画正等轴测图原理，直接定出圆心，画出相应的圆弧。

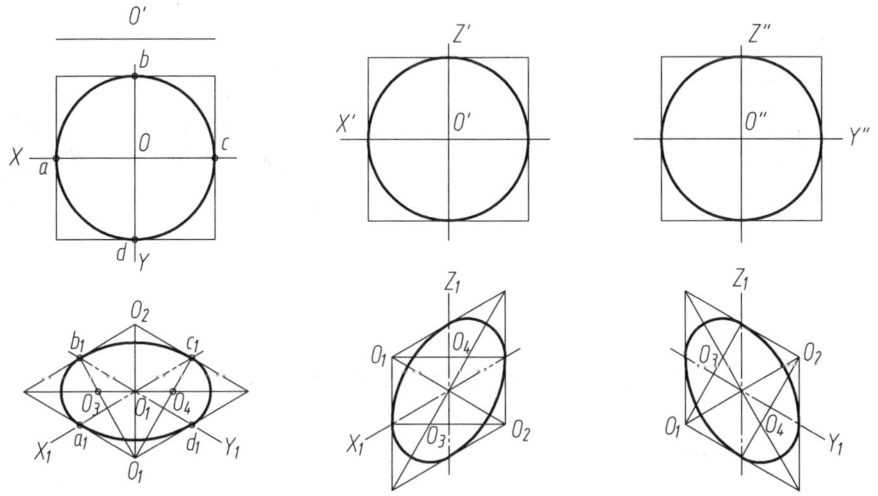

（a）*H* 面上椭圆画法　　（b）*V* 面上椭圆画法　　（c）*W* 面上椭圆画法

图 2-4-11　*H*、*V*、*W* 面上的圆的正等测圆的画法

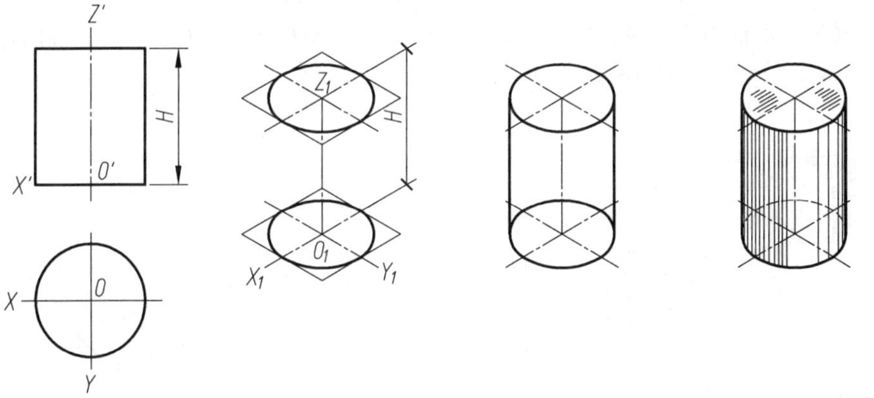

（a）正投影　　（b）作上、下椭圆　　（c）作椭圆切线　　（d）绘制阴影

图 2-4-12　圆柱体正等测图画法

作图步骤如下：

① 作平板（完整四棱柱）的轴测图，由角点沿两边分别量取圆角半径 *R* 得 I_1、II_1、III_1、IV_1 点，过各点作所在边的垂线分别相交于 M_1、N_1 点，再分别以交点 M_1、N_1 为圆心作圆弧与两边相切，如图 2-4-13（b）所示。

② 过 M_1、N_1 沿 O_1Z_1 方向作垂线，量取 $M_1M_1' = N_1N_1' = h$，再分别以 M_1'、N_1' 为圆心作圆弧与两边相切，如图 2-4-13（c）所示。

③ 作右端上下两圆弧的切线，擦去多余线条并加深，即得带圆角平板的正等测图，如图 2-4-13（d）所示。

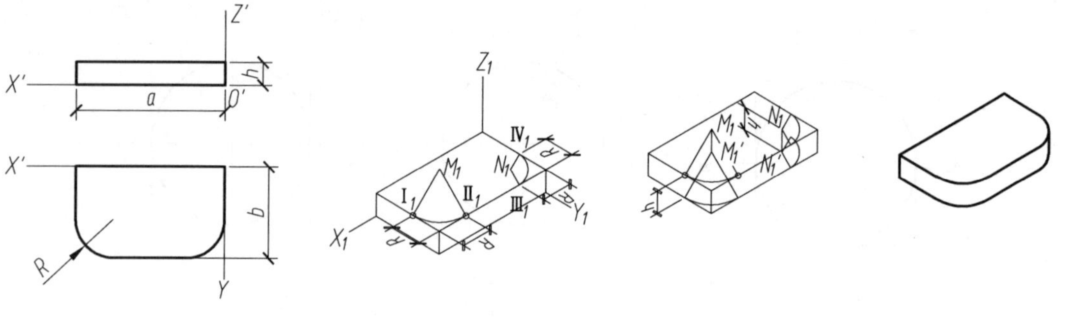

（a）　（b）　（c）　（d）

图 2-4-13　平板圆角的正等测图的画法

2.4.3　正面斜轴测图

1. 正面斜轴测图的形成及特点

当确定形体空间位置的直角坐标轴 OX 和 OZ 与轴测投影面平行，投射线与轴测投影面倾斜成一定角度时，所得到的轴测投影称为正面斜轴测图，简称斜二测。

在斜二测中 OZ 轴仍处于竖直位置，$\angle XOZ = 90°$，$\angle ZOY = \angle XOY = 135°$，轴向伸缩系数采用 $p = r = 1$，$q = 0.5$，如图 2-4-14 所示。

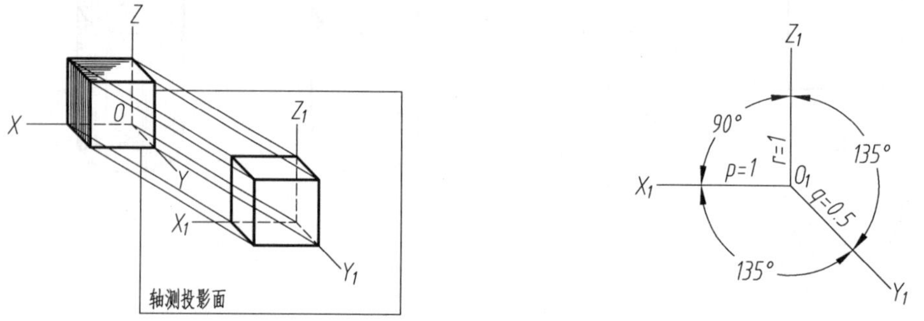

（a）斜二测轴测投影的形成　（b）斜二测轴测投影的轴间角和轴向伸缩系数

图 2-4-14　斜二测轴测投影

2. 平面体正面斜二测图的画法

正面斜轴测图能反映形体正面的实形，故常被用来表达某一个方向形状较为复杂的形体，如图 2-4-15 所示。画图时应使形体的特征面（形状较为复杂的面）与轴测投影面平行，然后利用特征面法，作出形体的正面斜轴测图（斜二测）。

图 2-4-15　正面斜轴测图

【例 2-4-5】　如图 2-4-16（a）所示，已知空心砖的两面投影，求作正面斜二测图。

分析：

空心砖的正面投影有圆和 V 形槽，若使正立面与轴测投影面 $X_1O_1Z_1$ 平行，圆孔就还是圆，作图就简便多了。

作图步骤如下：

（1）在正投影图上确定坐标系。

（2）作正等轴测轴。

（3）先在 $X_1O_1Z_1$ 坐标面上画出空心砖的正面投影，通过该端面各棱点作 O_1Y_1 轴的平行线，自端面起在这些平行线上量取其宽（L）的一半（$0.5L$），依次连接端头各点即可，如图 2-4-16（b）所示。

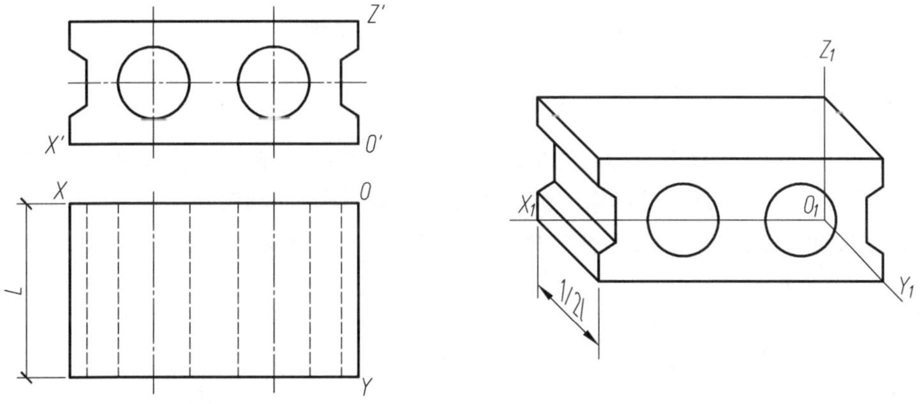

（a） （b）

图 2-4-16　空心砖的正面斜二测图

【例 2-4-6】　如图 2-4-17（a）所示，根据台阶的正投影图，作出台阶的正面斜轴测图。

分析：利用正面斜轴测图中 OX 和 OZ 轴不发生伸缩的特点，将形体轮廓比较复杂或有特征的那个面放在与轴测投影面平行的位置，作图比较方便。

作图步骤如下：

（1）画轴测轴，并按正投影中的 V 面投影作出台阶侧面的轴测图，如图 2-4-17（b）所示。

（2）过台阶侧面轮廓线的各转折点，作 45° 斜线平行于 Y_1 轴，如图 2-4-17（c）所示。

（3）在与 Y_1 轴平行的各条轮廓线上按轴向伸缩系数量取 $b/2$，得到台阶另一侧面各端点的轴测投影，连接各端点即为台阶的正面斜轴测图，如图 2-4-17（d）所示。

（4）检查、擦去多余线条，加深图线，完成轴测图，如图 2-4-17（e）所示。

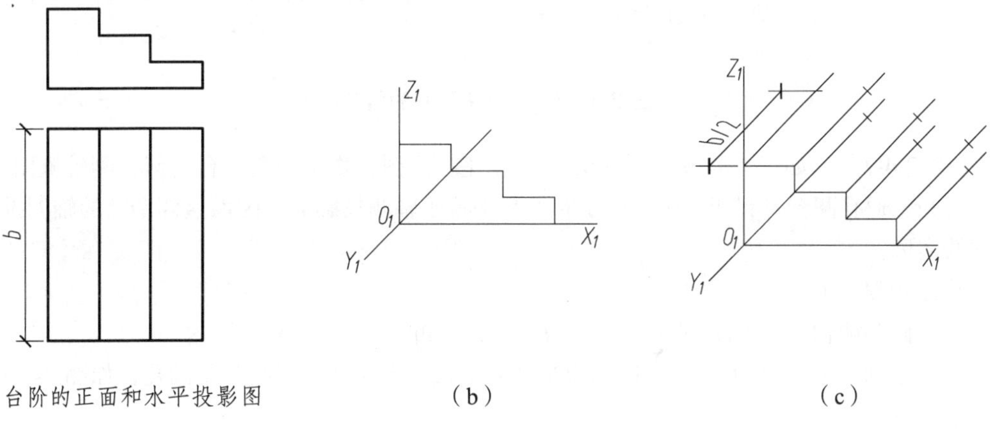

（a）台阶的正面和水平投影图　（b）　（c）

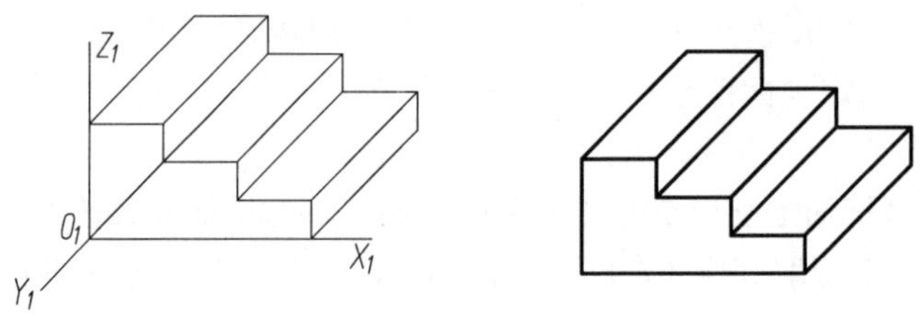

（d）　　　　　　　　（e）

图 2-4-17　台阶的正面斜二测图

3. 曲面体正面斜二测图的画法

在斜二测中，平行于 *XOZ* 坐标面的平面图形都反映实形，因此平行于该坐标面的圆的斜二测仍是圆；而平行于 *XOY*、*YOZ* 坐标面的圆，其斜二测为椭圆。当圆的外接正方形在轴测图中成为平行四边形时，可采用 “八点法”画出椭圆的斜二测图，如图 2-4-18 所示。

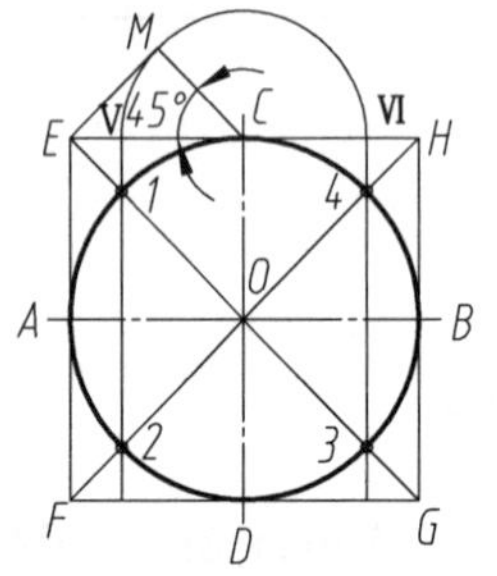

（a）作圆的外切正方形 *EFGH*，并连接对角线 *EG*、*FH* 交圆周于 1、2、3、4 点

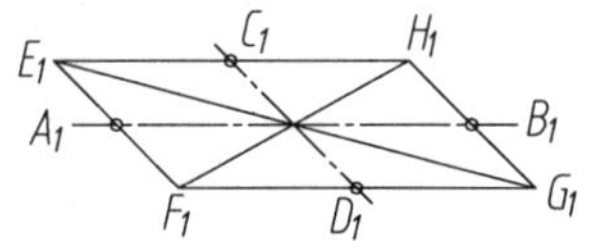

（b）作圆外切正方形的斜二测图，切点 A_1、B_1、C_1、D_1 即为椭圆上的四个点

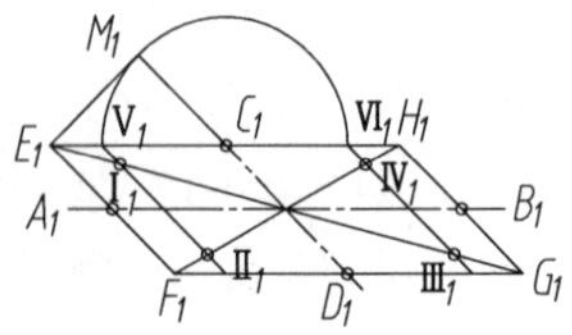

（c）以 E_1C_1 为斜边作等腰直角三角形，以 C_1 为圆心，腰长 C_1M_1 为半径作弧，交 E_1H_1 于 Ⅴ$_1$、Ⅵ$_1$，过 Ⅴ$_1$、Ⅵ$_1$ 作 C_1D_1 的平行线与对角线交 Ⅰ$_1$、Ⅱ$_1$、Ⅲ$_1$、Ⅳ$_1$ 四点

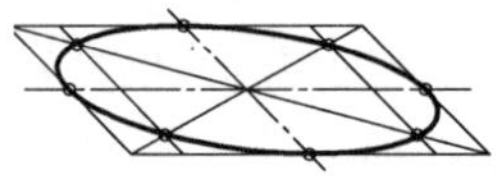

（d）依次用曲线板连接 A_1、Ⅰ$_1$、C_1、Ⅳ$_1$、B_1、Ⅲ$_1$、D_1、Ⅱ$_1$、A_1 各点即得平行于水平面的圆的斜二测图

图 2-4-18　八点法作圆的斜二测图

【例 2-4-7】　如图 2-4-19（a）所示，根据正投影图，作带通孔圆台的斜二测轴测图。

分析：通孔圆台具有四个圆，由于它们都平行于轴测投影面，因而这四个圆的轴测投影反映该圆的实形。

作图步骤如下：

（1）画轴测轴，在 O_1Y_1 轴上量取 $O_1A_1 = L/2$，如图 2-4-19（b）所示。

（2）分别以 O_1、A_1 为圆心，以相应半径的实长为半径画出两底圆及圆孔，如图 2-4-19（c）所示。

（3）作两底外圆的公切线，擦去多余线条并加深，完成全图，如图 2-4-19（d）所示。

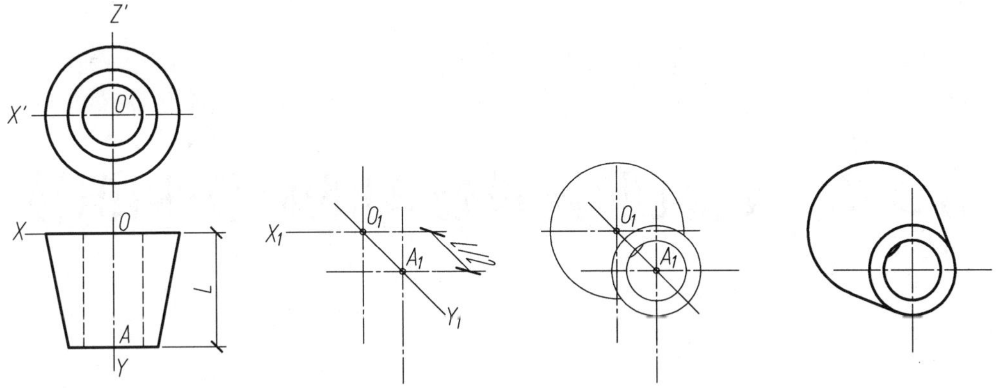

（a）　　（b）　　（c）　　（d）

图 2-4-19　带通孔圆台的斜二测轴测图

第 3 章　建筑形体投影图的画法和识读

☞ 学习目标：

1. 掌握基本形体投影图的画法、识读和尺寸标注；
2. 掌握建筑形体投影图的画法、识读和尺寸标注。

教学时间：6～8 学时

活动及技能训练时间：2 学时

延伸活动或技能训练时间：（学时）

教学过程/教学手段/教学场所安排：

教学过程	具体内容	教学方法及时间安排			场所安排
		授课时间	活动时间	延伸时间	
3.1 基本形体的投影	平面体的投影	2			教室
	曲面体的投影				
	教学活动 2：基本体投影图的识读		1		
3.2 建筑形体投影图的画法	建筑形体（组合体）的组合方式	2			教室
	建筑形体（组合体）投影图的画法				
	建筑形体（组合体）投影图的尺寸标注				
3.3 建筑形体（组合体）投影图的识读	阅读建筑形体投影图应掌握的基本知识	2			教室
	阅读建筑形体投影图的方法和步骤				
	教学活动 3：组合体投影图的识读与绘制		1		活动室
Σ		6	2		

3.1　基本形体的投影

建筑物或构筑物及其构件都是由一些几何体组成的，如图 3-1-1 所示，通常把组成建筑物或构筑物的这些最简单的几何体称为基本体。

基本体根据其表面的不同可分为平面体和曲面体。

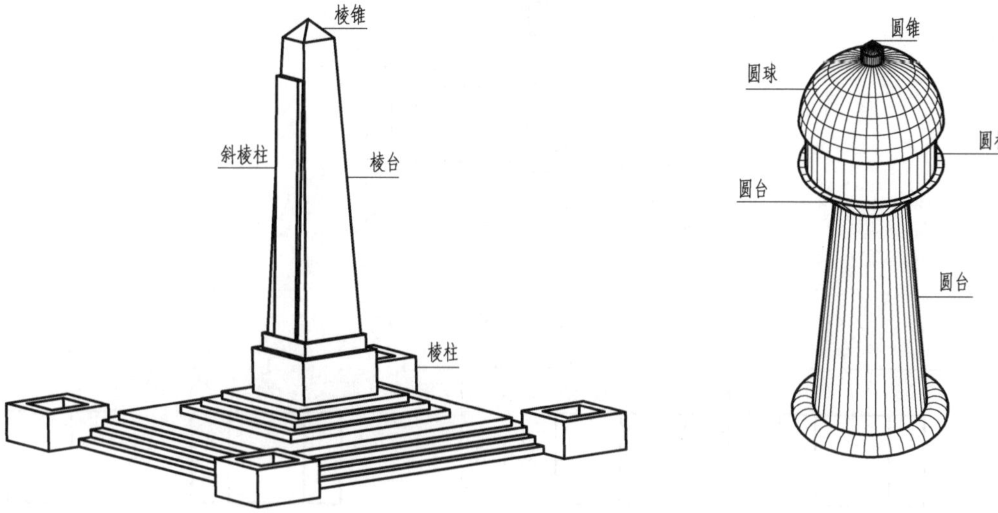

（a）纪念碑　　（b）水塔

图 3-1-1　建筑形体的组成

3.1.1　平面体的投影

表面由若干平面围成的基本体叫做平面体，如棱柱、棱锥、棱台等。

1．棱柱体

底面为多边形，各棱线互相平行的立体就是棱柱体。棱线垂直于底面的棱柱叫直棱柱，直棱柱的各侧棱面为矩形；棱线倾斜于底面的棱柱叫斜棱柱，斜棱柱的各侧棱面为平行四边形。

（1）六棱柱的投影。

图 3-1-2（a）所示为一铅垂放置的正六棱柱，其六个棱面在 *H* 面上积聚，上下底投影反映实形；*V* 面上投影对称，一个棱面反映矩形的实形，两个棱面为等大的矩形类似形；*W* 面上为两个等大的对称矩形类似形。三个投影展开后得六棱柱的三面投影如图 3-1-2（b）所示。

在图 3-1-2（a）、（b）中，我们把 *X* 轴方向叫做立体的长度，*Y* 轴方向叫做立体的宽度，*Z* 轴方向叫做立体的高度。由图可知，*V*、*H* 投影都反映立体的长度，展开后这两个投影左右对齐，这种关系称为“长对正”；*H*、*W* 投影都反映立体的宽度，展开后这两个投影宽度相等，这种关系称为“宽相等”；*V*、*W* 投影都反映立体的高度，展开后这两个投影上下对齐，这种关系称为“高平齐”。

同时，由图 3-1-2（b）我们也可以看出 *V* 投影反映立体的上下和左右关系：*H* 投影反映立体的左右和前后关系，*W* 投影反映立体的上下和前后关系。

至此可知，立体三个投影的形状、大小、前后均与立体距投影面的位置无关，故立体的投影均不需再画投影轴、投影面，而三个投影只要遵守“长对正、宽相等、高平齐”的关系，就能够正确地反映立体的形状、大小和方位，如图 3-1-2（c）所示。

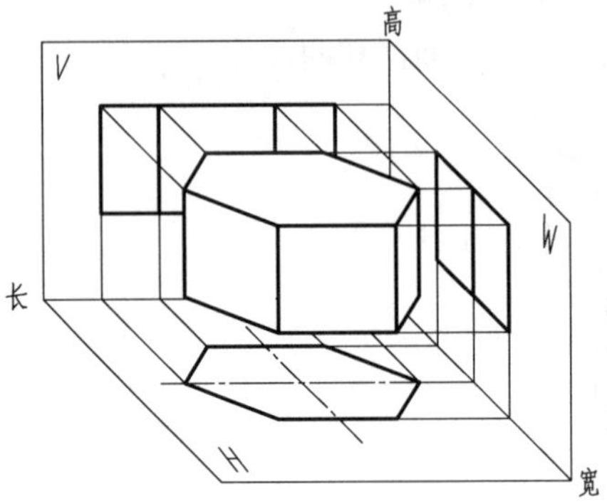

（a）直观图

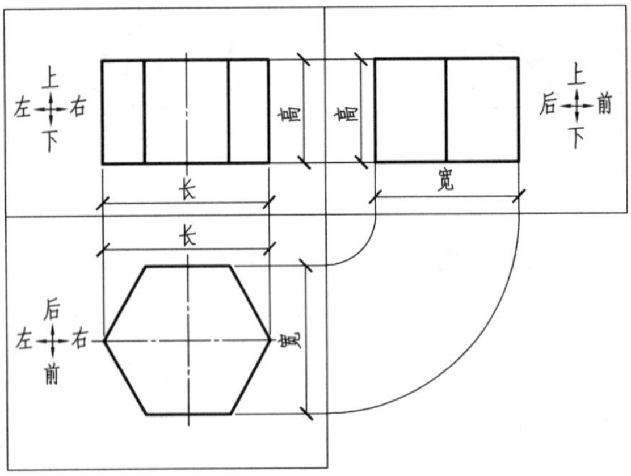

（b）三面投影对应关系

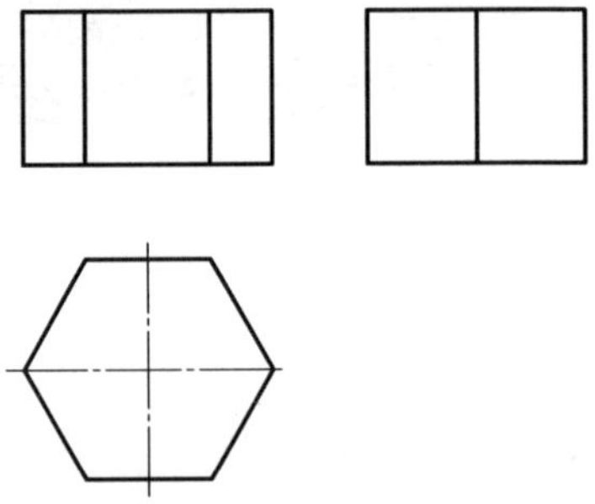

（c）三面投影图

图 3-1-2　正六棱柱的投影

对于该立体，作图时先作 *H* 面上反映实形的正六边形，再在合适的位置对应作出 *V*、*W* 投影。

“长对正、宽相等、高平齐”是画立体正投影的投影规律，画任何立体的三投影都必须严格遵守。

（2）三棱柱的投影。

图 3-1-3（a）所示为一水平放置的正三棱柱（可视为双坡屋顶），两个棱面垂直于 *W*，一个棱面平行于 *H*，两个端面平行于 *W*，按照“长对正、宽相等、高平齐”作正投影后：*V* 面投影为矩形的类似形；*H* 面投影为可见的两个矩形的类似形和一个不可见的矩形的实形；*W* 面投影为三角形的实形，见图 3-1-3（b）。

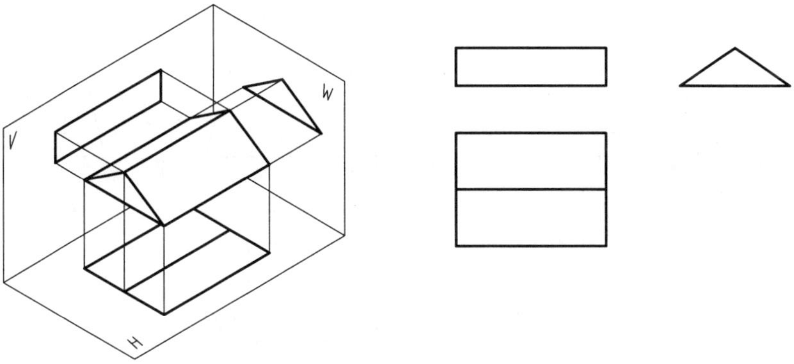

（a）直观图　　　　（b）投影图

图 3-1-3　三棱柱的投影

2. 棱锥体

（1）棱锥体的投影。

棱锥体是由一个多边形平面与多个有公共顶点的三角形平面所围成的几何体。

如图 3-1-4 所示，三棱锥的三投影如下：

H 面：投影外框为三角形的实形投影，三角形中间的三条线为三条棱，非实长投影。

V 面：三角形底为底面的积聚性投影，三角形的两条腰分别为两条棱边的非实形投影，三角形为两棱面的非实形投影。

W 面：三角形底为底面的积聚性投影，整个三角形是两个三角形的非实形重合投影。

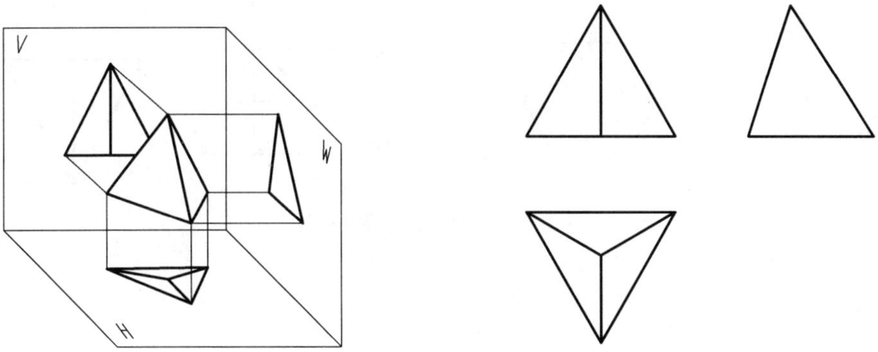

图 3-1-4　三棱锥体的投影

（2）四棱台的投影。

图 3-1-5（a）所示为一正置的正四棱台，*H* 投影中四个梯形，反映四个梯形棱面的类似形，顶面反映矩形实形，而底面为不可见的矩形；在 *V*、*W* 面上的棱台均反映棱面的类似形。其三面投影图见图 3-1-5（b）。

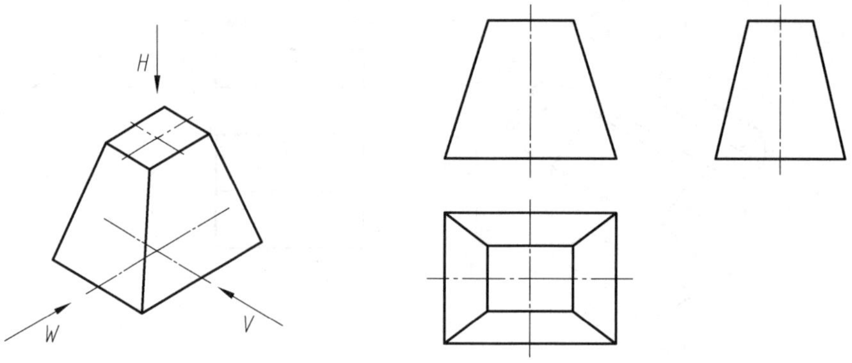

(a) 直观图　　(b) 三面投影

图 3-1-5　正四棱台的投影

3. 基本体的尺寸标注

确定基本形体大小所需的尺寸，称为定形尺寸，一般标注形体的长、宽、高，图 3-1-6 所示为常见的几种平面形体尺寸注法。但由于正六边形和等边三角形的几何关系，图中宽度（*b*）与长度 *a* 相关，常作为参考尺寸标出，用括号加以区别。此外，若棱锥锥顶偏移，还须加注定位尺寸，请读者注意。

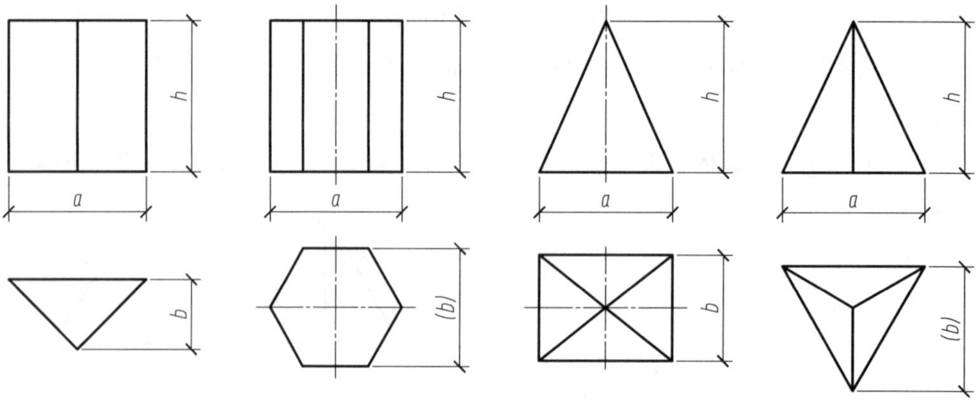

图 3-1-6　平面体的尺寸标注

3.1.2　曲面体的投影

由曲面或曲面与平面所围成的几何体称为曲面体。在曲面体中，常见的是回转体。

1. 回转曲面体的有关概念

回转体是由回转面或回转面与平面所围成的立体，常见的回转体有圆柱、圆锥、球和环等。

（1）回转体的形成。

一根线围绕另一根线旋转所形成的形体称为回转体，固定的线段成为回转轴，运动的线称为母线。

当母线为直线，平行于回转轴旋转形成圆柱体；当母线为直线，与回转轴相交旋转形成圆锥体；当母线为圆，围绕回转轴旋转形成球体。

（2）素线和轮廓素线。

母线围绕回转轴旋转到任意位置时称为素线；回转体在投影时构成形体轮廓的素线称为轮廓素线。

（3）纬圆。

母线上任意一点的运动轨迹为圆，该圆垂直于轴线，称为纬圆。

2. 圆柱体

圆柱体是直母线 *AB* 绕轴线旋转形成的圆柱面与两圆平面为上下底所围成的立体，见图 3-1-7（a）。

图 3-1-7（b）所示为正置圆柱体的三面投影图。

H 面投影：为一圆周，反映圆柱体上、下两底面圆的实形，圆柱体的侧表面积聚在整个圆周上。

V 面投影：为一矩形，由上、下底面圆的积聚投影及最左、最右两条素线组成。这两条素线是圆柱体对 *V* 面投影的转向轮廓线，它把圆柱体分为前半圆柱体和后半圆柱体，前半圆柱体可见，后半圆柱体不可见，因此它们也是正面投影可见与不可见的分界线。

W 面投影：亦为一矩形，由上、下两底面圆的积聚投影及最前、最后两条素线组成。这两条素线是圆柱体对 *W* 面投影的转向轮廓线，它把圆柱体分为左半圆柱体和右半圆柱体，左半圆柱体可见，右半圆柱体不可见，因此它们也是侧面投影可见与不可见的分界线。

由于圆柱体的侧表面是光滑的曲面，实际上不存在最左、最右、最前、最后这样的轮廓素线，它们仅仅是因投影而产生的。因此，投影轮廓素线只在相应的投影中存在，在其他投影中则不存在。

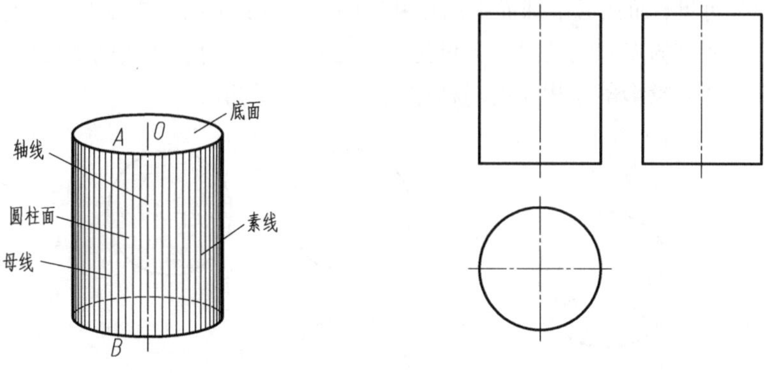

（a）直观图　　（b）三面投影图

图 3-1-7　圆柱体的投影

3. 圆锥体

圆锥体是直母线 *SA* 绕过 *S* 点的轴线旋转形成的圆锥面与圆平面为底所围成的立体，见图 3-1-8（a）。

图 3-1-8（b）所示为正置圆锥体的三面投影图。

H 面投影：为一圆周，反映圆锥体下底面圆的实形。锥表面为光滑的曲面，其投影与底面圆重影且覆盖在其上。

V 面投影：为一等腰三角形。三角形的底边为圆锥体底面圆的积聚投影，两腰为圆锥体最左、最右两轮廓素线的投影，同时也圆锥体前、后两部分的分界线。其另两面投影不予画出。

W 面投影：亦为一等腰三角形。其底边为圆锥体底面圆的积聚投影；两腰为圆锥体最前、最后两轮廓素线的投影，同时也是圆锥体左、右两部分的分界线。其另两面投影也不予画出。

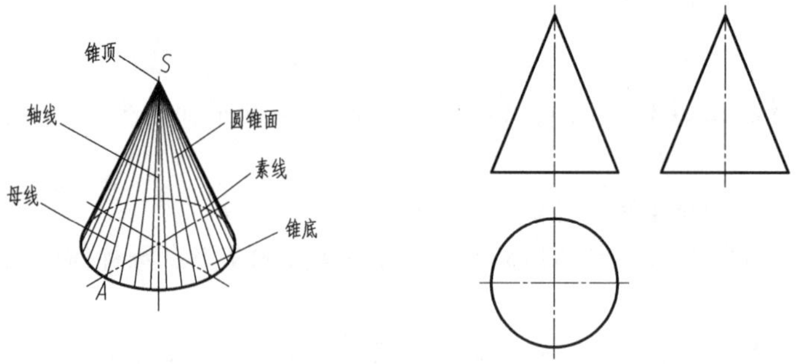

（a）　　（b）

图 3-1-8　圆锥体的投影

4. 圆球体

圆球体是半圆（*EF*）母线绕直径为轴线旋转而成的球面体，见图 3-1-9（a）。

如图 3-1-9（b）所示，球的三面投影均为圆，并且大小相等，其直径等于球的直径。所不同的是 *H* 面投影为上、下半球之分界线，在圆球上半球面上的所有的点和线的 *H* 面投影均可见，而在下半球面上的点和线其投影不可见；*V* 面投影为前、后半球之分界线，在圆球前半球面上所有的点和线的投影为可见，而在后半球面上的点和线则不可见；*W* 面投影则为左、右半球之分界线，在圆球左半球面上所有的点和线其投影为可见，而在右半球上的点和线则不可见。这三个圆都是转向轮廓线，其另两面投影落在相应的对称点画线上，不予画出。

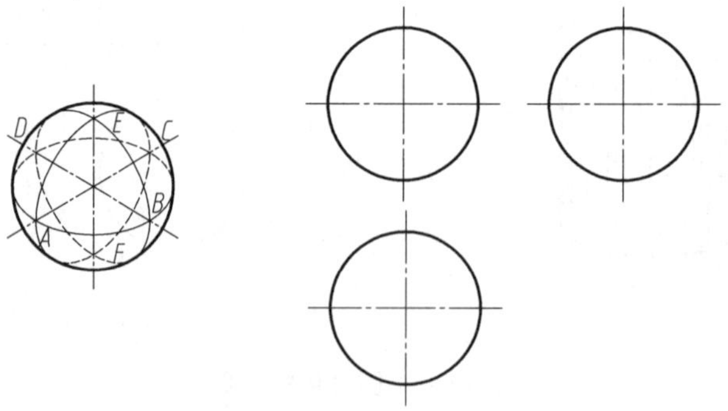

（a）直观图　　（b）三面投影

图 3-1-9　圆球体的投影

5. 曲面体的尺寸标注

图 3-1-10 所示为常见回转体的定形尺寸注法。由于回转体的长宽相同，只需标注直径中 $\phi\times$

× 和高度 h 即可，而圆球体则只标注一个球体直径 $S\phi$× ×。从图 3-1-10 中可以看出，若将直径 ϕ × ×都注在 V 面投影上（括号处）可以取消水平投影。

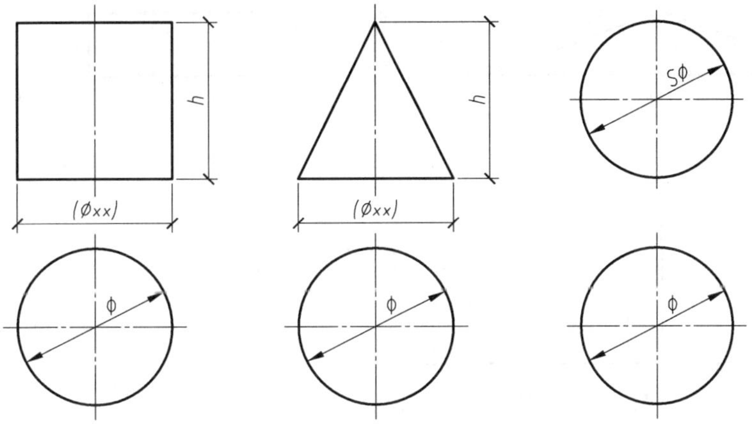

图 3-1-10　曲面体的尺寸标注

教学活动 2

基本体投影图的识读（1 学时）

活动项目	课堂活动内容	时间	资源
根据所给的基本体投影图做出相应的基本体	① 将学生分成 5 人一组，对投影图任务中（见工作纸内容）基本体的识读及基本体的尺寸标注进行讨论，要求每个同学读懂任务中各基本体的投影，想象出各基本体的空间形状及相互之间的尺寸关系； ② 拿出课前准备好的纸张（最好是较硬的纸张）及工具，按任务中的要求进行各基本体的制作	1 学时	纸张 剪刀 直尺 透明胶 多媒体 工作纸

工作纸——基本体投影图的识读

任　务:

1. 按图纸要求做出下列长方体的实用。

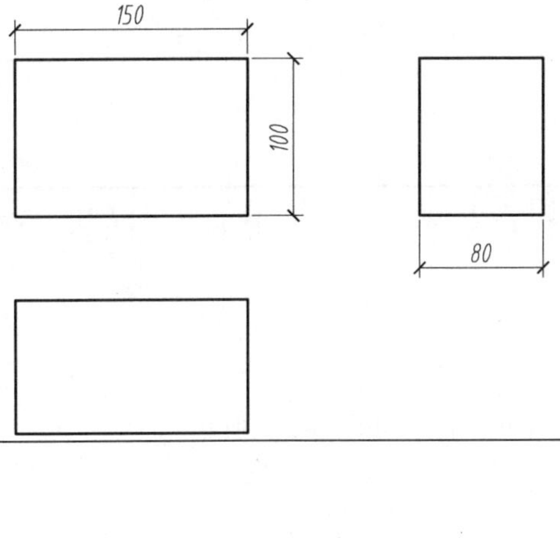

续上表

2. 按图纸要求做出下列三棱柱的实物。

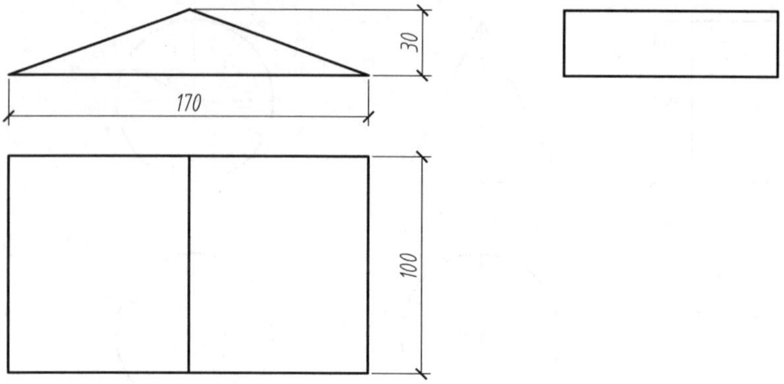

3. 按图纸要求做出下列长方体的实物。

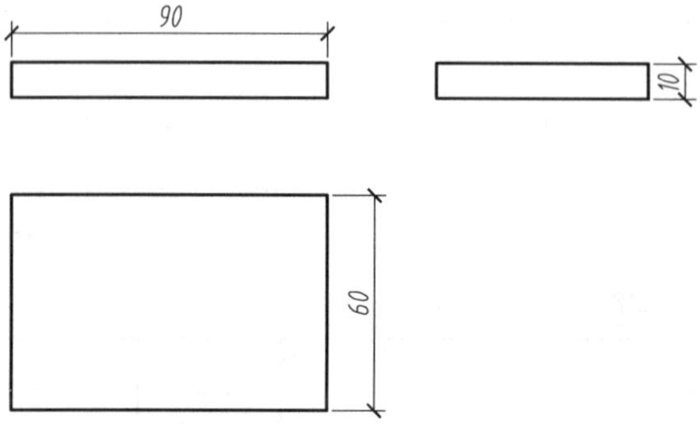

4. 按图纸要求做出下列圆柱体的实物。

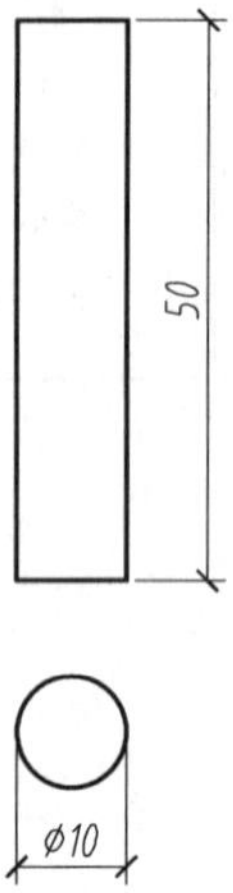

3.2 建筑形体投影图的画法

建筑形体是由若干基本体按一定的组合方式构成的立体，如图 3-2-1 所示。

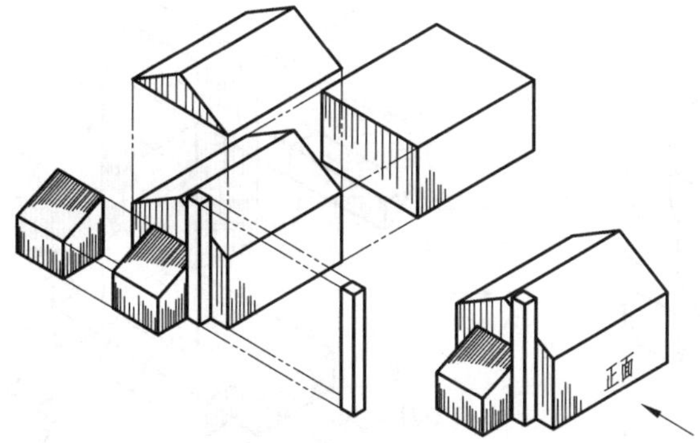

图 3-2-1　建筑形体的组成

3.2.1　建筑形体（组合体）的组合方式

1. 叠加式

由若干个基本体叠加而成，如图 3-2-2 所示。

2. 切割式

由一个形体切去若干形体而成，如图 3-2-3 所示。

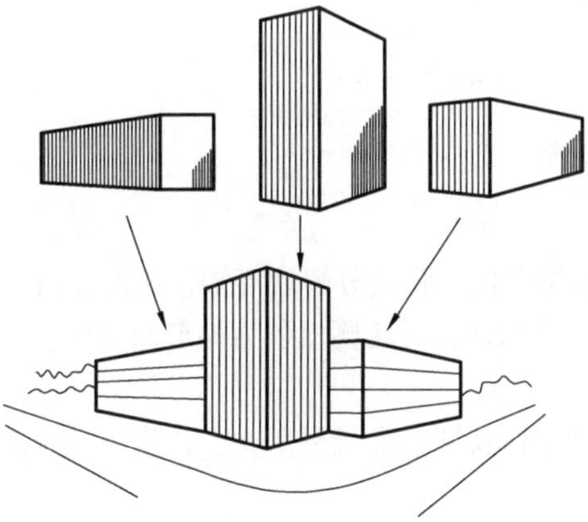

图 3-2-2　叠加式

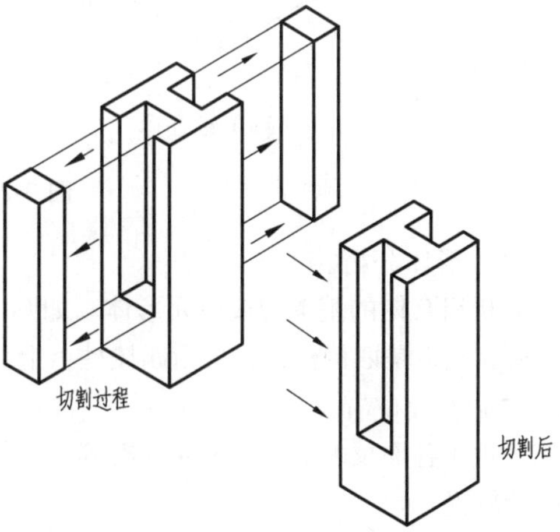

图 3-2-3　切割式

3. 混合式

上述两者的组合，如图 3-2-4 所示。

3.2.2　建筑形体（组合体）投影图的画法

任何一个建筑形体都可以看成是一个难易不同的组合体。要画出组合体的投影，应先把组合体分解为若干基本几何体，分析它们的相对位置、表面关系及组成特点，这一过程叫做形体分析。下面结合实例介绍组合体的画图方法和步骤。

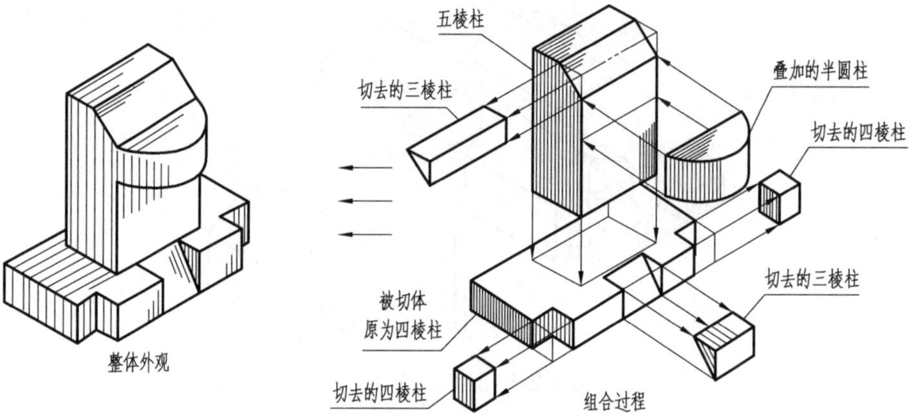

图 3-2-4　混合式

【例 3-2-1】　画出图 3-2-5 中形体的三面投影图。

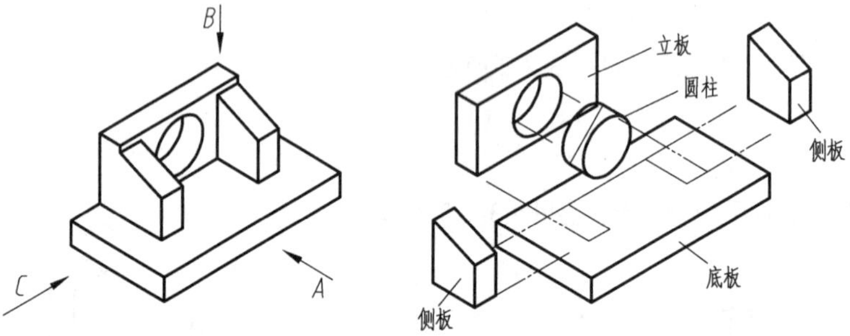

（a）组合体　　（b）形体分析

图 3-2-5　形体分析

（1）形体分析。

分析组合体的基本构成单元形体。如图 3-2-5 中的组合体，将其分解后可知，该形体由 5 部分组成：底板是四棱柱，立板为四棱柱，上面切割去一个圆柱，两块侧板各为梯形四棱柱。

（2）安放位置。

为便于各面反映实形、尺寸标准等，一般正面反映形体特征，虚线尽量要少，建筑形体按工作位置放置。

（3）确定组合体的投影图数量。

要求用最少的图完整、清楚地表达实体，合理利用图幅。

（4）作图步骤。

① 布置图面。先画出图框和标题栏外框，明确图纸上可以画图的范围，然后根据投影图的大小、数量和主次关系，确定各投影图的位置和相互距离。

② 画投影图底图。如图 3-2-6 所示，按形体分析的结果，顺次画出四棱柱底板的三面投影，立板的三面投影和侧板的三面投影，并在立板上切去圆柱。

③ 加深图线。经检查无误后，按要求加深图线。

④ 尺寸标注。标注建筑形体投影图的尺寸时，首先应进行形体分析，接下来是标注定形尺寸、标注定位尺寸和标注形体的总尺寸。

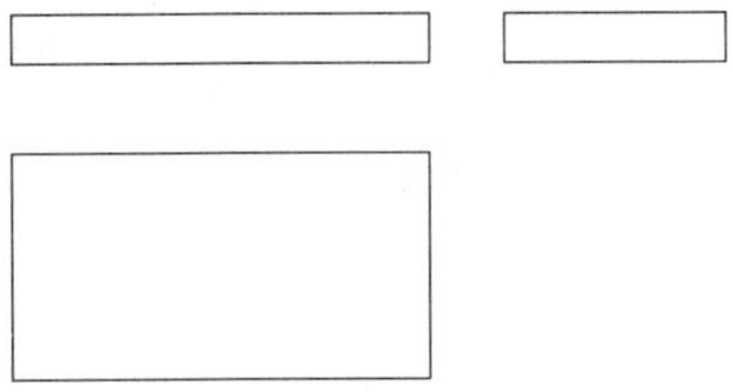

（a）画矩形底座，从平面图画起

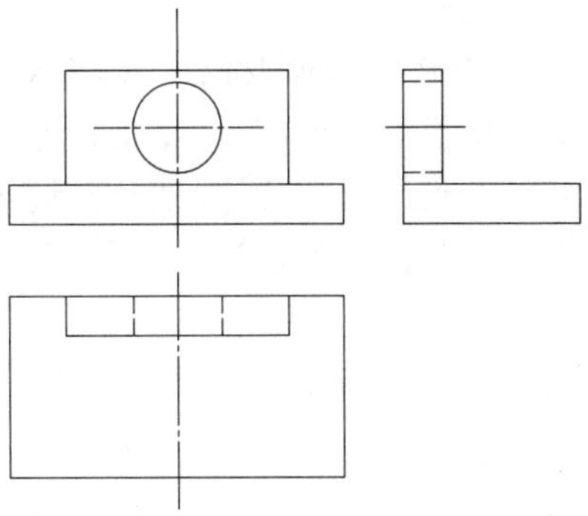

（b）画矩形立板和圆孔，从正立面图画起

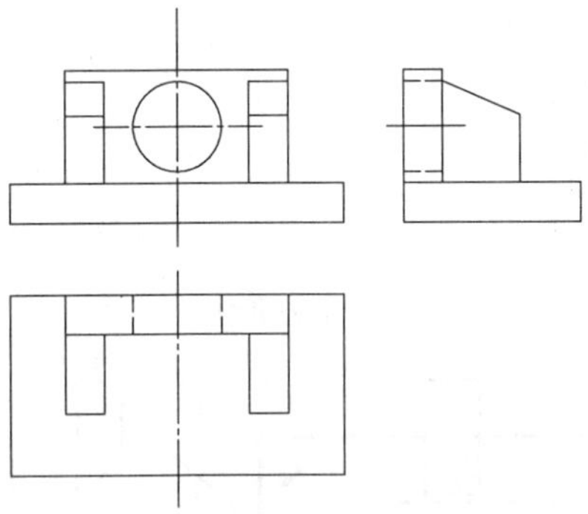

（c）画两块梯形侧板，从左侧装门面图画起

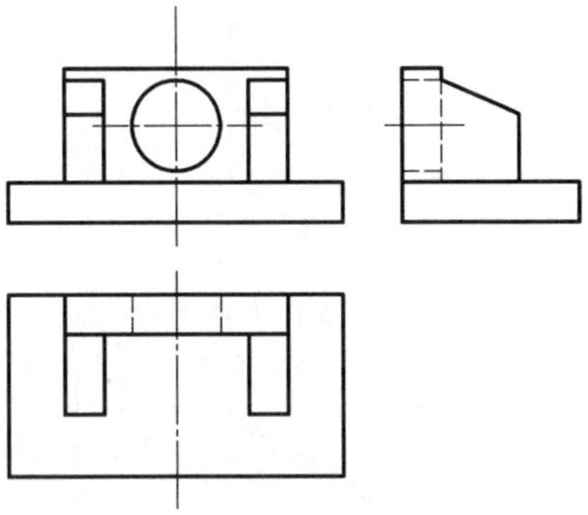

（d）检查底稿，加深图线

图 3-2-6　建筑形体投影图的画法

【例 3-2-2】 画出图 3-2-7 所示建筑形体的三面投影图。

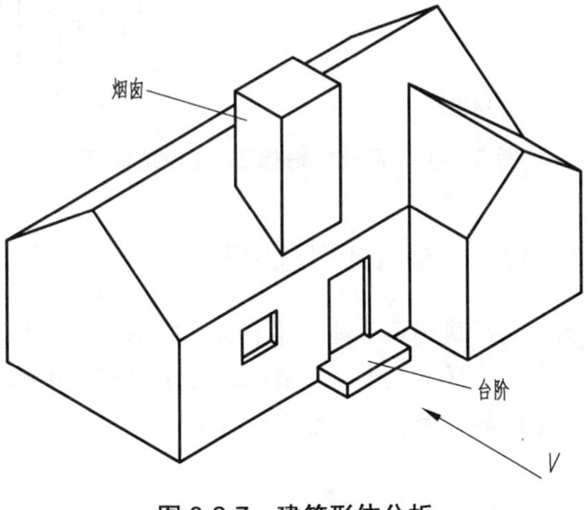

图 3-2-7　建筑形体分析

（1）形体分析。

由图 3-2-7 可知，该建筑形体是一种双坡屋面的小平房，由五棱柱形正房Ⅰ、五棱柱形耳房Ⅱ、四棱柱形烟囱Ⅲ、长方形平台Ⅳ和长方形门窗洞口组成。Ⅰ和Ⅱ、Ⅲ之间属相贯式组合，Ⅳ与Ⅰ为叠加式组合，而Ⅰ上门窗洞口属于挖切式。

（2）视图选择。

根据房屋的形状和使用特点，应将房屋底面放在 H 面（地面）上，而以正房（建筑主体）和门窗洞口作主要投影方向（V 向），常称为正立面图；同理，W 投影称侧立面图，H 投影称平面图。本例必须用三个投影图才能完整表达其形状。

（3）定比例选图幅（略）。

（4）画投影图。见图 3-2-8，其中门窗洞口的深度（虚线）未画出。

（5）标注尺寸（略）。

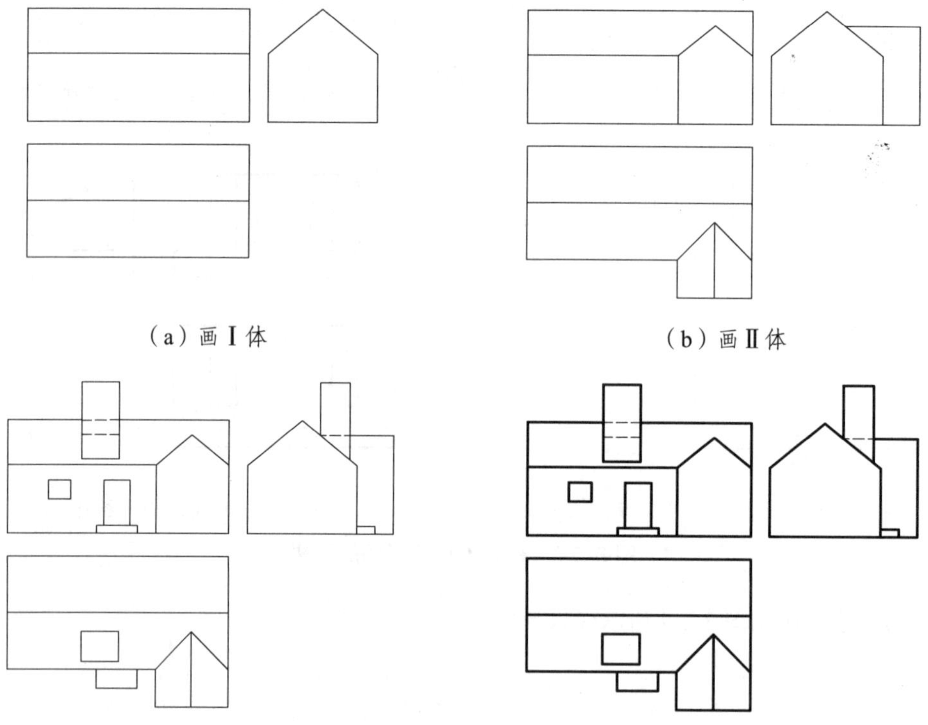

（a）画Ⅰ体　　（b）画Ⅱ体

（c）画Ⅲ、Ⅳ体及细部　　（d）加深、加粗线型

图 3-2-8　画建筑形体三投影图的步骤

3.2.3　建筑形体（组合体）投影图的尺寸标注

在工程图样中，投影图只能反映建筑形体（组合体）的形状和各基本形体的相互关系，所以必须通过标注尺寸才能反映形体的真实大小。尺寸标注要求做到：正确、完整、清晰、合理，各投影图之间要互相配合，避免错漏、矛盾和不必要的重复。

1. 尺寸分类

运用形体分析法来标注复杂的建筑形体的尺寸，可将尺寸分为三类：

（1）定形尺寸。

定形尺寸用于确定组合体中各基本形体形状大小。

如图 3-2-9 所示组合体，可看成是长方形底板Ⅰ、正立梯形板Ⅱ和侧立长方形板Ⅲ叠加而成，分别标注其定形尺寸 Ⅰ-$a\times b\times c$、Ⅱ-$d(d_2)\times e\times f$、Ⅲ-$g\times b\times e$，如图 3-2-10（a）所示。从图中可以看出，分别标注三个基本形体，应有 10 个尺寸，但其中 b、e 相同，可共用，只需标注 8 个尺寸。

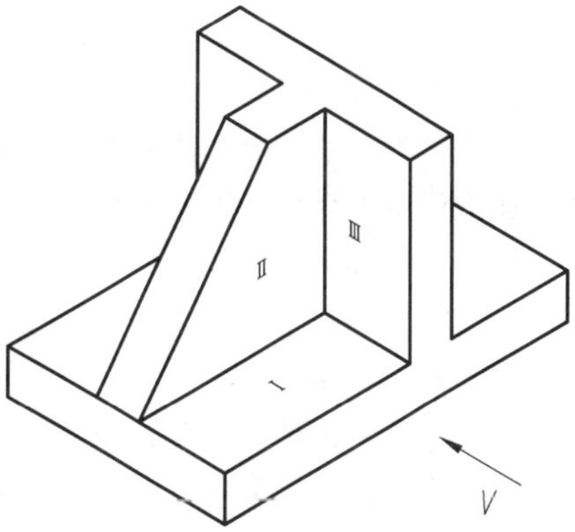

图 3-2-9 形体分析

（2）定位尺寸。

定位尺寸是确定组合体中各基本形体相对位置以及局部形状（缺口、孔、槽等）的位置尺寸。由图 3-2-9 可以看出，以底板Ⅰ为基础确定立板Ⅱ、Ⅲ的位置简便易测，但正立板Ⅱ处于对称位置，长、宽、高三个方向自然定位，不必标注定位尺寸。而侧立板Ⅲ的位置左右不对称，须标注定位尺寸 k，见图 3-2-10（b）。

（3）总体尺寸。

指确定组合体在长宽高三个方向上最大的尺寸，如图 3-2-10（c）中的尺寸 a、b、h。

综合分析上述尺寸标注可以看出，分别标注三类尺寸，必然重复，造成多余甚至矛盾。为此应进行统筹调整，可概括为：先定形、后定位，最后调整注总体。统观图（a）~（c），发现尺寸 e 是多余的，可以省去，只需标注 8 个尺寸，见图 3-2-10（d）。经过调整，使全图尺寸排列整齐、清晰。

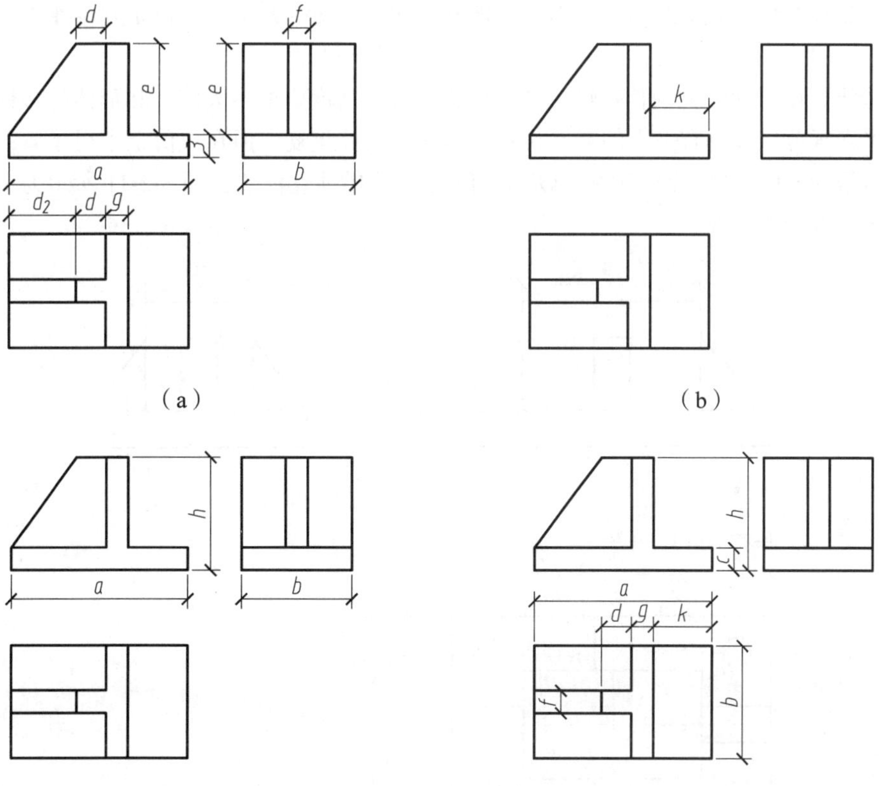

（a）

（b）

（c）

（d）

图 3-2-10 组合体尺寸标注

2. 尺寸配置

由于工程图样是用多面正投影来表达形体的形状，每个投影图可反映二维尺寸，若每个投影图都标全三类尺寸，势必造成庞杂零乱。为此，除了确保尺寸数据齐全，每个尺寸注法正确无误外，还应注意下列尺寸配置原则：

（1）反映实形。

只能在反映实形或真实大小的投影上标注尺寸。

（2）相对集中。

每一个基本形体或局部孔槽的定形、定位尺寸尽量集中，如图 3-2-10（d）中，底板的长度 a 和宽度 b 集中在 H 投影上；所有长度尺寸集中在 V、H 投影图之间；所有高度尺寸都集中在 V、W 投影图之间，而 W 投影上未标一个尺寸。

（3）标注明显。

在形状特征明显的投影上标注尺寸，如圆孔的直径应标注在圆上，圆角的半径应标注在圆弧上。

（4）避虚就实。

尺寸尽量标注在可见投影上，避免注在虚线上。

（5）尽量注在图形外，严禁与图线重叠。

（6）排列整齐，避免交叉。

如图 3-2-10（d）中的长度和高度尺寸，既相对集中，又将大尺寸 a 和 h 放在外侧，小尺寸 d、g、k、c 放在内侧，且使 d、g、k 串联在一条线上，做到整齐、清晰。

必须指出：由于建筑物的特殊性（体形庞大、尺寸精度要求不太高）和形体的多样性，尺寸标注既要严守规范，又要有一定的灵活性：一是允许尺寸重复，但在数值上不得矛盾；二是以清晰、合理为基础，可采用不同方案；三是采用一些通用的简化注法。图 3-2-11 所示为一柱座的尺寸标注，供读者分析参考。

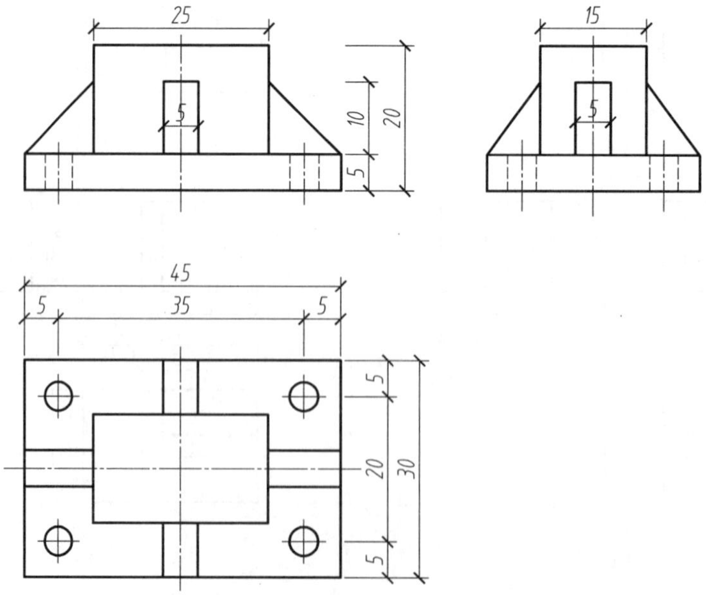

图 3-2-11　柱座的尺寸标注

3.3 建筑形体（组合体）投影图的识读

识读建筑形体的投影图，就是根据图纸上的投影图和所注尺寸，想象出形体的空间形状、大小、组成方式和构造特点。

3.3.1 识读建筑形体投影图应掌握的基本知识

（1）掌握三面投影关系，即“长对正、高平齐、宽相等”的关系，了解建筑形体的长、宽、高三个向度和上、下、左、右、前、后六个方向在形体投影图上的对应位置。

（2）熟练掌握基本形体的投影特点及其读图方法，并能对建筑形体进行形体分析。

（3）掌握各种位置的线、平面、曲面，以及截交线、相贯线的投影特点，能进行线面分析。

（4）掌握形体的各种表达方法，即掌握单面、两面、二面、多面投影图，以及辅助投影图、剖面图、断面图等的特性和画法。

（5）掌握尺寸注法，并能用尺寸配合图形来确定建筑形体的形状和大小。

3.3.2 识读建筑形体投影图的方法和步骤

1. 识读建筑形体投影图的方法

读图的基本方法，一是形体分析法，即根据基本形体的投影特点，在投影图上分析建筑形体各个组成部分的形状和相对位置，然后综合起来确定建筑形体的整体形状；二是线面分析法，即从形体分析获得该形体的大致整体形象之后，如对局部投影仍有不清晰时，可对该部分投影的线段和线框加以分析，从而明确该部分的形状，弥补形体分析之不足。此外，还可以利用所注尺寸帮助分析。

2. 识读建筑形体投影图的步骤

对于读图步骤，一般说来是先概略后细致；先形体分析，后线面分析；先外部，后内部；先整体后局部，再由局部回到整体，最后加以综合，以获得对该建筑形体的完整形象。

一些建筑形体，给出其两个投影便能完整、清晰地表达其形状和构造，但大部分建筑形体在读图时必须将三个投影图联系起来分析。如图 3-3-1 所示，水平投影、正面投影相同而侧面投影不同，形体的形状不同；图 3-3-2 中正面投影和侧面投影相同而水平投影不同，形体的形状不同。

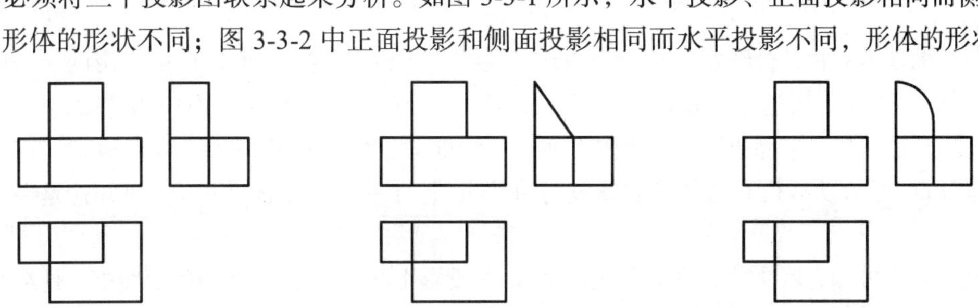

（a）　　（b）　　（c）

图 3-3-1　水平投影和正面投影相同的形体

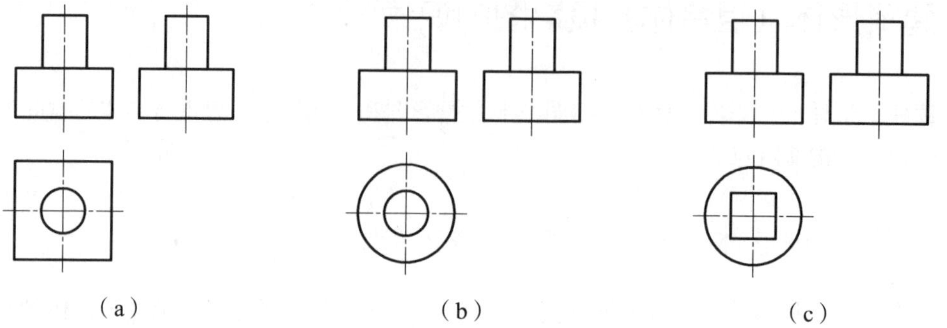

图 3-3-2　正面投影和侧面投影相同的形体

下面通过实例来介绍建筑形体投影图的识读。

【例 3-3-1】　试根据建筑形体的 *V*、*W* 投影（见图 3-3-3），补绘 *H* 投影。

解：要先确定该建筑形体的形状，才能补绘 *H* 投影。读图步骤如下：

（1）形体分析。

根据图 3-3-3 所示房屋外形轮廓线的 *V*、*W* 投影分析，可以想象这是一个两坡顶的房屋，其投影如图 3-3-4 所示。

比较图 3-3-3 和图 3-3-4 的两坡顶屋面可看出，前者的 *V* 投影比后者多了几个小方块线框，前者的 *W* 投影比后者多了左右对称的两个平行四边形线框，需作进一步分析。

（2）线面分析。

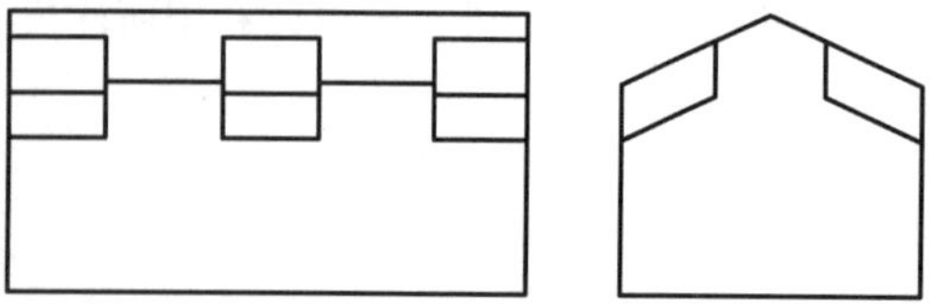

图 3-3-3　已知房屋外形的 *V*、*W* 投影

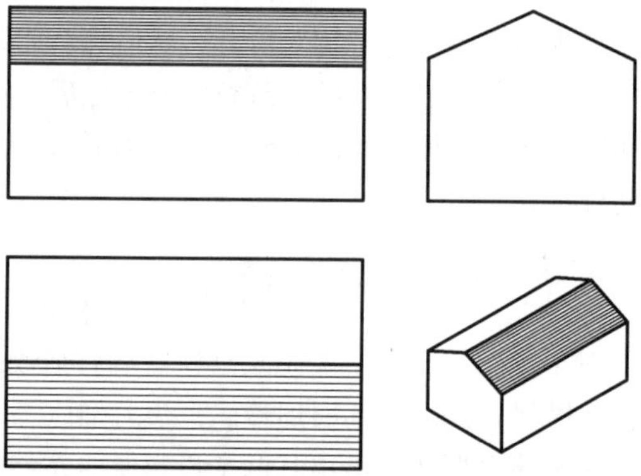

图 3-3-4　形体分析——两坡顶房屋外形的投影

先分析图 3-3-3 中 *V* 投影左边一个小方块：根据“高平齐”关系对应于 *W* 投影的平行四边形线框。如图 3-3-5 所示，这小方块内又分成两个线框，上面一个线框 r'，对应 *W* 投影上一根竖直线 r''，可知这是一个正平面 *R*。小方块内下面一个线框 q'，对应 *W* 投影上一根斜线 q''，可知这是一个侧垂面 *Q*。小方块线框右边的竖直线 p'与 *W* 投影上的平行四边形 p''对应，可知这是一个侧平面 *P*。

由上述分析可知，*V* 投影上的小方块线框和 *W* 投影上相对应的平行四边形线框，是在两坡顶屋面上用一个正平面 *R*、一个侧垂面 *Q* 和一个侧平面 *P* 切去一个小四棱柱［见图 3-3-5（b）的立体图］所产生的截交线的投影。经过六处同样切割之后，两坡顶屋面就形成了具有六个纵横天窗的屋面，如图 3-3-5（b）所示。

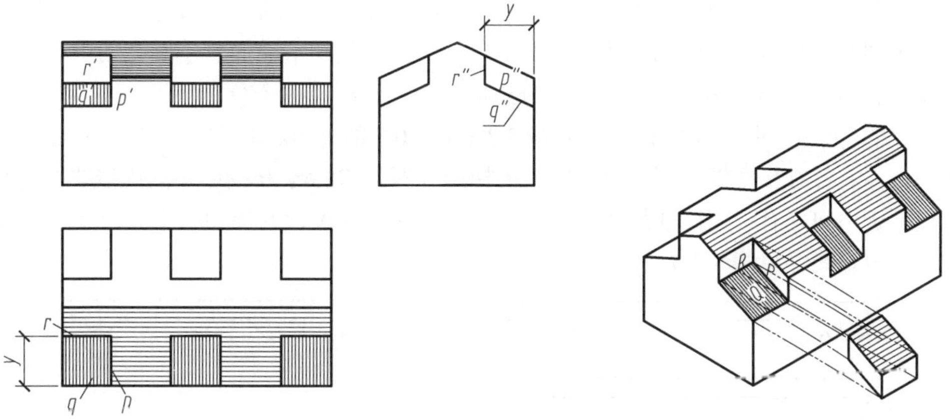

（a）　　　　　　　　　　　　　　（b）

图 3-3-5　线面分析——补绘 *H* 投影

（3）补绘 *H* 投影。

根据“长对正、宽相等”的投影关系，在两坡顶房屋的 *H* 投影上画出截交线的 *H* 投影，如图 3-3-5（a）所示。

【例 3-3-2】 试阅读化污池的两面投影（见图 3-3-6）并补绘 *W* 投影（比例 1∶100）。

解：

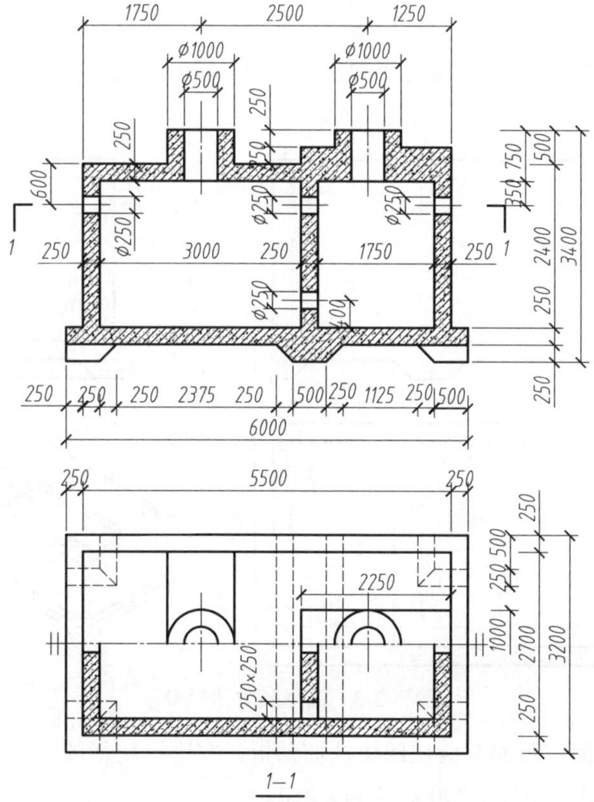

图 3-3-6

（1）分析投影图：V 投影采用全剖面，剖切平面通过该形体的前后对称平面。H 投影采用半剖面，从 V 投影上所标注的剖切位置线和名称可知，水平剖切平面通过小圆孔的中心线和方孔。

（2）形体分析：该形体由四个主要部分组成。现自下至上逐个分析：

① 长方体底板。长方体底板（6 000 × 3 200 × 250）的下方，近中间处有一个与底板相连的梯形断面，左右各有一个没有画上材料图例的梯形线框，它们与 H 投影中的虚线线框各自对应。可知底板下近中间处有一四棱柱加劲肋，底板四角有四个四棱台的加劲墩子。由于它们都在底板下，所以画成虚线，见图 3-3-7。

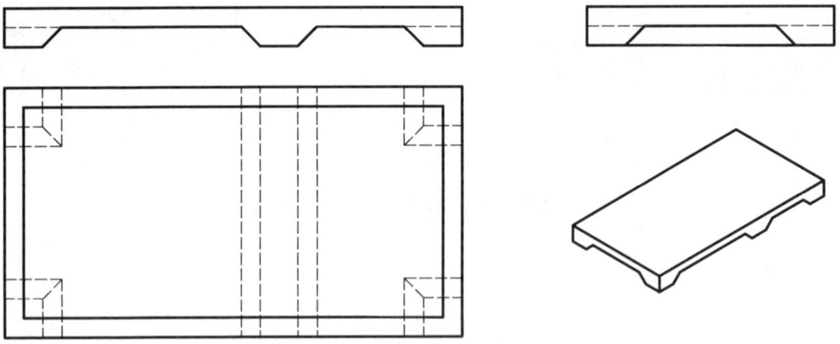

图 3-3-7　长方形底板

② 长方体池身。底板上部有一箱形长方体池身（5 500 × 2 700 × 2 400）分隔为两个空间，构成一个两格的池子。四周池壁及横隔板厚度均为 250。左右池壁上及横隔板上各有一个 ϕ250 的小圆柱孔，位于前后对称的中心线上，其轴线距池顶面高度为 600。横隔板的前后端，又有对称的两个方孔，其大小为 250 × 250，高度与小圆柱孔相同。横隔板正中下方距底板面 400 处，还有一个 ϕ250 的小圆柱孔，见图 3-3-8。

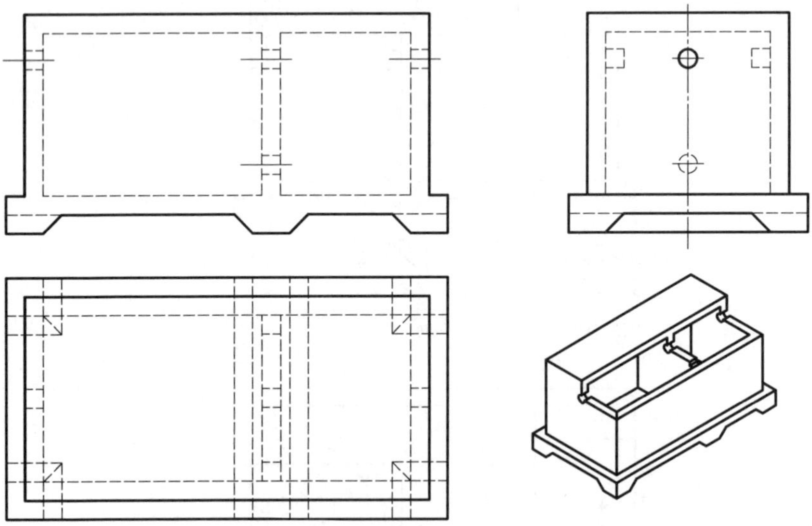

图 3-3-8　箱形长方体池身

③ 长方体池身顶面。顶面有两块四棱柱加劲板。左边一块横放，其大小为 1 000 × 2 700 × 250；右边一块纵放，其大小为 2 250 × 1 000 × 250。

④ 圆柱通孔。两块加劲板上方，各有一个 ϕ1 000 的圆柱体，高 250，其中心挖去一个 ϕ 500

的圆柱通孔，孔深 750，与箱内池身相通（见图 3-3-9）。

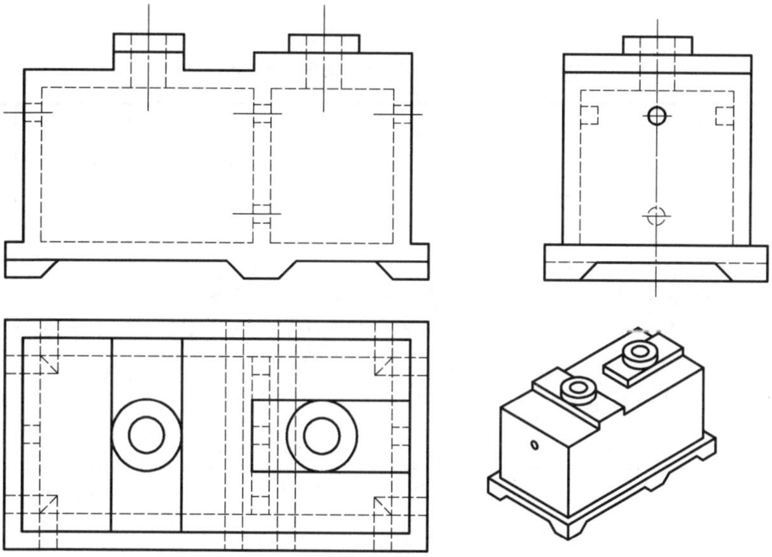

图 3-3-9　化污池整体形状

（3）综合分析。把以上逐个分解开的形体综合起来，即可确定化污池的整体形状，如图 3-3-9 所示。

（4）补绘 *W* 投影。

在形体分析过程中，自下而上逐个补出各基本形体的 *W* 投影，如图 3-3-7 ~ 3-3-9 所示。最后把 *W* 投影画成半剖面，剖切位置选择通过左边垂直圆柱孔的轴线。当向右投射时，即可反映出横隔板上的圆孔和方孔等的形状和位置，见图 3-3-10。

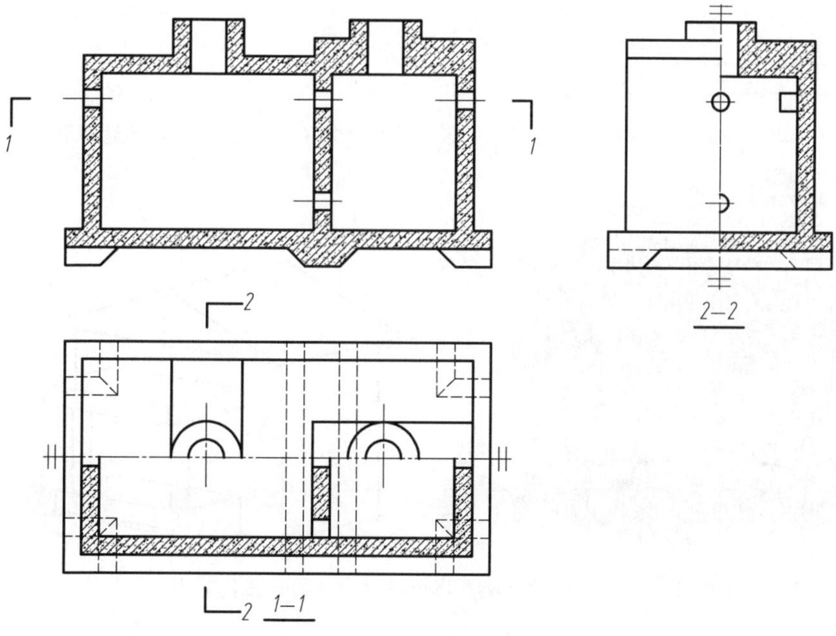

图 3-3-10　补绘 *W* 投影

教学活动 3

组合体投影图的识读与绘制（1 学时）

活动项目	课堂活动内容	时间	资源
根据所给的组合体投影图做出相应的组合体	① 将学生分成 5 人一组，对投影图任务中（见工作纸内容）组合体的识读及组合体的尺寸标注进行讨论，要求每个同学读懂任务中各组合体的投影，想象出各组合体的空间形状及相互之间的尺寸关系； ② 拿出课前准备好的纸张（最好是较硬的纸张）及工具，按任务中的要求进行组织体的制作	1 学时	纸　张 剪　刀 直　尺 透明胶 多媒体 工作纸

任　务

工作纸——组合体投影图的识读与绘制

1. 按图纸要求做出下列组合体的实物。

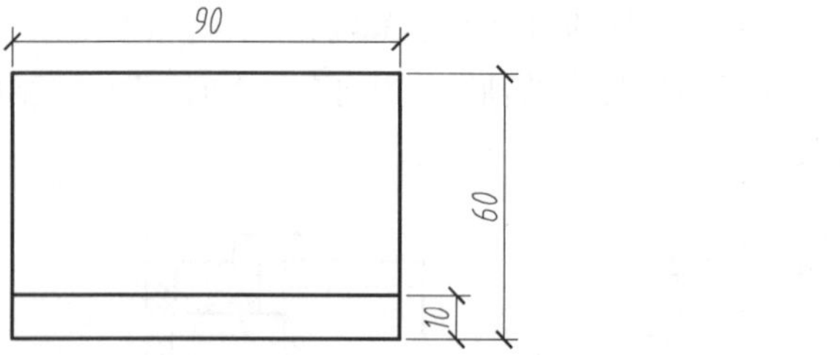

2. 将教学活动 2 中制作的各基本体实物和上述制作的组合体实物粘接成一个完整房屋。

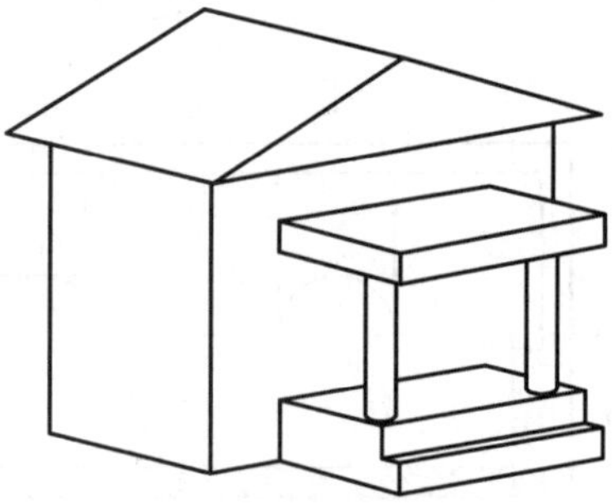

3. 按组合体投影图的画法，用正投影方法画出房屋组合体的三面投影图。

第 4 章　剖面图与断面图

学习目标：

1. 掌握剖面图和断面图的形成原理；
2. 掌握剖面图和断面图的种类和画法；
3. 掌握剖面图和断面图的图示区别及识读方法。

教学时间：4～5 学时

活动及技能训练时间：(1 学时)

延伸活动或技能训练时间：(学时)

教学过程/教学手段/教学场所安排：

教学过程	具体内容	教学方法及时间安排			场所安排
		授课时间	活动时间	延伸时间	
4.1 剖面图	剖面图的基本概念与画法	2			教室
	剖面图的几种处理方式				
	剖面图的标注				
4.2 断面图	基本概念与画法	1			教室
	断面图的几种处理方式				
	教学活动 4：剖面图和断面图的画法		1		活动室
4.3 简化画法	对称画法	1			教室
	相同要素简化画法				
	折断画法				
Σ		4	1		

4.1 剖面图

4.1.1 剖面图的基本概念与画法

在画建筑形体的投影时，形体上不可见的轮廓线在投影图上需用虚线画出。这样，对于内形复杂的建筑物，例如一幢房屋，内部有各种房间、走廊、楼梯、门窗、基础等，如果都用虚线来表示这些看不见的部分，必然形成图面虚实线交错，混淆不清，既不便于标注尺寸，也容易产生混乱。一些构配件也存在同样的问题。为此，一般假想将形体剖开，把内部构造显露出来，然后进行投射，用实线画出这些内部构造的投影图。

图 4-1-1 是钢筋混凝土双柱杯形基础的投影图。这个基础有安装柱子用的两个杯口，在 *V*、*W* 投影上都出现了虚线，图面不清晰。假想用一个通过基础前后对称平面的剖切平面将基础剖开，然后将剖切平面 *P* 连同它前面的半个基础移走，将留下来的半个基础投射到与剖切平面 *P* 平行的 *V* 投影面上，如图 4-1-2（a）所示，所得的投影图称为剖面图，如图 4-1-2（b）所示。

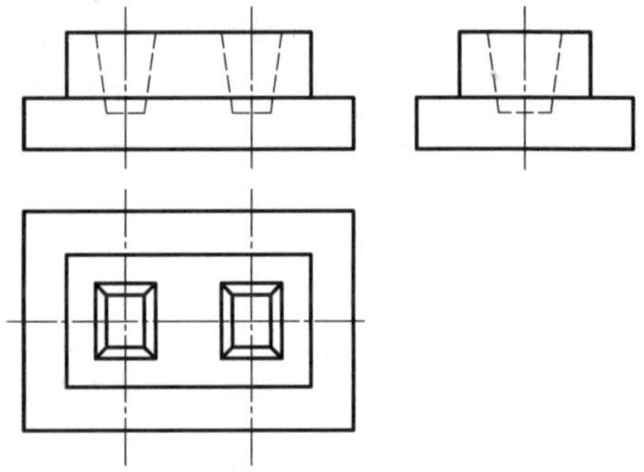

图 4-1-1 双柱杯形基础

现比较图 4-1-1 所示的 *V* 投影和图 4-1-2（b）所示的剖面图，就可看到在剖面图中，基础内部的形状、大小和构造，例如杯口的深度和杯底的长度都表示得一清二楚。同样，可以假想用一个通过左侧杯口中心线并平行于 *W* 面的剖切平面 *Q* 将基础剖开，移去剖切平面 *Q* 和它左边的部分，然后向 *W* 面进行投射，如图 4-1-3（a）所示，得到基础另一个方向的剖面图如图 4-1-3（b）所示。

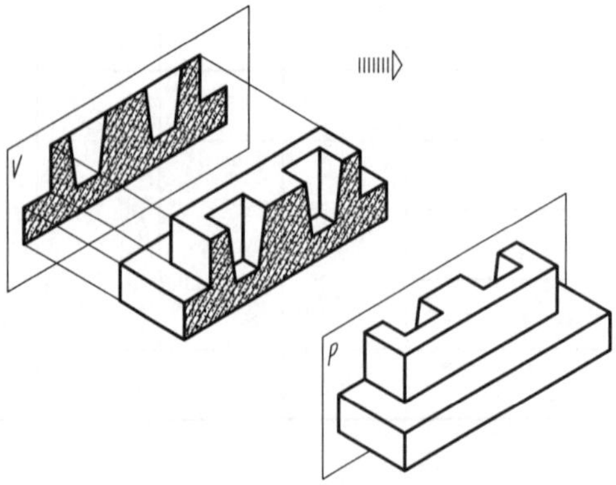

（a）假想用剖切平面 *P* 剖开基础并向 *V* 面进行投射

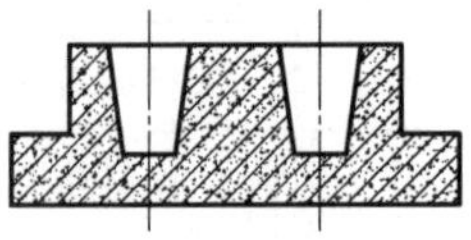

（b）基础的 *V* 向剖面图

图 4-1-2 *V* 向剖面图的产生

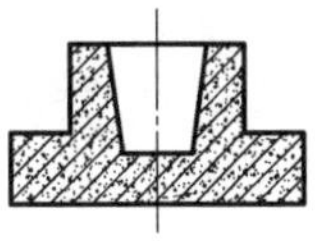

（a）假想用剖切平面 *Q* 将基础剖开并向 *W* 面进行投射　　（b）基础的 *W* 向剖面图

图 4-1-3　*W* 向剖面图产生成

必须注意，只在画剖面图时，才假想将形体切去一部分；在画另一个投影时，则应按完整的形体画出。如图 4-1-4 所示，在画 *V* 向的剖面图时，虽然已将基础剖去了前半部，但是在画 *W* 向的剖面图时，则仍然按完整的基础剖开。*H* 投影也按完整的基础画出。

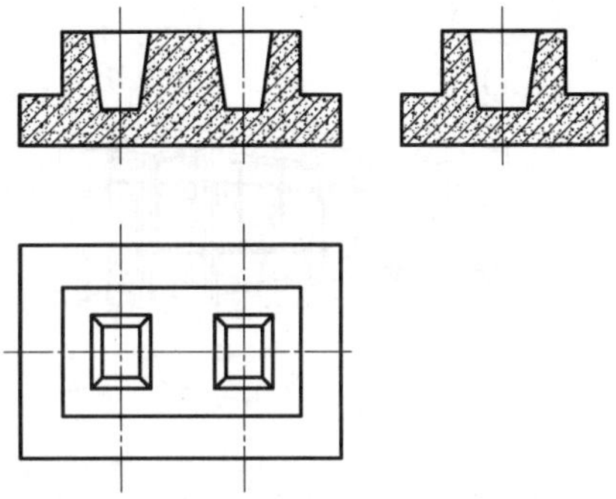

图 4-1-4　用剖面图表示的投影图

从上述各图可以看出，形体剖开之后，都有一个截口，即截交线围成的平面图形，称为断面。在剖面图中，规定断面的轮廓线应用粗实线画出，并要在断面上画出建筑材料图例，以区分断面（剖到的）和非断面（看到的）部分。同时，可了解所画的建筑物或构件是用什么材料造成的。非断面部分的轮廓线，规定用中实线画出，如图 4-1-4 所示，以突出断面部分。各种建筑材料图例必须遵照“国标”规定的画法。图 4-1-2 至图 4-1-4 的断面上，所画的是钢筋混凝土图例。在不指明材料时，可以用等间距、同方向的 45° 细斜线来表示断面。

作剖面图时，一般都使剖切平面平行于基本投影面，从而使断面的投影反映实形。同时，要使剖切平面尽量通过形体上的孔、洞、槽等隐蔽形体的中心线，将形体内部表示清楚。剖切平面平行于 *V* 面时，作出的剖面图称为正立剖面图，可以用来代替原来带虚线的正立面图；剖切平面平行于 *W* 面时，所作的剖面图称为侧立剖面图，也可以用来代替侧立面图，如图 4-1-4 所示。

4.1.2　剖面图的几种处理方式

画剖面图时，针对建筑形体的不同特点和要求，有如下几种处理方式：

1．全剖面

不对称的建筑形体，或虽然对称但外形比较简单，或在另一个投影中已将它的外形表达清楚时，可假想用一个剖切平面将形体整个剖开，画出形体的剖面图。这种剖面图称为全剖面。如图 4-1-5 所示的房屋，为了表示它的内部布置，假想用一水平的剖切平面，通过门、窗洞将整幢房屋剖开如图 4-1-5（a）所示，画出其整体的剖面图。这种水平剖切的全剖面图在房屋建筑图中称为平面图，如图 4-1-5（b）所示。

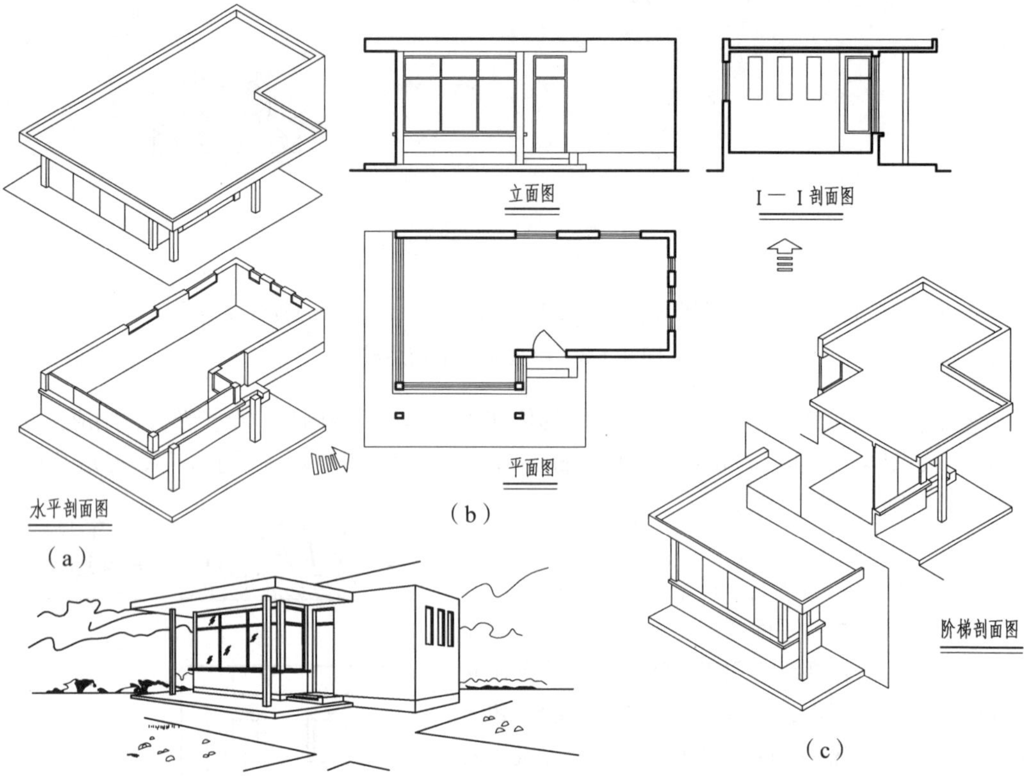

图 4-1-5 房屋的剖面图

2. 阶梯剖面

一个剖切平面，若不能将形体上需要表达的内部构造同时剖开时，可用两个（或两个以上）相互平行的剖切平面，将形体沿着需要表达的地方剖开，然后画出剖面图，如图 4-1-5 所示的房屋。如果只用一个平行于 *W* 面的剖切平面，就不能同时剖开前墙的窗和后墙的窗，这时可将剖切平面转折一次，如图 4-1-5（c）所示，使一个平面剖开前墙的窗，另一个与其平行的平面剖开后墙的窗，这样就满足了要求。如此所得的剖面图，称为阶梯剖面，如图 4-1-5（b）的 I—I 剖面图。阶梯形剖切平面的转折处，在剖面图上规定不画分界线。

3. 局部剖面

当建筑形体的外形比较复杂，完全剖开后就无法表示清楚它的外形时，可以保留原投影图的大部分，而只将局部地方画成剖面图。如果钢筋混凝土构件的钢筋配置比较简单，如图 4-1-6 所示的杯形基础，可在其投影图的一角“剖开”，绘出钢筋配置情况。这种剖面图，称为局部剖面。按“国标”规定，投影图与局部剖面之间，要用徒手画的波浪线（断开界线）分界。

图 4-1-7 表示应用分层局部剖面反映楼面各层所用的材料和构造的做法。这种剖面多用于表达楼面、地面和屋面的构造，画图时应以波浪线将各层分开。

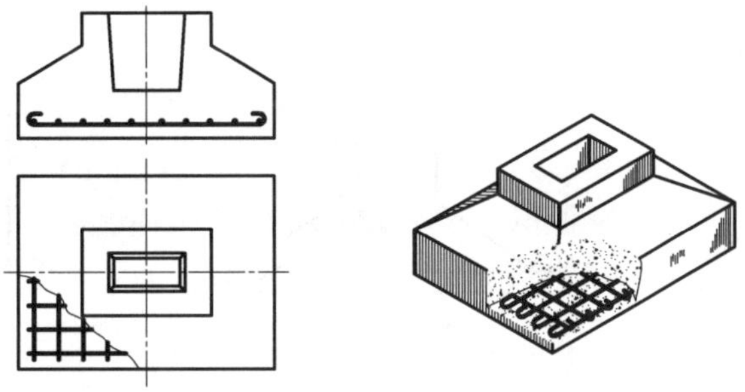

图 4-1-6　杯形基础的局部剖面

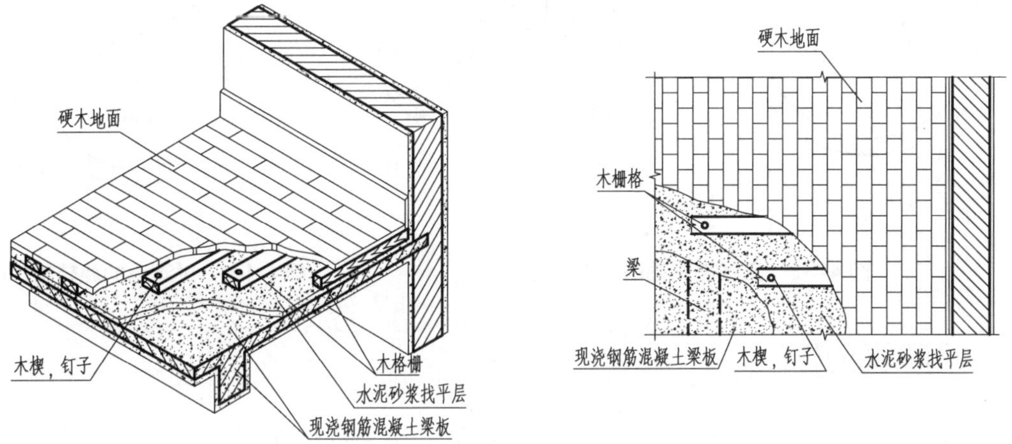

（a）立体图　　（b）平面图

图 4-1-7　分层局部剖面

4. 半剖面

当建筑形体是左右对称或前后对称，且外形又比较复杂时，可以画出由半个外形正投影图和半个剖面图组成的图形，以同时表示形体的外形和内部构造。这种剖面称为半剖面。例如图 4-1-8 所示的正锥壳基础，*V* 投影和 *W* 投影的左半部分画出基础的外形和相贯线，右半部分画出相应的剖面图表示基础的内部构造。如图 4-1-4 所示的双柱杯形基础，其 *V*、*W* 投影也可以画成半剖面图。在半剖面图中，如图 4-1-8 所示，剖面图和投影图之间规定用对称符号为分界线。对称符号由对称线和两端的两对平行线组成。对称线用细单点长画线绘制；平行线用细实线绘制，其长度为 6 ~ 8 mm，间距为 2 ~ 3 mm；对称线垂直平分于两对平行线，两端超出平行线为 2 ~ 3 mm。当对称线是竖直时，半剖面画在投影图的右半边；当对称线是水平时，半剖面可以画在投影图的下半边。

5. 旋转剖面

图 4-1-9 所示的过滤池形体的 *V* 投影，是用两个相交的铅垂剖切平面，沿 I—I 位置将池壁上不同形状的孔洞剖开，然后使其中半个剖面图形绕两剖切平面的交线旋转到另半个剖面图形的平面（一般平行于基本投影面）上，一起向所平行的基本投影面投射，所得的投影称为旋转剖面。“国标”规定，所画剖面图应在图名后加注“展开”两字，如图 4-1-9 的 *V* 投影。

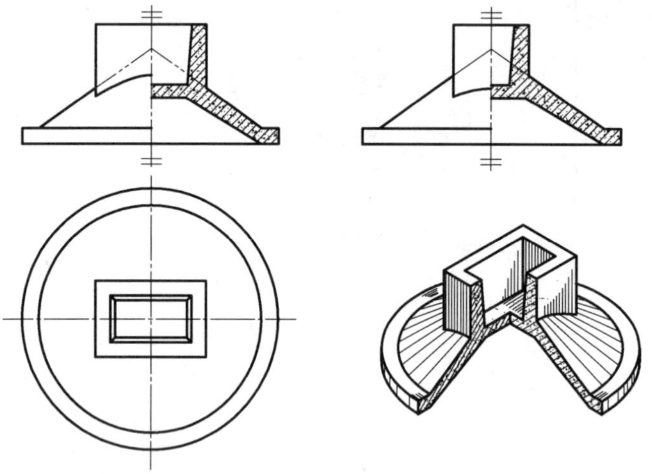

图 4-1-8　正锥壳基础的半剖面图

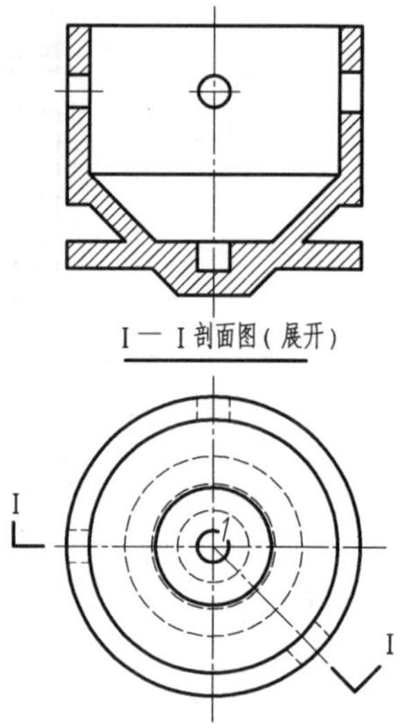

图 4-1-9　过滤池的旋转剖面图

4.1.3　剖面图的标注

为了读图方便，需要在投影图上把所画剖面图的剖切位置和投射方向表示出来，同时还要给每一个剖面图注上编号，以免产生混乱。对剖面图的标注方法有如下规定：

（1）用剖切位置线表示剖切平面的位置。剖切位置线实质上就是剖切平面的积聚投影。不过规定只用两小段粗实线（长度为 6 ~ 10 mm）表示，并且不应与其他图线相接触，如图 4-1-10 所示。

（2)剖切后的投射方向用垂直于剖切位置线的短粗线（长度为 4 ~ 6 mm）来表示，如画在剖切位置线的左边则表示向左投射，如图 4-1-10 所示。

（3）剖切符号的编号，宜采用阿拉伯数字，按顺序由左至右、由下至上连续编排，并注写在投射方向线的端部。剖切位置线需转折时，应在转角的外侧加注与该符号相同的编号，如图 4-1-10 中的“3—3”。

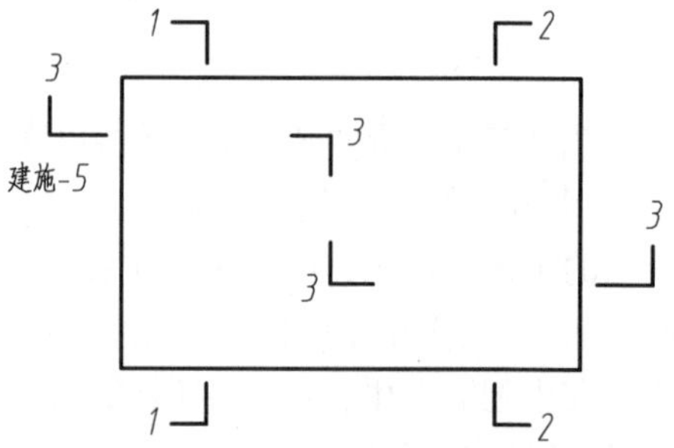

图 4-1-10　剖切符号和编号

（4）剖面图如与被剖切图样不在同一张图纸内，可在剖切位置线的另一侧注明其所在图纸的图纸号，如图 4-1-10 中的 3—3 剖切位置线下侧注写“建施-5”，即表示 3—3 剖面图画在“建施”第 5 号图纸上。

（5）对习惯使用的剖切符号（如画房屋平面图时通过门、窗洞的剖切位置），以及通过构件对称平面的剖切符号，可以不在图上作任何标注。

（6）在剖面图的下方或一侧，写上与该图相对应的剖切符号编号作为该图的图名，如“1—1”，“2—2”，…，并应在图名下方画上一等长的粗实线，如图 4-1-9 所示。

4.2 断面图

4.2.1 基本概念与画法

前面讲过，用一个剖切平面将形体剖开之后，形体上的截口，即截交线所围成的平面图形，称为断面。如果只把这个断面投射到与它平行的投影面上，所得的投影，表示出断面的实形，称为断面图。与剖面图一样，断面图也是用来表示形体（如梁、板、柱等构件）的内部形状的。剖面图与断面图的区别在于：

（1）断面图只画出形体被剖开后断面的投影，如图 4-2-1（d）所示，而剖面图要画出形体被剖开后整个余下部分的投影。如图 4-2-1（c）所示，剖面图除了画出断面外，还画出牛腿的投影（1—1 剖面图）和柱脚部分的投影（2—2 剖面图）。

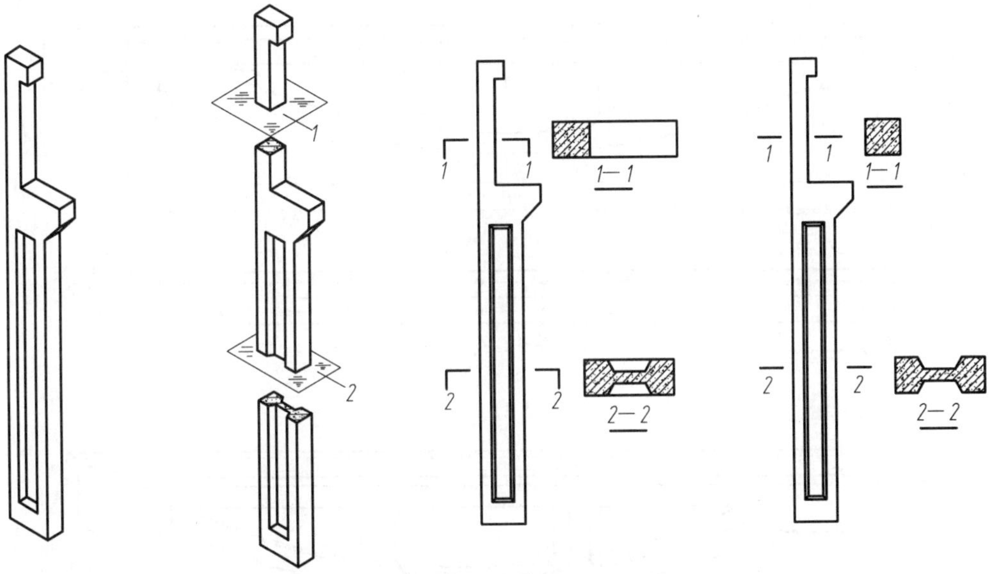

（a）工字柱　（b）剖开后的工字柱　（c）剖面图　（d）断面图

图 4-2-1　剖面图与断面图的区别

（2）剖面图是被剖开的形体的投影，是体的投影，而断面图只是一个截口的投影，是面的投影。被剖开的形体必有一个截口，所以剖面图必然包含断面图在内；而断面图虽属于剖面图中的一部分，但一般单独画出。

（3）剖切符号的标注不同。断面图的剖切符号只画出剖切位置线，不画投射方向线，投射方向用编号的注写位置来表示。编号写在剖切位置线下侧，表示向下投射；注写在左侧，表示向左投射。

（4）剖面图中的剖切平面可转折，断面图中的剖切平面则不转折。

4.2.2 断面图的几种处理方式

1．移出断面

一个形体有多个断面图时，可以整齐地排列在投影图的四周，并且往往用较大的比例画出，这种断面称为移出断面。如图 4-2-2 所示，图中有 6 个断面图，分别表示空腹鱼腹式吊车梁各部分的断面形状以及钢筋的配置情况（为简化起见，图中只用图例符号表示钢筋混凝土）。这种处理方式，适用于断面变化较多的构件（主要是钢筋混凝土构件）。

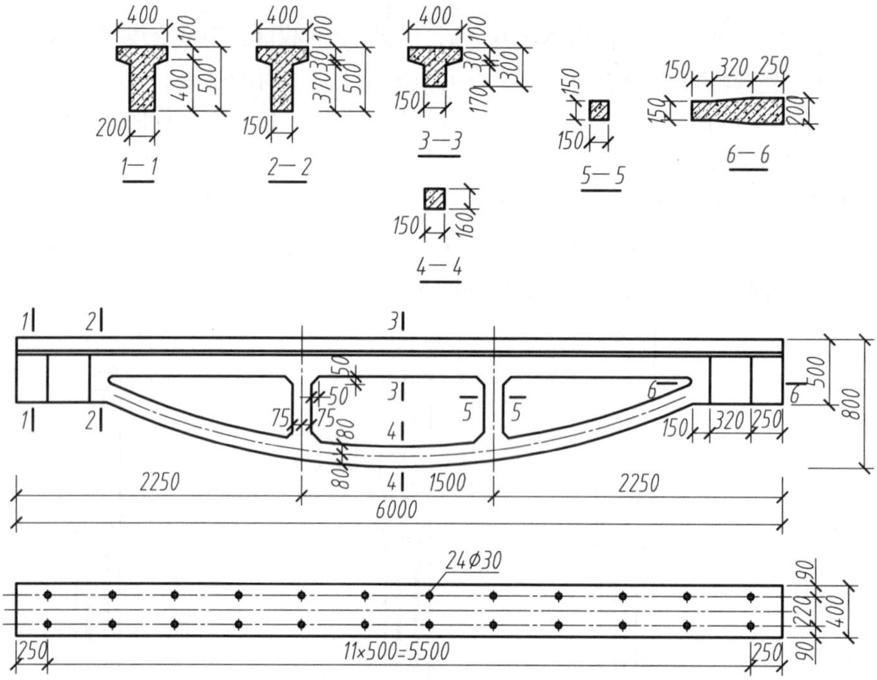

（a）断面图

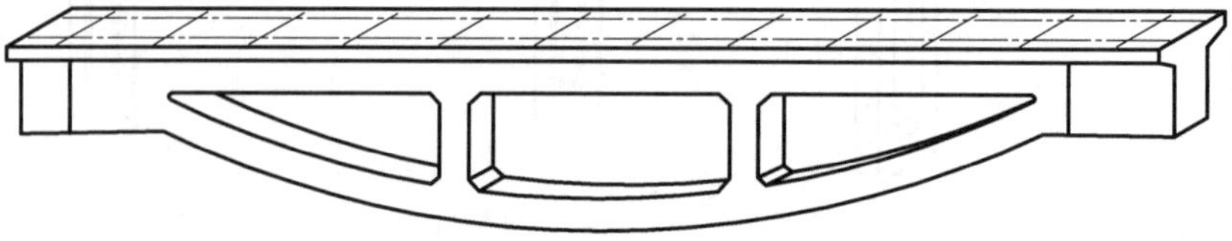

（b）立体图

图 4-2-2　空腹鱼腹式吊车梁

2. 重合断面

如图 4-2-3（a）所示，可在厂房的屋面平面图上加画断面图，比例要与投影图一致，用来表示天窗、屋面的形式与坡度。这种断面是假想用一个垂直于屋脊线的剖切平面剖开屋面，然后把断面向右方旋转，使它与平面图重合后得出来的。这种断面称为重合断面，它的轮廓线应画得粗些，以便与投影图上的线条有所区别，不致混淆。这样的断面图可以不加任何说明，只在断面图的轮廓线之内沿着轮廓线的边缘加画 45° 细斜线。

这种与投影图重合在一起的断面，还经常用以表示墙壁立面上装饰花纹的凹凸起伏状况，如图 4-2-3（b）所示。图中右边小部分墙面没有画出断面，以供对比。

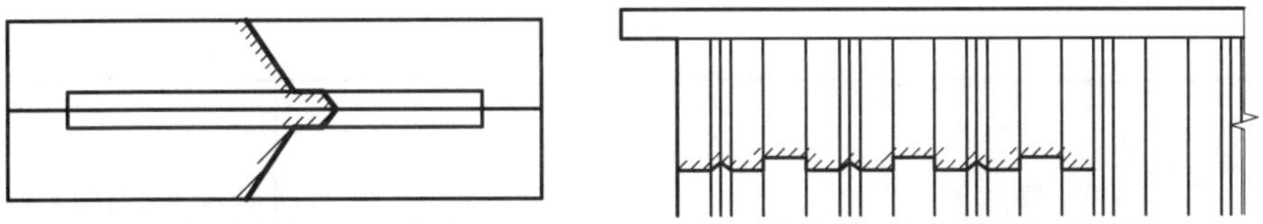

（a）厂房的屋面平面图　　（b）墙壁上装饰的断面图

图 4-2-3　断面图与投影图重合

3. 断开断面

如图 4-2-4 所示，可在钢屋架杆件的断开地方画出杆件的断面，以表示型钢的形状及组合情况，这种断面称为断开断面。这种画法适用于表示较长而只有单一断面的杆件及型钢。这样的断面图也不加任何说明。

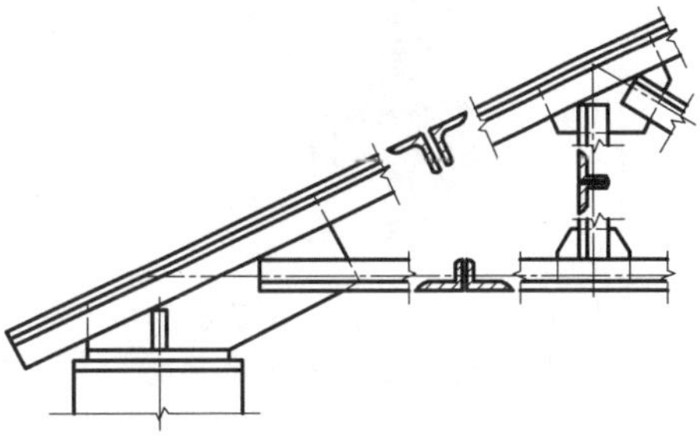

图 4-2-4　断面图在杆件断开处

教学活动 4

剖面图和断面图的画法（1 学时）

活动项目	课堂活动内容	时间	资源
剖面图和断面图的形成	将学生分成 5 人一组，拿出准备好的黄瓜，按老师的指导进行切割，切割完后观察： ① 先将黄瓜切成两节，观察圆形剖面； ② 再将其中一半黄瓜纵向剖开，观察矩形剖面； 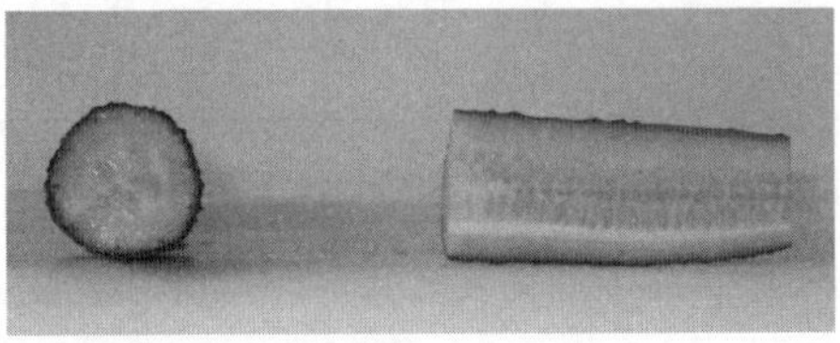 ③ 将另一半黄瓜瓤挖出，形成环形管状，观察环形剖面； ④ 将形成环形管状的黄瓜纵向剖开，观察其全剖剖面；  ⑤ 另外准备一节上诉的管状黄瓜，纵向切去 1/4，观察其半剖剖面；	1 学时	2~3 根黄瓜 小刀 多媒体 工作纸

剖面图和断面图的形成	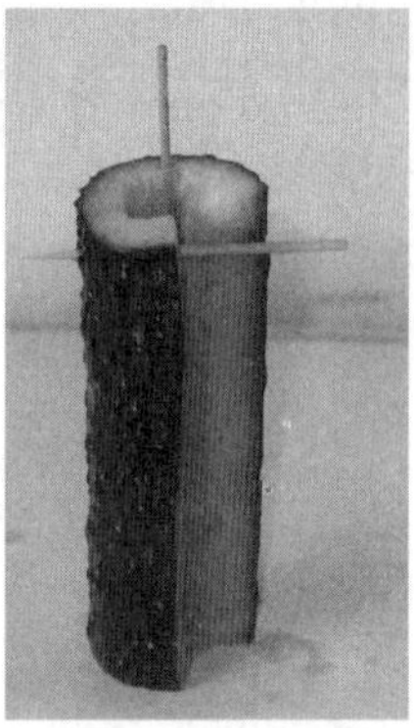 ⑥ 将一根黄瓜的一部分切去一半，另一部分保持完整，搞清楚剖面图和断面图的形成及其区别。 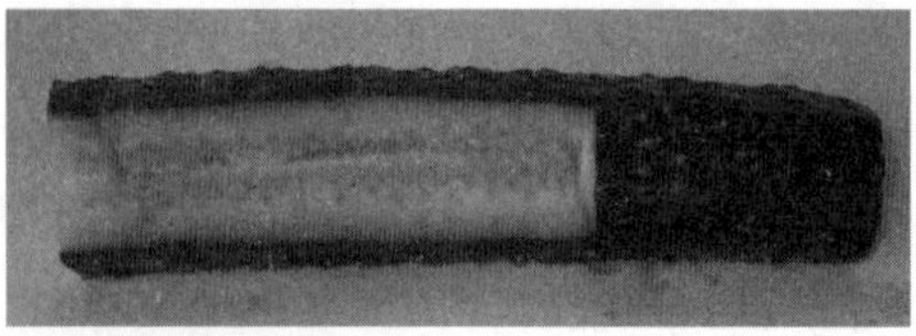 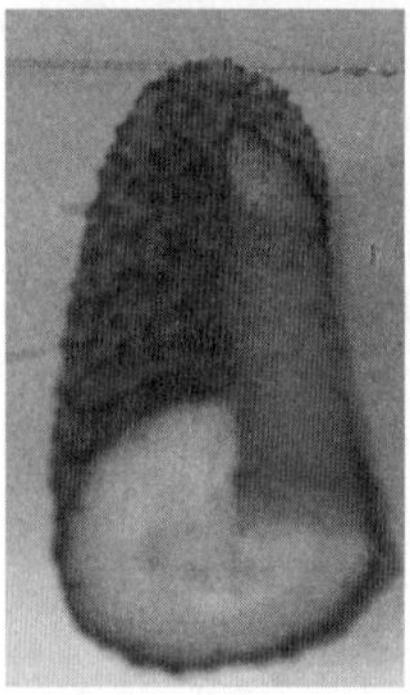	1学时	2~3根黄瓜 小刀 多媒体 工作纸

工作纸——剖面图及断面图的形成

任　务：

1. 画出下列形体的全剖面图。

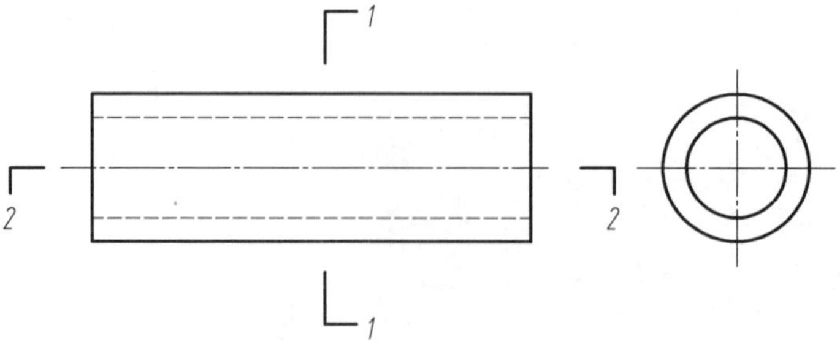

2. 画出下列形体的半剖面图。

续上表

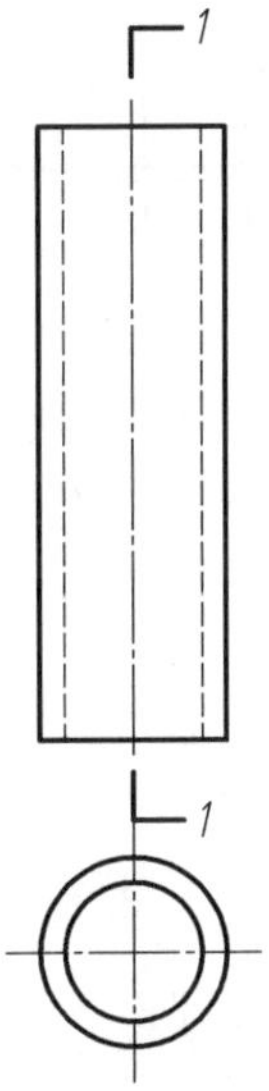

3. 画出下列形体的 1—1 断面图和 2—2 剖面图。

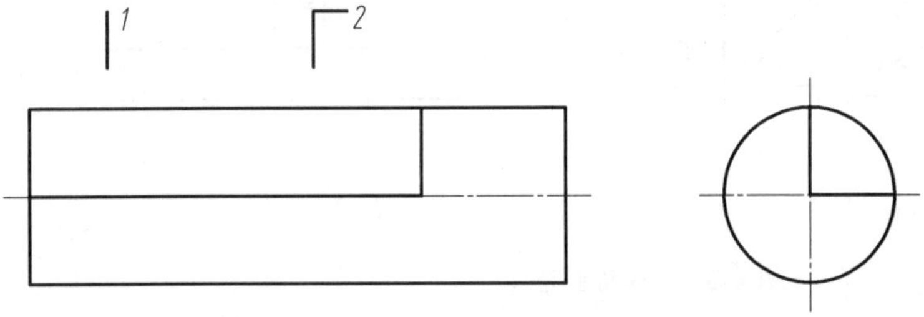

4.3 简化画法

为了节省绘图时间，或由于绘图位置不够，建筑制图国家标准允许在必要时可以采用下列的简化画法：

4.3.1 对称画法

对称的视图可以只画一半，但要加上对称符号。例如图 4-3-1（a）所示的锥壳基础平面图，因为它左右对称，可以只画左半部，并加上对称符号，如图 4-3-1（b）所示。

锥壳基础不仅左右对称，而且前后对称，它的平面图还可以进一步简化，只画出其四分之一，但要增加一根水平的对称符号，如图 4-3-1（c）所示。

对称的视图画一半时，可以稍稍超出对称线，然后加上用细实线画出的折断线或波浪线，如图 4-3-2 的屋架图和杯形基础图。

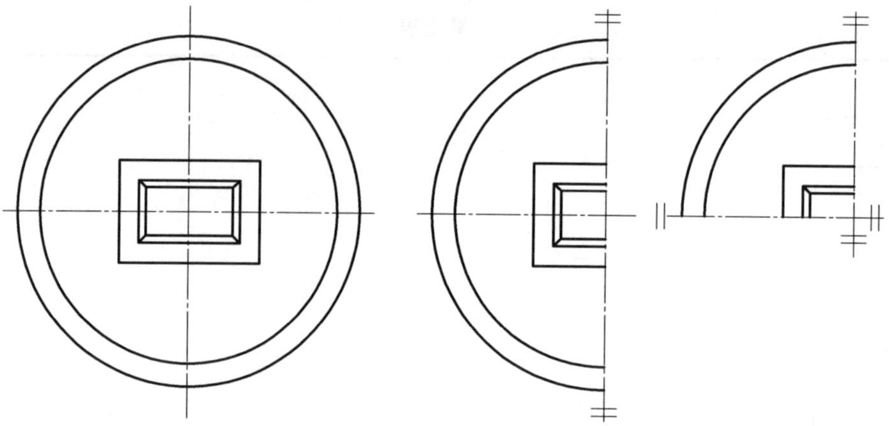

（a）　　　　（b）　　　　（c）

图 4-3-1　对称画法（一）

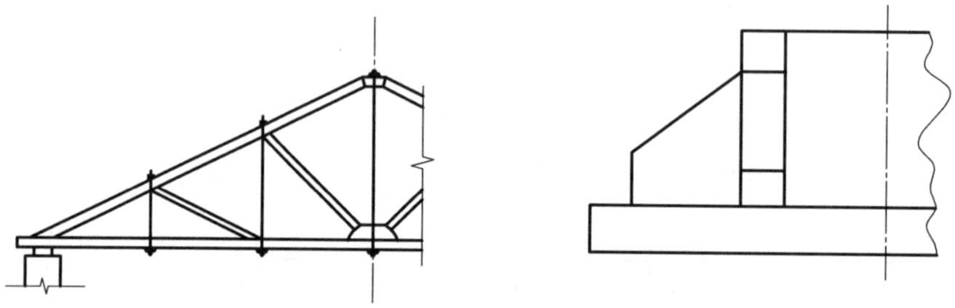

（a）屋架　　　　（b）杯形基础

图 4-3-2　对称画法（二）

对称的构件需要画剖面图时，可以画成半剖面图，如图 4-1-8 所示。

4.3.2　相同要素简化画法

建筑物或构配件的视图，如果图上有多个完全相同而连续排列的构造要素，可以仅在排列的两端或适当位置画出其中一两个要素的完整形状，然后画出其余要素的中心线或中心线交点，以确定它们的位置，如图 4-3-3 所示的混凝土空心砖图和预应力空心板图。图 4-3-4 是一段砌上 8 件琉璃花格的围墙，图上只需画出其中一个花格的形状就可以了。

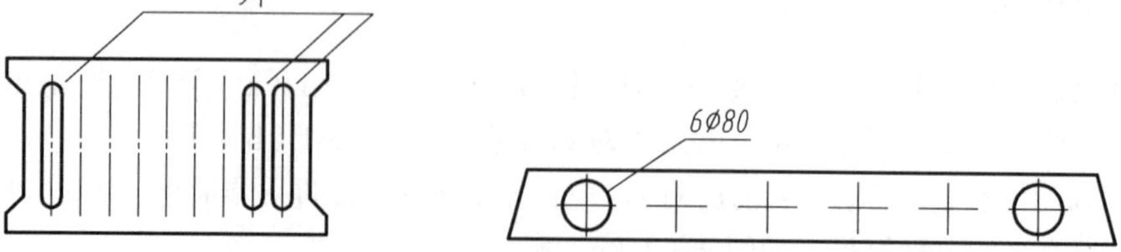

（a）混凝土空心砖　　　　（b）预应力空心板

图 4-3-3　相同要素省略画法（一）

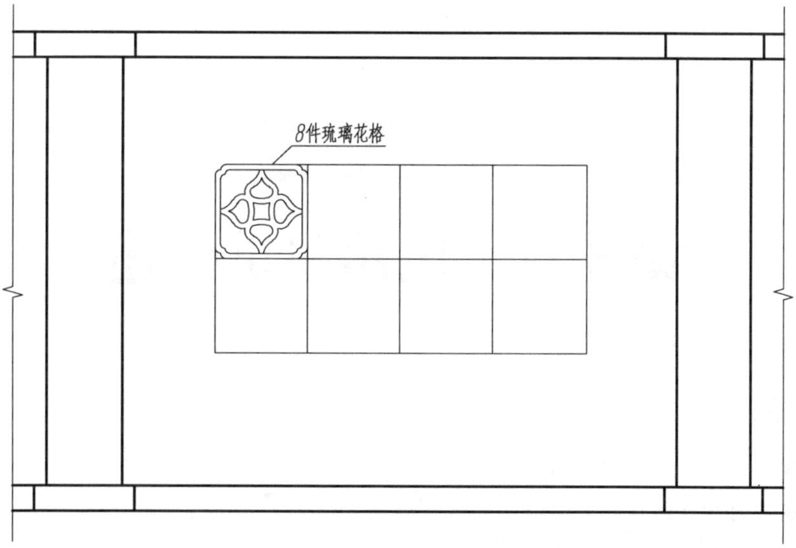

图 4-3-4　相同要素省略画法（二）

4.3.3　折断画法

较长的等断面的构件或构件上有一段较长的等断面，可以假想将该构件折断其中间一部分，然后在断开处两侧加上折断线，如图 4-3-5（a）所示的柱子。

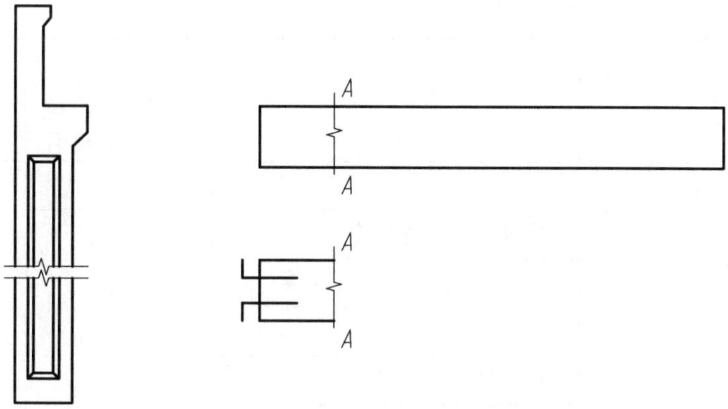

（a）　　　　　　　　　　（b）

图 4-3-5　折断省略画法

一个构件如果与另一构件仅部分不相同，该构件可以只画不同的部分，但要在两个构件的相同部分与不同部分的分界线上，分别画上连接符号。两个连接符号应对准在同一位置线上，如图 4-3-5（b）所示。

第5章　民用建筑概述

☞ 学习目标：

1. 了解建筑的分类与等级划分；
2. 掌握建筑的构造组成；
3. 掌握建筑模数及定位轴线的规定；
4. 掌握建筑施工图制图的基本规定；
5. 能识读建筑总平面图。

参考教学时间：6～9学时

活动或技能训练时间：3学时

延伸活动或技能训练时间：（2学时）

教学过程/教学手段/教学场所安排：

教学过程	具体内容	参考学时			场所安排
		授课时间	活动时间	延伸时间	
教学活动5：认识民用建筑			1		室外
5.1 建筑物的构造组成及其影响因素	建筑物的构造组成	1			教室
	影响建筑构造的主要因素				
5.2 建筑的分类与等级划分	建筑的分类	1			教室
	民用建筑的等级划分				
5.3 建筑标准化和模数协调	建筑标准化	1			教室
	建筑模数协调				
	建筑尺寸协调				
5.4 房屋施工图的制图基础	建筑施工图制图的一般规定	3			教室
	施工图中常用的符号和图例				
	定位轴线的绘制和编号				
技能训练2：识读某宿舍楼建筑总平面图			2	（2）	制图室
Σ		6	3	（2）	

教学活动 5

认识民用建筑

活动项目	课堂活动内容	时间	资源
认识建筑	① 带领学生现场参观校内代表性建筑，如学生宿舍、食堂、教学楼、实验楼等。 ② 将学生按 5 人一组进行分组活动，完成工作纸上的内容。 ③ 欣赏民用建筑的发展史	1 学时	工作纸 1 建筑图片

工作纸 1——认识建筑

民用建筑	功能	建造年代	结构类型	房间内部尺寸	建筑外部装修材料	估计当时建造成本单价
学生宿舍	◎生产 ◎生活 ◎休息 ◎娱乐 ◎学习	◎20 世纪 80 年代 ◎20 世纪 90 年代 ◎2000 年后	◎砖混结构 ◎框架结构 ◎钢结构	◎小 ◎较大 ◎大	◎好 ◎一般 ◎很好	◎1 000 元/m^2 以内 ◎1 000 元/m^2 以上 ◎2 000 元/m^2 以上 ◎3 000 元/m^2 以上
食堂	◎生产 ◎生活 ◎休息 ◎娱乐 ◎学习	◎20 世纪 80 年代 ◎20 世纪 90 年代 ◎2000 年后	◎砖混结构 ◎框架结构 ◎钢结构	◎小 ◎较大 ◎大	◎好 ◎一般 ◎很好	◎1 000 元/m^2 以内 ◎1 000 元/m^2 以上 ◎2 000 元/m^2 以上 ◎3 000 元/m^2 以上
教学楼	◎生产 ◎生活 ◎休息 ◎娱乐 ◎学习	◎20 世纪 80 年代 ◎20 世纪 90 年代 ◎2000 年后	◎砖混结构 ◎框架结构 ◎钢结构	◎小 ◎较大 ◎大	◎好 ◎一般 ◎很好	◎1 000 元/m^2 以内 ◎1 000 元/m^2 以上 ◎2 000 元/m^2 以上 ◎3 000 元/m^2 以上
实验楼	◎生产 ◎生活 ◎休息 ◎娱乐 ◎学习	◎20 世纪 80 年代 ◎20 世纪 90 年代 ◎2000 年后	◎砖混结构 ◎框架结构 ◎钢结构	◎小 ◎较大 ◎大	◎好 ◎一般 ◎很好	◎1 000 元/m^2 以内 ◎1 000 元/m^2 以上 ◎2 000 元/m^2 以上 ◎3 000 元/m^2 以上

5.1 建筑物的构造组成及其影响因素

5.1.1 建筑物的构造组成

建筑通常是由基础、墙和柱、楼地层、楼梯、门窗、屋顶等六个主要部分组成，如图 5-1-1 所示。它们在不同的部位发挥着不同的作用，其设计要求也不相同。

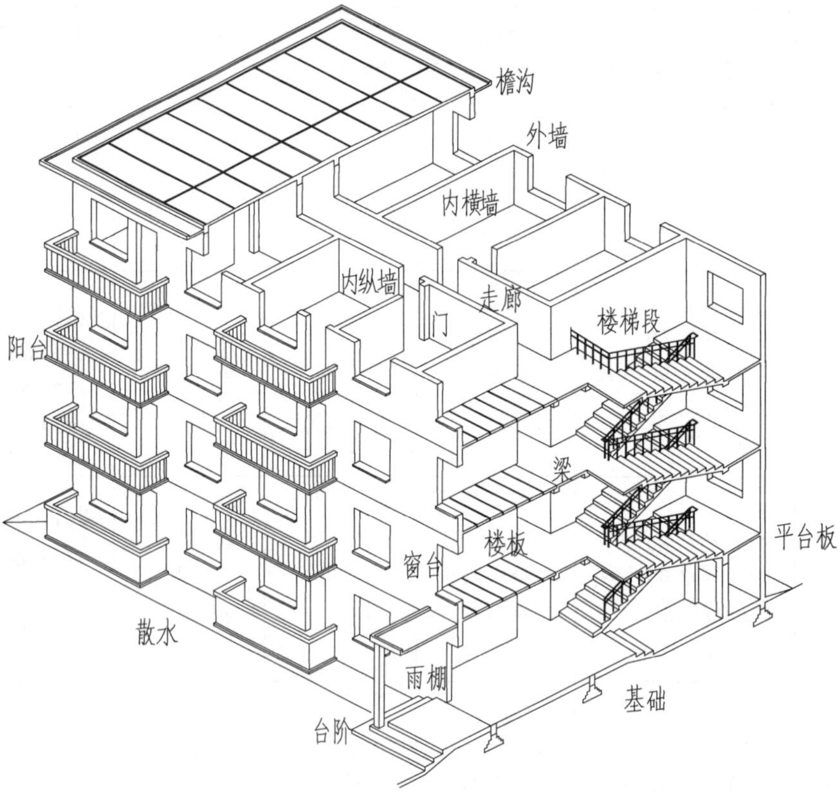

图 5-1-1 建筑的构造组成

建筑物除了上述几个主要组成部分之外，往往还有一些附属的构配件，如阳台、雨篷、台阶、散水、勒脚等次要组成部分，以保证建筑不同使用功能的需要。

1. 基 础

基础是建筑物最下部的承重构件，承担建筑的全部荷载，并将这些荷载传给地基。

基础应具有足够的强度、刚度和耐久性，能抵抗地下各种不良因素的侵袭。

2. 墙和柱

墙体是建筑物的重要构造组成部分。在混合结构中，墙既是承重构件，也是围护构件。当它承受由屋顶或楼板层传来的荷载，并将这些荷载传给基础时，它起着承重作用，被称为承重构件。

除了承重以外，外墙能抵御自然界中的各种因素对室内的侵袭；内墙可以分隔空间、组成房间、隔声、遮挡视线，起着围护作用。所以，墙也被称为围护构件。

柱是建筑物的竖向承重构件，它承受梁或屋架等传来的荷载，如屋顶荷载、楼板层荷载、吊车荷载等，并将这些荷载传给基础。

墙和柱应具有足够的强度、刚度和稳定性。此外，墙体还应具有良好的保温、隔热、隔声、防火等功能。

3. 楼地层

楼地层包括地坪层和楼板层。楼地层由楼（地）板和地面组成，必要时可增设保温层、隔热层、防水层、防潮层等附加层。

地坪层是指房屋底层的地坪，它与楼板层一样承受着人、家具和设备等荷载，并将这些荷载直接传给地基。

楼板层是建筑物水平方向的分隔与承重构件。它既可以分隔竖向空间，又承受着人、家具和设备等荷载，并将这些荷载传给其下的梁或墙。

地坪层和楼板层应具有足够的强度、刚度和耐磨性，根据不同使用功能可增设保温层、隔热层、防水层、防潮层等附加层，以满足具有良好的保温、隔热、防水、防潮、隔声、防火等功能。

4. 楼　梯

楼梯是建筑物的垂直交通设施，作为人们上下楼和发生紧急事故时疏散人流之用，同时也起着重要的装饰作用。

楼梯应坚固、安全，具有足够的通行能力以及防水、防滑、防火等功能。

5. 门　窗

门主要用来交通，兼起采光通风作用；窗主要用来采光和通风。门窗位于外墙时，是围护结构的一部分；位于内墙时，起分隔房间之用。

门窗应有足够的宽度和高度，对某些有特殊要求的房间，还应具有保温、隔热、隔声、防火等功能。

6. 屋　顶

屋顶是建筑物顶部的承重和围护构件。一般由屋面、保温（隔热）层和承重结构、顶棚层等部分组成。不仅能承受雨、雪等荷载，并将荷载传给垂直承重构件，而且能抵御风、雨、雪、太阳辐射等自然因素的侵袭。

屋顶应具有足够的强度、刚度以及防水、保温、隔热等功能。

5.1.2　影响建筑构造的主要因素

由于建筑物处在自然环境和人为环境中，因此建筑物的使用质量和使用寿命就要受到各种自然因素和人为因素的影响。为使建筑物能够充分发挥使用价值，保证其使用质量和耐久年限，在进行建筑的构造设计时，必须考虑各因素的不良影响，制订经济可行的设计方案。

1. 外力作用的影响

直接作用在建筑物上的各种外力统称为荷载，可分为恒荷载和活荷载两大类。活荷载又称为动荷载，如人流、家具、风、雪以及地震荷载等。风荷载对建筑物影响较大，往往是建筑物承受的主要水平荷载之一。高层建筑、空旷及沿海地区的建筑受风荷载的影响尤其明显。地震是对建筑造成破坏的主要自然因素之一，在构造设计中，应根据各地区的实际情况予以设防。

荷载的大小是结构设计的主要依据，也是结构造型的重要基础，它决定着构件的尺度和用料，因此，外力的作用是影响建筑构造的首要因素。

2. 自然气候的影响

我国地域辽阔，各地区之间的气候、地质、水文等自然条件差异较大。气温变化、太阳的热辐射、自然界的风霜雨雪等均构成了影响建筑物使用功能和建筑构件使用质量的因素，会影响到建筑物的正常使用。在建筑构造设计时，应当根据当地的实际情况，针对所受影响的性质与程度，对房屋的各有关部位采取相应的构造措施，如保温、隔热、防水、防潮、防冻胀、设变形缝等，以保证房屋的正常使用。

3. 人为因素和其他因素的影响

人们在生产、生活的活动过程中产生的机械振动、化学腐蚀、战争、爆炸、火灾、噪声等，都会对建筑物构成威胁，都属于人为因素的影响。在进行建筑构造设计时，必须针对各种可能的因素，从构造上采取隔振、防腐、防爆、防火、隔声等相应的措施。

4. 技术经济的影响

建筑技术条件是指建筑材料技术、结构技术和施工技术等。随着社会的进步，建筑技术的不断发展和人们生活水平的不断提高，各类新材料、新工艺、新技术、新标准不断出现，人们对建筑的使用要求也越来越高，建筑构造技术和建筑造价也在相应地发生着变化。例如，砖混结构构造不可能与木结构构造相同，其造价由于所用建材和技术的不同也不同。同样，钢筋混凝土结构也不能和其他结构构造技术和造价也不一样。

5.2 建筑的分类与等级划分

建筑的功能不同，其更新周期以及对社会的影响也不同。为了使建筑充分发挥其投资效益，避免造成浪费，适应经济发展和建筑安全的需要，我国对建筑物进行等级划分，以便人们根据建筑物所属的类型和级别掌握建筑标准，采取相应措施。

5.2.1 建筑的分类

1. 按使用功能分类

（1）民用建筑：供人们工作、学习、生活、居住用的建筑物。

① 居住建筑：供人们生活起居的建筑物，如住宅、宿舍、公寓等。

② 公共建筑：供人们进行各项社会活动的建筑物，如办公楼、宾馆、商业楼、医院、博物馆等。

（2）工业建筑：为工业生产服务的生产车间及为生产服务的辅助车间、动力用房、仓贮等。

（3）农业建筑：供农牧业生产和加工用的建筑，如温室、畜禽饲养场、农副产品加工厂等。

2. 按建筑层数或高度分类

（1）住宅建筑按层数划分为：

① 1～3 层为低层；

② 4～6 层为多层；

③ 7～9 层为中高层；

④ 10 层及以上为高层。

（2）其他民用建筑按照建筑高度分为：

① 普通建筑：高度小于 24 m；

② 高层建筑：高度大于 24 m；

③ 超高层建筑：高度在 100 m 以上。

注：建筑高度是指建筑物自室外设计地面到主体檐口或屋面面层的垂直高度，不包括屋顶上水箱间、电梯房等。

3. 按建筑物结构承重方式分类

（1）墙承重结构。

由墙体承受建筑的全部荷载。适用于内部空间较小、建筑高度较低的建筑。

（2）骨架承重结构。

由柱与梁组成骨架承受建筑的全部荷载。适用于跨度大、荷载大的高层建筑。

（3）内骨架结构。

建筑内部由柱与梁组成骨架承重荷载，四周由外墙承重。适用于局部设有较大空间的建筑。

（4）空间结构。

由空间结构承受建筑的荷载。适用于大空间建筑，如悬索结构、壳体结构的建筑。

4. 按承重结构的材料分类

（1）木结构建筑。

由木材承受荷载的结构，通过各种金属连接件或榫卯手段进行连接和固定。多用在民用和中小型工业厂房的屋盖中。

（2）砖混结构建筑。

由砖墙（或柱）、钢筋混凝土楼板作为主要承重结构的建筑，属于墙体承重体系。一般适用于居住和一般公共建筑中。

（3）钢筋混凝土结构建筑。

由钢筋混凝土材料作为主要承重构件的建筑，属于骨架承重体系。一般适用于大型公共建筑、大跨度建筑和高层建筑。

（4）钢结构建筑。

由钢材作为主要承重构件的建筑，多属于骨架承重体系。一般适用于大型公共建筑、工业建筑、大跨度建筑。

5. 按建筑规模大小分类

（1）大量性建筑。

建造的数量多、相似性大的建筑，如住宅、学校、商店、医院。

（2）大型性建筑。

建造数量少、单体面积大的建筑，如体育馆、影剧院、火车站。

5.2.2 民用建筑的等级划分

民用建筑等级涉及耐久等级、耐火等级、工程等级等方面，其划分级别通常与使用年限、防火性能、重要性和规模有关。

1. 耐久等级

建筑物耐久等级的指标是主体结构的使用年限。使用年限的长短主要根据建筑物的重要性和质量标准确定。

《民用建筑设计通则》（GB 50352—2005）规定建筑耐久年限分为下列四级：

一级：耐久年限 100 年以上，适用于重要的建筑和高层建筑。

二级：耐久年限 50 ~ 100 年，适用于一般性建筑。

三级：耐久年限 25 ~ 50 年，适用于次要的建筑。

四级：耐久年限 15 年以下，适用于临时性建筑。

2. 耐火等级

对不同的建筑物提出不同的耐火等级要求，可做到既有利于消防安全，又有利于节约基本建设投资。建筑物耐火等级的划分是建筑设计防火技术措施中最基本的措施之一。

建筑物的耐火等级是衡量建筑物耐火程度的标准，是根据组成建筑物的墙、柱、梁、楼板、吊顶和屋顶承重构件等主要建筑构配件的燃烧性能和耐火极限确定的。

（1）燃烧性能。

燃烧性能是指组成建筑物的主要构件在明火或高温作用下燃烧与否及燃烧的难易程度，可分为非燃烧体、难燃烧体和燃烧体。

非燃烧体是指用非燃烧材料（如砖、石等）做成的建筑构件。

难燃烧体是指用难燃烧材料（如沥青、石棉板等）做成的建筑构件，或用燃烧材料制作，而用非燃烧材料做保护层的建筑构件。

燃烧体是指用容易燃烧的材料（如木材、塑料等）做成的建筑构件。

（2）耐火极限。

耐火极限是指对任一建筑构件按时间——温度标准曲线进行耐火试验，从受到火的作用时起，到失去稳定性或完整性被破坏或失去隔火性时为止的这段时间，以小时表示。

① 失去稳定性。

指构件在试验过程中失去支持能力或抗变形能力。

a. 外观判断：如墙发生垮塌；梁板变形大于 $L/20$；柱发生垮塌或轴向变形大于 $h/100$（mm）或轴向压缩变形速度超过 $3h/1000$（mm/min）。

b. 受力主筋温度变化。

② 失去完整性。

指分隔构件如楼板、隔墙等，出现穿透性裂缝或穿火的孔隙。

③ 失去隔火性。

指分隔构件如墙、楼板等，背火面测温点平均温升达 140 °C 或背火面测温点任一点温升达 180 °C。

建筑构件耐火极限的三个判定条件，实际应用时要具体问题具体分析：

a. 分隔构件（隔墙、吊顶、门窗）：失去完整性或隔火性。

b. 承重构件（梁、柱、屋架）：失去稳定性。

c. 承重分隔构件（承重墙、楼板）：失去稳定性或完整性或隔火性。

我国现行建筑设计防火规范 GB 50016—2006 规定，民用建筑的耐火等级应分为一、二、三、四级。不同耐火等级要求的建筑物构件的燃烧性能和耐火极限不应低于表 5-2-1 的规定。

表 5-2-1　建筑物构件的燃烧性能和耐火极限（单位：h）

名　称		耐火等级			
构　件		一级	二级	三级	四级
墙	防火墙	不燃烧体 3.00	不燃烧体 3.00	不燃烧体 3.00	不燃烧体 3.00
	承重墙	不燃烧体 3.00	不燃烧体 2.50	不燃烧体 2.00	难燃烧体 0.50
	非承重外墙	不燃烧体 1.00	不燃烧体 1.00	不燃烧体 0.50	燃烧体
墙	楼梯间的墙 电梯井的墙 住宅单元之间的墙 住宅分户墙	不燃烧体 2.00	不燃烧体 2.00	不燃烧体 1.50	难燃烧体 0.50
	疏散走道两侧的隔墙	不燃烧体 1.00	不燃烧体 1.00	不燃烧体 0.50	难燃烧体 0.25
	房间隔墙	不燃烧体 0.75	不燃烧体 0.50	难燃烧体 0.50	难燃烧体 0.25
柱		不燃烧体 3.00	不燃烧体 2.50	不燃烧体 2.00	难燃烧体 0.50
梁		不燃烧体 2.00	不燃烧体 1.50	不燃烧体 1.00	难燃烧体 0.50
楼　板		不燃烧体 1.50	不燃烧体 1.00	不燃烧体 0.50	燃烧体
屋顶承重构件		不燃烧体 1.50	不燃烧体 1.00	燃烧体	燃烧体
疏散楼梯		不燃烧体 1.50	不燃烧体 1.00	不燃烧体 0.50	燃烧体
吊顶（包括吊顶搁栅）		不燃烧体 0.25	难燃烧体 0.25	难燃烧体 0.15	燃烧体

注：① 除本规范另有规定者外，以木柱承重且以不燃烧材料作为墙体的建筑物，其耐火等级应按四级确定。

② 二级耐火等级建筑的吊顶采用不燃烧体时，其耐火极限不限。

③ 在二级耐火等级的建筑中，面积不超过 100 m^2 的房间隔墙，如执行本表的规定确有困难时，可采用耐火极限不低于 0.3 h 的不燃烧体。

④ 一、二级耐火等级建筑疏散走道两侧的隔墙，按本表规定执行确有困难时，可采用 0.75 h 不燃烧体。

民用建筑的耐火等级、最多允许层数和防火分区最大允许建筑面积应符合表 5-2-2 的规定。

表 5-2-2 民用建筑的耐火等级、最多允许层数和防火分区最大允许建筑面积

耐火等级	最多允许层数	防火分区的最大允许建筑面积/m^2	备注
一、二级	按本规范规定	2 500	① 体育馆、剧院的观众厅，展览建筑的展厅，其防火分区最大允许建筑面积可适当放宽。 ② 托儿所、幼儿园的儿童用房和儿童游乐厅等。儿童活动场所不应超过三层或设置在四层及四层以上楼层或地下、半地下建筑（室）内
三级	5 层	1 200	① 托儿所、幼儿园的儿童用房和儿童游乐厅等。儿童活动场所、老年人建筑和医院、疗养院的住院部分不应超过二层或设置在三层及三层以上楼层或地下、半地下建筑（室）内。 ② 商店、学校、电影院、剧院、礼堂、食堂、菜市场不应超过二层或设置在三层及三层以上楼层
四级	2 层	600	学校、食堂、菜市场、托儿所、幼儿园、老年人建筑、医院等不应设置在二层
地下、半地下建筑（室）		500	—

注：① 建筑内设置自动灭火系统时，该防火分区的最大允许建筑面积可按本表的规定增加 1.0 倍。局部设置时，增加面积可按该局部面积的 1.0 倍计算。

② 当住宅建筑构件的耐火极限和燃烧性能符合现行国家标准《住宅建筑规范》（GB50368）的规定时，其最多允许层数执行该标准的规定。

3. 工程等级

按照建设部《民用建筑工程设计收费标准》的规定，我国目前将各类民用建筑工程按复杂程度划分为：特、一、二、三、四、五，共六个等级，见表 5-2-3。

表 5-2-3 工程等级

工程等级	工程主要特征	工程范围举例
特级	① 列为国家重点项目或以国际活动为主的大型公共建筑以及有全国性历史意义或技术要求特别复杂的中小型公共建筑。 ② 高大空间、有声、光等特殊要求的建筑。 ③ 30 层以上建筑	国家大会堂，国际会议中心、国际大型航空港、国际综合俱乐部，重要历史纪念建筑，国家级图书馆、博物馆、美术馆，三级以上的人防工程、剧院、音乐厅等
一级	① 高级大型公建以及有地区性历史意义或技术要求复杂的中小型公共建筑。 ② 16～29 层或高度超过 50 m 的公共建筑	高级宾馆、高级招待所，省级展览馆、博物馆、图书馆，高级会堂、俱乐部，科研试验楼（含高校），300 床以上的医院、疗养院，大中型体育馆，大城市火车站、航运站、邮电通信楼，综合商业大楼、高级餐厅，四级人防、五级平战结合人防等
二级	① 中高级的大型公共建筑以及技术要求较高的中小型公共建筑。 ② 16～29 层住宅	大专院校教学楼，省部级机关办公楼，300 床以下医院，地市级图书馆、文化馆，大中城市汽车客运站，中等城市火车站、邮电局、多层综合商场等

续表 5-2-3

工程等级	工程主要特征	工程范围举例
三级	① 中级、中型公共建筑。 ② 7~15 层有电梯的住宅或框架结构建筑	重点中学及中专的教学楼，旅馆、饭馆、招待所、浴室、门诊所、百货楼，托儿所、幼儿园，综合服务楼、2 层以下商场、多层食堂，小型车站等
四级	① 一般中小型公共建筑。 ② 7 层以下无电梯住宅、宿舍及砖混建筑	一般办公楼、中小学教学楼，单层食堂、消防站、粮站、杂货店、阅览室、理发室、水冲式公厕等
五级	一、二层以及单功能、一般小跨度结构建筑	

说明：以上分级标准中，大型工程一般系指 1×10^4 m^2 以上的建筑；中型工程指 3 000 ~ 1×10^4 m^2 的建筑；小型工程指 3 000 m^2 以下的建筑。

5.3 建筑标准化和模数协调

5.3.1 建筑标准化

建筑标准化主要包括两个方面；一是建立和实现各种法规、规范、标准和指标，使设计有章可循；二是在诸如住宅等大量性建筑的设计中推行标准化设计。建筑标准化的目的是合理利用原材料，促进构配件的通用性和互换性，实现建筑工业化，以取得最佳经济效果。

为保障建筑设计标准和实现建筑构配件生产工厂化，建筑物各组成部分的尺寸必须统一协调，为此我国制定了《建筑模数协调统一标准》作为设计、施工、构配件制作的依据。

5.3.2 建筑模数协调

建筑模数协调是对建筑物及其构配件的设计、制作、安装所规定的标准尺度体系，原称建筑模数制，目的是用标准化的方法实现建筑制品、建筑构配件的生产工业化。

为了使建筑制品、构配件和组合件实现工业化大规模生产，使不同材料、不同形式和不同制造方法的建筑构配件、组合件符合模数并具有较大的通用性和互换性，以加快设计速度，提高施工质量和效率，降低建筑造价。我国制定了《建筑模数协调统一标准》（GBJ2—86）来约束和协调建筑的尺寸关系。

1. 建筑模数

建筑模数是指选定的尺寸单位，是建筑设计、建筑施工、建筑材料与制品、建筑设备、建筑组合件等各部门进行尺寸协调的基础，其目的是使构配件安装吻合，并有互换性。

（1）基本模数。

基本模数的数值，应为 100 mm，其符号为 M，即 1M = 100 mm。

（2）导出模数。

导出模数分为扩大模数和分模数，其基数应符合下列规定：

① 扩大模数：水平扩大模数基数为 3M、6M、12M、15M、30M、60M，其相应的尺寸分别为 300 mm、600 mm、1 200 mm、1 500 mm、3 000 mm、6 000 mm；竖向扩大模数的基数为 3M 与 6M，其相应的尺寸为 300 mm 和 600 mm。

② 分模数：基数为 1/10M、1/5M、1/2M，其相应的尺寸为 10 mm、20 mm、50 mm。

为了既能满足适用要求，又能减少构配件规格类型《中华人民共和国国家标准建筑统一模数制》中规定使用 3M 作为建筑模数。建筑物的轴线距离通常采用符合建筑模数的数值 3 000 mm、3 300 mm、3 600 mm 等，而 3 050 mm、3 350 mm 等不符合建筑模数的数值，通常是不用的。

2. 模数数列

为使不同类型的建筑物及其各组成部分间的尺寸统一与协调，减小尺寸的范围，使尺寸的叠加和分割有较大的灵活性，模数数列应按表 5-3-1 采用。

表 5-3-1　模数数列

基本模数			扩大模数				分模数		
1M	3M	6M	12M	15M	30M	60M	1/10M	1/5M	1/2M
100	300	600	1 200	1 500	3 000	6 000	10	20	50
100	300						10		
200	600	600					20	20	
300	900						30		
400	1 200	1 200	1 200				40	40	
500	1 500			1 500			50		50
600	1 800	1 800					60	60	
700	2 100						70		
800	2 400	2 400	2 400				80	80	
1M	3M	6M	12M	15M	30M	60M	1/10M	1/5M	1/2M
900	2 700						90		
1 000	3 000	3 000		3 000	3000		100	100	100
1 100	3 300						110		
1 200	3 600	3 600	3 600				120	120	
1 300	3 900						130		
1 400	4 200	4 200					140	140	
1 500	4 500			4 500			150		150
1 600	4 800	4 800	4 800				160	160	
1 700	5 100						170		
1 800	5 400	5 400					180	180	

续表 5-3-1

基本模数			扩大模数				分模数		
1 900	5 700						190		
2 000	6 000	6 000	6 000	6 000	6 000	6 000	200	200	200
2 100	6 300							220	
2 200	6 600	6 600						240	
2 300	6 900								250
2 400	7 200	7 200	7 200					260	
2 500	7 500			7 500				280	
2 600		7 800						300	300
2 700		8 400	8 400					320	
2 800		9 000		9 000	9000			340	
2 900		9 600	9 600						350
3 000				10 500				360	
3 100			10 800					380	
3 200			12 000	12 000	12 000	12 000		400	400
3 300					15 000				450
3 400					18 000	18 000			500
3 500					21 000				550
3 600					24 000	24 000			600
					27 000				650
					30 000	30 000			700
					33 000				750
					36 000	36 000			800
									850
									900
									950
									1 000

3. 模数数列的使用范围

（1）水平基本模数为 1M ~ 20M 的数列，应主要用于门窗洞口和构配件截面等处。

（2）竖向基本模数为 1M ~ 36M 的数列，应主要用于建筑物的层高、门窗洞口和构配件截面等处。

（3）水平扩大模数 3M、6M、12M、15M、30M、60M 的数列，应主要用于建筑物的开间或柱距、进深或跨度、构配件尺寸和门窗洞口等处。

（4）竖向扩大模数 3M 数列，应主要用于建筑物的高度、层高和门窗洞口等处。

（5）分模数 1/10M、1/5M、1/2M 的数列，应主要用于缝隙、构造节点、构配件截面等处。

5.3.3 建筑尺寸协调

为了保证建筑物构件与有关尺寸间的相互协调，在建筑模数协调中把尺寸分为标识尺寸、构造尺寸和实际尺寸。

标识尺寸：应符合模数数列规定，用以标注建筑物定位线（轴线）之间的距离，如开间、柱距、进深、跨度、层高等，以及建筑构配件、建筑制品及有关设备位置界线之间的尺寸，是应用最广泛的房屋构造的定位尺寸。

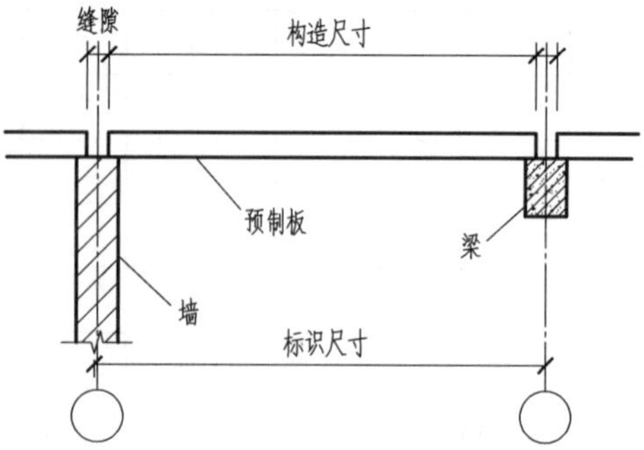

（a）标识尺寸＝构造尺寸＋缝隙尺寸

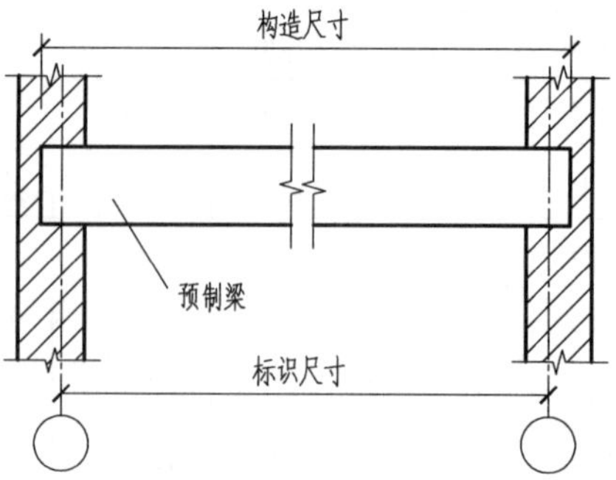

（b）标识尺寸小于构造尺寸

图 5-3-1 几种尺寸间的关系

构造尺寸：建筑制品、建筑构配件的设计尺寸。构造尺寸小于或大于标识尺寸。一般情况下，构造尺寸加上预留的缝隙尺寸或减去必要的支撑尺寸等于标识尺寸。

实际尺寸：建筑制品、建筑构配件的实有尺寸。实际尺寸与构造尺寸的差值数应满足允许的建筑公差数值（公差就是允许误差的变化范围）。

5.4 房屋施工图的制图基础

房屋施工图是用来表达建筑物构配件的组成、外形轮廓、平面布置、结构构造以及装饰尺寸、材料做法等的工程图样，根据专业的不同一般分为建筑施工图（简称“建施”）、结构施工图（简称“结施”）、给排水施工图（简称“水施”）、采暖通风与空气调节（简称“空施”）以及装饰施工图（简称“装施”）。一套房屋施工图，根据其内容与作用的不同，一般包括：

1. 首页图

包括图纸目录和设计总说明。

2. 建筑施工图（建施-JS）

主要用来表示房屋的规划位置、外部造型、内部布置、细部构造、固定设施、内外装修及施工要求等。它包括图纸目录、施工总说明、门窗表、总平面图、平面图、立面图、剖面图和详图。

3. 结构施工图（结施-GS）

主要用来表示房屋承重构件的布置、使用的材料、构件的形状、尺寸大小、内部构造以及各构造间连接情况的工程图样。它包括结构设计说明、结构平面布置图和构件详图。

4. 设备施工图（设施-SS）

主要用来表示各种设备、管道和线路的布置、走向以及安装施工要求等。它包括给水排水施工图（水施-SS）、供暖施工图（暖施-NS）、电气施工图（电施-DS）、通风与空调施工图（通施-TS）等。设备施工图一般包括设计说明、平面布置图、系统图和详图。

在本书中只介绍建筑施工图（简称建施）的画法和识读。

5.4.1 建筑施工图制图的一般规定

施工图中各图样，主要是用正投影法绘制的。通常在 H 面上作平面图，在 V 面上作立面图，在 W 面上作剖面图或侧立面图。在图幅大小允许下，可将平、立、剖面三个图样按投影关系画在一张图纸上以便于阅读。由于图幅过小，通常情况下将平、立、剖分别单独画出，在绘制过程中，应对其作统一规定。

1. 比　例

房屋形体较大，施工图一般都用较小比例绘制。由于房屋内各部分构造较复杂，在小比例的平、立、剖面图中无法表达清楚，需配以大量较大比例的详图。建筑施工图制图选用的比例，宜符合表 5-4-1 的规定。

表 5-4-1　建筑施工图比例

图　名	比　例
建筑物或构筑物的平面图、立面图、剖面图	1∶50、1∶100、1∶150、1∶200、1∶300
建筑物或构筑物的局部放大图	1∶10、1∶20、1∶25、1∶30、1∶50
配件应构造详图	1∶1、1∶2、1∶5、1∶10、1∶15、1∶20、1∶25、1∶30、1∶50

2. 图　线

任何工程图样都是采用不同的线型与线宽的图线绘制而成的，因此，熟悉图线的类型及用途，掌握各类图线的画法是建筑制图最基本的技术。

建筑施工图中的不同内容，使用不同的线型，应根据图样的复杂程度和比例，按《房屋建筑制图统一标准》中图线的规定选用，如表 5-4-2 和图 5-4-1、5-4-2、5-4-3 所示。

表 5-4-2　图线的种类和应用

图线名称	线型	线宽	一般应用
粗实线	————	b $0.7b$	① 平面图、剖面图、详图中被剖切的主要建筑构造、构配件的轮廓线。 ② 建筑立面图或室内立面图的外轮廓线。 ③ 平、立、剖面的剖切符号
中粗实线	————	$0.5b$	剖面图中未被剖到的可见轮廓线、尺寸起止符号
细实线	————	$0.25b$	尺寸线及尺寸界线、材料图例线、引用线、分界线及范围线、弯折线、辅助线、不连续的同一表面的连线、成规律分布的相同的要素的连线
虚　线	----------	b、$0.5b$、$0.25b$	不可见轮廓线、不可见过渡线
细点画线	—·—·—	$0.25b$	轴线、中心线、轨迹线、节圆及节线
折断线	—\\/—	$0.25b$	用以假想这段的边缘，局部详图居多
波浪线	～～～	$0.25b$	断裂处的边界线、试图和剖视的分界线、断裂处的边界线

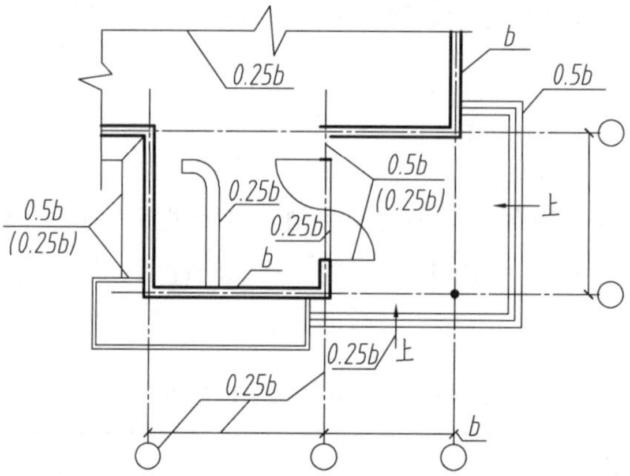

图 5-4-1　平面图图线宽度选用示例

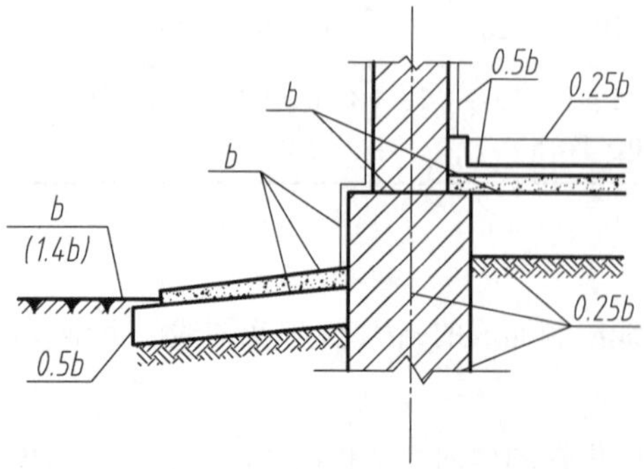

图 5-4-2　墙身剖面图图线宽度选用示例

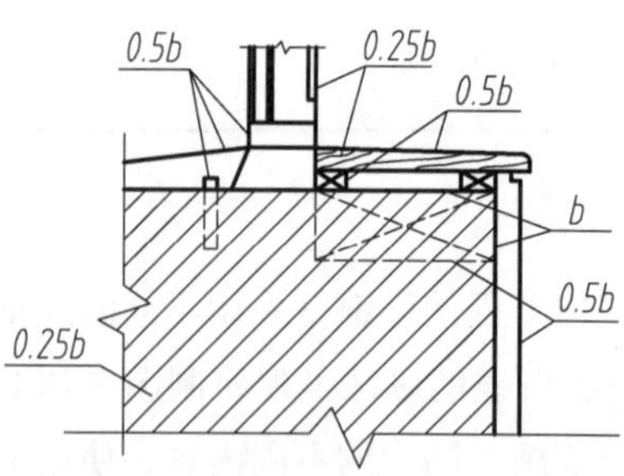

图 5-4-3　详图图线宽度选用示例

5.4.2 施工图中常用的符号和图例

为了使房屋施工图的图面统一而简洁，方便施工时查阅，制图标准对常用的符号和图例作了统一明确的规定。

1. 图　例

由于房屋构、配件和材料种类较多，为作图简便起见，“国标”规定了一系列的图形符号来代表建筑构配件、卫生设备、建筑材料等，这些图形符号称为图例。绘制房屋建筑施工图常用的图例有总平面图图例（见表 5-4-3）、建筑构配件图例（见表 5-4-4）、建筑材料图例（见表 5-4-5）等。

表 5-4-3　总平面图图例

名称	图　例	说　明	名　称	图　例	说　明
新建建筑	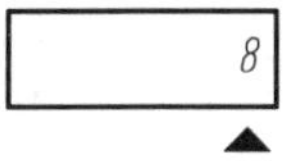	① 需要时，可用▲表示出入口，可在图形内右上角用点或数字表示层数。 ② 建筑物外形用粗实线表示	新建道路	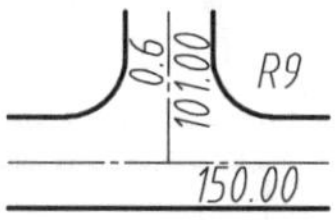	“R9”表示道路转弯半径 9 m，“150.00”为路面中心点控制标高，“0.6”表示 0.6% 的纵向坡度，“101.00”表示变坡点间距离
原有建筑	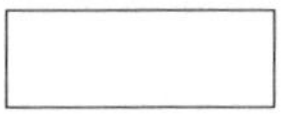	用细实线表示	原有道路	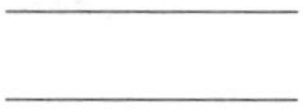	
计划扩建的预留地或建筑物		用中粗虚线表示	计划扩建的道路		
拆除的建筑	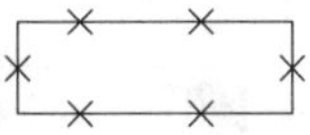	用细实线表示	拆除的道路	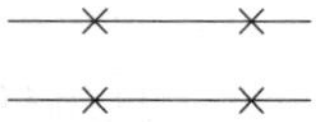	
坐　标	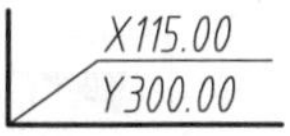	表示测量坐标	桥梁	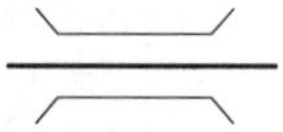	铁路桥
	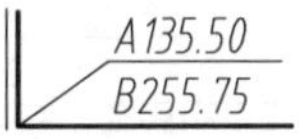	表示建筑坐标		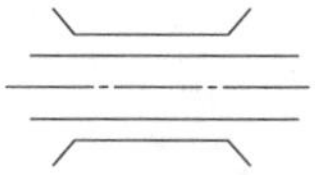	公路桥
围墙与大门		实体性质的围墙	护坡	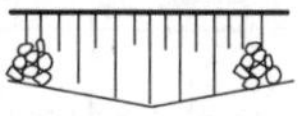	① 边坡较长时，可在一端或两端局部表示。 ② 边坡线为虚线时，表示填方
		通透性质的围墙	填挖边坡	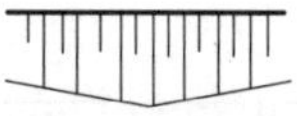	
台　阶	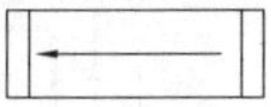	箭头指向表示向下	挡土墙		被挡的土在突出的一侧
铺贴场地	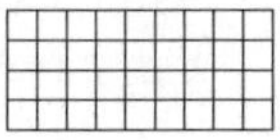		挡土墙上设围墙	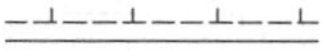	

表 5-4-4　常用建筑构配件图例

序号	名称	图例	序号	名称	图例
1	墙体： 上为外墙，下为内墙 细线表示有保温层或幕墙	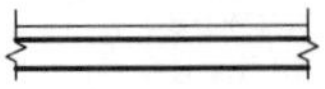 	2	玻璃幕墙	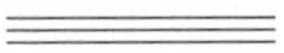
			3	栏杆	
4	隔　断	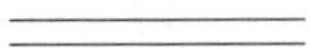	5	坑槽	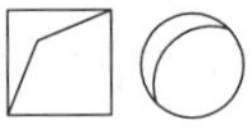
6	检查口	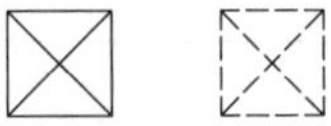	7	墙预留洞	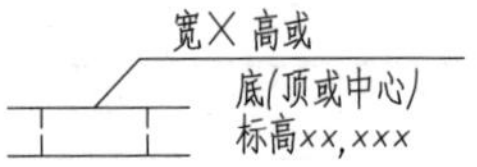
8	孔　洞		9	地沟	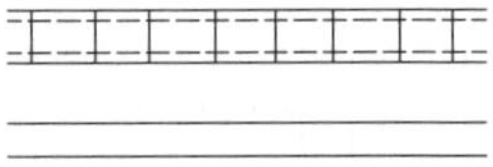
10	楼　梯	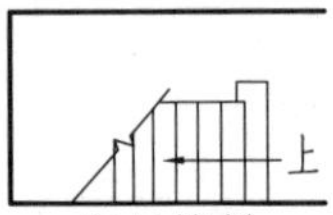 底层楼梯	11	平面高差（用于高差小的地面或楼面交接处，并与门的开启方向协调）	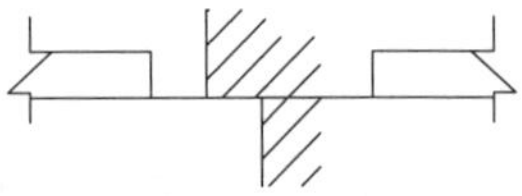
		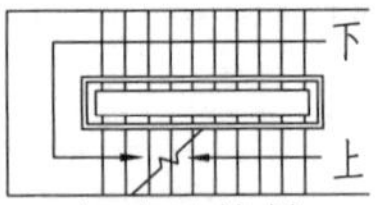 标准层楼梯			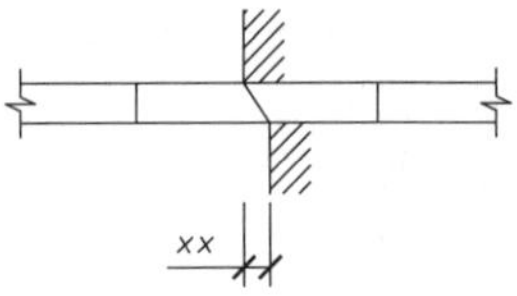
		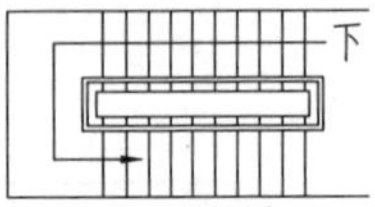 顶层楼梯	12	烟　道	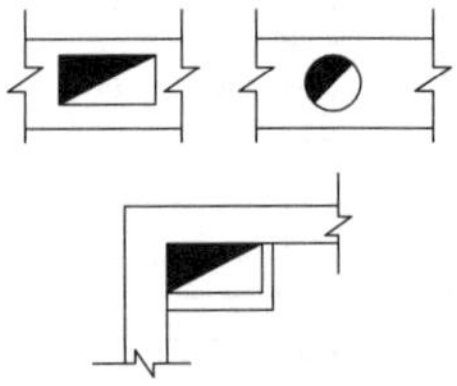
13	台　阶	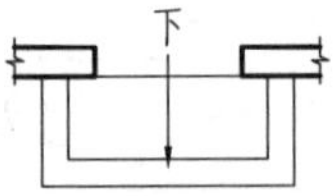	14	风　道	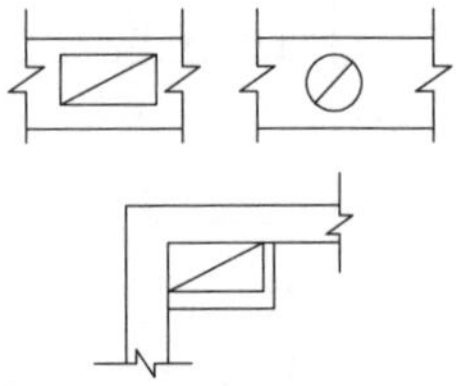
15	坡道　长坡道	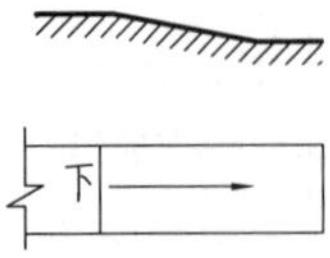	16	新建的墙和窗	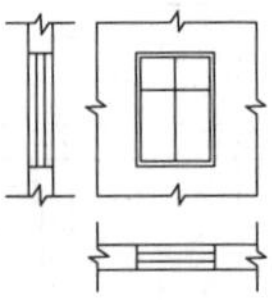

续表 5-4-4

序号	名称	图例	序号	名称	图例
15	坡道 两侧垂直的门口坡道	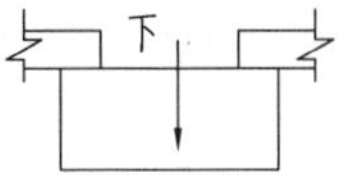	17	改建的墙和窗（加粗窗的轮廓线）	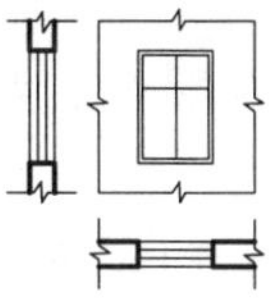
	坡道 有挡墙的门口坡道	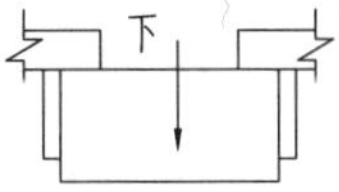	18	拆除的墙	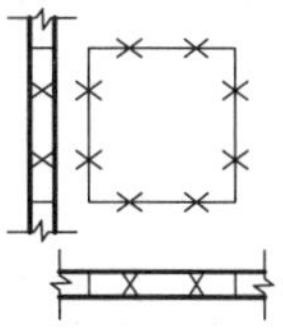
	坡道 两侧找坡的门口坡道	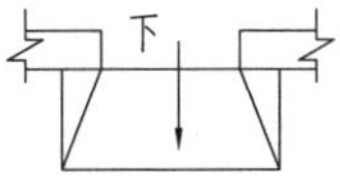	19	空门洞	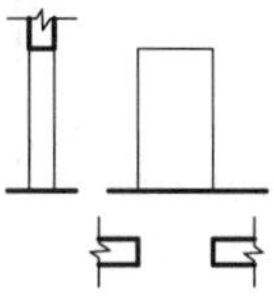
20	单面开启单扇门 M（包括平开或单面弹簧）	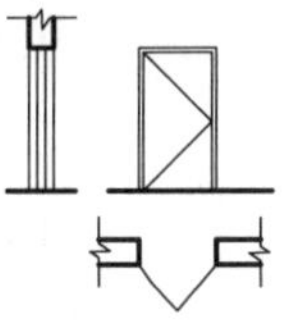	21	单面开启双扇门 M（包括双面平开或双面弹簧）	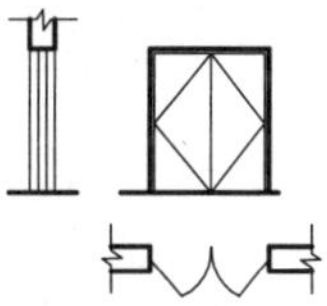
22	双层双扇平开门 M	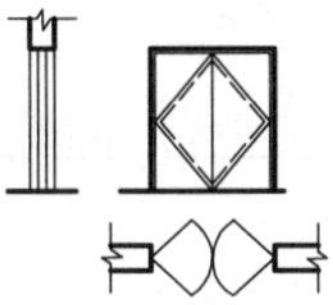	23	双面开启双扇门（包括双面平开或双面弹簧）	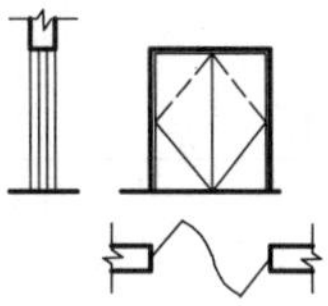
24	折叠门 M	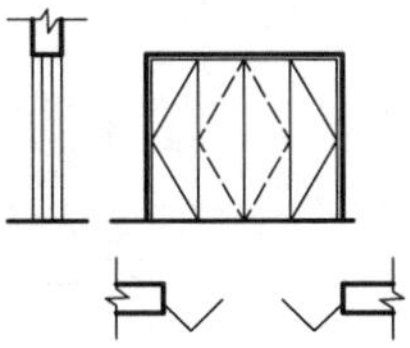	25	推拉折叠门 M	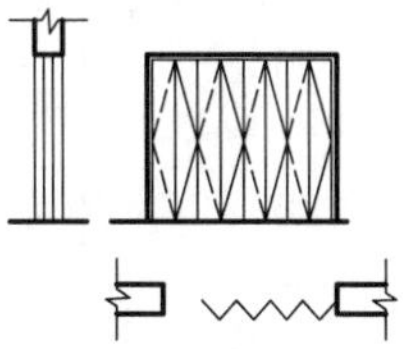
26	门连窗	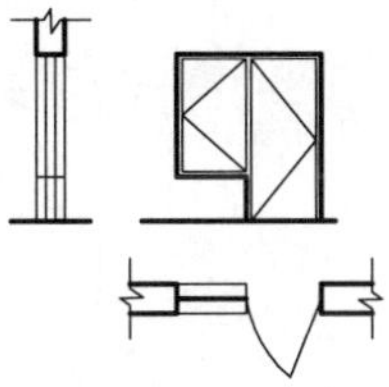	27	旋转门	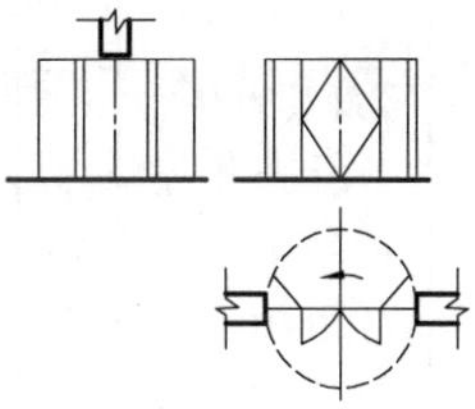

续表 5-4-4

序号	名称	图例	序号	名称	图例
28	单扇推拉门 M 上为墙中 下为墙外	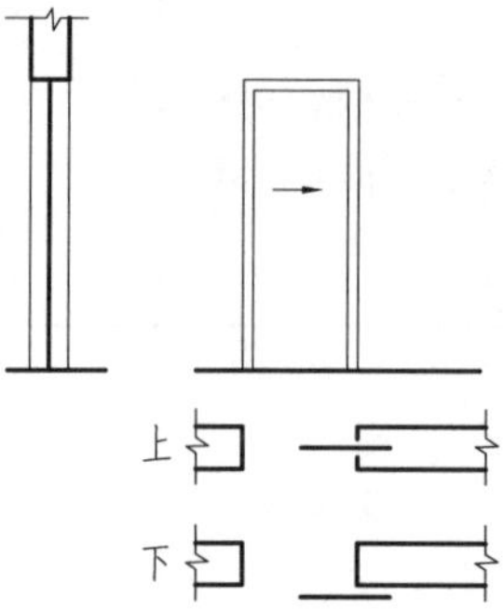	29	双扇推拉门 M: 上为墙中; 下为墙外	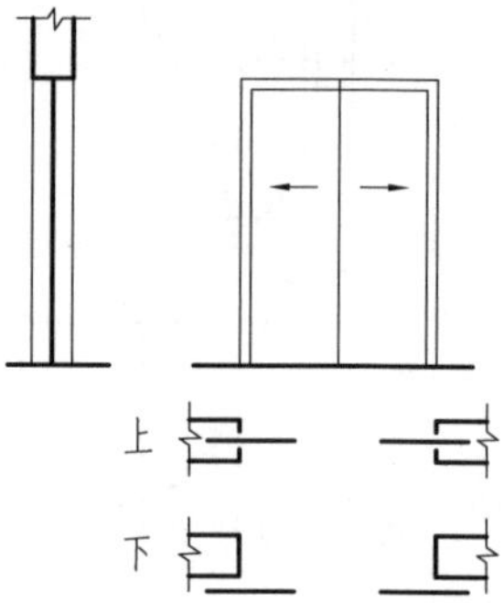
30	横向卷帘门	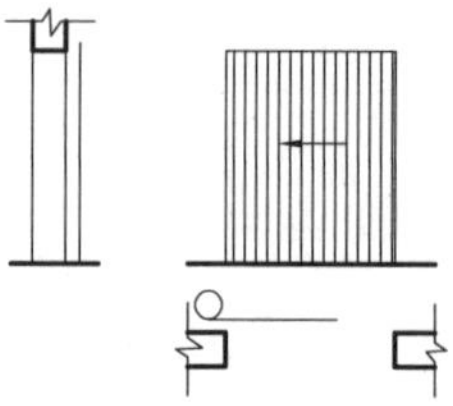	31	竖向卷帘门	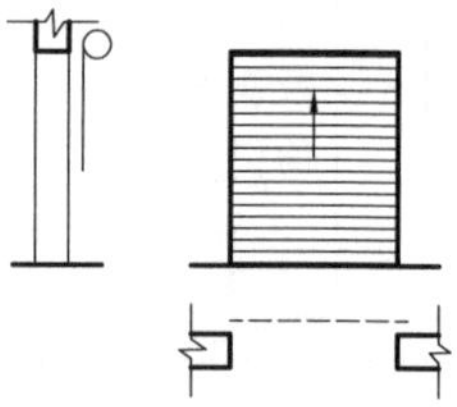
32	固定窗	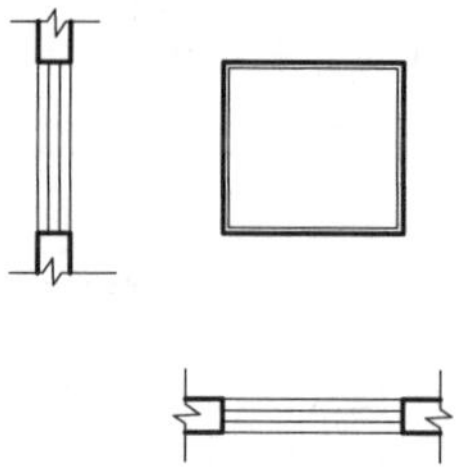	33	高　窗	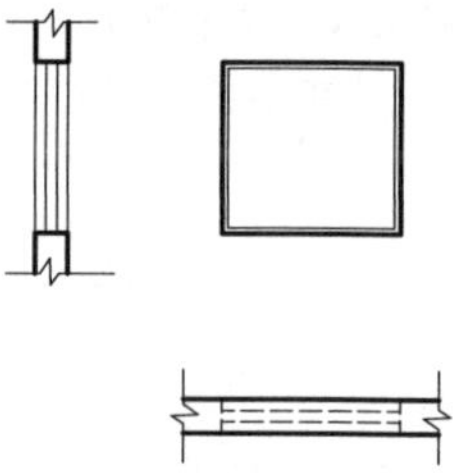
34	单层外开平窗	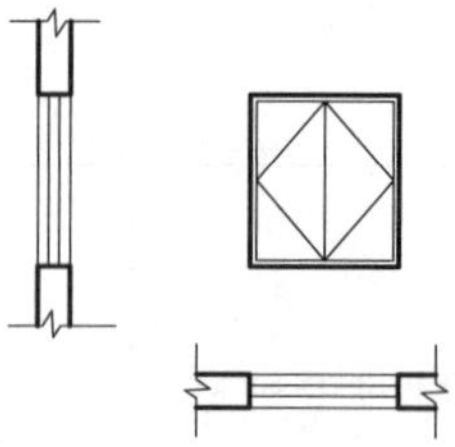	35	单层内开平窗	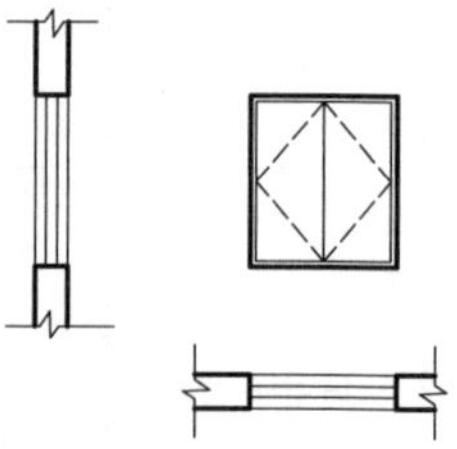
36	双层内外 开平窗	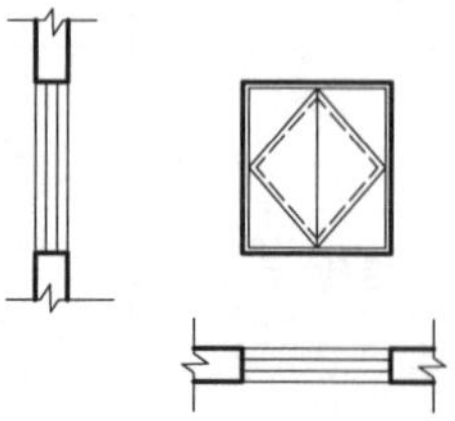	37	百叶窗	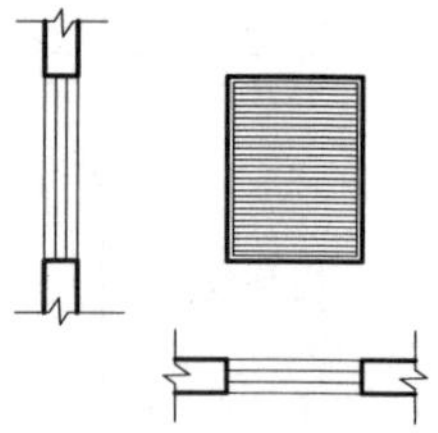

续表 5-4-4

序号	名称	图例	序号	名称	图例
38	悬窗： 上为上悬窗； 中为中悬窗； 下为下悬窗	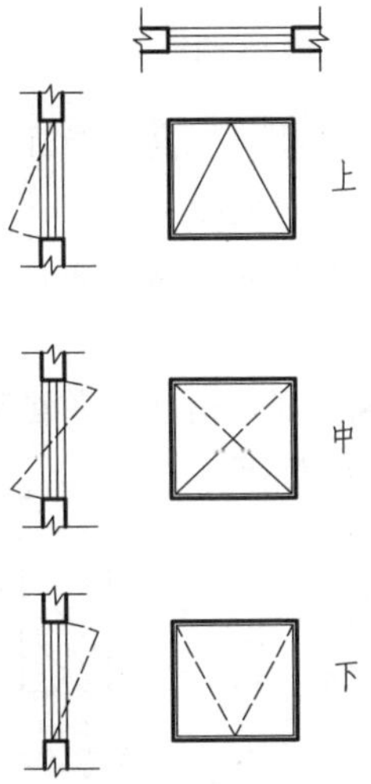	39	推拉窗： 上为单层； 下为双层	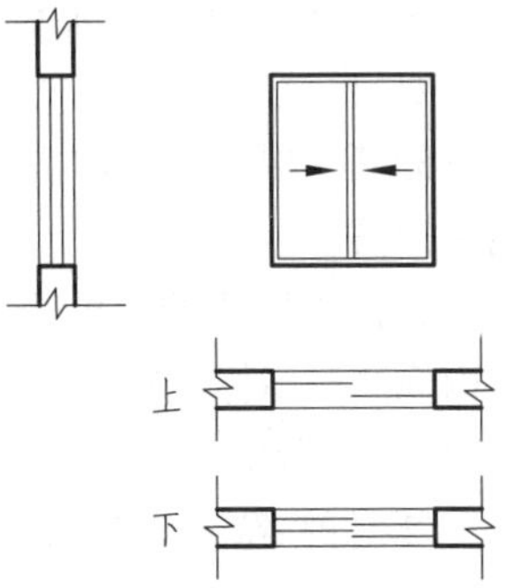

表 5-4-5　常用建筑材料图例

序号	名　称	图　例	序号	名　称	图　例
1	自然土		10	混凝土	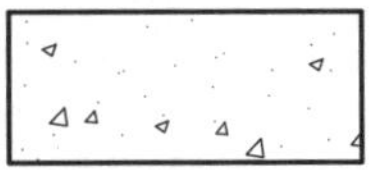
2	素土夯实		11	钢筋混凝土	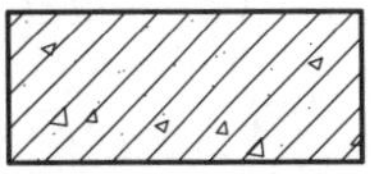
3	砂、灰土及粉刷材料	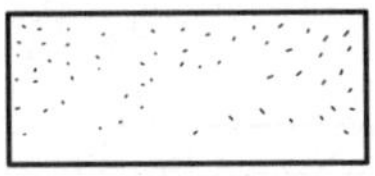	12	毛石	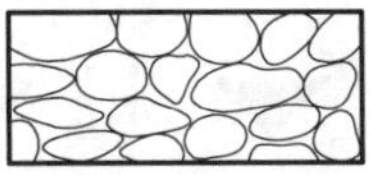
4	砂砾石及碎砖三合土	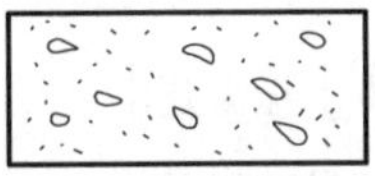	13	毛石混凝土	
5	多孔材料或耐火砖	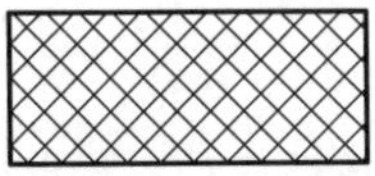	14	木　材	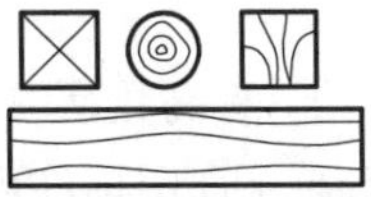
6	饰面砖	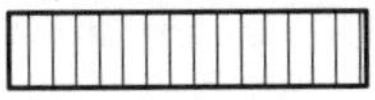	15	金　属	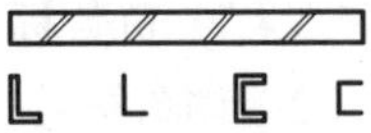
7	普通砖或硬质砖	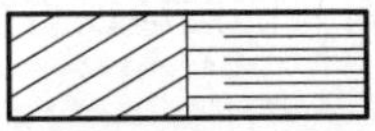	16	防水材料	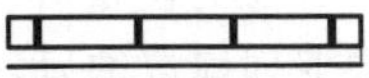
8	空心砖	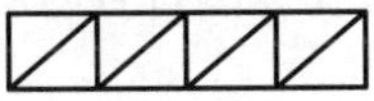	17	玻　璃	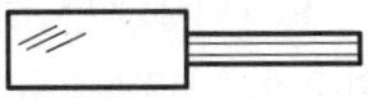
9	纤维材料或人造板	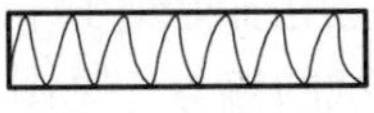	18	水	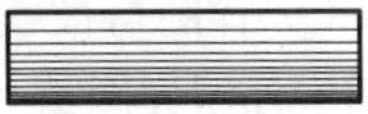

2. 符　号

（1）标高符号。

建筑物各部分的竖向高度，常用标高来表示。

① 标高的分类。

标高按基准面的选定情况分为相对标高和绝对标高。相对标高是指标高的基准面，是根据工程需要自行选定而引出的，称为相对标高。一般取首层室内地面 ± 0.000 作为相对标高的基准面。绝对标高是根据我国的规定“凡以青岛的黄海平均海平面作为标高基准面”而引出的标高，称为绝对标高。

标高按所注的部位分为建筑标高和结构标高。建筑标高是指标注在建筑物完成面处的标高；结构标高是指标注在建筑结构部位处（如梁底、板底）的标高，如图 5-4-4 所示。

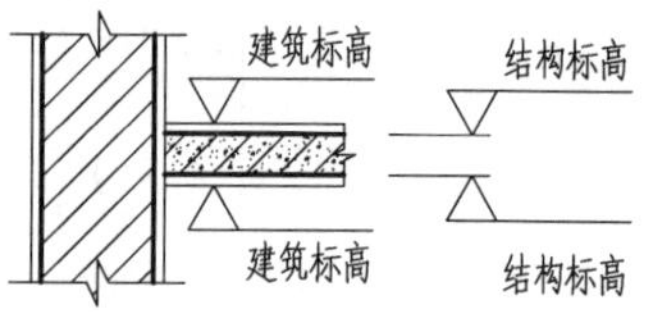

图 5-4-4　建筑标高与结构标高

② 标高符号的表示。

标高符号用细实线绘制，短横线是需标注高度的界线，长横线之上或之下注出标高数字。

总平面图上的标高符号，宜用涂黑的三角形表示，如图 5-4-5、5-4-6 所示。

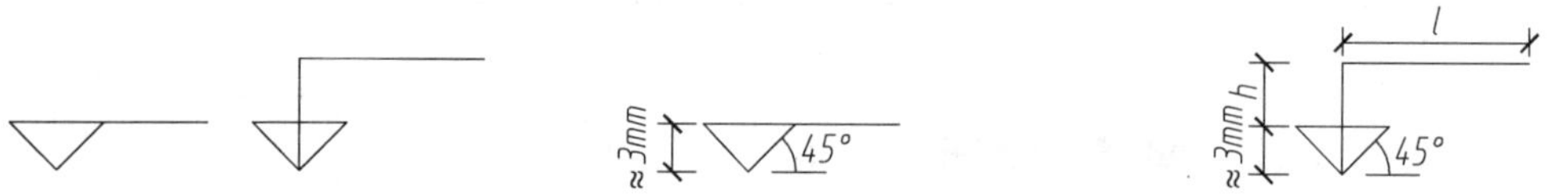

（a）一般标注　　（b）标注位置不够　　（c）具体画法（h、l 的长度根据需要而定）

图 5-4-5 标高符号绘制

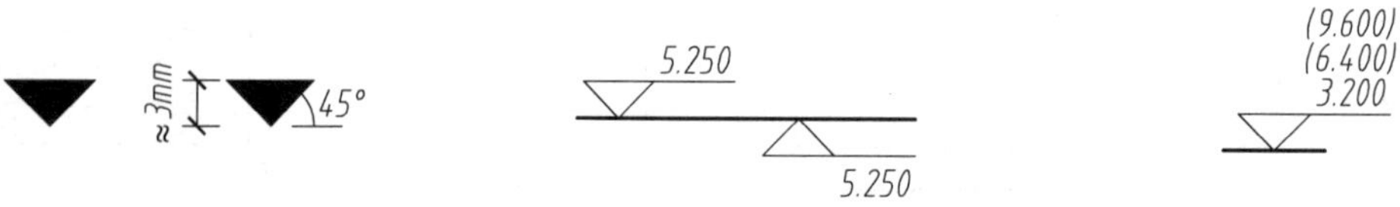

（a）总平面图室外地坪　　（b）标高的指向多个标高数字　　（c）同一位置注写标高符号图

图 5-4-6　标高符号的表示

③ 标高数字

总平面图标注到小数点后两位，其余标注到小数后三位。零点标高应写成 ± 0.000，正数标高不注“+”，负数标高应注“－”。

（2）详图符号。

详图的位置和编号，应以详图符号表示。详图符号的圆应以直径为 14 mm 粗实线绘制。详图应按下列规定编号：

① 详图与被索引的图样同在一张图纸内时，应在详图符号内用阿拉伯数字注明详图的编号，见图 5-4-7（a）。

② 详图与被索引的图样不在同一张图纸内，应用细实线在详图符号内画一水平直径，在上半圆中注明详图编号，在下半圆中注明被索引的图纸的编号，见图 5-4-7（b）。

（3）索引符号。

图样中的某一局部或构件，如需另见详图，应以索引符号索引，见图 5-4-8（a）。索引符号是由直径为 10 mm 的圆和水平直径组成，圆及水平直径均应以细实线绘制。索引符号应按下列规定编写：

① 索引出的详图，如与被索引的详图同在一张图纸内，应在索引符号的上半圆中用阿拉伯数字注明该详图的编号，并在下半圆中间画一段水平细实线，见图 5-4-8（b）。

② 索引出的详图，如与被索引的详图不在同一张图纸内，应在索引符号的上半圆中用阿拉伯数字注明该详图的编号，在索引符号的下半圆中用阿拉伯数字注明该详图所在图纸的编号，见图 5-4-8（c）] 数字较多时，可加文字标注。

（3）索引出的详图，如采用标准图，应在索引符号水平直径的延长线上加注该标准图册的编号，见图 5-4-8（d）。

（a）　（b）

图 5-4-7　详图符号

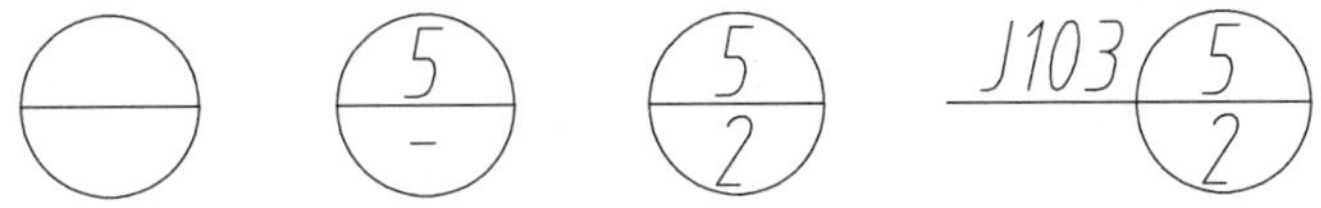

（a）　（b）　（c）　（d）

图 5-4-8　索引符号

④ 索引符号，如用于索引剖视详图，应在被剖切的部位绘制剖切位置线，并以引出线引出索引符号，引出线所在的一侧应为投射方向。索引符号的编写见图 5-4-9。

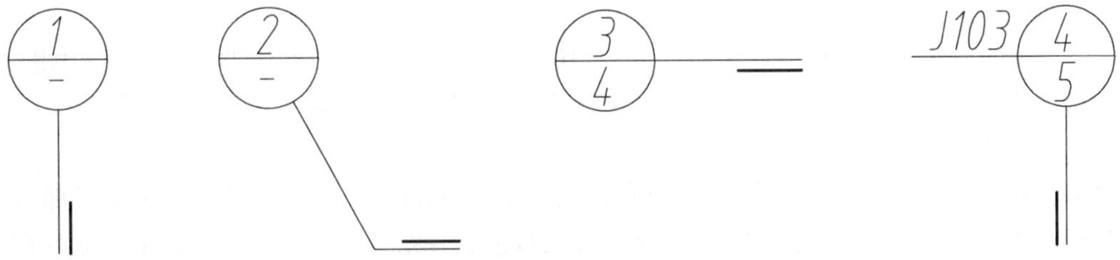

（a）　（b）　（c）　（d）

图 5-4-9　用于索引剖面详图的索引符号

（4）引出线。

引出线应以细实线绘制，采用水平方向的直线或与水平方向成 30°、45°、60°、90° 的直线，或经上述角度再折为水平线。文字说明宜注写在水平线的上方，见图 5-4-10（a），也可注写在水平线的端部，见图 5-4-10（b）。详图索引的引出线应与水平直径线相连接，见图 5-4-10（c）。

同时引出几个相同部分的引出线，宜互相平行［见图 5-4-11（a）]，也可画成集中于一点的放射线［见图 5-4-11（b）]。

多层构造或多层管道共用引出线，应通过被引出的各层。文字说明宜注写在水平线的上方，或水平线的端部，说明的顺序应由上至下，并应与被说明的层次相互一致；如层次为横向排序，则由上至下的说明顺序应与左至右的层次相互一致，见图 5-4-12。

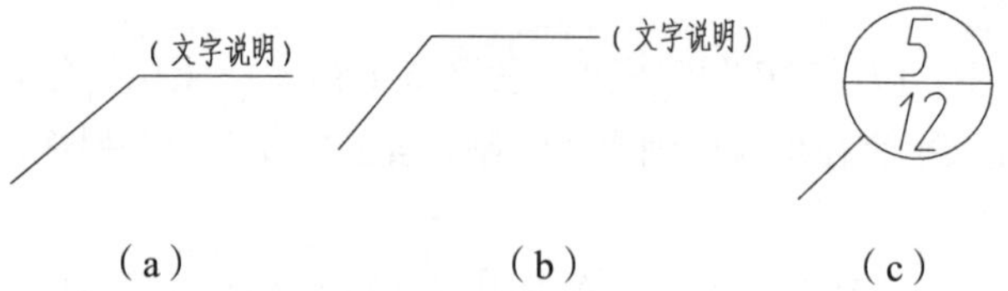

图 5-4-10　引出线

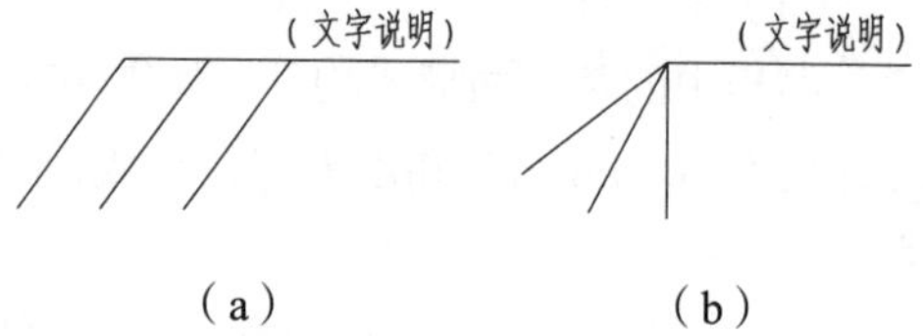

图 5-4-11　共同引出线

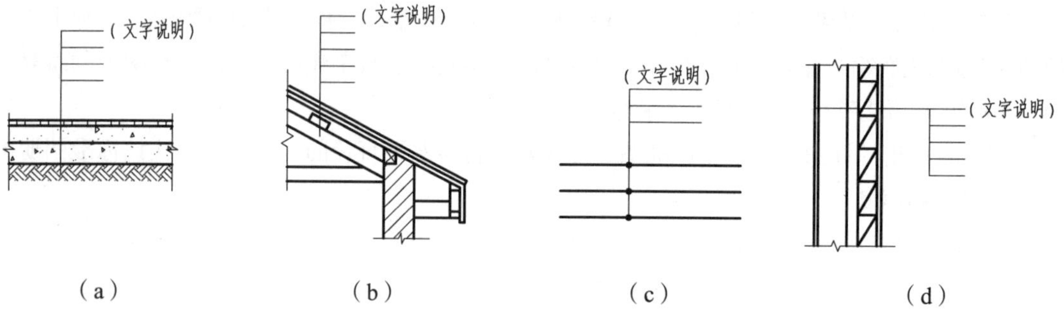

图 5-4-12　多层构造引出线

（5）对称符号。

对称符号由对称线和两端的两对平行线组成。对称线用细点画线绘制；平行线用细实线绘制，其长度宜为 6 ~ 10 mm，每对的间距宜为 2 ~ 3 mm。对称线垂直平分于两对平行线，两端超出平行线宜为 2 ~ 3 mm（见图 5-4-13）。

（6）连接符号。

连接符号应以折断线表示需连接的部位。两部位相距过远时，折断线两端靠图样一侧应标注大写拉丁字母表示连接编号。两个被连接的图样必须用相同的字母编号，见图 5-4-14。

（7）指北针。

指北针的形状宜如图 5-4-15 所示，其圆的直径宜为 24 mm，用细实线绘制；指针尾部的宽度宜为 3 mm，指针头部应注“北”或“N”字。需用较大直径绘制指北针时，指针尾部宽度宜为直径的 1/8。

图 5-4-13　对称符号

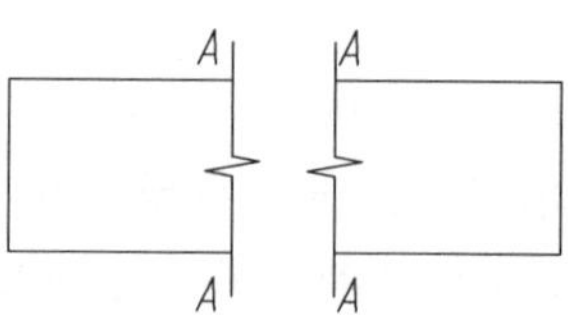

图 5-4-14　连接符号

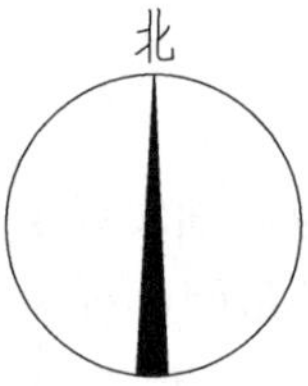

图 5-4-15　指北针

5.4.3　定位轴线的绘制和编号

定位轴线是确定房屋主要承重构件位置及其标志尺寸的基准线，是施工放线和设备安装的依据。在房屋施工图中，凡墙、柱、梁、屋架等重承构件，都要画出定位轴线并对轴线进行编号，以确定其位置。对分隔墙、次要构件等非承重构件，可以用附加轴线（分轴线）表示其位置，也可仅注明它们与附近轴线的相关尺寸以确定其位置。

根据定位轴线位置的不同，可将其分为横向定位轴线和纵向定位轴线。通常把垂直于房屋长度方向的定位轴线称为横向定位轴线，把平行于房屋长度方向的定位轴线称为纵向定位轴线。

1. 定位轴线的绘制

根据国标规定，定位轴线采用细点画线表示；轴线编号的圆圈用细实线，直径一般为 8 ~ 10 mm，其圆心应在定位轴线的延长线上或延长线的折线上，圆内应注写轴线编号。

2. 轴线的编号

（1）定位轴线的编号。

横向定位轴线的编号应用阿拉伯数字，从左到右按 1，2，…顺序编写；纵向定位轴线的编号应用大写拉丁字母从下至上按 *A*，*B*，…顺序编写（见图 5-4-16）。编写时不用 *I*、*O*、*Z* 三个字母，以免与阿拉伯数字 1、0、2 相混。如字母数量不够使用，可增用双字母或单字母加数字注脚，如 *AA*，*BA*，…，*YA* 或 A_1，B_1，…，Y_1。组合较复杂的平面图中定位轴线也可采用分区编号（见图 5-4-17），编号的注写形式应为“分区号-该分区编号”。分区号采用阿拉伯数字或大写拉丁字母表示。

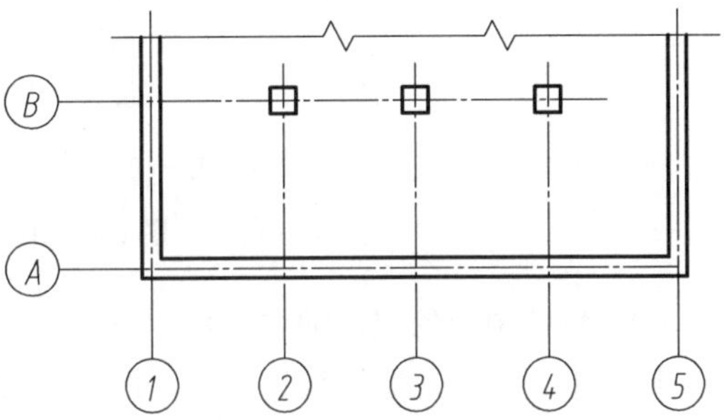

图 5-4-16　定位轴线的编号顺序

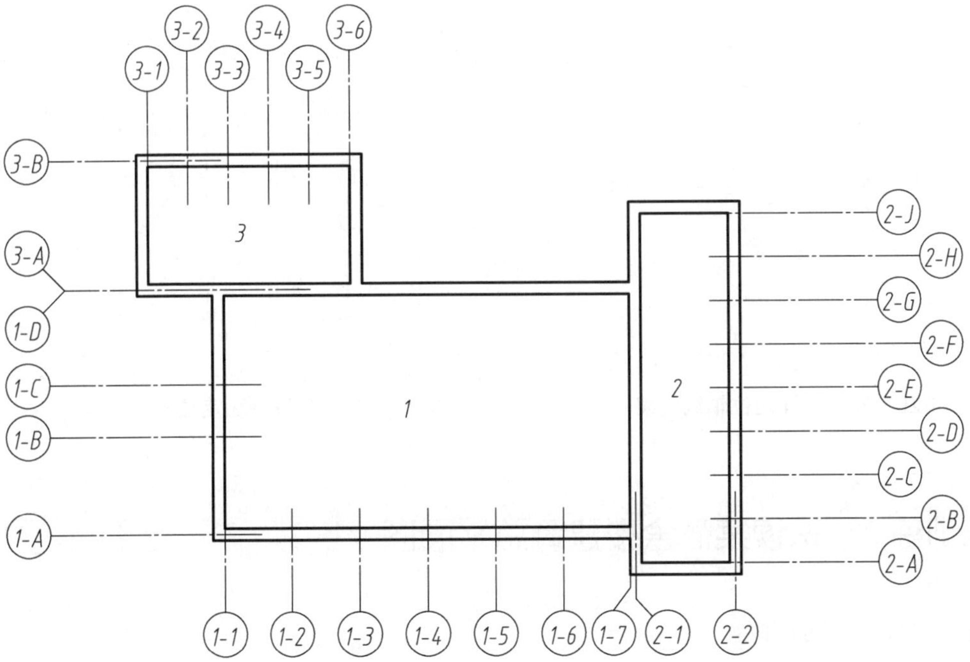

图 5-4-17　定位轴线分区编号

（2）附加轴线的编号。

附加轴线的编号可用分数表示。分母表示前一轴线的编号，分子表示附加轴线的编号，用阿拉伯数字顺序编写，如图 5-4-18 所示。

图 5-4-18　附加定位轴线的编号

（3）详图中轴线的编号。

在画详图时，如一个详图适用于几个轴线时，应同时将各有关轴线的编号注明，如图 5-4-19 所示。通用详图中的定位轴线，应只画圆，不注写轴线编号。

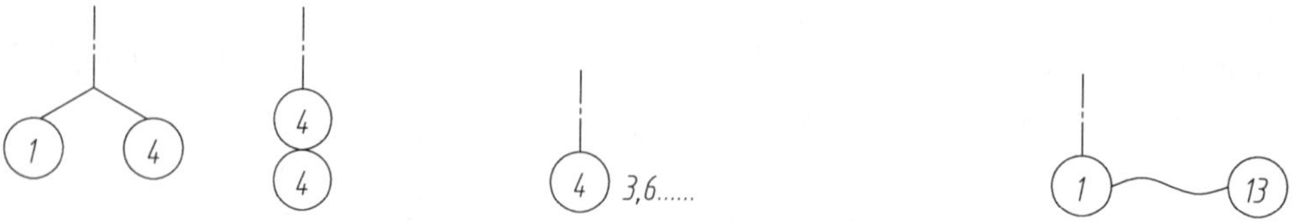

（a）用于两根轴线时　（b）用于 3 根或 3 根以上轴线时　（c）用于 3 根以上连续编号的轴线

图 5-4-19　详图的轴线编号

（4）特殊图形的定位轴线编号。

圆形平面图中定位轴线的编号，其径向轴线宜用阿拉伯数字表示，从左下角开始，按逆时针顺序编写；其圆周轴线宜用大写拉丁字母表示，从外向内顺序编写，见图 5-4-20。折形平面图中定位轴线的编号可按图 5-4-21 的形式编写。

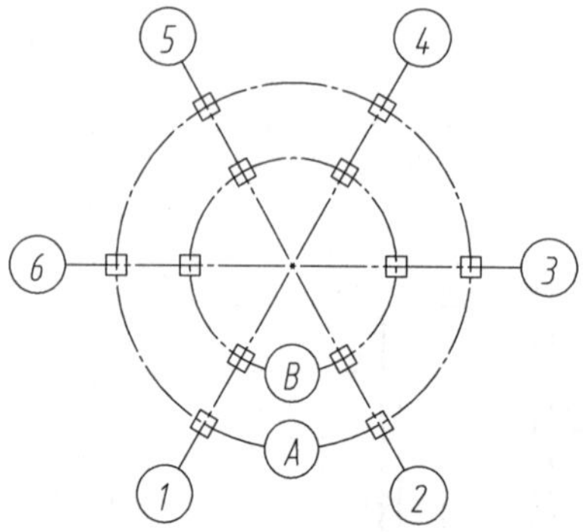

图 5-4-20　圆形平面定位轴线的编号

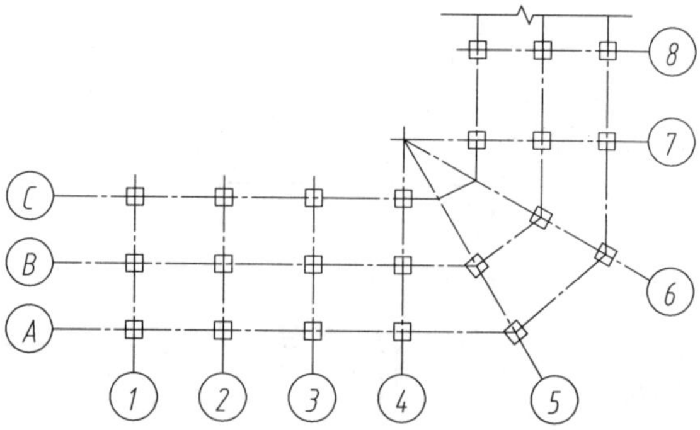

图 5-4-21　折形平面定位轴线的编号

技能训练 2：识读某宿舍楼建筑总平面图

1．技能训练的目的

熟悉总平面图的表达内容与图示特点，掌握其制图规范和标准，熟悉各种图例代号，具备能正确识读建筑总平面图的能力。

2. 技能训练的条件

某单位宿舍楼建筑施工总平面图。

3. 技能训练的任务

识读该单位宿舍楼总平面图后，在工作纸上回答以下问题：

（1）该图的图名是什么？比例是多少？

（2）图中新建和原有的建筑物有哪些？图中有没有要拆除和拟建的建筑物？

（3）图中建筑物占地面积是多少？室内外高差是多少？各有几层？

（4）图中标高符号有几种？各自表示的意思有何不同？各自的单位是什么？

（5）指出图中的围墙和护坡？

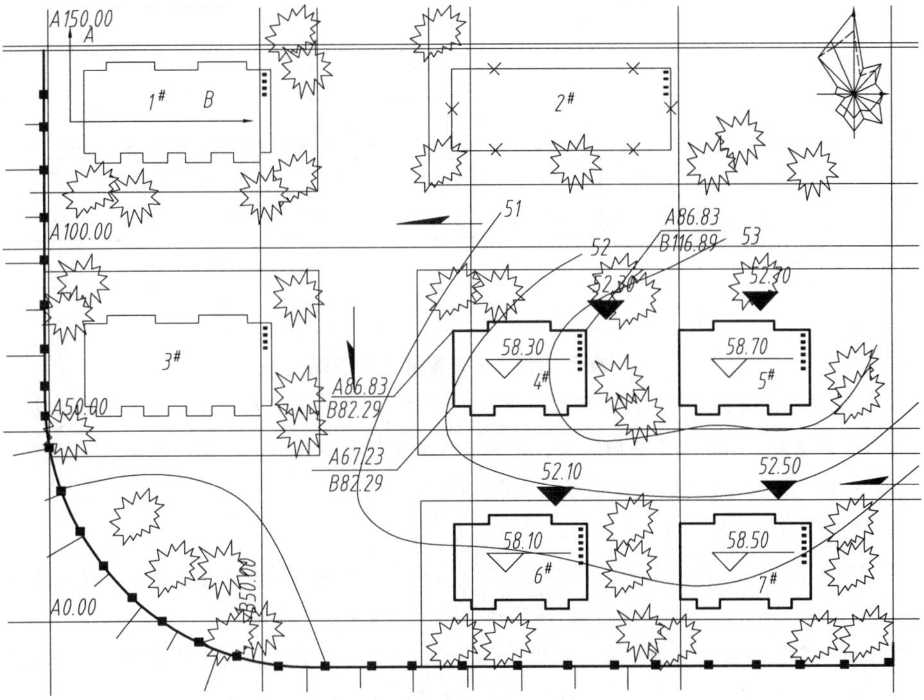

总平面图 1:1000

工作纸 1——识读某宿舍楼建筑总平面图		
1	图　名	
	比　例	
2	新建建筑物	◎1# ◎2# ◎3# ◎4# ◎5# ◎6# ◎7#
3	原有建筑物	◎1# ◎2# ◎3# ◎4# ◎5# ◎6# ◎7#
4	拆除建筑物	◎1# ◎2# ◎3# ◎4# ◎5# ◎6# ◎7#
5	拟建建筑物	◎1# ◎2# ◎3# ◎4# ◎5# ◎6# ◎7#

续上表

6	建筑物有几层	◎$1^{\#}$	
		◎$2^{\#}$	
		◎$3^{\#}$	
		◎$4^{\#}$	
		◎$5^{\#}$	
		◎$6^{\#}$	
		◎$7^{\#}$	
7	$4^{\#}$占地面积		
8	图中有几种等高线	◎1　◎2　◎3　◎4	
9	室内外高差	◎$4^{\#}$	
		◎$5^{\#}$	
		◎$6^{\#}$	
		◎$7^{\#}$	
10	标高符号	有几种	◎1　◎2　◎3
		单　位	◎mm　◎m　◎cm
11	图中围墙位置	◎左　◎左下　◎下	
12	图中护坡位置	◎左　◎左下　◎下	

准备知识 1——建筑总平面图

建筑总平面图是将拟建工程附近一定范围内的建筑物、构筑物及自然状况，用水平投影方法和相应的图例画出的图样，主要表示新建房屋的位置、朝向与原有建筑物的关系，以及周围道路、绿化布置及地形地貌等内容。一般比例为 1∶500、1∶1 000、1∶2 000 等。

1. 建筑总平面图的图示内容

（1）拟建建筑的定位。拟建建筑的定位有三种方式：第一种是利用新建建筑与原有建筑或道路中心线的距离确定；第二种是利用施工坐标确定；第三种是利用当地测量坐标确定。

（2）拟建建筑和原有建筑物的位置、形状。总平面图上将建筑物分为新建建筑物、原有建筑物、计划扩建的预留地或建筑物、拆除的建筑物和新建的地下建筑物或构筑物五种情况。同时，还应在建筑物的右上角以点数或数字表示房屋的层数。

（3）附近的地形情况。一般用等高线表示，可分析出地形的高低起伏情况。

（4）道路。主要表示道路位置、走向以及新建建筑的联系。

（5）风玫瑰图，又称风向频率玫瑰图，用于反映建筑场地范围内常年主导风向和 6、7、8 三个月的主导风向（虚线表示），共 16 个方向。图中实线表示全年的风向频率，虚线表示夏季（6、7、8 三个月）的风向频率。风由外面吹过建设区域中心的方向称为风向。风向频率是在一定的时间内某一方向出现风向的次数占总观察次数的百分比。

（6）树林、花草等的布置情况。

（7）喷泉、凉亭、雕塑等的布置情况

续上表

2. 建筑总平面图的阅读 （1）熟悉图名、比例、图例及有关文字说明。 （2）了解工程名称、工程性质、用地范围、地形地貌和周围环境。 （3）查看室内外地面标高。 （4）了解建筑的平面位置和定位依据。 （5）朝向和主要风向。 （6）道路交通及管线布置情况。 （7）道路与绿化

思考题

1. 一般民用建筑的构造组成有哪些？各自的作用是什么？
2. 影响建筑构造设计的因素有哪些？
3. 建筑构造设计的原则是什么？
4. 建筑的分类有哪些？各是如何分类的？
5. 达到耐火极限的三个条件是什么？
6. 建筑的模数有哪些？各适用于什么范围？
7. 建筑模数协调中的几种尺寸的关系是什么？
8. 简述图例、图线、符号、定位轴线的应用。

第6章　基础与地下室

☞ 学习目标：

1. 掌握基础埋深的概念及影响因素；
2. 熟悉基础的类型及构造特点；
3. 掌握地下室的组成和防水防潮构造；
4. 能识读并绘制常见基础的平面布置图及详图。

教学时间：6～9学时

活动及技能训练时间：3学时

延伸活动或技能训练时间：（2学时）

教学过程/教学手段/教学场所安排：

教学过程	具体内容	参考学时			场所安排
		授课时间	活动时间	延伸时间	
6.1 地基与基础的概述	教学活动6：感受基础的受力		1		活动室
	基础与地基的关系	1			教室
	基础的埋置深度及影响因素				
6.2 基础的类型与构造	按材料与受力特点分类及构造	3			教室
	按构造形式分类及构造				
	基础的特殊构造				
6.3 地下室	地下室的分类	2			教室
	地下室的组成和构造要求				
	地下室的防水防潮构造				
技能训练3：绘制某宿舍楼的基础施工图			2	（2）	制图室
Σ		6	3	（2）	

教学活动 6

感受基础的受力

活动项目	课堂活动内容	时间	资源
认识基础	① 将学生按5人一组进行以下活动： a. 将质量相同的大、中、小型3个试块 A、B、C，同时放入盛有糨糊的器皿中，施加相同的力到开始下沉为止，观察试块沉入的深度，感受其承载能力。 b. 将质量相同且面积也相同的2个中型试块（1个为长方形，1个为正方形），同时放入盛有糨糊的器皿中，分别沿木块中心位置、长边端部和短边端部施加相同的力到开始下沉为止，感受其承载力。 c. 将大、小型2个试块放入盛有糨糊的器皿，向大型试块施力（由小到大），观察相邻的小型试块由远到近不同位置时的影响程度。 d. 将2组相同规格的长铁钉（一组4根）分别放入盛有糨糊和盛有砂的器皿中，观察铁钉的稳定性。 ② 完成工作纸的内容	2学时	工作纸1 大型试块 中型试块 小型试块 盛有糨糊的器皿 盛有砂的器皿 不同重量的砝码

工作纸1——感受基础的受力		
活动	感受基础	
1	试块的承载能力	A. ◎小　◎较大　◎大
		B. ◎小　◎较大　◎大
		C. ◎小　◎较大　◎大
2	各种情况下承载力有何不同	
3	新建房屋基础与原有房屋的影响	埋置越深影响　◎越小　◎越大
		埋置越远影响　◎越小　◎越大
4	铁钉在哪种器皿中稳定	
	分析稳定状态下力的平衡状态	

6.1 地基与基础概述

6.1.1 基础与地基的关系

基础是建筑物最下部的承重构件，承受建筑物全部荷载，并把这些荷载与基础自身荷载一起传给地基。

地基是建筑物下面支承基础的土体或岩体，有天然地基和人工地基两类。

1. 天然地基

天然地基是不需要人工加固的天然土层。当土层的地质状况较好、承载力较强时，可以采用天然地基；而在地质状况不佳的条件下，如软弱地基和特殊土地基，则要采用人工加固地基，即人工地基。

2. 人工地基

人工地基是人工加固或处理后的地基。人工加固地基通常采用的方法有压实法、换填土法和加固法等。

6.1.2 基础的埋置深度及影响因素

基础的埋置深度是指室外设计地坪到基础底面的垂直距离，见图 6-1-1。

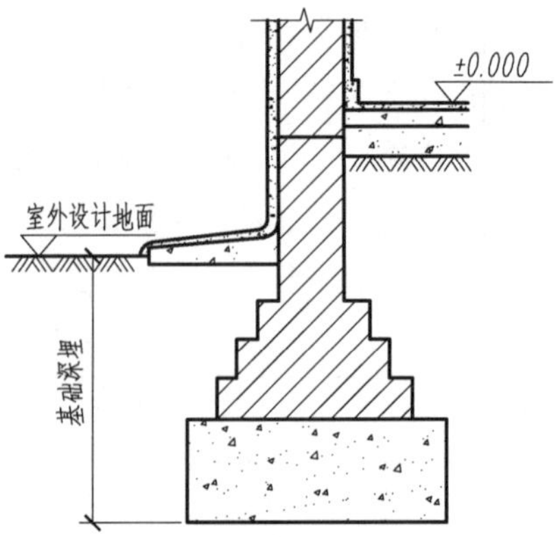

图 6-1-1 基础埋深示意图

室外设计地坪分为自然地坪和设计地坪。自然地坪指施工时当地地段的地坪；设计地坪指按设计要求工程竣工后室外场地经整平的地坪。埋深大于等于 5 m 或埋深大于等于基础宽度的 4 倍的基础称为深基础；埋深在 0.5 ~ 5 m 或埋深小于基础宽度的 4 倍的基础称为浅基础。为保护基础，一般要求基础顶面低于设计室内地面不少于 0.1 m，基础埋深不得浅于 0.5 m。

影响基础埋深的因素很多，主要有以下几个方面：

1. 建筑物的功能和用途

确定基础的埋深时，首先要考虑的是建筑物在使用功能和用途方面的要求，例如有无地下室、设备基础、地下设施、建筑高度和荷载的影响。一般高层建筑的基础埋置深度为地面以上建筑物总高度的 1/10。

2. 水文条件

地下水位的升降会影响地基土的承载力，基础应尽量埋置在地下水位变化范围之外。

一情况下，基础应尽量埋在设计最高地下水位以上 200 mm 处。当地下水位较高，基础不能埋置在地下水位以上时，应将基础底面埋置在最低地下水位以下不小于 200 mm 的深度，且同时考虑施工时基坑的排水和坑壁的支护等因素，地下水位以下的基础选材时应考虑地下水对基础是否有腐蚀性，如有应采取防腐措施，如图 6-1-2 所示。

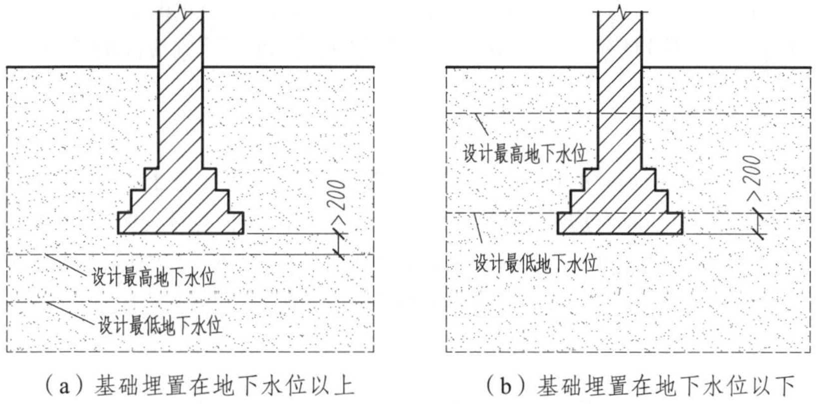

图 6-1-2　地下水位对基础埋深的影响

3. 地质条件

在满足地基稳定和变形的前提下，基础应尽量浅埋，但通常不小于 0.5 m。如浅层土作持力层不能满足要求，可考虑深埋，但应与其他方案比较，如图 6-1-3 所示。

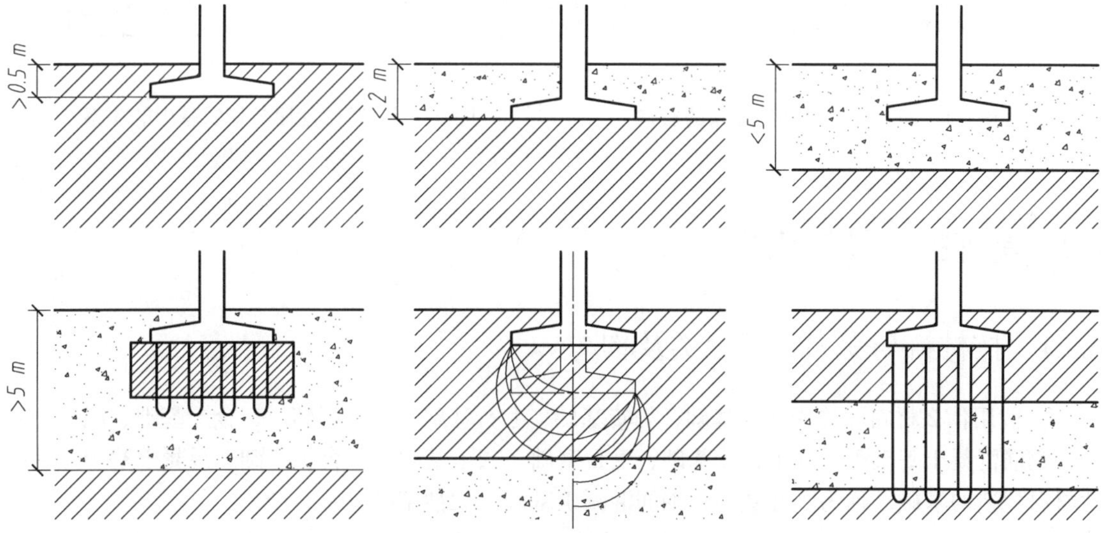

图 6-1-3　地质构造对基础埋深的影响

如地基土由多层土组成且均属于软弱土层或上部荷载很大时，常采用深基础方案，如桩基等。按地基条件选择埋深时，还要求从减少不均匀沉降的角度来考虑，当土层分布明显不均匀或各部分荷载差别很大时，同一建筑物可采用不同的埋深来调整不均匀沉降量。

4. 冻融条件

在季节性冻土地区，由于土冻结体积膨胀产生的冻结力使房屋抬起或下沉，房屋会产生变形和破坏的现象。这种现象被称为土的冻胀现象。

如果建筑物的基础建在冻土中，结冻时基础被冻胀土顶升，解冻时基础又下沉，加上结冻和解冻不均匀，基础顶升和沉降也不均匀，必然要造成建筑物的破坏。因此，建筑物基础底面也应建在冰冻线以下，并且要低于冰冻线 200 mm 的地方，使基础落在稳定的非冻土层上（见图 6-1-4）。当冰冻线与地下水位作用同时存在时，哪一个影响的埋置深度深，则按深的确定基础埋深。

5. 场地环境条件

为了不影响已有建筑物基础的稳定，新建房屋基础的埋深应尽量小于原有房屋基础的埋深。当新建房屋基础的埋深大于原有房屋基础的埋深时，新、旧基础之间应保持的净距离为：$L \geqslant 2H$（见图 6-1-5）。如不能满足上述要求时，应加固原有地基或分段施工、设临时加固支撑、打板桩、地下连续墙等施工措施。当地面上有较多的硫酸、氢氧化钠、硫酸钠等腐蚀液体作用时，基础埋置深度不宜小于 1.5 m；必要时，需对基础作防护处理。

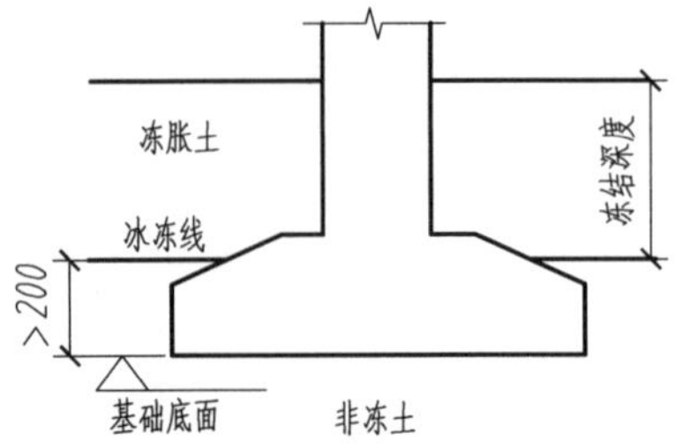

图 6-1-4　冻结深度对基础埋深的影响

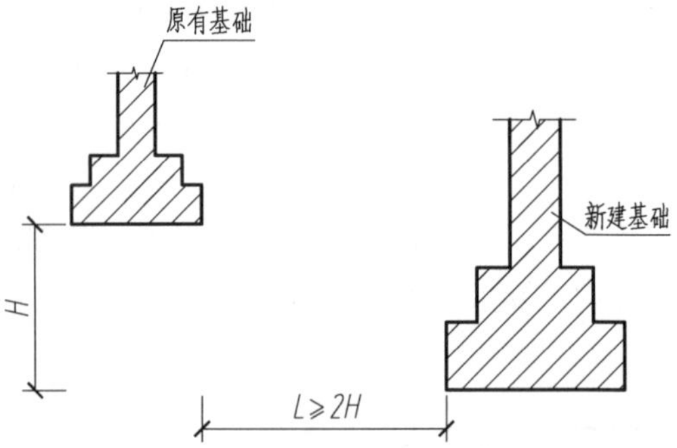

图 6-1-5　基础埋深与相邻基础的关系

6.2 基础的类型与构造

6.2.1 按材料与受力特点分类及构造

一般用什么材料即称为什么基础，如砖基础、毛石基础、灰土基础、三合土基础、混凝土基础、钢筋混凝土基础等。其中，砖基础、毛石基础、灰土基础、三合土基础、混凝土基础是用刚性材料建造的基础，称为刚性基础；钢筋混凝土基础为柔性基础。

1. 刚性基础

砖和石都是脆性材料，它们都具有良好的抗压强度，但抗拉、抗剪、抗弯强度都很低。

当使用这类材料做基础时，基础向下放大出挑的部分要受到一定大小的弯曲和剪应力，当基础的出挑宽度较大而出挑高度又较小时，这种弯曲和剪应力就会很大，基础也会因此而被破坏。

为了使基础不被破坏，就要适当地控制基础出挑宽度（b）与出挑高度（H）的比值。那么由、这一宽高比所形成的安全夹角，就称为刚性角（见图 6-2-1）。刚性角用 b/h 表示：砖石基础 $b : h = 1 : (1.25 \sim 1.5)$，混凝土基础 $b : h = 1 : 1$。

凡受刚性角限制的基础，都称为刚性基础。刚性基础一般用于地基承载力较好、压缩性较小的低层、多层（5 层以下）的中小型民用建筑。

2. 柔性基础

刚性基础要受刚性角的限制，因此，当基础底面加宽时，相应地也要增加基础的高度。

当建筑荷载较大而地基承载力又较弱时，基础底面就要加得很宽，基础的高度也很大，基础的埋置深度也就很深（因为基础大放脚不能露在外面），这样就加大了土方量和材料用量。因此，在这种情况下，就要改用钢筋混凝土基础做浅基础。由于钢筋混凝土基础底部配有钢筋，钢筋具有很大的抗拉强度，因此基础底面加宽时可不受刚性角的限制，这种不受刚性角限制的基础我们称它为柔性基础（见图 6-2-2）。

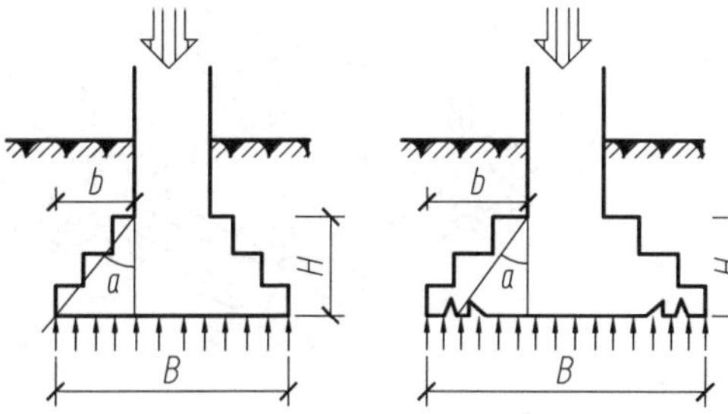

（a）　　（b）

图 6-2-1　刚性角

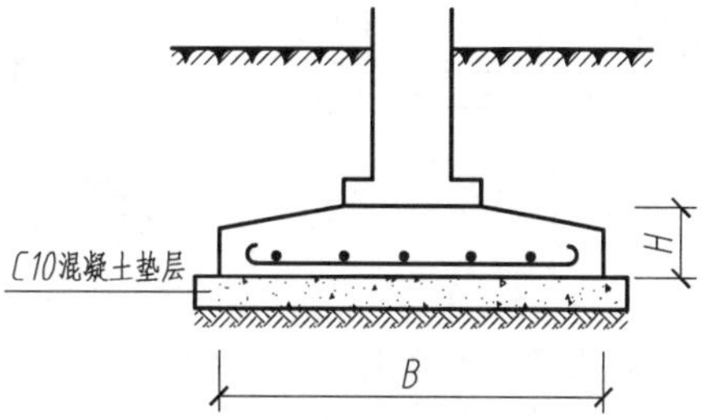

图 6-2-2　柔性基础

6.2.2　按构造形式分类及构造

1. 独立基础

独立基础又称单独基础、柱式基础或点式基础，是独立的块状形式，基础与基础之间相互不联结，独立设置，多用于框架结构，在柱子下部放大成踏步形、锥形或杯形，形成每根柱下各自独立的基础 [见图 6-2-3（a）、（b）、（c）]。这种基础适用于多层框架结构或厂房排架柱下基础，其材料通常采用钢筋混凝土、素混凝土等。

当上部结构需要砌墙时，在基础上部加设承台梁，以梁托墙，见图 6-2-3（d）。

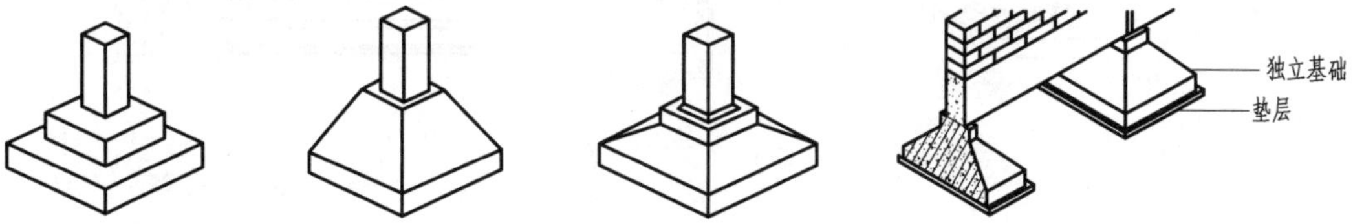

（a）踏步形　（b）锥形　（c）杯形　（d）墙下独立基础

图 6-2-3　独立基础

2. 条形基础

条形基础是指基础长度远远大于宽度的一种基础形式，为连续条形，也称带形基础。按上部结构分为墙下条形基础和柱下条形基础，见图 6-2-4。基础的长度大于或等于 10 倍基础的宽度。

条形基础的特点是，布置在一条轴线上且与两条以上轴线相交，有时也和独立基础相连，但截面尺寸与配筋不尽相同，多用于墙下基础。当上部为框架结构，荷载较大且地基土较差时，为防止不均匀沉降，也采用条形基础来加强建筑物基础的整体性。

3. 井格基础

也称柱下十字形交叉基础。当地基条件较差，为了提高建筑物的整体性，防止柱子之间产生不均匀沉降，常将柱下基础沿纵横两个方向扩展连接起来，做成十字交叉的井格基础，如图 6-2-5 所示。

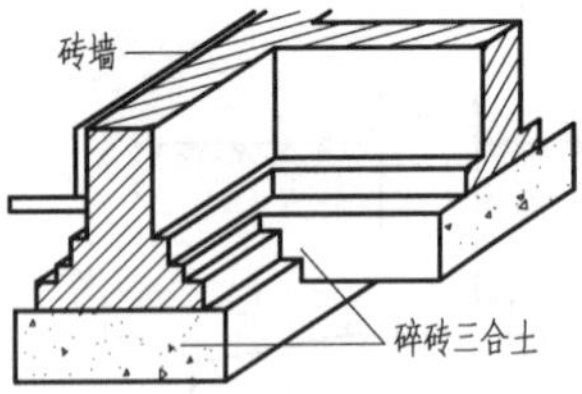

（a）墙下条形基础

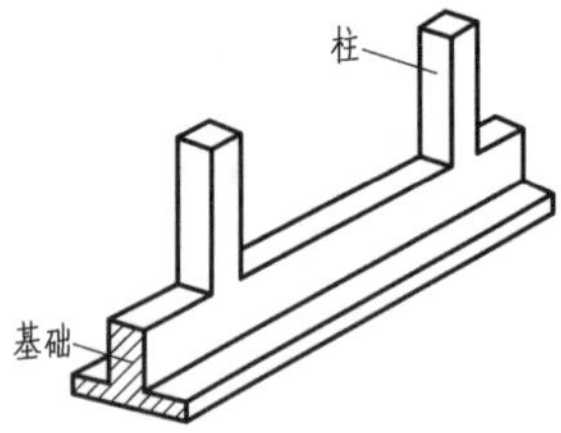

（b）柱下条形基础

图 6-2-4　条形基础

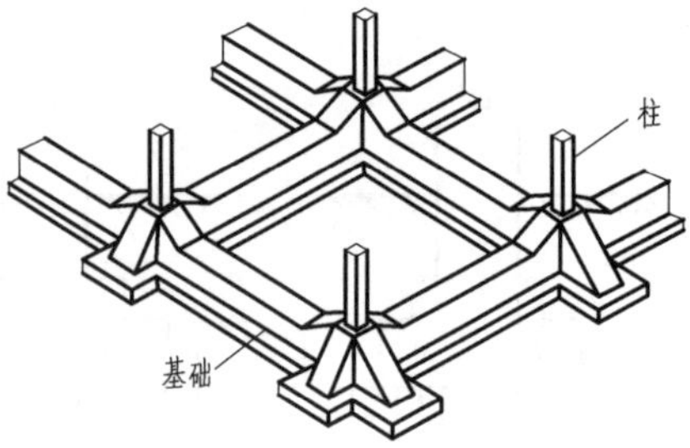

图 6-2-5　井格基础

4. 筏片基础

又名浮筏基础、满堂基础，是用钢筋混凝土将整座建筑的基础做成一个整片。由于承载面积大，故能减小基底压力、提高地基承载力、增强基础整体刚度，并调整不均匀沉降。这种基础可分为梁板式和平板式两种，见图 6-2-6。它适用于土质软弱、地基承载力低、上部结构传递到基础的荷载很大及上部结构对地基不均匀沉降敏感的情况。

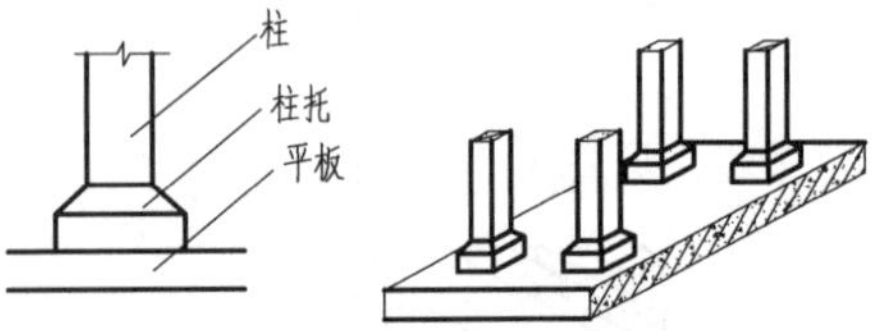

（a）平板式

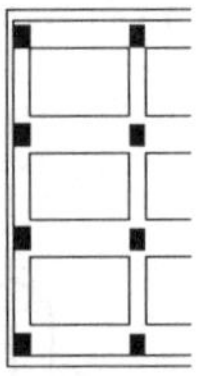
（b）平面

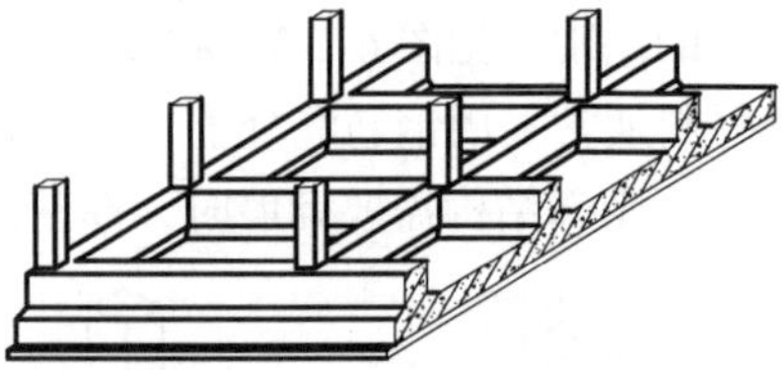
（c）梁板式

图 6-2-6　筏片基础

当柱下交叉条形基础底面积占建筑物平面面积的比例较大或者建筑物在使用上有要求时，可以在建筑物的柱、墙下方做成一块满堂的基础，即筏形（筏片）基础，如图 6-2-7 所示。

5. 箱型基础

筏片基础在地下形成的空间，可加设围护结构作为地下室或储藏库等，便形成了箱型基础。

它是由钢筋混凝土的底板、顶板、侧墙及一定数量的内隔墙构成封闭的箱体，基础中部可在内隔墙开门洞作地下室（见图 6-2-8）。

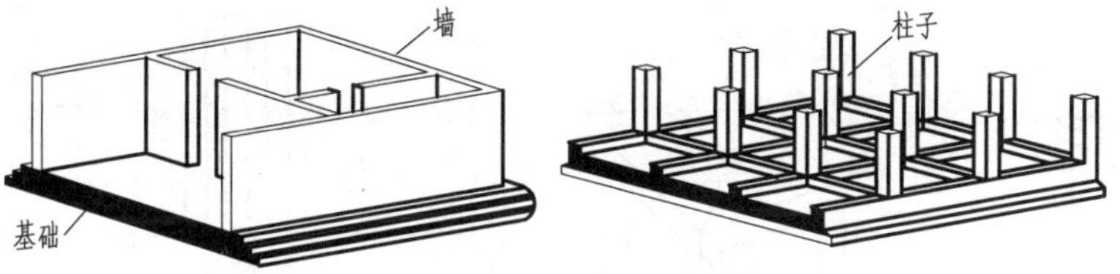

图 6-2-7　墙下、柱下筏片基础

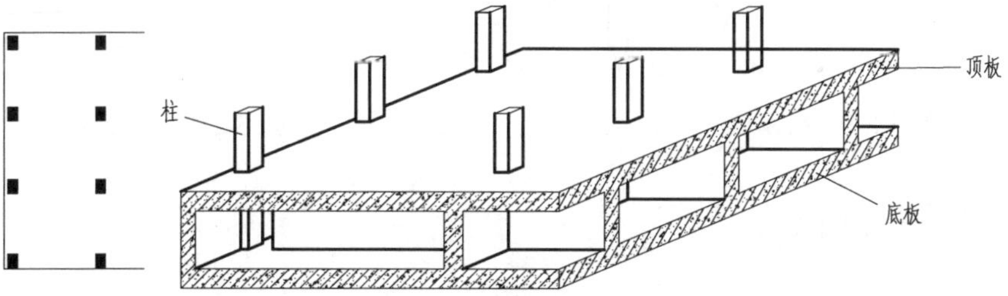

图 6-2-8　箱型基础

这种基础整体性和刚度都好，调整不均匀沉降的能力较强，可消除因地基变形使建筑物开裂的可能性，减小基底处原有地基自重应力，降低总沉降量。它适用于作软弱地基上的面积较小、平面形状简单、荷载较大或上部结构分布不均的高层重型建筑物以及对沉降有严格要求的建筑物或特殊构筑物，但混凝土及钢材用量较多，造价也较高。

6. 桩基础

桩基础由桩身、承台梁（或承台板）组成，见图 6-2-9。桩支承于坚硬的（基岩、密实的卵砾石层）或较硬的（硬塑黏性土、中密砂等）持力层，具有很高的竖向单桩承载力或群桩承载力，足以承担高层建筑的全部竖向荷载；凭借巨大的单桩侧向刚度（大直径桩）或群桩基础的侧向刚度及其整体抗倾覆能力，抵御由于风和地震引起的水平荷载与力矩荷载，保证高层建筑的抗倾覆稳定性。

（1）按材料不同，可分为钢筋混凝土桩、钢桩等。

（2）按桩的断面形状，可分为圆形、方形、环形、六角形及工字钢形桩等。

（3）按桩的入土方式，可分为打入桩、振入桩、压入柱及灌注桩。

（4）按桩的受力性能，可分为端承桩与摩擦桩（见图 6-2-10）。

摩擦桩：利用地层与基桩的摩擦力来承载建筑物，可分为压力桩和拉力桩，大多用于地层无坚硬承载层或承载层较深的基础。

端承桩：使基桩坐落于承载层上（岩盘上）承载建筑物。

（5）按照施工方式，可分为预制桩和灌注桩。

预制桩：通过打桩机将预置的钢筋混凝土桩打入地下。其优点是材料省、强度高，适用于较高要求的建筑；缺点是施工难度高，受机械数量限制施工时间长。

灌注桩：先在施工场地上钻孔，当达到所需深度后将钢筋放入浇灌混凝土。其优点是施工难度低，尤其是人工挖孔桩，可以不受机械数量的限制，所有桩基同时进行施工，大大节省时间；缺点是承载力低，费材料。

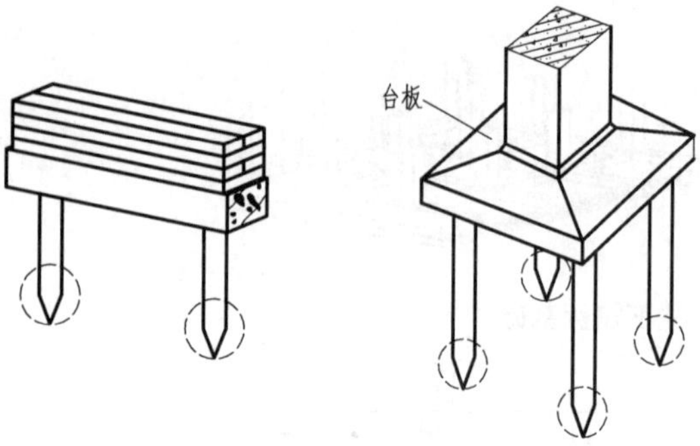

图 6-2-9　桩基础

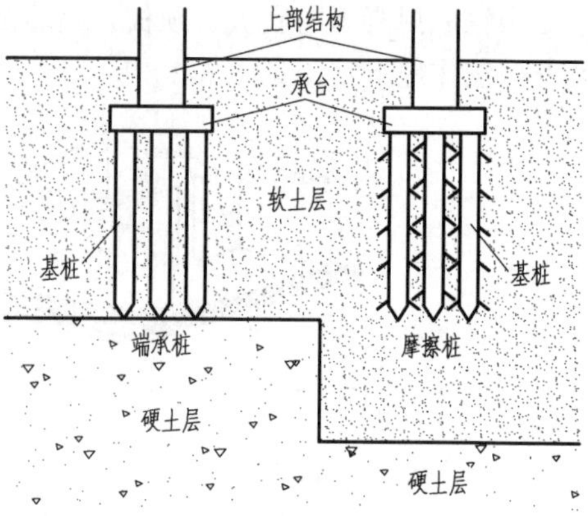

图 6-2-10　端承桩与摩擦桩

6.2.3　基础的特殊构造

1．砖基础

指以砖为砌筑材料，形成的建筑物基础，一般做成阶梯形，即大放脚。大放脚有等高式和间隔式（见图 6-2-11）。常见的砌筑方法为：“一皮一收”或“一皮一收与两皮一收相间”。砌筑时为保证最底层的整体性良好，底层采用“全丁法”砌筑。这种基础的特点是抗压性能好，整体性、抗拉、抗弯、抗剪性能较差，材料易得，施工操作简便，造价较低，适用于地基坚实均匀、上部荷载较小、6 层及 6 层以下的一般民用建筑和墙承重的轻型厂房基础工程。

2．毛石基础

毛石基础是用强度等级不低于 MU30 的毛石和不低于 M5 的砂浆砌筑而形成。按其剖面形式有矩形、阶梯形和梯形三种。为保证砌筑质量，毛石基础每台阶高度和基础的宽度不宜小于 400 mm，每阶两边各伸出宽度不宜大于 150 mm。石块应错缝搭砌，缝内砂浆应饱满，且每步台阶不应少于两皮毛石，如图 6-2-12 所示。毛石基础的抗冻性较好，在寒冷潮湿地区可用于 6 层以下建筑物。

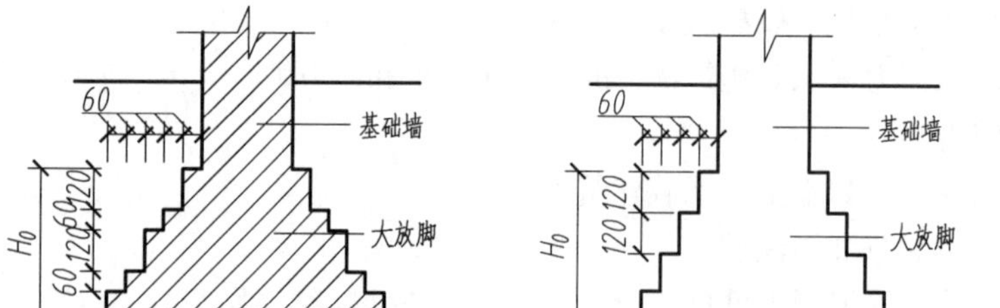

（a）间隔式　　（b）等高式

图 6-2-11　砖基础

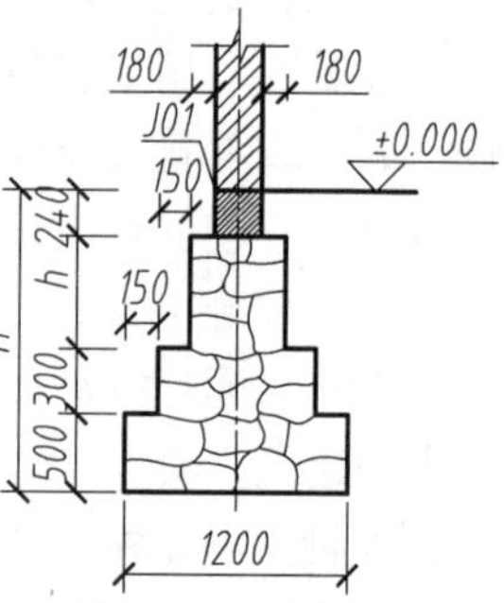

图 6-2-12　毛石基础

3. 灰土基础

灰土基础是由石灰、土和水按比例配合，经分层夯实而成的基础（见图 6-2-13）。灰土基础的优点：施工简便，造价较低，就地取材，可以节省水泥、砖石等材料；缺点是：抗冻、耐水性能差，在地下水位线以下或很潮湿的地基上不宜采用。灰土基础适用于 5 层及 5 层以下、地下水位较低的砌体结构房屋和墙体承重的工业厂房。灰土基础的厚度与建筑层数有关，4 层及 4 层以上的建筑物，一般采用 450 mm；3 层及以下的建筑物，一般采用 300 mm。

4. 三合土基础

这种基础是石灰、砂、碎砖等三种材料，按 1∶2∶4～1∶3∶6 的体积比进行配合，然后在基槽内分层夯实，每层夯实前虚铺 220 mm，夯实后净剩 150 mm。三合土铺筑至设计标高后，在最后一遍夯打时，宜浇注石灰浆，待表面灰浆略为风干后，再铺上一层砂子，最后整平夯实，如图 6-2-14 所示。这种基础在我国南方地区应用很广。它的造价低廉，施工简单，但强度较低，所以只能用于 4 层以下的房屋。

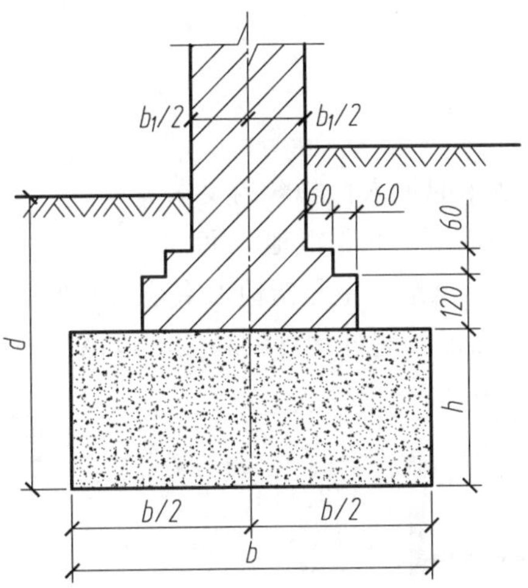

图 6-2-13　灰土基础

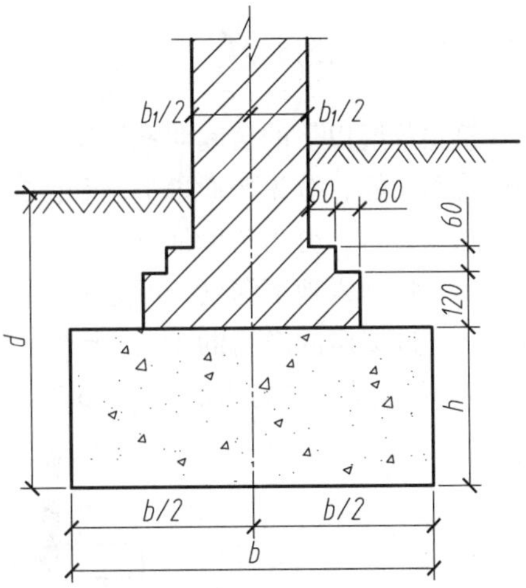

图 6-2-14　三合土基础

5. 混凝土基础

混凝土基础是用不低于 C15 的混凝土浇捣而成，其剖面形式和尺寸除满足刚性角外，不受材料规格限制。其基本形式有阶梯形和锥形两种，见图 6-2-15。混凝土基础具有坚固、耐久、耐水、刚性角大等特点，多用于地下水位较高或有冰冻作用的建筑。

6. 钢筋混凝土基础

钢筋混凝土基础因配有钢筋，可以做得宽而薄，其剖面形式多为扁锥形，见图 6-2-16。当房屋为骨架承重或内骨架承重，且地基条件较差时，为提高建筑物的整体性，避免各承重柱产生不均匀沉降，常将柱下基础沿纵横方向连接起来，形成柱下条形基础或十字交叉的井格基础。

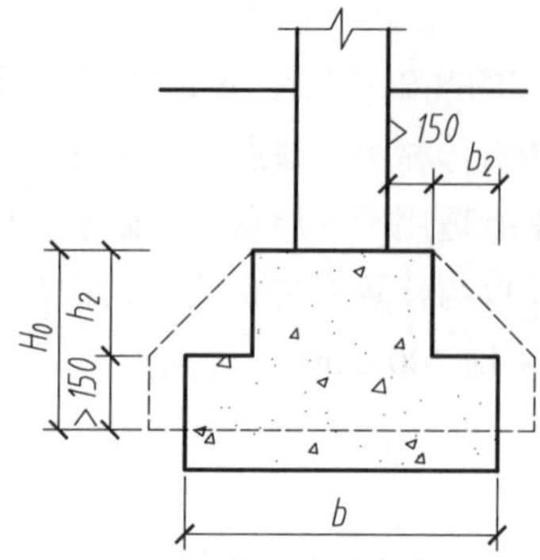

图 6-2-15　混凝土基础

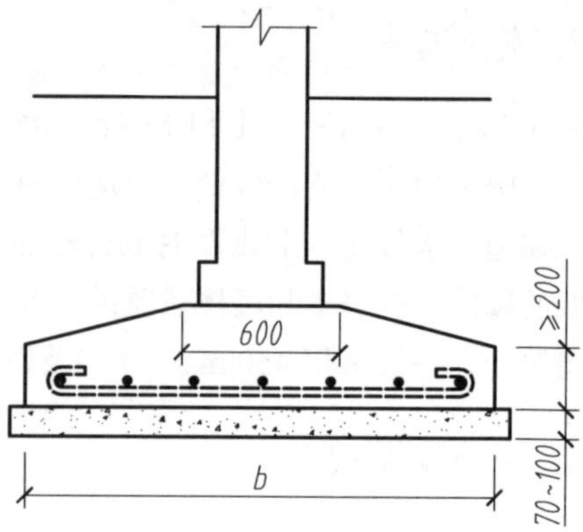

图 6-2-16　钢筋混凝土基础

6.3　地下室

6.3.1　地下室的分类

建筑物首层以下的房间叫地下室。

按使用功能，分为普通地下室和防空地下室（满足战争时期人们隐蔽的要求）。

按结构材料，分为砖墙地下室、混凝土地下室、砖混地下室和钢混地下室。

按地下室埋入地下深度，可分为全地下室和半地下室。全地下室是指地下室地面低于室外地坪的高度超过该房间净高的 1/2；半地下室是指地下室地面低于室外地坪的高度超过该房间净高的 1/3，但不超过净高的 1/2，如图 6-3-1 所示。

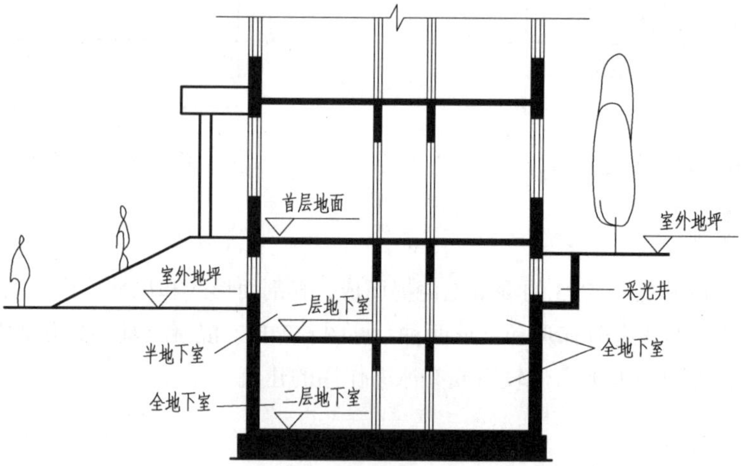

图 6-3-1　地下室的类型

6.3.2　地下室的组成和构造要求

地下室一般由墙、底板、顶板、门窗、楼梯和采光井六部分组成，见图 6-3-2。

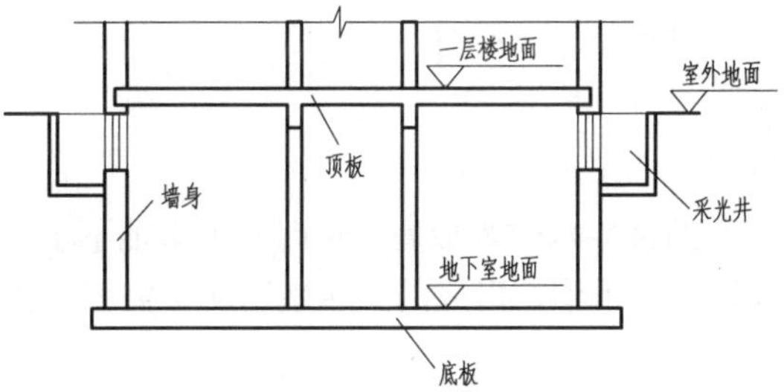

图 6-3-2　地下室组成

1. 墙　体

墙体不仅承受上部的垂直荷载，还要承受土、地下水及土壤冻结产生的侧压力。因此地下室墙按挡土墙设计，外墙还要做防潮处理；墙为砖墙时，墙厚大于 490 mm。

2. 底　板

位于水位以上时，垫层现浇 60 ~ 80 mm 厚混凝土垫层；位于水位以下时，地下室的底板不仅承受作用在它上面的垂直荷载，还承受地下水的浮力，因此必须具有足够的强度、刚度、抗渗透能力和抗浮力的能力。垫层用钢混板，并设防水层。

3. 顶　板

通常采用现浇或预制钢混。普通地下室用预制板，防空地下室用现浇板，并要做保温层。

4. 门　窗

与地上部分相同。当地下室的窗台低于室外地面时，为了保证采光和通风，应设采光井。

5. 楼　梯

与地上部分相同。

6. 采光井

由侧墙、底板、遮雨设施和铁篦子组成（见图 6-3-3），一般每个窗户设一个，当窗户的距离很近时，也可将采光井连在一起。

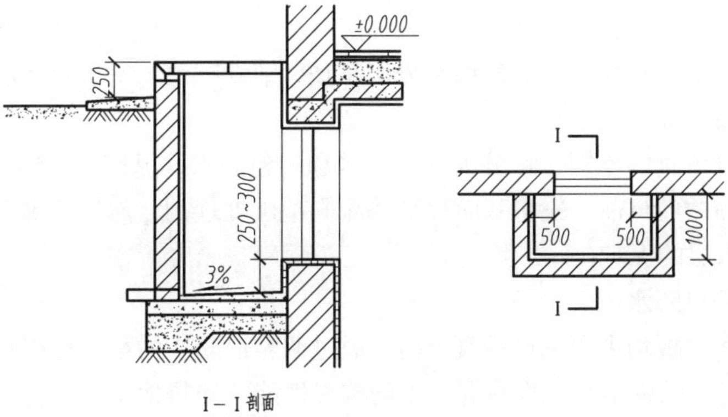

图 6-3-3　地下室采光井

6.3.3 地下室的防水防潮构造

1. 地下室防潮构造

当地下室地坪高于地下水的常年水位和最高水位时，由于地下水不会直接侵入地下室，墙和底板仅受土层中毛细管水和地表水下渗而形成的无压水影响，需做防潮处理，防止毛细管水和地表水渗入地下室外墙墙身。

地下室外墙的防潮做法：先在外墙表面抹一层 20 mm 厚的水泥砂浆找平层，再涂一道冷底子油和两道热沥青，然后在外侧回填低渗透性土壤，如图 6-3-4 所示。

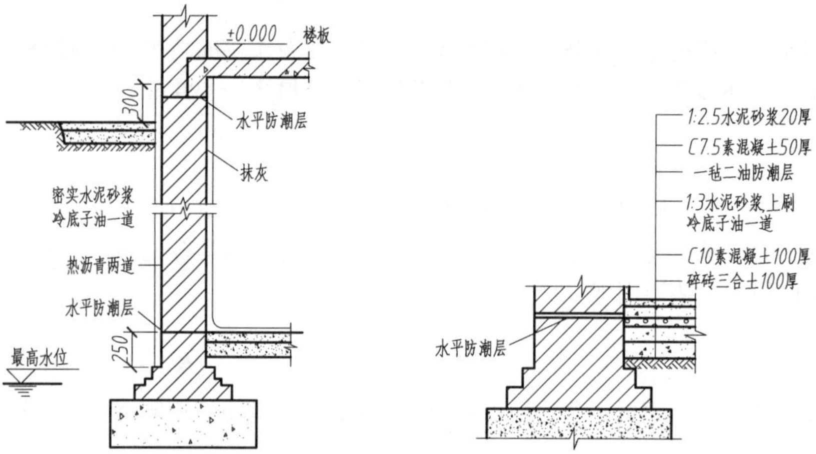

（a）墙身防潮　　（b）地坪防潮

图 6-3-4　地下室防潮处理

2. 地下室防水构造

当设计最高地下水位高于地下室底板标高，地下室外墙和地坪均受到水的侵袭，需要做地下室防水构造，一般采用“防排截堵”的原则。

目前我国地下工程防水常用的措施有卷材防水、混凝土构件自防水、涂料防水、塑料防水板防水、金属防水层等。一般处于侵蚀介质中的工程应采用耐腐蚀的防水混凝土、防水砂浆或卷材、涂料；结构刚度较差或受震动影响的工程应采用卷材、涂料等柔性防水材料。

（1）卷材防水。

卷材防水是以防水卷材和相应的黏结剂分层粘贴，铺设在地下室底板垫层至墙体顶端的基面上，形成封闭防水层的做法。

根据防水层铺设位置的不同，可分为外包防水和内包防水，见图 6-3-5。

具体做法：在铺贴卷材前，先将基面找平并涂刷基层处理剂，然后按确定的卷材层数分层粘贴卷材，并做好防水层的保护。

（2）混凝土构件自防水。

当地下室的墙和底板均采用钢筋混凝土时，通过调整混凝土的配合比或在混凝土中掺入外加剂等手段，改善混凝土的密实性，提高混凝土的抗渗性能，使得地下室结构构件的承重、围护、防水功能三者合一。

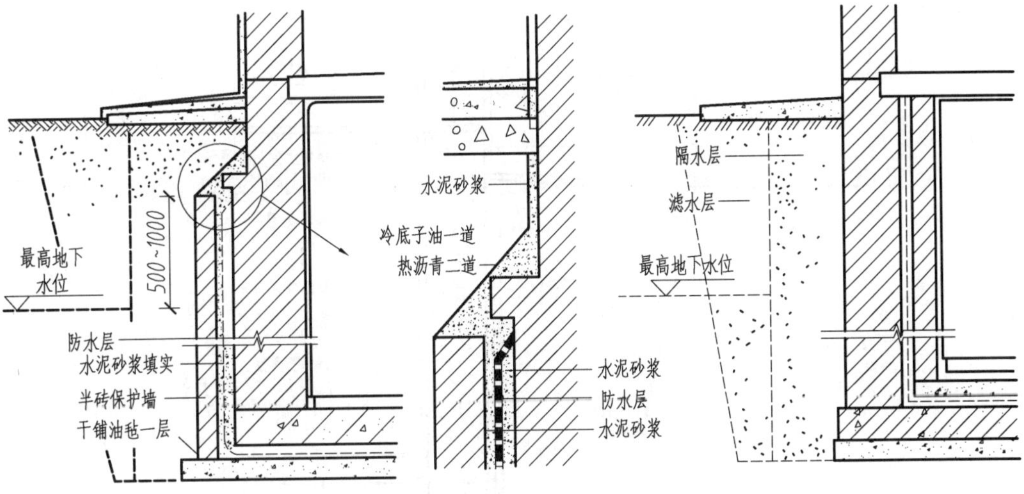

（a）外包　（b）墙身防水层收头处理　（c）内包防水

图 6-3-5　地下室卷材防水构造

为防止地下水对钢筋混凝土构件的侵蚀，在墙外侧应抹水泥砂浆，然后涂刷热沥青（见图 6-3-6）。

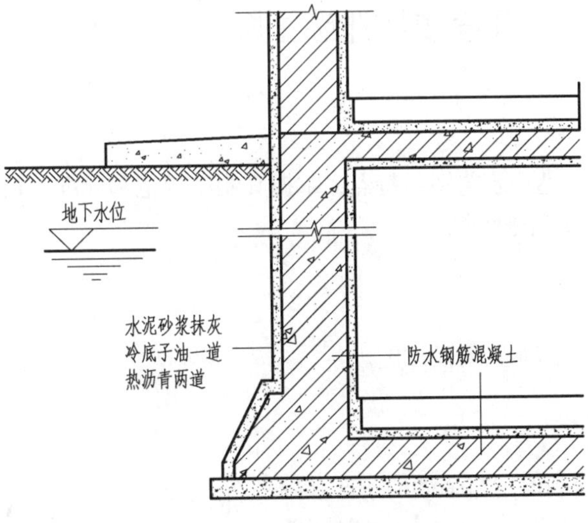

图 6-3-6　混凝土构件自防水

（3）涂料防水。

涂料防水是指在施工现场以刷涂、刮涂或滚涂等方法，将无定型液态冷涂料在常温下涂敷在地下室结构表面的一种防水做法，一般为多层敷设（见图 6-3-7）。为增强其抗裂性，通常还夹铺 1～2 层纤维制品。

涂料防水层的组成有底涂层、多层基本涂膜和保护层，做法有外防外涂和外防内涂两种。目前，我国常用的防水涂料有三大类，即水乳型、溶剂型和反应型。

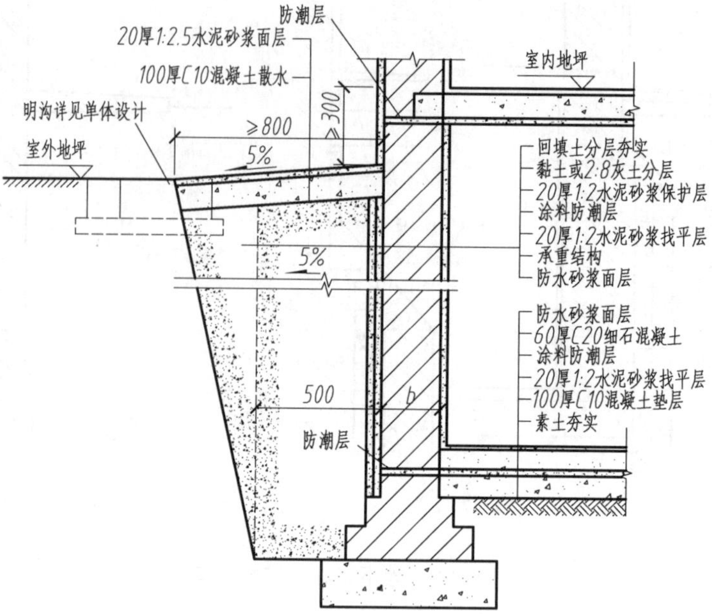

图 6-3-7　涂料防水

技能训练 3：绘制某宿舍楼基础施工图

1. 技能训练的目的

熟悉基础平面图的表达内容与图示特点，掌握其制图规范和标准，熟悉各种图例代号，具备能正确绘制基础平面图和详图的能力。

2. 技能训练的条件

某单位宿舍楼基础平面布置图及详图。

3. 技能训练的任务

（1）在 A3 图纸上绘制给定宿舍楼的条形基础平面图。

（2）在 A3 图纸上绘制 1—1 和 2—2 基础详图。

4. 绘制要求及深度

（1）绘制条形基础平面图。

用一张 A3 图纸，按建筑制图标准规定，绘制条形基础平面图，比例 1：100。

① 用粗实线画出墙（或柱）的边线，用细实线画出基坑边线。

② 画出不同截面的基础剖切线，并分别编号。

③ 标注尺寸（墙厚、放脚尺寸、基地宽度）。

④ 注必要的文字说明，如混凝土、砖、砂浆的标号以及基础埋置深度等。

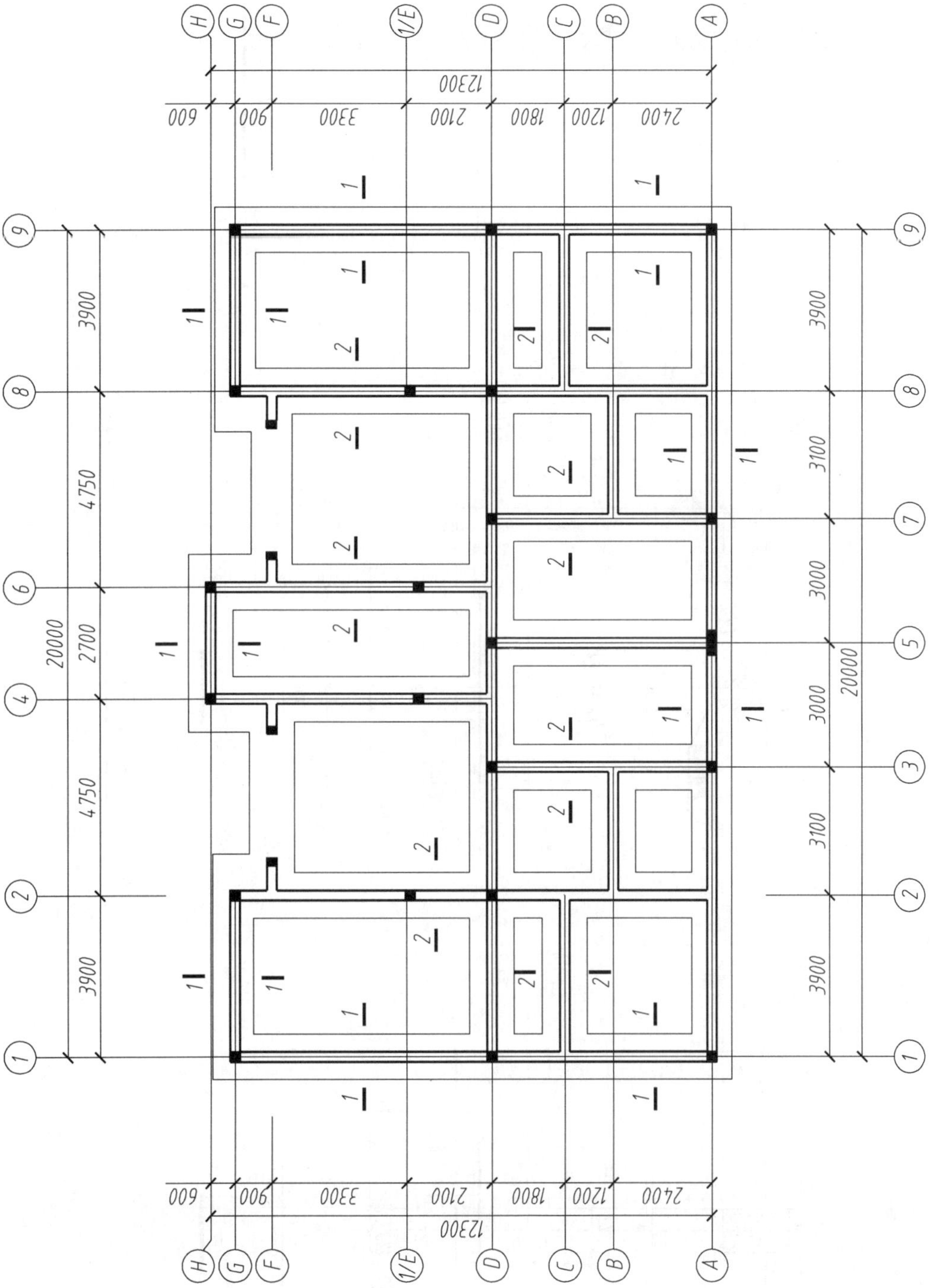

基础结构平面布置图 1:100

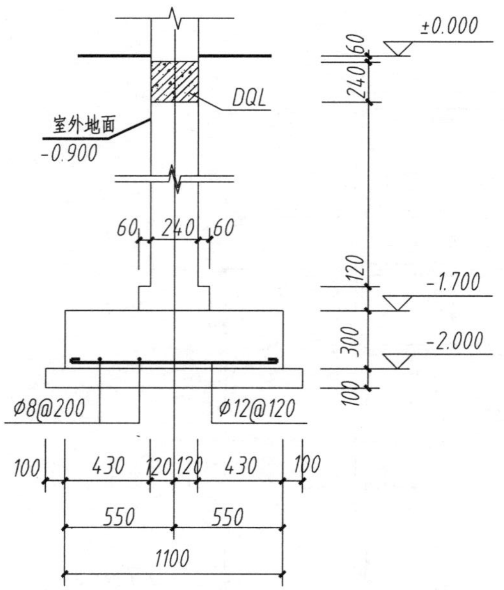

1—1 1:30

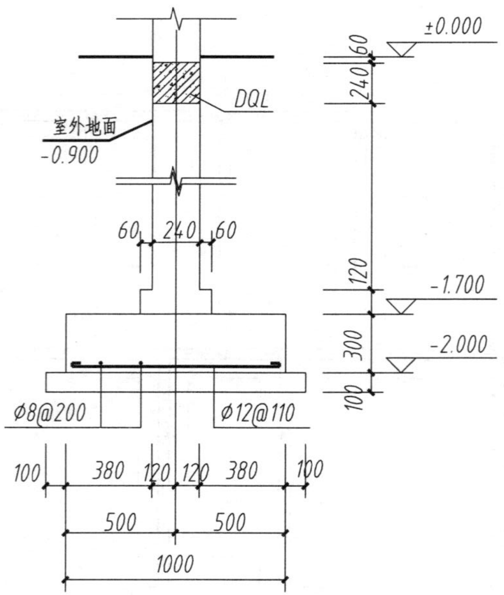

2—2 1:30

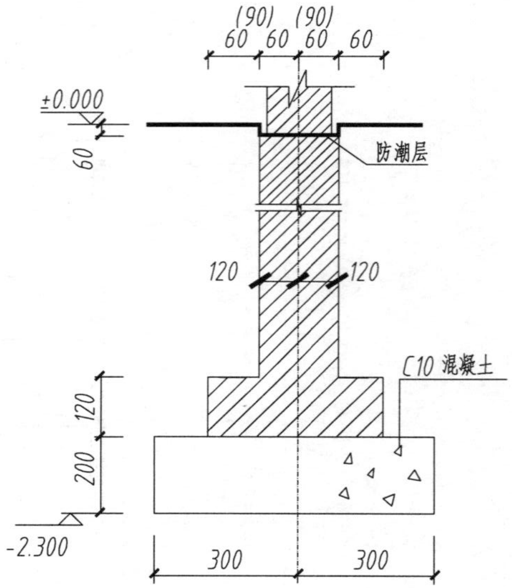

120(180)非承重墙基础

部分基础剖面图

（2）绘制基础详图。

用一张 A3 图纸，按建筑制图标准规定，绘制 1—1 和 3—3 基础详图，比例 1∶20。

① 画出与基础平面图相对应的定位轴线。

② 画基础底面线、室内外地坪标高位置线。

③ 画出墙身、防潮层、基础墙、放脚、垫层剖切到的部分，用材料图例表示。

④ 标注室内地面、室外地坪、基础底面标高和其他尺寸。

⑤ 书写有关混凝土、砖、砂浆的强度标号等说明。

准备知识 5——基础图

基础平面图是假想用一个水平面沿房屋的地面与基础之间把整幢房屋剖开后，移开上层的房屋和泥土所作出的基础水平投影。

基础的截面形状与埋置深度要根据上部的荷载以及地基承载力而定，同一幢房屋，由于有不同的荷载和不同的地基承载力，就应有不同的基础。对每一个不同的基础，都要画出其截面图（详图），并在基础平面上用 1—1、2—2 等剖切表明该截面的位置。

基础平面图常用的比例为 1∶100、1∶200。

基础详图常用的比例为 1∶20、1∶50。

1. 基础图的绘制与标注

（1）基础平面图的绘制。

① 画出与房屋平面图相同的轴线及编号。

② 用粗实线画出墙（或柱）的边线，用细实线画出基坑边线。

③ 画出不同截面的基础剖切线，并分别编号。

④ 标注尺寸。

⑤ 注定必要的文字说明，如混凝土、砖、砂浆的标号以及基础埋置深度等。

（2）基础详图的绘制。

① 画出与基础平面图相对应的定位轴线。

② 画基础底面线、室内外地坪标高位置线。

③ 画出砖墙、大放脚截面和防潮层。

④ 标注室内地面、室外地坪、基础底面标高和其他尺寸。

⑤ 书写有关混凝土、砖、砂浆的强度标号等说明。

（3）基础图的尺寸标注。

基础平面图主要标注纵向及横向各轴线之间的距离，轴线到基坑边和墙边的距离以及基坑宽和墙厚等。

2. 基础图的识读

（1）了解图名、比例、图例及有关文字说明。

（2）熟悉基础的构造组成。

（3）查看室内外地面、防潮层及基底标高。

（3）了解墙体、防潮层、基础的构造做法。

（4）查看各尺寸标注。

思考题

1. 地基与基础的关系？
2. 什么是基础埋深？
3. 影响基础埋深的因素有哪些？
4. 基础的构造组成部分有哪些？
5. 什么是刚性角？刚性基础有哪些？
6. 基础的构造形式有哪些？一般适用于什么情况？
7. 桩基础的组成部分有哪些？桩基础适用于什么情况？
8. 如何绘制砖基础和毛石基础的断面形式？
9. 地下室的构造组成有哪些？各有什么特殊要求？
10. 地下室的防水防潮构造措施有哪些？

第7章 墙 体

☞ 学习目标：

1. 认识墙体；
2. 掌握墙体分类、作用和要求，重点掌握墙体的细部构造；
3. 了解墙体节能构造；
4. 能进行墙体的构造设计。

教学时间：10～13 学时

活动及技能训练时间：3 学时

延伸活动或技能训练时间：(4 学时)

教学过程/教学手段/教学场所安排：

教学过程	具体内容	教学方法及时间安排			场所安排
		授课时间	活动时间	延伸时间	
教学活动 7：认识墙体			1		室外（课内）
7.1 墙体概述	墙体的作用	1			教 室
	墙体的设计和使用要求				
	墙体的类型				
	墙体的承重方案				
7.2 砖墙的构造	砖墙的材料	4			教 室
	砖墙的细部构造				
	教学活动 8：实测墙体细部尺寸			(2)	室外（课外）
7.3 砌块墙的构造	砌块的类型	2			
	砌块墙的细部构造				
7.4 隔墙的构造	隔墙的要求	1			教室
	隔墙的类型和构造				
7.5 墙面装修构造	墙面装修的作用	1			教室
	墙面装修的类型和构造				
7.6 墙体节能构造	墙体保温构造	1			教室
	墙体隔热构造				
技能训练 4：绘制某住宅楼建筑平面图及墙身节点详图			2	(2)	建筑设计室
Σ		10	3	(4)	

教学活动 7

认识墙体

活动项目	课堂活动内容	时间	资源
认识墙体	① 从生活课题入手，问学生住在哪幢楼？是否知道自己所住的房屋有多少层？总长、总宽和总高约为多少？是否注意到内墙与外墙有何不同？内、外墙墙体有多厚？各采用何种材料？等等。 ② 将学生按 5 人一组进行活动，分别到指定的房屋前，完成工作纸上的内容。	1 学时	工作纸 1 指定的房屋 卷尺

工作纸 1——认识墙体

1. 指定的房屋总长约为____________？总宽约为____________ ？总高约为__________？

2. 外墙总长度约为____________？采用材料是____________ ？其中，外纵墙有______ 道？外横墙有____________道？

3. 内墙总长度约为____________？采用材料是____________ ？其中，内纵墙有______ 道？内横墙有____________道？

4. 女儿墙的高度为____________？采用材料是____________ ？

5. 测定指定房屋最多类型房间的室内净尺寸____________×____________。

墙体是房屋建筑中不可缺少的重要组成部分，是组成建筑的主体工程之一。由于砌块易于生产与施工、造价低廉等，故至今仍为我国墙体的主导材料。在一般民用建筑中，墙体的重量占建筑物总重量的 40%～65%，其造价占工程总造价的 30%～40%。因此，在选择墙体材料和构造方法时，应考虑建筑结构、造型、节能、经济等方面的因素。

7.1 墙体概述

7.1.1 墙体的作用

墙体具有承重、围护和分隔的作用。

1. 承重作用

墙体是建筑物的主要竖向承重构件，承受楼板（屋顶）传来的荷载、墙体自重、风荷载和地震荷载等作用。

2. 围护作用

外墙位于建筑物的四周，抵御自然界中风、雨、雪等各种因素对室内侵袭的作用，防止太阳辐射、噪声、冷热等不利影响，保证建筑物内适宜的工作和生活环境。

3. 分隔作用

墙把房屋内部划分为若干房间和使用空间，各使用空间相对独立，可避免或减少相互之间的干扰。

7.1.2 墙体的设计和使用要求

根据功能要求，经济、合理地选择墙体材料，确定其厚度和构造措施，保证墙体合理使用，是墙体设计的基本任务。其具体要求如下：

1. 满足强度和稳定性要求

墙体的强度取决于墙体所用的材料，墙体的稳定性则与墙的高度、长度、厚度有关。在设计墙体时，首先应确定墙体的厚度，当设计的墙厚不能满足要求时，常采用提高材料强度、增设墙垛、壁柱、圈梁等措施来增强墙体的稳定性。

2. 满足保温、隔热、隔声、防火等要求

（1）保温要求。

墙体应具有足够的保温能力，以减少室内热量损失，避免室温过低，防止空气中的水蒸气在墙的内表面或内部凝结。通常可采取以下构造措施来满足保温要求：

① 增加墙体的厚度。墙的保温能力与墙的厚度成正比，室内外温差越大，墙体的厚度就越厚。增加墙的厚度能提高墙的内表温度，减少墙内表面与室内空气的温差，减小水蒸气在墙的内部及内表面凝结的可能性。

② 选择导热系数小的材料砌墙。要增强墙体的保温性能，通常选用导热系数小的材料，如泡沫混凝土、加气混凝土、陶粒混凝土、膨胀珍珠岩、浮石混凝土等材料砌墙。当采用几种不同材料层组砌时，把导热系数小的材料放在低温一侧，导热系数大的材料放在高温一侧。

③ 设置隔气层等构造措施。冬季，由于外墙两侧存在温度差，高温一侧的水蒸气随着空气一同向外渗透，遇到低温界面时则会凝结，从而使墙的内部产生凝结水，大大地降低了墙体的保温效果。为了防止墙体内部产生凝结，常在墙体高温一侧，设置一道隔气层。隔气层一般采用的沥青、卷材、隔气涂料、铝箔等防潮、防水材料。

（2）隔热要求。

墙体应具有隔热能力，以减少太阳辐射热传入室内，避免夏季室内过热。常采用导热系数小的材料砌墙、在墙中设置空气间层、墙表面刷浅色涂料等的构造措施。

（3）隔声要求。

墙体应具有隔声的能力，以保证安静的工作和休息环境。常采用面密度大的材料砌筑、加大墙体的厚度、在墙中设置空气间层等构造措施。对一般无特殊隔声要求的建筑，双面抹灰的半砖墙已基本满足分隔墙的隔声要求。

（4）防火要求。

墙体应具有防火的能力，墙体材料及墙的厚度，应符合防火规范规定的燃烧性能和耐火极限的要求。在较大的建筑和重要的建筑中，还应按规定设置防火墙，将房屋分成若干段，以防止火灾蔓延。

3. 减轻自重、降低造价

发展轻质高强的墙体材料，是建筑材料发展的总体趋势。在进行墙的构造设计时，应力求选用容重小、强度较大的材料。

4. 适应建筑工业化的生产要求

要逐步改革以普通黏土砖为主的砌块材料，发展预制装配式墙体材料，为生产工厂化、施工机械化创造条件。

7.1.3 墙体的类型

由于墙所在的位置、作用和采用的材料不同，因此墙体具有多种类型：

1. 依平面上所处位置的不同

依平面上所处位置的不同，有内墙和外墙之分。具体又可细分为外横墙（山墙）、内横墙、外纵墙（檐墙）、内纵墙等，如图 7-1-1 所示。

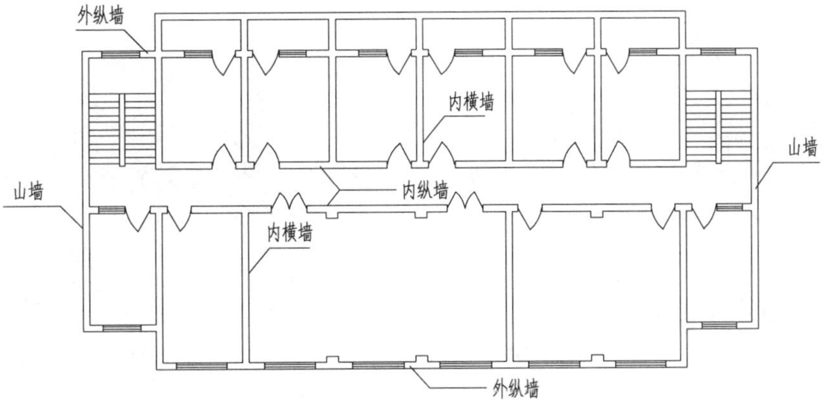

图 7-1-1　墙体各部位名称

（1）外墙。位于房屋四周的墙称外墙。

（2）内墙。位于房屋内部的墙称内墙。

（3）横墙。沿建筑物短轴方向布置的墙称横墙。

（4）纵墙。沿建筑物长轴方向布置的墙称纵墙。

（5）山墙。外横墙习惯上称为山墙。

（6）檐墙。外纵墙习惯上称为檐墙。

2. 依结构受力情况的不同

（1）承重墙。直接承受上部构件传来荷载的墙称承重墙。

（2）非承重墙。凡不承受上部构件传来荷载的墙称非承重墙。非承重墙包括自承重墙和隔墙。

① 自承重墙。只承受自身墙体自重的墙称自承重墙。

② 隔墙。自身重量也由楼板和梁分层承受的墙称隔墙。

3. 按材料和制品的不同

按材料和制品的不同，有砖墙、石墙、砌块墙、板材墙之分。

7.1.4　墙体的承重方案

墙体在结构布置上有横墙承重、纵墙承重、纵横墙混合承重和墙、柱混合承重等结构承重方案，如图 7-1-2 所示。

1. 横墙承重

凡以横墙作为承重墙的称为横墙承重方案。楼板、屋顶上的荷载均由横墙承受，纵向墙只起纵向稳定、围护和承自重作用。它的主要特点是横墙间距密，横向刚度大，建筑物的整体性好，对抵抗地震力等水平荷载有利。但横墙承重方案的开间尺寸不够灵活，适用于房间开间尺寸不大的宿舍、住宅等居住建筑。

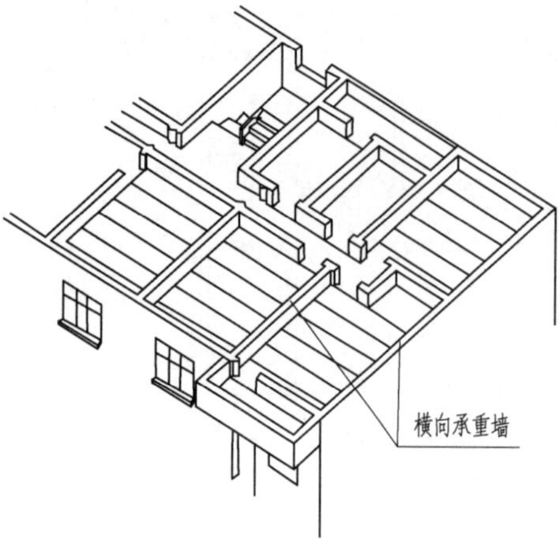

（a）横向承重结构

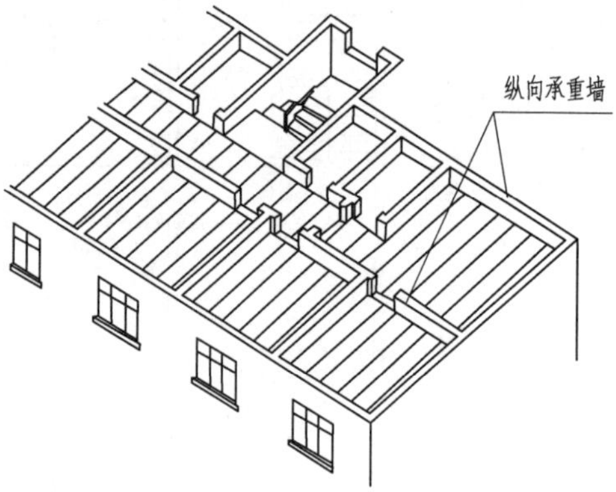

（b）纵向承重结构

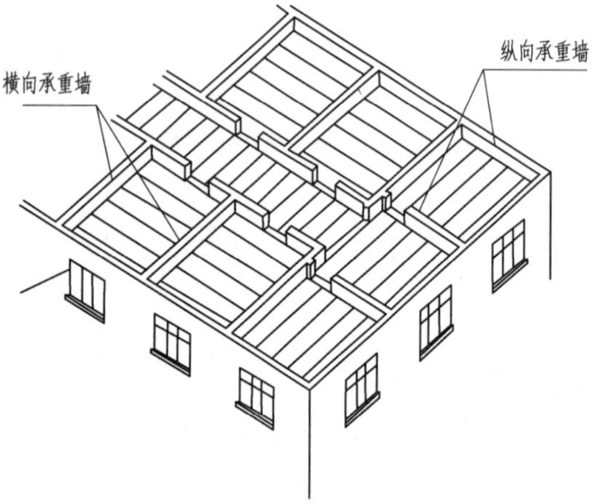

（c）混合承重结构

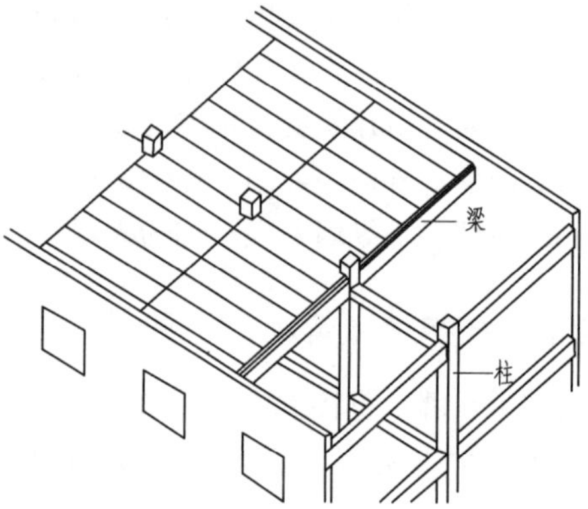

（d）墙与柱混合物承重方案

图 7-1-2　墙体结构布置方案

这种方案的特点如下：

（1）横墙是承重墙，纵墙仅起围护和拉结的作用，因此建筑物开间尺寸不够灵活，但在外墙上开洞较为方便。

（2）由于横向间距小，又有纵墙拉结，因此，建筑物的整体性好、空间刚度较大。

（3）横墙承重方案中楼板及屋面板是沿房间短向布置，因此经济合理，施工方便。

2. 纵墙承重

凡以纵墙作为承重墙的称为纵墙承重方案。楼板、屋顶上的荷载均由纵墙承受，横墙只起分隔房间和横向稳定作用。纵墙承重可使房间开间的划分灵活，适用于需要较大房间的办公楼、商店、医院、教学楼等公共建筑。

这种方案的特点如下：

（1）由于纵墙为承重墙，因此在纵墙上门窗洞口的开设受到限制。

（2）横墙间距较大，房间平面布置较为灵活，但是整体刚度较差。

3. 纵、横墙承重方案

凡由纵向墙和横向墙共同承受楼板、屋顶荷载的结构布置称纵横墙（混合）承重方案。楼板、屋面板的荷载由横墙和纵墙共同承受。该方案的房间布置较灵活，建筑物的刚度亦较好。混合承重方案适用于房屋开间、进深尺寸较大，房间类型较多的建筑和平面复杂的建筑中，诸如教学楼、住宅等建筑。

这种方案的特点如下：

（1）平面布置较为灵活，房屋刚度较好。

（2）水平承重构件类型多，施工复杂。

4. 墙与柱混合承重方案

在结构设计中，有时采用墙体和钢筋混凝土梁、柱组成的框架共同承受楼板和屋顶的荷载，这时，梁的一端支承在柱上，而另一端则搁置在墙上，这种结构布置称部分框架结构或内部框架承重方案。它较适合于室内需要较大使用空间的建筑，如商场等。

这种方案的特点如下：

（1）外墙起承重和围护的作用，内框架承重体系较钢筋混凝土全框架承重体系而言造价低、施工简单。

（2）横墙数量较小，室内空间较大，容易满足建筑使用要求，但是空间刚度不足，对抗震不利。

7.2 砖墙的构造

7.2.1 砖墙的材料

砖墙是用砂浆把砖按一定规律砌筑而成的砌体，因此，砖和砂浆是砖砌体的主要材料。

1. 砖

（1）砖的分类。

砖是砌筑用的小型块材，按生产工艺可分为烧结砖和非烧结砖；按砖的孔洞率、孔的尺寸大小和数量又可分为普通砖、多孔砖和空心砖。

① 普通砖。

将规格为 240 mm × 115 mm × 53 mm 的无孔或孔洞率小于 15% 的砖称为普通砖。

普通砖有经过焙烧的黏土砖、页岩砖、粉煤灰砖、煤矸石砖和不经过焙烧的粉煤灰砖、炉渣砖、灰砂砖等，见图 7-2-1。

普通黏土砖是我国传统的建筑材料，由于取材方便，易于生产和施工，受到普遍应用。它是以黏土为主要原料，经过成型、干燥、焙烧而成的砖。

普通砖的规格是以（砖厚 + 灰缝）：（砖宽 + 灰缝）：（砖长 + 灰缝）为 1：2：4 的基本原则制定的。由于普通黏土砖的尺度标定较早，是以(240 + 10) = 250 mm 为基本模数（2.5M 制）进

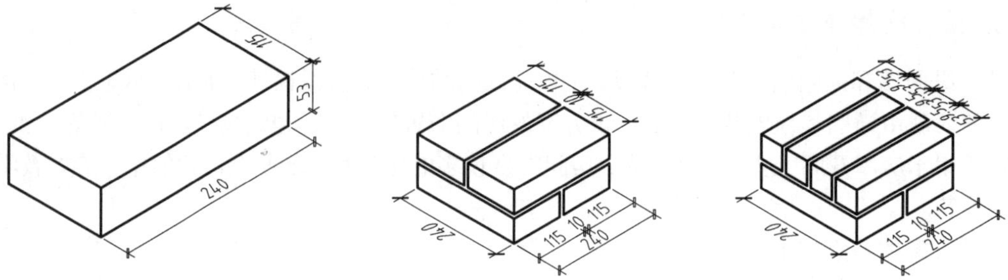

（a）　　　　　　　　　　　　　　　　（b）

图 7-2-1　砖的尺寸及其尺寸关系示意

行计算，与我国现行 M = 100 mm 的基本模数不一致，因此，在设计构件尺寸时或在砖墙上开设洞口时，须注意标准砖的这一特性。

② 多孔砖。

多孔砖常指内孔径不大于 22 mm，孔洞率不小于 15%，孔的尺寸小而数量多的砖。多孔砖有 190 mm × 190 mm × 90 mm 和 240 mm × 115 mm × 90 mm 两种。

③ 空心砖。

空心砖是指孔洞率不小于 15%，孔的尺寸大而数量少的砖。空心砖有 240 mm × 115 mm × 90 mm、240 mm × 180 mm × 115 mm（或 90 mm）、240 mm × 240 mm × 115 mm（或 90 mm）等多种规格（见图 7-2-2）。

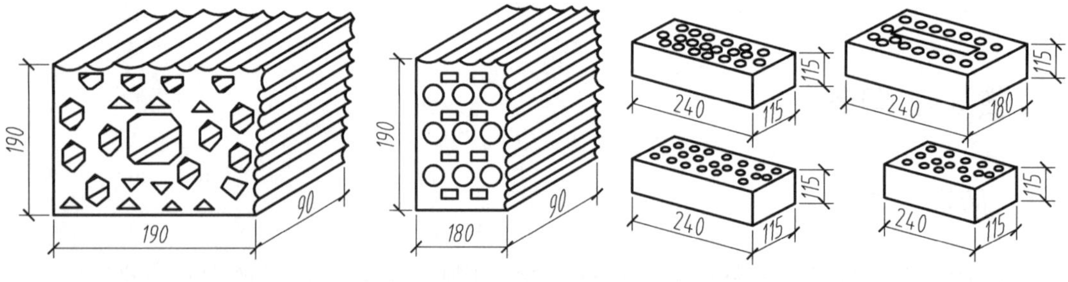

图 7-2-2　多孔砖的尺寸与形状示意

多孔砖和空心砖与普通砖相比，可使建筑自重减小 1/3 左右，节约黏土 20% ~ 30%，节省燃料 10% ~ 20%，施工效率提高 40%，并能改善砖的隔热和隔声性能，在相同的热工性能要求下，用空心砖砌筑的墙体厚度可减少半砖左右。因此，推广使用多孔砖、空心砖，并用以代替普通砖是加快我国墙体改革的重要措施之一。

（2）砖的强度等级。

我们说的砖，通常指烧结普通砖，其强度一般以标号表示，其强度是由抗压强度和抗折强度测定的，共分为 MU30、MU25、MU20、MU15、MU10 五个。

2. 砂　浆

（1）砂浆的分类。

砂浆是由胶凝材料（水泥、石灰、石膏等）、填充材料（砂、矿渣等）和水所组成的混合物。与混凝土相比，砂浆又称为无集料混凝土。砌筑砂浆的作用是将分散的砖块胶结为整体，使砖块垫平，将砖块间的空隙填塞密实，便于上层砖块所承受的荷载能传递至下层砖块，以保证砌体的强度，同时也能提高砖墙砌体的稳定性和抗震性。

根据用途，砂浆分为砌筑砂浆、抹面砂浆、装饰砂浆及特种砂浆。

根据胶结材料的不同可分为水泥砂浆、石灰砂浆、混合砂浆和聚合物水泥砂浆。

（2）砂浆的强度等级。

砂浆的强度，一般以标号表示。其强度等级是根据其抗压强度测定的，共分为 M15、M10、M7.5、M5、M2.5 五个等级。

3. 砖　墙

（1）墙厚名称。

墙厚的名称习惯以砖长的倍数来称呼，根据砖块的尺寸和数量可组合成不同厚度的墙体，如表 7-2-1 所示。

表 7-2-1　墙厚名称

墙厚名称	习惯称呼	标志尺寸/mm	构造尺寸/mm	墙厚名称	习惯称呼	标志尺寸/mm	构造尺寸/mm
$\frac{1}{2}$墙	12 墙	120	115	$1\frac{1}{2}$墙	37 墙	370	365
$\frac{3}{4}$砖墙	18 墙	180	178	2 砖墙	49 墙	490	490
1 砖墙	24 墙	240	240	$2\frac{1}{2}$墙	62 墙	620	615

（2）砖墙的强度。

砖墙的强度取决于砖和砂浆的强度。砖的强度在砖墙的强度中的作用比砂浆的作用大，工程实践中易优先采用提高砖强度的办法来提高砌体的强度。

（3）砖墙的材料选用。

砖墙所用的砖和砂浆，主要应依据承载能力、耐久性以及保温、隔热等要求选择。要根据各地可能提供的砖和砂浆材料，按技术经济指标较好、符合施工条件的原则确定。

对于一般房屋，承重墙用的砖，强度等级常采用 MU10、MU7.5；砂浆一般采用 M5、M7.5；受力较大的部位可采用 M10。

地面以下或防潮层以下的砖墙，所用材料的最低强度等级应符合表 7-2-3 的规定。

表 7-2-2　地面以下或防潮层以下的砖墙所用材料的最低强度等级

基土的潮湿程度	砖		混合砂浆	水泥砂浆
	严寒地区	一般地区		
稍潮湿的	MU10	MU10	M5	M5
很潮湿的	MU15	MU10	—	M5
含水饱和的	MU20	MU15	—	M7.5

（4）砖墙的组砌。

为了保证墙体的强度和稳定性，砖在墙中的组砌应遵循横平竖直、砂浆饱满、内外搭接、上下错缝的原则，常见的组砌方式有全顺式、一顺一丁式、多顺一丁式和两平一侧式。

全顺式：适用于 12 墙，错缝 120 mm。

一顺一丁式：适用于 1 砖以上的墙体，错缝 60 mm。

多顺一丁式：常采用三顺一丁，最小错缝 60 mm。

两平一侧式：适用于 18 墙，错缝 120 mm。

（a）全顺式　（b）一顺一丁式　（c）多顺一丁式　（d）两平一侧式

图 7-2-3　砖墙的组砌示意

7.2.2　砖墙的细部构造

1. 勒　脚

（1）位置：外墙外侧接近室外地面的部分。

（2）作用：一是保护墙脚不受外界雨、雪的侵蚀；二是加固墙身，防止各种机械碰撞；三是对建筑物的立面处理产生一定的效果。

（3）高度：主要取决于防止地面水上溅和室内地潮的影响，并适当考虑立面造型的要求，常与室内地面齐平。有时，为了考虑立面处理的需要，也可将勒脚做到与第一层窗台齐平。

（4）构造做法。勒脚的构造做法常有以下几种（见图 7-2-4）：

① 20 ~ 30 mm 厚水泥砂浆或作水刷石。

② 选用既防水又坚实的天然石材砌筑。

③ 镶贴天然石材等防水和耐久材料。

④ 将墙体加厚 60 ~ 120 mm，再抹水泥砂浆或作水刷石。

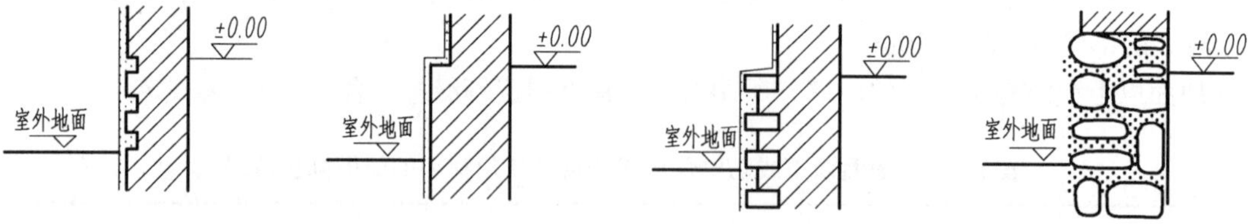

（a）抹水泥砂浆或水刷石　（b）墙体加厚并抹灰　（c）镶砌石材　（d）石材砌筑

图 7-2-4　勒脚构造

2. 墙身水平防潮层

（1）位置：墙身水平防潮层应连续设置，不得间断。其位置常设在：

室外地面以上，首层室内地面混凝土垫层之间，即室内地面以下 60 mm。

当室内地面有高差时，水平防潮层应设置两道，分别为两侧地面以下 60 mm，并在两道防潮层之间靠土的一侧加设一道垂直防潮层（见图 7-2-5）。

（2）作用：防止地下潮气及地表积水对墙体的侵蚀而设置连续的水平阻水层。

（3）构造做法：水平防潮层的构造做法常有以下几种：

① 油毡防潮层：在防潮层部位抹 20 mm 厚水泥砂浆找平层，找平层上干铺一层油毡或实铺油毡（一毡二油）。这种做法由于破坏了墙的整体性，不能用于地震区。

② 砂浆防潮层：在防潮层部位抹 25 mm 厚 1∶2 或 1∶2.5 水泥砂浆，加入水泥用量的 3%～5% 的防水剂。由于砂浆脆性易开裂材料，在地基发生不均匀沉降而导致墙体开裂或因砂浆铺贴不饱满时会影响防潮效果。

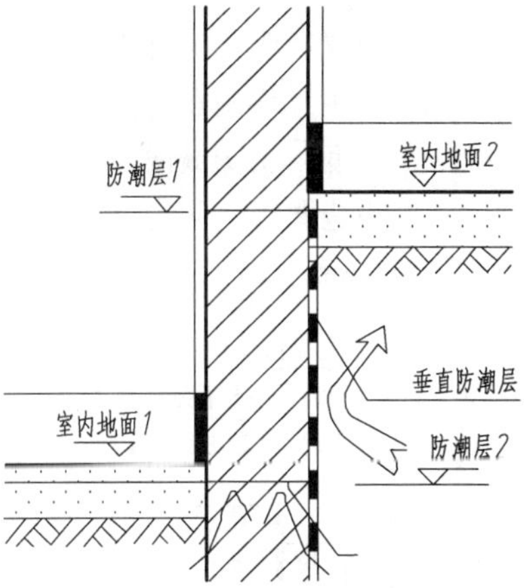

图 7-2-5　墙身水平防潮层构造

③ 细石混凝土防潮层：在防潮层部位采用 60 mm 厚与墙等宽的细石混凝土带，内配 3Φ6 或 3Φ8 钢筋，适用于整体刚度要求较高的建筑中。

3. 散　水

（1）位置：散水位于外墙四周的室外地面，由于其做成向外倾斜的坡道，又称为排水坡或护坡。

（2）作用：把由屋面下泻的无组织雨水排至远处，使墙基不受雨水的侵蚀。

（3）宽度和坡度：散水坡度一般为 3%～5%，宽一般不小于 600 mm，当屋顶有出檐时，其宽度较出檐大于 200 mm。

（4）构造做法：散水可用混凝土、砖、块石等材料。当散水长度超过 50 m 应设伸缩缝，伸缩缝及散水与外墙接缝处，均应用热沥青填充（其构造做法见图 7-2-6）。

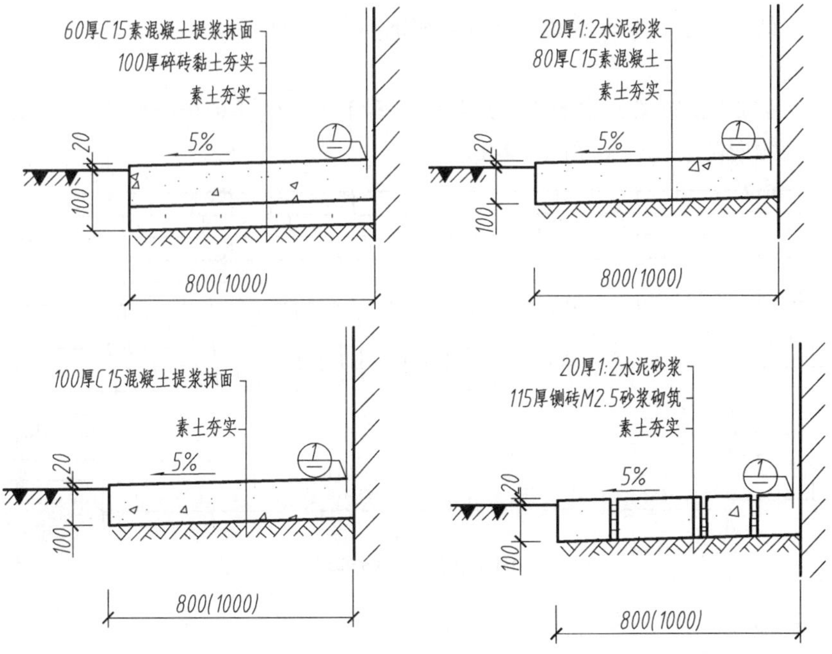

图 7-2-6　散水构造

4. 明　沟

（1）位置：明沟又称阳沟或排水沟，位于外墙四周或外墙散水四周。

（2）作用：将雨水管流出的屋面雨水有组织地导向地下排水集井，流入下水道。

（3）坡度：明沟纵向坡度不小于 1%。

（4）构造做法：明沟可用混凝土、砖、块石等材料砌筑，外抹水泥砂浆。其断面尺寸一般不小于宽 180 mm、深 150 mm。

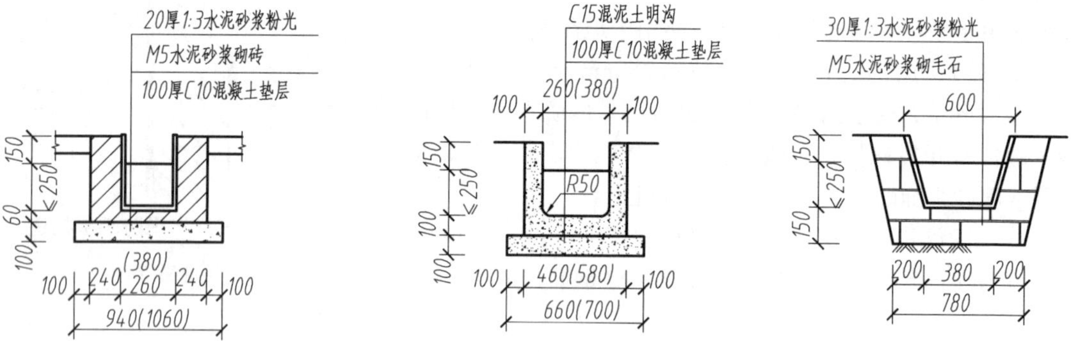

（a）砖砌明沟　　（b）混凝土明沟　　（c）毛石明沟

图 7-2-7　明沟构造示意

5. 门窗过梁

门窗过梁是指门窗洞口上的横梁，其作用是支撑洞口上砌体的重量和搁置在洞口砌体上的梁、板传来的荷载，并将这些荷载传递给窗间墙。

过梁的种类较多，其材料有木、砖、钢筋混凝土、型钢等，目前常用的有砖砌过梁和钢筋混凝土过梁两类。砖砌过梁一般有砖砌平拱过梁和钢筋砖过梁两种。

（1）砖砌平拱过梁

① 概念：砖砌平拱过梁又称平碹，是我国砖石工程中的一种传统作法，是用砖立砌或侧砌成对称于中心而倾向两边的拱（见图 7-2-8）。

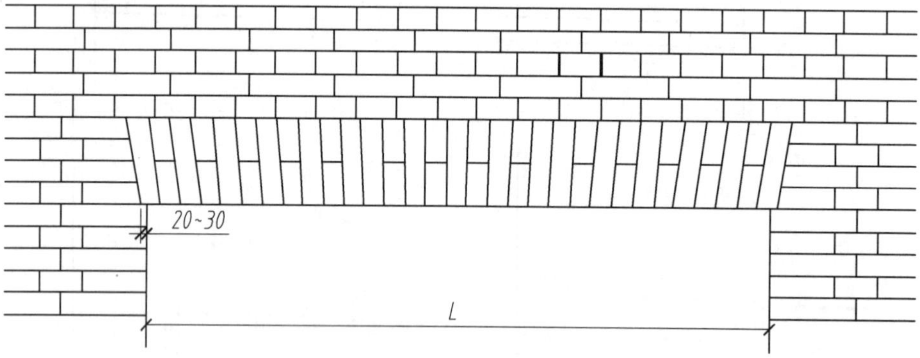

图 7-2-8　砖砌平拱

② 构造做法。

砌筑：砖立砌或侧砌。

伸入长度：两端伸入墙内 20 ~ 30 mm。

灰缝：灰缝上宽下窄，最宽不大于 20 mm，最窄不小于 5 mm。

起拱：中部砖块提高约为跨度的 1/100，待受力下陷后适成水平。

③ 跨度和高度：砖砌平拱过梁的跨度一般为 1.5 m 以下，过梁的高度不应小于 240 mm。

④ 注意事项。

砖砌平拱过梁的洞口两侧均应有一定宽度的砌体，以承受拱传来的水平推力。

砖砌平拱过梁不得用于有较大振动荷载或地基可能产生均匀沉陷的房屋。

（2）钢筋砖过梁。

① 概念：钢筋砖过梁是在砖缝内配置钢筋的砖平砌过梁（见图 7-2-9）。

② 构造做法。

砌筑：过梁底的第一皮砖以干砌为宜，用不低于 M5 的砂浆砌筑。

钢筋：每 120 mm 墙厚不少于1ϕ5 的钢筋常放在第一皮砖下的砂浆层内，砂浆厚 30 mm；钢筋伸入墙内至少 240 mm，并加弯钩。

③ 跨度和高度：钢筋砖过梁的跨度一般为 2m 以下，过梁的高度不应小于 5 皮砖，同时不小于洞口跨度的 1/5。

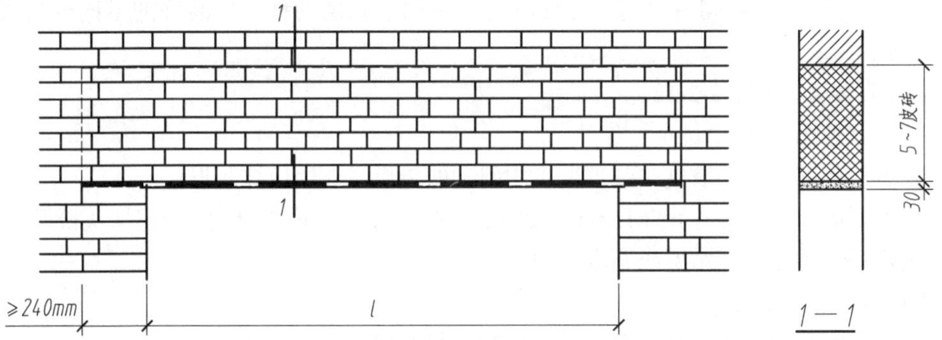

图 7-2-9　钢筋砖过梁示意

（3）钢筋混凝土过梁。

当门窗洞口的宽度较大或洞口上出现集中荷载时，常采用钢筋混凝土过梁（见图 7-2-10）。

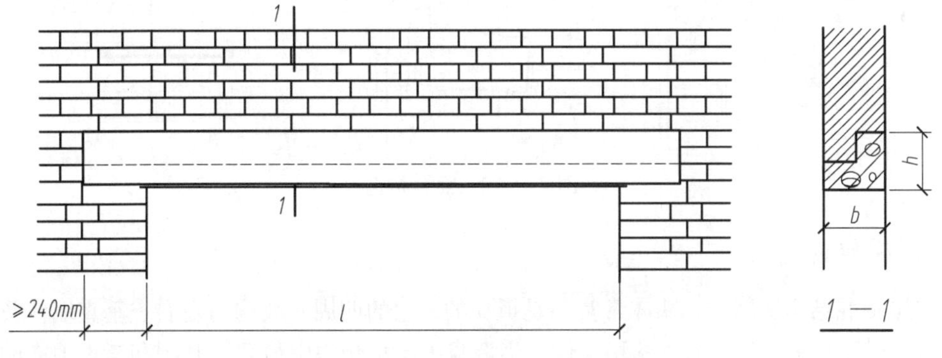

图 7-2-10　钢筋混凝土过梁示意

① 种类：钢筋混凝土过梁根据施工方法的不同可分为现浇和预制两种，截面常见的形式有矩形和 L 形。

② 高度和宽度：梁宽应与墙厚相适应，梁高与砖的皮数相配合，常采用 60 mm、120 mm、180 mm、240 mm 等。

③ 支撑长度：过梁两端伸入墙内的长度不应小于 240 mm。

④ 图集代码：

过梁的代码表示方法较多，我国各地不统一，如图 7-2-11 所示为四川省图集代码表示方法。

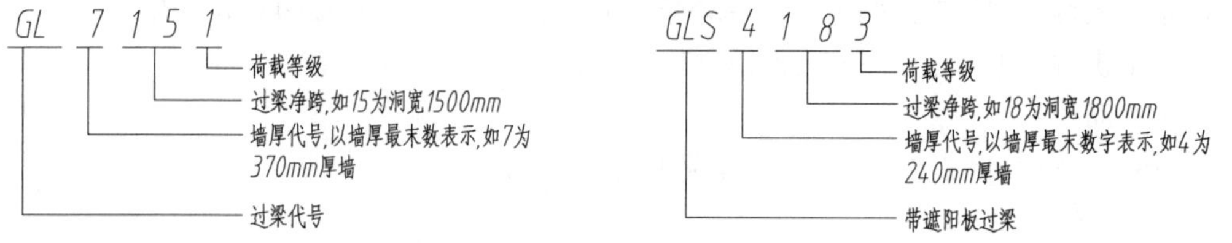

图 7-2-11　过梁图集代码

6. 窗　台

（1）作用：防止雨水沿窗台下的砖缝侵入墙身或透进室内而设置的泄水构件。

（2）类型：窗台依材料的不同有砖砌窗台和预制混凝土窗台之分；依所处的位置不同有外窗台和内窗台之别；依砖砌窗台施工方法不同有平砌和侧砌两种；依装饰的不同分为清水窗台和混水窗台。

（3）构造做法（见图 7-2-12）。

① 窗台宜伸出墙面 60 mm 左右。

② 窗台应形成一定的坡度，其坡度可用斜砌的砖形成或用由抹灰形成。

③ 窗框下槛外缘刨出一条约 15 mm × 20 mm 的槽口，抹灰嵌入槽内，切记抹灰粉得高于槽口。

④ 混水窗台须抹出滴水槽或滴水斜面。

（4）窗台的立面处理。

① 腰线：将几扇窗或所有的窗台线联系在一起处理形成腰线。

② 窗套：将窗台沿窗扇四周挑出形成窗套。

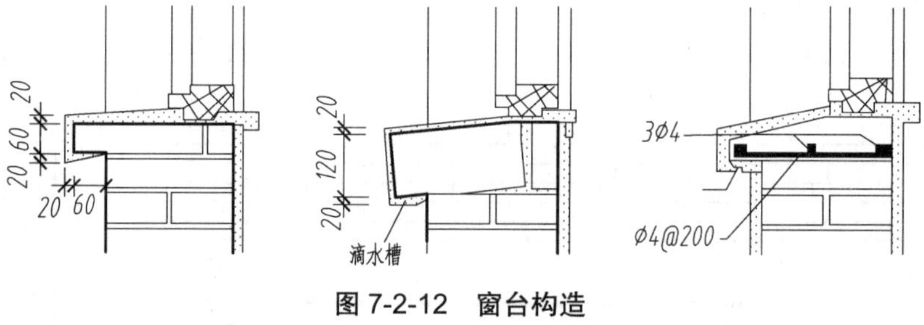

图 7-2-12　窗台构造

7. 圈梁和构造柱

在多层砖混结构房屋中，墙体常常不是孤立的，它的四周一般均与左右、垂直墙体及上下楼板层或屋顶相互联系以增强墙体的稳定性。当墙身由于承受集中荷载、开洞和考虑地震的影响，致使稳定性有所降低时，必须采取加强措施，如设置圈梁和构造柱。

（1）圈梁。

圈梁又称腰箍，是沿砌体墙水平方向设置的连续封闭的按构造配筋的梁。其作用是提高房屋的整体刚度，防止由于地基不均匀沉降或较大振动荷载等对房屋引起的不利影响。

① 圈梁的设置。

圈梁的设置，与房屋的高度、层数、地基状况和地震烈度有关，如表 7-2-3 所示。

表 7-2-3　圈梁的设置

车间、仓库、食堂等空旷的砖砌体单层房屋		多层砖砌体房屋	
砖砌体房屋	砌块及料石砌体房屋	宿舍、办公楼等 多层砖砌体民用房屋	多层砌体工业房屋
檐口标高为 5～8M：檐口标高处设置一道； 檐口标高为＞8M：应适当增设	檐口标高为 4～5M 时，在檐口标高处设置一道； 檐口标高为＞5M 时，应适当增设	层数为 3～4 层：檐口处设置一道； 层数＞4 层：所有纵横墙上隔层设置	每层设置现浇钢筋混凝土圈梁
对有吊车或较大振动设备的，除在此檐口或窗顶标高处设置外，尚应适当增设		设置墙梁的多层砌体房屋应在托梁、墙梁顶面和檐口标高处设置，其他楼层应在所有纵横墙上每层设置	

② 圈梁的构造要求。

a. 圈梁与墙的连接：圈梁除应与交接处的纵横墙有可靠的连接，连接方式为每间距 16～30 m 可将圈梁伸入横墙 1.5～2 m，或在该横墙上设置贯通圈梁。

b. 附加圈梁的设置：圈梁连续地设在同一水平面上，并形成封闭状。当圈梁被门窗过梁截断时，应在洞口上间增设相同截面的附加圈梁。附加圈梁与圈梁的搭接长度不应小于其垂直间距的二倍，且不得小于 1 m（见图 7-2-13）。

c. 圈梁可兼作过梁：当适当增高圈梁时，应与预制板设在同一标高处或紧靠板底，必要时圈梁可兼作过梁。

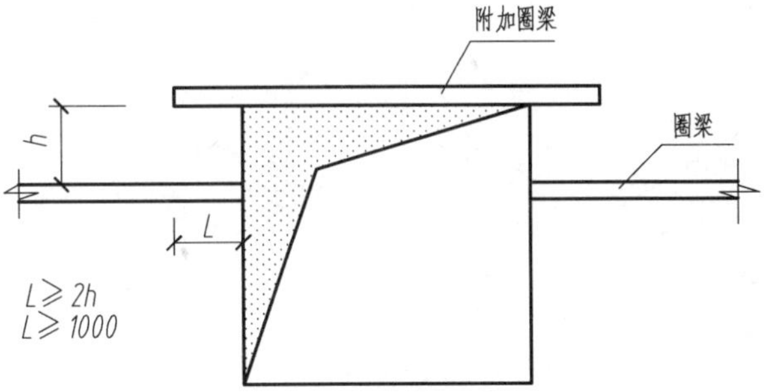

图 7-2-13　附加圈梁的设置

d. 圈梁的尺寸：钢筋混凝土圈梁的宽度宜与墙厚相同，当墙厚 $h \geqslant 240$ mm 时，其宽度不宜小于 $2h/3$，高度不应小于 120 mm。

e. 圈梁的配筋要求，纵向钢筋不应少于 4ϕ10，箍筋间距不应大于 300 mm。

（2）构造柱。

圈梁是在水平方向将楼板和墙体箍住，构造柱则是从竖向加强层与层间墙体的连接。构造柱和圈梁共同形成空间骨架，以增强房屋的整体刚度，提高墙体抵抗变形的能力，做到裂而不倒。

① 构造柱的设置。

在砖混结构的房屋中，应按表 7-2-4 的要求设置钢筋混凝土构造柱。对医院、教学楼等横墙较少的房屋，以及外廊式和单面走廊式的多层房屋，应根据房屋增加一层后的层数执行。

表 7-2-4　构造柱的设置部位

房屋层数			设置部位
6 度	7 度	8 度	
四～五	三～四	二～三	①外墙四角、楼（电）梯间的四角、较大洞口两侧、大房间内外墙交接处
六	五	四	①、②山墙与内纵墙交接处，隔开间横墙（思线）与外纵墙交接处
七	六	五	①、②、③8 度时，内纵墙与横墙（轴线）交接处
八	七	六	④较大洞口两侧、大房间内外墙交接处，且构造柱间距不应大于 4.8 m

② 构造柱的尺寸和钢筋配置。

构造柱的截面不应小于 240 mm × 180 mm，一般为 240 mm × 240 mm。纵向钢筋宜采用 4Φ12；箍筋间距不宜大于 250 mm，且在柱上下端适当加密；7 度时超过六层、8 度时超过五层和 9 度时，构造柱纵向钢筋宜采用 4Φ12，箍筋间距不宜大于 200 mm。

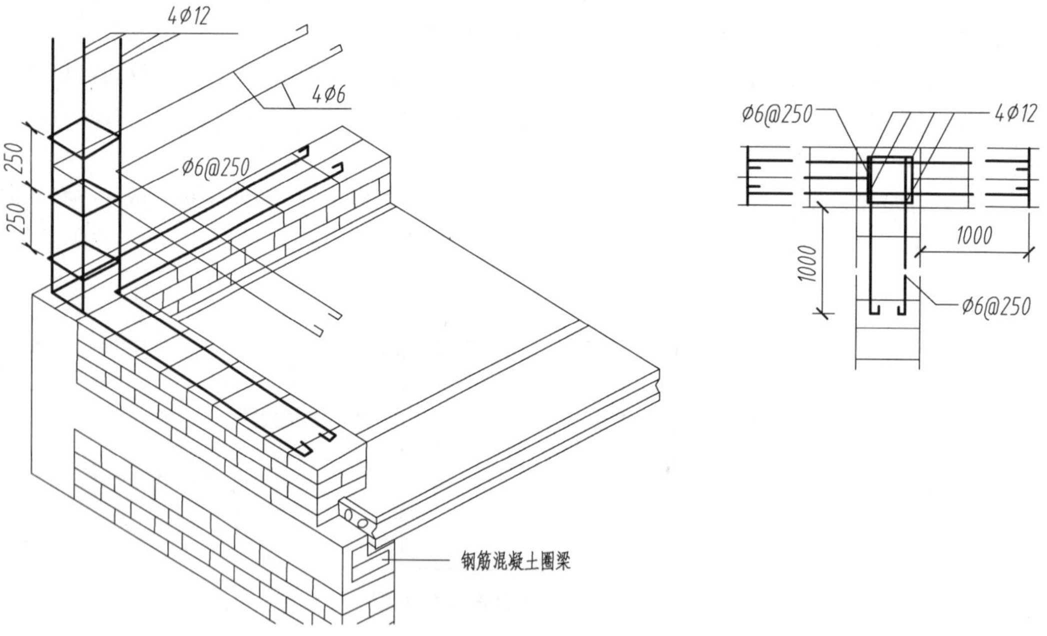

图 7-2-14　钢筋混凝土构造柱

③ 构造柱的基础处理。

构造柱可不单独设置基础，但应伸入室外地面以下 500 mm，或锚固于浅于 500 mm 的基础圈梁之内。

④ 构造柱与墙、圈梁的连接。

构造柱与墙连接处应砌成马牙槎，并应沿墙高每隔 500 mm 设 2Φ6 拉结筋，且每边伸入墙内不宜小于 1 m。

构造柱与圈梁连接处，构造柱的纵筋应穿过圈梁，保证构造柱纵筋上下贯通。

⑤ 构造柱的施工要求。

构造柱施工时必须先砌墙，随着墙体的上升而逐段现浇钢筋土构造柱。

教学活动 8

实测墙体细部尺寸

活动项目	课堂活动内容	延展时间	资源
实测墙体 细部尺寸	① 针对墙体细部构造，要求学生利用课余时间，完成指定房屋细部尺寸的实测。 ② 将学生按 5 人一组进行活动，到指定的房屋外，完成工作纸 2 上的内容	2 学时	工作纸 2 指定宿舍楼 卷尺

工作纸 2——实测墙体细部构造			
细部构造名称	材料	位置	简单示意图及尺寸
散水			
明沟			
勒脚			
窗台			
女儿墙			

7.3 砌块墙的构造

由于实心黏土砖是国家明令禁止的墙体材料，因此寻找合适的替代产品是墙体改革的一项重要内容。由于砌块体型小、重量轻、砌筑速度快、劳动强度低，而且具有节约土地、保护资源、减少环境污染、降低工程造价、缩短建设周期、增加房屋使用面积等优点，充分显示出其巨大的发展潜力。因此，推广使用砌块，并用以代替普通砖是加快我国墙体改革的又一重要措施。

7.3.1 砌块的类型

砌块的类型较多，常见的分类有以下三种：

1. 按材料的不同划分

砌块依材料的不同砌块分为普通混凝土砌块与各种轻质砌块。普通混凝土砌块又分为混凝土、轻集料混凝土、加气混凝土砌块；轻质砌块又分为煤渣混凝土砌块、粉煤灰砌块、陶粒混凝土砌块、煤矸石混凝土砌块、火山渣（浮石）混凝土砌块及石膏砌块等。

目前，普通混凝土砌块仍是最主要的砌块品种，约占砌块总量的 70%，正在代替黏土实心砖，作承重墙和非承重墙用；各种轻质砌块则用作砌框架结构的填充墙（外墙及内墙）。

2. 按品种的不同划分

砌块依品种的不同分为实体砌块、空心砌块和微孔砌块等。我国砌块品种比较齐全，仅空心砌块又分为单排孔、双排孔、三排孔砌块，厚度有 190 mm、240 mm、300 mm 等几种。所以，在确定砌块的规格型号时，除了考虑砌体的强度和稳定性以及热工方面的基本性能外，还必须考虑以下因素：

（1）砌块的规格必须符合《建筑统一模数制》的规定，既要适应各种类型的建筑需要，又要与门窗、楼板等构配件相协调。

（2）砌块的型号越少越好，而其主要块排列组合的次数越多越好。

（3）砌块的尺寸应考虑生产工艺条件、施工机械的能力以及纵横墙互相砌筑的可能。

3. 重量和尺寸的不同分类

砌块依重量和尺寸的不同分为小型砌块、中型砌块和大型砌块。小型砌块的高度为 115 ~ 380 mm，单块质量不超过 20 kg，便于人工砌筑；中型砌块的高度为 380 ~ 980 mm，单块质量不超过 20 ~ 350 kg；大型砌块的高度大于 980 mm，单块质量超过了 350 kg。

目前，我国各地生产的砌块以中、小型砌块和空心砌块居多，但规格、类型尚未统一。从规格上看，墙用砌块仍是以 190 mm × 190 mm × 390 mm 系列为通用规格，辅以尺寸为 90 mm × 190 mm × 190 mm、190 mm × 190 mm × 190 mm 的小型砌块。中型实心砌块常见的尺寸有 180 mm × 630 mm × 845 mm、180 mm × 1 280 mm × 845 mm，中型空心砌块常见的尺寸有 240 mm × 580 mm × 380 mm、240 mm × 380 mm × 380 mm（见图 7-3-1）。

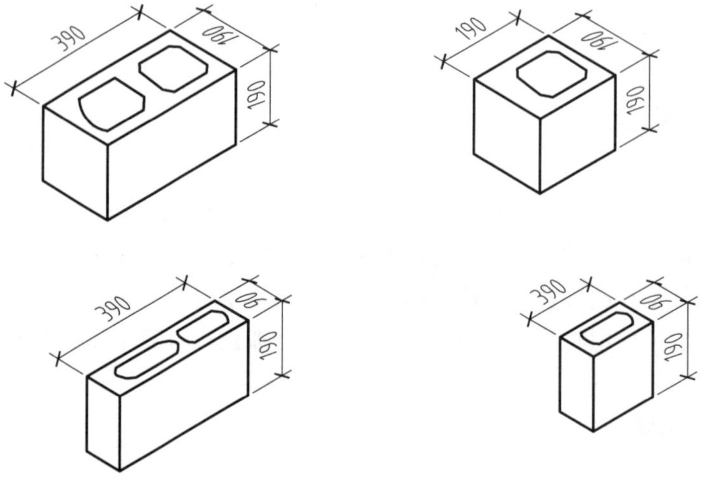

图 7-3-1　中型空心砌块

7.3.2　砌块墙的细部构造

1. 砌块墙的拼接

由于砌块的体积比砖块的体积大，所以墙体接缝更显得重要。在砌筑时，必须保证灰缝的横平、竖直、砂浆饱满，使之能更好地连结。一般砌块墙采用 M5 砂浆砌筑，水平缝为 10 ~ 15 mm，垂直缝为 15 ~ 20 mm。当垂直缝大于 40 mm 时，需用 C10 细石混凝土灌实。当砌块排列出现局部不齐或缺少某些特殊规格时，为减少砌块类型，常以普通黏土砖填充（见图 7-3-2）。

砌块墙上下块错缝应大于 150 mm；当错缝不足 150 mm 时，则应于灰缝中配置钢筋网片一道（见图 7-3-2）。砌块与砌块在转角、内外墙拼接处应以钢筋网片加固。

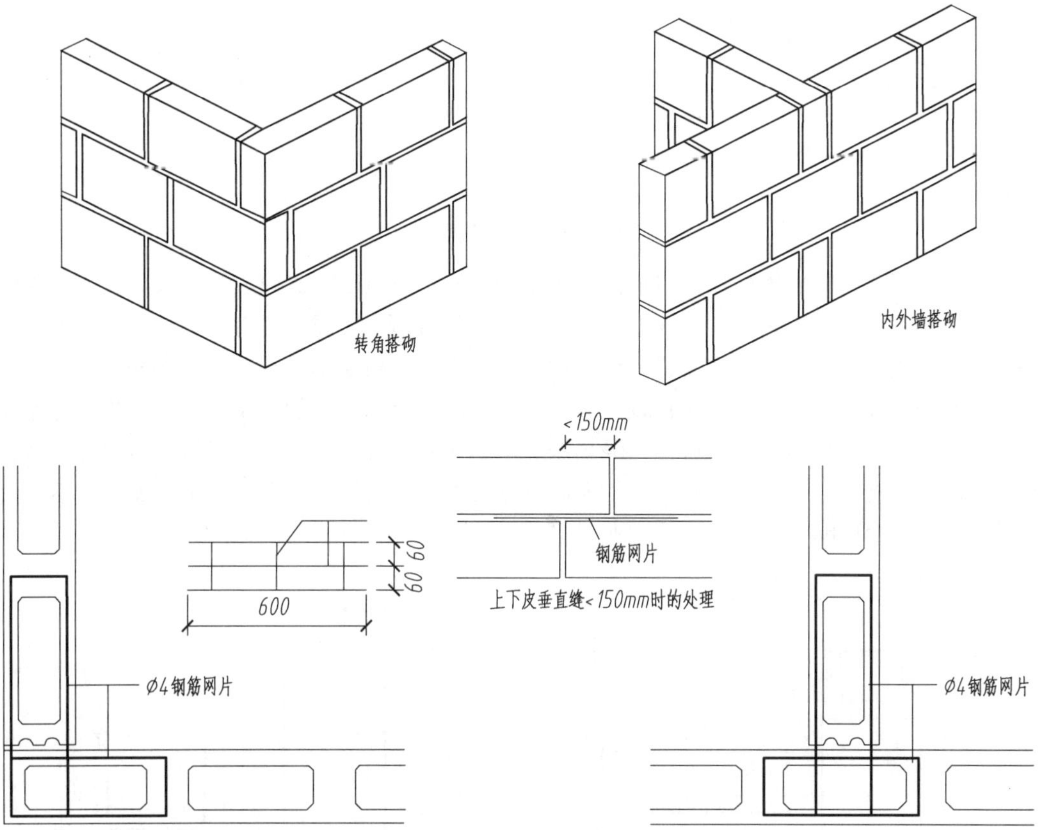

图 7-3-2　砌块墙的构造

2. 构造柱的设置

为了加强砌体房屋的整体性，空心砌体常于房屋的转角和必要的内、外墙交接处设置构造柱或柱芯。柱芯是利用空心砌块的孔洞做成，砌筑时将砌块孔洞上下对齐，于孔中配 2ϕ10 ~ ϕ12 的钢筋分层插入，并用 C20 细石混凝土分层填实。为了增强房屋的抗震能力，构造柱应与圈梁连接（见图 7-3-3）。

3. 过梁与圈梁

过梁是砌块墙的重要构件之一。当砌块墙中遇门窗洞口时，应设置过梁。它既起连系梁的作用，又是一种调节砌块。当层高与砌块高出现差异时，可利用过梁尺寸的变化起高度的调节作用，从而使其他砌块的通用性更大。

多层砌体建筑应设置圈梁，以增强房屋的整体性。砌块墙的圈梁常和过梁统一考虑，有现浇

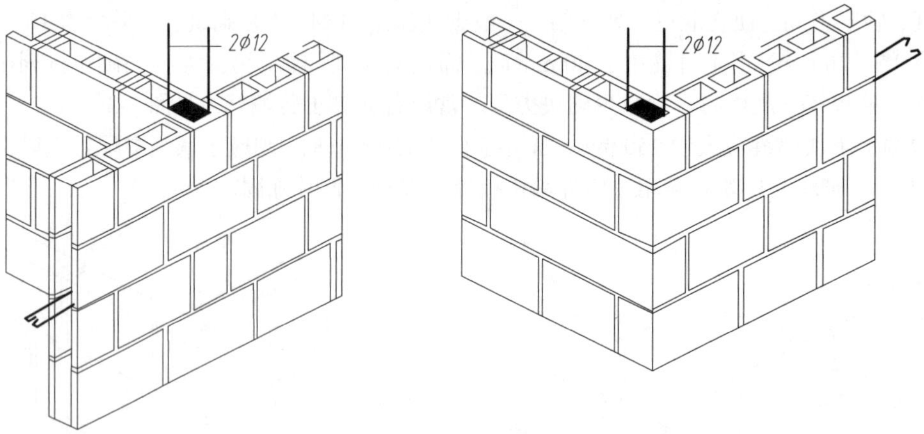

图 7-3-3　砌块墙柱芯

和预制两种。现浇圈梁整体性强，对加固墙身较为有利，但施工时支模较为复杂。实际工程中可采用 U 形预制砌块来代替模板，在槽内配置钢筋，现浇混凝土（见图 7-3-4）。预制圈梁则是将圈梁分段预制，现场拼接。预制时，梁端伸出钢筋，拼接时将两端钢筋扎结，局部现浇混凝土。

尽管在我国墙体改革中，砌块正逐渐替代黏土砖起承重和围护的作用。但是从我国各地砌块建筑的实践情况看，目前砌块建筑存在隔热保温差、室内二次装修不便、建筑墙体裂缝等多方面的问题。由于裂缝问题存在的普遍性，使人们对砌块能否真正代替黏土砖产生疑虑，如不有效地改进措施，势必会影响整个墙体改革大业。

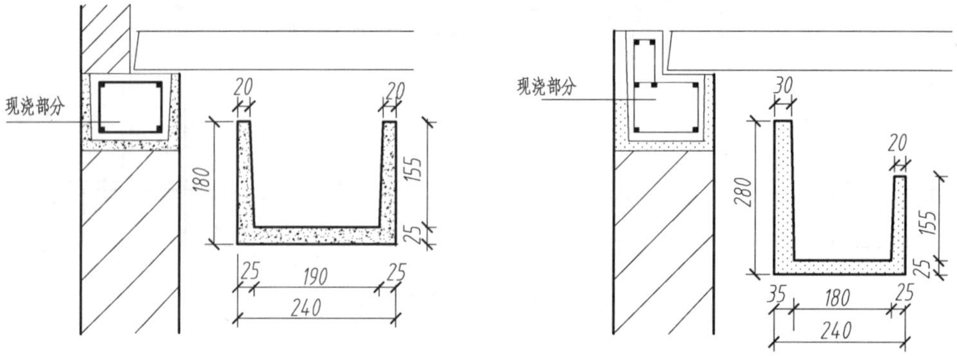

图 7-3-4　砌块现浇圈梁示意

7.4　隔墙的构造

隔墙把房屋内部分割成若干房间和空间，不承受任何外来荷载，仅起分隔的作用。隔墙不是建筑主体的构成部分，但对建筑的使用却有着重要的影响。

7.4.1　隔墙的要求

隔墙应具有自重轻、厚度薄、良好的隔声、耐火、防潮、防水和便于拆装等性能。

1. 自重轻

隔墙为了划分室内空间，布置比较灵活，可不必自下而上贯通或位置重叠，仅依靠承墙梁或楼板支承，自重轻是首先应满足的要求。

2. 厚度薄

为了增加室内有效使用期面积，隔墙在满足稳定性和其他功能要求的前提下，厚度应尽量薄。

3. 良好的隔声、耐火、防潮、防水等性能

隔墙应具有良好的隔声能力及耐火能力，对潮湿、多水的房间，还应具有防潮、防水性能。

4. 便于拆装

由于建筑在使用过程中可能会对室内空间进行再次调整和划分，应具有良好的装配性能，提高施工效率。

7.4.2 隔墙的类型和构造

隔墙按构造要求通常可分为三大类，即块材式隔墙、立筋式隔墙、板材式隔墙。

1. 块材式隔墙

指用普通砖、空心砖、加气混凝土砌块等块材砌筑。这类隔墙自重较大，但隔声效果较好、取材方便，应用广泛。

（1）砖隔墙。

砖隔墙按厚度分有 1/4 砖厚和 1/2 砖厚两种。

① 1/4 砖隔墙。

1/4 砖隔墙，是将砖侧砌而成，一般用于不设门洞或面积较小部位（如厨房、卫生间之间）的隔墙。砌筑砂浆一般不应低于 M5。由于墙身稳定性差，对于面积较大且开设门窗洞孔者，须采取加固措施，在水平方向每隔 900 ~ 1 200 mm 立 C20 细石混凝土柱一根，在高度方向每隔 500 mm 将两根 8 号铁丝（2φ4 或 1φ6）砌入墙内，并与两端主墙连接牢固。隔墙上设门时，门框应做成立边到顶的形式，固定于天棚和地面之间，且与加固铁丝或钢筋连接。

② 1/2 砖隔墙。

1/2 砖隔墙，砌筑砂浆一般不应低于 M5。当墙高大于 3 m 或墙长大于 5 m 时，应采取加固措施，一般沿高度方向每隔 750 ~ 1000 放 1φ6 钢筋，并与两端的主墙连接。在隔墙顶部与楼板相接处，为防止楼板由于隔墙顶实过紧而产生负弯矩，常用立砖斜砌，或将隔墙顶部与楼板之间留出约 30 mm 的缝隙，每隔 1 m 用木楔打紧，并以抹灰封口。隔墙上设门时，须用预埋铁件或木砖将门框拉结牢固。

（2）砌块隔墙。

为了减轻自重，常采用比普通砖大而轻的砌块隔墙，如加气混凝土砌块、粉煤灰硅酸盐砌块、炉渣混凝土砌块和陶粒混凝土砌块等。由于砌块防水性、防潮性、密实度和强度较低，应注意防潮处理和电器设备等安装时设置预埋件。

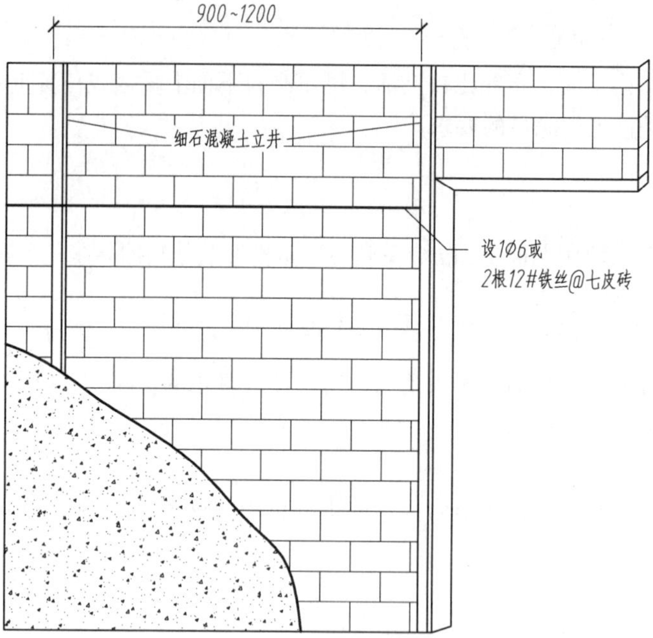

图 7-4-1　1/4 砖隔墙构造示意

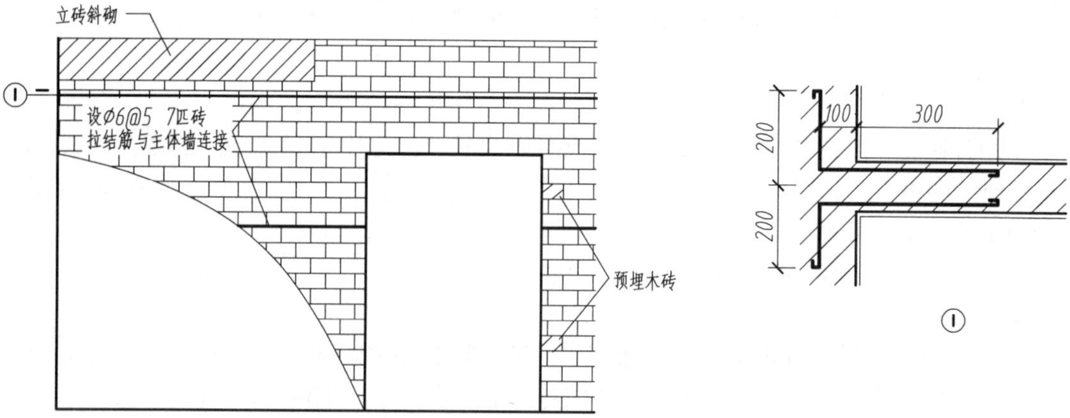

图 7-4-2　半砖隔墙构造示意

隔墙墙厚一般为 90～120 mm，加固措施与砖墙相似。对于空隙处，常用普通黏土砖填嵌。对采用防潮性能较差的砌块时，宜在墙的下部先砌 3～5 皮砖。

2. 立筋式隔墙

立筋式隔墙是指由木材、钢材以及其他材料构成的骨架和墙面材料钉结、涂抹或粘贴在骨架上所形成的隔墙。根据墙面材料的不同又分为板条抹灰墙、钢丝（板）网抹灰墙、纸面石膏板墙等。这类隔墙自重轻、隔声效果较好。

（1）板条抹灰墙。

板条抹灰墙是由木方加工而成，由上槛、下槛、立筋、斜撑等构件组成骨架，在立筋上设横向钉上板条，然后抹灰。上槛、下槛分别固定在顶棚和楼板（砖垄）上，立筋固定在上下、槛上。立筋一般采用 50 mm×20 mm 或 50 mm×100 mm 的木方，间距为 500～1 000 mm，斜撑间距为

1 500 mm。板条尺寸一般为 1 200 mm × 24 mm × 6 mm，板间留出 7 ~ 10 mm 空隙，使灰浆能挤到板条缝的背面，咬住板条，如图 7-4-3 所示。由于板条式隔墙防火性能差、耗费木材多，不适于在潮湿环境中工作，目前已较少使用。

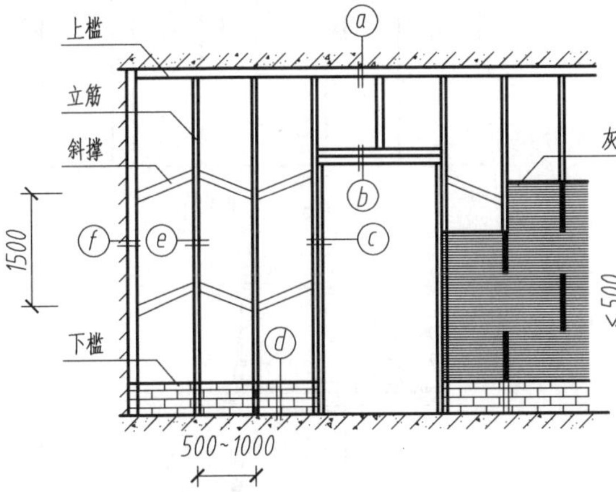

（a）组成示意图

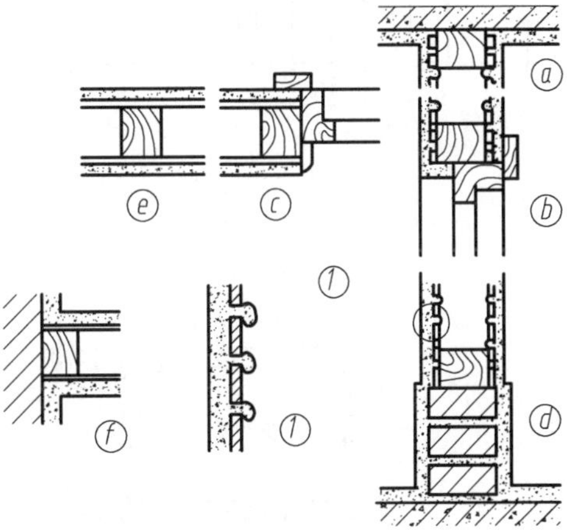

（b）细部构造

图 7-4-3　板条抹灰隔墙示意

（2）石膏板隔墙。

石膏板隔墙是目前建筑中使用较多的一种隔墙。由薄壁型钢、木方或石膏板条做骨架，将石膏板用自攻螺钉钉在龙骨上。目前，采用薄壁型钢骨架较多，又称为轻钢龙骨石膏板，此时竖向龙骨的间距不大于 600 mm，横向龙骨的间距不大于 1 500 mm，当墙体高度在 4 m 以上时，应适当加密，如图 7-4-4 所示。

3. 板材式隔墙

板材式隔墙不需要做内架，直接用工厂生产的轻质板材现场以砂浆或其他黏结材料固定形成的隔墙。这类隔墙工厂化程度高、施工速度快、现场湿作业少、防火性能好，价格普遍较高。目前采用的大多为条板，常见的有石膏条板、加气混凝土条板、碳化石灰板、水泥刨花板、泰柏板（PG）等。

（1）加气混凝土条板。

加气混凝土条板长 2 700 ~ 3 000 mm，宽 600 ~ 800 mm，厚 80 ~ 100 mm，主要用水玻璃砂浆或 107 胶砂浆黏结。加气混凝土条板具有自重轻、节省水泥、运输方便、施工简单，以及可锯、刨、钉等优点，但具有吸水性大、耐腐蚀性差、强度低、易损坏等缺点。

（2）石膏条板。

石膏条板多为空心板，长度在 2 400 ~ 3 000 mm，宽一般为 600 mm，厚 60 ~ 80 mm，主要用黏结砂浆和特制胶黏结剂黏结。为了使板间结合紧密，板的侧面多做成企口，当房间高度大于板长时，水平接缝应错开至少 1/3 板长。

（3）泰柏板（PG）。

泰柏板（PG）是由 φ2 低碳冷拔镀锌钢丝焊接成三维空间网笼，中间填充聚苯乙稀泡沫塑料

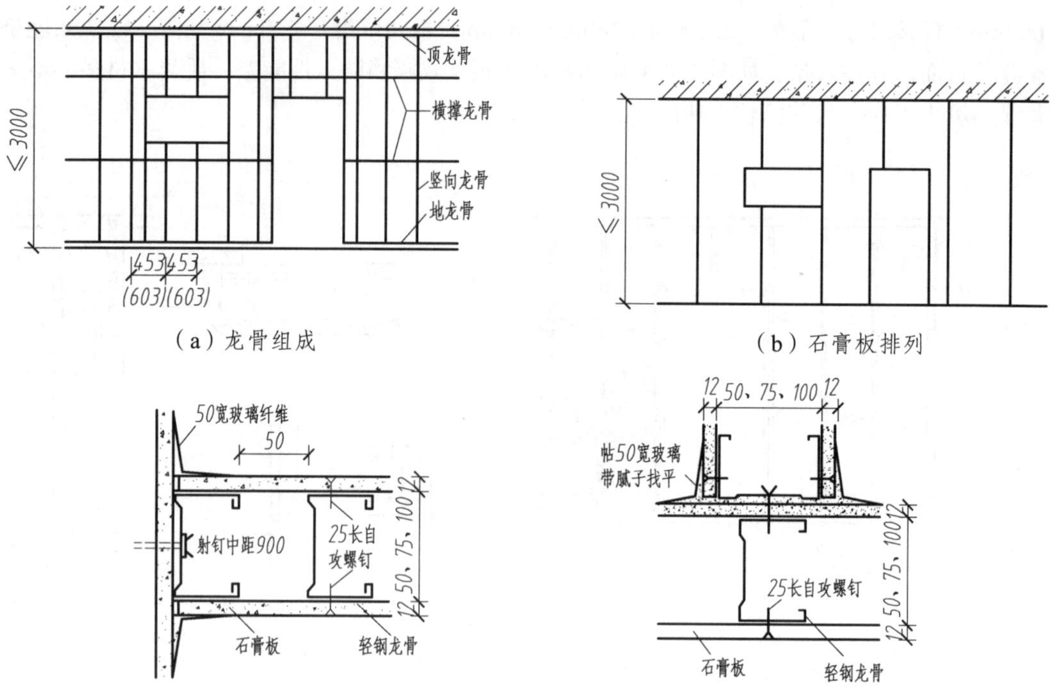

（a）龙骨组成　（b）石膏板排列
（c）靠墙节点　（d）丁字靠墙节点

图 7-4-4　石膏板隔墙示意

构成的轻质板材，是一种初步具备“轻质、高强”理想工作状态的建筑材料，如图 7-4-5 所示。它具有较好的防水性能，但在高温下会散发出有毒气体，不宜在建筑的疏散通道两侧使用。

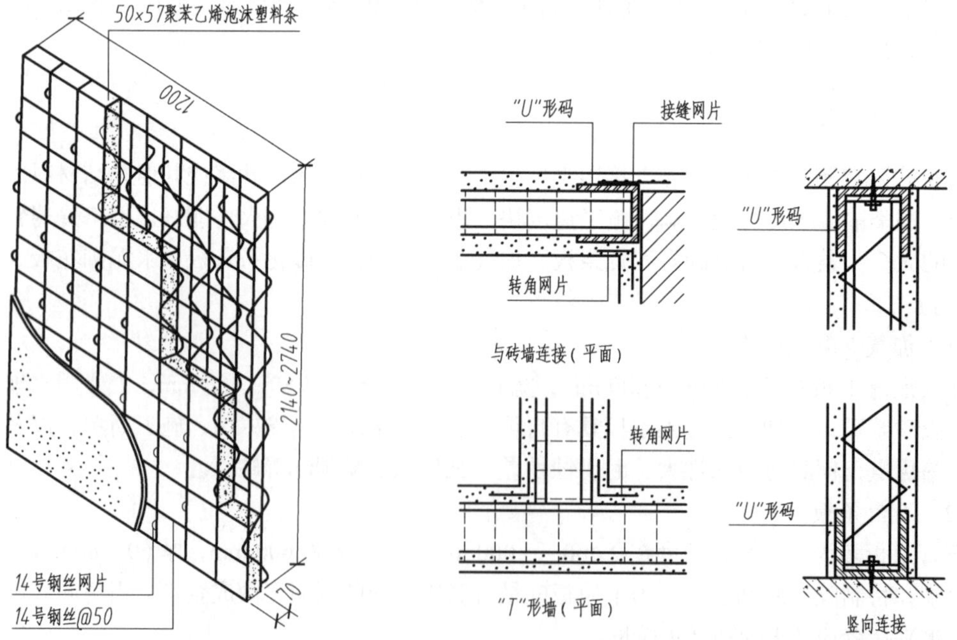

（a）组成示意图　（b）细部构造

图 7-4-5　泰柏板隔墙示意

7.5 墙面装修构造

7.5.1 墙面装修的作用

墙面装修对保护墙体、改善建筑物的物理性能及美化环境等都有重要作用。

1．保护墙体

外墙除有时作为承重墙承担结构荷载外，还是建筑物的主要外维护构件之一，起遮风挡雨、保温隔热、防止噪声以及保证安全等作用。外墙面装饰在一定程度上保护墙体不受外界的侵蚀和影响，提高墙体防潮、抗腐蚀、抗老化的能力，以及耐久性和坚固性。对一些重点部位如勒脚、踢脚、窗台等应采用相应的装饰构造措施，保证墙材料正常功能的发挥。

2．改善墙体的物理性能

通过对墙面装饰处理，可以弥补和改善墙体材料在功能方面的某些不足。墙体经过装饰而厚度加大，或者使用一些有特殊性能的材料，能够提高墙体保温隔热、隔声等功能。

3．美观方面

由于建筑物的立面是人们在正常视野内所能见到的一个主要面，所以外墙面的装饰处理即立面装饰所体现的质感、色彩、线形等，对构成建筑总体艺术效果具有十分重要的作用。

7.5.2 墙面装修的类型和构造

墙面装修构造一般由基层和饰面层组成，基层是支托饰面层的持力层，其表面应平整，并应有一定的强度和刚度。饰面层附着于基层表面起美观和保护作用，应与基层牢固结合，且表面需平整均匀。

墙面装修按材料和施工方式的不同，常见的墙体装修可分为抹灰类、贴面类、涂料类、裱糊类和铺钉类等，如表 7-5-1 所示。具体细分又通常以饰面层最外表面的材料命名墙面装修构造的类型。

表 7-5-1 墙面装修构造

类别	室外装修	室内装修
抹灰类	水泥砂浆、混合砂浆、聚合物水泥砂浆、拉毛、水刷石、干黏石、斩假石、假面砖、喷涂、滚涂等	纸筋灰、麻刀灰粉面、石膏粉面、膨胀珍珠岩灰浆、混合砂浆、拉毛、拉条等
贴面类	外墙面砖、马赛克、水磨石板、天然石板等	釉面砖、人造石板、天然石板等
涂料类	石灰浆、水泥浆、溶剂型涂料、乳液涂料、彩色胶砂涂料、彩色弹涂等	大白浆、石灰浆、油漆、乳胶漆、水溶性涂料、弹涂等
裱糊类		塑料墙纸、金属面墙纸、木纹壁纸、花纹玻璃、纤维布、纺织面墙纸及锦缎等
铺钉类	各种金属饰面板、石棉水泥板、玻璃	各种木夹板、木纤维板、石膏板及各种装饰面板等

1. 抹灰类

一般抹灰按质量要求分为普通抹灰、中级抹灰和高级抹灰三级。

为保证抹灰层与基层连接牢固、表面平整均匀，避免裂缝和脱落，在抹灰前应将基层表面的灰尘、污垢、油渍等清除干净，并洒水湿润。同时，还要求抹灰层不能太厚，并分层完成。普通标准的抹灰一般由底层和面层组成，装修标准较高的房间，当采用中级或高级抹灰时，还要在面层与底层之间加一层或多层中间层，如图 7-5-1 所示。

墙面抹灰层的平均总厚度，施工规范中规定不得大于以下规定：外墙，普通墙面——20 mm，勒脚及突出墙面部分——25 mm；内墙，普通抹灰——18 mm，中级抹灰——20 mm，高级抹灰——25 mm；石墙：墙面抹灰——35 mm。

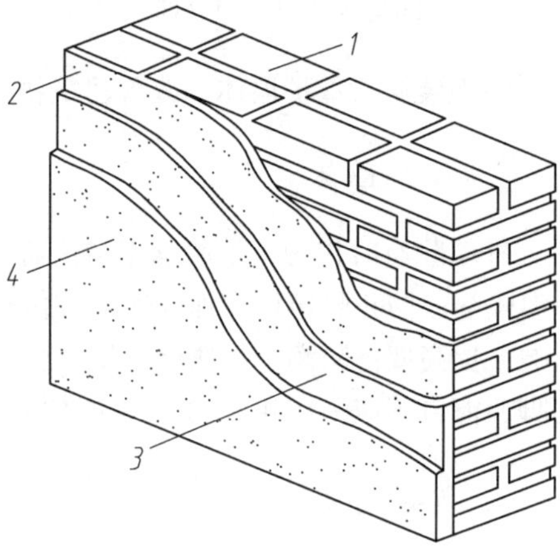

图 7-5-1 抹灰的构造组成

1—基层；2—底层；3—中间层楼；4—面层

2. 贴面类

常用的贴面材料可分为三类：一是陶瓷制品，如瓷砖、面砖、陶瓷棉砖、玻璃马赛克等；二是天然石材，如大理石、花岗岩等；三是预制块材，如水磨石饰面板、人造石材等。由于块料的形状、重量、适用部位不同，其构造方法也有一定差异。轻而小的块面可以直接镶贴，构造比较简单，由底层砂浆、黏结层砂浆和块状贴面材料面层组成；大而厚重的块材则必须采用一定的构造连接措施，用贴挂等方式加强与主体结构连接。

（1）面砖饰面。

面砖类型很多，按其特征有上釉的和不上釉的，釉面砖又分为有光釉和无光釉的两种表面。砖的表面有平滑的和带一定纹理质感的，面砖背部质地粗糙且带有凹槽，以增强面砖和砂浆之间的黏结力，如图 7-5-2（b）所示。

面砖饰面的构造做法：先在基层上抹 15 mm 厚 1∶3 的水泥砂浆作底灰，分两层抹平即可；粘贴砂浆用 1∶2.5 水泥砂浆或 1∶0.2∶2.5 水泥石灰混合砂浆，其厚度不小于 10 mm；然后在其上贴面砖，并用 1∶1 白色水泥砂浆填缝，清理面砖表面，构造如图 7-5-2（a）所示。

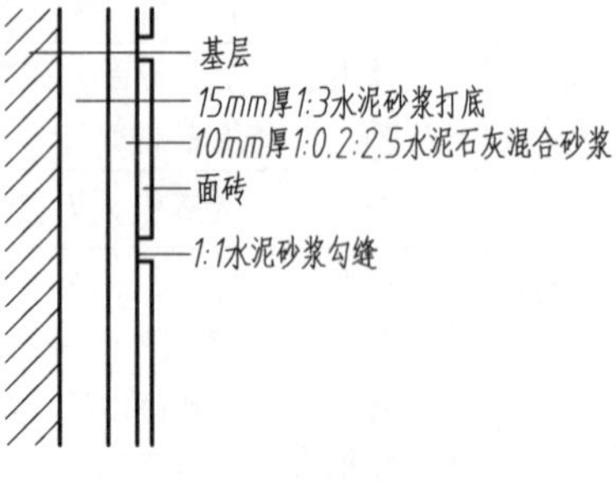

（a）构造图

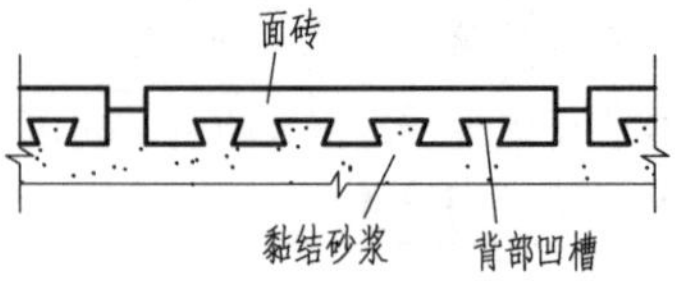

（b）黏结状况

图 7-5-2 外墙面砖饰面构造

（2）瓷砖饰面。

瓷砖又称“釉面瓷砖”，它是用瓷土或优质陶土经高温烧制成的饰面材料。其底胎均为白色，表面上釉有白色的和彩色的。彩色釉面砖又分有光和无光两种。此外，还有装饰釉面砖、图案釉面砖、瓷画砖等。装饰釉面砖有花釉砖、结晶釉砖、斑纹釉砖、理石釉砖等。图案砖能做成各种彩色和图案、浮雕，别具风格。瓷砖画则是将画稿按我国传统陶瓷彩绘技术分块烧成釉面砖，然后再拼成整幅画面。

（3）天然石材饰面。

天然石料如花岗岩、大理石等可以加工成板材、块材和面砖用作饰面材料。天然石材饰面板不仅具有各种颜色、花纹、斑点等天然材料的自然美感，装饰效果强，而且质地密实坚硬，故耐久性、耐磨性等均较好。

大理石和花岗岩饰面板材的构造方法一般有：钢筋网固定挂贴法、金属件锚固挂贴法、干挂法、聚酯砂浆固定法、树脂胶黏结法等几种。

① 钢筋网挂贴法。

首先提凿出在结构中预留的钢筋头或预埋铁环钩，绑扎或焊接与板材相应尺寸的一个直径 6 mm 的钢筋网，横筋必须与饰面板材的连接孔位置一致，钢筋网与基层预埋件焊牢如图 3.8 所示，按施工要求在板材侧面打孔洞；然后，将加工成型的石材绑扎在钢筋网上或用不锈钢挂钩与基层的钢筋网套紧，石材与墙面之间的距离一般为 30 ~ 50 mm，墙面与石材之间灌注 1∶2.5 水泥砂浆，第三层灌浆至板材上口 80 ~ 100 mm，所留余量为上排板材灌浆的结合层，以使上下排连成整体。钢筋网挂贴法构造如图 7-5-3 所示。

（2）金属件挂贴法。

金属件挂贴法又称木楔固定法，其主要构造做法：先对石板钻孔和提槽，对应板块上孔的位置对基体进行钻孔；板材安装定位后将 U 形钉端勾进石板直孔，并随即用硬木楔楔紧，U 形钉另一端勾入基体上的斜孔内，调整定位后用木楔塞紧基体斜孔内的 U 形钉部分，接着用大木楔塞紧于石板与基体之间；最后分层浇注水泥砂浆，其做法与钢筋网挂贴法相同。

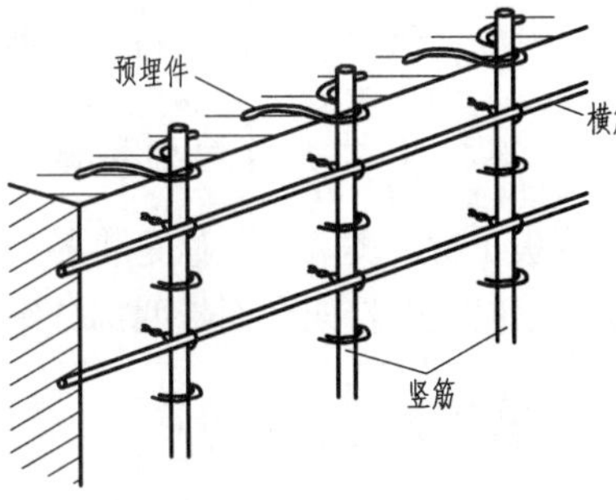

图 7-5-3　钢筋网固定

（3）干挂法。

直接用不锈钢型材或金属连接件将石板材支托并锚固在墙体基面上，而不采用灌浆湿作业的方法称为干挂法。

（4）聚酯砂浆固定法。

用聚酯砂浆固定饰面石材具体做法：在灌浆前先用胶砂比 1∶（4.5 ~ 5）的聚酯砂浆固定板材四角并填满板材之间的缝隙，待聚酯砂浆固化并能起到固定拉紧作用以后，再进行分层灌浆操作。

（5）树脂胶黏结法。

树脂胶黏结法是石面板材墙面装饰最简捷经济的一种装饰工艺。其具体构造作法：在清理好的基层的上，先将胶凝剂涂在板背面相应的位置，尤其是悬空板材胶量必须饱满，然后将带胶黏剂的板材就位，挤紧找平、校正、扶直后，立刻进行预、卡固定。挤出缝外的胶黏剂，随即清除干净。待胶黏剂固化至与饰面石材完全牢固贴于基层后，方可拆除固定支架。

3. 涂刷类

涂刷类墙面装饰是将各种涂料涂敷与基层表面而形成牢固的膜层，从而起到保护墙面和装饰作用。涂刷材料的品种繁多，可从材料的化学性质、溶剂类型、产品的稳定状态、使用场合以及形成效果等不同方面分类。

涂刷类饰面的涂层构造，一般可分为三层，即底层、中间层和面层。

（1）底层。

底层俗称刷底漆，其主要作用是增加涂层与基层之间的黏附力，进一步清理基层表面的灰尘，使一部分悬浮的灰尘颗粒固定于基层。底层涂层还具有基层封闭剂（封底）的作用，可以防止木脂、水泥砂浆抹灰层中的可溶性盐等物质渗出表面，造成对涂饰饰面的破坏。

（2）中间层。

中间层是整个涂层构造中的成型层。其作用是通过适当的工艺，形成具有一定厚度的、匀实饱满的涂层，达到保护基层和形成所需的装饰效果。中间层的质量好，不仅可以保证涂层的耐久性、耐水性和强度，在某些情况下对基层尚可起到补强的作用，近年来常采用厚涂料、白水泥、砂粒等材料配制中间造型层的涂料。

（3）面层。

面层的作用是体现涂层的色彩和光感，提高饰面层的耐久性和耐污染能力。为了保证色彩均匀，并满足耐久性、耐磨性等方面的要求，面层最低限度为涂刷两遍。一般来说，油性漆、溶剂型涂料的光泽度普遍要高一些。采用适当的涂料生产工艺、施工工艺，水性涂料和无机涂料的光泽度可以赶上或超过油性涂料、溶剂型涂料的光泽度。

4. 镶板（材）类墙面装修

镶板（材）类墙面装修是将各种天然材料或人造薄板镶钉在墙面上的装修做法，其构造与骨架隔墙相似，由骨架和面板两部分组成。

5. 裱糊类墙面装修

裱糊类装修是将各种装饰性壁纸、墙布等卷材用黏结剂裱糊在墙面上而成的一种饰面，材料和花色品种繁多。

壁纸的种类很多，按外观装饰效果分为印花壁纸、压花壁纸、浮雕壁纸等；按施工方法分为现场刷胶裱贴壁纸和背面预涂胶直接铺贴壁纸；按使用功能分为防火壁纸、耐水壁纸、装饰性壁纸；按壁纸的所用材料分为塑料壁纸、纸质壁纸、织物壁纸、石棉纤维或玻璃纤维壁纸、天然材料壁纸等。

7.6 墙体节能构造

随着我国颁布的《民用建筑节能设计标准》和《夏热冬冷地区居住建筑节能设计标准》的实施，建设节能成为确定墙体构造方案时必须考虑的一个重要问题。所谓建筑节能，应包括两个方面的含义：一是建筑在发挥其正常功能过程中的能耗问题；二是建筑外围护结构的保温隔热问题。

墙体是建筑围护结构的主要组成部分，改善墙体的热工性能是建筑节能的一条可行途径，墙体的节能主要包括保温和隔热两大方面。

7.6.1 墙体保温构造

墙体保温通常是指在冬季阻止室内热量通过外墙围护结构向室外传热，从而保持室内适当温度的能力。保温性能通常用围护结构的传热系数 K 值［单位：W/（m^2·K）］或传热阻 R_0 值（单位：m^2·K/W）来评价。

墙体的保温构造一般有以下三种：

1. 增加外墙厚度

通过延缓传热过程达到保温目的，如北方地区的外墙厚度一般可达到 370 mm、490 mm。但增加墙体厚度，会增加结构自重，造成造价增加、有效使用面积减小。

2. 选用传热系数小的材料

传热系数小的材料有利于保温，如加气混凝土砌块墙，但由于孔隙率大、强度低，不能承受较大荷载作用。

3. 采用复合墙体材料

墙体保温构造，很少采用将保温性能与承重结构材料结合在一起的单一材料保温，较多地采用保温材料、结构材料和装饰材料结合在一起的复合材料保温。这种复合材料的保温构造技术，使结构材料承受压力，让轻质材料用于保温，饰面材料用于装修，不仅使墙体厚度小（一般为 240 mm），还可以增加房屋的使用面积，而且保温性能好，更加有利于节能。

复合材料保温主要有中填保温材料外墙、外墙外保温和外墙内保温三种（见图 7-6-1），目前工程中应用较多的是外墙外保温。

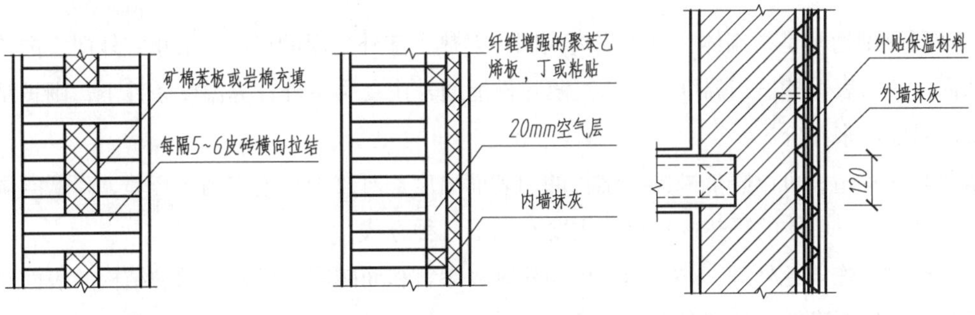

（a）中填保温材料外墙　（b）内保温外墙　（c）外保温外墙

图 7-6-1　复合墙体

外墙外保温是由保温层、保护层和固定材料（胶黏剂、锚固件等）构成。其保温材料有岩棉、聚苯、泡沫混凝土或加气混凝土等，使用较为广泛的为聚苯（EPS）材料系列。

（1）胶粉 EPS 颗粒外墙外保温。

胶粉聚苯颗粒保温构造具有保温隔热、耐寒、抗裂、憎水性能好、防火标准高、现场施工操作方便等特点。胶粉 EPS 颗粒保温浆料经现场拌和后喷涂或抹在基层上形成保温层，薄抹面层中满铺玻纤网，如图 7-6-2 所示。它是由界面层、胶粉 EPS 颗粒保温浆料保温层、抗裂砂浆薄抹面层和饰面层组成。

（2）EPS 板外墙外保温。

以聚合物砂浆作黏合剂，将 EPS 板固定在墙体外侧（若需要时也可用锚栓做辅助固定），并在外表面再做聚合物砂浆薄抹灰耐—碱玻纤网格布保护层和饰面层（见图 7-6-3）。这种构造适应于民用建筑混凝土或砌体外墙外保温工程。

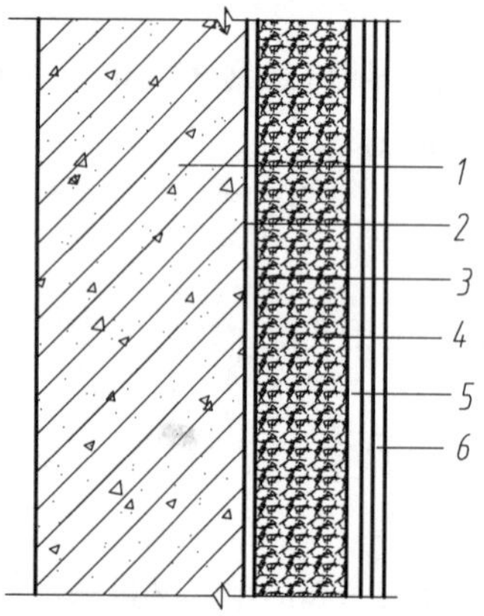

图 7-6-2　胶粉 EPS 颗粒外墙外保温

1—基层；2—界面砂浆；3—胶粉 EPS 颗粒保温浆料；4—抗裂砂浆薄抹面层；5—玻纤网；6—饰面层

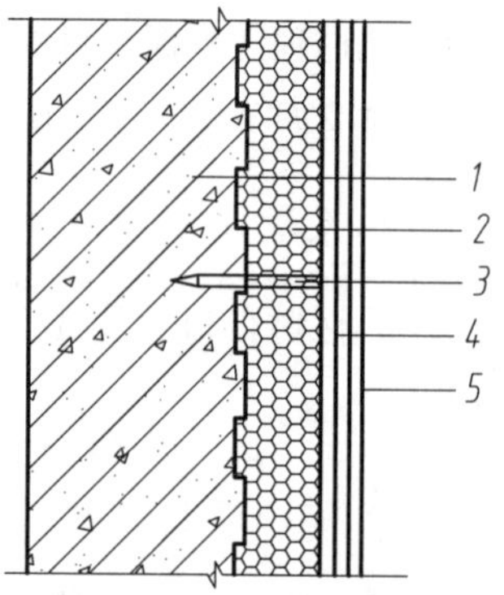

图 7-6-3　EPS 板外墙外保温

1—现浇混凝土外墙；2—EPS 板；3—锚栓；4—抗裂砂浆薄抹面层；5—饰面层

7.6.2　墙体隔热构造

墙体隔热则通常是指墙体在夏季隔离太阳辐射热和室外高温的影响，阻止室外向室内传热过程，从而使其内表保持适当温度的能力。隔热性能通常用夏季室外计算温度条件下，围护结构内表面最高温度值来评价。

墙体隔热构造，可以降低外围护结构的内表面温度，对改善住宅室内热环境，降低空调制冷能耗有显著意义。墙体的隔热构造措施主要有以下几种方式：

（1）外墙宜作浅色处理，如采用浅色的粉刷、涂料和面砖等，以减少围护结构的表面对日辐射的吸收率，从而降低室外综合温度。

（2）在外墙上设置遮阳设施，利用遮阳设施的遮挡，避免太阳光的直接照射。

（3）设置通风间层，利用热压和风压作用使间层内的空气流动，从而带走大部分进入间层的辐射热，减少了通过下层围护结构向室内的传热，可以有效地降低外墙内表面的温度。这比较适合于湿热地区要求围护结构白天隔热好而夜间又散热快的居住建筑。

（4）使用实体隔热材料或带有封闭空气间层的墙体。设置带铝箔的封闭空气间层，以减少辐射传热量，封闭的铝箔空气间层质轻且隔热效果好。当采用单面铝箔空气间层时，铝箔宜设在温度较高的一侧。

（5）西向外墙应适当栽种爬山虎等攀缘植物，利用植被对太阳能的转化作用降温。

技能训练 4：绘制某住宅楼建筑平面图

1．绘制目的

熟悉建筑平面图和墙身详图的表达内容与图示特点，掌握绘制平面图的步骤和方法；建筑工程图的制图规范和标准、图例代号和简化作图方法，具备正确分析、绘制和识读建筑平面图的能力。

2．绘制条件

某三层宿舍楼建筑施工图及墙身节点详图，内外墙均采用 MU7.5 机制红砖，M5 混合砂浆砌筑，墙体未注明者厚为 240 mm。

3．绘制任务

在 A2 图纸上用 1∶100 比例绘制：住宅楼的一层平面图。

在 A3 图纸上用 1∶10 比例绘制：①号定位轴线墙身节点详图。

4．绘制要求与深度

（1）要求在读懂宿舍楼平面图的全部内容后方可描绘。

（2）应按以下步骤绘制：

① 定轴线、画墙身和柱。

② 定门窗位置，画细部如门窗洞、楼梯、台阶、卫生间、散水等。

③ 经检查无误后，擦去多余的作图线，按施工图的要求加深图线，并标注轴线、尺寸、门窗编号、剖切位置线、图名、比例及其他说明。

（3）建议图线的基本线宽组采用 0.7 mm、0.35 mm、0.18 mm，注意粗细分别；汉字应书写长仿宋字，字母、数字用标准字体书写；建议定位轴线编号的数字、字母的高度用 5 mm，尺寸数字和门、窗型号的字高用 3.5 mm，长仿宋汉字、拉丁字母、阿拉伯数与罗马数字的书写符合规范标准要求。

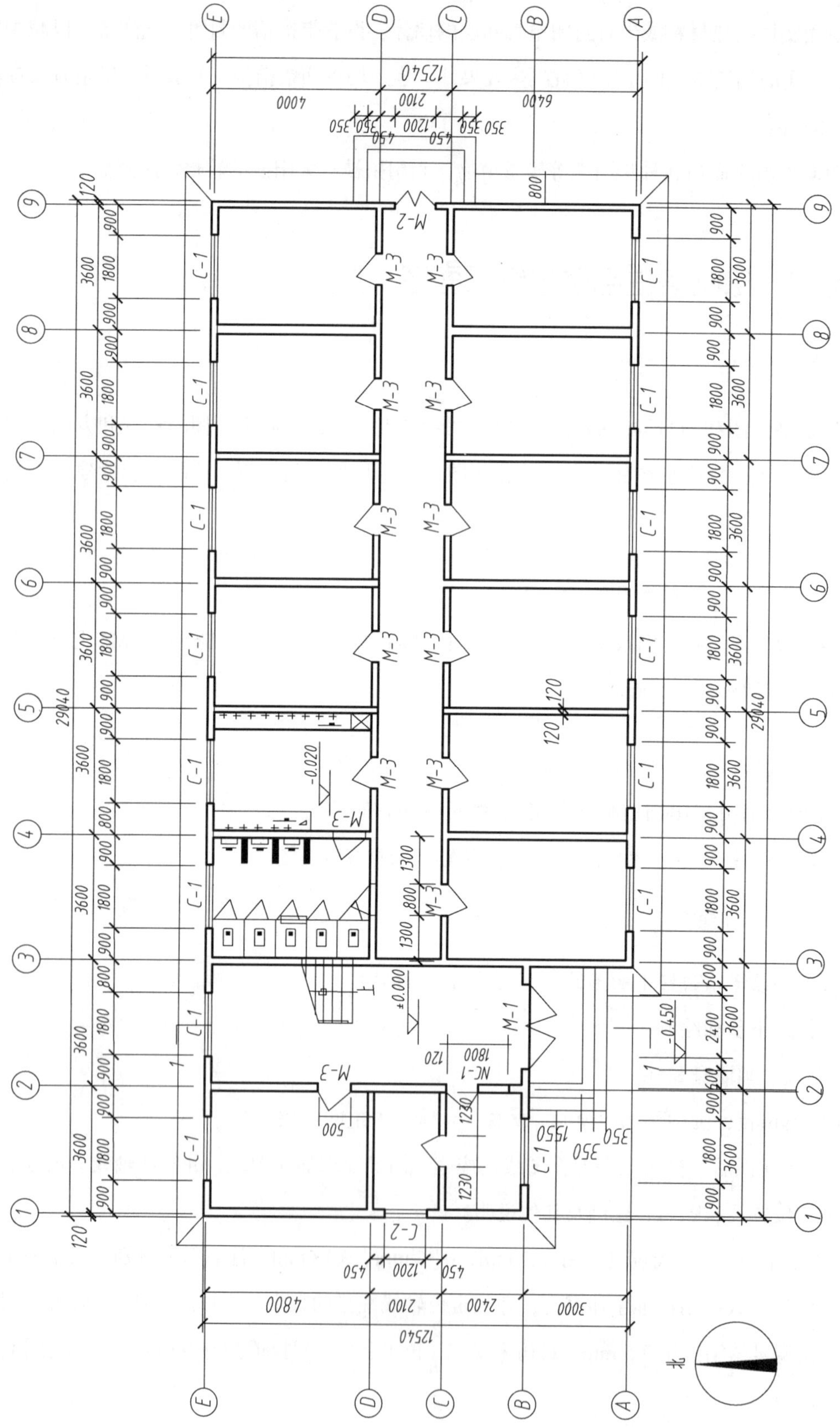

A
B
C
D
E
1
2
3
4
5
6
7
8
9
12540
29040
C-1
C-2
M-1
M-2
M-3
NC-1
±0.000
-0.020
-0.450
北

首层平面图 1:100

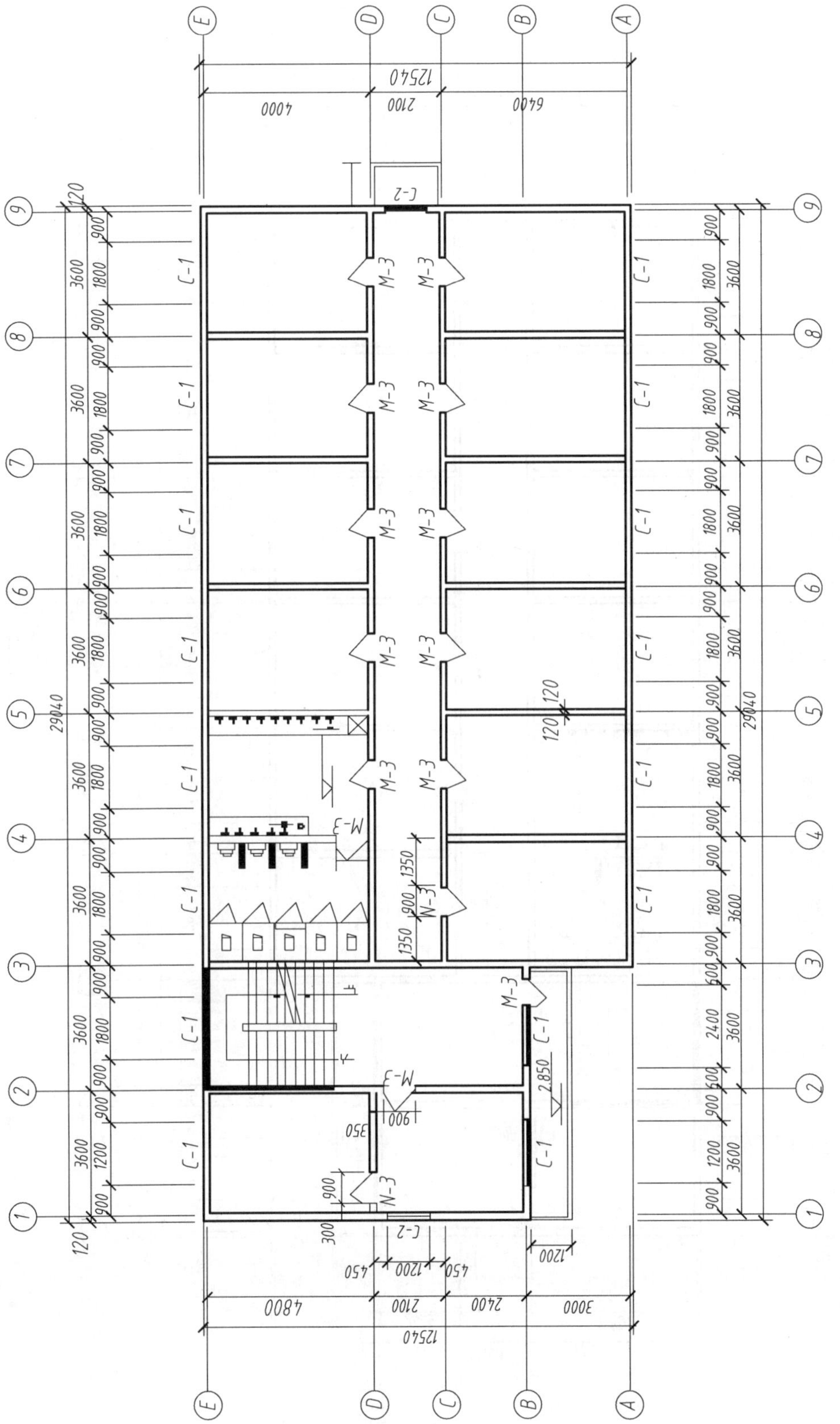

二层平面图1:100

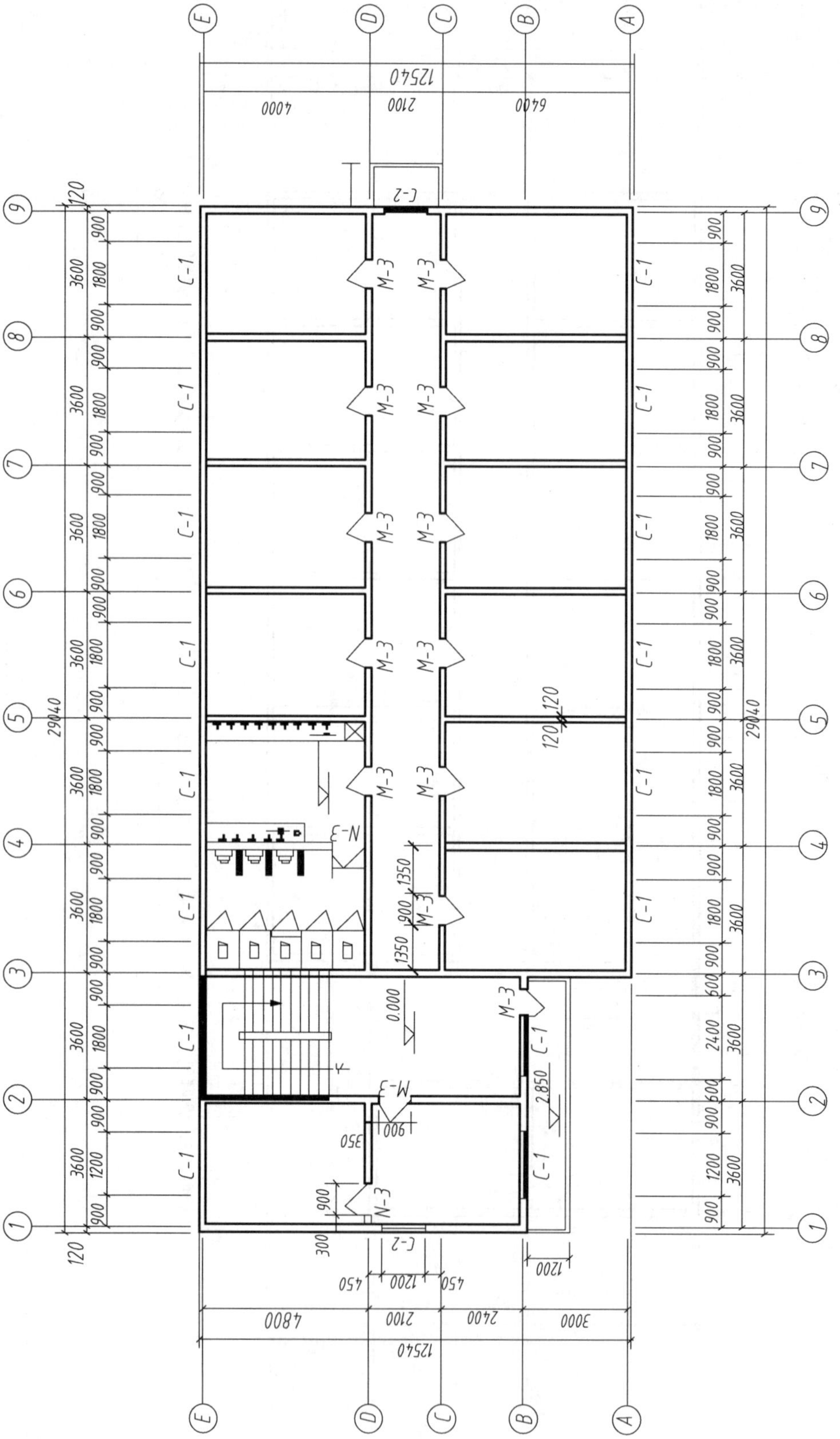
12540
4000
2100
6400
29040
3600
1800
900
1200
C-1
C-2
M-3
N-3
0.000
2.850
4800
2400
3000
450
300
350
1350
120

三层平面图 1:100

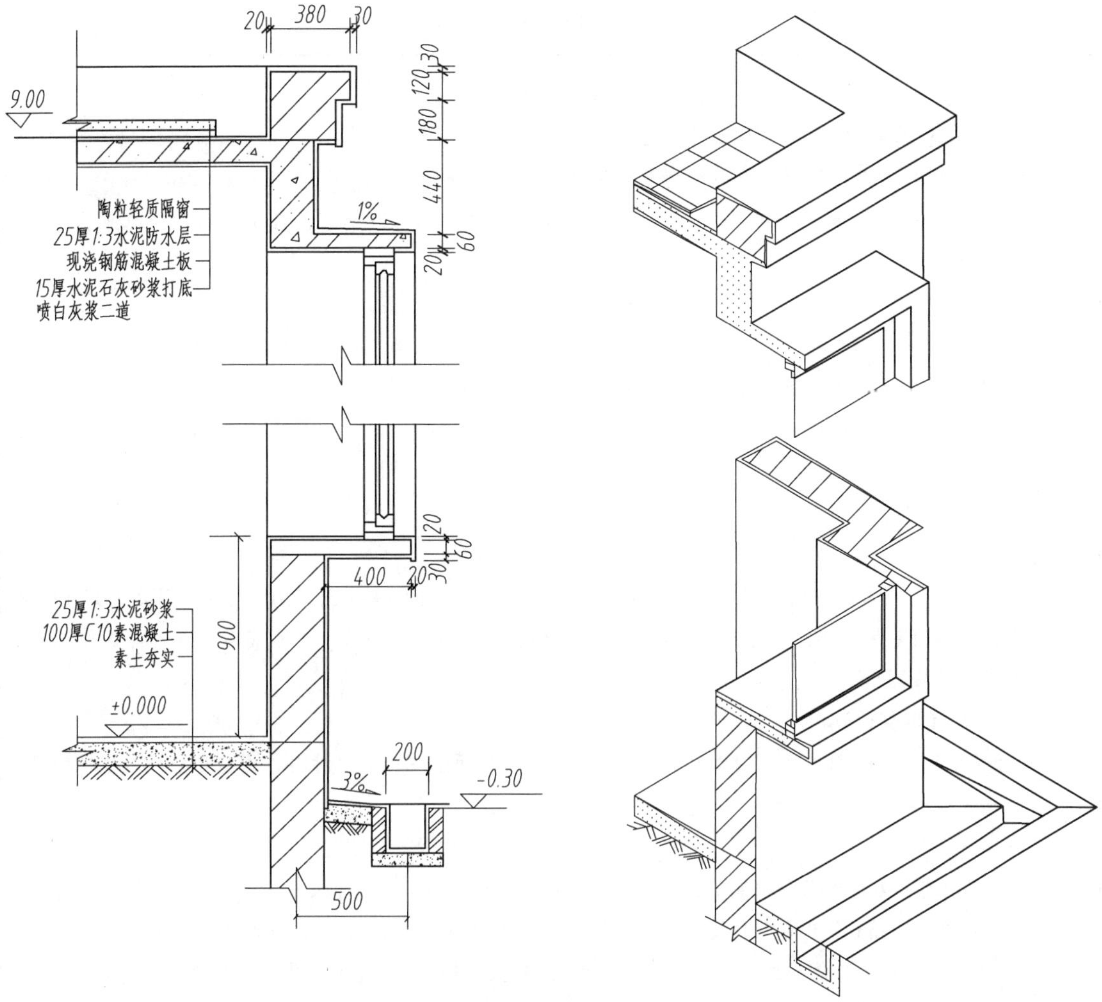

墙身节点详图

准备知识3——建筑平面图

假想用一个水平的剖切面沿门窗洞口的位置将房屋剖开，移去上部后向下投影所得的水平剖面图，即为建筑平面图，简称平面图。它反映出房屋的平面形状、大小，房间布置，墙或柱的位置、大小、厚度和材料，门窗的类型和位置等，作为施工时放线、砌墙、安装门窗、室内外装修及编制预算等的重要依据。

一般来说，房屋有几层就应画出几个平面图，并在图的下方注明相应的图名、比例等，如首层平面图、二层平面图等。中间各层如房间的数量、大小和布置都一样时，则相同的楼层可用一个平面图表示，称为标准层平面图。此时可以用三个平面图表达，即底层平面图、标准层平面图和顶层平面图。

底层平面图是指沿底层门窗洞口剖切开得到的平面图（又称首层平面图或一层平面图）。

标准层平面图是指沿标准层门窗洞口剖切开得到的平面图。

顶层平面图是指沿最上一层的门窗洞口剖切开得到的平面图。

1. 建筑平面图的图示内容

（1）图名、比例。

续上表

（2）标注室内外尺寸、楼地面标高及详图的索引符号。

（3）表示墙、柱、门窗位置及编号，轴线编号。

（4）表示电梯、楼梯位置、上下方向及主要尺寸。

（5）表示阳台、雨篷、踏步、斜坡、通气道、烟囱、消防梯、雨水管、散水、明沟、花池等位置及尺寸。

（6）画出卫生器具、水池、工作台、橱柜、隔断及重要设备位置。

（7）表示地下室、地坑、地沟、各种平台、检查孔、墙上留洞、高窗等位置尺寸与标高。

（8）在首层平面上画出剖面图的剖切符号及编号、指北针。

（9）屋顶平面图应画出女儿墙、檐沟、屋面坡度、分水线与落水口、变形缝、楼梯间、水箱间、天窗、上人孔、消防梯及其他构筑物、索引符号等。

2. 建筑平面图表示方法

（1）图线。

在平面图上，凡被剖切到的墙、柱断面轮廓线均用粗实线画出，未被剖切到的可见轮廓线，如柱、梁、窗台、台阶、梯段等用中实线画出。尺寸线、尺寸界线、引出线、图例线、索引符号、标高等用细实线画出，轴线用细画线画出。

（2）比例和图例。

平面图常用 1∶50、1∶100、1∶200 的比例绘制，在平面图中，常用材料、构造和配件按规定的图例表示，如建筑材料图例表 12-2 和建筑构造及配件图例表 12-3 所示。

（3）尺寸标注。

① 外部尺寸：为便于识图和施工，一般在图形的下方及左侧注写三道尺寸。三道尺寸线间应留有适当距离（一般为 7～10 mm，但第三道尺寸线应离图形最外轮廓线 10～15 mm），以便于注写数字。

第一道尺寸：表示外轮廓的总尺寸，即从一端外墙边到另一端外墙边的总长或总宽。

第二道尺寸：表示线间的距离，用以说明房间的开间和进深的尺寸。

第三道尺寸：表示各细部的位置和大小，如门窗洞口宽度、墙柱的大小等。

② 内部尺寸：为了说明建筑物内部门窗洞、孔洞、墙厚和固定设施（如厕所、盥洗洗室、工作台、搁板等）的大小和位置以及为了说明室内楼地面的高度所标注的相对于 ±0.000 的标高。

准备知识 4——识读墙身节点详图

1. 看图名、比例

从图中了解平面图层次及图例。建筑平面图选用比例宜为 1∶50、1∶100、1∶200。

2. 看图中定位轴线及其间距

从中了解各种承重构件的位置及房间的大小，以便于施工定位放线和查阅图纸。定位轴线的标注应符合《建筑制图标准》的规定。

3. 看房屋平面形状和内部墙体的分隔情况

从平面图的形状与总长、总宽尺寸，可以计算出房屋的用地面积；从图中墙的分隔情况和房间名称，可以了解到房间内部个房间的分布、用途、数量和相互间的联系。

续上表

4. 看平面图的各部分尺寸

平面图中标注的尺寸分内部尺寸和外部尺寸两种，主要反映建筑物中房间的开间、进深的大小，门窗的平面位置及墙厚、柱的断面尺寸等。

（1）外部尺寸。外部尺寸一般标注三道：最外一道尺寸为总尺寸，表示建筑物的总长、总宽，即从一端外墙墙皮到另一端外墙皮的尺寸；中间一道尺寸为定位尺寸，表示轴线尺寸，即房间的开间与进深尺寸；最里面一道为细部尺寸，表示各细部的位置及大小，如外墙门窗的大小及轴线的平面关系。

（2）内部尺寸。用来标注内部门窗洞口和宽度及位置、墙身厚度以及固定设备大小和位置等。一般用一道尺寸线表示。

5. 看楼地面标高

平面图中标注的楼地面标高为相对标高，且是完成面的标高。一般在平面图中地面或者楼面有高度变化的位置都应该标注。

6. 看门窗的位置、编号和数量

图中门窗除用图例画出外，还应注写门窗代号和编号。门的代号通常用汉语拼音字母的开头“M”表示，同样窗的代号用“C”表示，并分别在代号后面写上编号，用于区别门窗的类型，统计门窗数量。如M-1，M-2 和 C-1，C-2，…对于这些特殊用途的门窗也有相应的符号表示，如 FM 代表防火门、MM 代表密闭门、CM 代表窗帘门。

为了便于施工，一般情况下，在首页图上或者本平面图内，附有门窗表，列出来门窗的编号、名称、尺寸、数量及其所选标准图集的编号等内容。

7. 看剖面的剖切符号及指北针

在底层平面图中了解剖切位置，了解建筑物朝向。

思考题

1. 墙体依所在的位置、作用和采用的材料不同，可分类哪几种类型？
2. 墙体的作用和设计要求有哪些？
3. 标准砖的尺寸为多少？其自身尺度有何内在关系？
4. 过梁有哪几种类型？简述钢筋混凝土过梁的构造要求。
5. 墙身水平防潮层设置的位置在何处？有几种构造做法？什么时候需设置垂直防潮层？
6. 散水的宽度和坡度为多少？用层层构造法说明一种混凝土散水的构造做法。
7. 圈梁和构造柱的作用是什么？简述附加圈梁的构造要求。构造柱与墙、圈梁如何连接？
8. 砌块依材料、品种、重量和尺寸的不同，可分为哪几种类型？
9. 常见的隔墙有哪些？简述 1/4 隔墙和 1/2 隔墙的构造做法。

第8章　楼地层

☞ 学习目标：

1. 了解楼地层的组成和类型，掌握钢筋混凝土楼板的构造；
2. 掌握楼地面、顶棚、雨篷、阳台的构造；
3. 识读地面和顶棚的室内装饰施工图。

教学时间：8～12学时

活动及技能训练时间：4学时

延伸活动或技能训练时间：（2学时）

教学过程/教学手段/教学场所安排：

章节内容	具体内容	教学方法及参考时间安排			场所安排
		授课时间	活动时间	延伸活动时间	
教学活动9：统计楼地面材料类型			2		室外
8.1 楼地层的基本构成及分类	楼地层的基本构成	2			教室
	楼板的类型				
8.2 钢筋混凝土楼板	现浇钢筋混凝土楼板	4			教室
	预制装配式钢筋混凝土楼板				
	装配整体式钢筋混凝土楼板				
8.3 地面的构造	地面的一般构造	2			教室
	地面的特殊构造				
	地面的细部构造	1			
8.4 顶棚的构造	直接顶棚构造	1			教室
	吊顶棚构造				
8.5 阳台、雨篷	阳台类型	2			教室
	雨篷类型				
技能训练5：识读某家庭装修施工图			2	（2）	制图室
Σ		8	3	（2）	

教学活动 9

统计楼地面材料类型

<table>
<tr><td>活动项目</td><td colspan="3">课堂活动内容</td><td>时间</td><td>资源</td></tr>
<tr><td>认识墙体</td><td colspan="3">① 指定教学楼、宿舍楼、办公楼、实验楼四栋建筑。
② 将学生按 5 人一组进行活动，到指定的房屋前，完成工作纸上的内容</td><td>1 学时</td><td>工作纸 1
指定的房屋
卷尺</td></tr>
<tr><td colspan="6">工作纸 1——统计地面材料类别</td></tr>
<tr><td rowspan="2">房间名称</td><td colspan="2">地面材料及单块材料尺寸</td><td colspan="3">踢脚线（墙裙）材料及单块材料尺寸</td></tr>
<tr><td>材料</td><td>尺寸</td><td>材料</td><td colspan="2">尺寸</td></tr>
<tr><td>室内房间地面</td><td></td><td></td><td></td><td colspan="2"></td></tr>
<tr><td>走廊地面</td><td></td><td></td><td></td><td colspan="2"></td></tr>
<tr><td>楼梯地面</td><td></td><td></td><td></td><td colspan="2"></td></tr>
<tr><td>卫生间地面</td><td></td><td></td><td></td><td colspan="2"></td></tr>
<tr><td>门厅地面</td><td></td><td></td><td></td><td colspan="2"></td></tr>
<tr><td>室外台阶地面</td><td></td><td></td><td></td><td colspan="2"></td></tr>
</table>

楼地层是分隔建筑物竖向空间的水平构件，它将建筑物竖向划分成多个楼层，即楼板层和地坪层。其中，楼板层主要分隔上下楼层空间，地坪层则位于建筑最底层，直接和地基土层结合。楼地层除了具有承受并传递垂直荷载的功能外，还应具有保温、隔热、隔音、防水、防火等功能，同时还应考虑有关设备管线的敷设要求。

阳台和雨篷也是建筑物中的水平构件。阳台是楼层延伸至室外的部分，用作室外活动。雨篷设置在建筑物外墙出入口的上方，用以遮挡雨雪。

8.1 楼地层的基本构成及分类

8.1.1 楼地层的基本构成

楼地层包括楼板层和地坪层。楼板层一般由面层、结构层（楼板）、顶棚等基本层次组成。地坪层一般由面层、垫层（结构层）、素土夯实层（基层）组成。根据具体需要，必要时均可增设保温层、隔热层、防水层、防潮层、隔声层等附属构造层次。

1. 面　层

面层又称楼面或地面，楼板上表面的构造层。面层对结构层起着保护楼作用，使结构层免受破坏，同时对室内起美化装饰、清洁作用。

2. 结构层

结构层位于面层与顶棚之间，是楼板层的承重构件，包括板和梁等构件。结构层承受整个楼板层的全部荷载，并将荷载传递给墙或柱，同时对墙身起着支撑作用。

3. 垫　层

垫层是结构层与地基之间的找平层或填充层，主要起加强地基、协助结构层传递荷载的作用。垫层通常采用三合土、素混凝土、毛石、混凝土等材料，分为柔性垫层、刚性垫层和复合垫层三种类型。

4. 素土夯实层

素土夯实层是地坪的基层，直接支承垫层的土壤，也可称地基。素土即不含杂质的砂质黏土，夯实后能承受垫层传递下来的荷载。

5. 顶　棚

顶棚层又称天花板，位于楼板层最下层，起着保护楼板、安装灯具、遮挡各种水平管线等设备以及装饰美观等作用。

6. 附加层

附加层又称功能层，主要用于防水、防潮、保温、隔热、隔声等，是现代楼板结构中不可缺少的部分，如图 8-1-1 所示。

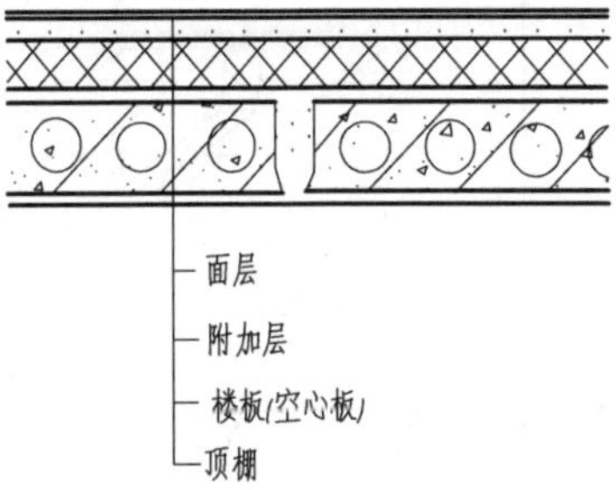

（a）预制钢筋混凝土楼板层

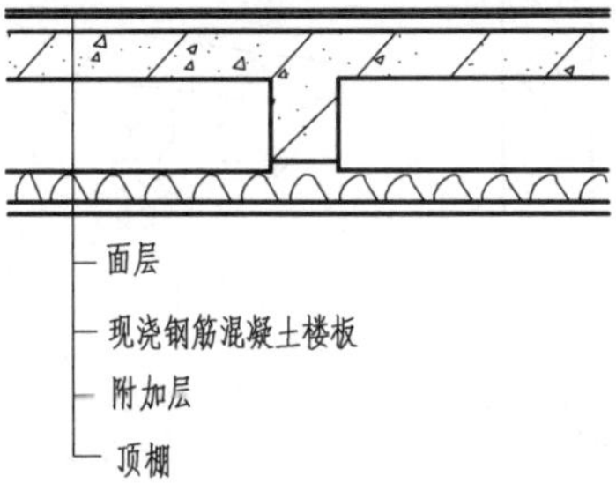

（b）现浇钢筋混凝土楼板层

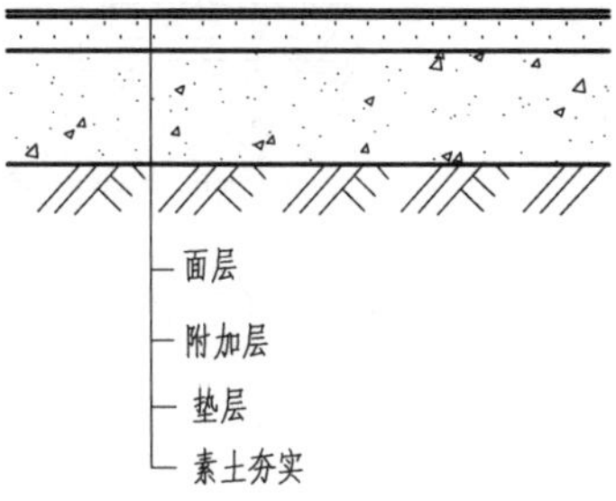

（c）地坪层构造组成

图 8-1-1 楼、地层构造组成层次

8.1.2 楼板的类型

楼板按结构层所用材料的不同，可以分为木楼板、砖拱楼板、钢筋混凝土楼板、钢衬板组合楼板等。

1. 木楼板

用木料做楼板是我国传统的做法，主要采用的是木梁和木板。木梁承重，上表面做木地板，下表面通常做板条抹灰顶棚，如图 8-1-2（a）所示。这种楼板具有构造简单、自重轻等优点，但耐火性、耐久性差，耗材量大，易变形，不宜采用。

2. 砖拱楼板

砖拱楼板是先在墙或柱上架设钢筋混凝土小梁，后在小梁之间用砖砌成拱形结构所形成的楼板，如图 8-1-2（b）所示。砖拱楼板可节约钢材、水泥、木材，造价低，但承载能力和抗震能力差，结构层所占空间大、顶棚不平整，施工较繁琐，目前已基本不采用。

3. 钢筋混凝土楼板

钢筋混凝土楼板的强度高、刚度好，具有良好的耐久、防火和可塑性，便于工业化生产，目前应用最广泛的楼板类型，如图 8-1-2（c）所示。

4. 钢衬板组合楼板

钢衬板组合楼板是利用压型钢板做衬板与混凝土浇筑在一起支承在钢梁上，其刚度大、整体性好、可简化施工程序，近几年在大空间和高层民用建筑及大跨度工业厂房中广泛应用，如图 8-1-2（d）所示。

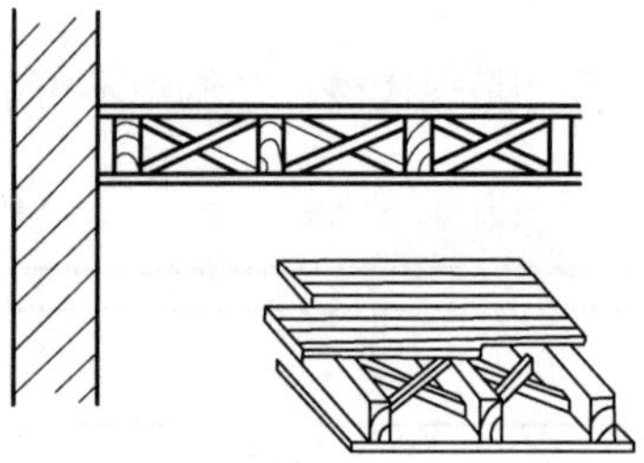

（a）木楼板

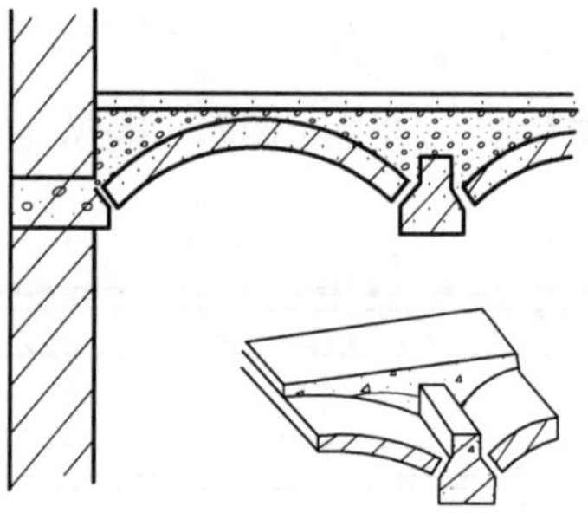

（b）砖拱楼板

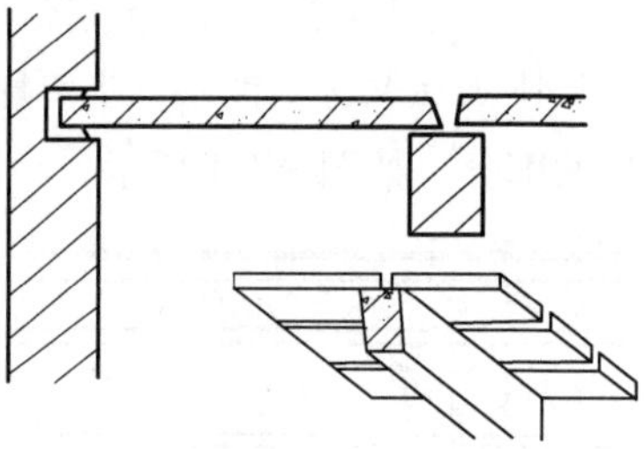

（c）钢筋混凝土楼板

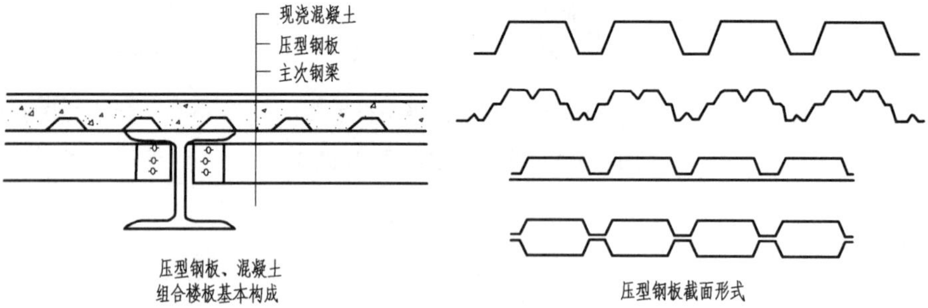

（d）压型钢板组合楼板

图 8-1-2　楼板类型

8.2　钢筋混凝土楼板

钢筋混凝土楼板按其施工方法不同，分为现浇整体式钢筋混凝土楼板、预制装配式钢筋混凝土楼板和装配整体式钢筋混凝土楼板三种类型。

8.2.1　现浇整体式钢筋混凝土楼板

现浇整体式钢筋混凝土楼板是在施工现场通过支模、绑扎钢筋、浇筑混凝土、经养护而成的楼板。它整体性和抗震性好，容易适应不规则形状和预留孔洞等特殊要求的建筑，但具有现场湿作业程度高、劳动强度高、工序多、工期长、模板用量大、施工速度慢等缺点。近年来，由于工具式模板的采用，现场机械化程度的提高，现浇钢筋混凝土楼板在建筑中越来越普遍的应用。

现浇钢筋混凝土楼板按传力和受力情况不同，分为板式楼板、梁板式楼板、无梁楼板及压型钢板组合楼板等。

1．板式楼板

板内不设梁，将板直接搁置在墙上的楼板称为板式楼板，板将荷载直接传递给墙体。这种楼板多用于小跨度的房间（居住建筑中的居室、厨房、卫生间）或走廊，其结构具有整体性好、板底面平整、隔水性好等特点。

板式楼板按受力特点和支承情况又分为单向板和双向板之分，按长边与短边比值（L_2/L_1）确定（一般为 3），具体应视板的支承情况确定，如图 8-2-1 所示。

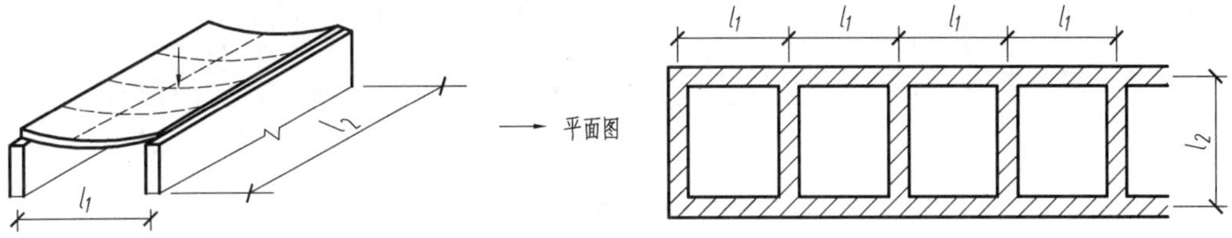

（a）单向板

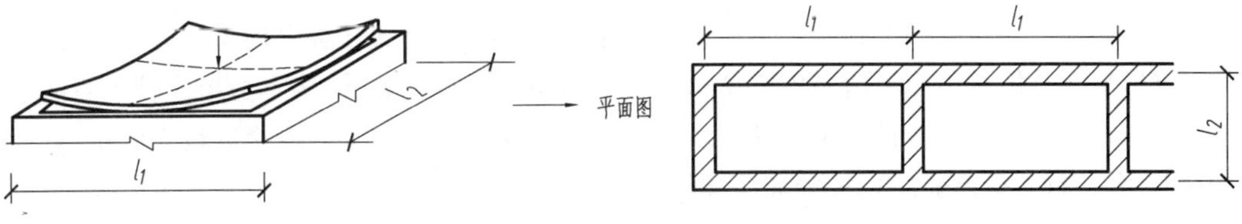

（b）双向板

图 8-2-1　板式楼板

2. 梁板式楼板

当房间或柱距尺寸较大时，要设置梁作为板的中间支点来减小板的跨度，以免板厚过大。这时作用于楼板上的荷载传递方式一般为板→梁→承重墙或柱→基础→地基。有时，梁也分为主梁和次梁，此时板上荷载传递应先传递给次梁，再由次梁传到主梁梁板式楼板也分单向板和双向板，规定同板式楼板。按照梁的布置及尺寸等不同，有以下几种形式：

（1）主次梁式楼板。

这种楼板常用于面积较大的有柱空间中，如图 8-2-2 所示，主梁的经济跨度为 6 ~ 8 m，最大可达 12 m，梁高为跨度的 1/14 ~ 1/8，梁宽为梁高的 1/3 ~ 1/2；次梁的经济跨度为 4 ~ 6 m（次梁跨度即为主梁间距），梁高为跨度的 1/18 ~ 1/12，梁宽为梁高的 1/3 ~ 1/2；板的经济跨度为 1.5 ~ 3.0 m，单向板板厚 60 ~ 80 mm，一般为板跨的 1/35 ~ 1/30；双向板板厚 80 ~ 160 mm，一般为板跨的 1/40 ~ 1/35。

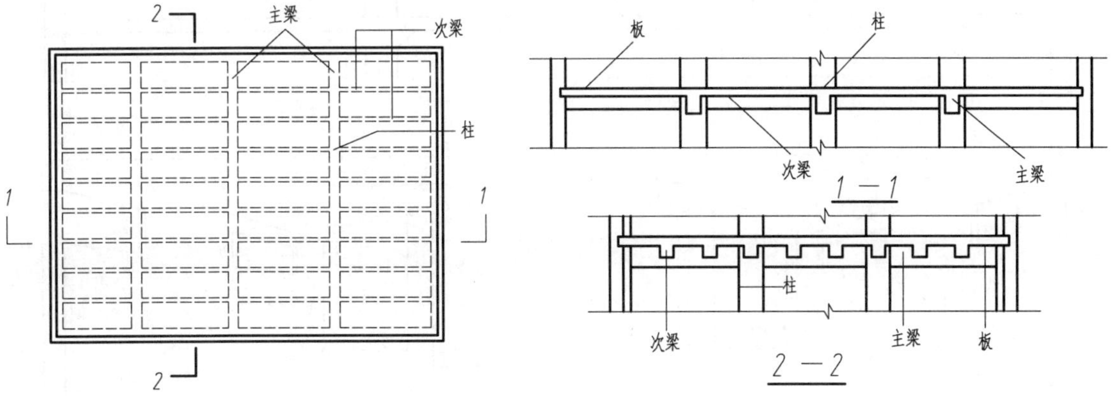

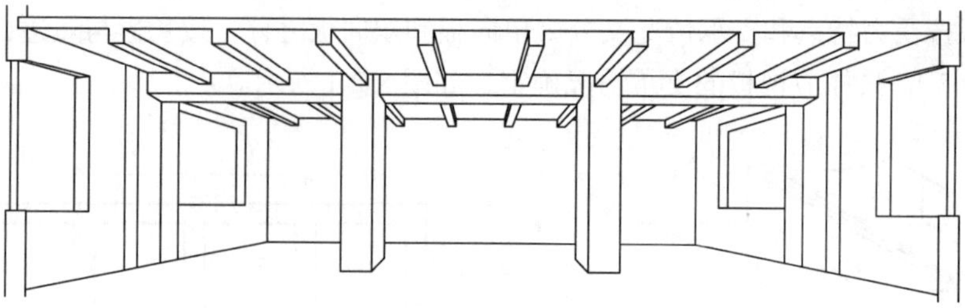

图 8-2-2　梁板式楼板

（2）井格式楼板。

当房间的平面尺寸较大（跨度在 10 m 以上）并接近正方形时，常沿两个方向等尺寸地布置构件，主次梁不分，梁的截面相同，形成井格式梁板结构。井格式楼板多用于正方形平面，也可用于长方形平面，但长边与短边之比 $L_2/L_1 \leqslant 1.5$。井式楼板可以利用结构本身形成较美观的顶棚，有装饰效果，但需要现浇，且造价较高，多用于公共建筑的门厅、大厅或跨度较大的房间。梁跨一般为 10 m 左右，根据需要也可增加至 20 ~ 30 m，如图 8-2-3 所示。

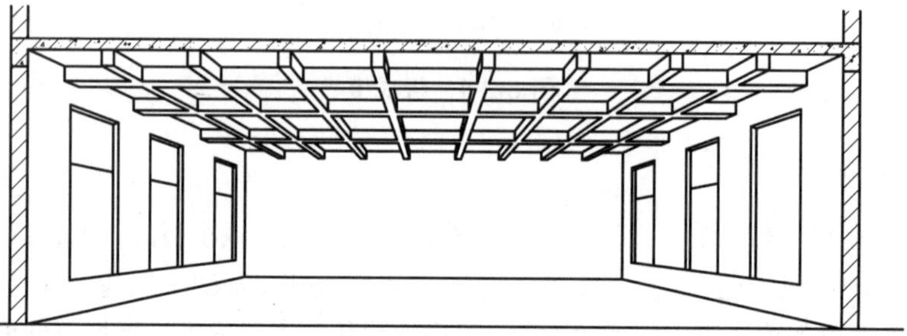

图 8-2-3　井格板式楼板

（3）无梁楼板。

楼板直接由柱子支承，称为无梁楼板或无梁楼盖。由于柱子直接支承楼板，为减小板跨和防止局部破坏，要增大柱子与楼板的接触面积，通常要在柱的顶部设置柱帽和托板。无梁楼板层柱网的布置应为方形或接近方形，楼面活荷载大于 5 kPa、跨度在 6 m 左右时较经济。一般板厚不宜小于 150 mm，取柱网短边尺寸的 1/30 ~ 1/25。这种楼板结构顶棚平整，室内净高大，采光通风好，通常用于商场、仓库、展厅等大型空间中，如图 8-2-4 所示。

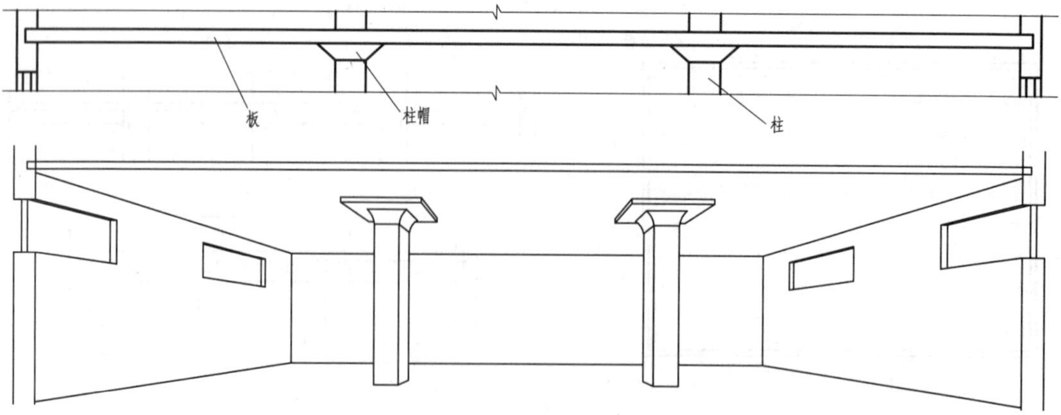

图 8-2-4　无梁楼板

（4）压型钢板组合楼板层。

压型钢板组合楼板是利用截面为凹凸相间的压型钢板做衬板与现浇混凝土面层浇筑在一起，支承在钢梁上，是整体性很强的一种楼板，如图 8-2-5 所示。

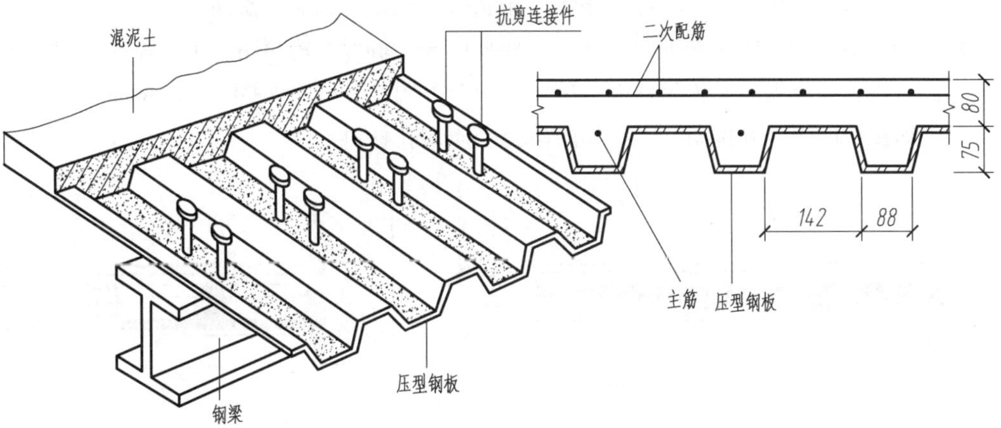

图 8-2-5　无梁楼板

8.2.2　预制装配式钢筋混凝土楼板

预制装配式钢筋混凝土楼板是指楼板的梁、板等构件，在预制加工厂或施工现场外预先制作成各种形式和规格的构件，然后运到工地现场进行安装。这种楼板可节省模板，便于机械化施工；施工速度快，降低劳动强度，提高生产率，工期大大缩短，但是整体性差，存在板的侧缝开裂等质量通病。

1. 预制楼板构件类型

预制装配式钢筋混凝土楼板按形状划分，有以下三种类型：

（1）实心平板。

预制实心平板的跨度一般小于 2.5 m，板厚为跨度的 1/30（一般为 60 ~ 80 mm）。板宽为 600 ~ 900 mm，如图 8-2-6 所示。实心板上、下表面平整，制作简单，但是板跨受到限制，隔声效果差，若板跨增加，板亦较厚，故经济性差。这种楼板一般用于小跨度铺板，多用在房屋的走道、厨房、卫生间、阳台等处，也常用作架空隔板和管沟盖板。

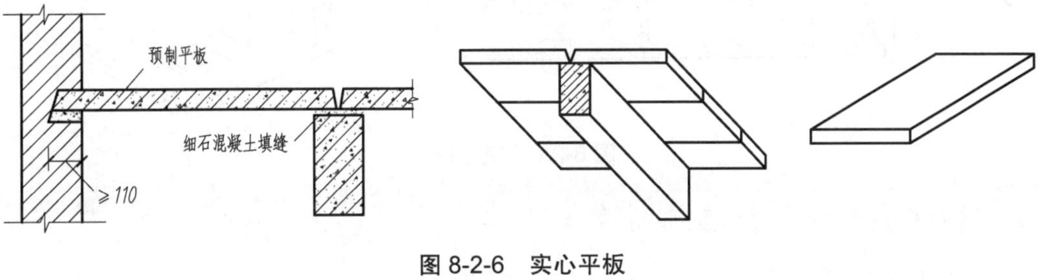

图 8-2-6　实心平板

（2）槽形板。

槽形板是一种梁板结合的构件，即实心板的两侧设有纵肋，作用在板上的荷载主要由边肋承担。为便于搁置和提高板的刚度，板的两端常设端肋封闭。为加强槽形板的刚度，当板跨达 6 m 时，应在板的中部每隔 500 ~ 700 mm 增设横肋一道，板跨 3 ~ 7.2 m，板宽 600 ~ 1 200 mm，板厚 30 ~ 35 mm，肋高 150 ~ 300 mm，如图 8-2-7 所示。这种板自重轻、用料省、便于开孔与打洞，但板底不平整、隔声效果差、不美观，常用于实验室、厨房、厕所、屋顶。

槽型板的放置有正置与倒置两种方式。正置指肋向下搁置，板受力合理，板底不平，不利于室内采光，一般装修时需要设置吊顶棚。倒置指肋向上搁置，板底平整，但需做面板。板受力不合理，考虑到楼板的隔声和保温，需在槽内填充轻质多孔材料。

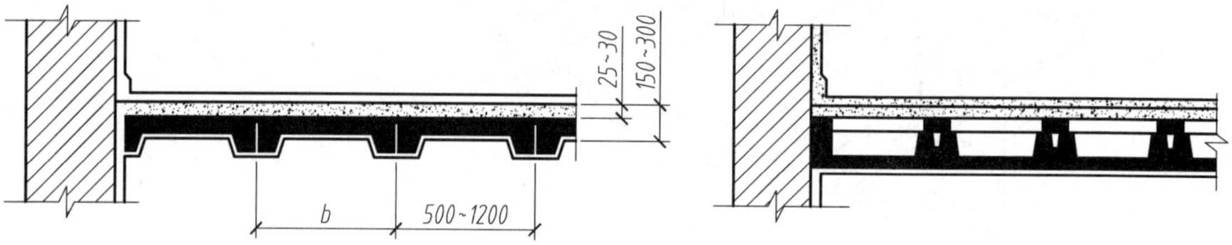

图 8-2-7　槽形板

（3）空心板。

将板沿纵向抽孔而成，即得空心板。根据板内抽孔方式的不同，有圆孔板、方孔板、椭圆孔板。方孔板能节约一定量的混凝土，但脱模困难且易出现板面开裂，已不采用；椭圆孔和圆孔增大了板肋的截面面积，使板的刚度增强，对受力有利，但相比之下圆孔抽芯脱模更省事，故目前预制多孔板基本上采用圆孔板。板厚一般为 110 ~ 240mm，板宽一般为 500 ~ 1 200 mm，板跨一般为 2.4 ~ 7.2 m，如图 8-2-8 所示。这种板上下平整，隔声效果好，便于施加预应力，故板跨度大，但不能在板上任意开洞。

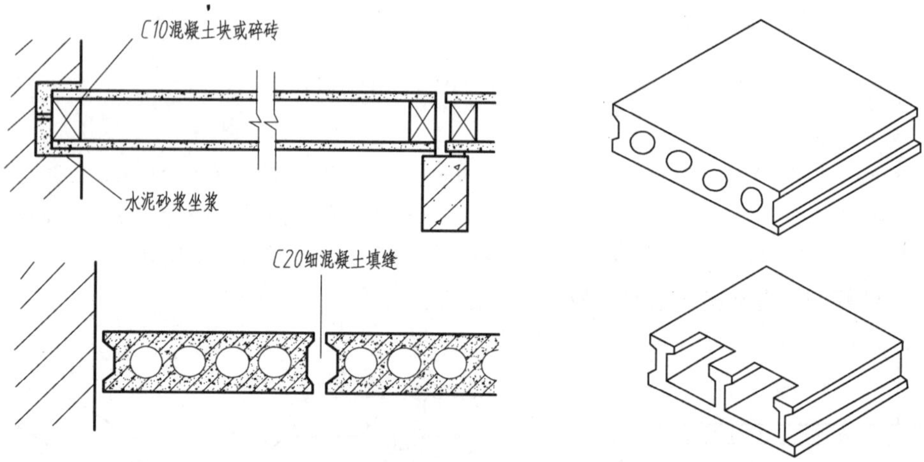

图 8-2-8　空心板

2. 预制板的结构布置和细部构造

（1）板的结构布置。

根据房间的开间、进深大小首先应确定板的支承方式（第 7 章），板沿短向布置较为经济。一般有两种搁置方式：一种是预制板直接搁置在墙上时称为板式结构布置；另一种是预制板搁置在梁上时称为梁板式结构布置，见图 8-2-9。具体布置楼板时，一般要求板的规格、类型越少越好。

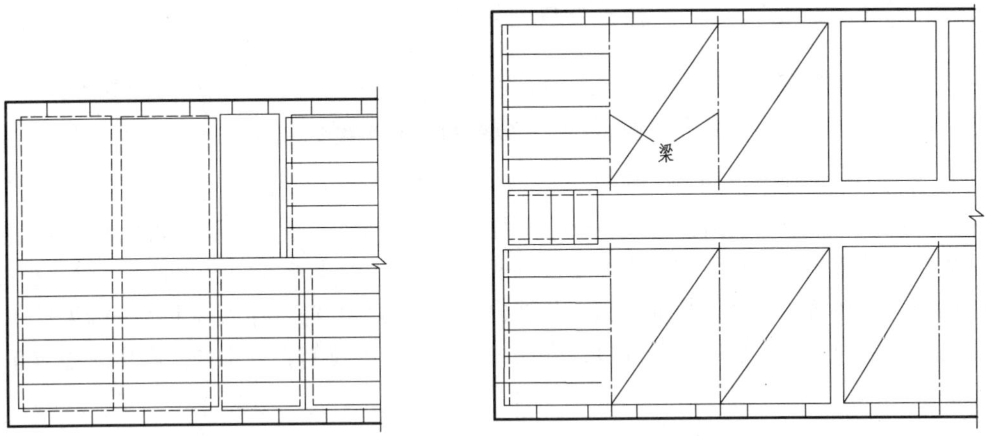

（a）板式　　（b）梁板式

图 8-2-9　预制板的结构布置

当采用梁板式结构布置时，板在梁上的搁置方式有两种：一是板直接放在矩形或者 T 形梁上、另一种是板搁置在花篮或者十字梁的肩上，这时板的上皮与梁的顶面平齐。在梁高不变的情况下，楼板所占高度小，相当于提高了室内净空高度，如图 8-2-10 所示。

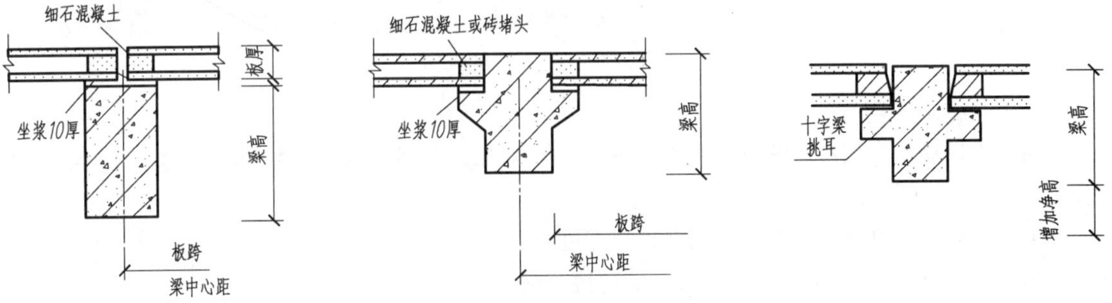

（a）板搁在矩形梁顶　　（b）板搁在花蓝梁牛腿上　　（c）板搁在十字梁上

图 8-2-10　预制板搁置在梁上

（2）板的细部构造。

① 板在墙上的搁置要求。

当板搁置在墙上时，必须保证楼板平稳放置，使楼板在墙上有足够的搁置长度（一般不宜小于 100 mm）。安装时，应先在墙上铺设水泥砂浆（坐浆），厚度不小于 10mm，板端缝内用细石混凝土或水泥砂浆灌实。采用空心板时，还需在板的两端用砖块或混凝土堵孔后再坐浆。

② 板在梁上的搁置要求。

板搁置在梁上时，其搁置长度不小于 60 mm，墙上搁置长度不小于 80 mm。

地震地区板伸入外墙、内墙、和梁的长度分别不小于 120 mm、100 mm、80 mm。

（3）板缝的处理。

板缝根据位置不同有侧缝和端缝，按构造形式不同有 U 形、V 形和凹形缝，如图 8-2-11 所示。缝宽小于 50 mm 时用细石混凝土填缝，大于 50 mm 时需配置钢筋再填细石混凝土。

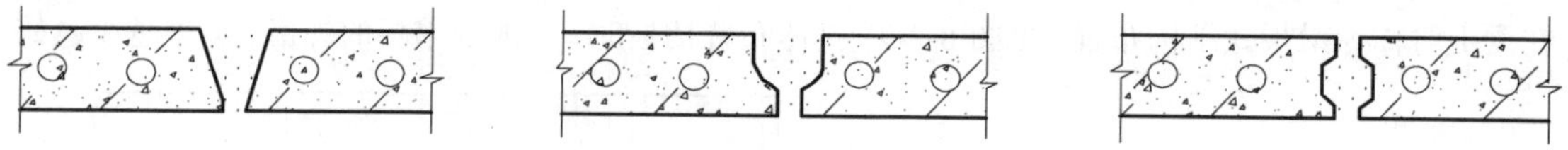

(a) V 形侧缝　　(b) U 形侧缝　　(c) 凹形侧缝

图 8-2-11　板缝的形式和填缝

另外，为了增加建筑物的整体性和刚度，楼板与墙体、楼板与楼板或楼板与梁之间常用锚固钢筋（又称拉结筋）予以锚固。当空心板的纵向长边靠墙布置，板面每隔 1 000 mm 设置拉筋，在板缝处做水平弯钩，并伸入墙内至少 200 mm；当空心板的支承端搁置在墙上，除了板端搁置部位坐浆外，应在每个板缝设拉筋一根，板缝内为向下的直弯钩，伸入墙上的一端为长 300 mm 的水平弯钩。在内墙上，板端钢筋连接，并在每板缝内设置拉筋，分别伸入两房间各 500 mm，如图 8-2-12 所示。

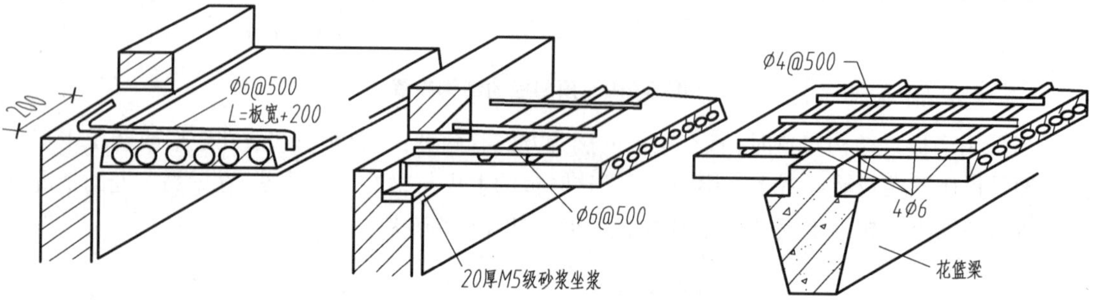

图 8-2-12　锚固筋的配置

（4）板缝差的调节。

在排板过程中，当板的横向尺寸与房间平面尺寸出现差额（这个差额称为板缝差）时，可采用以下办法（见图 8-2-13）：

① 当缝差在 60 mm 以内时，调整板缝宽度。

② 当缝差在 60～120 mm 时，可沿墙边挑砖解决。

③ 缝差超过 120 mm 且在 200 mm 之内，或因竖向管道沿墙边通过时，则用局部现浇板带的办法解决。

④ 当缝差超过 200 mm 时，考虑重新选择板的规格。

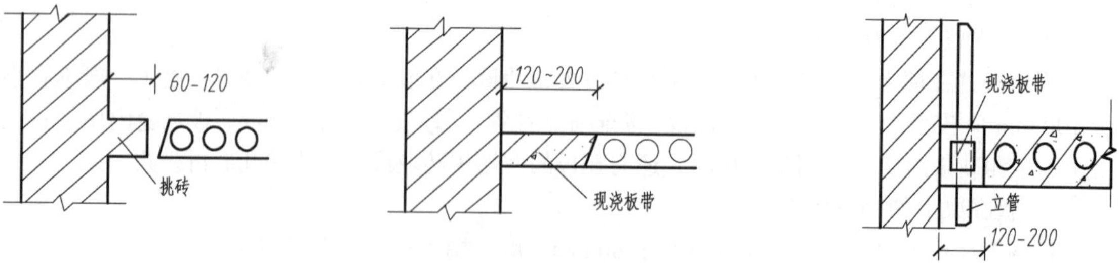

图 8-2-13　板缝差的处理

（5）隔墙与楼板。

① 轻质隔墙：可直接搁置在楼板上任意位置。

② 自重较大的隔墙（砖隔墙）：为了避免将隔墙的荷载集中在一块楼板上，可采取下列措施：

若采用槽形板——隔墙可搁置在槽形板的边肋上，如图 8-2-14（a）所示。

隔墙与板跨垂直——选择合适预制板型号，板面配筋，如图 8-2-14（b）所示。

若采用空心板——可在隔墙板缝下设现浇钢筋混凝土板带或设梁支承隔墙，如图 8-2-14（c）所示。

上、下隔墙相对时——结合板缝加设钢筋砖带或设梁，如图 8-2-14（d）所示。

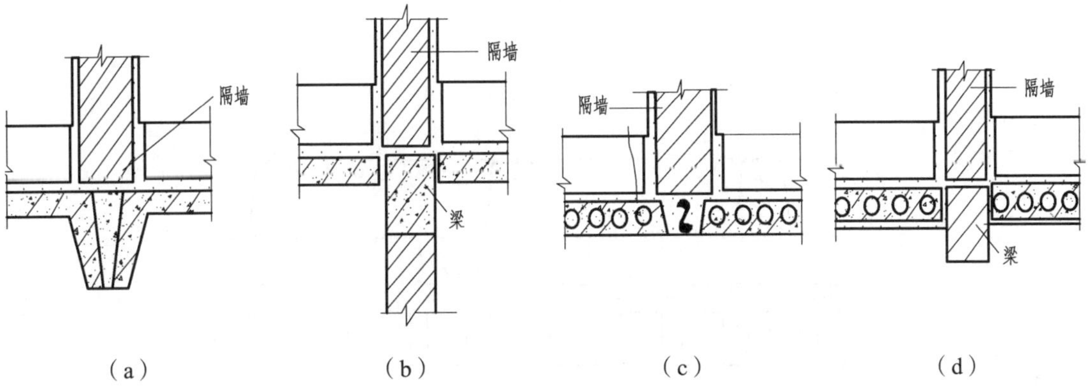

图 8-2-14　隔墙在楼板上的搁置

8.2.3　装配整体式钢筋混凝土楼板

装配整体式钢筋混凝土楼板是先将楼板中的部分构件预制，现场安装后，再浇混土面层而形成的整体楼板。它兼具现浇和预制的双重特点。但由于其施工较麻烦，目前工程应用不多。常见的有叠合楼板和密肋填充楼板。

1. 叠合楼板

现浇钢筋混凝土楼板需要消耗大量模板，很不经济。为解决这些矛盾，便出现了预制薄板与现浇混凝土面层叠合而成的装配整体式楼板（或称预制薄板叠合楼板）。叠合式楼板中预制薄板分为普通和预应力薄板，薄板既是永久性模板承受施工荷载，也是整个楼板结构的一个组成部分。

叠合楼板跨度一般为 3 ~ 6 m，最大可达 9 m，以 5 m 左右较为经济。叠合楼板的总厚度取决于板的跨度，一般为 150 ~ 250 mm。楼板厚度以大于或等于薄板厚度的两倍为宜。预应力薄板厚 50 ~ 70 mm，板宽 1.1 ~ 1.8 m，板间应留缝 10 ~ 20 mm。为了保证预制薄板与叠合层有较好的连接，薄板上表面需做处理，常见有两种［见图 8-2-15（a）］：一种是在表面做刻槽处理；另一种是在薄板上表面露出较规则的三角形状的结合钢筋，现浇叠合层采用 C20 级的混凝土，厚度一般为 70 ~ 120 mm。

2. 密肋填充块楼板

密肋填充块楼板是指在填充块间现浇钢筋混凝土密肋小梁和面层形成的楼板层，也有在预制倒 T 形小梁上现浇钢筋混凝土楼板的做法。填充块有空心砖、轻质混凝土块等。这种楼板能够充分利用不同材料的性能，能适应不同跨度，并有利于节约模板；缺点是结构厚度偏大，如图 8-2-15（b）所示。

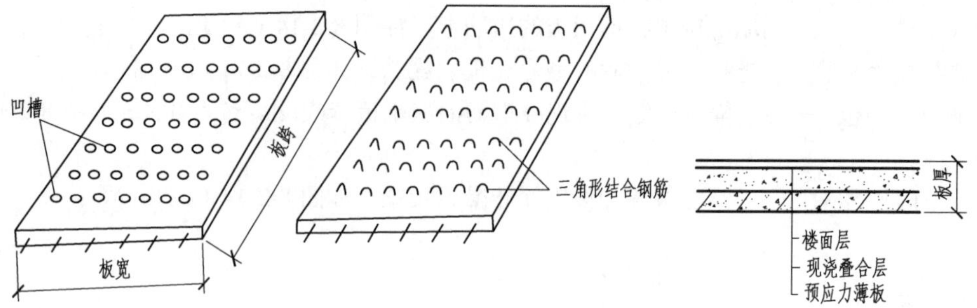

（a）叠合楼板

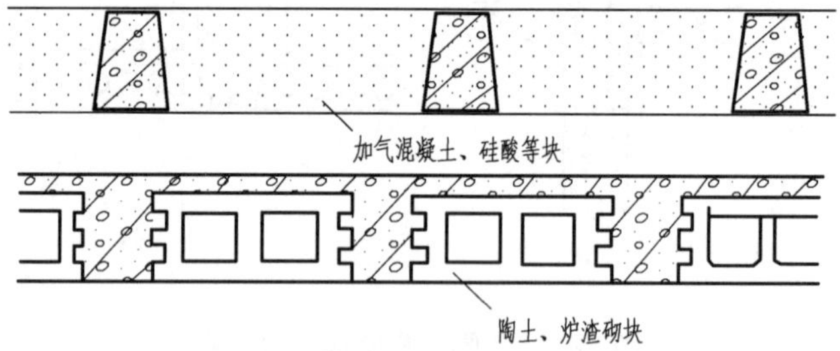

（b）密肋楼板

图 8-2-15　装配整体式楼板

8.3　地面的构造

8.3.1　地面的一般构造

地面是楼地层面层的总称，是室内重要的装修层，起到保护楼地层结构、改善房间使用质量和增加美观的作用，应满足坚固、耐磨、平整、光洁、不起尘、易于清洁、行走舒适等要求。

按照所用的材料和工艺的不同，地面可分为整体类地面（如水泥砂浆地面、细石混凝土地面、水磨石地面等、块材类地面（如陶瓷地砖、人造石板、天然石材等）、木地面（各种拼木和条木地面、复合地板等）、卷材类地面（如橡胶地毡、塑料地毡、地毯等）等。

下面列举常见地面的一般构造：

1．整体类地面

（1）水泥砂浆地面。

水泥砂浆地面又称水泥地面，具有构造简单、坚固、防潮、防水、造价低廉等特点，能比较方便地改做其他材料的面层，应用较广泛。其缺点是地面表面冷硬、易起尘，有时产生返潮现象，如图 8-3-1 所示。

水泥砂浆地面有单层和双层两种做法：

① 单层做法：先在垫层上抹水泥浆结合层一道，再直接抹 15 ~ 20 mm 厚 1∶2 或 1∶2.5 水泥砂浆，抹平后待其终凝前进行压光处理。

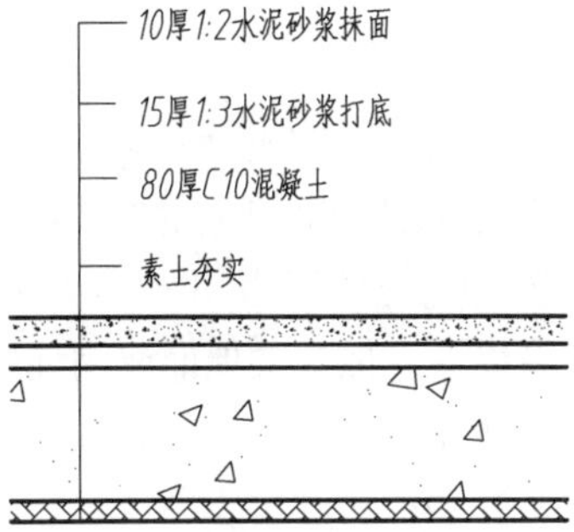

（a）地层地面

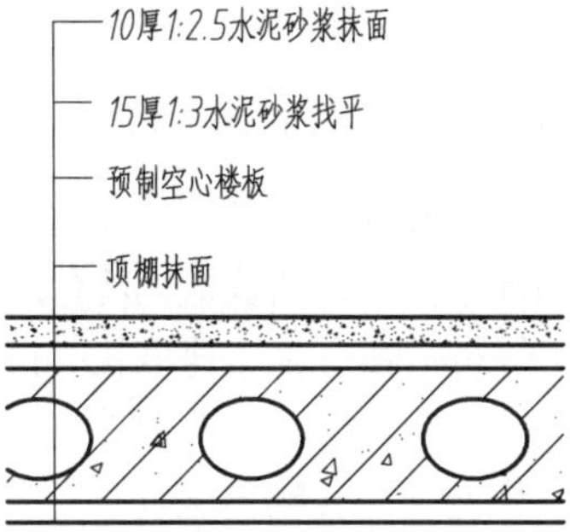

（b）楼层地面

图 8-3-1　水泥砂浆地面

② 双层做法：包括面层和底层，构造常以厚 10 ~ 20 mm 水泥砂浆 1∶3 打底，找平，再以 5 ~ 10 mm 厚 1∶1.5 或 1∶2 的水泥砂浆抹面、压光。

（2）细石混凝土地面。

为了增强楼板层的整体性和防止楼面产生裂缝和起砂，也可在混凝土垫层上做 30 ~ 40 mm 厚 C20 细石混凝土层，在初凝时用铁滚滚压出浆水，抹平，待其终凝前用铁板压光。可在内配置 Φ4@200，以提高地面的整体性，满足抗震性。在细石混凝土内掺入一定量的三氯化铁，则可提高其抗渗性，成为耐油混凝土地面，其经济、施工简单、不易起尘。

（3）水磨石地面

这种地面具有表面光洁、整体性好、不易起尘、防水、防潮等特点，常用于公共建筑中的大厅、走道等。

一般做法是在混凝土垫层上用 15 mm 厚 1∶3 水泥砂浆打底、找平，再用玻璃条或铜条按设计的图案分格，玻璃条（或铜条）分格的作用是减少面层开裂的可能，也便于维修。分格条形状有正方形、长方形、多边形等，尺寸为 400 ~ 1 000 mm，如图 8-3-2（a）所示。

临时固定采用 1∶1 水泥砂浆，面层用 10 ~ 15mm 厚 1∶2 ~ 1∶1.5 水泥石子浆抹平，浇水养护，达到 70% 强度左右时用磨石机加水磨光，最后打蜡保护，如图 8-3-2（b）、（c）所示

水泥石子浆中的石子要求用颜色美观、中等硬度、易磨光的石子，多用白云石或彩色大理石石碴，粒径为 3 ~ 20 mm。水磨石有水泥本色和彩色两种，后者是用白色水泥加入颜料或彩色水泥制成。

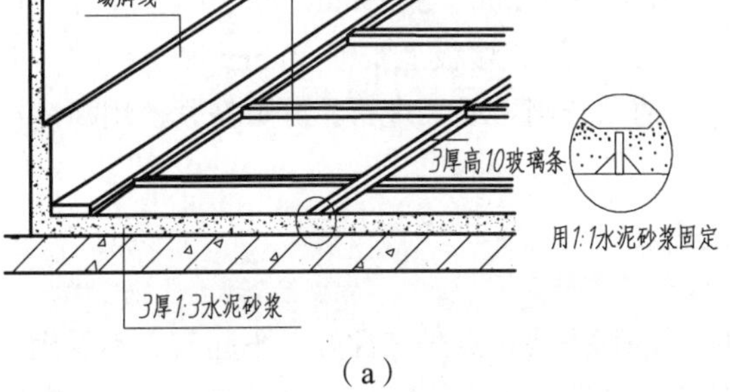

（a）

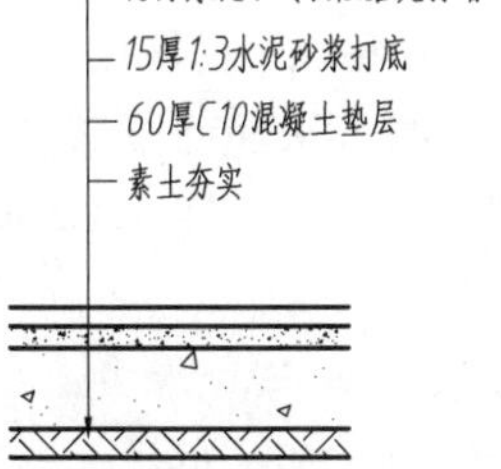

（b）

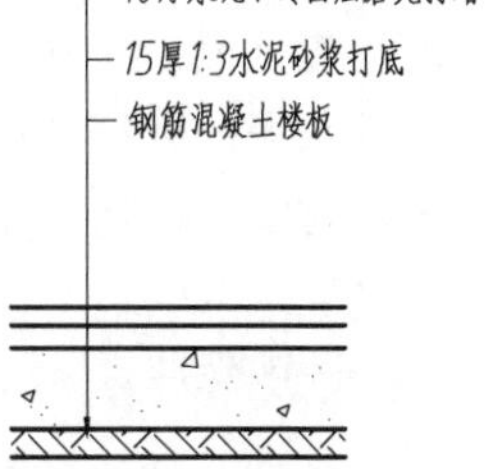

（c）

图 8-3-2　水磨石地面构造

2. 块材类地面

块材地面是指用胶结材料将预制加工好的块状地面材料如预制水磨石板、大理石板、花岗岩板、陶瓷锦砖、水泥砖等，用铺砌或粘贴的方式，使之与基层连接固定所形成地面。

块材式地面属于中、高档装饰，具有花色品种多样、可供拼图方案丰富以及强度高、刚性大、经久耐用、易于保持清洁、施工速度快、湿作业量少等优点。但这类地面属刚性地面，不具有弹性、保温、消声等性能，且具有造价偏高、工效偏低等缺点。

（1）缸砖、瓷砖、陶瓷锦砖地面。

缸砖、瓷砖、陶瓷锦砖的共同特点是质地坚硬、耐磨、耐水、耐酸碱、易清洁等，均属于小型块材，铺贴工艺类似。

一般做法是在混凝土垫层或楼板上抹 15～20 mm 厚 1∶3 水泥砂浆找平，再用 5～8 mm 厚 1∶1 水泥砂浆或水泥胶（水泥∶107 胶：水＝1∶0.1∶0.2）粘贴，最后用素水泥浆擦缝。陶瓷锦砖又称马赛克，是在整张铺贴后，用滚筒压平，使水泥砂浆挤入缝隙，待水泥砂浆硬化后，用草酸洗去牛皮纸后再用白水泥浆擦缝，如图 8-3-3 所示。

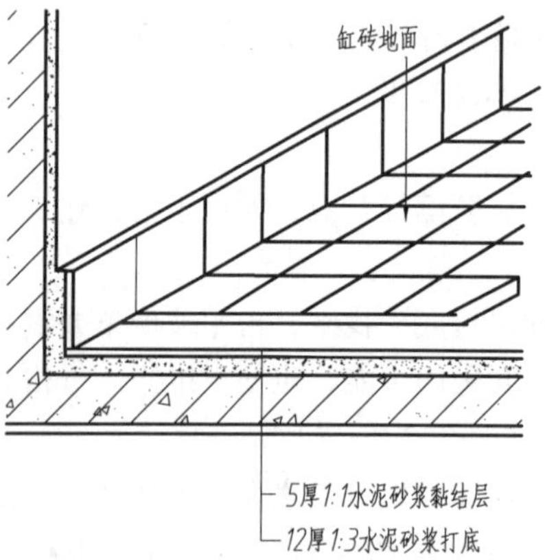

（a）

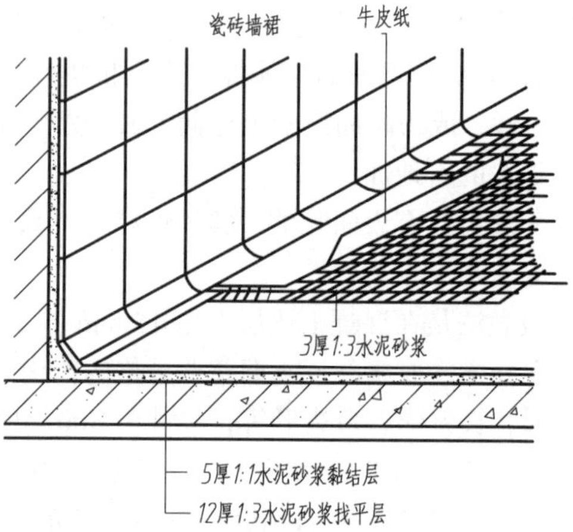

（b）

图 8-3-3　陶瓷锦砖地面

（2）花岗岩、大理石地面。

花岗岩、大理石板的尺寸一般为 300 mm × 300 mm～800 mm × 800 mm，厚 20～30 mm。铺设前应先预铺，合适后再正式粘贴。具体做法是在混凝土垫层或楼板上实铺 30 mm 厚 1∶（3～4）干硬性水泥砂浆结合层，上撒素水泥面或适量清水后铺贴花岗岩或大理石，缝隙挤紧，用橡皮锤或木槌敲实，最后用水泥浆擦缝，如图 8-3-4 所示。

3. 木地面

木地面是使用各种类型的木地板做成面层的地面，其主要特点是弹性好、不起灰、不返潮、易清洁、保温性好，但耐火性差，保养不善时易腐朽，且造价较高等特点，一般用于装修标准较高的住宅、宾馆、剧场、舞台、办公等建筑中。根据材质的不同，木地面可分为实木地板、实木复合木地板、强化复合木地板及软木地板；按构造方式不同有架空式、实铺式和粘贴式三种。

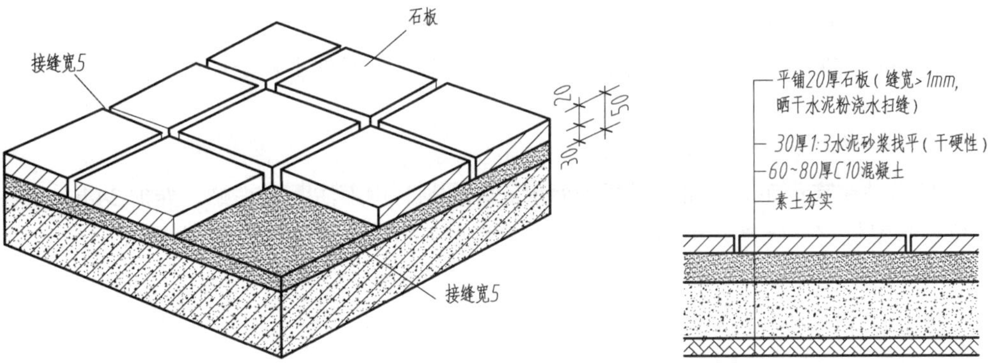

图 8-3-4　花岗岩地面

（1）实铺木地面：将木地板直接钉在钢筋混凝土基层上的木搁栅上。为了防腐，可在基层上刷冷底子油和热沥青，搁栅及地板背面满涂防腐油或煤焦油，如图 8-3-5（a）、（b）所示。

（2）架空式木地面：将木板架空铺设，使板下有足够的空间便于通风，以保持干燥，具体构造如图 8-3-5（c）所示。但由于其构造复杂，耗费木材较多，故一般用于环境干燥、对地面有较高弹性要求的场所，如舞台、运动场等有弹性要求的地面。

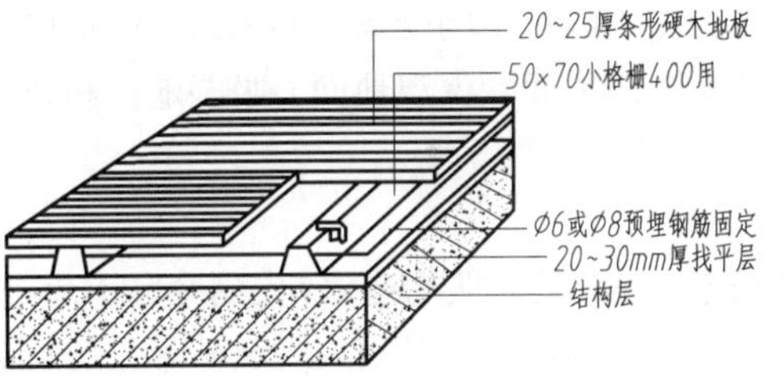

（a）实铺式地面（单层）

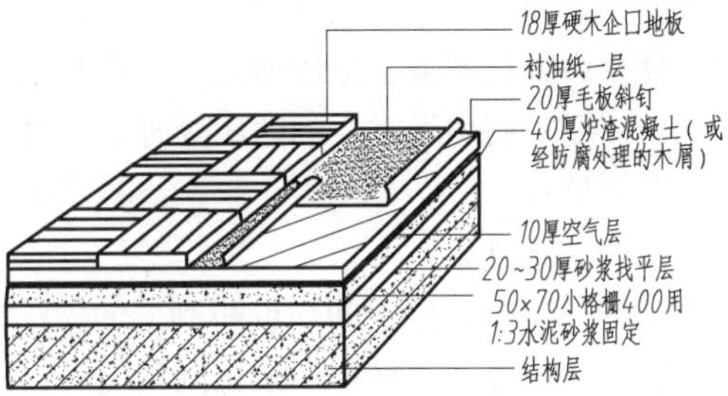

（b）实铺式木地面（双层）

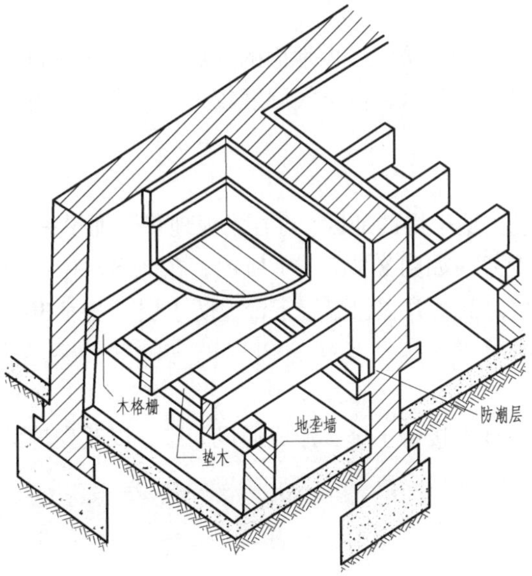

（c）架空式木地面

图 8-3-5　木地面构造

（3）粘贴木地面：先在钢筋混凝土基层上采用沥青砂浆找平，然后刷冷底子油一道，热沥青一道，用 2 mm 厚沥青胶环氧树脂乳胶等随涂随铺贴 20 mm 厚硬木长条地板。

4．卷材地面

卷材地面是在其背面、地面找平层表面满涂黏合剂，待不沾手时粘贴，养护 24 h。塑料地面具有耐磨、绝缘性好、吸水性小和一定的弹性等特点，但容易老化而失去光泽。

8.3.2　地面的特殊构造

由于地下水位、土壤中的水分、气候或者房间的功能要求不同，有些房间在必要时，其地面可增设特殊附加构造层次，如防止地面返潮的防潮层、防止水渗透的防水层、改善热工性能的保温层、隔绝撞击声而设的隔声层等。

1．地面防潮

由于底层地面与土层直接接触，土壤中的水分因毛细现象作用引起地面受潮，严重影响室内卫生和使用。当室内空气相对湿度较大时，由于地表温度较低会在地面产生结露现象，引起地面受潮，使室内人员不适，造成地面、墙面甚至家具霉变。为防止室内受潮，避免地面结构层受潮而破坏，需要对底层做必要的防潮处理。其做法一般有防潮地面、保温地面、吸湿地面和架空地坪层等防潮处理。

（1）防潮地面。

在地面垫层和面层之间加设防潮层的做法称为防潮地面。其一般构造为：先刷冷底子油一道，铺热沥青、油毡等防水材料，阻止潮气上升；也可在垫层下铺卵石、碎石或者粗砂等，切断毛细水的通路，如图 8-3-6（a）、（b）所示。

（2）吸湿地面。

指采用黏土砖、大阶砖、陶土防潮砖做地面的面层。由于这些材料中存在大量的空隙，当返潮时，面层会暂时吸收少量的冷凝水，待空气湿度较小时，水分又自动蒸发掉，因此地面不会感到明显的返潮现象。

（3）保温地面。

对于地下水位低、地基土壤干燥的地区，可在水泥地坪下铺设一层 150 mm 厚的 1∶3 水泥炉渣保温层，以降低地坪温度差，如图 8-3-6（c）所示。在地下水位比较高的地区，可以将保温层设置在混凝土结构层与面层之间，并在保温层下铺设防水层，上铺 30 mm 厚细石混凝土层，最后做面层，如图 8-3-6（d）所示。

（4）架空地面。

将底层地坪架空，使地坪不接触土壤，形成通风间层，以改变地面的温度状况，同时带走地下潮气。

2．地面防水

建筑物室内的厕所、盥洗室、淋浴房间由于使用功能的要求，往往容易积水，处理不当容易发生渗水、漏水现象。为了不影响房间的正常使用，应做好这些房间楼地层的排水和防水。

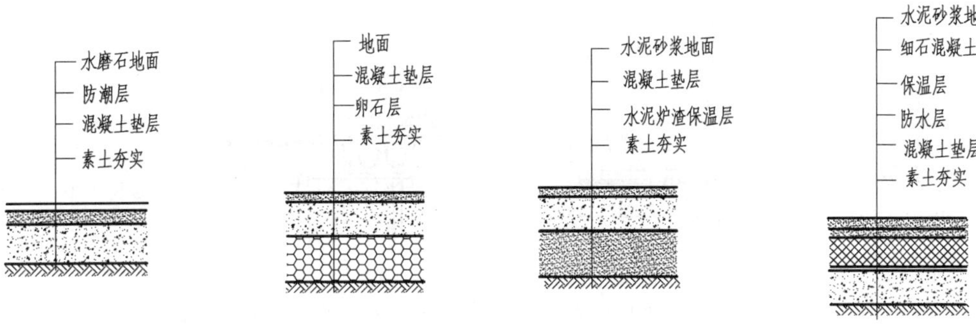

（a）设防潮层　（b）铺卵石层　（c）设保温层　（d）设保温层和防水层

图 8-3-6　地面防潮和保温

（1）楼地面排水。

为了使地面排水通畅，需将楼地面设置出一定的坡度，一般为 1%～1.5%，并在最低处设置地漏；且有水房间的地面的标高应比周围其他房间或走廊地面低出 20～30 mm，或在有水房间的门口做高为 20～30 mm 的门槛，如图 8-3-7 所示。

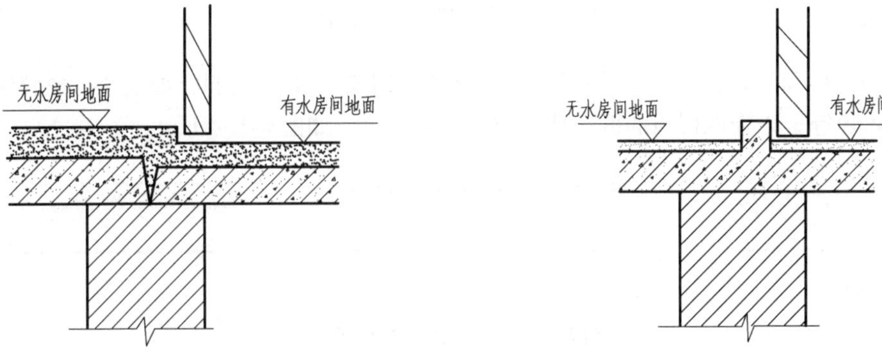

（a）地面低于无水房间　（b）与无水房间地面齐平，设门槛

图 8-3-7　有水房间地面标高处理

（2）楼地面防水。

一般以现浇钢筋混凝土楼板作为结构层，面层最好采用水泥砂浆、水磨石或贴缸砖、瓷砖、陶瓷锦砖等防水性能好的材料，在结构层和面层间增设防水层。常用的材料有防水砂浆、防水涂料和防水卷材等，同时防水材料应沿四周墙身上升 150～200 mm，见图 8-3-8（a）、（b）。

当有竖向设备管道穿越楼层时，应在管线管注意防水密封处理。一般在管道周围用 C20 细石混周围密实填充，再用防水卷材或涂料做密封处理。当遇热水管穿越楼板时，应在穿越处加套管，套管高出 30 mm，见图 8-3-8（c）、（d）。

3. 地面隔声

为避免上下楼层之间的相互干扰，楼层应满足一定的隔声要求。噪声的传播主要有两种途径：一是固体传声，如楼上人的行走、家具的拖动、撞击楼板等声音；二是空气传声。楼层隔声的重点是隔绝固体传声，减弱固体的撞击能量，可以采用以下几点措施：

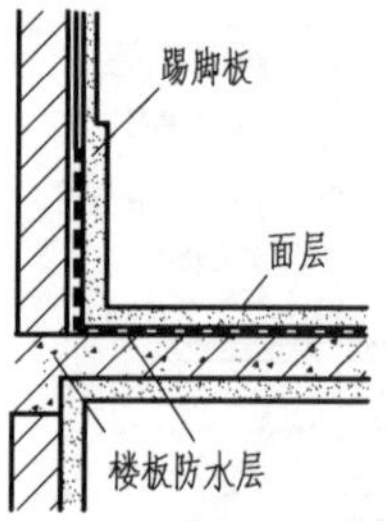

（a）防水层沿周边上卷

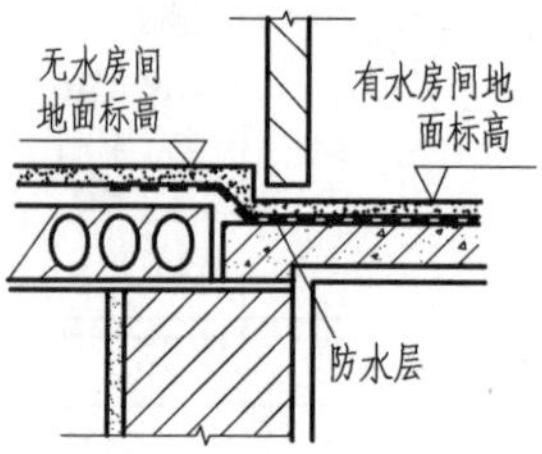

（b）防水层向无水房间延伸

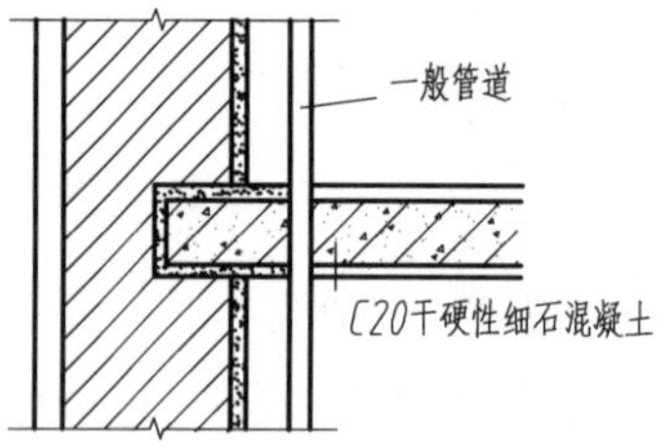

（c）一般立管穿越楼层

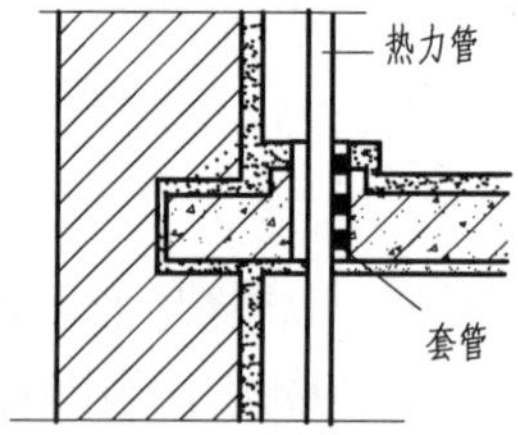

（d）热力立管穿越楼层

图 8-3-8　楼地层防水细部构造

（1）采用弹性面层材料：目前最常见的就是在楼层上铺设弹性材料，如地毯、橡胶地毡、塑料地毡、软木板等，以降低楼板的振动从而减弱固体传声，如图 8-3-9 所示。

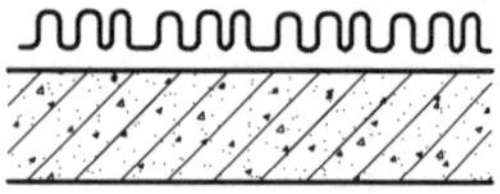

（a）铺地毯

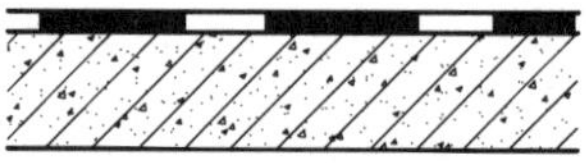

（b）铺各种地毡

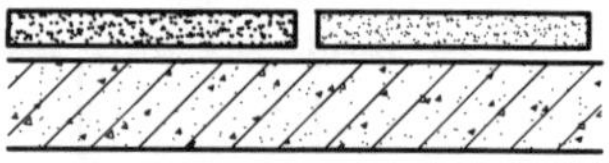

（c）铺贴软木板

图 8-3-9　弹性地面的铺设

（2）采用弹性垫层材料：在楼板结构层与面层之间铺设片状、条状、块状的弹性垫层材料，如木丝板、甘蔗板、苯板、半刚性岩棉，使面层与结构层分开，形成浮筑层，以达到隔声的目的，如图 8-3-10（a）所示。

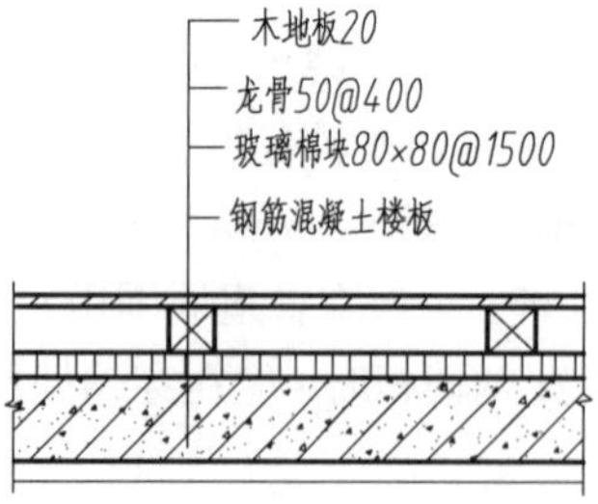

（a）弹性垫层

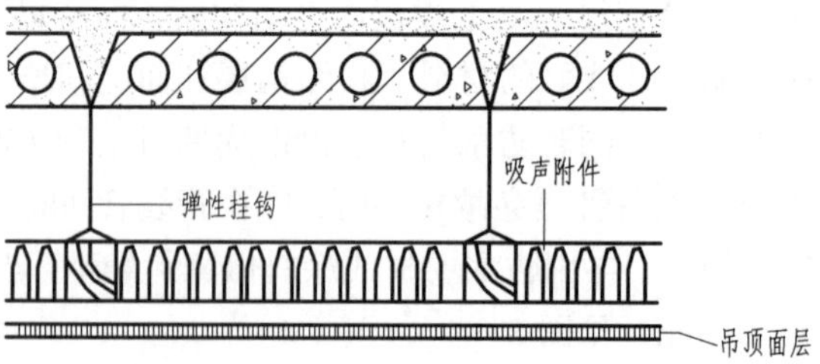

（b）吊顶

图 8-3-10　地面隔声构造

（3）增设吊顶：在楼层下设吊顶，利用隔绝空气声来阻止声音传播，达到隔声目的，其效果主要取决于吊顶面层材料，故尽量选用密实、吸声、整体性好的材料，如图 8-3-10（b）所示。

8.3.3 地面的细部构造

1. 踢脚板和墙裙

地面与墙面交接处的垂直部位，在构造上，通常按地面的延伸部分来处理，这一部分称为踢脚线，也称为踢脚板。它的主要功能是保护墙面，防止墙面因受外界的碰撞损坏，或者清洗地面时，脏污墙面。踢脚线的高度一般为 120 ~ 150 mm。为了施工方便和与地面协调起见，踢脚线的材料基本上与地面材料一致，如图 8-3-11 所示。

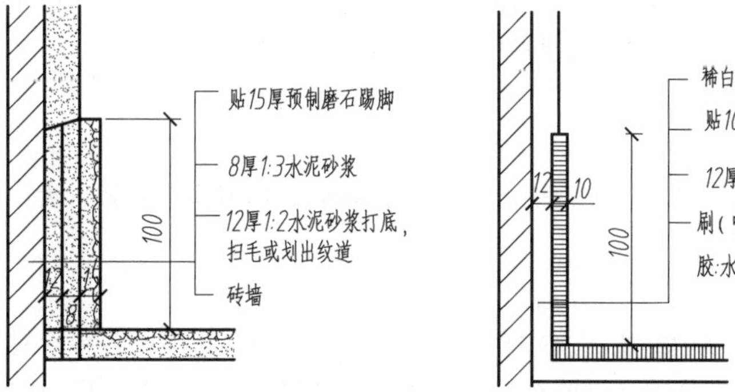

图 8-3-11 预制水磨石踢脚和地砖踢脚

墙裙是踢脚的延续。通常比踢脚做得更高，也是为了保护和装饰内部墙体所做的装饰层，现在主要用于厨房和卫生间内墙装饰。为了防水防潮，一般其高度大于 1 500 mm，基本直接做满整个墙面，其构造做法如图 8-3-12 所示。

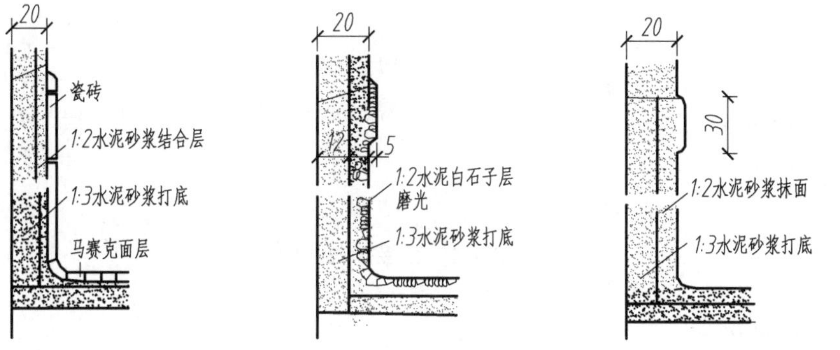

（a）贴瓷砖　　（b）水磨石　　（c）水泥砂浆抹灰

图 8-3-12 地面隔声构造

2. 踢脚板构造

踢脚板是楼地面和墙面相交处的一个重要构造节点，高度一般为 100 ~ 300 mm，它的材料与楼面的材料基本相同，并与地面一起施工。踢脚板主要作用是遮盖楼地面与墙面的接缝，保护墙面。踢脚板构造处理主要解决两个问题：踢脚板的固定，踢脚板与地面、墙面相交处的处理。常见的踢脚板构造处理如图 8-3-11 所示。

8.4 顶棚的构造

顶棚又称天棚或天花板。普通房间的顶棚表面平整、光洁。某些特殊房间顶棚要求有隔声、防火、保温、隔热、隐蔽管线等功能。按构造方式不同，顶棚分为直接顶棚和吊顶棚。

8.4.1 直接顶棚构造

直接顶棚是指在钢筋混凝土楼板下直接喷刷涂料、抹灰或粘贴饰面材料而形成的一般顶棚，其施工工艺简单、造价低，广泛应用于大量民用建筑中。常有以下几种做法：

1. 直接喷、刷涂料顶棚

当楼板底面平整或室内装饰要求不高时，直接在楼板底面喷或刷石灰浆、大白浆或涂料。

2. 直接抹灰顶棚

当楼板底面不够平整或室内装饰要求较高时，可在板底先抹灰再喷刷各种涂料。顶棚抹灰所用的材料可为水泥砂浆、混合砂浆、纸筋灰等。具体做法是先在板底打毛，再一次性或分几次抹灰成型，其抹灰的厚度一般控制在 10 mm 左右，如图 8-4-1 所示。

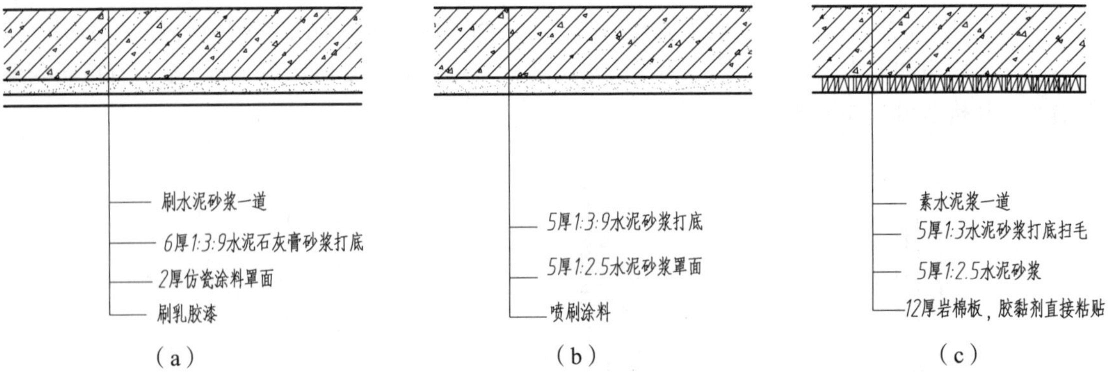

图 8-4-1 直接抹灰顶棚

3. 直接贴面顶棚

对某些有保温、隔热、吸声要求的房间以及天棚装饰要求较高的房间，可在楼板底面直接粘贴装饰墙纸、泡沫塑料板、岩棉板、铝塑板等。具体做法是在楼板底面用砂浆打底找平后，用胶黏剂粘贴墙纸、泡沫塑料板等。

8.4.2 吊顶棚构造

吊顶棚是指装修表面与楼面（屋面）板之间有一定的空间，可以将设备管线和结构隐藏起来，对有特殊的功能要求、艺术处理，或为降低局部顶棚高度时，常将天棚悬吊于楼板下一定距离，形成吊顶。吊顶一般由吊筋、骨架和面层三部分组成。

1. 吊　筋

吊筋又称吊杆，是连接骨架与承重结构层的传力构件，其形式和材料的选择与吊顶的自重及骨架的形式和材料有关，常用 ϕ6 ~ ϕ8 钢筋、8 号铅丝或 ϕ8 螺栓，固定方式有预埋锚固、预埋筋锚固、膨胀螺栓锚固和射钉锚固，如图 8-4-2 所示。

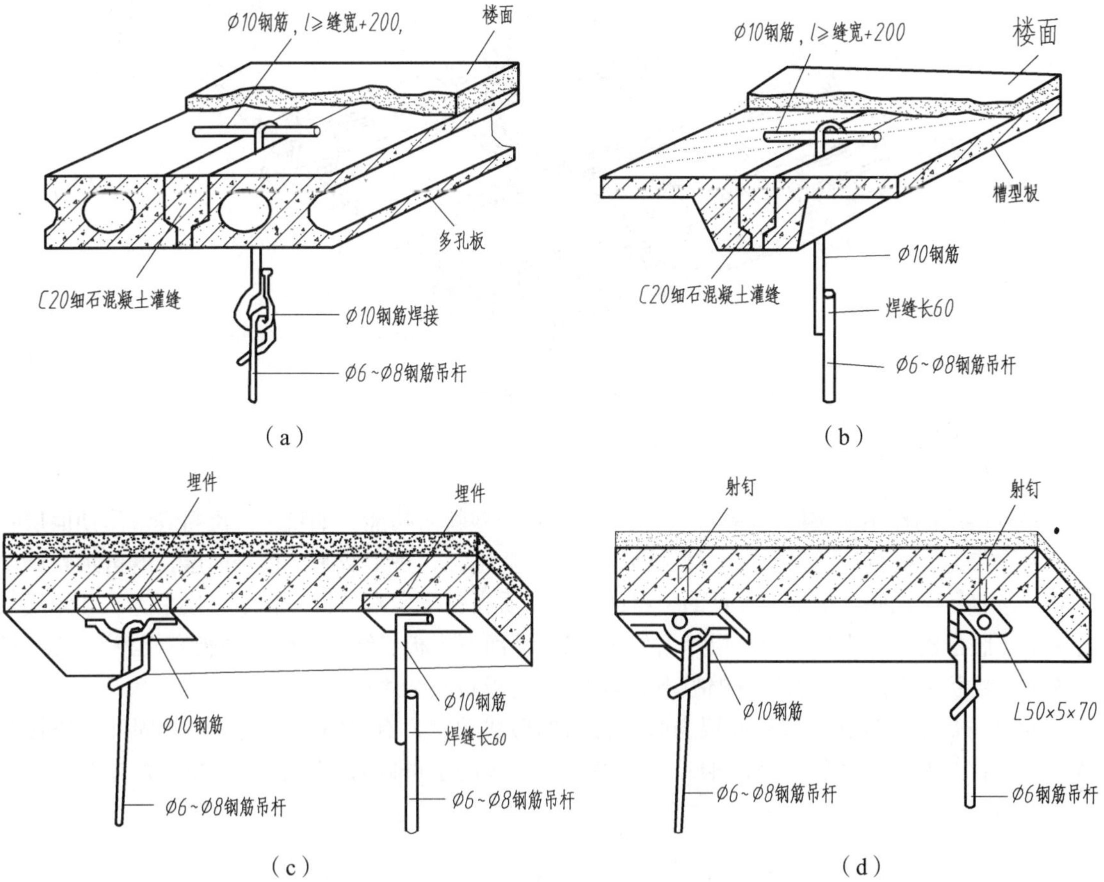

图 8-4-2　吊杆与结构板的连接

2. 骨　架

骨架主要由主、次龙骨（搁栅）组成，主要承受顶棚荷载并由吊筋将荷载传递给屋顶或楼板结构层。按其材料的不同，有木骨架和金属骨架两大类，目前多采用轻钢龙骨和铝合金龙骨。

轻钢龙骨一般用特制的型材，断面多为 U 形或 C 形，又称 U 形龙骨系列和 UC 形龙骨系列。U 形龙骨系列由大龙骨、中龙骨、小龙骨及各种连接件组成。大龙骨按其承载能力分为轻型大龙骨、中型大龙骨和重型大龙骨，其高度分别为 30 ~ 38 mm、45 ~ 50 mm、60 ~ 100 mm；中龙骨截面宽度为 30 mm 或 60 mm；小龙骨截面宽度为 25 mm。

铝合金龙骨有 T 形、U 形、LT 形以及各种特制龙骨，应用较多的是 LT 形龙骨。LT 形龙骨由大龙骨、中龙骨、小龙骨、边龙骨及各种连接件组成。大龙骨按其承载能力分为轻型系列、中型系列和重型系列，断面尺寸与轻钢龙骨的大龙骨相似。中龙骨、小龙骨的截面为 T 形，截面高度为 32 mm；边龙骨的截面为 L 形，截面高度为 22 mm，如图 8-4-3 所示。

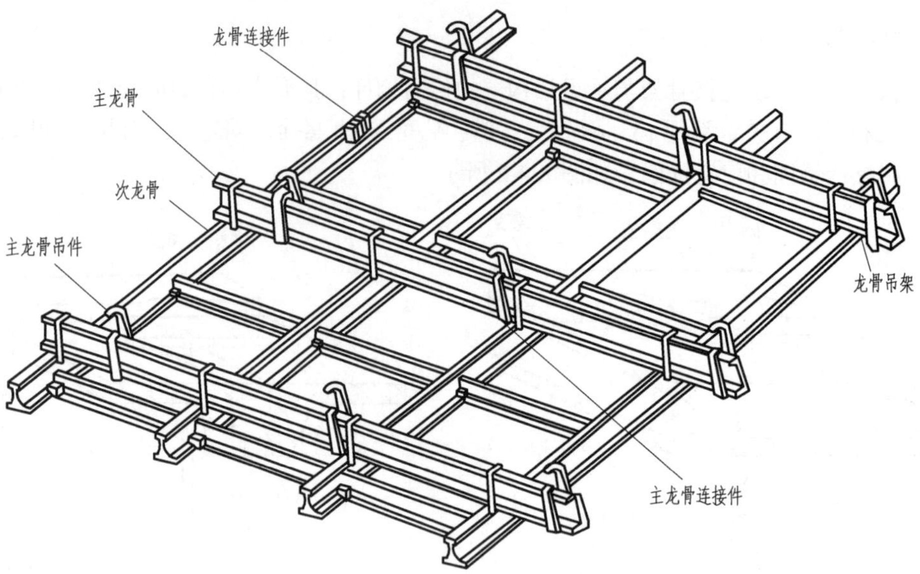

图 8-4-3　龙骨骨架

3. 面　层

吊顶面层的作用是装饰室内空间，同时也具备一些特定功能，如吸声、反射等。吊顶面层一般分为抹灰类、板材类及格栅类。抹灰面层为湿作业施工，费工费时；板材面层，既可加快施工速度，又容易保证施工质量。常见的板材面层有木质板材（实木条板（杉木、松木等）和木质人造板材（胶合板、纤维板、刨花板等）、石膏板（纸面石膏板、纸面石膏装饰吸声板等）、无机纤维板（矿棉装饰吸声板、水泥石棉吸声板等）、塑料板材及金属板材等。

面层与骨架的连接一般视面层与骨架材料的形式而定，有的需要连接件、紧固件等连接材料，如螺钉、螺栓、圆钉、特制卡具、胶黏剂等，有的也可以直接搁置或挂扣在龙骨上不需要连接材料。

8.5　阳台、雨篷

阳台是多层和高层建筑中人们接触室外的平台，可以供使用者在上面休息、眺望、晾晒衣物或从事其他活动。同时，良好的阳台造型设计还可以增加建筑物的外观美感。雨篷是房屋的入口处为了保护外门免受雨淋而设置的水平构件。

8.5.1　阳台类型

1. 阳台的类型和设计要求

（1）阳台类型。

① 按位置分：阳台按其与外墙面的关系分为挑阳台、凹阳台、半挑半凹阳台；如图 8-5-1 所示。按其在建筑中所处的位置可分为中间阳台和转角阳台。

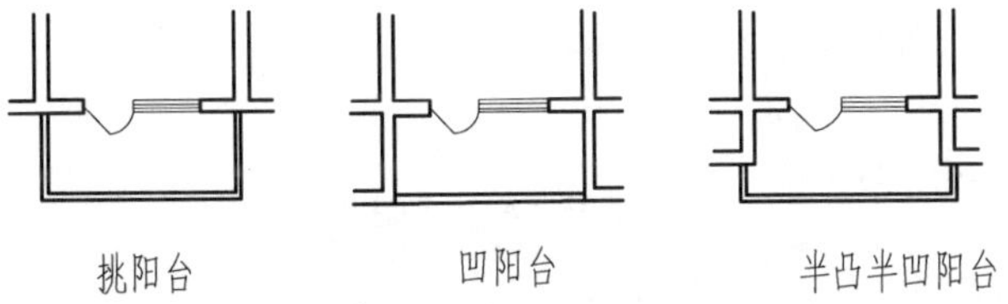

图 8-5-1　阳台类型

② 按功能分：阳台按使用功能不同又可分为生活阳台（靠近卧室或客厅）和服务阳台（靠近厨房），由承重梁、板和栏杆组成。

（2）设计时应满足的要求。

① 安全适用。

悬挑阳台的挑出长度不宜过大，应保证在荷载作用下不发生倾覆现象，以 1.2 ~ 1.8 m 为宜。低层、多层住宅阳台栏杆净高不低于 1.05 m，中高层住宅阳台栏杆净高不低于 1.1 m，但也不大于 1.2 m。阳台栏杆形式应防坠落（垂直栏杆间净距不应大于 110 mm）、防攀爬（不设水平栏杆），以免造成恶果。放置花盆处，也应采取防坠落措施。

② 坚固耐久。

阳台所用材料和构造措施应经久耐用，承重结构宜采用钢筋混凝土，金属构件应做防锈处理，表面装修应注意色彩的耐久性和抗污染性。

③ 排水顺畅。

为防止阳台上的雨水流入室内，设计时要求将阳台地面标高低于室内地面标高 60 mm 左右，并将地面抹出 2% 左右的排水坡将水导入排水孔，使雨水能顺利排出。

还应考虑地区气候特点：南方地区宜采用有助于空气流通的空透式栏杆，而北方寒冷地区和中高层住宅应采用实体栏杆，并满足立面美观的要求，为建筑物的形象增添风采。

2. 阳台结构布置方式

（1）挑梁式。

从横墙内外伸挑梁，其上搁置楼板，这种结构布置简单、传力直接明确、阳台长度与房间开间一致。挑梁根部截面高度 H 为（1/6 ~ 1/5）L（L 为悬挑净长），截面宽度为（1/3 ~ 1/2）H。为美观起见，可在挑梁端头设置面梁，既可以遮挡挑梁头，又可以承受阳台栏杆重量，还可以加强阳台的整体性。

（2）挑板式。

当楼板为现浇楼板时，可选择挑板式，悬挑长度一般为 1.2 m 左右。即从楼板外延挑出平板，板底平整美观而且阳台平面形式可做成半圆形、弧形、梯形、斜三角等各种形状。挑板厚度不小于挑出长度的 1/12。

（3）压梁式。

阳台板与墙梁现浇在一起，墙梁的截面应比圈梁大，以保证阳台的稳定，而且阳台悬挑不宜过长，一般为 1.2 m 左右，并在墙梁两端设拖梁压入墙内。

3. 阳台的其他构造

（1）阳台栏杆。

阳台栏杆是设置在阳台外围的垂直构件，主要供人们倚扶之用，以保障人身安全，且对整个建筑物起装饰美化作用，如图 8-5-2 所示。

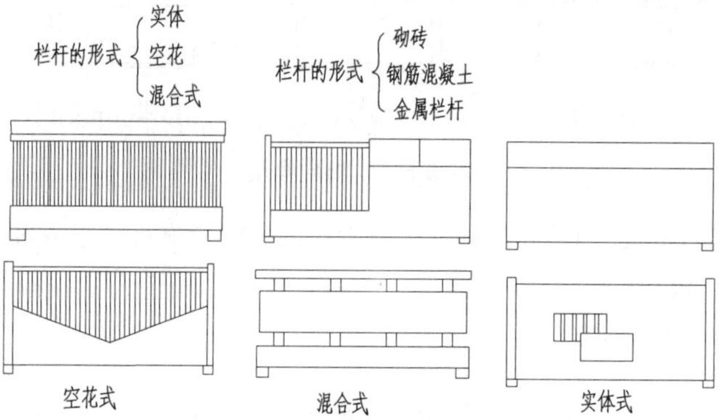

图 8-5-2　阳台栏杆构造

（2）细部构造。

阳台细部构造主要包括栏杆与扶手的连接、栏杆与面梁（或称止水带）的连接、栏杆与墙体的连接、栏杆与花池的连接等。

① 阳台扶手构造。

扶手是供人们手扶使用的，阳台上的扶手常使用的材料有砖、金属、钢筋混凝土等，具体构造见图 8-5-3。

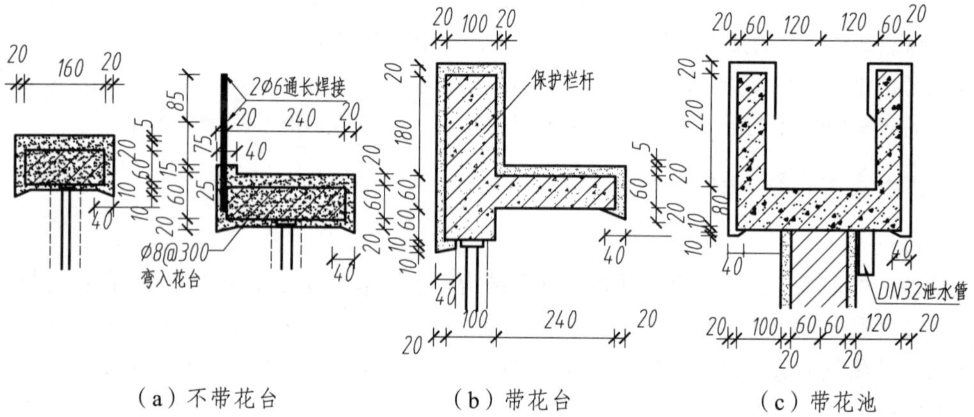

图 8-5-3　阳台扶手构造

② 栏杆与扶手的连接方式有焊接、现浇等，如图 8-5-4 所示。

③ 栏杆与面梁或阳台板的连接方式有焊接、榫接坐浆、现浇等，见图 8-5-5。

④ 扶手与墙的连接，应将扶手或扶手中的钢筋伸入外墙的预留洞中，用细石混凝土或水泥砂浆填实固牢；现浇钢筋混凝土栏杆与墙连接时，应在墙体内预埋 240 mm × 240 mm × 120 mm C20 细石混凝土块，从中伸出 2φ6，长 300 mm，与扶手中的钢筋绑扎后再进行现浇，见图 8-5-6。

（3）阳台的排水。

阳台排水有外排水和内排水两类。外排水适用于低层和多层建筑，即在阳台外侧设置泄水管将水排出。内排水适用于高层建筑和高标准建筑，即在阳台内侧设置排水立管和地漏，将雨水直接排入地下管网，保证建筑立面美观，见图 8-5-7。

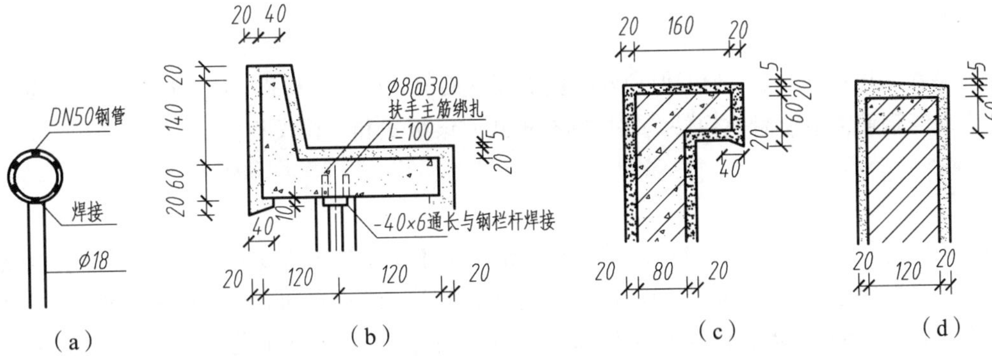

图 8-5-4　栏杆与扶手的连接

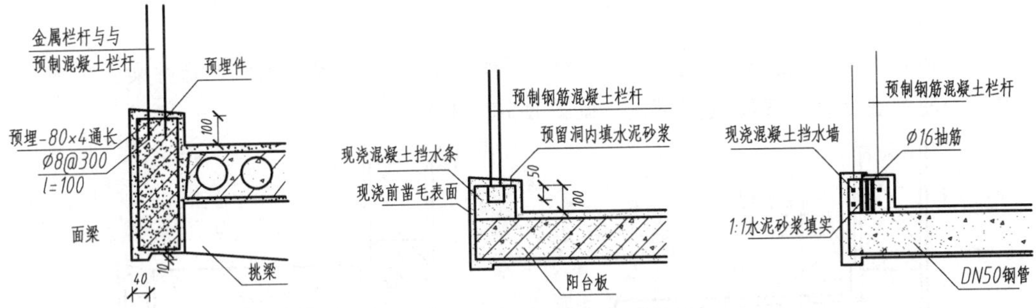

图 8-5-5　栏杆与面梁或阳台板的连接

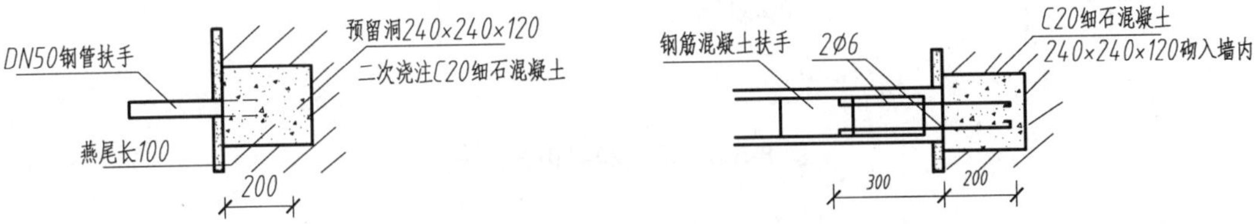

图 8-5-6　扶手与墙体的连接

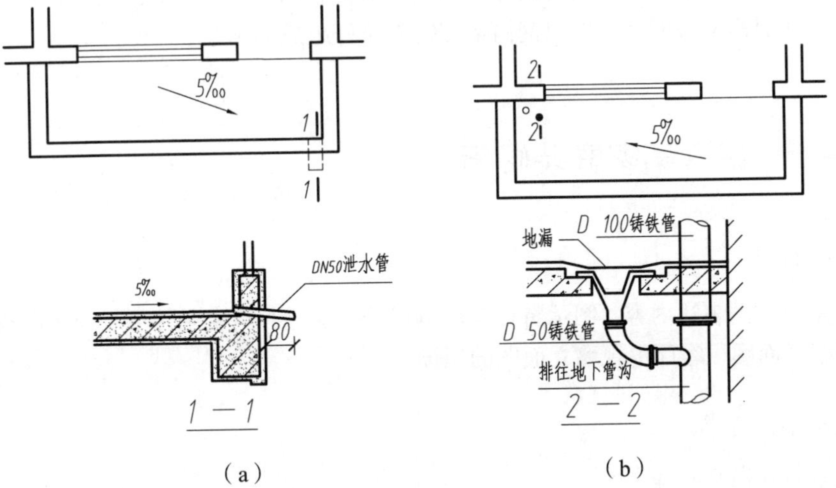

图 8-5-7　阳台排水构造

8.5.2 雨篷类型

雨篷是在房屋的入口处，为了保护外门免受雨淋而设置的水平构件，并具有一定的装饰作用。雨篷多为现浇钢筋混凝土悬挑构件，常用的有板式、梁板式和吊挂式三种。

1. 板　式

板式雨篷外挑长度一般为 0.9 ~ 1.5 m，板根部厚度不小于挑出长度的 1/8，且不小于 70 mm，雨篷宽度比门洞每边宽 250 mm，雨篷排水方式可采用无组织排水和有组织排水两种。雨篷顶面距过梁顶面 250 mm 高，板底抹灰可抹 1 : 2 水泥砂浆内掺 5% 防水剂的防水砂浆 15 mm 厚，多用于次要出入口，见图 8-5-8（a）。

2. 梁板式

梁板式雨篷多用在宽度较大的入口处，如影剧院、商场等主要出入口处悬挑梁从建筑物的柱上挑出，为使板底平整，多做成倒梁式，见图 8-5-8（b）。

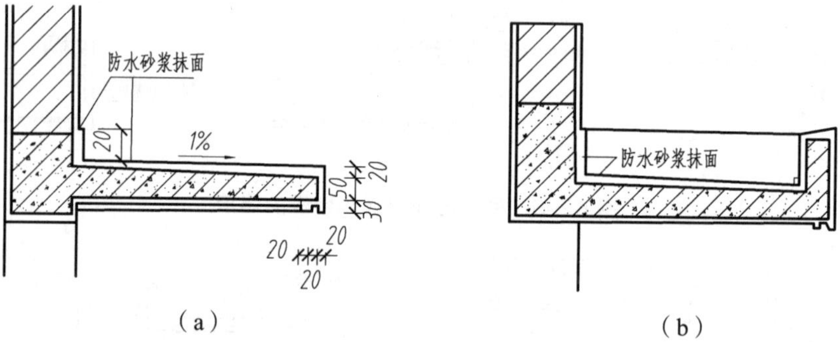

图 8-5-8　板式和梁板式雨篷

3. 吊挂式

对于钢构架金属雨篷和玻璃组合雨篷常用钢斜拉杆，以抵抗雨篷的倾覆。有时为了建筑立面效果的需要，立面挑出跨度大，也用钢构架带钢斜拉杆组成的雨篷。

技能训练 5：识读某家庭装修施工图

1. 识读目的

熟悉装修施工图表达内容、图示特点及图例代号，能进行给定条件下装饰平面布置图、地面布置图、顶棚平面图、客厅电视墙立面图的识读。

2. 识读背景资料

（1）某家庭装饰装修施工图。

（2）该施工图除标高以 m 计外，其余均以 mm 计。
（3）墙体结构类型为砖混结构，墙体未注明者厚为 240 mm。
（4）房屋层高为 3.0 m，净高为 2.88 m。

3. 识读任务

（1）按平面布置图上应明白住宅房间功能分区。
（2）在地面布置图上统计客厅、主卧、卫生间的净尺寸、净面积、地面材质的类型和规格。
（3）在顶棚平面图上统计客厅、主卧、卫生间的顶棚标高、净尺寸、净面积、顶棚的材质类型和规格。
（4）客厅电视墙立面图尺寸、面积、材质的类型和规格。

4. 统计图中各房间装饰做法

装饰施工统计表

序号	部位	房　间	材料种类	材料规格	单位	材料用量	备注
1	地面面	客　厅					
		主　卧					
		卫生间					
2	顶棚面	客　厅					
		主　卧					
		卫生间					
3	统计电视墙材料名称及种类						

附一：某家庭装修施工图

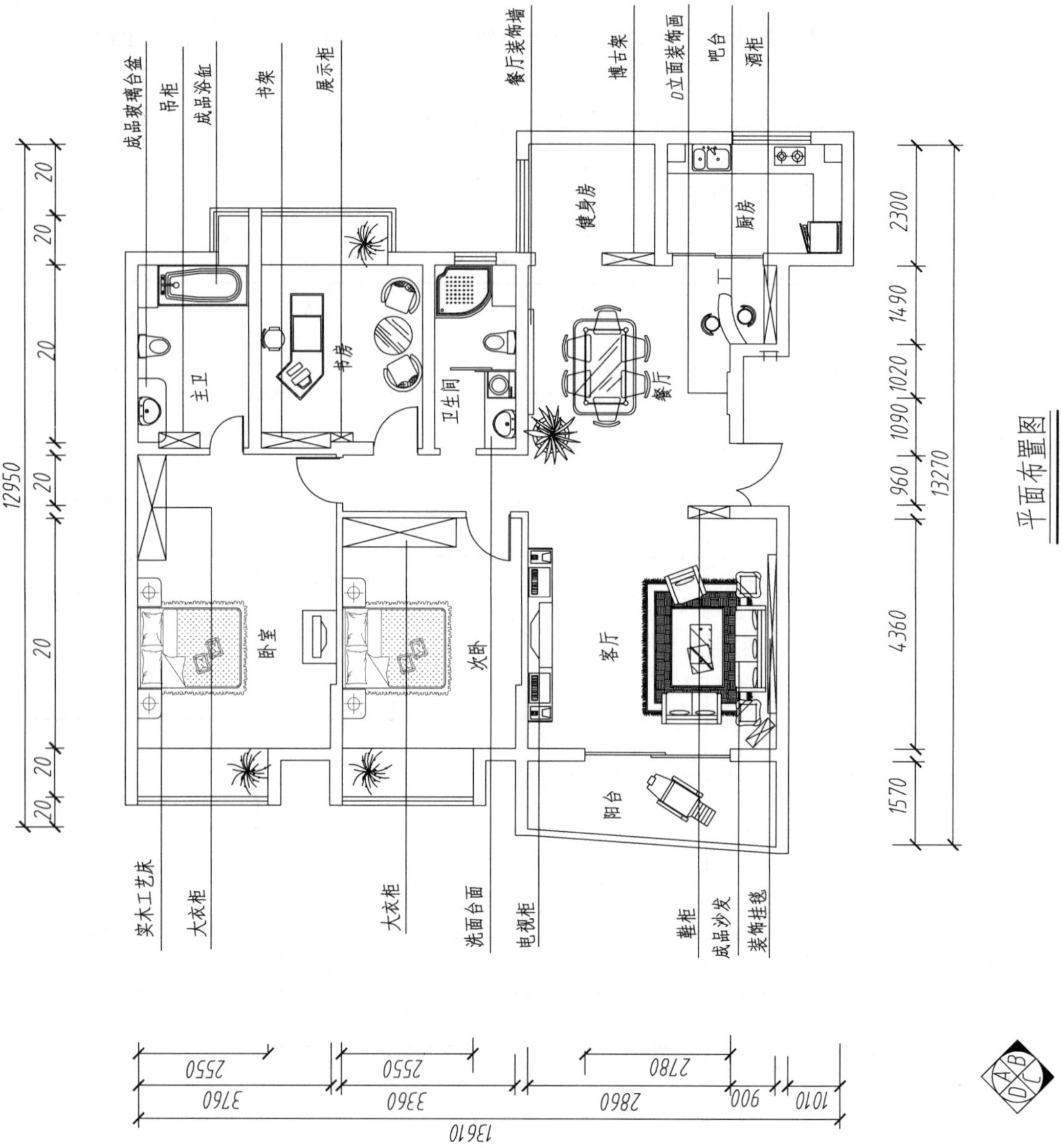
成品玻璃台盆
吊柜
成品浴缸
书架
展示柜
餐厅装饰墙
博古架
D立面装饰画
吧台
酒柜
健身房
厨房
主卫
书房
卫生间
餐厅
卧室
次卧
客厅
阳台
实木工艺床
大衣柜
大衣柜
洗面台面
电视柜
鞋柜
成品沙发
装饰挂毯
12950
13270
2300
1490
1020
1090
960
4360
1570
2550
2550
2780
3760
3360
2860
900
1010
13610
平面布置图

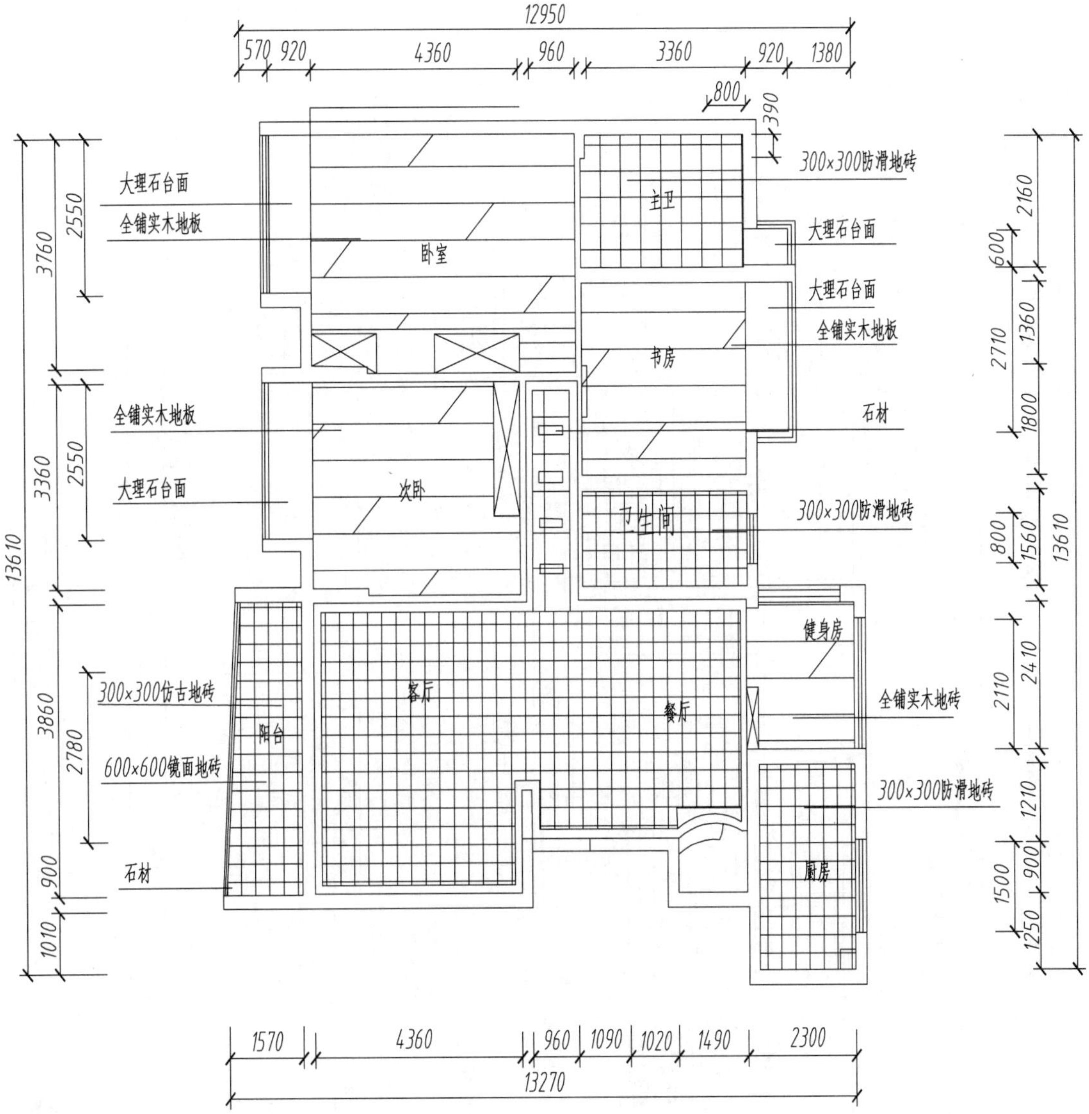
12950
570
920
4360
960
3360
920
1380
800
390
大理石台面
全铺实木地板
卧室
主卫
300×300防滑地砖
大理石台面
大理石台面
全铺实木地板
书房
石材
全铺实木地板
大理石台面
次卧
卫生间
300×300防滑地砖
健身房
300×300仿古地砖
客厅
餐厅
阳台
全铺实木地砖
600×600镜面地砖
300×300防滑地砖
石材
厨房
3760
2550
3360
2550
13610
3860
2780
900
1010
2160
600
2710
1360
1800
800
1560
13610
2410
2110
1210
1500
900
1250
1570
4360
960
1090
1020
1490
2300
13270

地面布置图

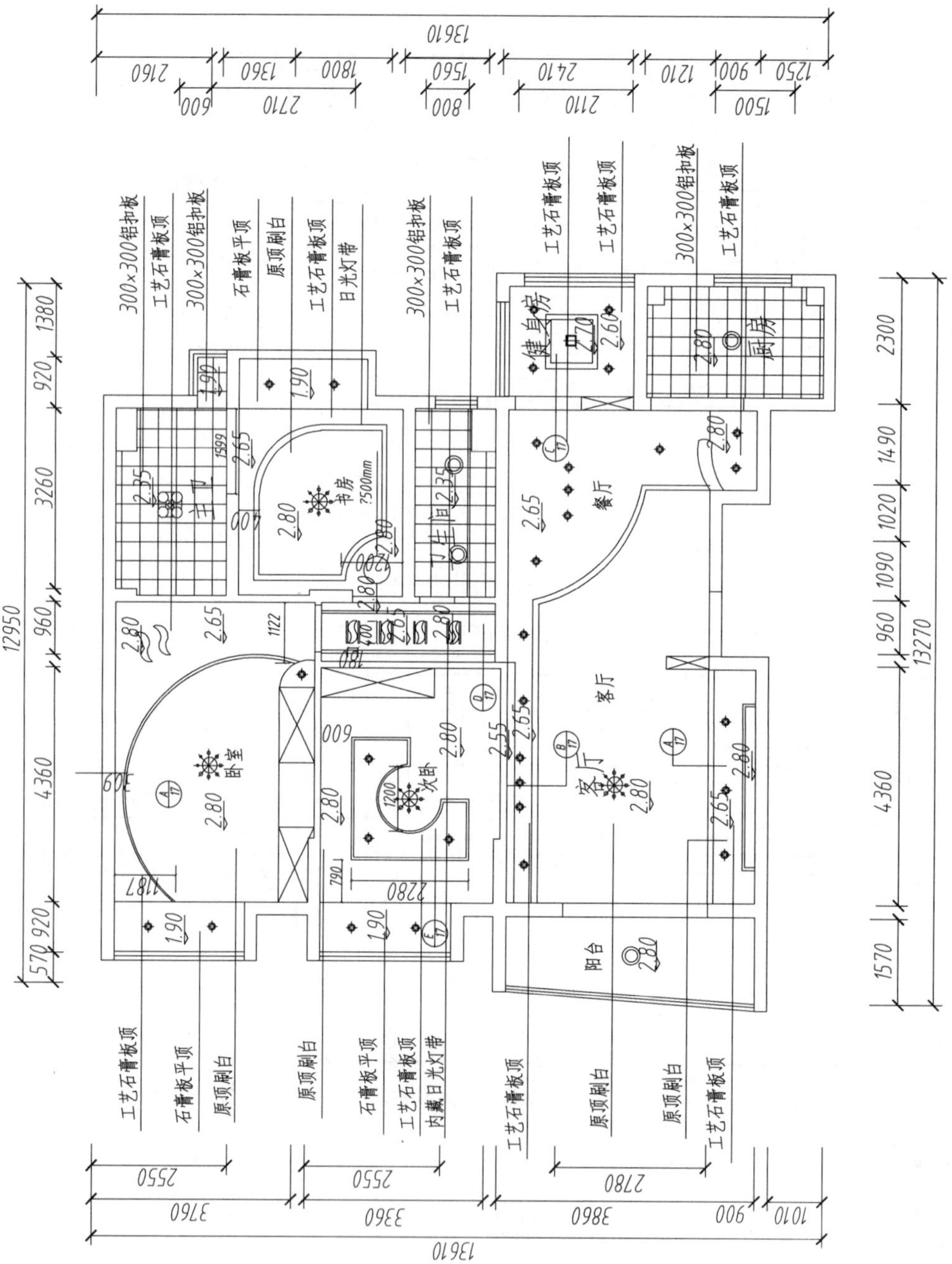
卧室
次卧
书房
主卫
卫生间
客厅
餐厅
健身房
厨房
阳台
工艺石膏板顶
石膏板平顶
原顶刷白
内藏日光灯带
日光灯带
300×300铝扣板
13610
12950
13270

顶面布置图

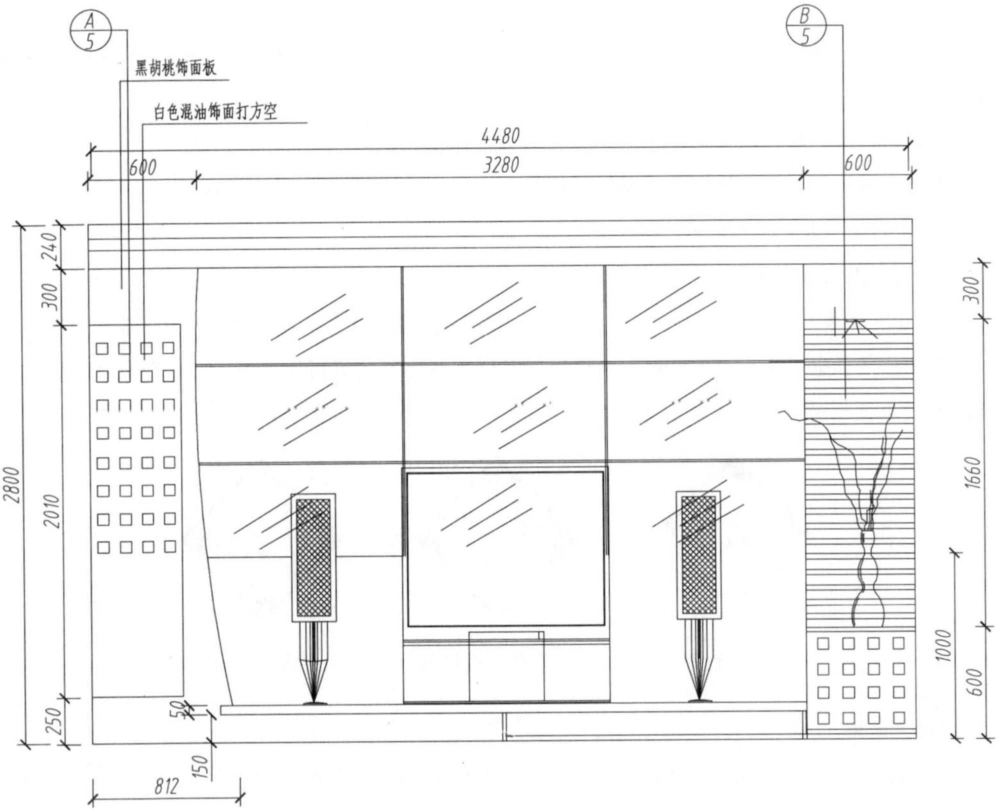

客厅电视墙立面图

准备知识 4——装饰施工图

建筑施工图是装饰施工图的重要基础，装饰施工图又是建筑施工图的延续和深化，更详细地表达了建筑空间的装饰做法及整体效果。

装饰施工图是用于表达建筑物室内室外装饰美化要求的图样，是以透视效果图为主要依据，采用正投影等投影法反映建筑的装饰结构、装饰造型、饰面处理以及家具、陈设、绿化布置的内容。其既反映民墙、地、顶棚三个界面的装饰结构、造型处理和装修做法，又图示了家具、织物、陈设、绿化等的布置及至于制作详图。

图纸内容一般有平面布置图、顶棚平面图、装饰立面图、装饰剖面图和节点详图等。

装饰施工图基本上是沿用建筑制图规范，其图示方法、尺寸标注、图例代号等与建筑制图基本一致。

1. 平面布置图

平面布置图是假想用一水平的剖切平面，沿需装饰的房间的门窗洞口处作水平全剖切，移去上面部分，对剩下部分所作的水平正投影图。

平面布置图的比例一般采用 1∶100、1∶50，内容比较少时采用 1∶200。

（1）平面布置图的图示内容：

① 图上有三种尺寸：一是建筑结构体的尺寸；二是装饰布局和装饰结构的尺寸（主要以净尺寸为准）；三是家具、设备等尺寸。

② 表明装饰结构的平面布置、具体形状及尺寸，以及表明饰面的材料和工作要求。

续上表

③ 室内家具、设备、陈设、织物、绿化的摆放位置及说明。

④ 表明门窗的开启方式及尺寸。

⑤ 画出各面墙的立面投影符号（或剖切符号）。

（2）关于内视符号。

为了表达室内立面在平面图中的位置，应在平面图上用内视符号注明视点位置、方向和立面编号。

内视符号用直系 8～12 细实线圆圈加实心箭头和字母表示。箭头和字母所在的方向表示立面图的投影方向，同时相应字母也被作为对应立面图的编号。例如箭头指向 *A* 方面的立面图补称之为 *A* 立面图，箭头指向 *B* 方向的立面图补称之为 *B* 立面相等。

单面内视符号　　双面内视符号　　四面内视符号

2. 顶棚平面图

顶棚平面图是用一个假想的水平剖切平面，沿需装饰房间的门窗洞口处作水平全剖切，移去下面部分，对剩余的上面部分所作的镜像投影就是顶棚平面图（镜像投影是镜面中反射图像的正投影）。顶棚平面图用于反映房间顶面的形状、装饰做法及所属设备的位置、尺寸等内容。

顶棚平面图图示内容包括：

反映顶棚范围内的装饰造型及尺寸。

反映顶棚所用的材料规格、灯具、灯饰、空调风口及消防报警等装饰内容及设备的位置等。

3. 装饰立面图的内容

装饰立面图主要反映墙面的装饰造型、饰面处理、剖切到的顶棚的断面形式以及投影到的灯具或风管等室内内容。

装饰立面图所用的比例为 1∶100、1∶50、1∶25；室内墙面的装饰立面图一般选用的比例较大，为 1∶80。

装饰立面图的图示内容：

（1）在图中用相对于本层地面的标高，标注地台、踏步等的位置尺寸。

（2）顶棚面的距地标高及其叠加级造型的相关尺寸。

（3）墙面造型的样式及饰面的处理；门窗的位置、形式及墙面、顶棚面上的灯具及其他设备。

（4）固定家具、壁灯、挂画等在墙面中的位置、立面形式和主要尺寸。

4. 详图的内容

在装饰平面图、顶棚图和内墙立面图识读完之后，有一些装饰内容需绘制剖面图与节点详图，以表达内部构造和装饰面与建筑结构的相互关系。

续上表

5. 补充常见装饰图例

名　称	图　例	名　称	图　例	名　称	图　例
双人床	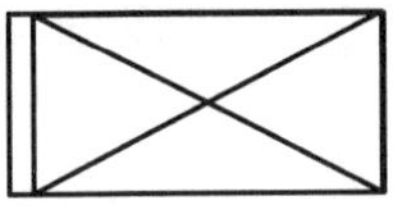	浴　盆	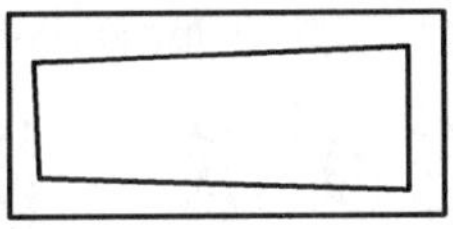	灶　具	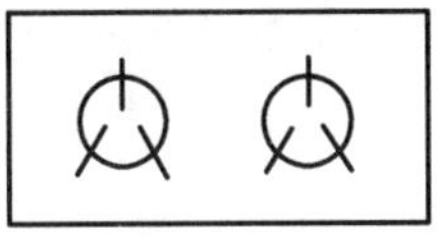
单人床	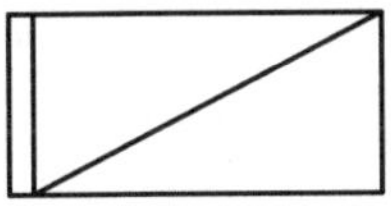	蹲便器		洗衣机	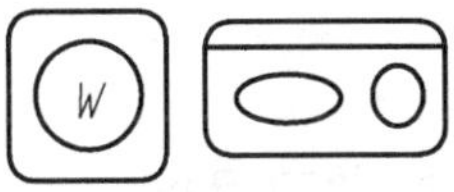
沙　发	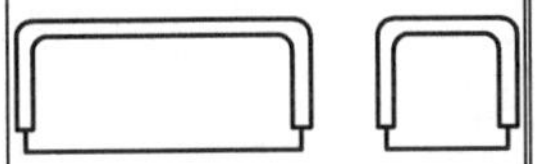	坐便器		空调器	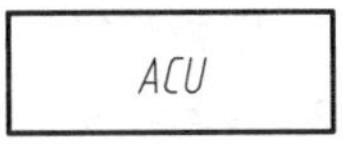
凳、椅		洗手盆		吊　扇	
桌、茶几		洗菜盆		电视机	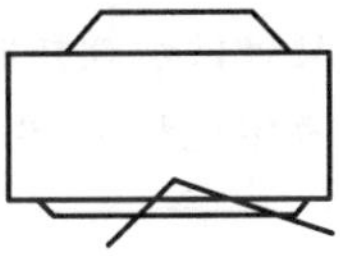
地　毯		拖布池		台　灯	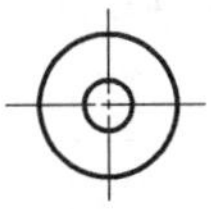
花卉、树木	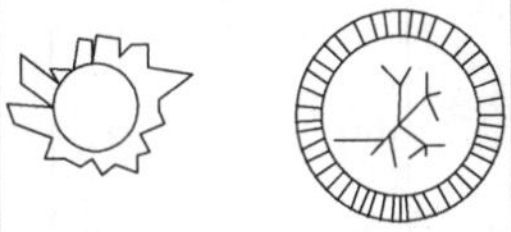	淋浴器	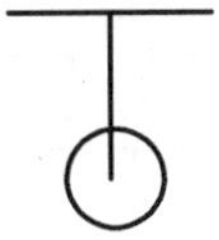	吊　灯	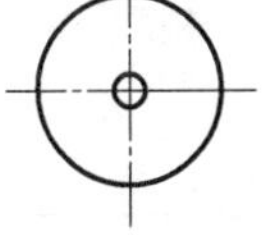
衣　橱	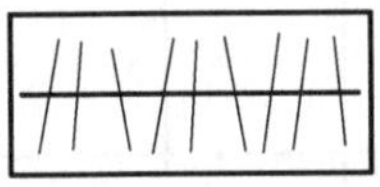	地　漏		吸顶灯	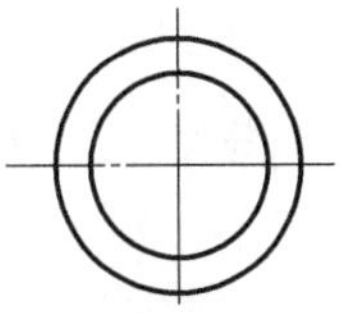
吊　柜	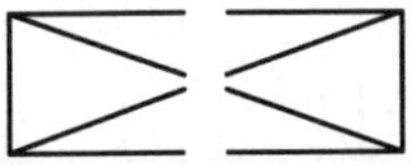	帷　幔		壁　灯	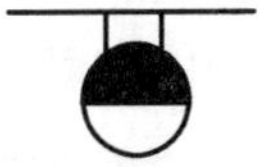

第9章 楼 梯

☞ 学习目标：

1. 掌握楼梯的类型、组成及电梯的基本知识；
2. 熟悉楼梯的设计要求、主要尺度及台阶、坡道的构造；
3. 掌握钢筋混凝土楼梯的构造；
4. 观察和记录一般民用建筑楼梯的构成和尺度，能进行楼梯的构造设计。

参考教学时间：8～11 学时

活动或技能训练时间：3 学时

延伸活动或技能训练时间：（4 学时）

教学过程/教学手段/教学场所安排：

教学过程	具体内容	教学方法及时间安排			场所安排
		授课时间	活动时间	延伸时间	
9.1 楼梯概述	教学活动 10：认识楼梯		1		指定室外
	楼梯的类型	3			建筑设计室
	楼梯的设计要求				
	楼梯的组成与尺度				
9.2 钢筋混凝土楼梯	现浇钢筋混凝土楼梯	3			教室
	预制装配式钢筋混凝土楼梯				
	楼梯的细部构造				
	教学活动 11：实测并统计楼梯入口处的构造尺寸			（2）	室外
9.3 台阶和坡道	台 阶	1			教室
	坡 道				
9.4 电梯及自动扶梯	电 梯	1			教室
	自动扶梯				
技能实训 6：某住宅楼钢筋混凝土楼梯构造设计			2	（2）	建筑设计室
Σ		8	3	（4）	

教学活动 10

认识楼梯

活动项目	课堂活动内容	时间	资源
认识墙体	① 从家居生活课题入手，问学生住在哪幢楼？是否知道自己住处的房屋楼梯有多少阶？每阶的尺寸是多少？扶手高度如何？上、下楼梯是否感到吃力？ ② 将学生按 5 一组进行活动，分别到指定的一个典型楼梯进行实测，完成工作纸上的内容。 ③ 透过图片展示和实测结果讲解楼梯的类型、尺度和要求。 a. 透过图片展示常见建筑楼梯的组成。 b. 引导讨论：公共建筑楼梯和居住建筑楼梯的比较。 主要楼梯和疏散楼梯的比较。 直跑式、双跑式、三跑式、交叉式、剪刀式楼梯的比较。 c. 通过实测记录的楼梯数据，归纳出楼梯的尺度及计算公式	1 学时	卷尺 工作纸 1 指定的 5 个典型楼梯 多媒体 精品课程

工作纸——楼梯尺度的实测

1. 实测的楼梯是居住建筑楼梯还是公共建筑楼梯____________？
2. 该楼梯有几个梯段____________？每一梯段有几个踏步____________？
3. 该楼梯是否有斜梁____________？一梯段有几根斜梁____________？
4. 该楼梯是否有平台梁____________？一层有几根平台梁____________？
5. 踏步的尺寸为____________mm×____________mm。
6. 梯段的净宽为____________ mm，净高为____________mm。
7. 平台的净宽为____________ mm，净高为____________mm。
8. 扶手的高度为____________ mm。
9. 实测的台阶是否位于居住建筑楼梯出入口？
10. 室外台阶是由____________和____________组成的，平台的宽度比门洞口每边宽出 mm，有____________步？每一步台阶的尺寸为____________mm×____________mm。

楼梯、电梯、自动扶梯、爬梯、坡道、台阶等是解决建筑物垂直交通和内外高差的构造措施。其中，楼梯最为常见，它是联系上下交通、紧急疏散的通道，是建筑物的重要组成部分。其数量、位置、平面形式等应符合有关规范和标准的规定，并应具有坚固、耐久、耐火、防滑等性能，同时满足美观、大方、行走舒适等要求。

9.1 楼梯概述

9.1.1 楼梯的类型

楼梯的类型较多，应根据建筑及使用功能的不同进行选择。楼梯一般有以下分类：

1. 按照楼梯的材料不同分类

按楼梯的材料不同可分为钢筋混凝土楼梯、钢楼梯、木楼梯及组合材料楼梯（如型钢混凝土楼梯、钢木楼梯、型钢骨架玻璃踏步楼梯等）。

2. 按照楼梯的位置不同分类

按照楼梯的位置不同可分为室内楼梯和室外楼梯。

3. 按照楼梯使用性质不同分类

按照楼梯的使用性质不同可分成主要楼梯、辅助楼梯、疏散楼梯和消防楼梯。

4. 按照楼梯间的平面形式分类

按照楼梯间的平面形式不同可分成开敞楼梯间、封闭楼梯间、防烟楼梯间，如图 9-1-1 所示。

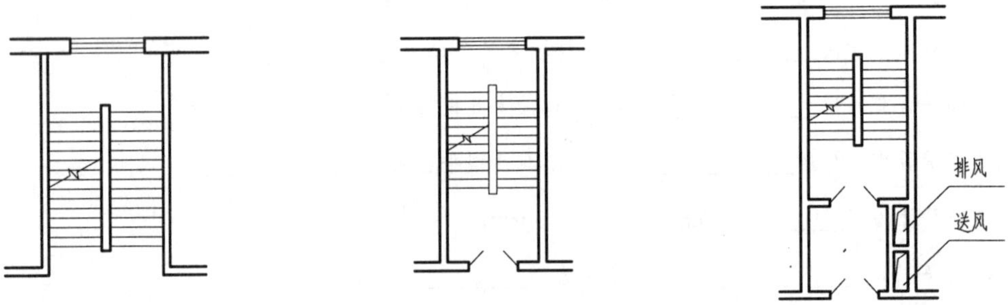

（a）开敞楼梯间　　（b）封闭楼梯间　　（c）防烟楼梯间

图 9-1-1　楼梯间平面形式

5. 按照楼梯平面形式分类

分成单跑式、双跑式（直行式、平行式和转角式）、三跑式（双分平行式、双合平行式、转角式）、交叉式、剪刀式等，如图 9-1-2 所示。

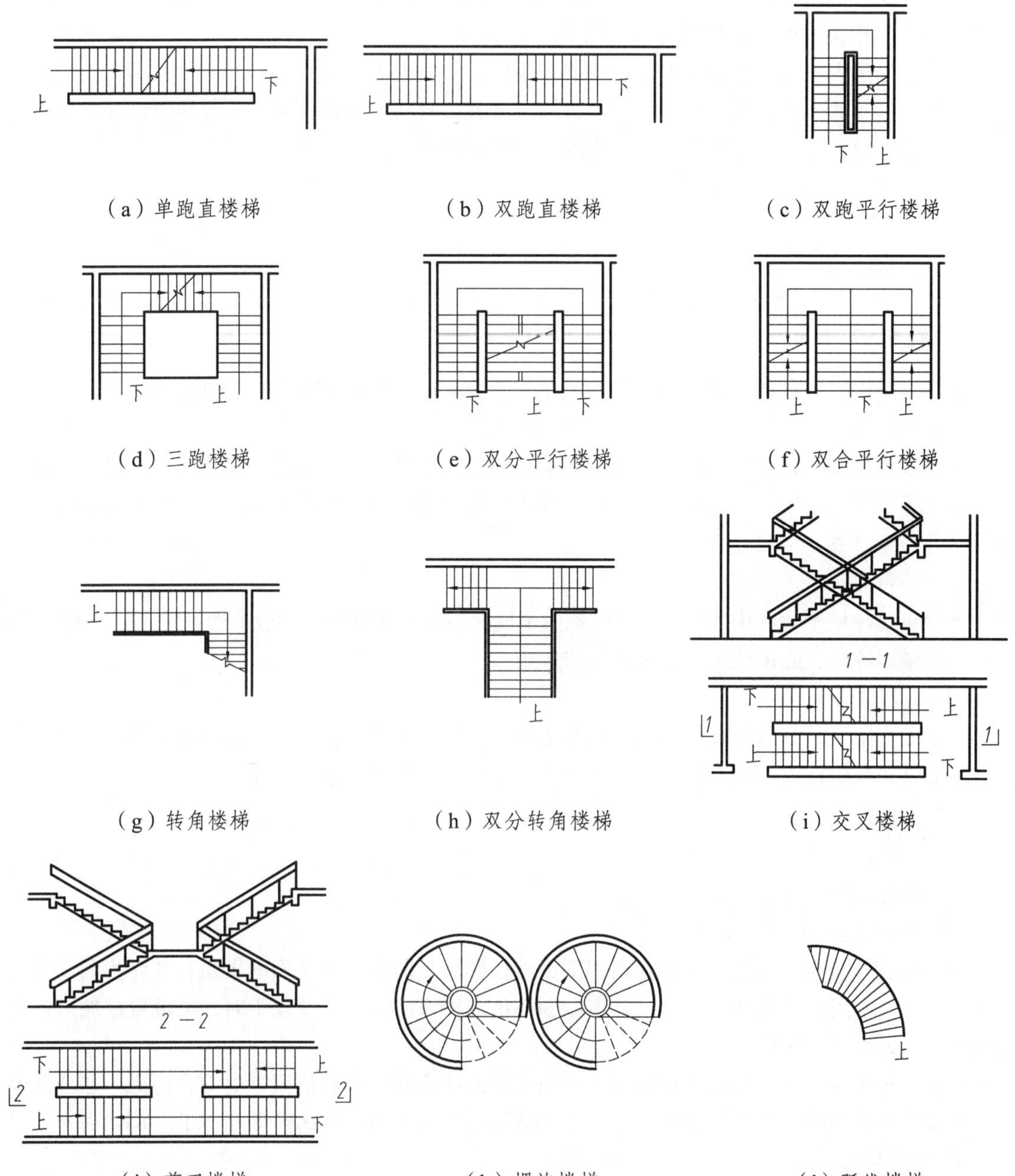

（a）单跑直楼梯　（b）双跑直楼梯　（c）双跑平行楼梯

（d）三跑楼梯　（e）双分平行楼梯　（f）双合平行楼梯

（g）转角楼梯　（h）双分转角楼梯　（i）交叉楼梯

（j）剪刀楼梯　（k）螺旋楼梯　（l）弧线楼梯

图 9-1-2　楼梯的平面形式

9.1.2　楼梯的设计要求

楼梯应满足垂直交通和安全疏散的要求，其位置应当明显，起到提示引导人流的作用。为确保使用安全，楼梯的设计必须满足以下要求：

（1）坚固耐久，安全可靠。

（2）楼梯有足够的数量和宽度，以满足通行方便（包括人行及搬运家具物品）和防火疏散的要求。普通建筑一般应设置两个以上楼梯。

（3）满足防火要求。楼梯间四周墙壁必须为防火墙，必要时可设计成封闭式楼梯。

（4）有足够的疏散能力。楼梯应与建筑的出口关系紧密、连接方便，一般均应设置直接对外出口；高层建筑、公共建筑要设置两个或两个以上的楼梯。

（5）应满足一定的审美要求。

9.1.3　楼梯的组成和尺度

1. 楼梯的组成

楼梯是由楼梯段和楼梯平台组成，为满足安全要求临空的一侧须设栏杆扶手。

（1）梯段。

楼梯段简称梯段，是楼梯的主要使用和承重部分。它是由若干连续的踏步组成，每一个踏步又是由踏面和踢面组成。为避免上下楼梯过度疲劳和容易摔倒，梯段的连续踏步数一般不应超过18级、不少于3级。

（2）平台。

平台包括楼层平台和中间平台。是联系两个楼梯段的水平构件，一般由平台梁、平台板组成。平台可供楼梯转折、连接楼层、稍事休息的作用。

（3）栏杆扶手。

为了确保安全，一般应在楼梯段的临空边缘设置栏杆或栏板，当楼梯宽度较大时，还应在梯段中部加设。在栏杆或扶板上供人们用手扶持的连续斜向配件，称为扶手。

2. 楼梯的尺度

（1）楼梯坡度与踏步尺寸

① 楼梯坡度（α）。

楼梯坡度α指楼梯段沿水平面倾斜程度，是楼梯踏步前缘与水平面的夹角，具体为踢面高与踏面宽之比。常用坡度为25°～45°，其中以30°左右较为适宜。坡度较小时，可设置成坡道；坡度较大时，可设置成爬梯。

确定楼梯坡度可根据楼梯使用频率、使用对象的体质状况和经济因素等综合考虑。如公共建筑的楼梯和室外台阶，常采用26°左右；居住建筑的户内楼梯，可达到45°，如图9-1-3所示。

② 踏步尺寸（$b\times h$）。

踏步尺寸包括踏面宽度尺寸（b）和踢面高度尺寸（h），两者投影的长度之比决定了楼梯的坡度。一般认为，踏面宽度应大于成年男子的脚长，踢面高度取决于踏面宽度，两者之和应与人的跨步长度相近，应满足下面的经验公式：

$$2h+b=600\sim620\ \text{mm}\quad（居住建筑）$$

或

$$h+b=450\ \text{mm}（公共建筑或室外台阶）$$

常用建筑楼梯踏步尺寸的取值范围，见表9-1-1。

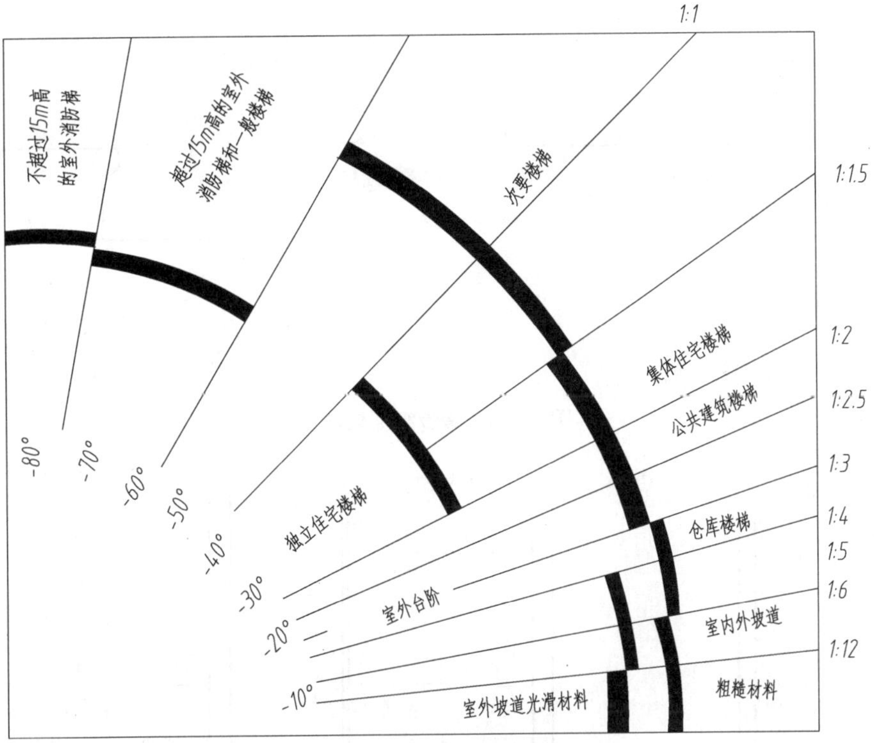

图 9-1-3　楼梯、爬梯、坡道的坡度

表 9-1-1　常用建筑楼梯楼梯踏步取值范围

楼梯类型	宽度 b 常用取值/mm	高度 h 常用取值/mm
住宅公用楼梯	250（260～300）	180（150～175）
幼儿园楼梯	260（260～280）	150（120～150）
医院、疗养院等楼梯	280（300～350）	160（120～150）
学校、办公楼等楼梯	260（280～340）	170（140～160）
剧院、会堂等楼梯	（300～350）	（120～150）

由于踏步的宽度往往受楼梯间进深的限制，设计时可作细部处理以增加踏面的有效尺寸，如采用踏步斜出和加做踏步檐，踏步檐挑出的尺寸一般不大于 20～30 mm，如图 9-1-4 所示。

（2）梯段及平台的平面尺度。

① 梯段宽度。

梯段宽度一般是指梯段净宽，是墙面到扶手中心线之间垂直行走方向的水平距离，一般是根据通行人流的股数和建筑的防火要求确定的，如图 9-1-5 所示。

非主要通行的楼梯，其梯段宽度应满足单股人流的宽度 0.55+(0～0.15) m，且一般不应小于 900 mm。

主要通行用的楼梯，其梯段宽度应至少满足两股人流数，一般为 1 200～1 400 mm。

其中：公共建筑的楼梯，其梯段宽度不应少于两股人流数的要求。

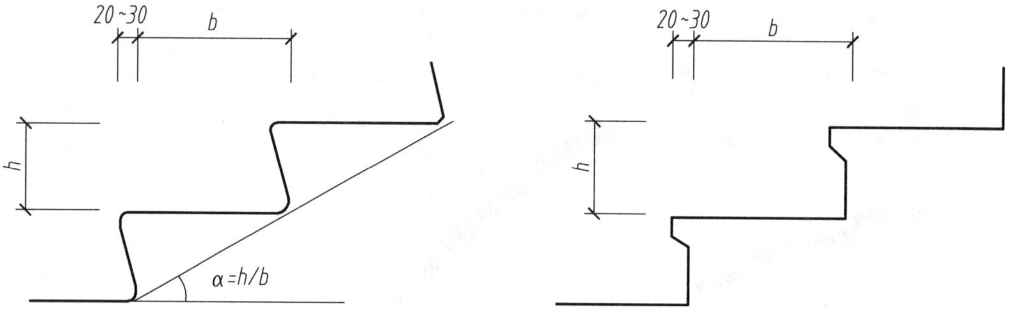

（a）踢面斜出　　（b）加做踏步檐

图 9-1-4　踏步细部处理

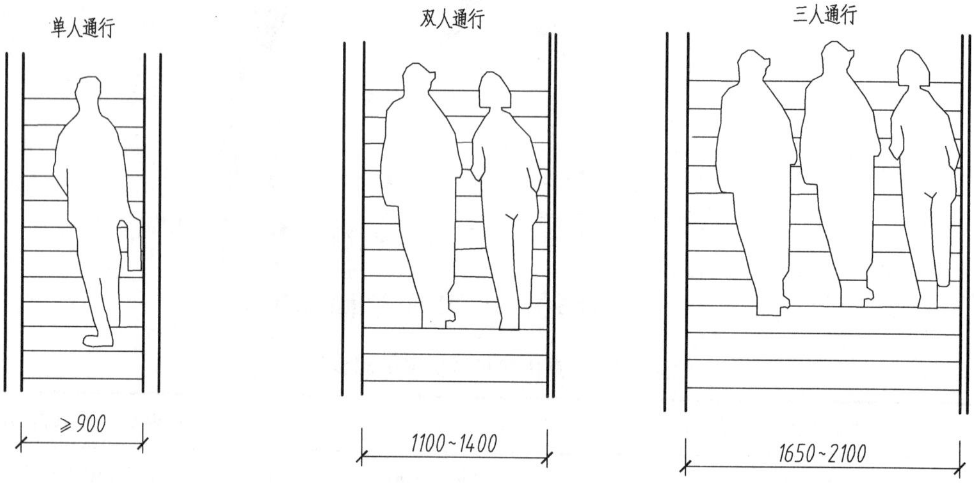

（a）单人通行　　（b）双人通行　　（c）三人通行

图 9-1-5　楼梯段的宽度

层数不超过 6 层的单元式住宅，一边设有栏杆扶手时，其梯段宽度可以不小于 1.0 m；住宅套内楼梯的净宽，当一边临空时不应小于 0.75 m；当梯段两侧有墙时不应小于 0.9 m。

② 平台深宽。

为了搬运货物方便和通行顺畅，平台深宽均应不小于梯段宽度，且不应小于 1.2 m，如图 9-1-6 所示。

③ 梯段长度。

梯段长度（L）是指楼梯段的水平投影长度，取决于踏面宽和梯段上的踏步数量 N，梯段的水平投影长度 $L=(N-1)b$

④ 楼梯井。

楼梯井是指两段楼梯之间的空隙，一般是为楼梯施工方便和安置栏杆扶手而设置的，其宽度一般取 60 ~ 100 mm，公共建筑楼梯井的净宽不应小于 150 mm。当梯井宽度大于 200 mm 时，应采取安全措施，如设置栏杆扶手。

图 9-1-6 中是梯段、平台、梯井、踏步之间的尺寸关系：

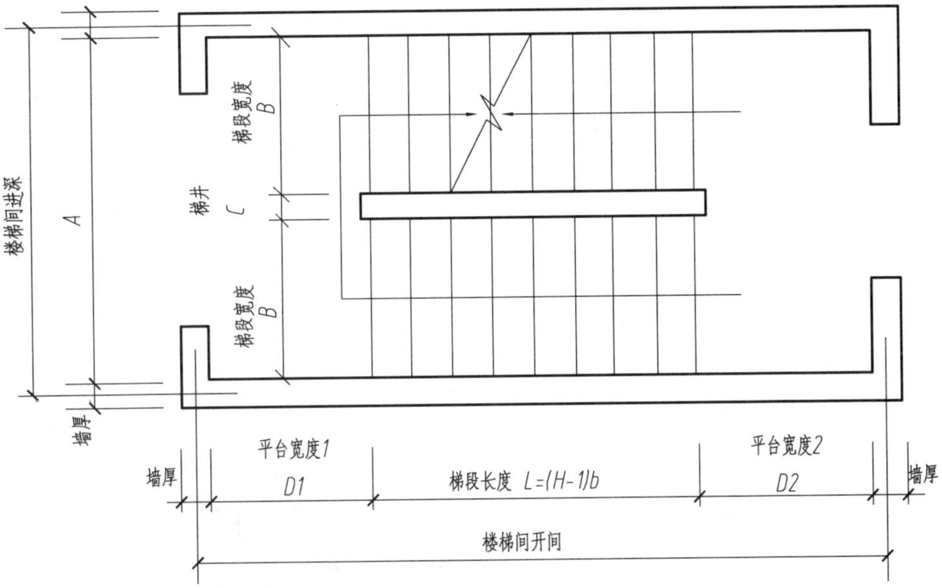

图 9-1-6　梯段、平台、梯井的平面尺寸示意

a. 梯段长度（L）。梯段长度（L）与踏步宽度（b）及该梯段的踏步数量（N）有关。

$$L=(N-1)\times b \quad 其中，\ N\in[3,18]$$

b. 梯段深宽（B）。$B=(A-C)/2$

c. 梯段高度（H）。梯段高度（H）与梯段的踏步高度（h）和踏步数量（N）有关。

$$H=N\times h$$

（4）梯段与平台的净空高度。

楼梯的净空高度包括梯段的净高和平台的净高。

① 梯段的净高。

梯段的净高是指梯段空间的最小高度，即踏步前缘（包括最低和最高一级踏步前缘线以外0.30 m 范围内）量至上方突出物下缘间的垂直高度。梯段的净高与人体尺度、楼梯坡度有关，如图 9-1-7 所示。

② 平台的净高。

平台的净高是指平台过道地面至上部结构最低点的垂直距离，平台处的净高与人体尺度有关。

规范规定，梯段的净高不应小于 2.2 m，平台的净高不应小于 2.0 m，起止踏步前缘与顶部凸出物内边缘线的水平距离不应小于 0.3 m。

当楼梯底层平台设置出入口时，不易满足规范规定要求，通常采用以下几种处理方法（见图 9-1-8）：

a. 增加底层楼梯第一梯段的踏步数，设计成“长短跑”，如图 9-1-8（a）所示。

b. 降低底层楼梯中间平台下的地面标高，如图 9-1-8（b）所示。

c. 即降低底层楼梯中间平台下的地面标高，又设计成“长短跑”，如图 9-1-8（c）所示。

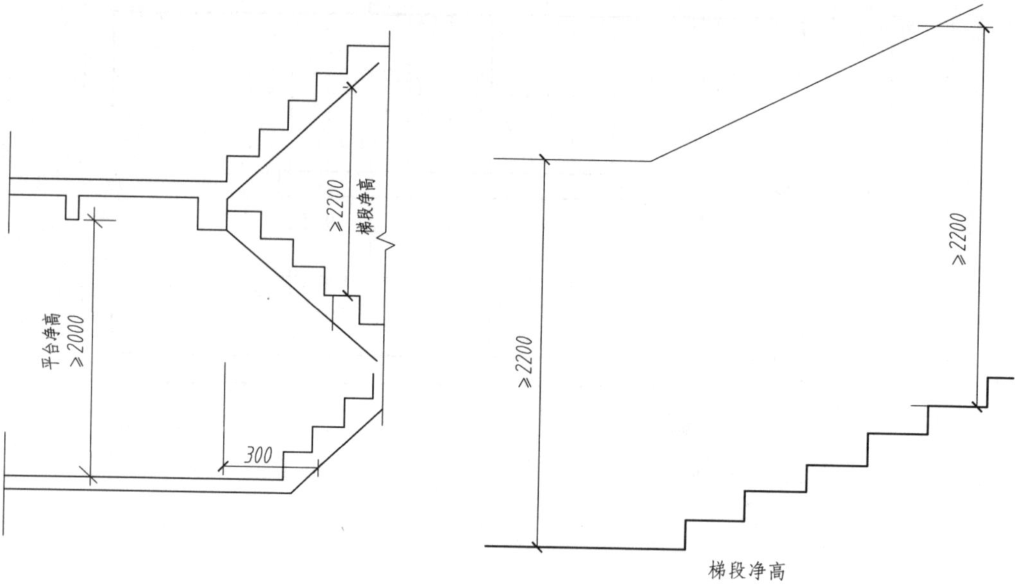

图 9-1-7　梯段、平台的净空高度

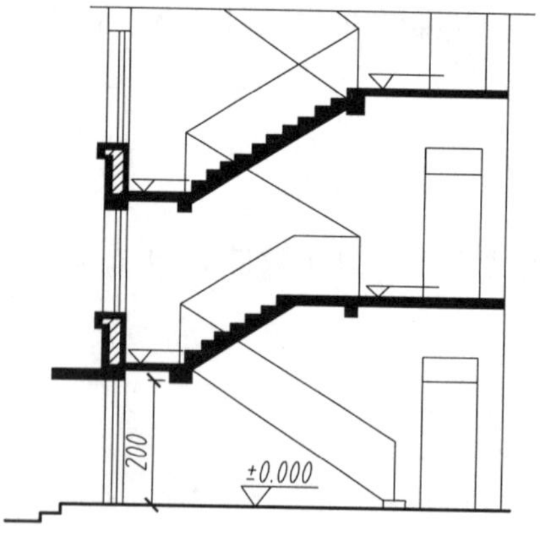

（a）底层长短跑

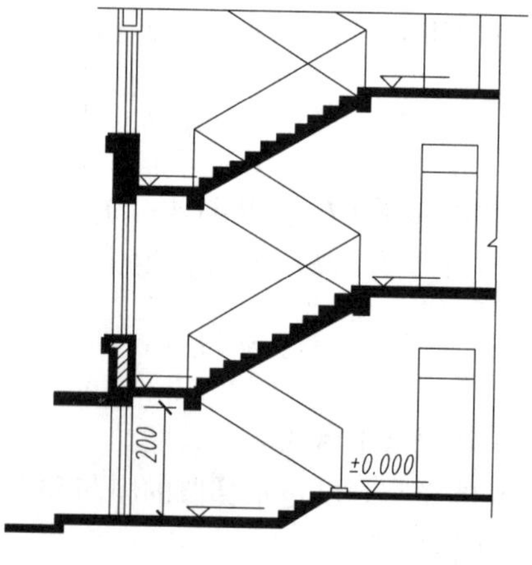

（b）局部降低地坪

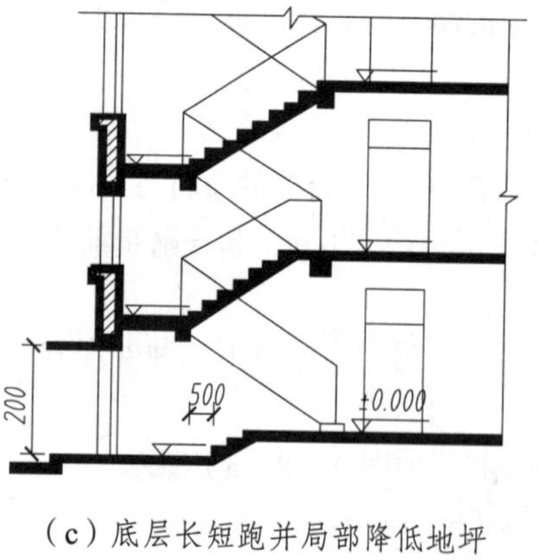

（c）底层长短跑并局部降低地坪

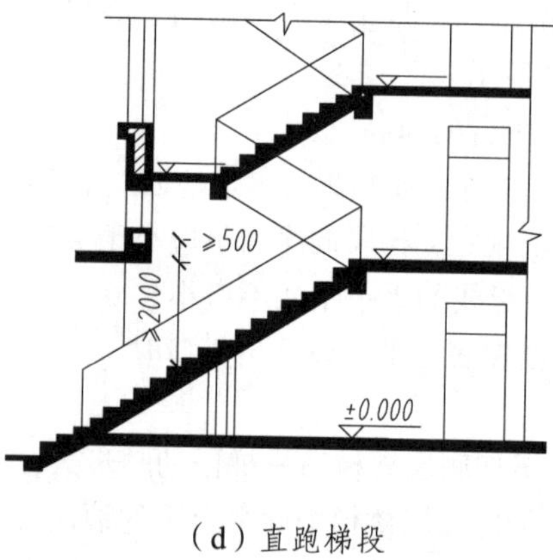

（d）直跑梯段

图 9-1-8　平台出入处的处理方法

（5）栏杆扶手。

楼梯栏杆是楼梯的安全设施，一般情况下，当梯段的垂直高度大于 1.0 m 时，应当在梯段的临空面设置栏杆扶手。楼梯至少应在临空一侧设置栏杆扶手；当设计人流为三股人流时，应两侧设栏杆扶手，当设计人流为四股人流时，应加设中间栏杆扶手（见图 9-1-9）。

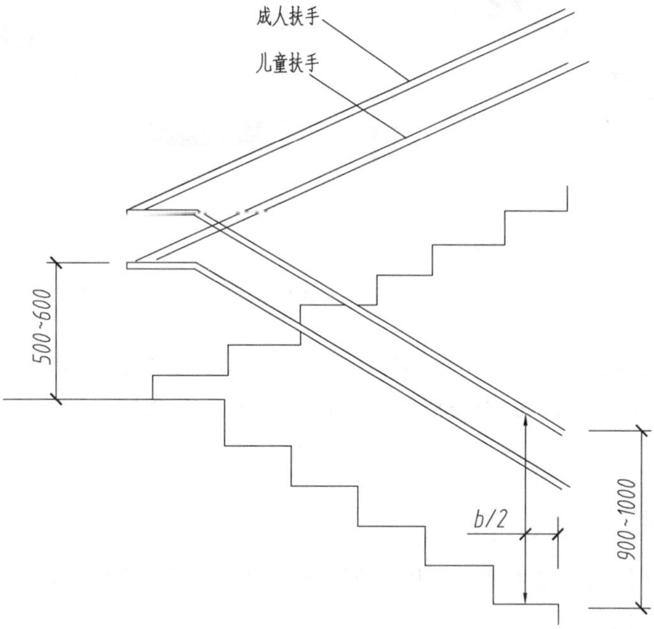

图 9-1-9　栏杆扶手高度

栏杆扶手高度是指踏面前缘至扶手顶面的垂直距离，一般室内栏杆扶手高度不小于 0.90 m，室外不小于 1.05 m，有消防要求的不应小于 1.10 m。当梯井一侧水平扶手长度超过 0.5 m 时，栏杆扶手高度不小于 1.05 m。

9.2　钢筋混凝土楼梯

钢筋混凝土楼梯整体性好、刚度大，能适应各种楼梯形式。钢筋混凝土楼梯有现浇和预制装配式两大类。

9.2.1　现浇钢筋混凝土楼梯

现浇钢筋混凝土楼梯依楼梯段的传力与结构形式的不同，可分成板式楼梯、梁板式楼梯和现浇梁悬臂式楼梯三种。

1. 板式楼梯

板式楼梯是楼梯的梯段作为一块整板，由平台梁支承。有时为了保证平台过道处的净空高度，可以在板式楼梯的局部位置省去平台梁，将平台和梯段整浇在一起，这种楼梯称为折板式楼梯，如图 9-2-1 所示。

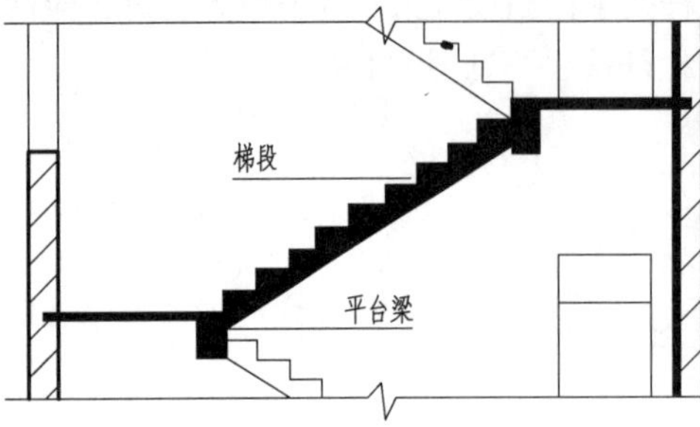

（a）带平台梁的板式楼梯

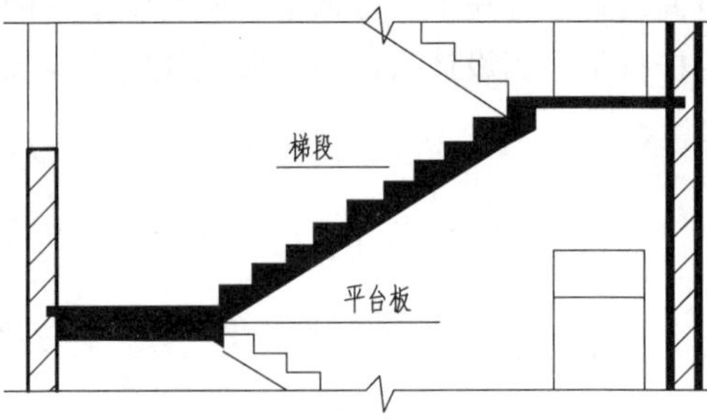

（b）无平台梁的折板式楼梯

图 9-2-1　板式楼梯示意

板式楼梯中梯段荷载由板承担再传递到两端的平台梁，受力钢筋沿梯段的长向布置，平台梁间的距离就是板的跨度。所以板式楼梯适用于荷载较小，建筑物层高较小的情况，如住宅、宿舍等建筑。

2. 梁板式楼梯

梁板式楼梯是楼梯的梯段由踏步板和斜梁组成，踏步板搁置在斜梁上，斜梁又由上下两端的平台梁支承，如图 9-2-2 所示。

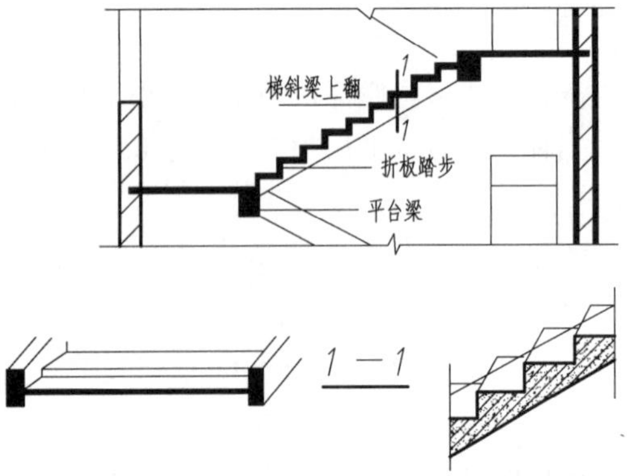

（a）斜梁上翻

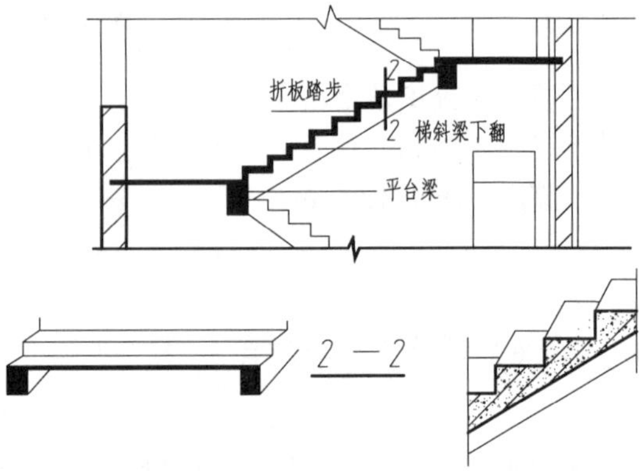

（b）斜梁下翻

图 9-2-2　梁板式楼梯

梁板式楼梯的荷载主要由斜梁承受再传递到两端的平台梁，受力钢筋沿踏步板的长向布置，踏步板跨度较小，适用于荷载较大的情况，如商场、教学楼等建筑。

梁板式楼梯的斜梁一般设置在梯段两侧，有时为节省材料在梯段靠墙的一侧不设斜梁，直接由墙体支承踏步板。斜梁一般暴露在踏步板下面的，称为正梁式楼梯，这种楼梯造型明快，但板下梁的暗角容易积灰；斜梁设计在踏步板上面的，称为反梁式楼梯，这种楼梯梯段下面平整，容易清扫，但反上的斜梁宽度会使梯段的净宽变小。

3. 现浇梁悬臂式楼梯

现浇梁悬臂式楼梯一般用于单梁或双梁支承踏步板和平台板，踏步板和平台板悬挑。单梁臂悬挑常用于中小型楼梯或景观楼梯；双梁臂悬挑可减少踏步板跨，一般用于梯段宽度大、人流量多的大型楼梯。现浇梁悬臂式楼段的踏步板出挑，造型轻盈、美观，其断面形式有平板式、折板式和三角形式，如图 9-2-3 所示。

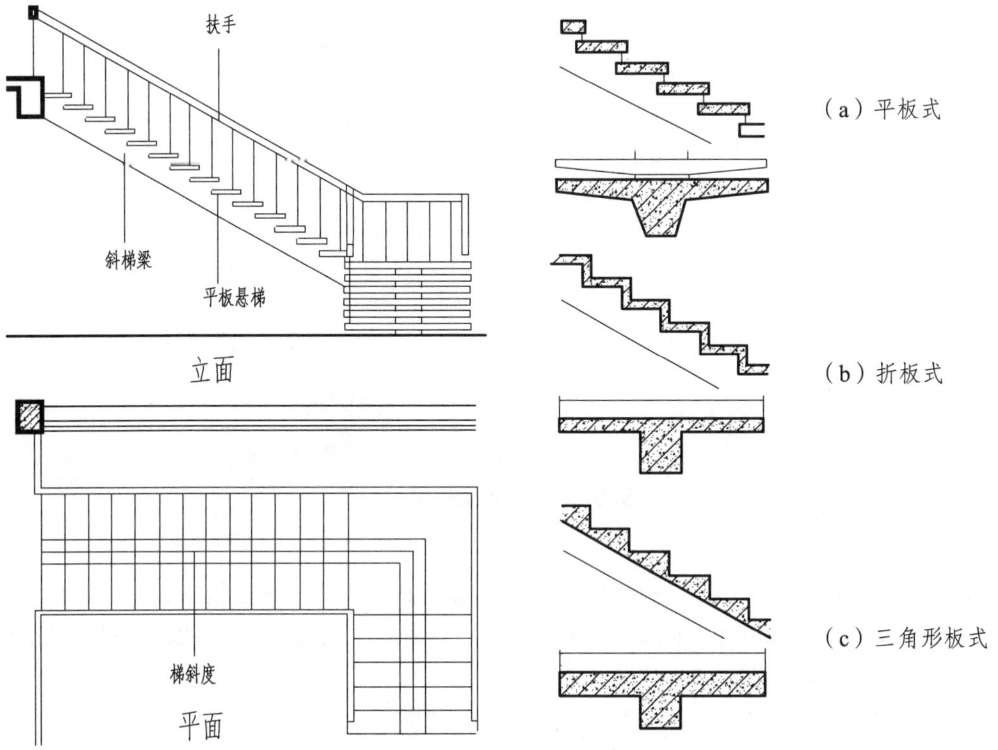

图 9-2-3　现浇梁悬臂式楼梯

9.2.2　预制装配式钢筋混凝土楼梯

由于房屋抗震要求，工程上预制装配式楼梯使用得越来越少。预制装配式楼梯的构造形式较多，依组成楼梯的构件尺寸和装配程度，可分为小型构件装配式楼梯和中、大型构件装配楼梯。

1. 小型构件装配楼梯

小型构件装配楼梯的基本构件是踏步板，由于其尺寸小、重量轻、数量多，具有生产、运输、安装方便等优点；但存在施工进度慢、整体性不好等缺点。

小型构件装配楼梯主要有墙承式、梁承式和悬挑式。

（1）墙承式。

墙承式楼梯是把预制踏步板搁置在两侧的墙上形成梯段，适用于直跑式楼梯或中间设有电梯井的三跑楼梯。双跑平行楼梯如采用墙承式，必须在楼梯井处设置承重墙及开设观察口，以解决直接通视的问题，如图 9-2-4 所示。

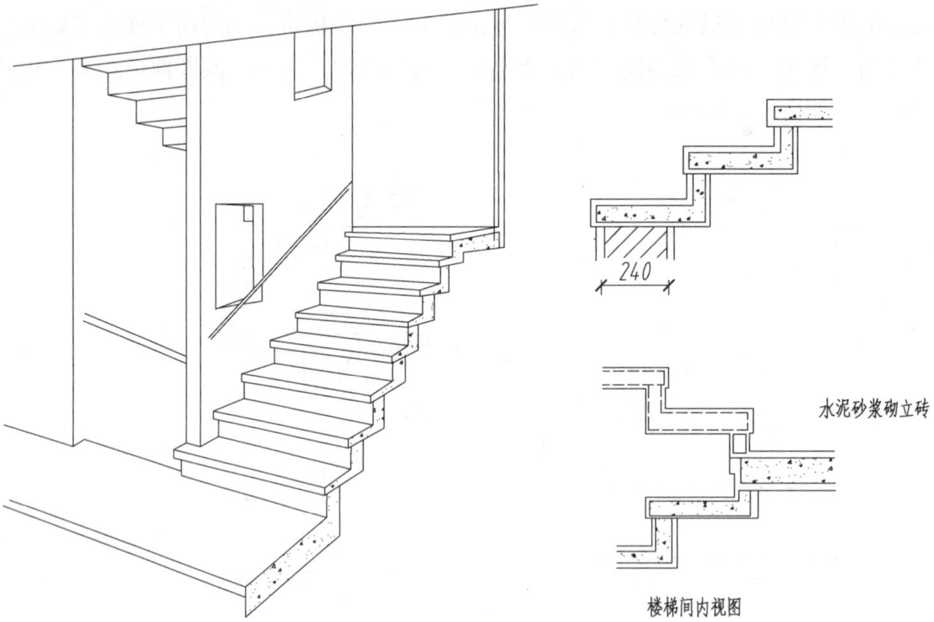

图 9-2-4　墙承式楼梯

（2）梁承式楼梯。

梁承式楼梯由踏步板、斜梁、平台梁和平台板等基本构件组成。踏步板搁置在斜梁上，斜梁搁置在平台梁上，平台梁搁置在两侧墙上，而平台板可搁置在两侧墙上，也可以一侧搁置在墙上，另一侧搁置在平台梁上，如图 9-2-5 所示。

① 踏步板的断面可以是“一”字形、“L”形和三角形。

② 斜梁分为矩形、“L”形和锯齿形。

③ 踏步板与斜梁之间应用水泥砂浆铺垫，锯齿形斜梁应预设插铁并与“一”字形、“L”形踏步板的预留孔插接。

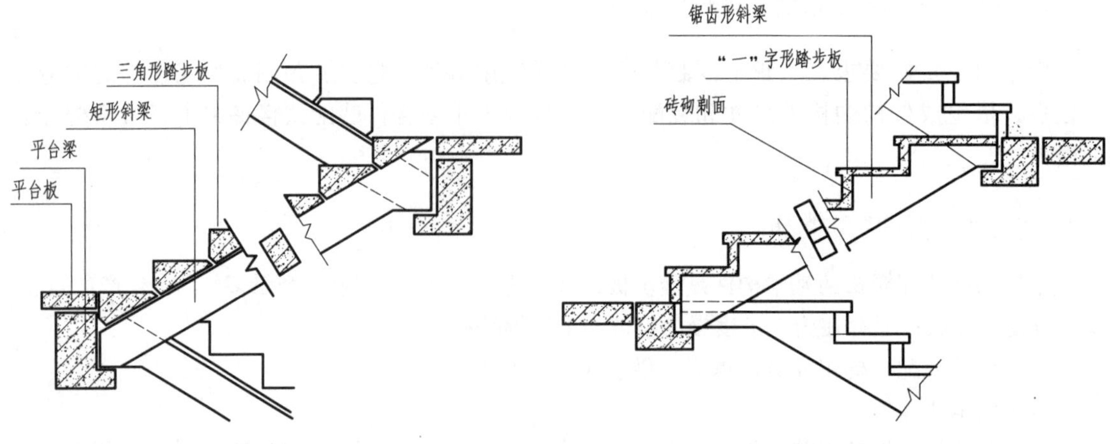

（a）三角形踏步矩形斜梁　　（b）“一”字形踏步“L”形斜梁

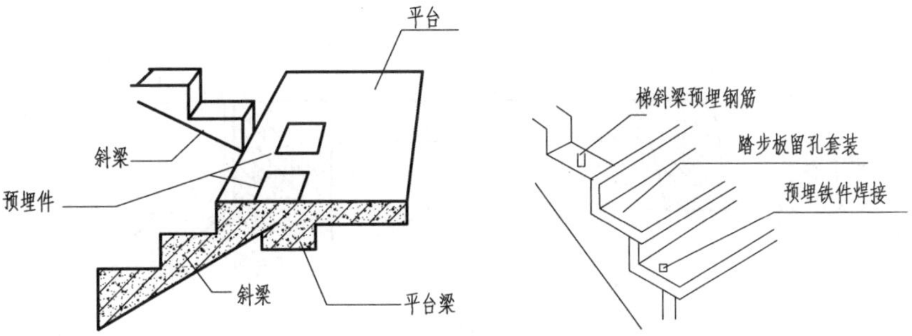

（c）斜梁与平台梁的连接

图 9-2-5　梁承式楼梯

（3）悬挑楼梯。

悬挑式楼梯与墙承式楼梯有许多相似之处，它是由单个踏步板组成楼梯段，一端嵌入墙内，另一端形成悬臂。踏步板的断面可以是“一”字形、“L”形，为方便起见，踏步板砌入墙内部分均为矩形，如图 9-2-6 所示。

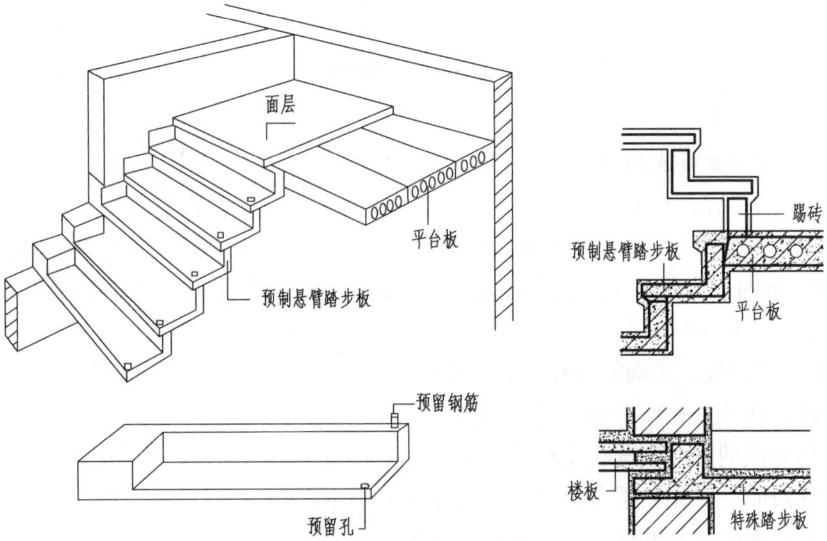

图 9-2-6　悬挑踏板式楼梯

2. 中、大型构件装配楼梯

中、大型构件装配楼梯一般是把楼梯段和平台板作为基本构件，构件的规格和数量少，装配容易、施工速度快。但需要吊装设备进行配合，适合在成片建设的大量性建筑中使用。

（1）平台板。

平台板有带梁和不带梁两种平台板。

带梁平台板是把平台梁和平台板制作成一个构件。平台板一般采用槽形板，其中一个边肋截面加大，并留出缺口以搁置梯段，注楼梯顶层平台板的处理有所不同，边肋的一半留有缺口，另一半不留缺口。缺口处均应预留埋件或插孔，供安装梯段或栏杆时使用。也可将平台板与平台梁制作成两个构件，此时，平台的构件与梁承式楼梯相同，如图 9-2-7 所示。

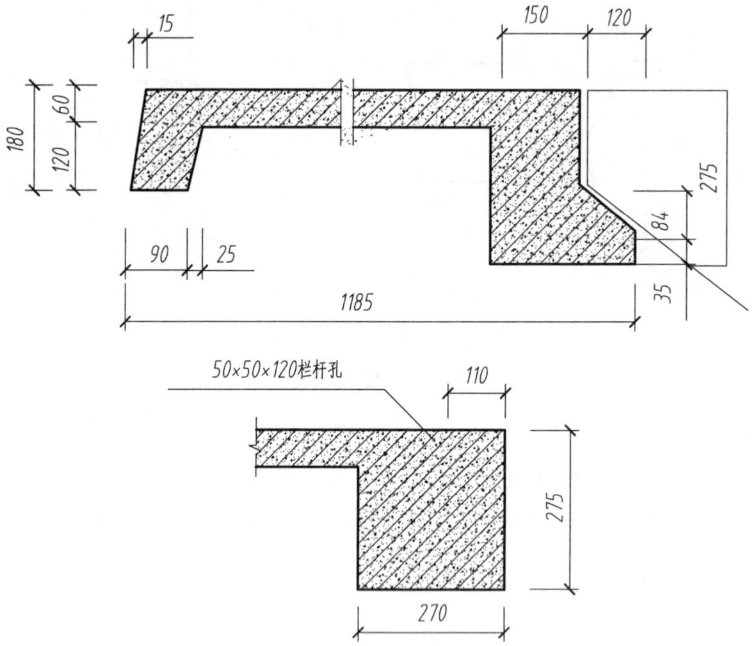

图 9-2-7 平台板

（2）楼梯段。

楼梯段有板式和梁板式两种。

板式梯段相当于搁置在平台板上的斜板，梁板式梯段是把踏步板与边梁组合成一个构件，多为槽形板。为节省材料，减轻构件自重，可在采用空心梯段，空心梯段多为横向留孔，孔形可为圆形或三角形。同时，为提高梯段底面高度（10～20 mm），可把踏步板踏面和踢面相交处的凹角处理成小斜面。

注意梯段与平台板、基础的连接（见图 9-2-8）：

① 楼梯段的两端搁置在平台板的边肋上。

② 首层楼梯段的下端搁置在楼梯基础上。

③ 安装梯段时，应先在平台边肋上用水泥砂浆坐浆。

④ 梯段与平台板之间的缝隙要用水泥砂浆填实。

⑤ 梯段和边肋的对应部位应事先预留埋件并焊牢。

⑥ 基础顶部一般应设置钢筋混凝土基础梁，并留有缺口。

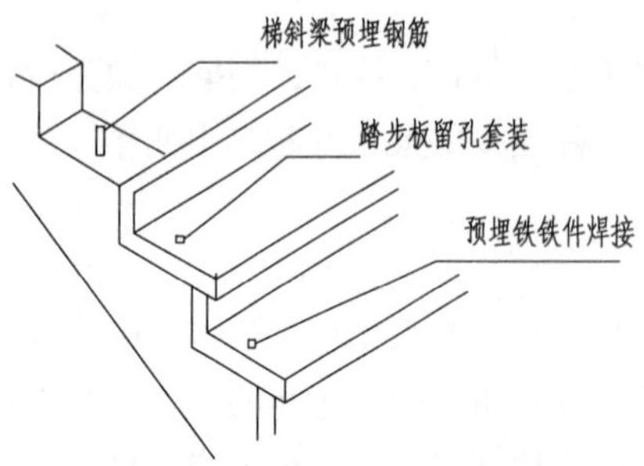

（a）踏步板与梯斜梁连接

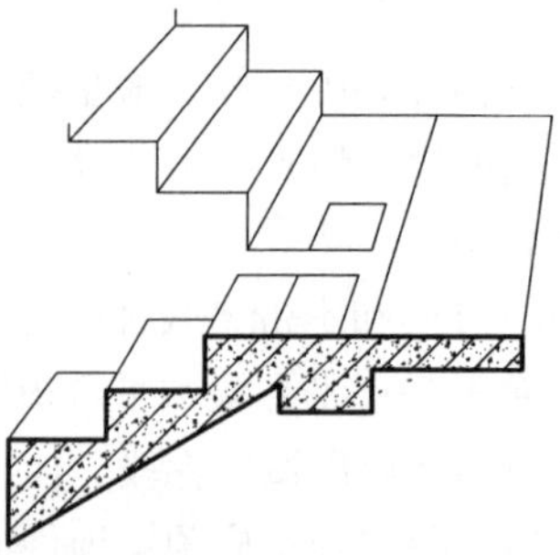

（b）梯段与平台梁连接

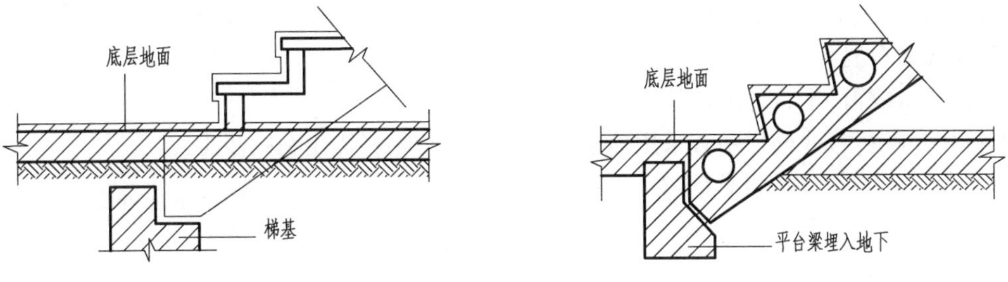

（c）梯段与梯基连接　　（d）平台梁代替梯基

图 9-2-8　板式梯段

9.2.3　楼梯的细部构造

楼梯是建筑中与人体接触频繁的部位，应注意楼梯的踏步、栏杆和扶手等细部构造设计和施工。

1. 踏步面层

踏步面层容易受到磨损，影响行走和美观，应平整光滑、耐磨性好。一般来说，凡是可以用作室内地坪面层的材料，均可以用来做踏步面层。常见的踏步面层有水泥砂浆、水磨石、地面砖、各种天然石材、塑料材料等。

由于踏步面层较为光滑且尺寸较小，行人容易滑跌，应有防滑细部构造措施，如在踏步边缘做防滑条、防滑槽或防滑包口。常见的做法是设置防滑条：一般做两道，高出踏步面层 3 mm，宽度为 10 ~ 20 mm，长度按踏步长度每边减 150 mm，材料可采用水泥铁屑、金刚砂、缸砖、金属条、折角铸铁等，如图 9-2-9 所示。

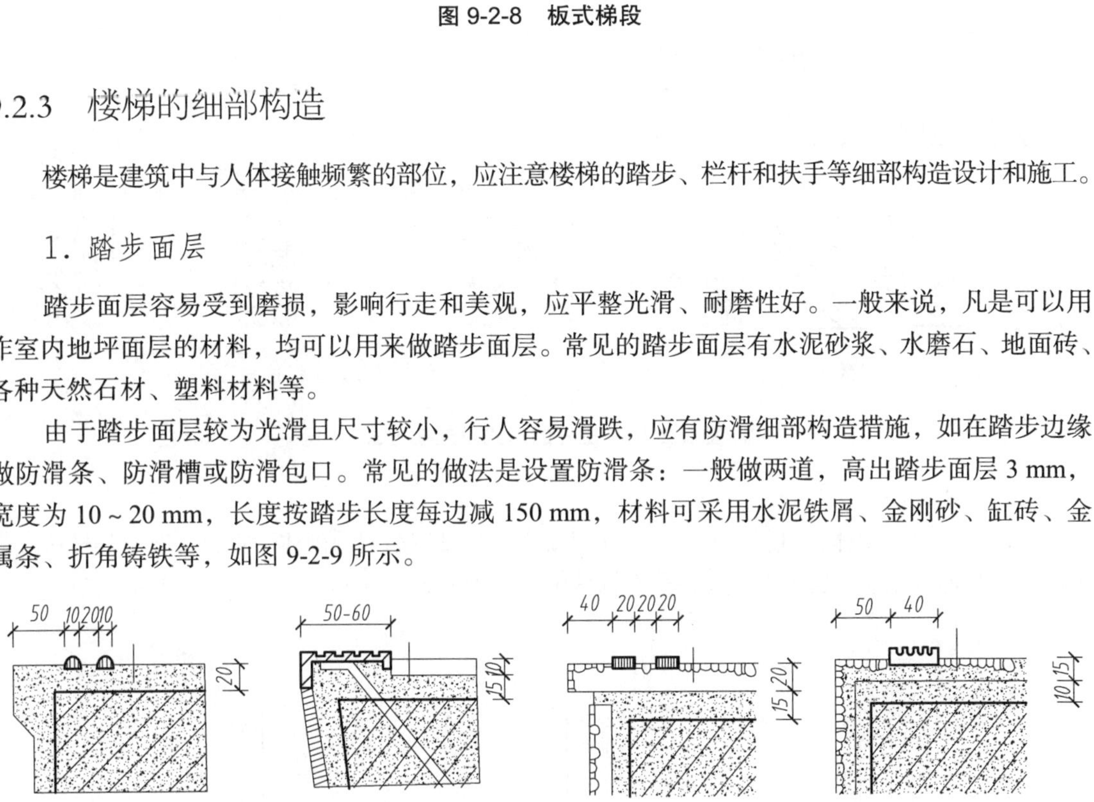

（a）金刚砂防滑条　　（b）铸铁防滑条　　（c）缸砖防滑条　　（d）金属防滑条

图 9-2-9　踏步细部构造

2. 栏杆和梯板

栏杆和栏板是梯段与平台临空一边所设的安全措施，要求做到安全、坚固、经济及较强的装饰作用等。

楼梯的栏杆有空花栏杆、实心栏板及混合式三种。

（1）空花栏杆。

多采用金属材料制作，如钢材、铝材、铸铁等相同或不同规格的金属型材拼接、组合成不同花饰图案。栏杆的垂直构件之间的净间距不应大于 110 mm，为防止儿童攀爬，应不设水平横杆；栏杆与梯段、踏步、平台的连接方式有锚接、焊接和拴接三种，如图 9-2-10 所示。

① 锚接：在梯段或平台上预留孔洞，孔宽 50 mm × 50 mm，深至少 80 mm，将栏杆插入孔内，用水泥砂浆或细石混凝土嵌固。

② 焊接：在梯段平台预埋铁件与栏杆焊接。

③ 拴接：在折板式楼梯中常采用拴接，利用螺栓将栏杆固定在踏步上。

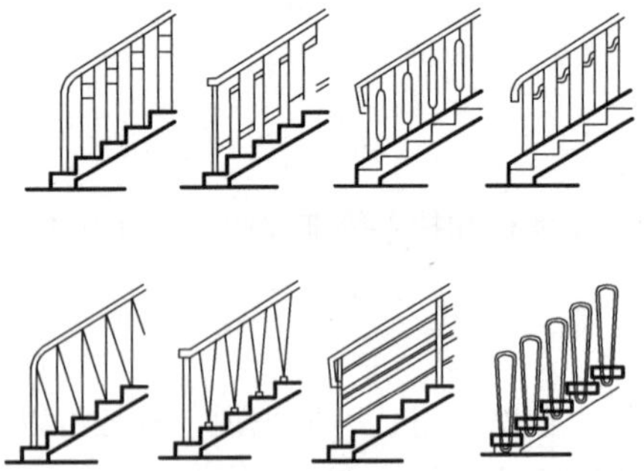
(a) 栏杆的形式

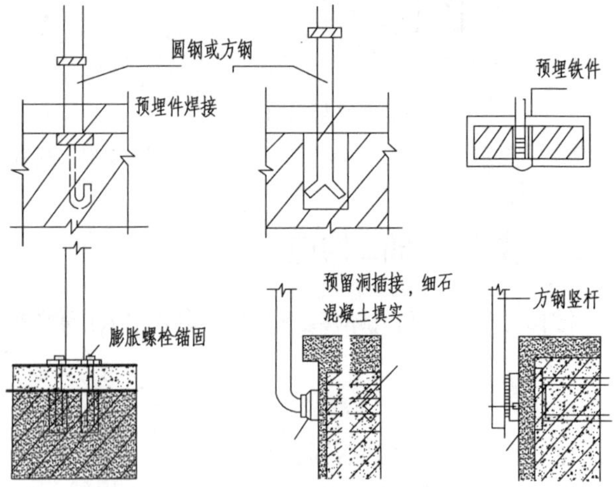

(b) 栏杆连接方式

图 9-2-10　栏杆的形式及连接方式

(2) 实心栏板。

实心栏板是用实体材料制作的，如钢筋混凝土、加设钢筋网的砌体、木材、玻璃等材料。栏板可直接与梯段相连，也可以安装在垂直构件上，如图 9-2-11 所示。

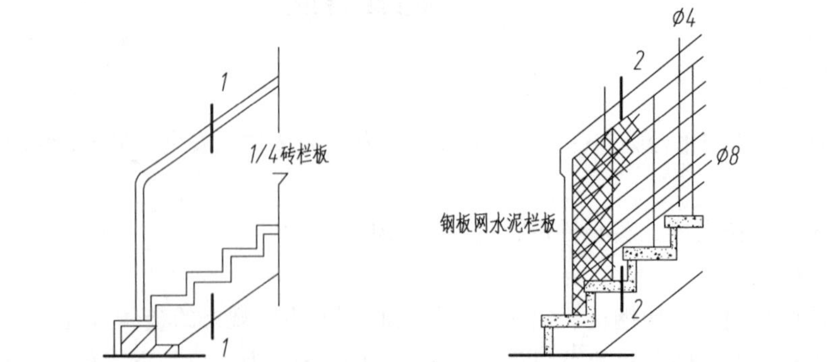

图 9-2-11　栏板、栏杆栏板混合式

3. 扶　手

扶手设置在栏杆或栏板上，一般用木材、金属、塑料等制作，断面形式有圆形、方形、扁形，宽度以手握舒适为宜，如图 9-2-12 所示。

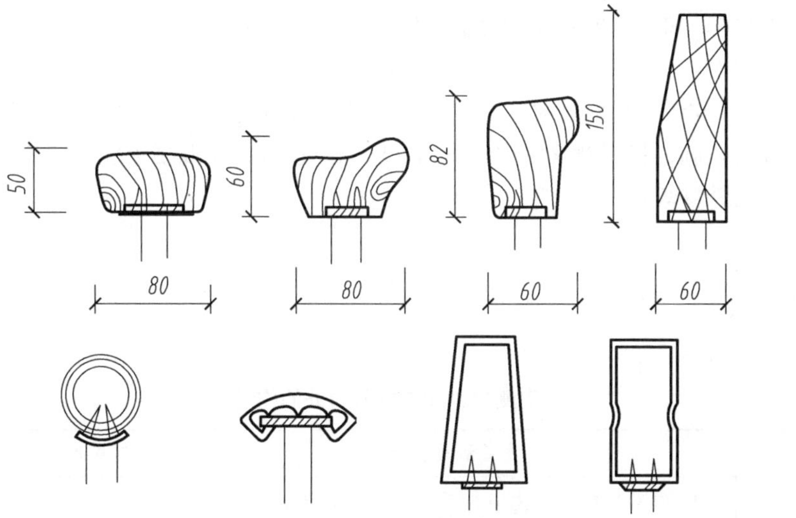

图 9-2-12　扶手的断面形式

托儿所、幼儿园等以儿童为主要使用对象的建筑，为了满足成人与儿童共用楼梯的要求，一般应在距踏步 600 mm 处再加设一道扶手，如图 9-1-9 所示。

当扶手在平台转弯处存在高差时，可把楼梯井处的横向扶手倾斜设置；也可将平台处栏杆外伸约 1/2 踏步或将上下梯段错开一个踏步，如图 9-2-13 所示。

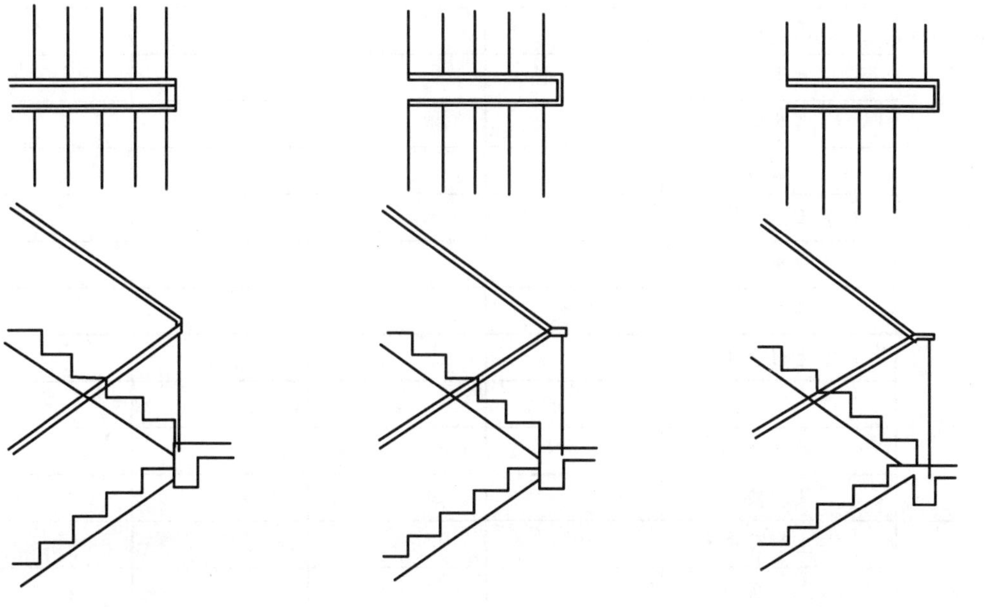

（a）设横向倾斜扶手　　（b）栏杆外伸　　（c）上下梯段错开一个踏步

图 9-2-13　栏板、栏杆栏板混合式

栏杆与扶手的连接：

① 木扶手：靠木螺丝通过一通长扁铁与空花栏杆连接，扁铁与栏杆顶端焊接并每隔 300 mm 左右开一小孔，穿过木螺丝固定。

② 金属扶手：通过焊接的方法进行连接。

③ 塑料扶手：利用弹性卡固定在扁钢带上。

④ 垂直面墙扶手：靠预埋开叉扁铁用木螺丝来固定。

⑤ 栏杆扶手与墙、柱的连接：靠墙扶手以及楼梯顶层的水平栏杆扶手应与墙、柱连接。可以在砖墙上预留孔洞，将栏杆扶手插入洞内并嵌固；也可以在混凝土柱相应的位置上预埋铁件，再与栏杆扶手的铁件焊接。

教学活动 11

实测并统计楼梯入口处的构造尺寸

活动项目	课堂活动内容	延展时间	资源
实测墙体细部尺寸	① 针对楼梯平台入口处的 4 种构造处理，要求学生利用课余时间，完成指定楼梯的统计资料。 ② 将学生按 5 人一组进行活动，到指定的学生房屋外，完成工作纸 2 上的内容	2 学时	工作纸 2 指定房屋 卷尺

工作纸 2——实测并统计楼梯入口处的构造尺寸

类型		1	2	3	4
楼梯入口处的形式	学生宿舍楼				
	教工住宿楼				
	教学楼				
	实验楼				
入口处平台净高	学生宿舍楼				
	教工住宿楼				
	教学楼				
	实验楼				
室内外高差	学生宿舍楼				
	教工住宿楼				
	教学楼				
	实验楼				
楼层踏步数及尺寸	学生宿舍楼				
	教工住宿楼				
	教学楼				
	实验楼				

9.3 台阶与坡道

台阶与坡道通常设置在建筑物出入口外，是建筑入口与室外地面的过渡，以解决室内、外地坪的高低差。可以单独设置台阶或坡道，有的也会把坡道和台阶合并处理，强调建筑入口处的重要性。

9.3.1 台 阶

1. 常见形式

台阶的平现形式较多，具体应根据建筑功能及周围环境情况选择，常见的形式有单面踏步、两面踏步、三面踏步、单面踏步带花池（花台）等。

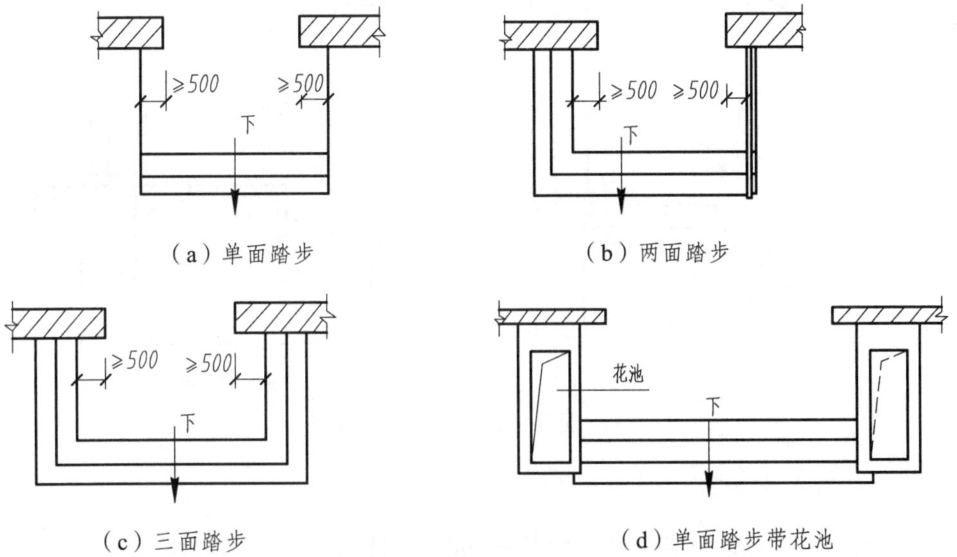

图 9-3-1 台阶的形式

2. 台阶的尺寸

台阶由平台和踏步组成，其尺寸包括平台尺寸和踏步尺寸两部分。

（1）平台尺寸。

平台宽度应比门洞口每边至少宽出 500 mm，平台深度应保证门开户后还有一个人站立的位置，其尺寸不小于门扇宽加 300 ~ 600 mm，且不应小于 1.0 m。

（2）踏步尺寸。

室内台阶踏步数不应小于 2 步。

公共建筑台阶踏步宽度不宜小于 300 mm，踢面高度不宜大于 150 mm，并不宜小于 100 mm。

3. 台阶的构造做法

台阶分实铺和架空两种构造形式，大多数台阶采用实铺形式。

（1）实铺台阶。

实铺台阶的构造与地坪构造类似，由基层、垫层和面层组成。基层是夯实土，垫层多为混凝土、碎砖混凝土或砌砖；面层有水泥砂浆、水磨石等整体面层和缸砖、天然石材等块料面层。

（2）架空台阶

当台阶尺度较大或土壤冻胀严重时，为保证台阶不开裂、不隆起或塌陷，往往采用架空台阶。架空台阶的平台和踏步板均为预制钢筋混凝土板，分别搁置在梁上或砖砌地垄墙上。

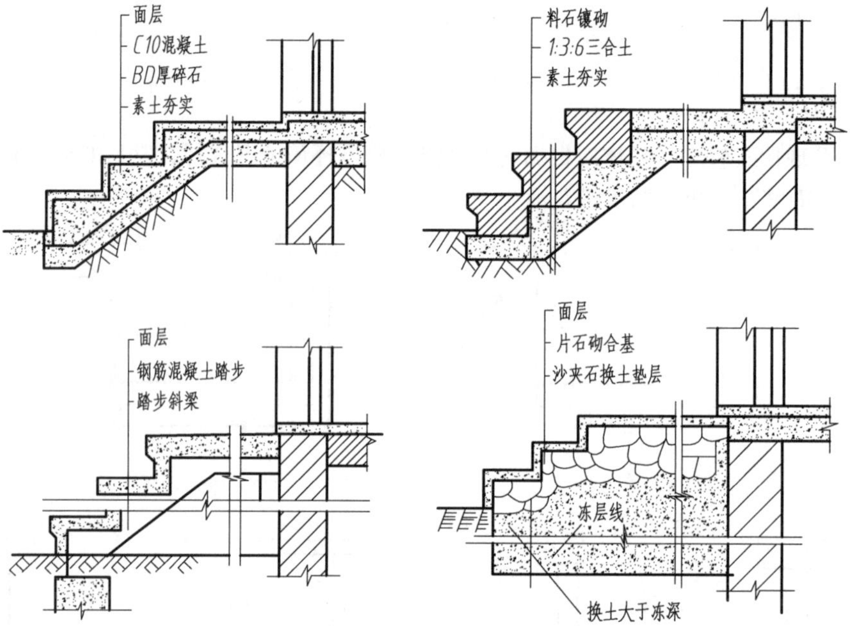

图 9-3-2　台阶的构造做法

4. 台阶的细部处理

（1）台阶一般在结构上和建筑主体是分开的，主体完工后再进行台阶的施工，因此应处理好台阶与建筑之间的沉降缝，如接缝处嵌入 10 mm 厚的防腐木条或油膏等。

（2）台阶的平台上应做（0.5% ~ 1%）的坡度，以阻止雨水、雪的浸入。

（3）台阶和踏步应充分考虑雨、雪天气时的通行安全，宜用防滑性能好的面层材料。

（4）台阶面层标高应比首层室内地面标高低 10 mm 左右。

（5）人流密集场所台阶的高度超过 1.0 m 时，宜有护栏设施。

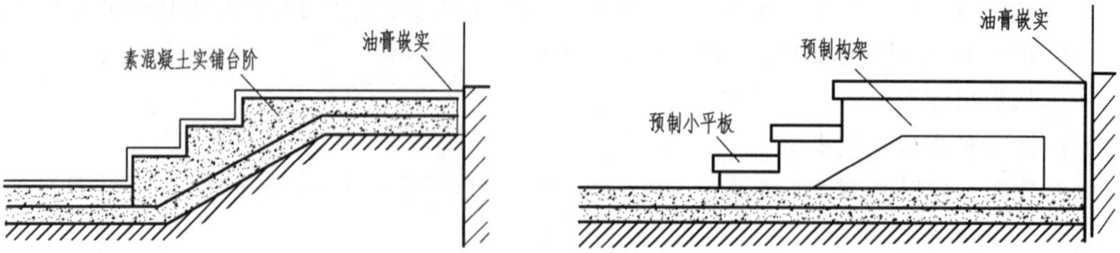

（a）实铺台阶　　　　（b）架空台阶

图 9-3-3　台阶的与主体处细部处理

9.3.2 坡　道

1. 坡道的分类

坡道按照用途分为行车坡道（普通行车坡道和回车道）和轮椅坡道；按所处位置的不同分为室内坡道和室外坡道，绝大多数为室外坡道。

2. 坡道的尺寸和坡度

（1）普通行车坡道。

普通行车坡道宽度应大于所连通的门洞口宽度，每边至少宽出 500 mm；光滑材料面层的坡度不应大于 1∶12，粗糙材料坡道坡度不应大于 1∶6，带防滑齿坡道坡度不应人于 1∶4。

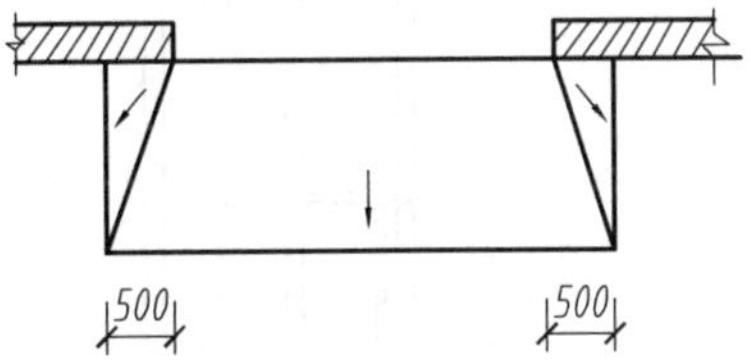

（a）普通行车坡道

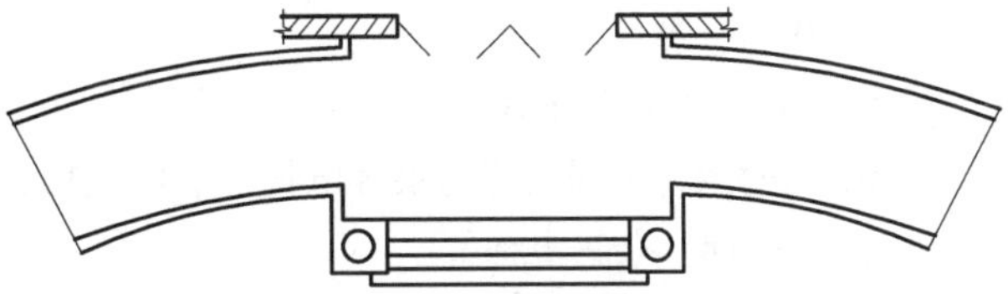

（b）回车坡道

图 9-3-4　行车坡道

（2）回车坡道。

回车坡道的宽度与坡道的半径及通行车辆规格有关，其一般坡道的坡度不大于 1∶10。

（3）轮椅坡道。

轮椅坡道是供残疾人使用的，所以有一些特殊规定：坡道的宽度一般为 1.2 ~ 1.5m，且最小宽度不应小于 1.0 m；坡度一般为 1∶20 ~ 1∶12，困难地段不宜大于 1∶8；每段坡道的最大高度不宜大于 750 mm，最大坡段水平长度不宜大于 900 mm。

3. 坡道的构造做法

坡道一般均采用实铺，构造做法与台阶基本相同。垫层的强度和厚度应根据坡道长度及上部荷载的大小进行选择，严寒地区需在垫层下设置砂垫层。

4. 坡道的细部处理

坡道在转弯处和当坡道的长度和高度规范规定时，应在坡道中部设休息平台，其深度不应小于 1.50 m。

对于经常处于潮湿、坡度较陡的坡道，应做防滑措施。

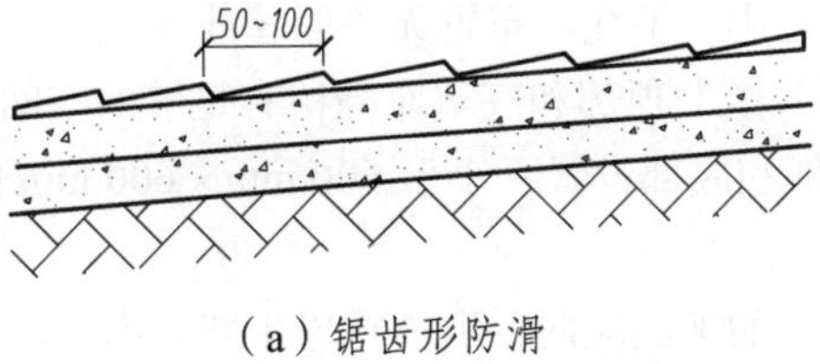

（a）锯齿形防滑

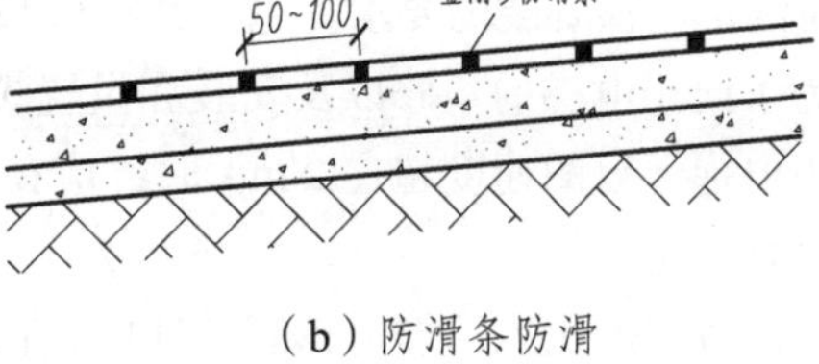

（b）防滑条防滑

图 9-3-5　坡道表面防滑处理

9.4 电梯及自动扶梯

电梯是高层建筑中常用的竖向交通设备。有特殊功能要求的多层建筑，如宾馆、商场、医院等，除了设置楼梯外，还需要设置电梯以解决上下交通、紧急疏通和救火的需要。

自动扶梯是人流集中的大型公共建筑常用的竖向交通设备，对方便使用、疏导人流起着重要的作用。

9.4.1 电 梯

1. 电梯的分类和规格

（1）电梯的分类。

① 按照电梯的用途分类。

电梯根据的用途不同，分为乘客电梯、病床电梯、客货电梯、载货电梯、杂物电梯等。

② 按照电梯的拖动方式分类。

电梯根据的拖动方式不同，分为交流拖动电梯、直流拖动电梯、液压电梯。

③ 按照消防要求分类。

电梯根据的消防要求不同，分为普通乘客电梯和消防电梯。

（2）电梯的规格。

目前，多采用载重量不同作为划分电梯的标准规格，而不用载客人数来划分电梯规格，如 400 kg、1 000 kg、2 000 kg。具体指标详见生产厂家的产品说明。

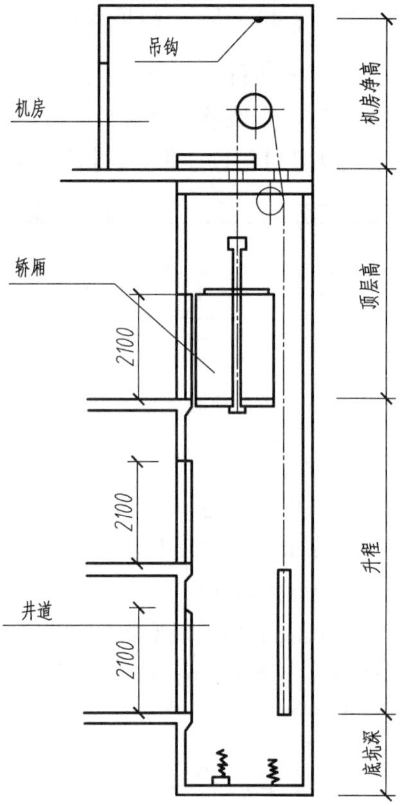

图 9-4-1 电梯组成

2. 电梯构造组成

电梯由井道、机房和轿厢三部分组成，其中，轿厢是电梯厂家负责，但其规格、尺寸等指标是确定机房与井道布局、尺寸与构造的主要因素。

（1）电梯井道。

电梯井道是电梯运行的通道。井道内部设置有电梯导轨、平衡配重等电梯运行配件，并设有电梯出入口。

电梯井道的材料可以是砖墙或钢筋混凝土，目前多采用钢筋混凝土结构。井道的净宽、净深尺寸应满足电梯安装的要求。电梯井道应只供电梯使用，不允许布置无关的管线。

为了便于电梯的检修以及安装和设置缓冲器，井道的顶部和底部应当留有足够的空间。

当电梯运行的速度超过 2 m/s 时，应在井道顶部和底部设置不小于 600 mm × 600 mm 的带百页窗的通风孔。

井道各层的出入口即电梯间的厅门，在出入口处的地面应向井道内挑出牛腿。出入口的门套应进行装修。

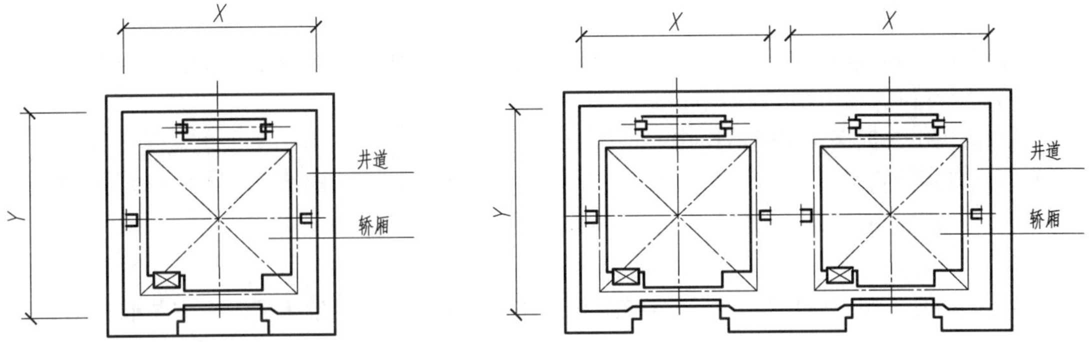

（a）单台电梯井道　　（b）两台电梯井道

图 9-4-2　电梯井道

（2）电梯机房。

电梯机房一般设在井道的顶部，少数设置在井道底层的侧面（如液压电梯）。

机房的平面及剖面尺寸均应满足机械设备的需要，并留有足够的管理、维护空间。机房的面积要大于井道的面积，允许向井道平面相邻两个方向伸出。

通往机房的通道、楼梯和门的宽度不应小于 1.20 m。

为减小噪声，可在机房下部设置隔声器。

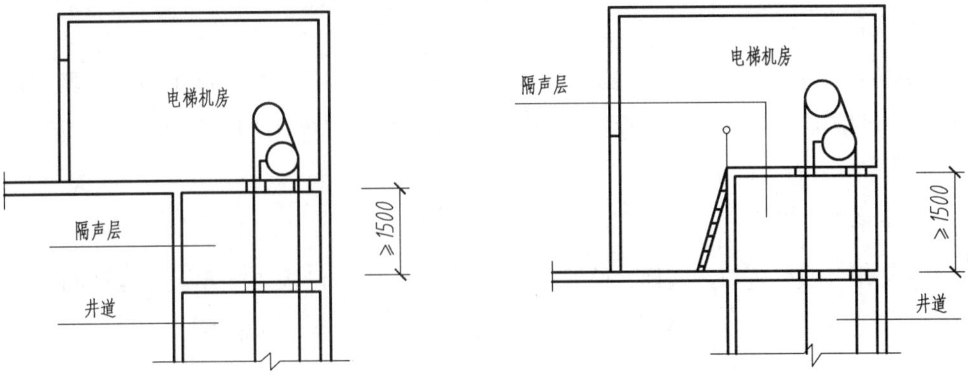

图 9-4-3　电梯机房隔声器

9.4.2　自动扶梯

自动扶梯是由电机驱动，踏步和扶手同步运行，可以正向运行（上行），也可以反向运行（下行），停机时可作临时楼梯使用。自动扶梯驱动方式分为链条式和齿条式两种。自动扶梯一般运输的垂直高度为 0 ~ 20 m；速度为 0.45 ~ 0.75 m/s，常用速度为 0.5 m/s；常用的角度有 27.3°、30°、35°，其中 30° 是最优角度；宽度有 600 mm（单人）、800 mm（单人携物）、1 000 mm、1 200 mm（双人）；载客能力一般为 4 000 ~ 10 000 人次/小时。

1．自动扶梯的布置方式

根据自动扶梯在建筑中的位置及建筑平面布局，其布置方式有并联排列式、平行排列式、串联排列式和交叉排列式四种方式。

（1）并联排列。
楼梯交通乘客流动可以连接，升降两个方向交通分离清楚，外观豪华，安装面积大。
（2）平行排列。
安装面积小，但楼层交通不连接。
（3）串联排列。
楼层交通乘客流动可以连续。
（4）交叉排列。
乘客流动升降两方向均为连续，且搭乘相距较远，升降客流不发生混乱，安装面积小。

2. 自动扶梯的构造组成

自动扶梯的电动机械装置设置在楼板下面，占用空间较大；
底层应设置地坑，供安放机械装置使用，并做防水处理；
自动扶梯在楼板上应预留足够的安装洞口，以备安装使用。

技能训练6：某住宅楼钢筋混凝土楼梯构造设计

1. 设计目的

熟悉楼梯平、立、剖及详图的表达内容与图示特点，掌握绘制楼梯施工图的步骤和方法；掌握楼梯施工图的制图规范及标准、各种图例代号，能进行给定条件下的楼梯平面图、剖面图和节点详图的设计。

2. 设计条件

（1）三层单元或住宅双跑楼梯，单元方案设计如下图所示，共2个单元（楼梯间不上屋顶）。

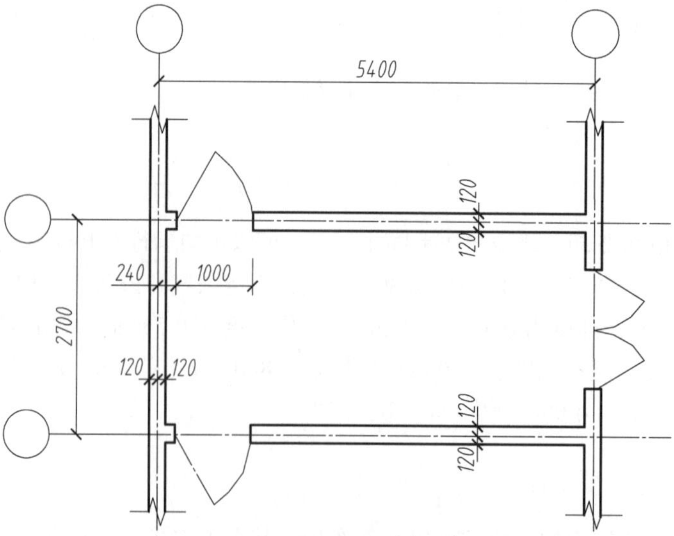

某住宅楼楼梯尺寸图

（2）楼梯层高 2.8 m，楼梯间开间和进深尺寸为 2 700 mm × 5 400 mm，楼梯间的承重墙为 240 mm 砖墙，底层设有住宅出入口，室内外高差 600 mm。

（3）采用现浇钢筋混凝土双跑楼梯。梯段形式、步数、踏步尺寸、栏杆形式，所选用的材料及尺寸均由学生自行设计确定。

3. 设计任务

用一张 A2 图纸完成以下内容：

（1）楼梯间平面图（底层、标准层和顶层），比例为 1∶50。

（2）楼梯间剖面图，比例为 1∶50。

（3）节点详图（栏杆或栏板、踏步），比例为 1∶10 或 1∶20。

4. 设计要求及深度

（1）在楼梯各平面图中绘出定位轴线，标出定位轴线至墙边的尺寸。给出门窗、楼梯踏步、折断线。以各层地面为基准标注楼梯的上、下指示箭头，并在上行指示线旁注明到上层的步数和踏步尺寸。

（2）在楼梯各层平面图中注明中间平台及各层地面的标高。

（3）在首层楼梯平面图上注明剖面剖切线的位置及编号，注意剖切线的剖视方向。剖切线应通过楼梯间的门和窗。

（4）在剖面图中绘出定位轴线，并标注定位轴线间的尺寸。注出详图索引号。

（5）详图应注明材料、作法和尺寸。与详图无关的连续部分可用折断线断开。注出详图编号。

5. 设计方法和绘制步骤

（1）根据楼梯间的开单、进深、层高计算每层楼梯踏步高和宽、楼梯梯段长度、宽度和平台宽度。

（2）根据上述尺寸画出楼梯底层、二层及顶层平面图的草图。

（3）确定楼梯结构和构造方案，如梯段、平台梁的形式等。

（4）画出楼梯剖面并标注尺寸。

先画出全部踏步剖面的轮廓线，再按选定的结构形式画出梯梁高和梯段的板厚，画出平台梁及平台板，最后画出端墙及门窗。

（5）根据剖面图调整好的尺寸，画出楼梯底层、二层及顶层平面图并标注尺寸。

（6）完善图纸。

6. 注意事项

（1）详图图形比例和尺寸应与楼梯平面图相一致。

（2）画样板（栏杆）时，其坡度应与梯段一致。

准备知识 5——楼梯详图

楼梯详图主要表示楼梯类型、结构形式、各部位尺寸及装修做法，是楼梯施工放样的主要依据。

楼梯详图一般分建筑详图与结构详图，并分别绘制，编入“建施”和“结施”中。对于一些构造和装

续上表

修较简单的楼梯，其建筑和结构详图可合并绘制，编入"建施"或"结施"均可。 楼梯的建筑详图一般有楼梯平面图、楼梯剖面图以及踏步和栏杆等节点详图。 楼梯平面图、剖面图常用的比例为1∶20、1∶30、1∶50 踏步、栏杆、扶手常用的比例为1∶5、1∶10。 1. 楼梯平面图 楼梯平面图主要表明楼梯梯段的长度与宽度、上行或下行的方向、踏步数与踏面宽度、楼梯休息平台的宽度、栏杆扶手的位置以及其他一些平面形状。实际上，楼梯平面图是建筑平面图中楼梯间部分的局部放大图，包括底层楼梯平面图、中间层楼梯平面图和顶层楼梯平面图。若中间层楼梯完全相同时，可只画一个标准层楼梯平面图。 （1）楼梯平面图的剖切与绘制。 ① 楼梯平面图的剖切位置。 楼梯平面图的剖切位置是在该层往上走的第一梯段（休息平台）的任一位置处，各层被剖切的梯段均在平面图中以一根45°折断线表示。在每一梯段处现有一长箭头，并注写"上"或"下"字和步级数，表明该层楼（地面）往上或往下走的步级数；还应标出该楼梯间的轴线，且在底层平面图上还应注明楼梯剖面图的剖切位置和投影方向。 ② 楼梯平面图的尺寸标注。 楼梯平面图和剖面图上标注尺寸和标高，与建筑平面图和剖面图基本相同。 a. 进深方向。第一道：细部尺寸，包括梯段长度——步宽×踏面数＝梯段长度、平台深度和墙内缘至轴线尺寸； 第二道：轴线尺寸及轴线编号。 若两梯段长度相同，可只在一边标注，若不同，则应在另一边加注第一道尺寸。 b. 开间方向。第一道：细部尺寸，包括梯段宽、梯井宽和墙内缘至轴线尺寸； 第二道：轴线尺寸及轴线编号。 （2）楼梯平面图的识读 ① 了解楼梯或楼梯间在房屋中的平面位置； ② 熟悉楼梯段、楼梯井和休息平台的平面形式、位置、踏步的宽度及踏步的数量； ③ 了解楼梯间处的墙、柱、门窗平面位置及尺寸； ④ 看清楼梯的走向以及楼梯段起步的位置； ⑤ 了解各层平台的标高； ⑥ 在楼梯平面图中了解楼梯剖面图的剖切位置。 2. 楼梯剖面图 （1）楼梯剖面图的形成与绘制。 ① 楼梯剖面图的形成。 假想用一铅垂面通过各层的一个梯段的门窗洞将楼梯剖开，向另一未剖到的梯段方向投影所作的剖面图即为楼梯剖面图。在多层房屋中，若中间各层的楼梯构造均相同时，可只画出底层、标准层和顶层剖面，中间用折断线分开。楼梯剖面图主要表达房屋、楼梯梯段数、步级数以及楼梯的类型及其结构形式。 ② 楼梯剖面图的标注。 楼梯剖面图应注明地面、平台面、楼面等的标高和梯段、栏杆的高度尺寸等。 a. 竖向标高标注。 室内地面、室外地面、各层平台、各层地面、窗台及窗顶、门顶、雨篷等处。 b. 尺寸标注。 水平方向尺寸：第一道：细部尺寸，包括梯段长度——踏步宽×踏面数＝梯段长度、平台宽度和墙内缘至轴线尺寸； 第二道：轴线尺寸及轴线编号。

续上表

垂直方向：第一道：各梯段高度——踏步高×步数＝梯段高度； 第二道：层高尺寸。 （2）楼梯剖面图的识读。 ① 了解楼梯的构造形式； ② 熟悉楼梯在竖向和进深方向的有关标高； ③ 明确踏步的宽度、高度及栏杆的高度。 3. 楼梯节点详图 楼梯节点详图主要是指栏杆、扶手详图以及踏步详图，分别用索引符号与楼梯平面图或楼梯剖面图联系。 踏步详图表明踏步的截面尺寸、大小、材料及面层的做法。 栏杆、扶手详图主要表明栏杆与扶手的形式、大小、所用材料及其与踏步的连接等情况。

思考题

1. 楼梯的功能和设计要求是什么？
2. 楼梯由哪几部分组成？各组成部分起何作用？
3. 常见楼梯的形式有哪些？
4. 楼梯设计的方法步骤如何？
5. 为什么平台宽度不得小于楼梯段的宽度？楼梯段的宽度又如何确定？
6. 楼梯的坡度如何确定？与楼梯踏步有何关系？确定踏步尺寸的经验公式如何使用？
7. 楼梯平台下作通道时有何要求？当不能满足时可采取哪些方法予以解决？
8. 楼梯为什么要设栏杆扶手？栏杆扶手的高度一般为多少？
9. 现浇钢筋混凝土楼梯常见的结构形式有哪几种？各有何特点？
10. 小型预制构件装配式楼梯的支承方式有哪几种？预制踏步板的形式有哪几种？各对应何种截面的梁？减轻自重的方法有哪些？
11. 楼梯踏面防滑构造如何？
12. 栏杆与扶手、梯段如何连接？注意识读构造图。
13. 栏杆扶手在平行双跑式楼梯平台转弯处如何处理？
14. 室外台阶的组成、形式、构造要求及做法如何？
15. 坡道如何进行防滑？

第10章 门 窗

☞ 学习目标：

1. 掌握门窗的作用、类型及构造要求；
2. 掌握平开门窗的组成和构造方法；
3. 熟悉建筑中遮阳的作用、要求和遮阳板的基本形式；
4. 能识读门窗大样图并编制门窗统计表。

教学时间：4～6 学时

活动及技能训练时间：3 学时

延伸活动或技能训练时间：（4 学时）

教学过程/教学手段/教学场所安排：

教学过程	具体内容	教学方法及时间安排			场所安排
		授课时间	活动或技能训练时间	延伸时间	
10.1 窗	教学活动 12：认识门窗		1		室 外
	窗的分类	1			教 室
	窗的组成和尺度				
	窗的构造与安装				
10.2 门	门的分类	1			教 室
	门的组成和尺度				
	平开木门的构造与安装				
	教学活动 13：绘制思维导图描述门窗知识节点			（2）	
10.3 建筑遮阳	遮阳的作用和分类	1			教 室
	固定遮阳板的形式				
技能训练 7：识读某宿舍楼立面图、门窗统计表、门窗大样图			2	（2）	建筑设计室
Σ		3	3	（4）	

教学活动 12

认识门窗

活动项目	课堂活动内容	时间	资源
认识墙体	① 从教学楼入手，让学生谈谈门窗的作用。在设计的时候，应该注意些什么样的构造要求。 ② 将学生按 5 人一组进行活动，实地测量标准层教学楼、宿舍楼门窗类型、门窗材料和开启方式，完成工作纸上的内容。	1 学时	工作纸 1 指定的房屋 卷尺

工作纸 1——认识门窗

门窗统计表

建筑物	类型	门窗编号	洞口尺寸/mm	数量	开启方式	材料
教学楼	门					
	窗					
宿舍楼	门					
	窗					

窗和门是建筑物的主要构造组成之一，对建筑物正常、安全、舒适的使用具有很大影响。窗主要有采光、通风、围护及分隔空间、观望、传递、建筑立面装饰和造型作用。门的主要作用是联系内外交通与疏散、围护及分隔空间、建筑立面装饰与造型，并兼有采光和通风作用。

10.1 窗

10.1.1 窗的分类

1. 按窗开启方式不同分类

窗按开启方式不同分为固定窗、平开窗、悬窗、立转窗、推拉窗等，见图 10-1-1。

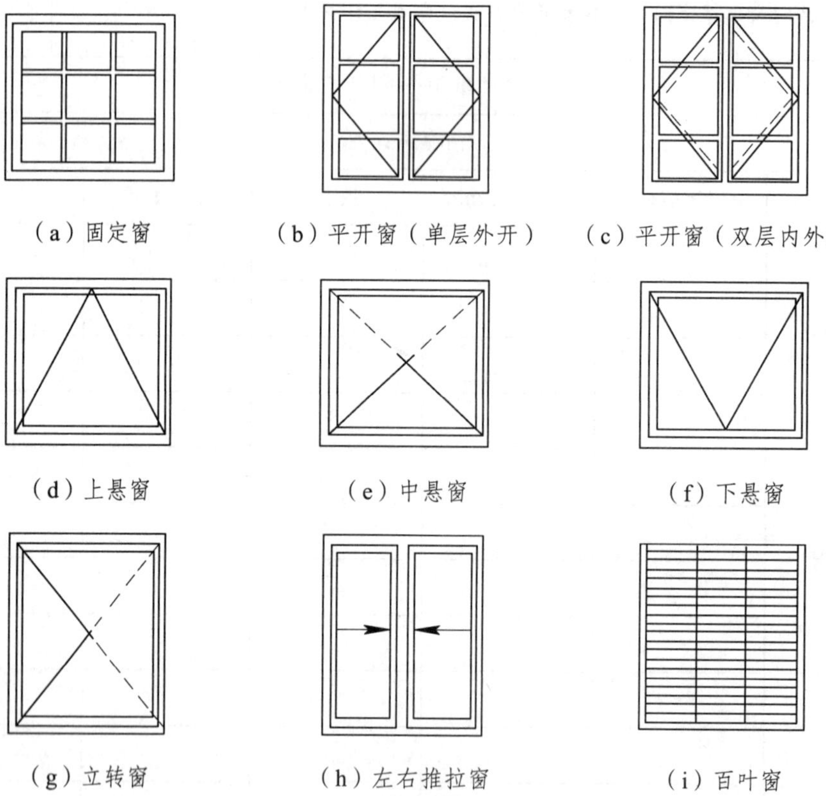

（a）固定窗　（b）平开窗（单层外开）　（c）平开窗（双层内外开）

（d）上悬窗　（e）中悬窗　（f）下悬窗

（g）立转窗　（h）左右推拉窗　（i）百叶窗

图 10-1-1　窗的开启方式

（1）固定窗：将玻璃直接镶嵌在窗框上，不设可活动的窗扇。一般用于只要求有采光、眺望功能的窗，如走道的采光窗和一般窗的固定部分。

（2）平开窗：窗扇一侧用铰链与窗框相连，窗扇可向外或向内水平开启。平开窗构造简单，开关灵活，制作与维修方便，在一般建筑中采用较多。

（3）悬窗：窗扇绕水平轴转动的窗。按照旋转轴的位置可分为上悬窗、中悬窗和下悬窗，其中上悬窗和中悬窗的防雨、通风效果好，常用作门上的亮子和不方便手动开启的高侧窗。

（4）立转窗：窗扇绕垂直中轴转动的窗。这种窗通风效果好，但不严密，不宜用于寒冷和多风沙的地区。

（5）推拉窗：窗扇沿着上、下设置的导轨或滑槽推拉开启的窗，有水平推拉窗和垂直推拉窗两种。推拉窗开启后不占室内空间，窗扇的受力状态好，适宜安装大玻璃，但通风面积受限制。

（6）百叶窗：窗扇一般用塑料、金属或木材等制成小板材，与两侧框料相连接，有固定式和活动式两种。百叶窗的采光效率低，主要用作遮阳、防雨及通风。

2. 按窗框所用材料不同分类

窗按框所用材料的不同，分为木窗、彩板钢窗、铝合金窗和塑料窗，以及塑钢窗、铝塑窗等复合材料的窗。

3. 按窗的层数不同分类

窗按层数的不同，分为单层窗和多层窗。

4. 按窗镶嵌的材料不同分类

窗按镶嵌的材料的不同，分为玻璃窗、百叶窗和纱窗等。

10.1.2 窗的组成和尺度

1. 窗的组成

窗主要由窗框、窗扇、五金零件和附件等四部分组成，必要时可增设贴脸、窗台板和窗帘盒等。图 10-1-2 为平开木窗的组成示意。

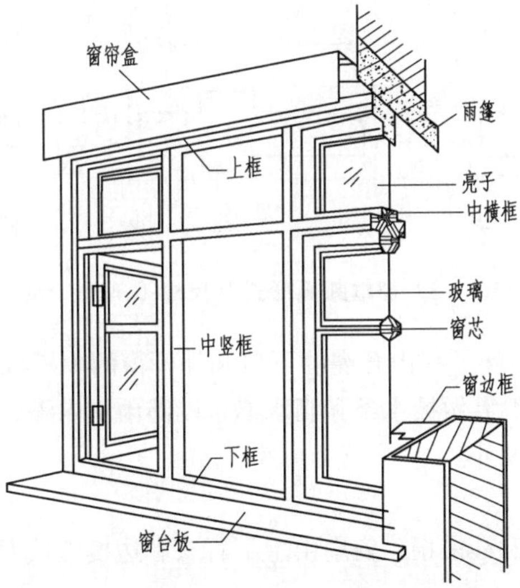

图 10-1-2 窗的组成示意图

（1）窗框的组成：窗框是窗与墙体的连接部分，由上框、下框、边框、中横框和中竖框组成。

（2）窗扇的组成：窗扇是窗的主体部分，分为活动扇和固定扇两种，一般由上冒头、下冒头、边梃和窗芯（又叫窗棂）组成骨架，中间固定玻璃、窗纱或百叶。

（3）五金零件：常用的五金零件包括铰链、插销、风钩、拉手及导轨、滑轮等。

2. 窗的尺度

窗的尺度既要满足采光、通风与日照的需要，又要符合建筑立面设计及建筑模数协调的要求。我国大部分地区标准窗的尺寸均采用 3M 的扩大模数，常用的高、宽尺寸有：600、900、1 200、1 500、1 800、2 000、2 400 mm 等。

10.1.3 窗的构造与安装

1. 平开木窗的构造与安装

（1）窗框的构造。

① 组成：由边框、上、下框（中竖框、中横框）组成。在构造上应有裁口及背槽处理，裁口亦有单裁口和双裁口之分。

② 窗框断面形式与尺寸：窗框的断面形式与尺寸主要由窗扇的层数、窗扇的厚度、开启方式、洞口尺寸及当地风力大小等确定，一般为经验尺寸，常见窗框的断面形式及尺寸见图 10-1-3 [图中虚线为毛料尺寸，粗实线为刨光后的设计尺寸（净尺寸），中横框若加披水或滴水槽，其宽度还需增加 20 ~ 30 mm]。

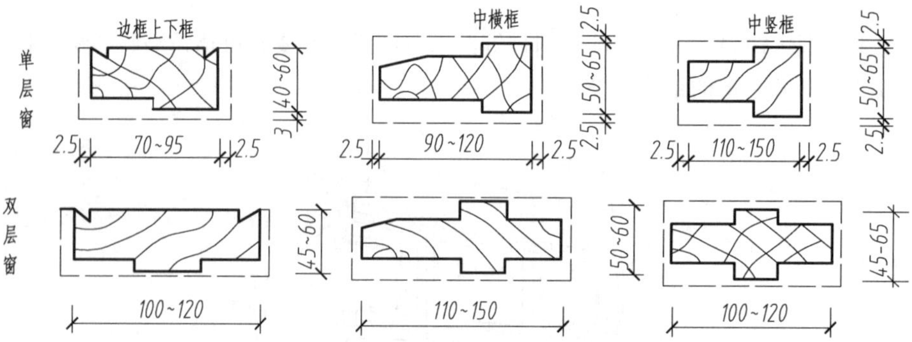

图 10-1-3 窗框断面形式及尺寸（单位：mm）

③ 窗框与窗扇的防水措施：在内开窗的下口和外开窗的中横框处，都是防水的薄弱环节，仅设裁口条还不能防水，一般需做披水条和滴水槽，以防雨水内渗；在近窗台处做积水槽和泄水孔，以利于渗入的雨水排至窗外。

（2）窗扇的构造。

常见的木窗扇有玻璃扇和纱窗扇。窗扇由上下冒头和边梃榫接而成，有的还用窗芯（也叫窗棂）分格（见图 10-1-4）。

① 断面形状与尺寸。

窗扇一般厚度取 35 ~ 42 mm，以采用 40 mm 者较多。纱窗扇的框料厚度可小些，一般为 30 mm 左右。

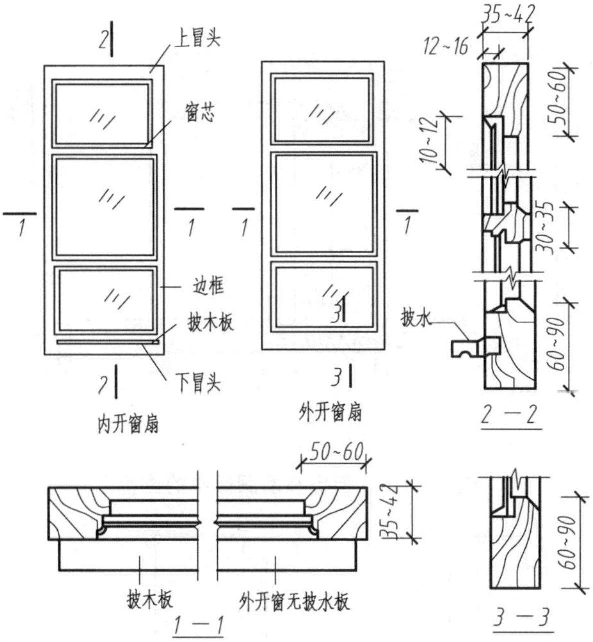

图 10-1-4　玻璃窗扇的构造

② 玻璃的选择与安装。

选择玻璃应兼顾窗的使用及美观要求。玻璃厚度的选用，与窗扇分格的大小有关。单块面积小的，一般 2 mm 或 3 mm 厚，单块面积较大时，可选用 5 mm 或 6 mm 厚的玻璃。

玻璃的安装一般用油灰嵌固，对于不会受雨水侵蚀的窗扇玻璃，也可用小木条镶钉。

（3）窗框的安装。

窗框的安装方式有立口和塞口两种。

① 立口安装：立口又称立樘子，施工时先将窗框立好，后砌窗间墙。其优点是能使窗框与墙体连接紧密牢固，但安装窗框和砌墙两种工序相互交叉进行，会影响施工进度，并且容易对窗造成损坏。

② 塞口安装：砌墙时，先留出窗洞口，其洞口一般比窗框外包尺寸大 30 ~ 40 mm，当整幢建筑的墙体砌筑完工后，再将窗框塞入洞口安装、固定。其优点是不会影响施工进度，但窗框与墙体之间的缝隙较大，应加强固定时的牢固性和对缝隙的密闭处理。

（4）窗框在墙洞中的位置。

窗板在墙洞中的位置主要根据房间的使用要求和墙体的厚度来确定。一般有三种形式：窗框内平［见图 10-1-5（a）］、窗框外平［见图 10-1-5（b）］和窗框居中［见图 10-1-5（c）］。

（5）窗扇与窗框的连接

窗扇与窗框之间的连接要满足开启方便和关闭紧密的要求。通常在窗框上做裁口（铲口），深 10 ~ 12 mm，或钉小木条形成裁口，如图 10-1-6（a）、（b）所示。为提高窗防风挡雨的能力，可在裁口处设回风槽以减小风压和渗透量，或在裁口处装密封条，如图 10-1-6（c）、（d）所示。

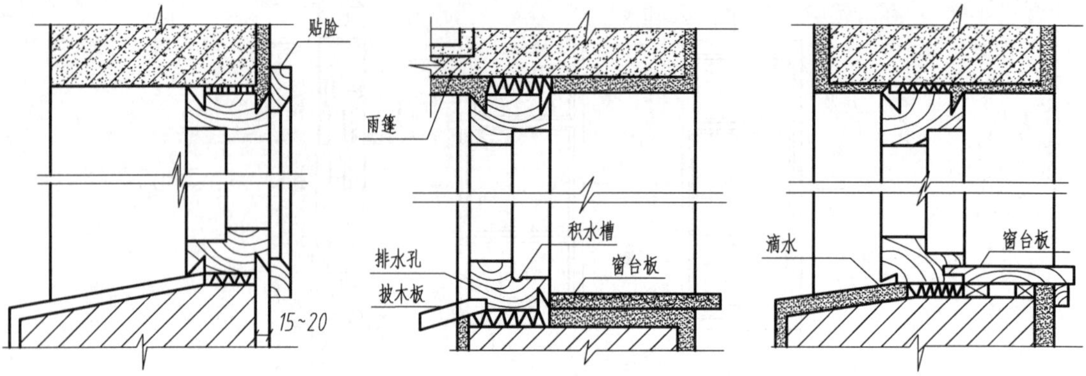

（a）窗框内平　　（b）窗框外平　　（c）窗框居中

图 10-1-5　窗框在墙洞口中的位置

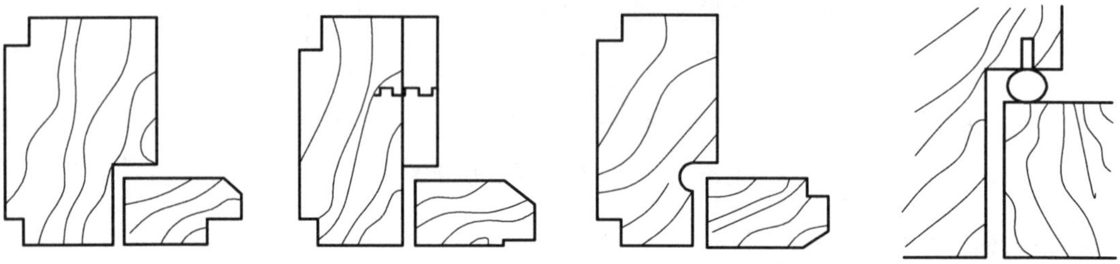

（a）　　（b）　　（c）　　（d）

图 10-1-6　窗框与窗扇的连接

2. 铝合金窗的构造与安装

（1）铝合金窗的构造。

铝合金窗多采用水平推拉式的开启方式，窗扇在窗框的轨道上滑动开启。窗扇与窗框之间用尼龙密封条进行密封，以避免金属材料之间相互摩擦。玻璃卡在铝合金窗框料的凹槽内，并用橡胶压条固定（见图 10-1-7）。

（2）铝合金窗的安装。

铝合金窗一般采用塞口的方法安装，固定时，窗框与墙体之间采用预埋铁件、燕尾铁脚、膨胀螺栓、射钉固定等方式连接（见图 10-1-8）。

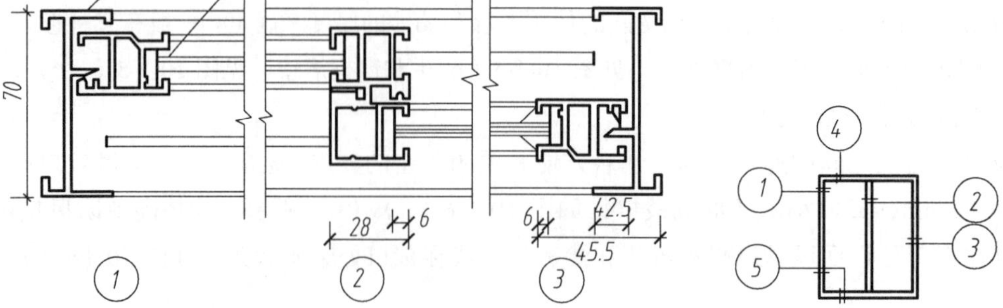

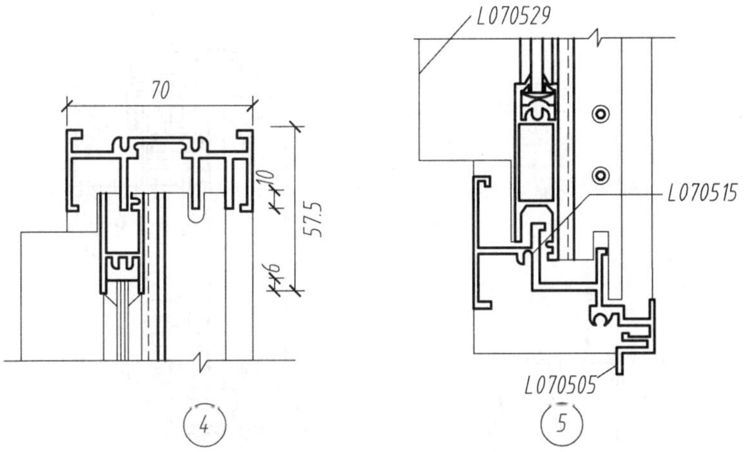

图 10-1-7　铝合金窗构造

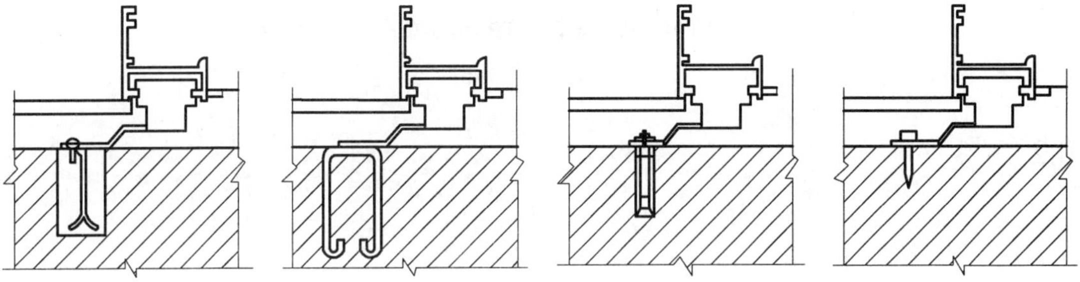

（a）预埋铁件　（b）燕尾铁脚　（c）金属膨胀螺栓　（d）射钉

图 10-1-8　铝合金窗框和墙体的固定方式

3. 塑钢窗的构造与安装

塑钢窗多以 PVC 为主要原料制成空腹多腔异型材，中间设置薄壁加强型钢，经加热焊接而成窗。其特点是导热系数低，耐弱酸碱，无需油漆并具有良好的气密性、水密性、隔声性等优点，其构造如图 10-1-9 所示。

塑钢窗的开启方式及安装构造与铝合金窗基本相同。

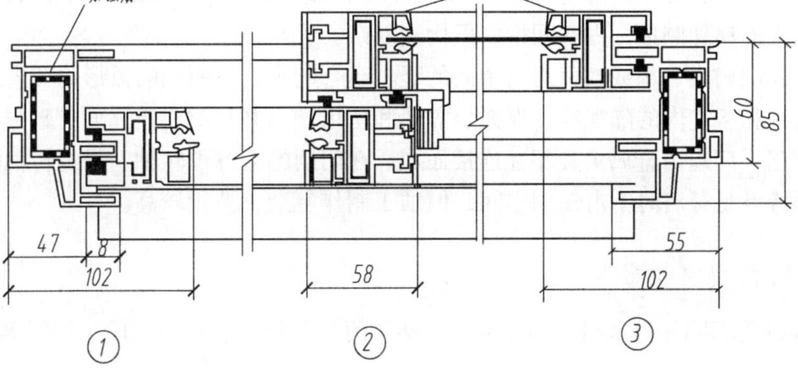

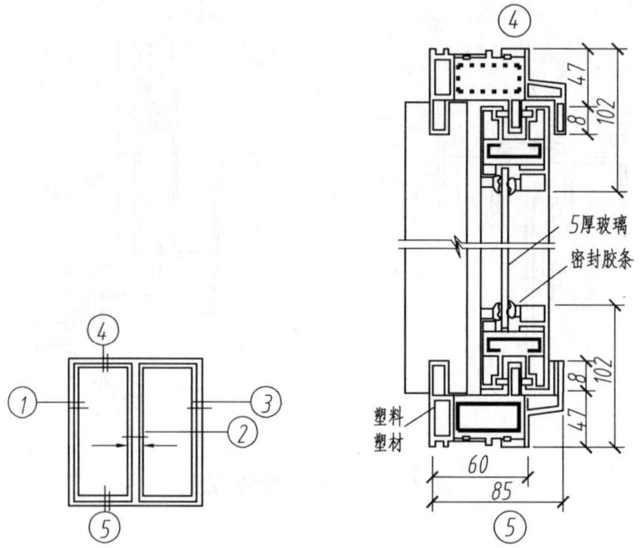

图 10-1-9　塑钢窗的构造示意图

10.2　门

10.2.1　门的分类

1. 按门扇的开启方式不同分类

门按开启方式不同可分为平开门、弹簧门、推拉门、折叠门、转门、卷帘门、升降门等（见图 10-2-1）。

（1）平开门：门扇与门框用铰链连接，门扇水平开启，有单扇、双扇及向内开、向外开之分。平开门构造简单，开启灵活，安装维修方便。

（2）弹簧门：门扇与门框用弹簧铰链连接，门扇水平开启，分为单向弹簧门和双向弹簧门，其最大优点是门扇能够自动关闭。

（3）推拉门：门扇沿着轨道左右滑行来启闭，有单扇和双扇之分，开启后，门扇可隐藏在墙体的夹层中或贴在墙面上。推拉门开启时不占空间，受力合理，不易变形，但构造较复杂。

（4）折叠门：门扇由一组宽度约为 600 mm 的窄门扇组成，窄门扇之间的铰链连接。开启时，窄门窗相互折叠推移到侧边，占空间少，但构造复杂。

（5）转门：门扇由三扇或四扇通过中间的竖轴组合起来，在两侧的弧形门套内水平旋转来实现启闭。转门有利于室内的隔视线、保温、隔热和防风沙，并且对建筑立面有较强的装饰性。

（6）卷帘门：门扇由金属页片相互连接而成，在门洞的上方设转轴，通过转轴的转动来控制页片的启闭。特点是开启时不占使用空间，但加工制作复杂，造价较高。

2. 按门的框料材质分类

门按框料材质不同分为木门、铝合金门、塑钢门、彩板门、玻璃钢门、钢门等。

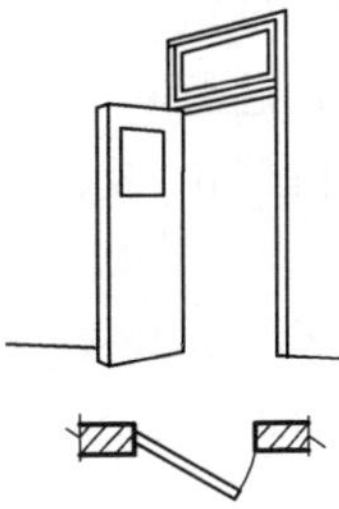

（a）平开门

（b）弹簧门

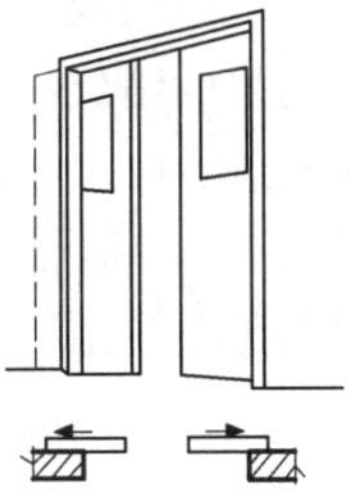

（c）推拉门

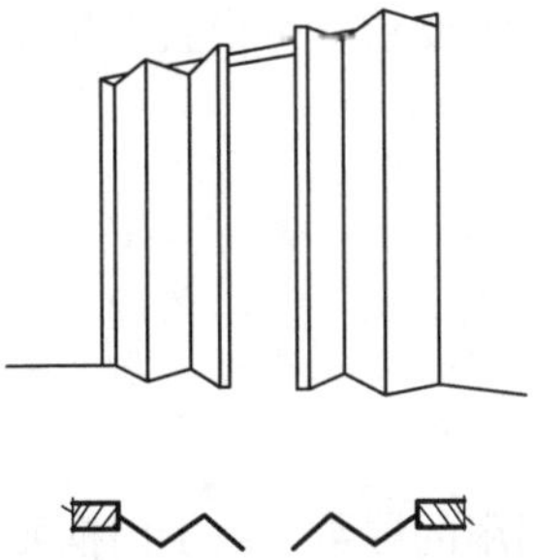

（d）折叠门

（e）转门

图 10-2-1　门的开启方式分类

3. 按门的使用功能分类

按门的使用功能不同可分为普通门和特殊门（保温门、隔声门、防火门、防盗门等）。

10.2.2　门的组成和尺度

1. 门的组成

门一般由门框、门扇、五金零件及附件组成（见图 10-2-2）。

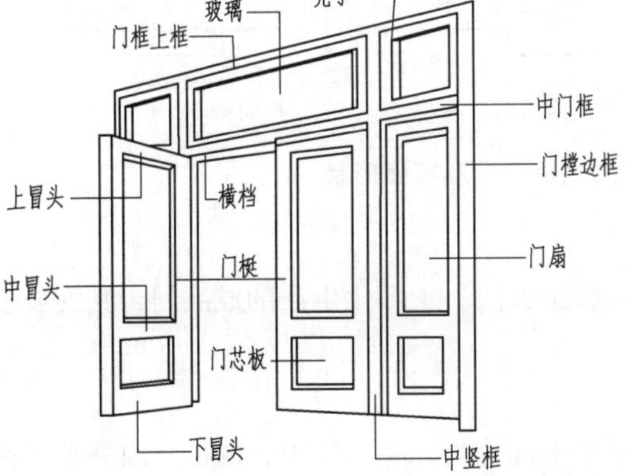

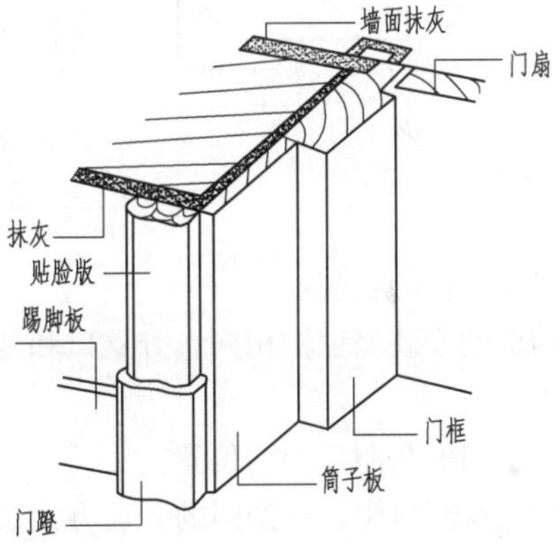

图 10-2-2　门的构造组成

（1）门框的组成：门与墙体的连接部分，由上框、边框、中横框和中竖框组成。

（2）门扇的组成：一般由上、中、下冒头和边梃组成骨架，中间固定门芯板。

（3）五金零件：常用的五金零件包括铰链、插销、门锁、拉手等。附件有贴脸板、筒子板等。

2. 门的尺度

门的尺度指门洞的高宽尺寸，应满足人流疏散以及搬运家具、设备的要求，并应符合《建筑模数协调统一标准》的规定。

一般情况下，门保证通行的高度不小于 2 000 mm，当上方设亮子时，应加高 300 ~ 600 mm。门的宽度应至少满足一个人通行，并考虑必要的空隙，一般为 700 ~ 1 000 mm，通常设置为单扇门。对于人流量较大的公共建筑的门，其宽度应满足疏散要求，可设置两扇以上的门。

10.2.3 平开木门的构造与安装

1. 门 框

（1）门框的断面形状与尺寸。

门框的断面形状与尺寸取决于门扇的开启方式和门扇的层数，由于门框要承受各种撞击荷载和门扇的重量作用，应有足够的强度和刚度，故其断面尺寸较大（见图 10-2-3）。

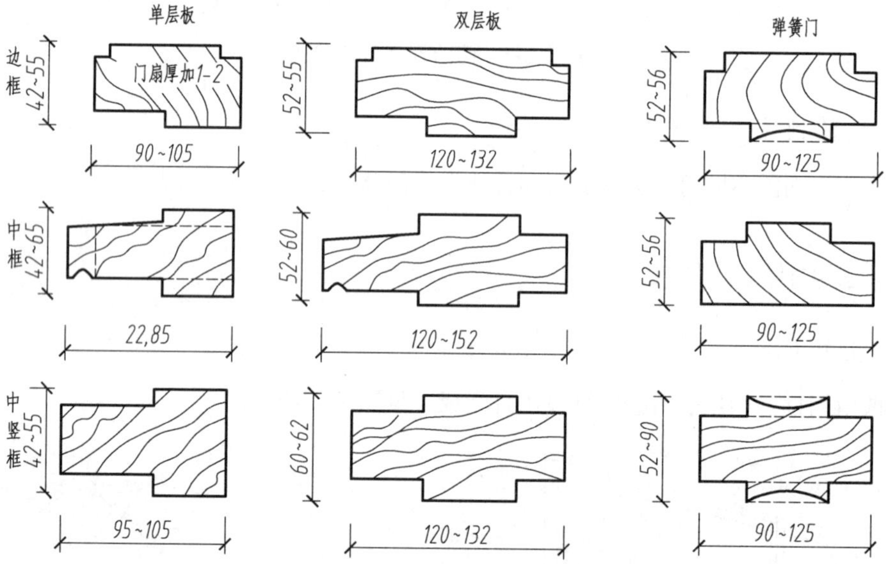

图 10-2-3 平开木门的门框尺寸及断面形状

（2）门框的安装。

门框的安装与窗框相同，分立口和塞口两种施工方法。工厂化生产的成品门，其安装多采用塞口法。

（3）门框在洞口中的位置。

门框在洞口中，根据门的开启方式及墙体厚度不同分为外平、居中、内平、内外平四种（见图 10-2-4）。

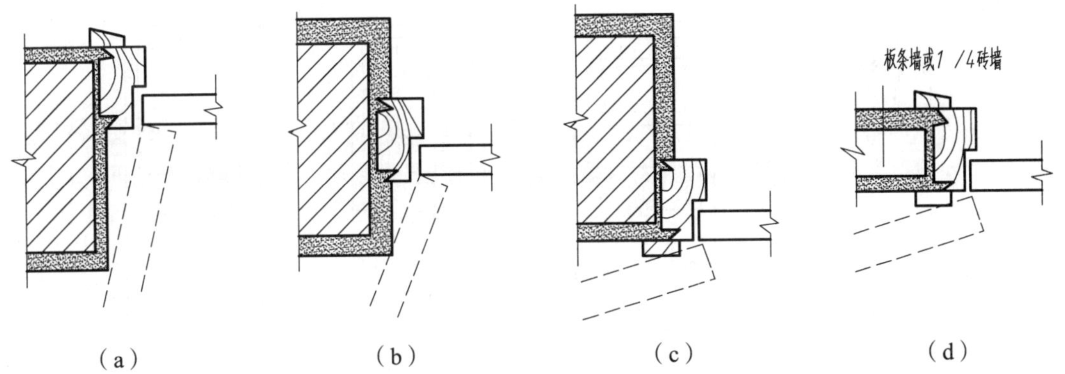

图 10-2-4　门框在洞口中的位置

2. 门　扇

门扇有多种构造形式，常见的有镶板门、拼板门、夹板门、玻璃门等。

（1）镶板门：由上、中、下冒头和边梃组成骨架，中间镶嵌门芯板，门芯板可采用 15 mm 厚的木板拼接而成，也可采用胶合板、硬质纤维板或玻璃等（见图 10-2-5）。

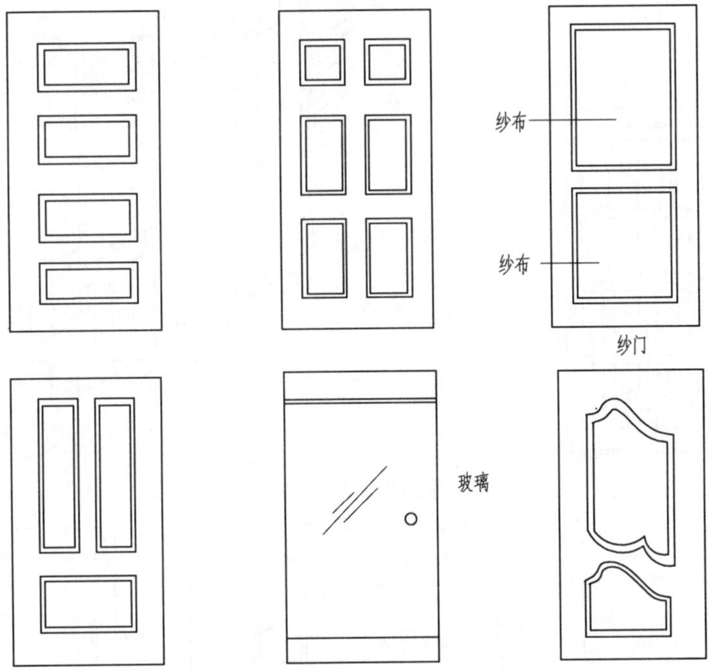

图 10-2-5　镶板门

（2）夹板门：用小截面的木条（35 mm × 50 mm）组成骨架，在骨架的两面铺钉胶合板或纤维板等（见图 10-2-6）。

（3）拼板门：构造与镶板门相同，由骨架和拼板组成（见图 10-2-7）。

（4）玻璃门：门扇构造与镶板门基本相同，只是门芯板用玻璃代替，用在要求采光与透明的出入口处（见图 10-2-8）。

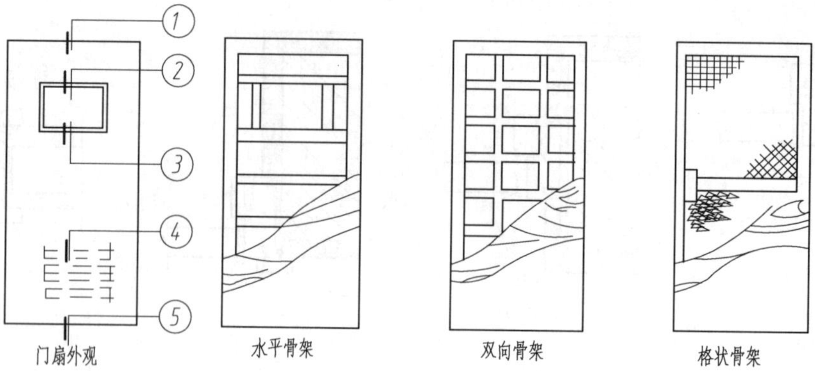

图 10-2-6　夹板门

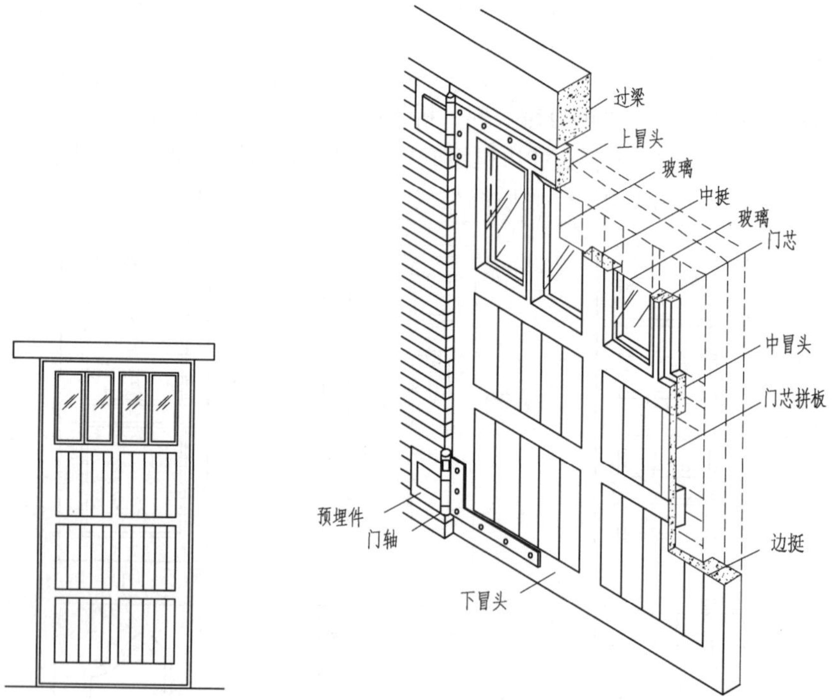

图 10-2-7　拼板门

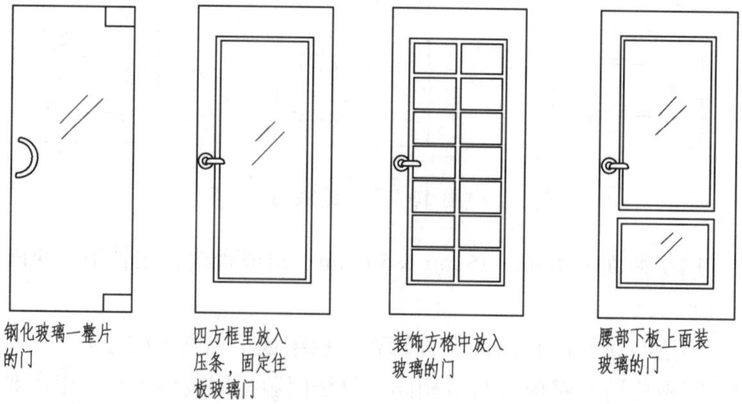

图 10-2-8　玻璃门

教学活动 13（延展活动）

用思维导图的方式描述门窗节知识节点

<table>
<tr><th>活动项目</th><th>课堂活动内容</th><th>时间</th><th>资源</th></tr>
<tr><td>绘制思维导图</td><td>将学生按 5 人一组进行活动，用思维导图描述门窗分类、组成、构造等知识节点，完成工作纸上的内容。
思维导图，又叫心智图，是表达发射性思维的有效的图形思维工具，它简单却又极其有效，是一种革命性的思维工具。思维导图运用图文并重的技巧，把各级主题的关系用相互隶属与相关的层级图表现山来，把主题关键词与图像、颜色等建立记忆链接，思维导图充分运用左右脑的机能，利用记忆、阅读、思维的规律，协助人们在科学与艺术、逻辑与想象之间平衡发展，从而开启人类大脑的无限潜能。思维导图因此具有人类思维的强大功能。</td><td>2 学叶</td><td>一张 1# 图纸
彩色水笔
铅笔
彩色卡纸</td></tr>
<tr><td colspan="4">工作纸 2——思维导图
① 从一张 1# 图纸的中心开始绘制门窗知识节点，用一幅图像或图画表达门窗各节点的内容。
② 以门、窗为中心内容，以分类、构造、组成等知识节点为二级分支，以具体内容为三级分支，各分支内容用图像形式表达并连接起来，依此类推。
③ 让思维导图在每条分支上使用一个关键词，画分支线时尽量自然弯曲不采用直线。
④ 自始至终使用图形，各分支内容使用不同的颜色。
⑤ 要求：清晰明白—突出重点—使用联想—形成个人风格</td></tr>
</table>

10.3 建筑遮阳

10.3.1 遮阳的作用和分类

遮阳是为了防止阳光直接射入室内，避免夏季室内温度过高和产生眩光而采取的构造措施。建筑遮阳的种类有窗口遮阳、屋面遮阳、墙面遮阳、绿化遮阳等形式。尤其以商品遮阳最为常见。其构造措施有绿化遮阳、调整建筑物的构配件遮阳、在窗洞口周围设置专门的遮阳设施来遮阳。遮阳设施有活动遮阳（见图 10-3-1）和固定遮阳板两种类型。

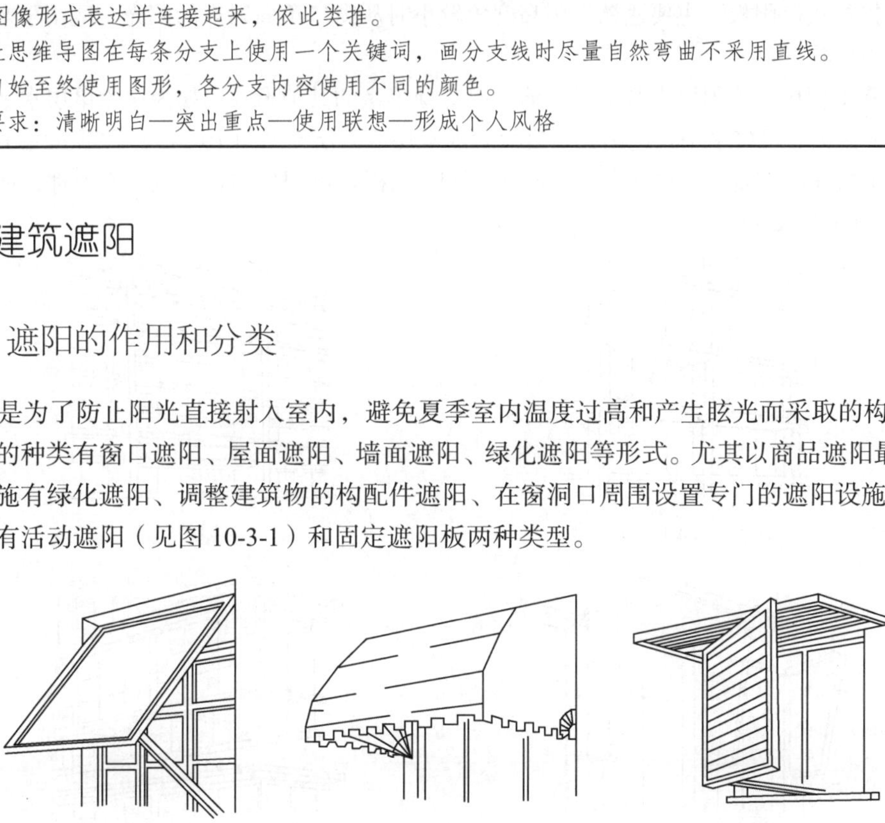

（a）苇席遮阳　　（b）篷布遮阳　　（c）木百叶遮阳

图 10-3-1　活动遮阳的形式

10.3.2 固定遮阳板的形式

固定遮阳板的基本形式有水平式、垂直式、综合式和挡板式（见图 10-3-2）。

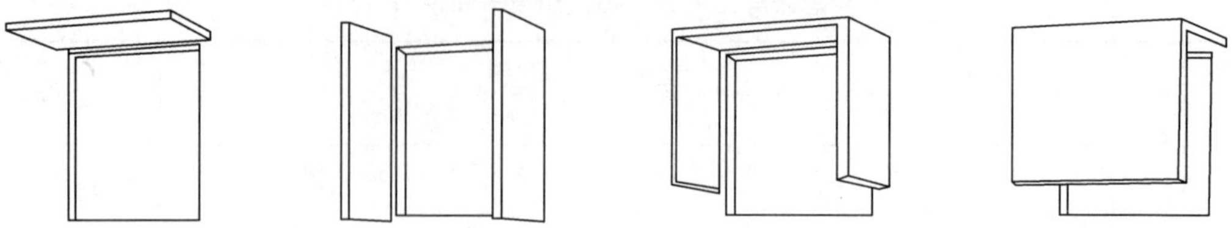

（a）水平式　　（b）垂直式　　（c）综合式　　（d）挡板式

图 10-3-2　遮阳板的基本形式

（1）水平式遮阳板：主要遮挡太阳高度角较大时从窗口上方照射下来的阳光，适用于朝南的窗洞口。

（2）垂直式遮阳板：主要遮挡太阳高度角较小时从窗口侧面射来的阳光，适用于南偏东、南偏西及其附近朝向的窗洞口。

（3）综合式遮阳板：水平式和垂直式遮阳板的综合，能遮挡从窗口两侧及前上方射来的阳光。其遮阳效果比较均匀，主要适用于南、东南、西南及其附近朝向的窗洞口。

（4）挡板式遮阳板：主要遮挡太阳高度角较小时从窗口正面射来的阳光，适用于东、西及其附近朝向的窗洞口。

在实际工程中，遮阳可由基本形式演变出造型丰富的其他形式。如为避免单层水平式遮阳板的出挑尺寸过大，可将水平式遮阳板重复设置成双层或多层（见图 10-3-2）；当窗间墙较窄时，将综合式遮阳板连续设置［见图 10-3-3（b）、（c）］；挡板式遮阳板结合建筑立面处理，或连续或间断［见图 10-3-3（d）］。

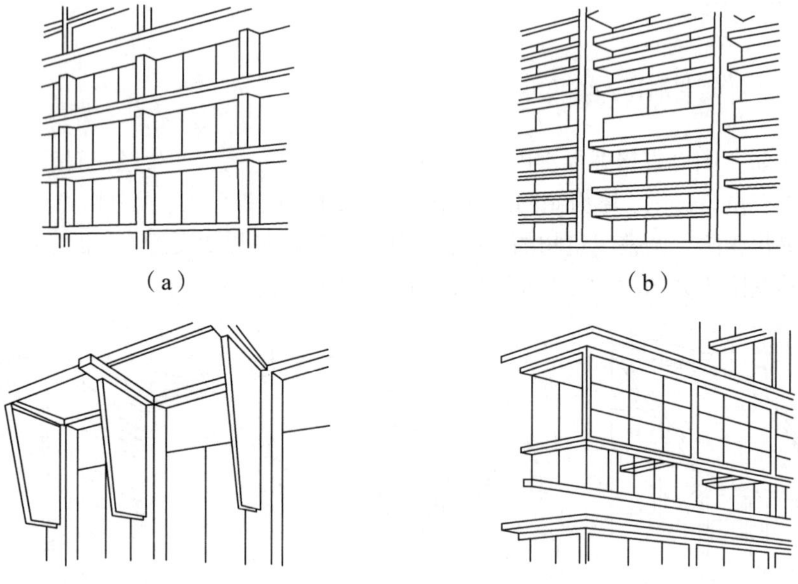

（a）　（b）　（c）　（d）

图 10-3-3　遮阳的其他形式

技能训练 7：识读某建筑物立面图、门窗大样图和门窗统计表

1. 技能训练目的

熟悉立面图表达内容与图示特点，掌握立面图的制图规范和标准，熟悉门窗的各种图例代号，具备能正确识读建筑立平面图和进行门窗统计的能力。

2. 技能训练条件

（1）某住宅建筑施工立面图。

（2）该建筑物层高 3.0 m。

3. 技能训练任务

识读各个立面图，完成以下内容：

（1）该套施工图一共绘制了哪几个立面？为什么要绘制？

（2）该建筑立面材料是什么？做法及其分格等艺术处理形式是什么？

（3）改建筑室外勒脚是用什么材料？高度为多少？

（4）该建筑物总高度是多少？

（5）查看立面上的索引符号，找到相应图集，并查看大样图。

（6）各立面图的标高尺寸，要记住室内外标高差、门口雨篷标高、各层窗口标高、窗高度、窗间墙高度、屋顶配件高度。

（7）进行门窗统计。

门窗统计表									
名称	代号	门窗名称	洞口尺寸（宽×高）	数　量					备注
				一层	二层	三层	屋顶层	小计	
门									
窗									

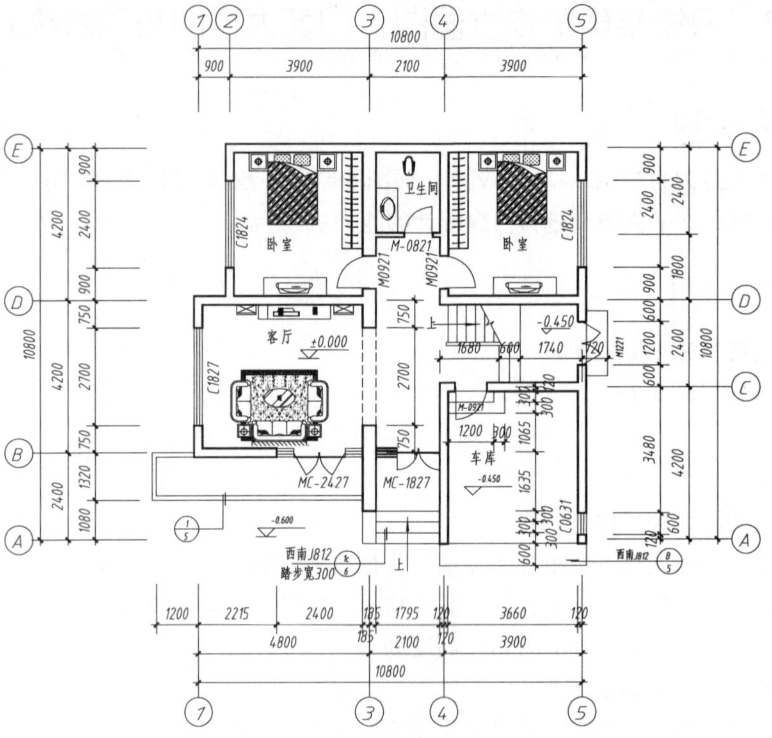

一层平面图 1:100

注：除标注外图中门垛尺寸均为轴线到边200mm。
卫生间标高均比楼层标高低40mm。

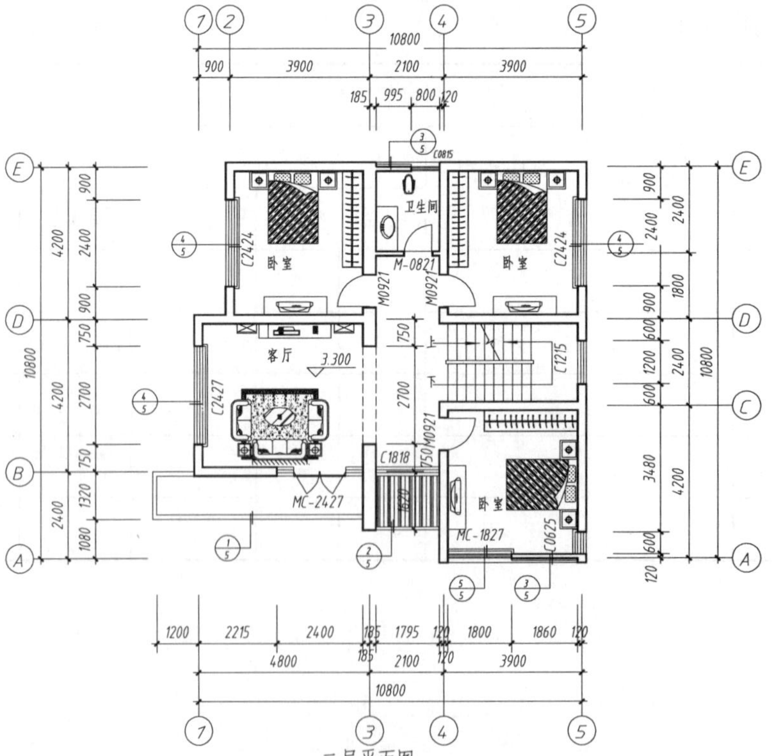

二层平面图 1:100

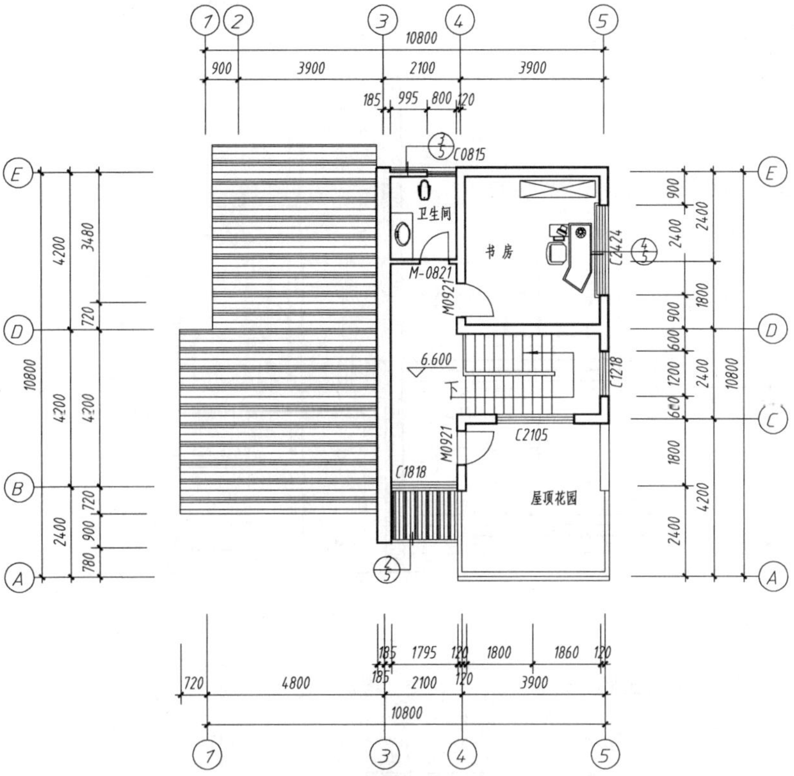

三层平面图 1:100

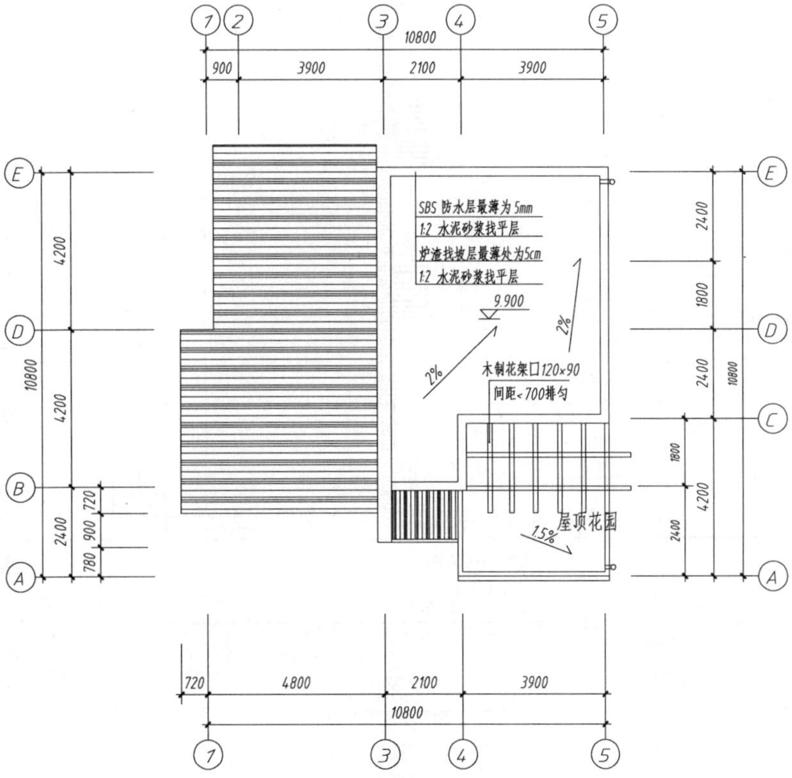

屋顶平面图 1:100

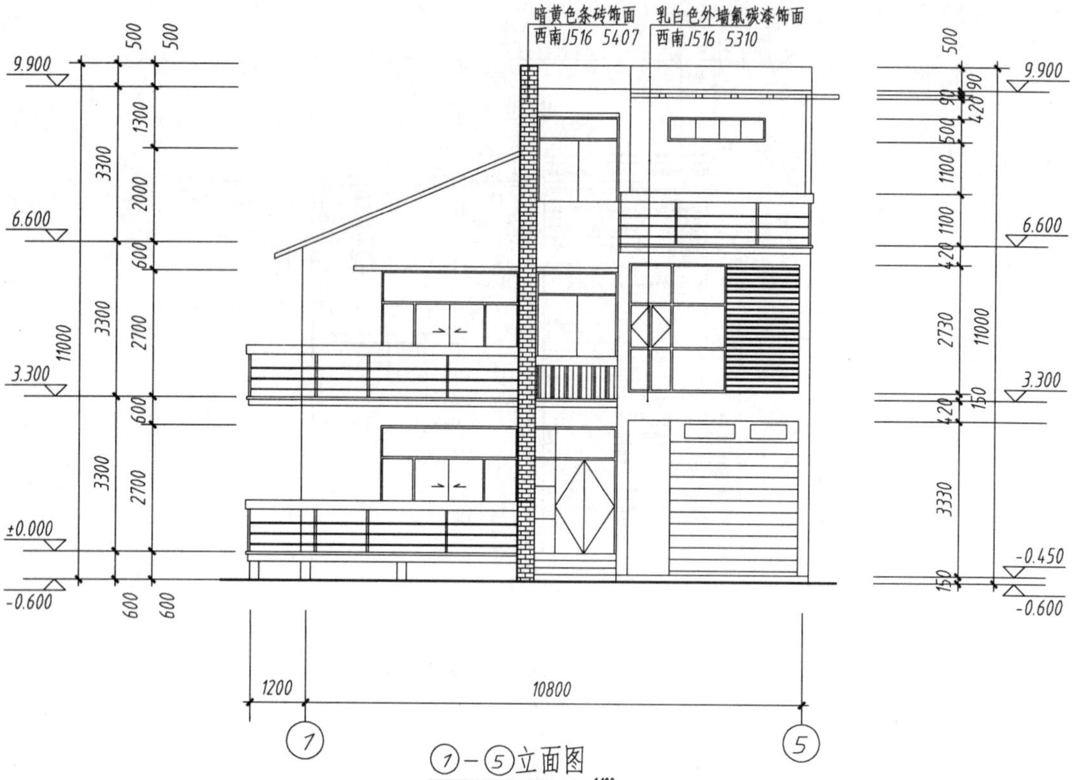

①-⑤立面图

1:100

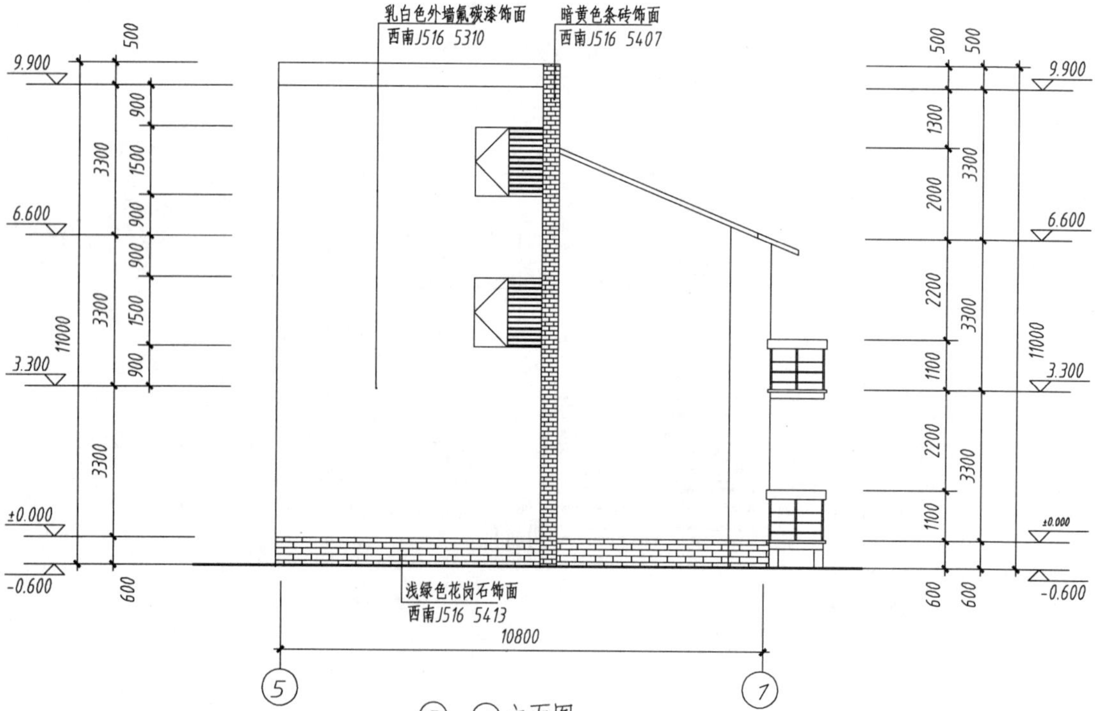

⑤-①立面图

1:100

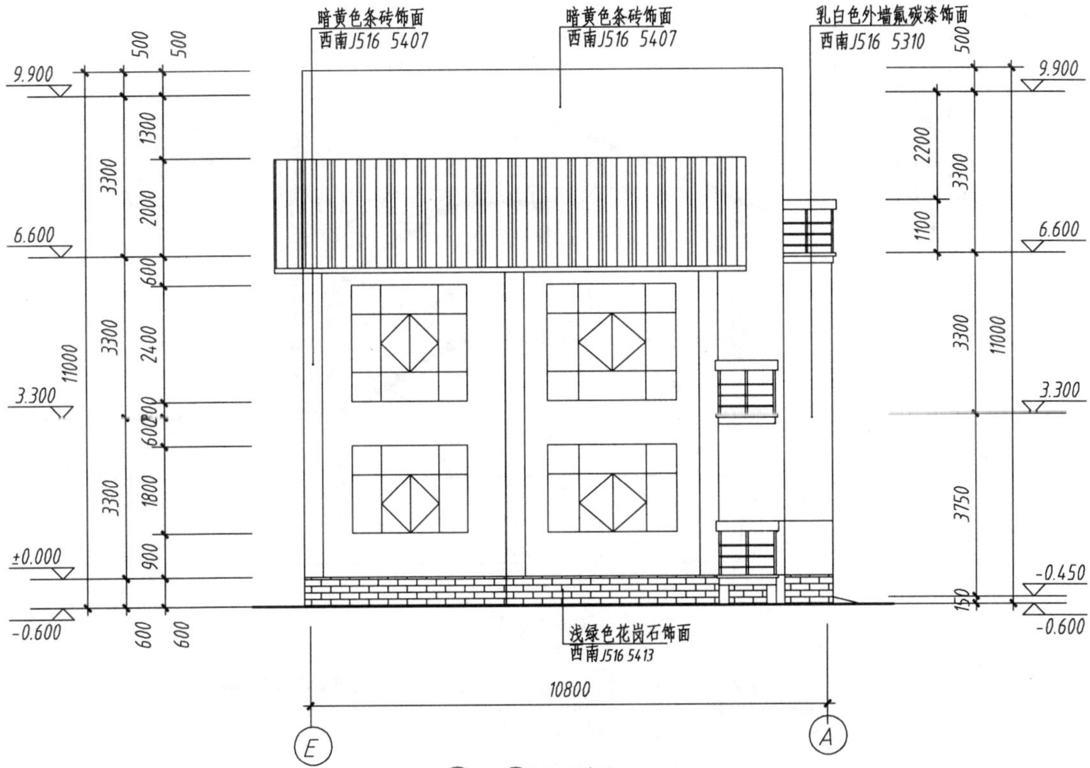

Ⓔ—Ⓐ立面图 1:100

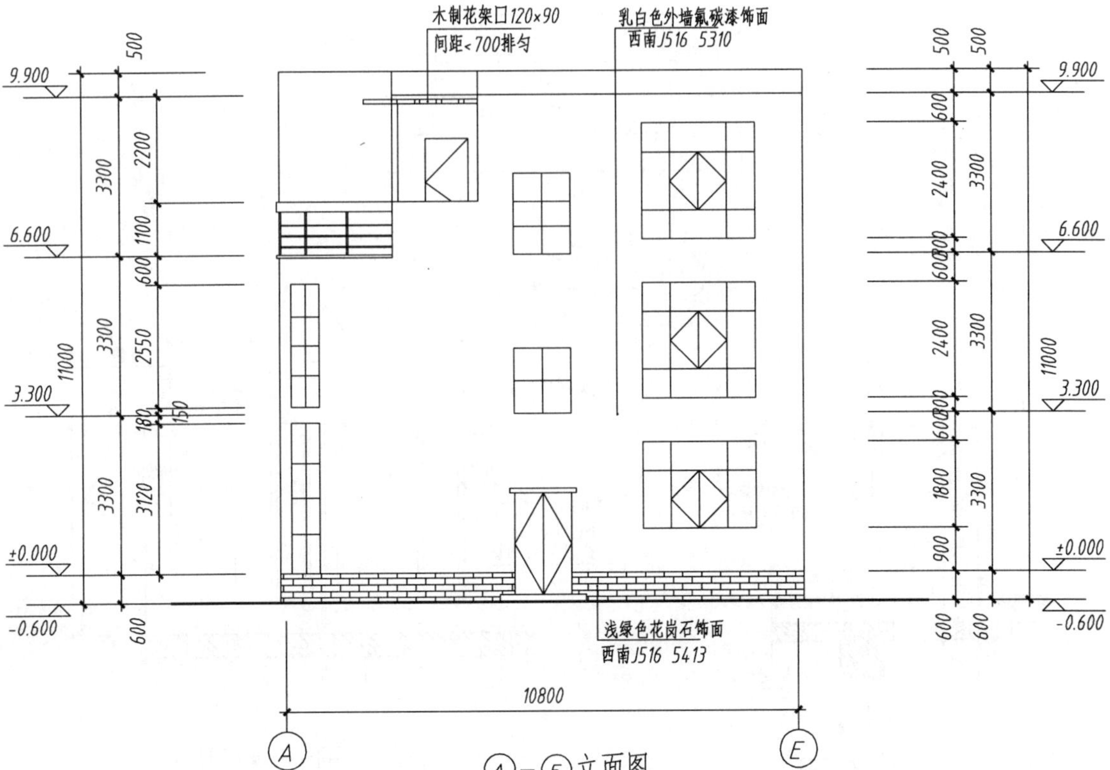

Ⓐ—Ⓔ立面图 1:100

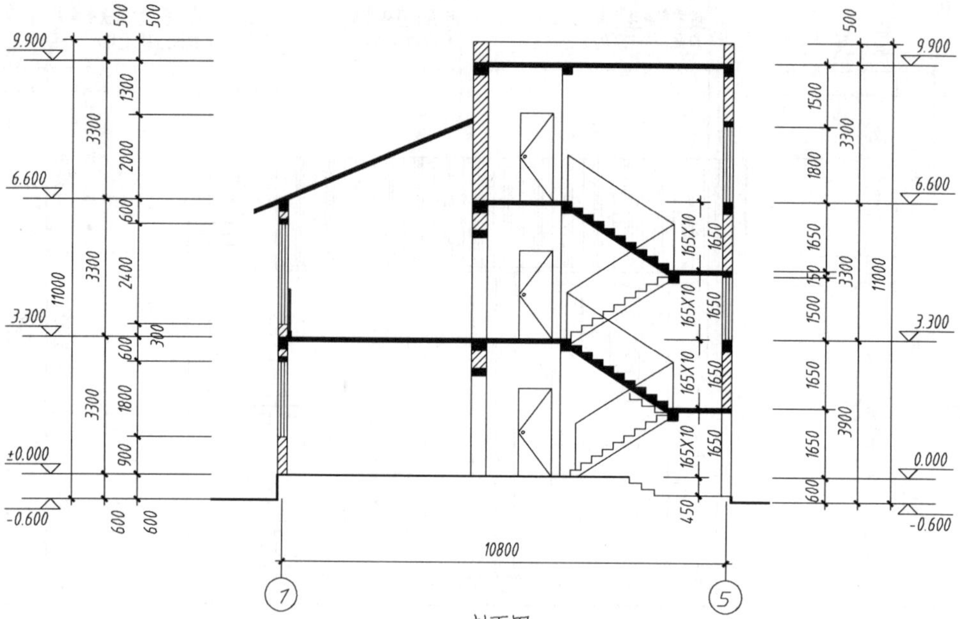

1—1剖面图 1:100

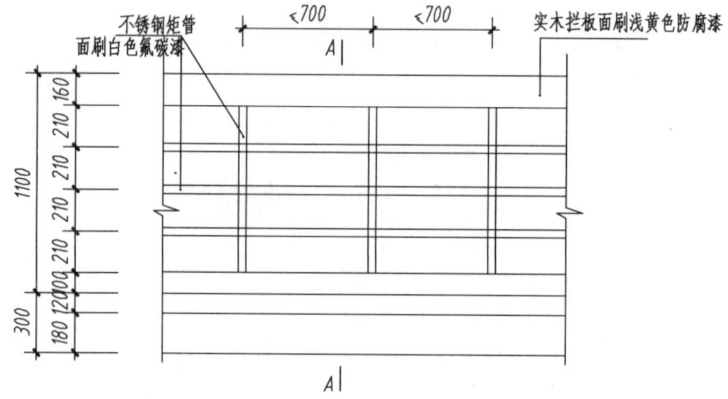

① 阳台栏杆大样

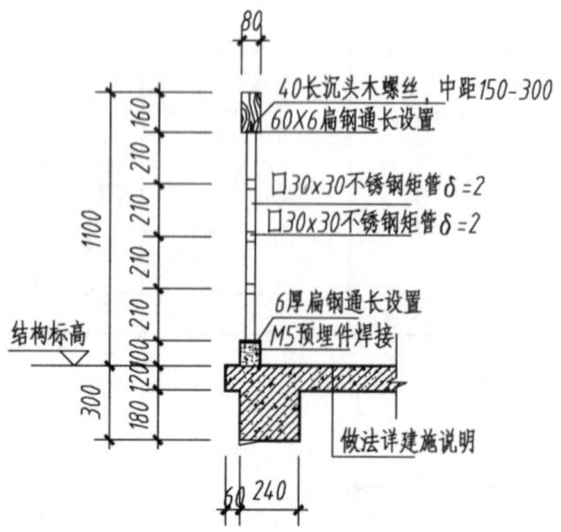

A-A剖面图

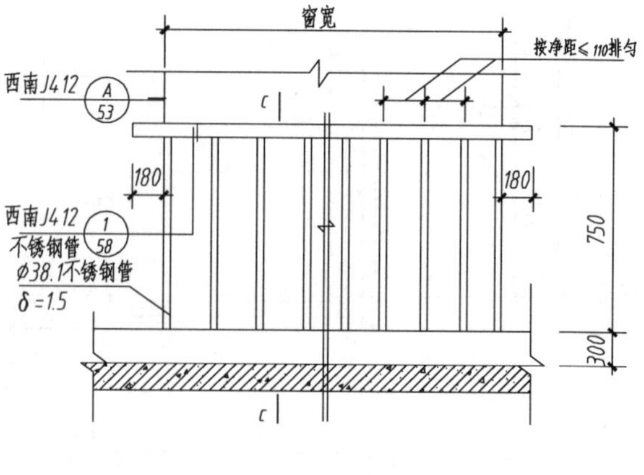

④ 窗间护窗栏杆

准备知识 6——立面图、门窗大样图、门窗统计表

一、立面图

建筑立面图是房屋各个方向外墙面的视图。依两端定位轴线编号来命名、按建筑物的朝向来命名和反映房屋主要出入口或主要外貌特征的为正立面图，其余为背立面图、侧立面图的三种命名方法。立面图反映房屋的形体与外貌、门窗形式与位置、墙面装修材料与色彩做法、房屋总高度和立面各配件标高等情况，是建筑设计师表达立面设计效果的重要图样，为三大基本图纸之一。

1. 立面图的绘制步骤

（1）定室外地坪线、外墙轮廓线和屋顶线。

（2）定门窗位置，画细部如檐口、门窗洞、窗台、雨篷、阳台、花池、花格窗、雨水管等。

（3）经检查无误后，擦去多余图线，按施工图的要求加深图线，画出少量门窗扇、装饰、墙面分格线、轴线，绘注标高，写图名、比例及有关文字说明。

2. 建筑立面图的识读方法

（1）看立面图图名、比例，了解是哪一部分立面图和朝向。

（2）看房屋立面的外形，以及门窗、台阶、勒脚、散水、阳台、屋檐、女儿墙、烟囱、雨水管等形状处理、高度与位置。

（3）看立面图总高度与标高尺寸，了解室外地坪、出入口地面、勒脚、窗口、大门口及檐口等标高。

（4）看房屋外墙表面装饰材料、做法及其分格等艺术处理形式等。

（5）查看立面图上的索引符号和标准图集代号与页码。

（6）与平面图核对立面图两端轴线间建筑物长度总尺寸。

（7）重点掌握正立面图的出入口大门、雨篷、台阶的形式、窗口的形式与种类、墙面装饰材料做法与要求。

（8）看各立面图的标高尺寸，要记住室内外标高差、门口雨篷标高、各层窗口标高、窗高度、窗间墙高度、屋顶配件高度。

二、门窗大样图、门窗统计表

（1）在门窗洞口宽度、高度采用的水平、竖向扩大模数（3M 或 6M）数列中，插入小于该数列模数基数的模数参数级差形成并经指定的标志宽度、高度尺寸。

以门窗洞口标志宽度和高度的千、百、十位数字前后顺序排列组成的六位数字表示，如不足 1 000 mm 的则前面加 0。

示例 1：门洞口的标志宽度为 900 mm、标志高度为 2 100 mm 时，其型号为 090210。

示例 2：窗洞口的标志宽度为 1 200 mm、标志高度为 1 500 mm 时，其型号为 120150。

（2）建筑工程设计时应贯彻模数协调原则，在同一地区、同一建筑物内，优先选用本标准门窗洞口尺寸系列的基本规格，其次选用辅助规格，并减少规格数量，使其相对集中。如本标准的规格不能满足需要时，可按本标准门窗洞口标志宽、高基本参数以及辅助参数的数列，参照邻近门窗洞口规格规律，自行确定。

（3）建筑工程设计根据实际情况引用有关门窗设计（包括各级门窗标准设计）和门窗产品目录时，应核实确认其中某一安装形式、安装方法以及安装构造缝隙尺寸，并作出必要的补充设计要求。

（4）编制门窗设计（包括各级门窗标准设计）和门窗产品目录时，应按所设计门窗的材质、性能、质量标准等因素，选用本标准门窗洞口尺寸系列。应表示出门窗宽、高构造尺寸与门窗洞口定位线的关系，以及所能适应的各类不同材质墙体的安装形式、方法及其安装构造缝隙尺寸，并提出相应技术措施。

（5）应按门窗框或横、竖拼樘料的规格及其构造要求，确定一定范围内基本门、窗和基本门、窗扇的宽、高构造尺寸。组合门窗应符合本标准门窗洞口尺寸系列

思考题

1. 门和窗有什么作用？对它们的构造有何要求？

2. 平开木门窗在墙洞中的位置有哪几种？比较这几种做法的优缺点。

3. 门窗框与砖墙之间的缝隙有哪几种处理方法？

4. 试述采用金属和塑料门窗的意义。

5. 观察我院教学楼、综合楼安装的铝合金、塑料和木门窗的构造特点，并分析其各部分的作用。

第 11 章　屋顶、变形缝

☞ 学习目标：

1. 了解并掌握屋顶类型、作用和设计要求的基本知识；
2. 掌握屋顶的排水组织设计；
3. 掌握平屋顶构造做法、屋顶的保温与隔热处理方式；
4. 了解坡屋顶的构造；
5. 熟悉变形缝的类型、设置原则及构造做法；
6. 观察和记录一般平屋顶的构造要求，能识读并设计屋顶构造。

参考教学时间：10～13 学时

活动或技能训练时间：3 学时

延伸活动或技能训练时间：（2 学时）

教学过程/教学手段/教学场所安排：

教学过程	具体内容	教学方法及时间安排			场所安排
		授课时间	活动时间	延伸时间	
	教学活动 14：认识屋顶		1		室　外
11.1 屋顶概述	屋顶的作用	1			教　室
	屋顶的设计要求				
	屋顶的坡度与形成				
	屋顶的类型				
11.2 平屋面的构造	平屋顶的组成	2			教　室
	平屋顶的防水构造				
	平屋顶的保温与隔热				
11.3 坡屋顶的构造	坡屋顶的组成	2			教　室
	坡屋顶的承重结构				
	坡屋顶的承重结构构件				
	坡屋顶的屋面构造	2			教　室
	坡屋顶细部构造				
	坡屋顶保温和隔热	1			教　室
11.4 变形缝	变形缝的设置原则	2			教　室
	变形缝的构造				
技能训练 8：识读某住宅楼屋顶平面图并进行节点详图设计			2	（2）	建筑设计室
Σ		10	3	（2）	

教学活动 14

认识屋面

活动项目	课堂活动内容	时间	资源
认识屋顶	① 从教学楼入手，让学生谈谈屋顶的作用。在设计的时候，应该注意些什么样的构造要求。 ② 将学生按 5 人一组进行活动，到指定的房屋前，完成工作纸上的内容	1 学时	工作纸 1 指定的房屋 卷尺

工作纸 1——认识屋顶				
出屋面的构造有	◎楼梯间	◎女儿墙	◎排气管道	◎排烟管道
屋面的横向坡度约为	◎3% 左右	◎10% 左右	◎20% 左右	◎30% 左右
屋面的纵向坡度约为	◎3% 左右	◎10% 左右	◎20% 左右	◎30% 左右
屋面雨水口数量	◎<5 个	◎5～10 个	◎10～15 个	◎15～20 个
屋面面层材料	◎水泥砂浆	◎细石混凝土	◎地面砖	◎绿豆沙
屋面构造	◎保温层	◎架空隔热层	◎屋顶花园	◎蓄水池
变形缝宽度	◎≤30	◎30～60	◎60～90	◎90～120
屋面女儿墙高度	◎≤500	◎500～1000	◎1 000～1 500	◎1 500～2 000
女儿墙厚度	◎120	◎180	◎240	◎370
女儿墙压顶宽度	◎180	◎240	◎370	◎490

屋顶是房屋最上部的构造部分，主要用于抵御风、雨、雪、日晒等自然因素的影响，以使屋面下面的空间有一个良好的使用环境；同时也是房屋的承重结构，承担其自重及风、雨、雪荷载以及施工荷载或维修荷载，并对房屋上部起水平支撑作用。另外，屋顶是整个建筑外形的重要组成部分，对建筑造型也起着一定作用。

11.1 屋顶概述

11.1.1 屋顶的作用

屋顶具有围护、承重、造型的作用。

1. 围护作用

屋顶是建筑物最上层起覆盖作用的外围护构件，用以抵抗雨雪、避免日晒等自然因素和外界环境对建筑内部的影响。

2. 承重作用

屋顶是建筑物最上层的承重构件，承受其上的荷载，并将这些荷载连同自重传给墙、梁或柱。

3. 造型作用

屋顶的形式、色彩、质感等都对建筑物的整体造型有较大影响。

11.1.2 屋顶的设计要求

为保证安全和使用质量，屋顶应满足下列要求：

1. 坚固要求

屋顶应有足够的强度，能够承受自重和不同要求下的荷载，同时要求具有一定的刚度，即在荷载作用下，挠度变形不应超过规定数值。

2. 节能要求

屋面是建筑物最上部的围护构件，应具有一定的保温、隔热能力，以防止热量从屋面过分散失和太阳的辐射过多进入室内空间。

3. 防水和排水要求

屋顶积水、积雪以后，应迅速地排除，以防渗漏。屋面在处理防水问题时，应兼顾“导”和“堵”两个方面，不可只顾一方面而忽略另外一方面。“导”就是将屋面积水顺利排除，应该有足够的排水坡度以及相应的排水设施；“堵”就是采用相应的防水材料，采取妥善的构造做法，防止渗漏。

4. 隔声和防火要求

屋顶作为外围护构件，根据不同需要，应该满足一定隔声的要求，非上人屋面一般以隔绝空气传声为主，上人屋面则要考虑隔绝固体传声；防火要求应符合防火规范的相应规定。

5. 美观要求

屋顶是建筑物的重要装修内容之一。屋顶采用什么形式，选用什么材料、颜色、质、质感等与美观有关。在解决屋顶构造做法时，应兼顾技术和艺术两大方面。

6. 经济要求

屋顶选用时应考虑综合经济效益的要求，既考虑造价，又考虑使用和维修费用。

7. 提供铺设管线的空间

根据需要，提供铺设管线的空间，便于在屋顶中铺设各种管线，既美观又节约空间。

8. 提高工业化程度

尽量为工业化施工创造条件，提高建筑质量，加快施工速度。

11.1.3 屋顶的坡度及形成

1. 坡度的表示方法

主要采用角度法、斜率法、百分比法等，见图 11-1-1。

斜率法是以屋顶高度与坡面的水平投影长度之比表示，可用于平屋顶或坡屋顶，如 1∶2、1∶4、1∶20、1∶50 等。

百分比法是以屋顶高度与坡面的水平投影长度的百分比表示，多用于平屋顶，一般 $i = 1\%$、$i = 2\% \sim 5\%$、$i = 10\%$ 等。

角度法是以倾斜屋面与水平面的夹角表示，多用于有较大坡度的坡屋顶，目前在工程中较少采用，一般 $\alpha = 15°$、30°、45°。

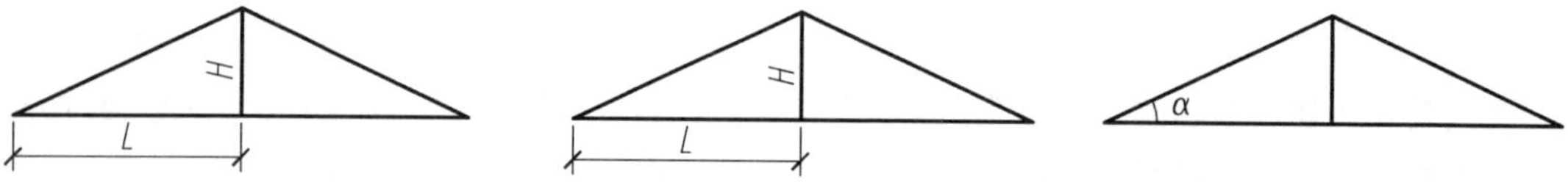

（a）斜率法 $H∶L = 1∶2$、1∶10、1∶50　（b）百分比法 $i = H∶L = 1\%$、2%～5%、10% 等　（c）角度法 $\alpha = 15°$、30°、45°等

图 11-1-1　屋顶坡度的表示方法

2. 影响屋顶坡度的因素

影响屋顶坡度的因素有很多，从构造的角度来说主要有两个因素：

（1）屋面防水材料的特点。当屋面使用防水性能差一些的防水材料或是尺寸较小的防水材料形成较多接缝时（如小青瓦、机制平瓦等），容易产生渗漏，就必须加快水从屋面排走的速度，因此要使屋面坡度做的较大。然而当屋面使用防水性能较好的材料或尺寸较大的防水材料形成的接缝较少时（如防水卷材），对屋面坡度的要求相对较小，适应的屋面坡度范围较广，图 11-1-2 为常用防水材料的适用屋顶坡度。另外从安装及固定牢靠的角度考虑，所有防水材料所能适应的最大屋面坡度也是有限的。《民用建筑设计通则》（GB 50352—2005）对常用屋顶的排水坡度作了规定，详见表 11-1-1。

（2）建筑所在区域的降水量大小。当一个地区降水量较大时，该地区的建筑屋面坡度普遍较大；相反，当一个地区降水量较小甚至干旱缺雨时，则该区域建筑屋顶坡度则较小甚至可能出现平屋顶。

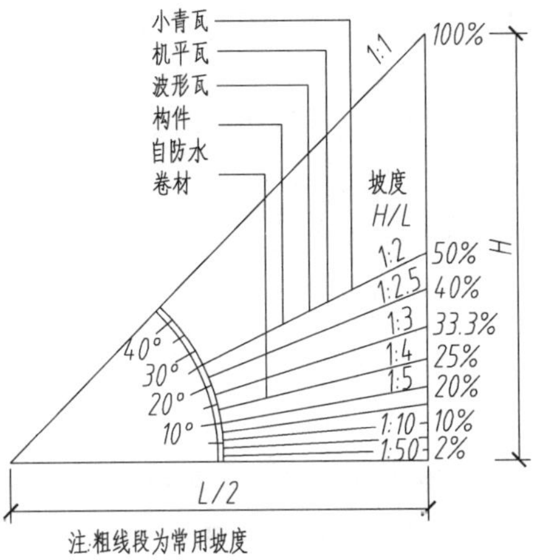

图 11-1-2　常用防水材料适用屋顶坡度

表 11-1-1　屋面的排水坡度

屋面类型	屋面排水坡度/%
卷材防水、刚性防水平屋面	2～5
平　瓦	20～50
波形瓦	10～50
油　毡	≥20
钢架、悬索结构金属板	≥4
压型钢板	5～35
种植土屋面	1～3

3. 坡度的形成

屋面坡度的形成主要分为材料找坡和结构找坡。

（1）材料找坡，又称垫置坡度或填坡，是指将屋面板像楼板一样水平搁置，然后在屋面板上采用轻质材料铺垫而形成屋面坡度的一种做法。常用的找坡材料有水泥炉渣、石灰炉渣等；材料找坡坡度宜为 2% 左右，找坡材料最薄处一般应不小于 30 mm 厚。材料找坡的优点是可以获得水平的室内顶棚面，空间完整，便于直接利用；缺点是找坡材料增加了屋面自重。如果屋面有保温要求时，可利用屋面保温层兼作找坡层。目前这种做法被广泛采用。

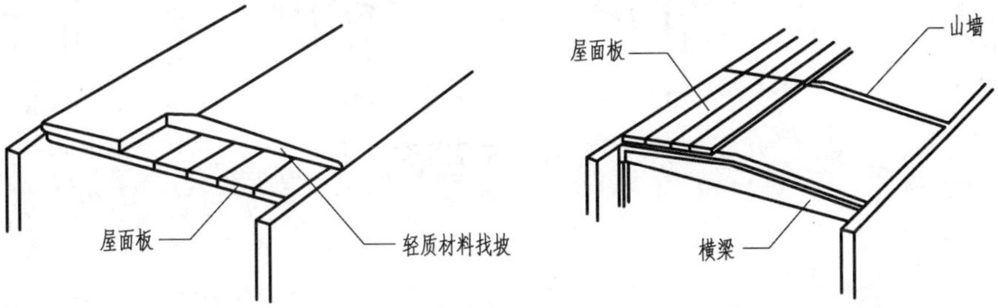

图 11-1-3　屋顶坡度的形成

结构找坡，又称搁置坡度或撑坡，是指将屋面板倾斜地搁置在下部的承重墙或屋面梁及屋架上而形成屋面坡度的一种做法。这种做法不需另加找坡层，屋面荷载小、施工简便、造价经济，但室内顶棚是倾斜的，故常用于室内设有吊顶棚或室内美观要求不高的建筑工程中。

11.1.4 屋顶的类型

屋顶的类型很多，大体可以分为平屋顶、坡屋顶和曲面屋顶。

1. 平屋顶

通常把屋面坡度小于 5% 的屋顶称为平屋顶。平屋顶的主要特点是构造简单、节约材料、屋面平缓，常用做屋顶花园、露台，常用坡度为 1% ~ 3%，如图 11-1-4 所示。

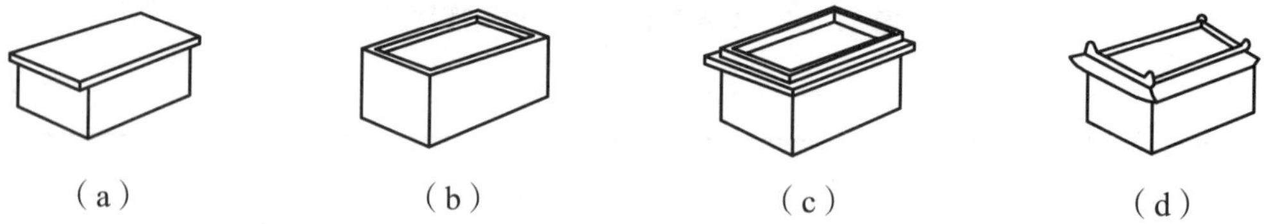

图 11-1-4 平屋顶类型

2. 坡屋顶

屋面坡度大于 10% 的屋顶称为坡屋顶。坡屋顶在我国有着悠久的历史，由于其造型丰富多彩，并能就地取材，故至今仍被广泛应用。

坡屋顶按其分坡的多少可分为单坡屋顶、双坡屋顶和四坡屋顶。当建筑物进深不大时，可选用单坡屋顶，当建筑物进深较大时，宜采用双坡屋顶或四坡屋顶。双坡屋顶有硬山和悬山之分，硬山是指房屋两端山墙高出屋面，山墙封住屋面；悬山是指屋顶的两端挑出山墙外面，屋面盖住山墙。古建筑中的殿屋顶和歇山屋顶均属于四坡屋顶，如图 11-1-5 所示。

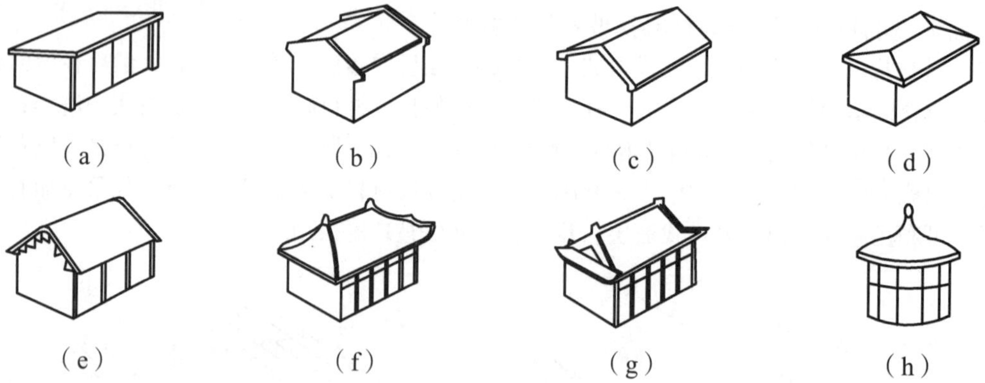

图 11-1-5 坡屋顶形式

3. 曲面屋顶

曲面屋顶是由各种薄壳结构、悬索结构、网膜结构以及网架结构等作为屋顶承重结构的屋顶，如双面拱屋顶、扁壳屋顶、鞍形悬索屋顶等。这类结构的受力合理，能充分发挥材料的力学性能，因而能节约材料，自重也比较轻。但是，这类屋顶施工复杂、造价高，故常用于大跨度的大型公共建筑中，如图 11-1-6 所示。

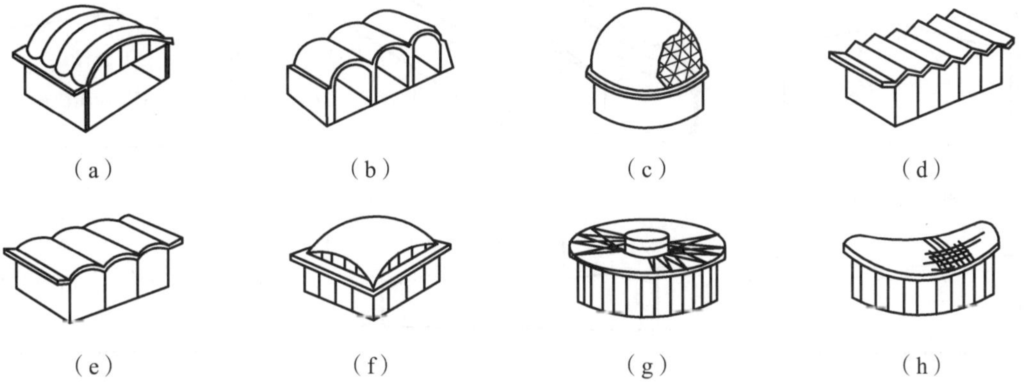

图 11-1-6　曲面屋顶形式

11.1.5　平屋顶的排水

1. 无组织排水

又称自由落水，是指屋面雨水直接从挑出外墙的檐口自由落至地面的一种排水方式。这种排水方式构造简单、经济，但屋面雨水自由落下时会溅湿勒脚及墙面，影响外墙的耐久性，有时还会影响地面上行人的活动。故无组织排水一般适用于低层建筑、少雨地区建筑及积灰较多的工业厂房。

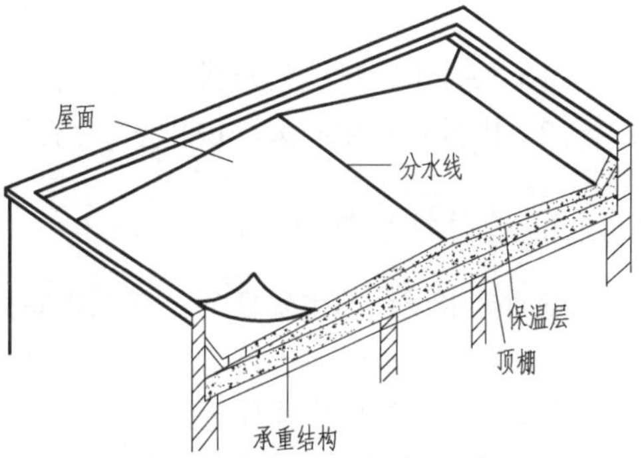

图 11-1-7　平屋顶的组成

2. 有组织排水

指屋面雨水通过排水系统，有组织地排至室外地面或地下管沟的一种排水方式。这种排水方式具有不易溅湿墙面、不妨碍行人交通的优点，适用范围很广，但与无组织排水相比，需要设计一系列相应的排水系统构件，故构造处理较复杂，造价较高。有组织排水又可以分为外排水和内排水两种，见图 11-1-8。外排水是建筑中优先考虑选用的一种排水方式，一般有檐沟外排水、女儿墙外排水、女儿墙檐沟外排水等多种形式，檐沟的纵向排水坡度一般为 1%；内排水是在大面积多跨屋面、高层建筑以及有特殊需要时常采用的一种排水方式，这种方式使雨水经雨水口流入室内雨水管，再由地下管道将雨水排至室外排水系统。

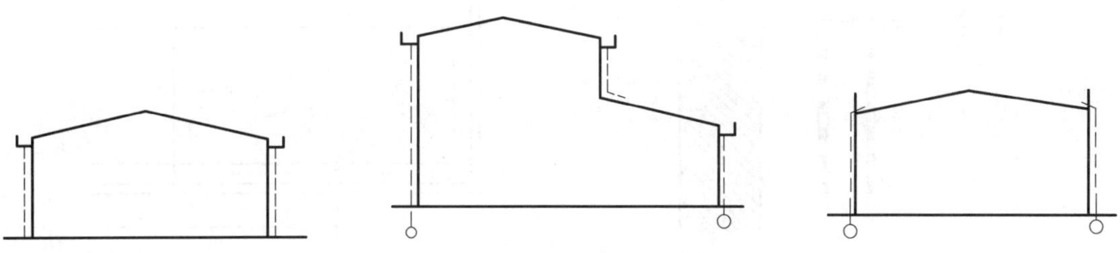

（a）挑檐沟外排水　　（b）挑檐沟外排水　　（c）女儿墙外排水

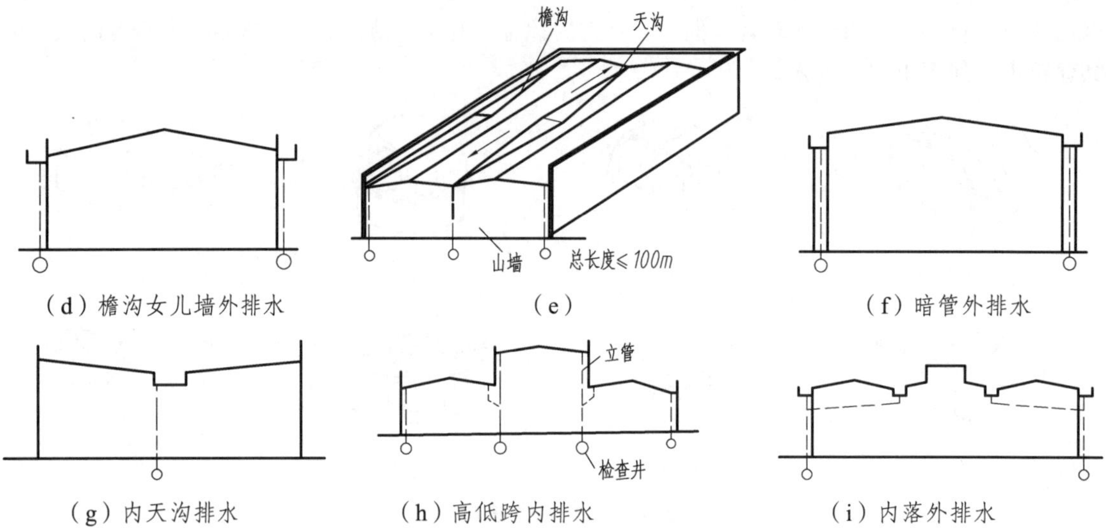

图 11-1-8　排水示意图

（1）外排水：挑檐沟外排水、女儿墙外排水、檐沟女儿墙外排水。

（2）内排水：中间天沟内排水、高低跨内排水、内落外排水。

3. 屋面排水设计

屋面排水设计的主要任务：首先将屋面划分成若干个排水区，然后通过适宜的排水坡度和排水沟，分别将雨水引向各自的雨水管，再排至地面。屋面排水的设计原则是排水通畅、简捷，雨水口负荷均匀。具体步骤如下：

（1）确定屋面坡度的形成方法和坡度大小。

（2）选择排水方式，划分排水区域。

（3）确定天沟的断面形式及尺寸。

（4）确定雨水管所用材料和大小及间距，绘制屋顶排水平面图。

单坡排水的屋面宽度不宜超过 12 m，矩形天沟净宽不宜小于 200 mm，天沟纵坡最高处离天沟上口的距离不小于 120 mm，雨水管的内径不宜小于 75 mm，雨水管间距一般在 18 ~ 24 m，每根雨水管可排除约 200 m 的屋面雨水，如图 11-1-9 所示。

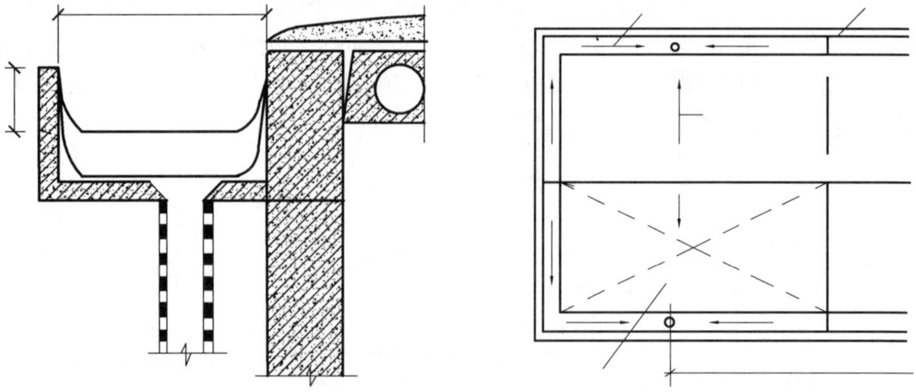

图 11-1-9　雨水管示意图

11.2　平屋面的构造

平屋顶一般由屋面、承重结构、保温隔热层、顶棚等基本层次组成（详见图 11-1-7）。

11.2.1　平屋顶的组成

1. 屋面面层

屋面是屋顶最上面的表面层次，要承受施工荷载和使用时的维修荷载，以及自然界风吹、日晒、雨淋、大气腐蚀等的长期作用，因此屋面材料应有一定的强度、良好的防水性和耐久性能。如防水层、保温隔热层等。

2. 承重结构

承重结构承受屋面传来的各种荷载和屋顶自重。如屋面板、屋面梁等。

3. 顶　棚

顶棚位于屋顶的底部，用以满足室内对顶部的平整度和美观要求。

4. 保温隔热层

当对屋顶有保温隔热要求时，需要在屋顶中设置相应的保温隔热层，以防止外界温度变化对建筑物室内空间带来影响。

11.2.2　平屋顶的防水构造

按防水层的做法不同，平屋顶的防水构造分为柔性防水屋面、刚性防水屋面和粉剂防水屋面等几种形式。

1. 柔性防水屋面

柔性防水屋面是用沥青胶结材料将防水卷材贴在屋面上，形成一个大的封闭的覆盖层，以此作为防水层的屋面，如图 11-2-1 所示。具有一定的延伸性，有利于屋面适应一定温度的变形，价格便宜等优点。

（1）柔性防水屋面的构造层次。

① 结构层：通常为预制或现浇钢筋混凝土屋面板，要求具有足够的强度和刚度。

② 找平层：材料找坡应选用轻质材料形成所需要的排水坡度，通常是在结构层上铺 1 :（6 ~ 8）的水泥焦砟或水泥膨胀蛭石等。

③ 结合层：结合层的作用是使卷材防水层与基层黏结牢固。结合层所用材料应根据卷材防水层材料的不同来选择，如油毡卷材、聚氯乙烯卷材及自粘型彩色三元乙丙复合卷材用冷底子油在水泥砂浆找平层上喷涂 1 ~ 2 道；三元乙丙橡胶卷材则采用聚氨酯底胶；氯化聚乙烯橡胶卷材需用氯丁胶乳等。冷底子油用沥青加入汽油或煤油等溶剂稀释而成，喷涂时不用加热，在常温下进行，故称冷底子油。

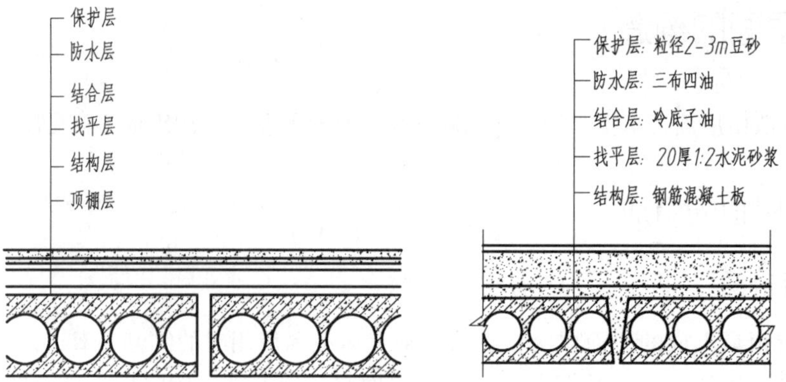

图 11-2-1　柔性防水构造示意图

④ 防水层：防水层是由胶结材料与卷材黏合而成，卷材连续搭接，形成屋面防水的主要部分。当屋面坡度较小时，卷材一般平行于屋脊铺设，从檐口到屋脊层层向上粘贴，上下搭接不小于 70 mm，左右搭接不小于 100 mm。

目前所用的新型防水卷材，主要有三元乙丙橡胶防水卷材、自黏型彩色三元乙丙复合防水卷材、聚氯乙烯防水卷材、氯化聚乙烯防水卷材、氯丁橡胶防水卷材及改性沥青油毡防水卷材等，这些材料一般为单层卷材防水构造，防水要求较高时可采用双层卷材防水构造。这些防水材料的共同优点是自重轻、适用温度范围广、耐气候性好、使用寿命长、抗拉强度高、延伸率大、冷作业施工、操作简便、大大改善劳动条件、减少环境污染。

⑤ 保护层：

不上人屋面保护层的做法：当采用油毡防水层时为粒径 3 ~ 6 mm 的小石子，称为绿豆砂保护层。绿豆砂要求耐风化、颗粒均匀、色浅；三元乙丙橡胶卷材采用银色着色剂，直接涂刷在防水层上表面；彩色三元乙丙复合卷材防水层直接用 CX-404 胶黏结，不需另加保护层。

上人屋面的保护层构造做法：通常可采用水泥砂浆或沥青砂浆铺贴缸砖、大阶砖、混凝土板等，也可现浇 40 mm 厚 C20 细石混凝土。

（2）柔性防水的细部构造。

① 泛水。

泛水是指屋面与垂直面交接处的防水构造处理，是水平防水层在垂直面上的延伸。泛水的构造处理要点有：

a. 泛水高度不小于 250 mm，一般为 300 mm。

b. 屋面与垂直面交接处的基层应抹成整齐、平顺的圆弧或钝角，其圆弧半径为：沥青防水卷材，$R = 100 \sim 150$ mm；高聚物改性沥青防水卷材，$R = 50$ mm；合成高分子防水卷材，$R = 20$ mm。

c. 将屋面的卷材防水层继续铺设到垂直面上，并在其下加铺附加卷材一层。

d. 做好泛水上口的卷材收头固定处理，防止卷材在垂直墙面上滑落。一般做法是：在垂直墙面中留出通长凹槽，将卷材的收头压入槽内，用防水压条钉压后，再用防水密封材料密封。卷材防水屋面泛水构造如图 11-2-2 所示。

② 檐口。

卷材防水屋面的檐口包括自由落水檐口、挑檐沟檐口、女儿墙内檐沟檐口、女儿墙外檐沟檐口，见图 11-2-3。

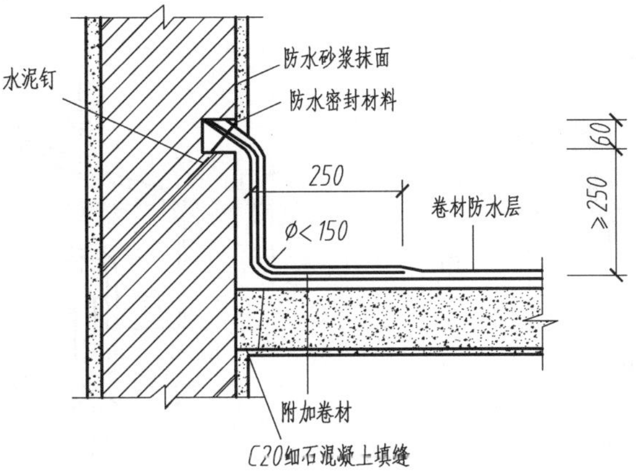

图 11-2-2　泛水示意图

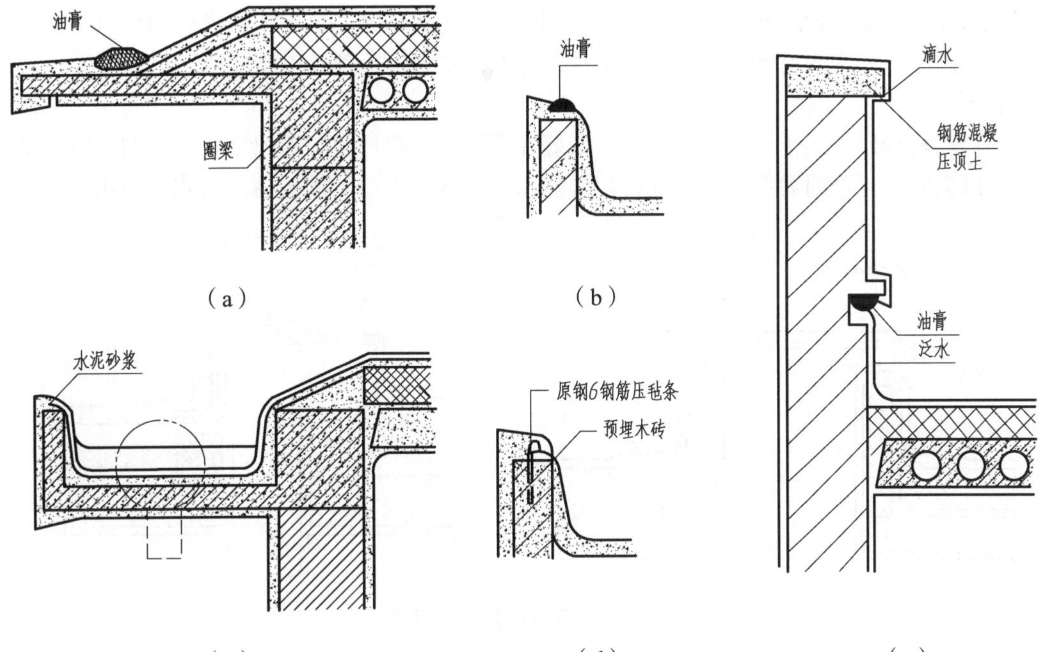

图 11-2-3　檐口示意图

自由落水檐口和挑檐沟檐口的构造要点是都应做好卷材的收头固定、檐口饰面和板底面的滴水。女儿墙檐口的构造要点是泛水的构造处理，其顶部通常做钢筋混凝土压顶，压顶上表面设有坡度坡向屋面。

③ 水落口。

在檐沟板预留的孔中安装铸铁或塑料连接管，就形成水落口，见图 11-2-4。水落口周围直径 500 mm 范围内坡度不应小于 5%，并应用防水涂膜涂封，其厚度不应小于 2 mm。为防止水落口四周漏水，应将防水卷材铺入连接管内 50 mm，周围用油膏嵌缝，水落口上用定型铸铁罩或钢丝球盖住，防止杂物落入水落口中。

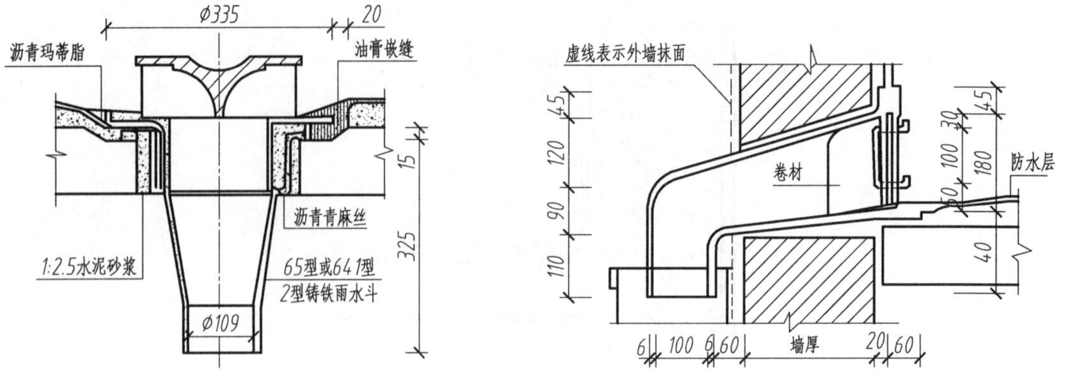

（a）天沟水落口　　　　　　　　　　（b）女儿墙水落口

图 11-2-4　水落口示意图

④ 屋面检修孔、屋面出入口构造。

不上人屋面需设屋面检修孔，检修孔四周的孔壁可用砖立砌，也可在现浇屋面板时将混凝土上翻制成，高度一般为 300 mm。壁外的防水层应做成泛水并将卷材用镀锌薄钢板盖缝并压钉好见图 11-2-5。

出屋面的楼梯间一般需设屋面出入口，最好在设计中让楼梯间的室内地坪与屋面间留有足够的高差，以利防水，否则需在出入口处设门槛挡水。屋面出入口处的构造与泛水构造类同。

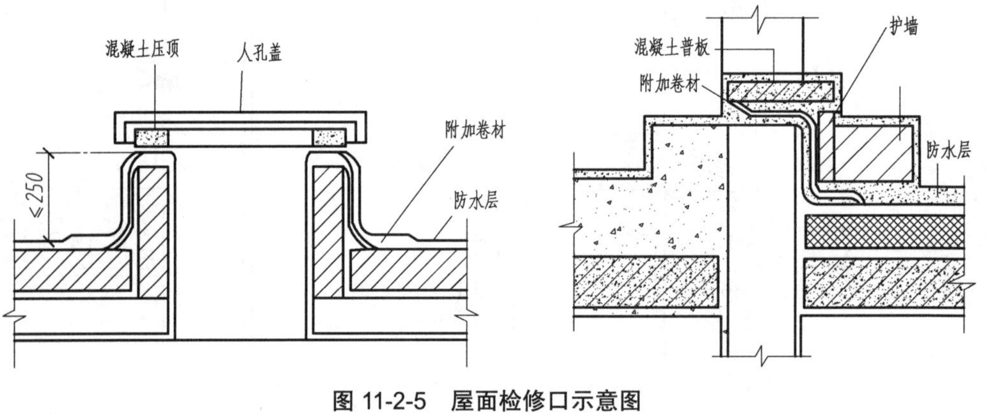

图 11-2-5　屋面检修口示意图

2. 刚性防水屋面

刚性防水屋面是以防水砂浆或掺入外加剂的细石混凝土为防水层的屋面，如图 11-2-6 所示。其具有施工方便，构造简单、造价低等优点；但对温度变化和结构变形较为敏感、容易产生裂缝、施工要求较高。

（1）刚性防水屋面的构造层次。

① 防水层：常用配筋细石混凝土防水屋面的混凝土强度等级应不低于 C20，其厚度宜不小于 40 mm，双向配置 A4 ~ A6.5 钢筋，间距为 100 ~ 200 mm 的双向钢筋网片。为提高防水层的抗渗性能，可在细石混

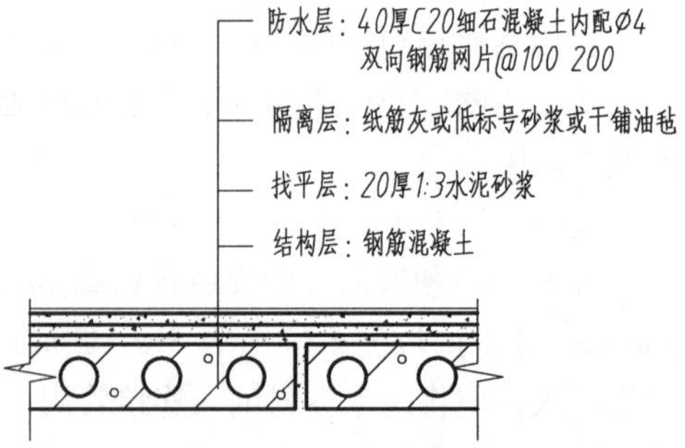

图 11-2-6　刚性防水层构造示意图

凝土内掺入适量外加剂（如膨胀剂、减水剂、防水剂等）以提高其密实性能。

② 隔离层：为减少结构层变形及温度变化对防水层的不利影响，宜在防水层下设置隔离层。隔离层可采用纸筋灰、低强度等级砂浆或薄砂层上干铺一层油毡等。当防水层中加有膨胀剂类材料时，其抗裂性有所改善，也可不做隔离层。

③ 找平层：为保证防水层厚薄均匀，通常应在结构层上用 20 mm 厚 1∶3 水泥砂浆找平。若采用现浇钢筋混凝土屋面板或设有纸筋灰等材料时，也可不设找平层。

④ 结构层：刚性防水屋面的结构层要求具有足够的强度和刚度，一般应采用现浇或预制装配的钢筋混凝土屋面板，并在结构层现浇或铺板时形成屋面的排水坡度。

（2）刚性屋面的细部构造。

① 分仓缝。

屋面分格缝实质上是在屋面防水层上设置的变形缝。其目的在于：a. 防止温度变形引起防水层开裂；b. 防止结构变形将防水层拉坏。因此屋面分格缝的位置应设置在温度变形允许的范围以内和结构变形敏感的部位。一般情况下，分格缝间距不宜大于 6 m。结构变形敏感的部位主要是指装配式屋面板的支承端、屋面转折处、现浇屋面板与预制檐口屋面板的交接处、泛水与立墙交接处等部位。

分仓缝的宽度宜为 20 ~ 40 mm，为利于伸缩，缝内不可用砂浆填实，一般多用油膏嵌缝，厚度为 20 ~ 30 mm。为不使油膏下落，缝内应用弹性材料泡沫塑料或沥青麻丝填底。

② 泛水。

刚性防水层至泛水处需卷边上翻，其高度不小于 250 mm，转角处做成 45°，以避免开裂。泛水防水层必须在其与墙体之间留分格缝，防水层上翻收边处嵌密封材料，如油膏。

③ 檐口。

自由落水屋顶檐口：刚性防水层挑出挑檐板约 60 mm，外墙下部作滴水槽。

挑檐沟屋顶檐口：刚性防水层挑出檐沟 60 mm，并做滴水处理。

女儿墙外排水檐口与雨水口：女儿墙屋面里边设集水边坡，在女儿墙下部开出水口，安装铸铁雨水口（成品）。刚性防水层至女儿墙边做卷边向上，高度不小于 250 mm，刚性防水层出水口与铸铁雨水口间用油毡搭接，油毡伸入铸铁雨水口 100 mm，用油膏嵌满防水层与油毡间缝。雨水口两侧与底部做相同处理，油毡卷入铸铁雨水口。

3. 涂膜防水屋面

涂膜防水屋面又称涂料防水屋面，是指用可塑性和黏结力较强的高分子防水涂料，直接涂刷在屋面基层上形成一层不透水的薄膜层以达到防水目的的一种屋面做法。防水涂料有塑料、橡胶和改性沥青三大类，常用的有塑料油膏、氯丁胶乳沥青涂料和焦油聚氨酯防水涂膜等。这些材料多数具有防水性好、黏结力强、延伸性大、耐腐蚀、不易老化、施工方便、容易维修等优点，近年来应用较为广泛。这种屋面通常适用于不设保温层的预制屋面板结构，如单层工业厂房的屋面；在有较大震动的建筑物或寒冷地区则不宜采用。

11.2.3 平屋顶的保温与隔热

1. 平屋顶保温层的设置

采用的屋面保温材料是有轻质、多孔、导热系数小等优点，一般有散料、现场浇筑的拌和物和板块料等三大类。

2. 保温层的位置

在寒冷和严寒地区的冬季，室内外温差较大，为防止室内热量散失过大和内表面产生冷凝水，需要在屋顶设置保温层。保温层在屋顶上的设置位置有以下三种：

（1）正铺保温层。正铺保温层即保温层位于结构层之上、防水层之下。这种做法符合热工学原理和力学要求，构造简单、施工方便，在实际工程中被广泛采用。

（2）倒铺保温层。

倒铺保温层即保温层位于防水层之上。这种做法的优点是防水层不受外界气温变化的影响，不易受到外力作用而破坏，保证了防水层的耐久性;缺点是保温材料受到限制，需选择吸湿性低、耐候性强的材料，如聚氨酯和聚苯乙烯泡沫塑料、膨胀沥青珍珠岩等有机材料。保温层上部应用混凝土、卵石、砖等做成较重的覆盖层压住。

（3）保温层与结构层结合。

保温层与结构层结合的做法有两种：一种是在槽形板内设置保温层；另一种是将保温层和结构层合为一体，如配筋的加气混凝土屋面板。这种做法简化了屋顶构造层次，施工方便，但构件制作工艺复杂、自重较大、屋面板的强度较低、耐久性较差。

2. 平屋顶的隔热措施

（1）实体材料隔热。

（2）通风隔热。通风隔热是设置通风的空气间层，利用空气的流动带走大部分热量，达到隔热降温的目的。其具体做法有两种：一种是在屋面板下设置吊顶，在吊顶内设置通风间层，在外墙上开设通风口；另一种是设置架空屋顶，这种通风间层不仅能够达到通风降温、隔热防晒的目的，还可起到保护屋面防水层的作用，如图 11-2-7 所示。

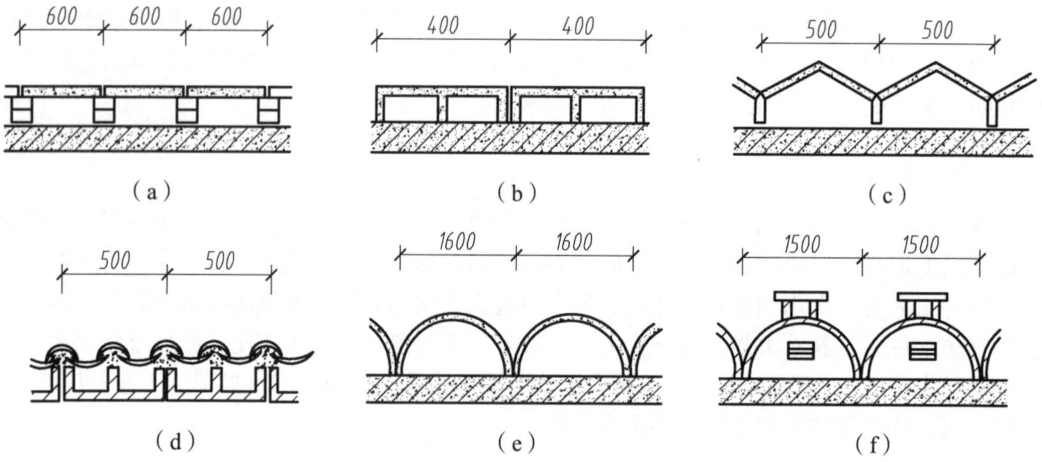

图 11-2-7　架空隔热屋面

（3）植被屋面。植被隔热是在屋顶上种植植物，利用植被的蒸腾和光合作用吸收太阳辐射热，从而达到隔热降温的目的。这种做法既提高了屋顶的保温隔热性能，又有利于屋面的防水防渗，保护防水层，同时还能够提高绿化面积、净化空气、美化环境以及改善和丰富城市的空间景观，所以在目前的建筑中应用越来越多，如图 11-2-8 所示。

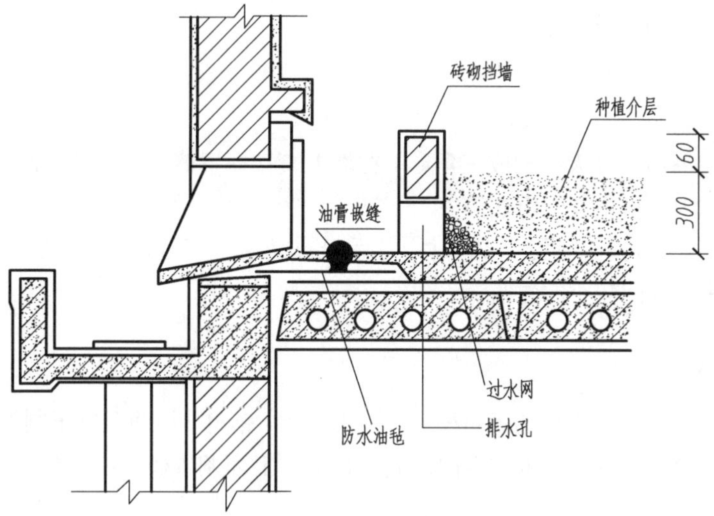

图 11-2-8　植被隔热屋面

（4）反射降温。反射隔热是在屋面铺设浅色、光滑的材料，利用反射原理将太阳辐射的部分热量反射出去，从而达到隔热降温的目的。如高聚物改性沥青防水卷材和合成高分子防水卷材正面覆盖的铝箔，就是利用反射隔热的原理来保护防水卷材、降低屋面温度的。

11.3　坡屋顶的构造

屋面坡度大于 10% 的屋顶称为坡屋顶。坡屋顶坡度大，雨水容易排除，屋面防水问题比平屋顶容易解决，在隔热和保温方面也有其优越性。

11.3.1　坡屋顶的组成

1. 承重结构

坡屋顶的承重结构用以承受屋面传来的各种荷载，并把荷载传给墙或柱。承重结构主要包括横墙、屋架、檩条钢筋混凝土板等结构构件。

2. 屋面面层

坡屋顶的覆盖层，作为维护结构，直接承受风、雨、雪、太阳辐射的影响。如各种瓦材及挂瓦件。

3. 顶　棚

遮挡屋盖结构、美化室内环境、改善采光条件等。

11.3.2 坡屋顶的承重结构

1. 横墙承重

将横墙顶部按屋面坡度大小砌成三角形，在墙上直接搁置檩条或钢筋混凝土屋面板支承屋面传来的荷载，又称山墙承重或硬山搁檩。

其具有构造简单、施工方便、节约木材、有利于防火和隔音等优点，但房间开间尺寸受限制，适用于住宅、旅馆等开间较小的建筑。

2. 屋架支承

屋架是由多个杆件组合而成的承重桁架，可用木材、钢材、钢筋混凝土制作，形状有三角形、梯形、拱形、折线形等。屋架支承在纵向外墙或柱上，上面搁置檩条或钢筋混凝土屋面板承受屋面传来的荷载。

屋架承重与横墙承重相比，可以省去承重的横墙，使房屋内部有较大的空间，增加了内部空间划分的灵活性。

3. 梁架承重

木梁架结构是我国古代建筑的主要结构形式，一般由立柱和横梁组成屋顶和墙身部分的承重骨架，檩条把一排排梁架联系起来形成整体骨架。

这种结构形式的内外墙填充在木构架之间，不承受荷载，仅起分隔和围护作用。构架交接点为榫齿结合，整体性及抗震性较好；但消耗木材量较多，耐火性和耐久性均较差，维修费用高。

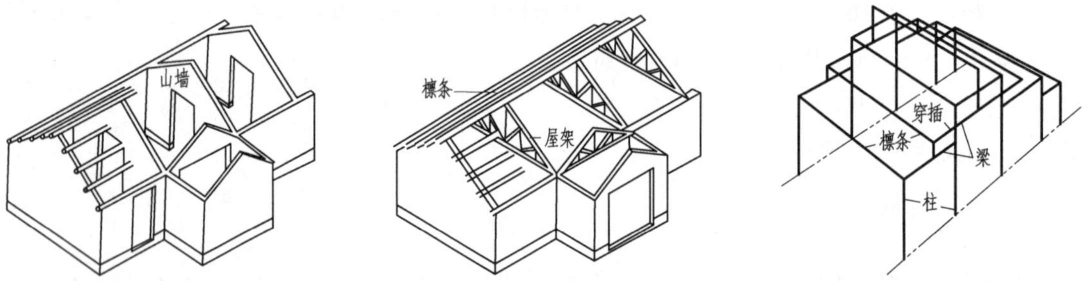

（a）横墙承重　　（b）屋架支承　　（c）梁架承重

图 11-3-1　坡屋顶的承重结构

11.3.3 坡屋顶的承重结构构件

坡屋顶的承重结构构件主要有屋架和檩条两种：

1. 屋　架

屋架是由多个杆件组合而成的承重桁架，可用木材、钢材、钢筋混凝土制作，形状有三角形、梯形、拱形、折线形等。屋架支承在纵向外墙或柱上，上面搁置檩条或钢筋混凝土屋面板承受屋面传来的荷载。

屋架承重与横墙承重相比，可以省去横墙，使房屋内部有较大的空间，增加了内部空间划分的灵活性。木屋架一般用于跨度不超过 12 m 的建筑；钢木组合屋架一般用于跨度不超过 18 m 的建筑；当跨度更大时需采用钢筋混凝土屋架或钢屋架（图 11-3-2 所示为屋架承重）。

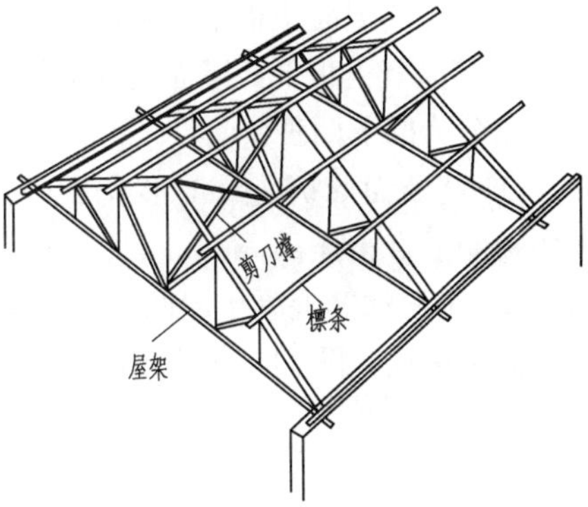

图 11-3-2　屋架承重

2. 檩　条

檩条材料的选用一般与屋架所用材料相同，可为木材、钢材及钢筋混凝土。

檩条的种类。檩条跨度一般在 4 m 以内；钢筋混凝土檩条跨度可达 6 m。檩条的间距根据屋面防水材料及基层构造处理而定，一般在 0.7 ~ 1.5 m。

11.3.4　坡屋顶的屋面构造

坡屋顶屋面一般是利用各种瓦材，如平瓦、波形瓦、小青瓦等作为屋面防水材料，靠瓦与瓦之间的搭接盖缝来达到防水的目的。

1. 平瓦屋面

平瓦屋面根据基层不同有冷摊瓦屋面、木望板平瓦屋面和钢筋混凝土挂瓦板平瓦屋面三种做法。

（1）冷摊瓦屋面：在檩条上钉固椽条，然后在掾条上钉挂瓦条并直接挂瓦。

（2）木望板平瓦屋面。

木望板平瓦屋面是在檩条或椽木上钉木望板，木望板上干铺一层油毡，用顺水条固定后，再钉挂瓦条挂瓦所形成的屋面（见图 11-3-3）。

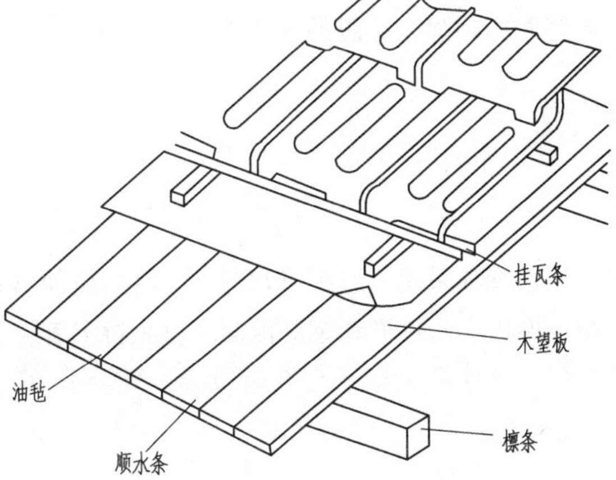

图 11-3-3　木望板平瓦屋面示意图

（3）钢筋混凝土板平瓦屋面。

钢筋混凝土板平瓦屋面是以钢筋混凝土板为屋面基层的平瓦屋面。钢筋混凝土板平瓦屋面的构造可分为以下两种：

① 将断面形状呈倒 T 形或 F 形的预制钢筋混凝土挂瓦板固定在横墙或屋架上，然后在挂瓦板的板肋上直接挂瓦。

② 采用钢筋混凝土屋面板作为屋顶的结构层，上面固定挂瓦条挂瓦，或用水泥砂浆、麦秸泥等固定平瓦（图 11-3-4 为木望板平瓦屋面示意图）。

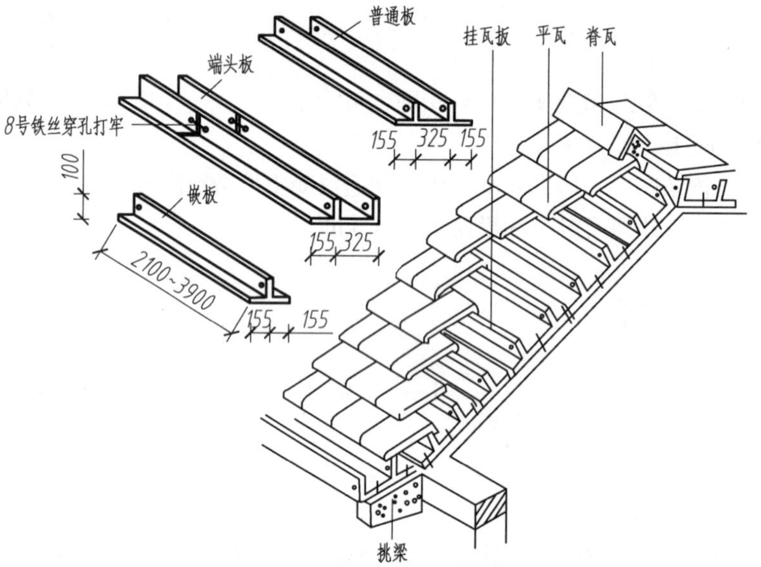

图 11-3-4 钢筋混凝土板平瓦屋示意图

2. 波形瓦屋面

波形瓦可用石棉水泥、塑料、玻璃钢和金属等材料制成，其中以石棉水泥波形瓦最为常用。

石棉水泥瓦具有一定的刚度，每张瓦的尺寸较大，可直接铺钉在檩条上。一般用于无保温隔热要求的低标准建筑中。塑料波形瓦和玻璃钢瓦具有质轻、强度高、透明的优点，可兼做屋顶采光用。镀锌铁皮波形瓦具有轻质、高强、防震的优点。

11.3.5 坡屋顶细部构造

1. 檐口构造

（1）无组织排水檐口：当坡屋顶采用无组织排水时，应将屋面伸出纵墙形成挑檐。挑檐的构造形式有砖挑檐、椽条挑檐、挑檐、木挑檐和钢筋混凝土挑板挑檐等（见图 11-3-5）。

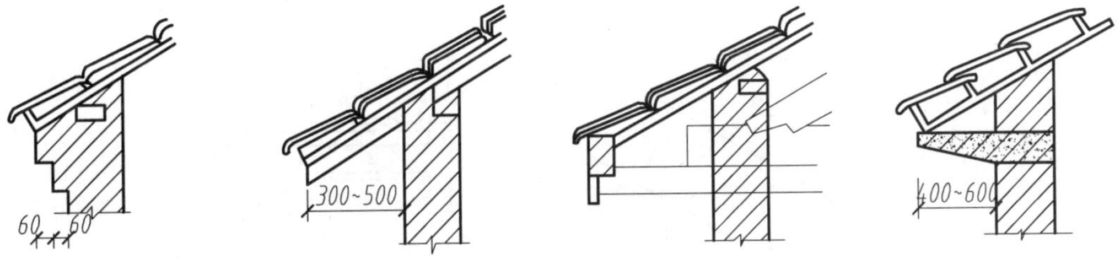

（a）砖挑檐　　（b）条挑檐　　（c）挑梁挑檐　　（d）挑板挑檐

图 11-3-5　无组织排水纵墙挑檐

（2）有组织排水檐口：当坡屋顶采用有组织排水时，一般多采用外排水，需在檐口处设置檐沟。檐沟的构造形式一般有钢筋混凝土挑檐沟和女儿墙内檐沟两种（见图 11-3-6）。

（3）山墙檐口：按屋顶形式有硬山和悬山两种做法。

① 硬山：将山墙高出屋面的构造做法。

女儿墙与屋面交接处应做泛水，一般用砂浆抹灰泛水、小青瓦坐浆泛水、镀锌铁皮泛水，见图 11.3.7。

② 悬山：将屋面挑出山墙的构造做法。

常用檩条挑出山墙，用不封檐板封住，沿山墙挑檐边的一行瓦，用水泥砂浆抹出披水线，进行封固（见图 11-3-8）。

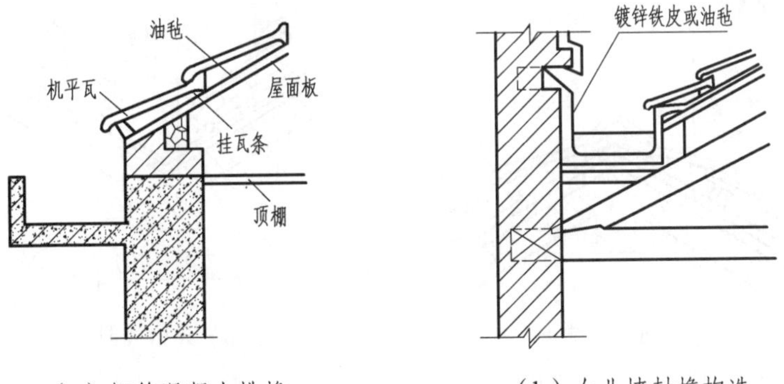

（a）钢筋混凝土挑檐　　（b）女儿墙封檐构造

图 11-3-6　有组织排水纵墙挑檐

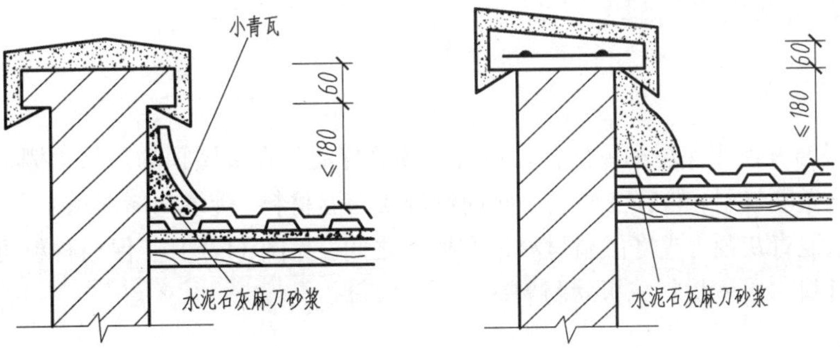

（a）小青瓦泛水　　（b）砂浆泛水

图 11-3-7　悬山檐口构造

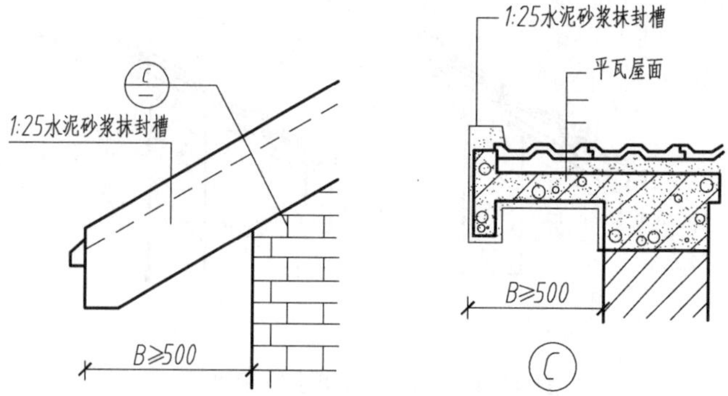

图 11-3-8　悬山檐口构造

2. 屋脊、天沟和斜沟构造

互为相反的坡面在高处相交形成屋脊，屋脊处应用 V 形脊瓦盖缝。坡屋面两斜面相交形成斜天沟。斜天沟一般用镀锌铁皮制成，镀锌铁皮两边包钉在木条上；木条高度要使瓦片搁上后与其他瓦片平行，并起到防止溢水的作用。用弧形瓦或缸瓦作斜天沟，搭接处要用麻刀灰卧牢（见图 11-3-9）。

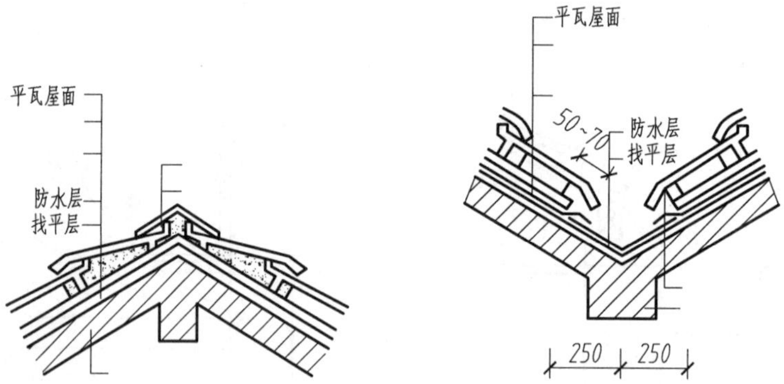

（a）屋脊　　（b）天沟和斜沟

图 11-3-9　屋脊、天沟和斜沟构造

11.3.6　坡屋顶保温和隔热

1. 坡屋顶的保温

坡屋顶的保温有顶棚保温和屋面保温两种。顶棚保温是在坡屋顶的悬吊顶棚上加铺木板，上面干铺一层油毡做隔气层，然后在油毡上面铺设轻质保温材料。传统的屋面保温是在屋面铺草秸，将屋面做成麦秸泥青灰顶，或将保温材料设在檩条之间，见图 11-3-10。保温材料可根据工程具体要求选用松散材料、块体材料或板状材料。

2. 坡屋顶的隔热

坡屋顶一般利用屋顶通风来隔热，有屋面通风和吊顶棚通风两种方式。

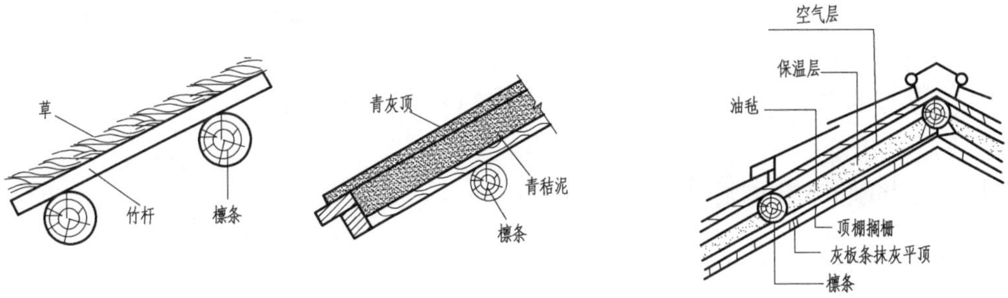

（a）保温层在屋面中　　（b）保温层在檩条中

图 11-3-10　坡屋顶的保温构造

（1）屋面通风。

把屋面做成双层，在檐口设进风口、屋脊设出风口，利用空气流动带走间层的热量，以降低屋顶的温度（见图 11-3-11）。

（2）吊顶棚通风。

利用吊顶棚与坡屋面之间的空间作为通风层，在坡屋顶的歇山、山墙或屋面等位置设进风口（见图 11-3-12）。

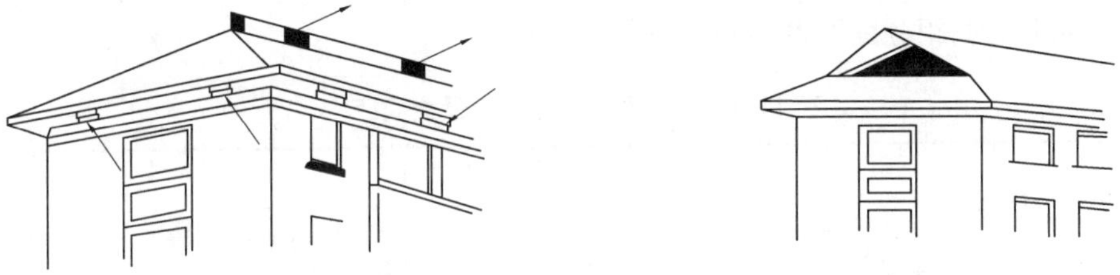

（a）檐口和屋脊通风　　（b）歇山通风百叶窗

图 11-3-11　坡屋顶的通风与隔热

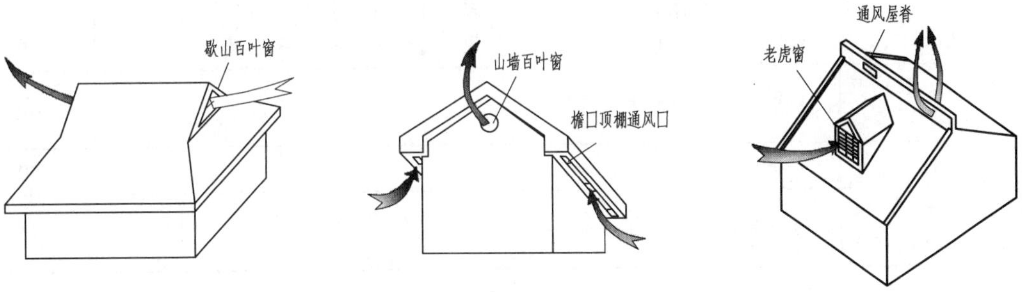

（a）歇山百叶窗　　（b）山墙百叶窗和檐口通风口　　（c）老虎窗和通风屋脊

图 11-3-12　坡屋顶的通风与隔热

11.4　变形缝

建筑物由于温度变化、地基不均匀沉降以及地震等因素的影响，使结构内部产生附加应力和变形，易使建筑物产生裂缝甚至倒塌。为减少这些应力和变形对建筑物的损坏，预先在建筑物变形敏感的部位预留缝隙将结构断开，以保证建筑物有足够的变形宽度而不致造成破损。这种将建筑物垂直分割而预留的人工缝称为变形缝。

根据变形缝的作用变形缝可分为伸缩缝、沉降缝、防震缝三种。

11.4.1 变形缝的设置原则

1. 伸缩缝的设置原则

伸缩缝是在长度或宽度较大的建筑物中，为避免由于温度变化引起材料的热胀冷缩产生的内应力累计导致构件开裂，而沿建筑物的竖向将基础以上部分全部断开的垂直缝隙。

伸缩缝的宽度一般为 20 ~ 30 mm。由于基础埋在地下，受温度变化较小，所以不必断开。

伸缩缝应设在因温度和收缩变形引起的应力集中或砌体产生裂缝可能性最大的地方。温度伸缩缝的间距可通过计算确定，亦可按砌体结构设计规范确定。结构设计规范对砖石墙体伸缩缝的最大间距有相应规定，一般为 50 ~ 75 m。伸缩缝间距与墙体类别有关，特别是与屋顶和楼板的类型有关。整体式或装配式钢筋混凝土结构因屋顶和楼板本身没有自由伸缩的余地，当温度变化时，在结构内部产生的温度应力大，因而伸缩缝间距比其他结构形式小一些。大量民用性建筑用装配式无檩体系钢筋混凝土结构，有保温和隔热层的屋顶，伸缩缝间距要大一些。砌体房屋和钢筋混凝土结构伸缩缝最大间距分别见表 11-4-1 和表 11-4-2。

表 11-4-1 砌体房屋伸缩缝最大间距

砌体类别	屋顶或楼板层的类别		间距/m
各种砌体	整体式或装配整体式钢筋混凝土结构	有保温层或隔热层的屋顶、楼板层 无保温层或隔热层的屋顶	50 40
	装配式无檩体系钢筋混凝土结构	有保温层或隔热层的屋顶、楼板层 无保温层或隔热层的屋顶	60 50
	装配式有檩体系钢筋混凝土结构	有保温层或隔热层的屋顶、楼板层 无保温层或隔热层的屋顶	75 60
普通黏土、空心砖砌体	黏土瓦或石棉水泥瓦屋面		100
石砌体	木屋顶或楼板层		80
硅酸盐、硅酸盐砌块和混凝土砌块砌体	砖石屋顶或楼板层		75

表 11-4-2 钢筋混凝土结构伸缩缝的最大间距

项 次	结构类型		室内或土中/m	露天/m
1	排架结构	装配式	100	70
2	框架结构	装配式	75	50
		现浇式	65	35
3	剪力墙结构	装配式	65	40
		现浇式	45	30
4	挡土墙及地下墙壁等结构	装配式	40	30
		现浇式	30	20

2. 沉降缝设置原则

为减少地基不均匀沉降对建筑物造成的危害，在建筑物某些部位设置从基础到屋面全部断开的垂直缝称为沉降缝，见图 11-4-1。凡属下列情况时，均需设置沉降缝：

（1）建筑平面的转折部位。

（2）高度差异或荷载差异处。

（3）长高比过大的砌体承重结构或钢筋混凝土框架结构的适当部位。

（4）地基土的压缩性有显著差异处。

（5）建筑结构或基础类型不同处。

（6）分期建造房屋的交界处。

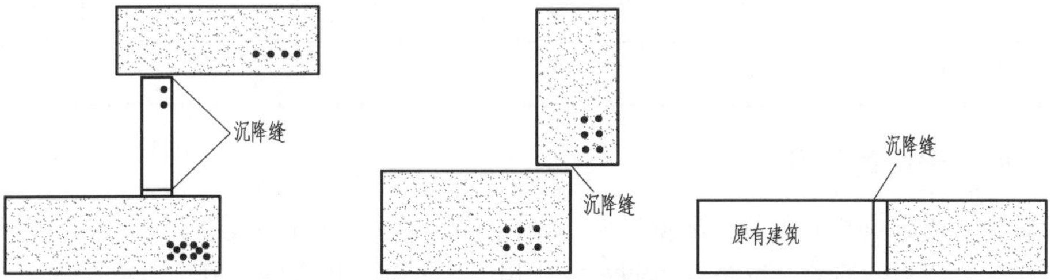

图 11-4-1 沉降缝的设置部位示意图

沉降缝的宽度、高度，应符合规范规定，详见表 11-4-3。

表 11-4-3 钢筋混凝土结构沉降缝的最大间距

地基情况	建筑物高度	沉降缝宽度/mm
一般地基	$H<5$ m	30
	$H=5\sim10$ m	50
	$H=10\sim15$ m	70
软弱地基	2～3 层	50～80
	4～5 层	80～120
	5 层以上	＞120
湿陷性黄土地基		≥30～70

3. 防震缝设置原则

为了提高房屋的抗震能力，避免或减轻对房屋的破坏，在《建筑抗震设计规范》中规定：多层砌体房屋结构有下列情况之一时，应设置防震缝。

（1）建筑平面体型复杂，有较长的突出部分，应设防震缝将其断开，使其形成几个简单、规整的独立单元（见图 11-4-2）。

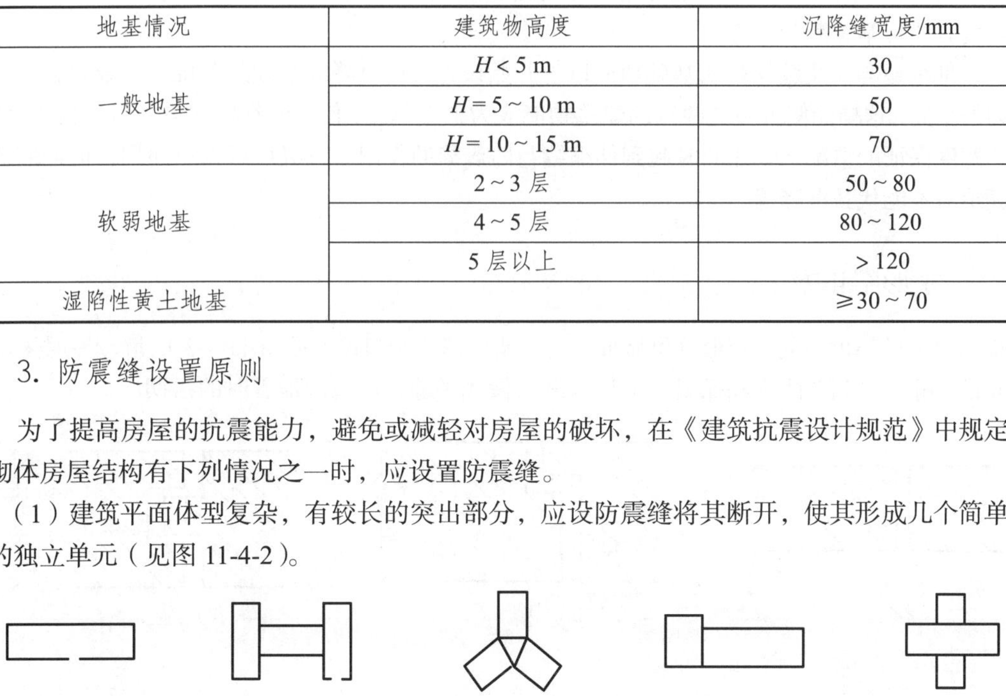

（a）一字形　（b）工字形　（c）Y 字形　（d）L 形　（e）十字形

图 11-4-2 建筑物平面形式

（2）建筑物立面高差超过 6 m 时，在高差变化处设置沉降缝。

（3）建筑物毗连部分结构的刚度、重量相差悬殊处，需用防震缝分开。

（4）建筑物有错层且楼板高差较大时，需在高度变化处设置防震缝。

防震缝缝宽与结构形式、设防烈度、建筑物高度有关。在砖混结构中，缝宽一般为 50 ~ 100 mm，多（高）层钢筋混凝土结构防震缝最小宽度见表 11-4-4。

表 11-4-4　钢筋混凝土结构防震缝设置原则

结构体系	建筑高度 $H\leq 15$ m	建筑高度 $H>15$ m，每增加 5 m 加宽		
		7 度	8 度	9 度
框架结构、框-剪结构	70	20	33	50
剪力墙结构	50	14	23	35

4. 三种变形缝的区别

（1）防震缝应将建筑分成若干体型简单、结构刚度均匀的独立单元。

（2）防震缝应与伸缩缝、沉降缝协调布置，相邻的上部结构完全断开，基础一般不断开，缝两侧均需布置墙体，使其封闭联结。

（3）伸缩缝、沉降缝应符合防震缝的要求。沉降缝的宽度应考虑基础内倾使缝宽减小后仍能满足防震缝的宽度。

（4）凡是需做伸缩缝、沉降缝的地方均应做成防震缝，一般防震缝的基础可不断开，只是兼做沉降缝时才将基础断开。

（5）伸缩缝与防震缝均是从基础顶面以上开始设置，而沉降缝必须从基础开始设置，并贯通建筑物的全高，这样能使沉降缝两侧的建筑物能成为独立单元，使它们在竖向方向可以自由沉降，在缝的宽度保证的情况下，能同时起到伸缩缝与防震缝的作用。三缝可以合一而用，但伸缩缝和防震缝绝对不能代替沉降缝。

11.4.2　变形缝的构造

根据墙体的厚度不同，变形缝可做成平缝、错口缝或企口缝（见图 11-4-3），墙较厚时采用企口缝或错口缝，有利于防水和保温；但抗震缝要做成平缝，以适应地震时的摇摆。

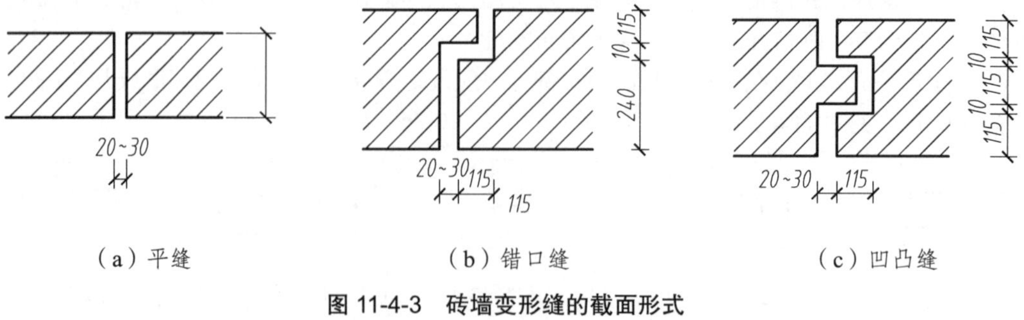

（a）平缝　（b）错口缝　（c）凹凸缝

图 11-4-3　砖墙变形缝的截面形式

1. 墙体变形缝构造

变形缝构造在外墙与内墙的处理中，可以因位置不同而各有侧重。墙体变形缝的构造要点如下：

（1）为保证外墙变形缝自由变形，并防止风雨影响室内，应用浸过沥青的麻丝填嵌缝隙，见图 11-4-4（a）。

（2）当变形缝宽度较大时，缝口可采用镀锌铁皮或铅板盖缝调节，见图 11-4-4（b）。

（3）内墙变形缝着重表面处理，可采用木条或金属盖缝，仅一边固定在墙上允许自由变形，见图 11-4-4（c）。

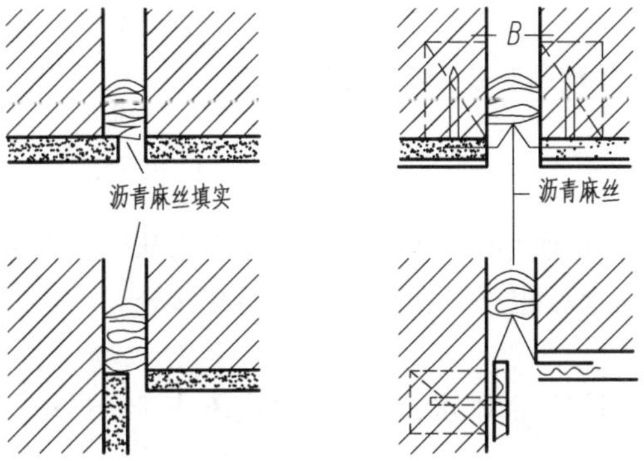

图 11-4-4　内墙面变形缝构造

2. 楼地层变形缝构造

地面变形缝包括楼板层和地坪层变形缝。楼板层变形缝的位置和大小应与墙体、屋面变形缝一致；而地坪层变形缝的位置、大小则应根据建筑物的使用情况而定，在一般民用建筑中与楼板层变形缝位置相一致。

楼地层变形缝的位置与宽度应和墙体变形缝一致。其构造应方便行走、防火与防止灰下落、美观等，卫生间等有水环境还应考虑防水处理。楼地面变形缝的缝内常填充弹性的油膏、沥青麻丝、金属或橡胶类调节片，上铺与地面材料相同的活动盖板、金属盖板或橡胶片等，注意在地面与盖板之间要留 5 mm 缝隙。顶棚处变形缝可用木板、金属板或其他吊顶材料覆盖，如图 11-4-5 所示。

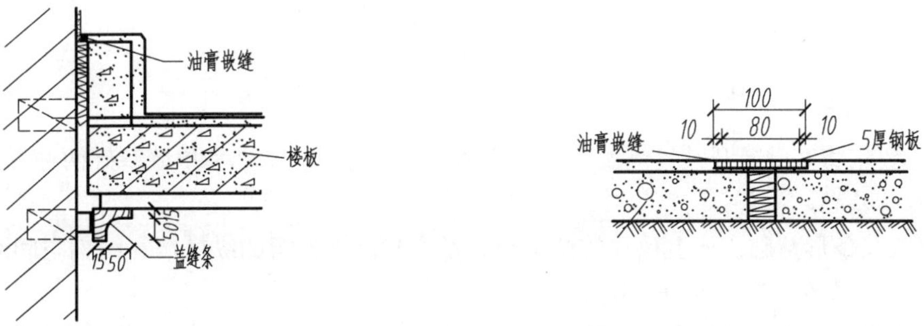

（a）楼板靠墙处变形　　　　（b）楼地面钢板盖缝

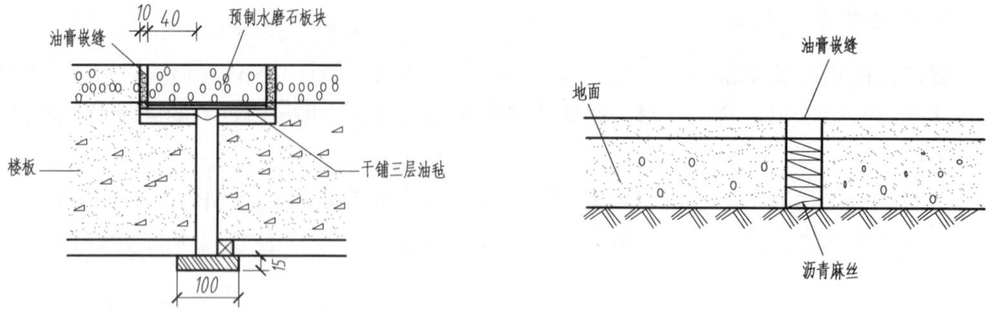

（c）楼地面变形缝构造缝构造　　　　（d）楼地面油膏嵌缝

图 11-4-5　楼地面变形缝细部构造

3. 屋顶变形缝构造

屋面变形缝的构造处理原则是既不能影响屋面的变形，又要防止雨水从变形缝处渗入室内。屋面变形缝按建筑设计可设于同层等高屋面上，也可设在高低屋面的交接处。

（1）等高屋面变形缝的做法如下：

① 在缝两边的屋面板上砌筑矮墙，以挡住屋面雨水，矮墙的高度不小于 250 mm、半砖墙厚。

② 矮墙面与屋面连接处理类同于泛水构造。

③ 缝内嵌填沥青麻丝。

④ 矮墙顶部可用镀锌铁皮盖缝，也可铺一层卷材后用混凝土盖板压顶，如图 11-4-6 所示。

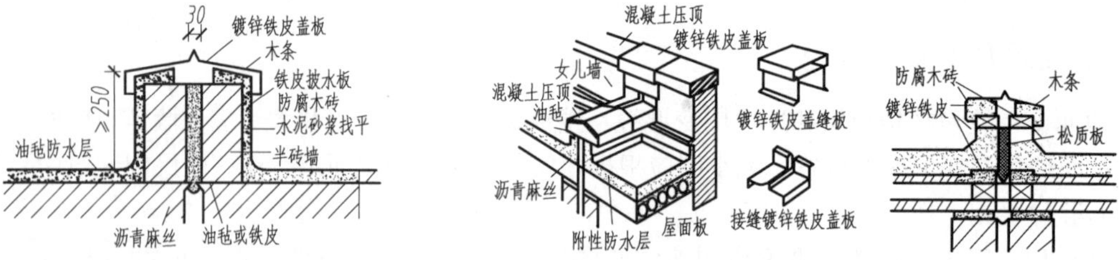

（a）卷材防水屋面　　　　（b）刚性防水屋面

图 11-4-6　等高屋面变形缝构造

（2）高低屋面变形缝的做法：在低侧屋面板上砌筑矮墙；当变形缝宽度较小时，可用镀锌铁皮盖缝并固定在高侧墙上，做法同泛水构造；也可以从高侧墙上悬挑钢筋混凝土板盖缝，见图 11-4-7。

4. 基础变形缝构造

沉降缝要求将基础断开，具体做法是缝两侧一般分为双墙基础和单墙基础两种方式。

（1）双墙基础。

① 双墙双条形基础。地上独立的结构单元都有封闭、连续的纵横墙，结构空间刚度大，但基础偏心受力，并在沉降时相互影响。

② 双墙挑梁基础。其特点是保证一侧墙下条形基础正常均匀受压；另一侧采用纵向墙基础悬挑梁，梁上架设横向托墙梁，再做横墙。

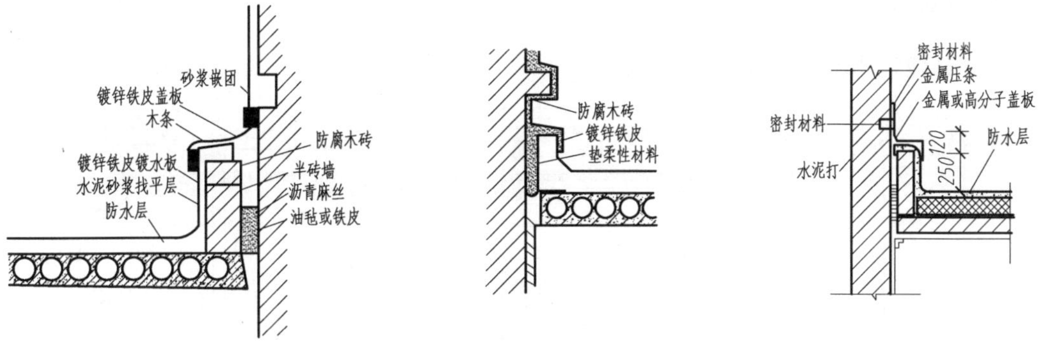

（a）卷材防水屋面　　（b）刚性防水屋面　　（c）涂膜防水屋面

图 11-4-7　高低屋面变形缝构造

（2）单墙基础。

缝的一侧做墙及墙下正常受压条行基础，而另一侧也做正常受压基础，两基础之间互不影响，用上部结构出挑实现变形缝的要求宽度，此方案尤其适合新旧建筑毗连时的情况。注意：新旧建筑的沉降不同，一般要计算新建筑的预计沉降量。

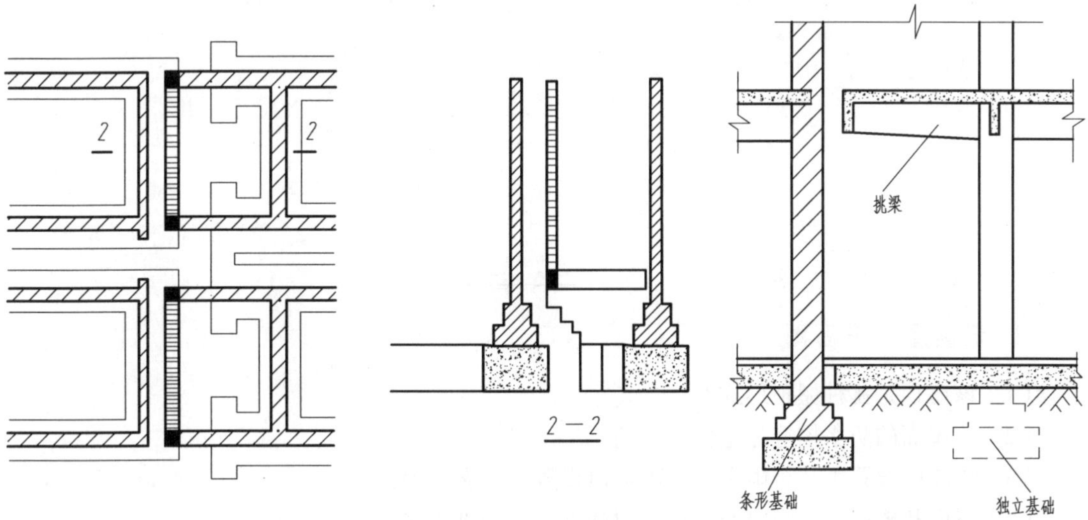

（a）双墙悬挑梁基础　　（b）单墙基础

图 11-4-8　基础沉降缝处的构造

技能训练 8：识读某住宅楼屋顶平面图并进行节点详图的设计

1. 技能训练目的

熟悉屋顶平面图的表达内容与图示特点，掌握屋顶平面图的制图规范和标准，熟悉屋顶平面图中各种图例代号，具备能正确识读建筑屋顶平面图的能力。

2. 技能训练条件

已知某建筑物屋顶平面图和剖面图。

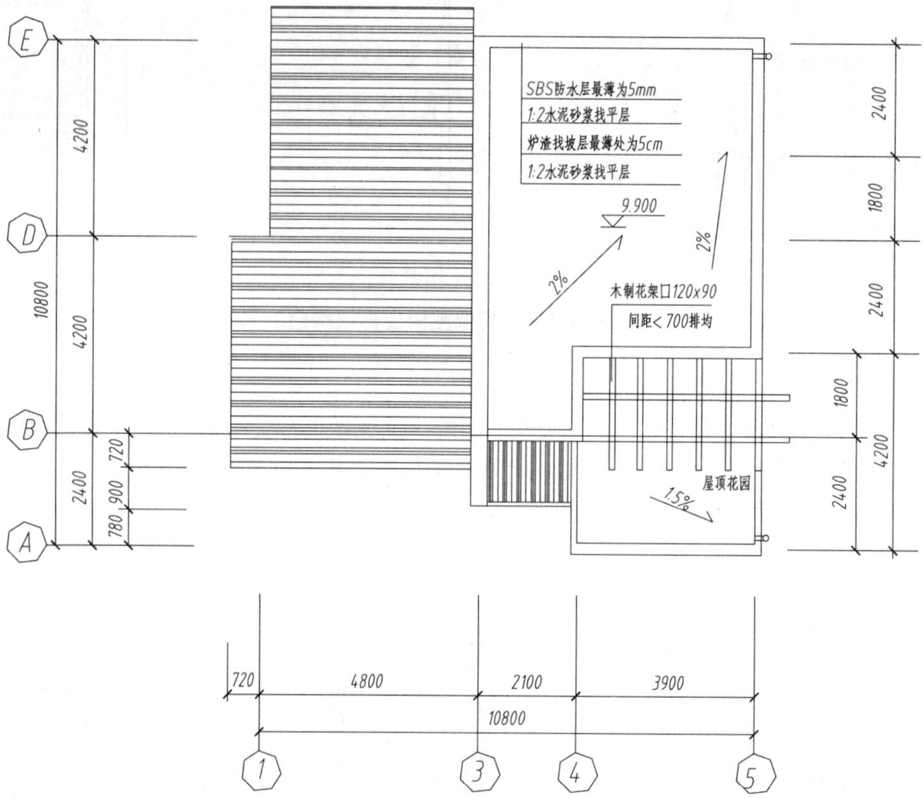

屋顶平面图 1:100

3. 识读屋顶平面图

（1）该屋顶是哪种屋顶形式？

（2）该屋面的防水构造是怎样处理的？

（3）该屋面设置了几个雨水口？雨水口设置与什么有关？

（4）屋面和檐沟或天沟内的排水方向和坡度值分别为多少？

（5）种植屋面应如何处理细部构造？屋面的隔热构造还有哪些方式？

（6）突出屋面的女儿墙的高度及屋面标高为多少？

（7）女儿墙压顶构造上如何处理？

（8）女儿墙是否应该增设构造柱？

4. 屋顶节点详图的设计（1：10 或 1：20）

按照建筑制图统一标准的规定，用 A3 图纸绘制完成。

（1）屋面刚性防水的构造层次及细部构造做法。

（2）泛水构造。

（3）坡屋顶部分的挑檐构造。

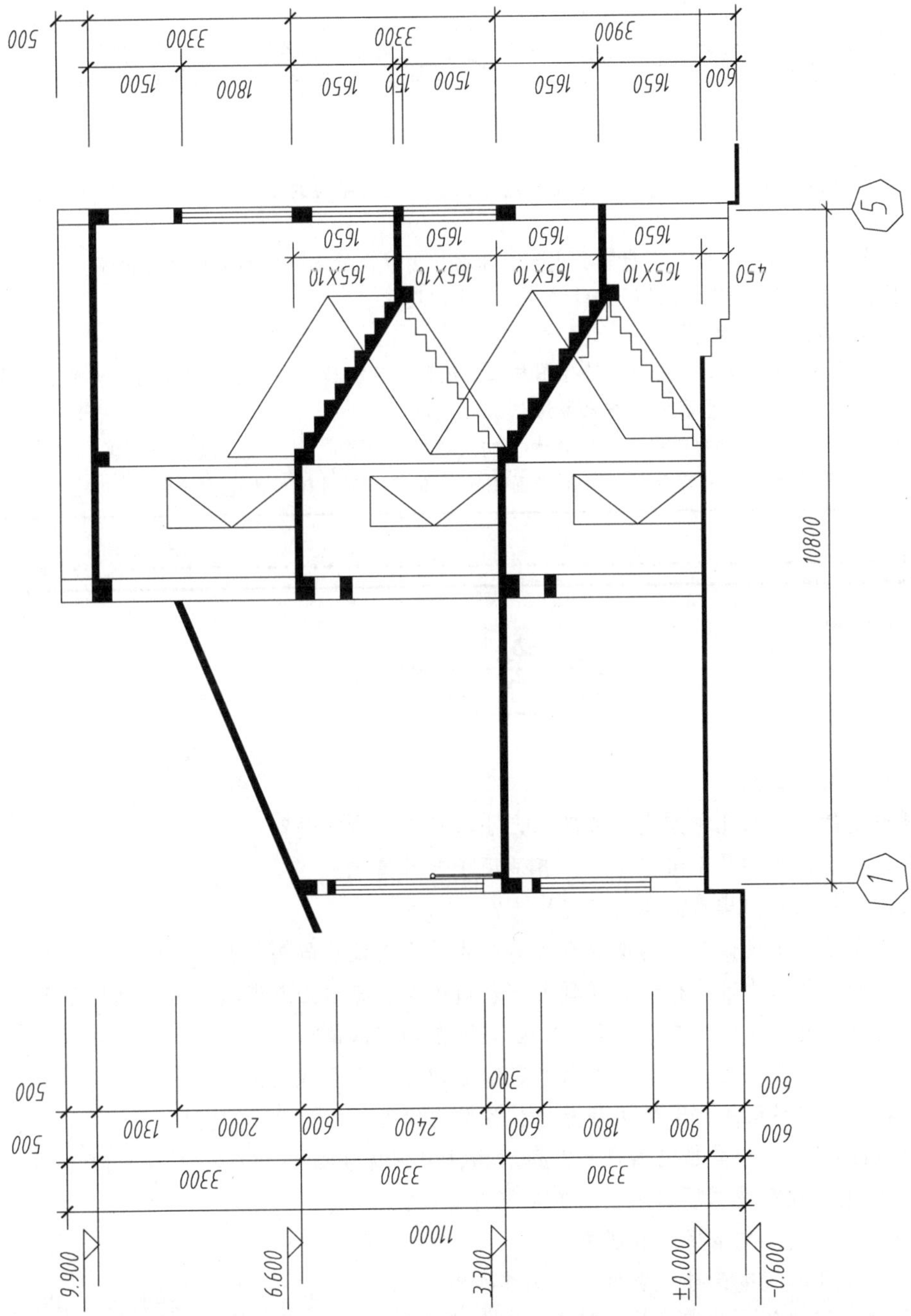

500
3300
3300
3900
1500
1800
1650
150
1500
1650
1650
600
1650
1650
1650
1650
165X10
165X10
165X10
165X10
450
10800
5
1
500
1300
2000
600
2400
300
600
1800
900
600
500
3300
3300
3300
600
11000
9.900
6.600
3.300
±0.000
-0.600

剖面图 1:100

准备知识 7——屋顶平面图

假想用一个水平的剖切平面沿房屋窗台以上的部位剖开，移去上部后向下投影所得的水平投影图，称为建筑平面图。建筑平面图实质上是房屋各层的水平剖面图。平面图虽然是房屋的水平剖面图，但按习惯不必标注其剖切位置，也不称为剖面图。

1. 形　成

屋顶平面图是屋面的水平投影图，不管是平屋顶还是坡屋顶，主要应表示出屋面排水情况和突出屋面的全部构造位置。

2. 屋顶平面图的基本内容

（1）表明屋顶形状与尺寸、女儿墙的位置与墙厚，以及突出屋面的楼梯间、水箱、烟道、通风道、检查孔等具体位置。

（2）表示出屋面排水分区情况、屋脊、天沟、屋面坡度以及排水方向和下水口位置等。

（3）屋顶构造复杂的还要加注详图索引符号，画出详图。

3. 屋顶平面图的读图注意事项

屋顶平面图虽然比较简单，亦应与外墙详图和索引屋面细部构造详图对照才能读懂，尤其是有外楼梯、检查孔、檐口等部位的做法、屋面材料防水做法。

屋顶平面图主要表明屋顶的形状，屋面排水方向及坡度，檐沟、女儿墙、屋脊线、落水口、上人孔、水箱及其他构筑物的位置和索引符号等。屋顶平面图比较简单，可用较小的比例绘制

思考题

1. 屋顶外形有哪些？
2. 屋顶坡度的形成有几种方式？坡度的大小与什么因素有关？
3. 什么是有组织排水和无组织排水？各适用于何种情况？
4. 什么是外排水和内排水？各有何优缺点？
5. 什么是刚性防水屋面？其构造层有哪些？为什么要设置隔离层？
6. 刚性防水层所用的砂浆和细石混凝土与普通砂浆、普通细石混凝土有什么区别？
7. 什么是分仓缝？为什么要设分仓缝？应设置在哪些部位？
8. 刚性防水屋面的泛水、檐口、雨水口等细部构造有哪些特点？
9. 油毡卷材防水屋面的构造层次有哪些？各层的作用如何？
10. 平屋顶隔热、降温构造有哪几种？每种做法有何优缺点？
11. 什么叫坡屋顶？坡屋顶的承重结构系统有哪些？
12. 什么是变形缝？它有哪几种类型？
13. 什么情况下需设变形缝？宽度一般为多少？
14. 伸缩缝、沉降缝、防震缝是否可以相互替代？为什么？
15. 墙体中的变形缝的截面形式有哪几种？
16. 基础沉降缝的处理形式有哪几种？

第 12 章　工业建筑

☞ 学习目标：

1. 了解工业建筑的基本概念及分类；
2. 熟悉厂房内部起重运输设备；
3. 掌握排架结构单层工业厂房的结构类型和构造组成；
4. 了解轻钢结构单层工业厂房的特点和构造组成；
5. 掌握单层厂房定位轴线

教学时间：14～20 学时

活动及技能训练时间：6 学时

延伸活动或技能训练时间：（4 学时）

教学过程/教学手段/教学场所安排：

章节内容	具体内容	时间安排			场所安排
		授课时间	活动时间	延伸时间	
12.1 工业建筑概述	教学活动 15：参观排架结构单层工业厂房		2		厂房
	工业建筑的特点及分类	1			教室
	厂房内部的起重运输设备				
	厂房的结构类型				
12.2 排架结构单层工业厂房	排架结构单层工业厂房主要结构构件	4			教室
	排架结构厂房其他构造	3			教室
12.3 轻钢结构单层工业厂房	轻钢结构单层工业厂房简介	1			教室
	门式刚架结构工业厂房				
技能训练 9：识读某机修车间厂房建筑施工图			2	（2）	制图室
12.4 单层工业厂房定位轴线	横向定位轴线	2			教室
	纵向定位轴线	2			教室
技能训练 10：划分某机修车间厂房定位轴线			2	（2）	制图室
Σ		14	6	（4）	

教学活动 15

参观排架结构单层工业厂房（2 学时）

活动项目	课堂活动内容	时间	资源
参观排架结构工业厂房	① 组织学生去当地的工业厂房。 ② 将学生按 5 人一组进行活动，分别到指定的房屋前，完成工作纸上的内容	2 学时	工作纸 笔

工作纸——排架结构工业厂房				
工业建筑与民用建筑的区别	○空间大	○荷载大	○门窗尺寸大	○有运输设备
厂房内部柱的材料	○钢柱	○砖柱	○钢筋混凝土柱	○木柱
该厂房的柱距为	○4.5 m	○6 m	○9 m	○12 m
该厂房柱的截面形式	○T 形	○工字形	○矩形	○其他形式
厂房内梁的种类	○吊车梁	○联系梁	○圈梁	○主次梁
屋架（屋面梁）的材料	○钢材	○钢筋混凝土	○木	○组合材料
屋架支撑、柱间支撑的材料	○钢材	○钢筋混凝土	○木	○组合材料
厂房内部是否有排水管网	○是	○ 否		
该厂房是否有天窗	○是	○否		
该厂房是否有检修梯	○是	○否		
墙与柱的相对位置关系	○外缘齐平	○内缘齐平	○距墙 600 m	○中线齐平
该厂房窗的开启方式	○平开窗	○推拉窗	○悬窗	○固定窗

12.1 工业建筑概述

工业建筑是各类工厂为了满足工业生产需要而修建的不同用途的建筑物和构筑物的统称。工业厂房是指工业建筑中提供生产用的建筑物，一般来说，一个工厂由若干个生产车间组成，车间又包括生产用房、辅助用房，如锅炉房、水泵房、仓库、办公室及生活用房等。

厂房与民用建筑相比，其基建投资多、占地面积大，且受生产工艺条件的制约。厂房的设计除了要满足生产工艺的要求外，还应考虑安全、卫生、劳动保护等良好的生产环境，应符合国家、地方的有关基本建设方针、政策，做到坚固适用、经济合理、技术先进、施工方便，并为实现建筑工业化创造条件。

12.1.1 工业建筑的特点及分类

1. 工业建筑的特点及要求

（1）满足生产工艺流程的要求。工业生产类别繁多，各产业具有不同的生产工艺和特征，对工业厂房建筑也有不同要求，因此厂房设计也随之而异。

（2）有较大的内部空间。由于厂房中的生产设备多、体积大，各部分生产联系密切，并有多种起重运输设备通行，致使厂房内部应具有较大的空间。

（3）有良好的通风和采风。有些厂房在生产过程会散发大量余热、烟尘、有害气体、有侵蚀性液体及生产噪声等，这就要求其具有良好的通风和采光。

（4）特殊技术构造要求。有的厂房为保证生产正常，要求保持一定的温度、湿度，或者要求具备一定的防尘、防振、防爆、防菌、防放射线等条件。

（5）有各种工程技术管网。工业生产过程往往需要各种工程技术管网，如给排水、热力、压缩空气、燃气、氧气管道和电力供应等，设计厂房时应考虑各种管道的敷设要求及其荷载。

（6）有各种运输车辆通行。生产过程中大量的原料、加工零件、半成品、成品、废料等需要用吊车、电瓶车、汽车或者火车进行运输。设计厂房时应考虑所采用的运输工具的通行问题。

2. 工业建筑的分类

工业建筑的类型很多，在建筑设计中常按用途、生产状况和层数等进行分类。

（1）按厂房的用途不同分类。

① 主要生产厂房。指主要产品从备料、加工到装配等主要工艺流程的厂房，如机械制造厂的机械加工与机械制造车间以及钢铁厂的炼钢、轧钢车间。该类厂房中常常布置有较大的生产设备和起重设备。

② 辅助生产厂房。指不直接加工产品，只是为生产服务的厂房，如机修、工具、模型车间等。

③ 动力用厂房。指为全厂提供能源和动力的厂房，如发电站、锅炉房、氧气站等。

④ 储藏用建筑。指储存原材料、半成品、成品的房屋（一般称仓库），如机械厂的金属料库、

油料库、燃料库等。由于储存物质不同，在防火、防爆、防潮、防腐等方面有不同的设计要求。

⑤ 运输用建筑。指储存及检修运输设备及起重消防设备类的房屋，如汽车库、机车库、起重机库、消防车库等。

⑥ 其他。如水泵房、污水处理设施等。

中、小型工厂或以协作为主的工厂，仅有上述各类型房屋中的一部分；大型厂房中，有时会包括多种类型用途的车间或部门等。

（2）按层数不同分类。

① 单层厂房。这类厂房多用于冶金、机械等重工业。其特点是设备体积大、重量大，车间内以水平运输为主，大多靠厂房中的起重运输设备和车辆进行，如图 12-1-1 所示。

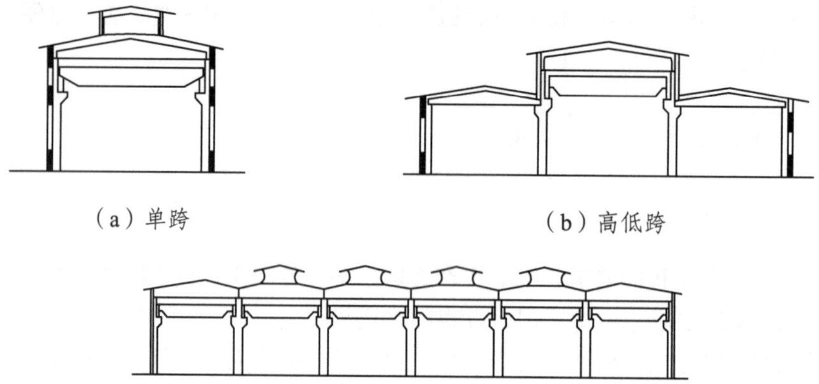

（a）单跨　（b）高低跨

（c）多跨

图 12-1-1　单层厂房类型

② 多层厂房。这类厂房常用于如纺织、仪表、电子、食品、印刷、皮革、服装等轻工业，常见的层数为 2 ~ 6 层。此类厂房的设备质量轻、体积小，大型机床一般安装在底层，小型设备一般安装在楼层，如图 12-1-2 所示。

③ 混合层数厂房。厂房中既有单层又有多层的混合类厂房，这种厂房常用于化工、热电站的主厂房等，例如热电厂主厂房，汽机间可设在单层单跨内，其他可设在多层内；化工车间，高大的生产设备可设在单层单跨内，其他可设在多层内。

图 12-1-2　多层厂房类型

（3）按内部生产状况不同分类。

① 冷加工车间。指在正常温、湿度条件下进行生产的车间，如机械制造类的金工、机修、装配等车间，生产要求车间内部有良好的采光和通风。

② 热加工车间。指在高温和熔化状态下，加工非燃烧材料的生产车间，生产过程中会散发大量的余热、废气等，如铸造、锻压、冶炼、热轧、热处理等车间，一般要求厂房内部加强通风措施。

③ 洁净车间。指产品生产需要在空气净化、无尘甚至无菌的条件下进行的车间，如药品、电视机显像管、集成电路等车间。这些车间除要经过净化处理将空气中的含尘量控制在允许范围内以外，车间围护结构还应保证严密，以免大气中的灰尘侵入。

④ 恒温、恒湿车间。指产品生产需要在恒定的温度、湿度条件下进行的车间，如精密仪器、纺织等车间。这些车间除应装有空调设备外，还应采取其他措施，以减小室外气候对室内温度、湿度的影响。

⑤ 特种状况车间。指产品生产对环境有特殊的需要，如防爆、防腐蚀、防放射性物质、防电磁波干扰、防微振、高度隔声等车间。

（4）按厂房的跨度尺寸分类。

① 小跨度工业厂房。小跨度工业厂房是指小于或等于 15 m 的单层工业厂房，多以砖混结构为主，适用于中小型企业或大型企业的非主要生产厂房。

② 大跨度工业厂房。大跨度工业厂房是指跨度为 15 ~ 36 m 及 36 m 以上的单层工业厂房，以钢筋混凝土结构钢结构为主。

12.1.2 厂房内部的起重运输设备

在生产过程中，为装卸、搬运各种原材料和产品以及进行生产、设备检修等，在地面上可采用电瓶车、汽车及火车等运输工具，在自动生产线上可采用悬挂式运输起重机或输送带等，在厂房上部空间可安装各种类型的起重机。起重机是目前厂房中应用最为广泛的一种运输设备，常见的有单轨悬挂吊车、梁式吊车和桥式吊车等。

1. 单轨悬挂吊车

单轨悬挂吊车是在屋架或层面梁下弦悬挂单根梁式钢轨，轨梁上设有可水平移动的滑轮组（或神仙葫芦），利用滑轮组升降起重的一种吊车，单轨悬挂吊车的起重量一般在 1 ~ 5 t，有手动和电动两种类型，如图 12-1-3 所示。

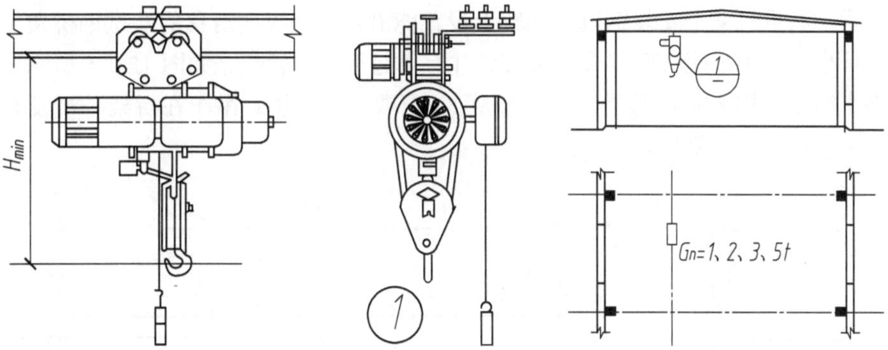

图 12-1-3 单轨悬挂吊车

2. 梁式电动起重吊车

梁式吊车有悬挂式和支承式两种类型，一般由电动葫芦和梁架组成，起重量一般为 0.5 ~ 5 t。

（1）悬挂式梁式吊车。在屋架下悬挂梁式工字钢轨，电动葫芦悬挂在钢轨上，钢轨成两平行直线，钢轨梁上安放滑行的单梁，单梁上设有可移动的滑轮组（电动葫芦），以升降重物，如图 12-1-4（a）所示。

（2）支承式梁式吊车。支承式是在排架柱上设牛腿，牛腿上设吊车梁，吊车梁安装钢轨，钢轨上设有可滑行的单梁，在单梁上设有可移动的滑轮组（电动葫芦），在单梁与滑轮组行走范围内均可起重，如 12-1-4（b）所示。

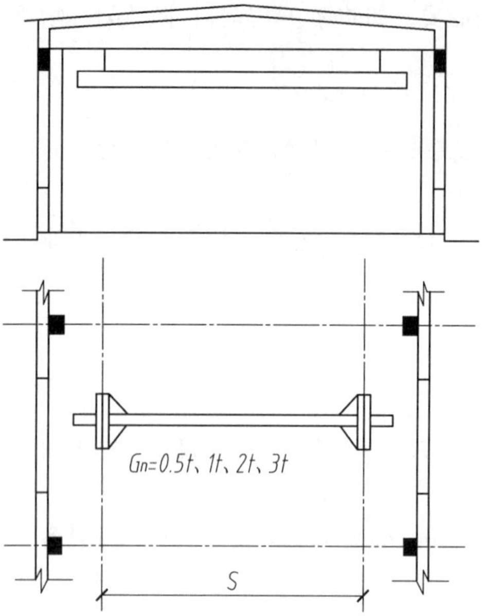

（a）平、剖面示意图

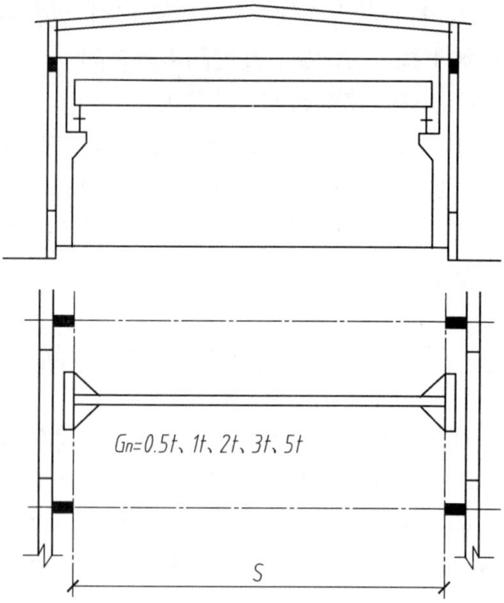

（b）安装示意及尺寸

图 12-1-4　梁式吊车

3. 桥式吊车

这类吊车由桥架和起重小车组成，桥架支承在吊车梁上，通常在排架柱上设置牛腿，牛腿上搁置起重机梁，起重机梁上安装钢轨，钢轨上设置能沿着厂房纵向滑移的双拱钢桥架（或板梁），桥架上设支承小车，小车能沿桥架横向滑移，并有供起重的滑轮组，如图 12-1-5 所示。这类吊车在桥架与小车行走范围内均可起重，起重量从 5 t 至数百吨。桥式吊车在桥架一端设有司机室，室内设置有供人员上下的钢梯。

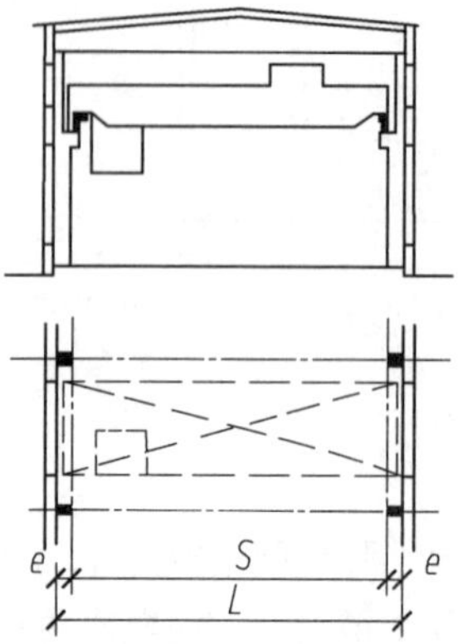

（a）

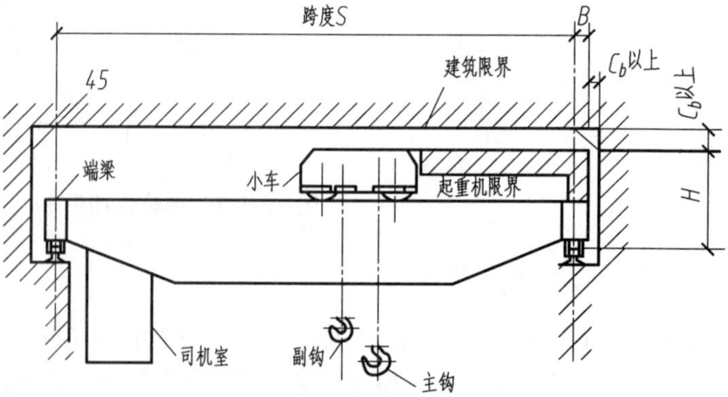

（b）

图 12-1-5　桥式吊车

根据工作班时间内吊车工作时间与工作班时间的比率，起重机工作制分轻级、中级、重级、超重级四种，以 JC（%）表示：轻级工作制为 JC15% ~ 25%；中级工作制为 JC25% ~ 40%；重级工作制为 JC40% ~ 60%；超重级工作制为 JC > 60%。

使用起重机的频繁程度对支承其起重机梁、柱等构件有很大影响，支承构件设计时必须考虑其所承受的起重机是属于哪一级工作制。

12.1.3　厂房的结构类型

在厂房建筑中，支承各种荷载作用的构件所组成的骨架，通常称为厂房的结构。厂房结构的坚固、耐久是靠结构构件连接在一起，组成一个结构空间来保证的。图 12-1-6 所示单层厂房结构主要荷载示意图。

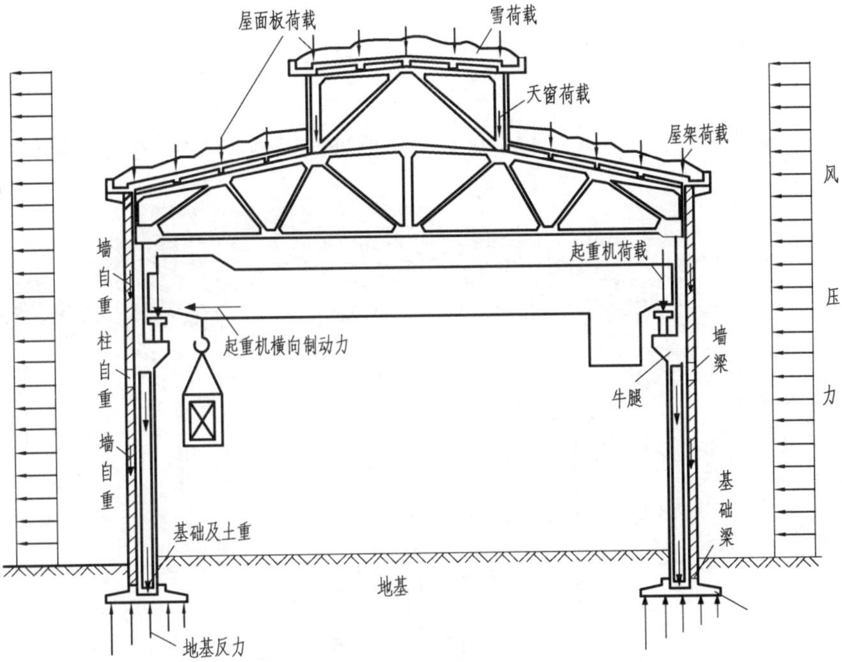

图 12-1-6　单层厂房结构主要荷载示意图

1．单层工业厂房结构的类型

单层工业厂房按其承重结构的材料不同，可分为混合结构、钢筋混凝土结构、钢结构和轻钢结构等类型。当小型厂房内部没有起重吊车或吊车起重量较小时可采用混合材料承重，其余情况一般均采用钢筋混凝土材料、钢结构材料和轻钢材料承重。

单层厂房按承重结构形式不同，主要有排架结构和刚架结构两种。装配式钢筋混凝土排架结构是目前单层厂房中最基本的、应用比较普遍的结构形式。排架结构施工安装较方便，适用范围较广，除用于一般单层厂房外，还能用于跨度和高度较大，且设有较大吨位的起重机或有较大振动荷载的大型厂房。

装配式钢筋混凝土门式钢架，是将柱和屋架（横梁）合并为同一个构件，柱与基础的连接通常为铰接。目前，在单层厂房中用得较多的有两铰和三铰两种形式，如图 12-1-7 所示，适用于屋盖较轻的无桥式起重机或起重机吨位不大、跨度和高度亦不大的中小型厂房和仓库。

轻型钢结构是我国目前发展较快的结构形式，广泛用于单层工业厂房和各种仓库及大跨度建筑中。

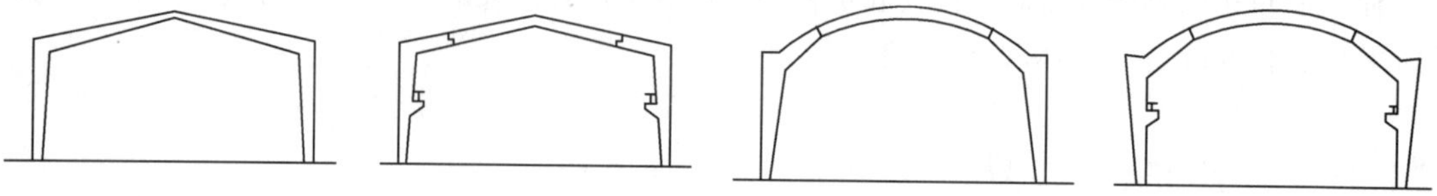

（a）人字形刚架　（b）带起重机人字形刚架　（c）弧形拱刚架　（d）带起重机弧形刚架

图 12-1-7　装配式钢筋混凝土门式刚架结构

12.2　排架结构单层工业厂房

排架结构单层工业厂房由承重结构和围护系统两部分组成，如图 12-2-1 所示。

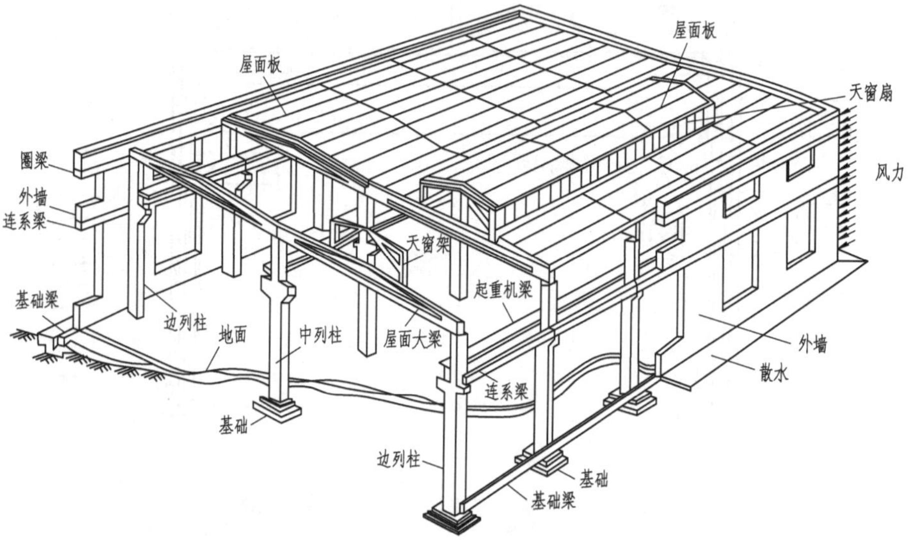

图 12-2-1　单层工业厂房的结构组成及名称

1. 单层工业厂房承重结构由横向排架、纵向连系构件和支撑系统组成

（1）横向排架。横向排架包括屋架（或屋面梁）、柱子和柱基础，其基本特点是把屋架（或屋面梁）视为刚度很大的横梁。屋架（或屋面梁）与柱的连接为铰接，柱与基础的连接为刚接。

（2）纵向连系构件。纵向连系构件包括吊车梁、连系梁（或圈梁）、基础梁、大型屋面板、起重机架等，这些构件连系横向排架，保证厂房横向排架的稳定性，形成厂房的整体骨架结构系统，并将作用在山墙上的风力和起重机纵向制动力传给柱子。

（3）支撑系统。厂房支撑系统包括柱间支撑和屋架支撑，其作用是加强厂房结构的整体空间刚度和稳定性，并传递水平风荷载及吊车的冲击荷载，如柱间支撑。

2. 围护系统

除了厂房骨架之外，还有只起围护或分隔作用的围护结构，它包括厂房四周的外墙、抗风柱屋面、地面等。

（1）屋面：通常屋面面积较大，需要重点处理好防水、排水和保温、隔热。

（2）墙体：多采用承自重墙和框架墙。外墙通常砌筑在基础梁上，基础梁的两端搁置在柱基础上。当墙体较高时，需要在墙上设一道或几道连系梁，以便承受其上部墙体重量。连系梁两端搁置在牛腿上，将其荷载传递给柱子。

（3）门窗：应满足采光、通风和交通运输需求。

（4）地面：为满足生产运输要求，应根据不同产品生产工艺和特点提供良好的室内劳动环境。

从上述排架结构各构件受力概况看，整个厂房大部分荷载通过横向排架和纵向连系构件的作用，最后都要通过柱子传给基础，如图 12-2-1 所示。因此，屋架（屋面梁）、起重机梁、柱子、基础等是厂房的主要承重构件，而其他构件也是构成厂房骨架的有机组成部分。它们相互联系在一起，以保证厂房结构的整体性和稳定性。

12.2.1　排架结构单层工业厂房主要结构构件

1. 屋盖结构

厂房屋盖起围护与承重作用，它包括覆盖构件（如屋面板或檩条、屋面瓦材等）和承重构件（如屋架、屋面梁）两部分。目前，屋盖结构形式大致可分为有檩体系和无檩体系两种，如图 12-2-2 所示。

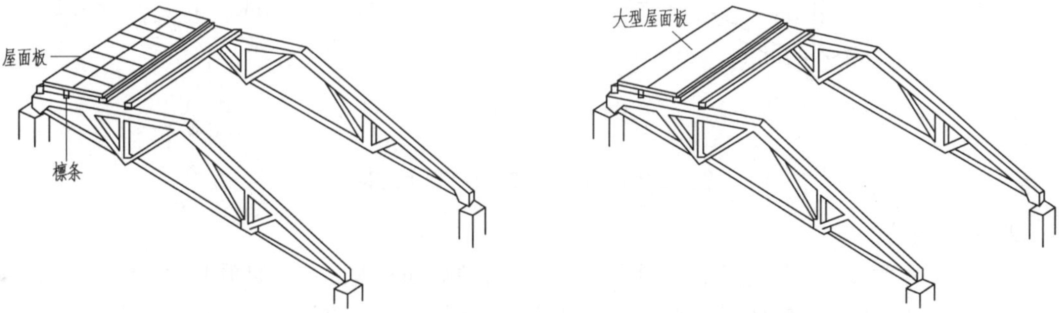

（a）有檩体系　　（b）无檩体系

图 12-2-2　屋面基层的结构类型

有檩体系屋盖一般采用轻型屋面材料，在屋架（或屋面梁）上弦搁置檩条，檩条上铺小型屋面板或瓦材。其特点是构件小、重量轻、吊装方便，但构件数量多，适用于中小型厂房。

无檩体系屋盖是指在屋架（或屋面大梁）上弦直接铺设大型屋面板。其特点是构件大、类型少、便于工业化施工，但要求有较强的施工吊装能力，目前在工程中广为应用，见图 12-2-2。

（1）屋盖的承重构件。

① 屋架（屋面梁）。

屋架是层盖结构的主要承重构件，承受着屋盖、天窗、外墙的荷载，有些厂房的屋架（或屋面梁）还承受悬挂起重机、管道或其他工艺设备及天窗架等荷载。

屋架的形式可以分为屋面梁、两铰拱（或三铰拱）屋架、桁架式屋架三大类。钢筋混凝土和钢结构桁架式屋架的外形有三角形、梯形、拱形、折线形等几种形式。屋架的外形对其杆件内力的影响很大，图 12-2-3 所示为厂房在同样的屋面均布荷载作用下，同样跨度和矢高的四种不同外形屋架的轴向力大小比例和轴向力符号（“+”号为拉力，“–”号为压力）。

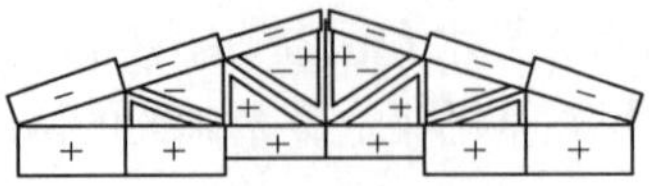

（a）三角形屋架

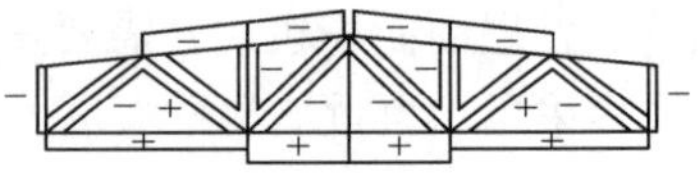

（b）梯形屋架

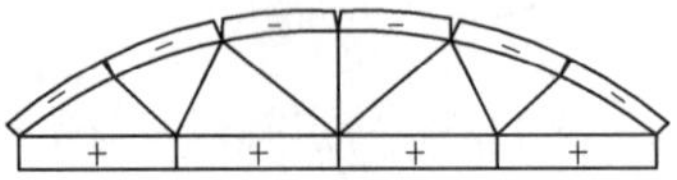

（c）拱形屋架

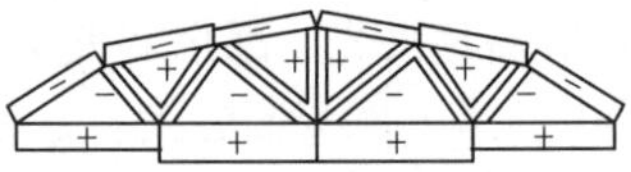

（d）折线形屋架

图 12-2-3　几种不同外形屋架的轴向力大小和符号比较

当厂房全部或局部柱距为 12 m 或 12 m 以上而屋架间距仍保持 6 m 时，需在 12 m 柱距间设置托架来支承中间屋架。托架有预应力混凝土和钢托架两种，通过托架就可以将屋架上的荷载传递给柱子，如图 12-2-4 所示。

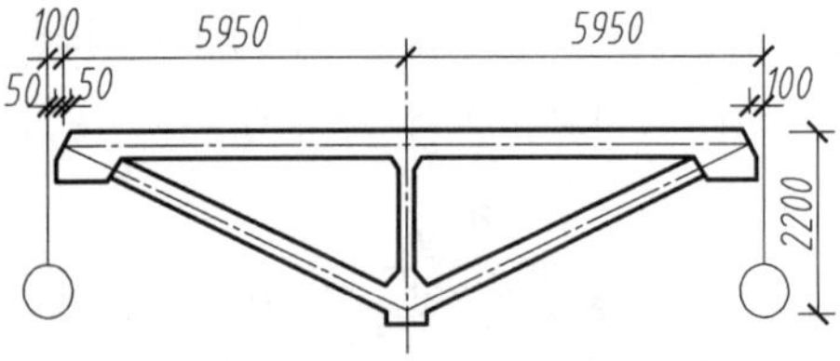

（a）托架

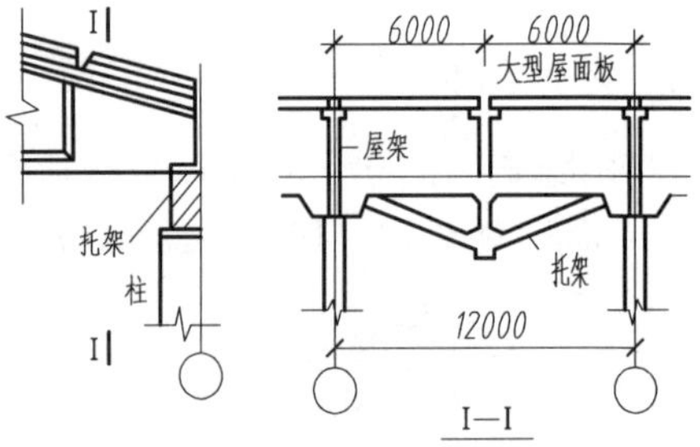

（b）托架布置

图 12-2-4　预应力钢筋混凝土托架

② 屋面梁。

屋面梁又称薄腹梁，其断面呈 T 形或工字形，有单坡和双坡之分，如图 12-2-5 所示。屋面梁的外形简单、高度小、稳定性好，便于施工和安装，适用于厂房跨度较小、有较大振动荷载和有腐蚀性介质的厂房。

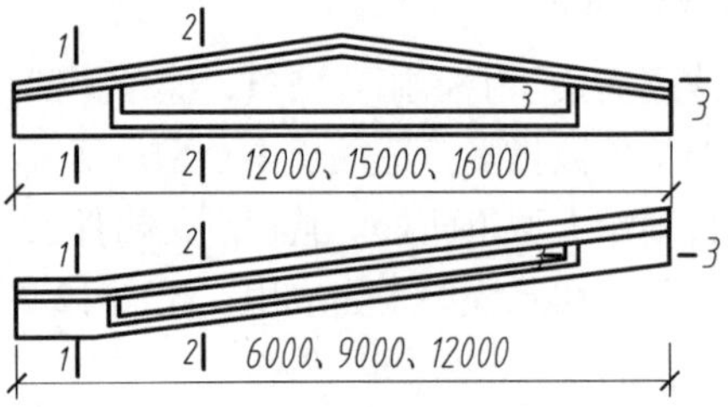

（a）单坡屋面梁

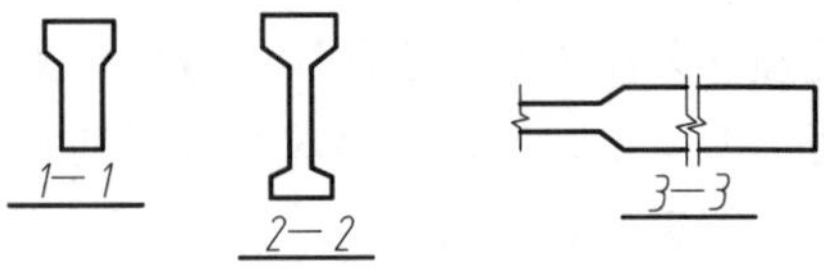

（b）双坡屋面梁

图 12-2-5　屋面梁

③ 屋架（屋面梁）与柱的连接。

屋架（屋面梁）搁置在柱子上。屋架与柱的连接方法有焊接和螺栓连接两种。焊接就是将屋架（或屋面梁）端部支撑部位预埋铁件，吊装前先焊上一块垫板，就位后与柱顶预埋钢板通过焊接连接在一起，如图 12-2-6（a）所示。螺栓连接是在柱顶伸出预埋螺栓，在屋架就位前焊上带有缺口的支撑钢板，吊装就位后用螺母将屋架拧牢。为防止螺母松动，常将螺母与支撑钢板焊牢，如图 12-2-6（b）所示。

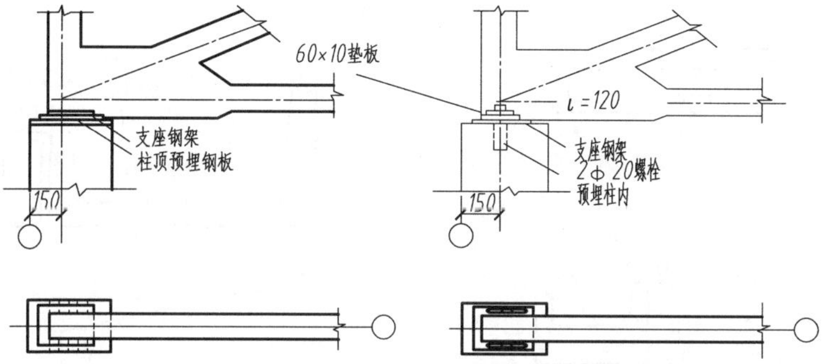

（a）焊接方式　　（b）螺栓连接方式

图 12-2-6　屋架与柱的连接

（2）屋盖的覆盖材料。

① 屋面板。

a. 截面形式。厂房中应用较多的是预应力混凝土屋面板（又称预应力混凝土大型屋面板），其外形尺寸常用的是 1.5 m × 6 m。为配合屋架尺寸和檐口做法，还有 0.9 m × 6 m 的嵌板和檐口板，如图 12-2-7 所示。有时也采用 3 m × 6 m、1.5 m × 9 m、3 m × 9 m、3 m × 12 m 的屋面板。

b. 屋面板与屋架的连接。每块屋面板的肋部底面均有预埋铁件与屋架（或屋面梁）上弦相应处预埋件相互焊接，焊接点不少于 3 点，板与板缝隙均用不低于 C15 细石混凝土填实，如图 12-2-7 所示。

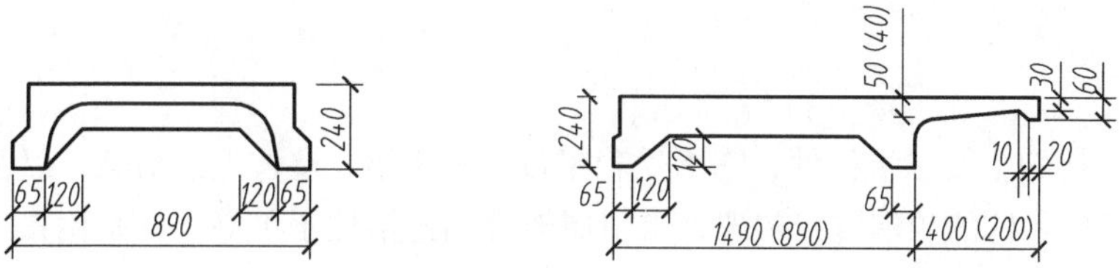

（a）嵌板　　（b）檐口板

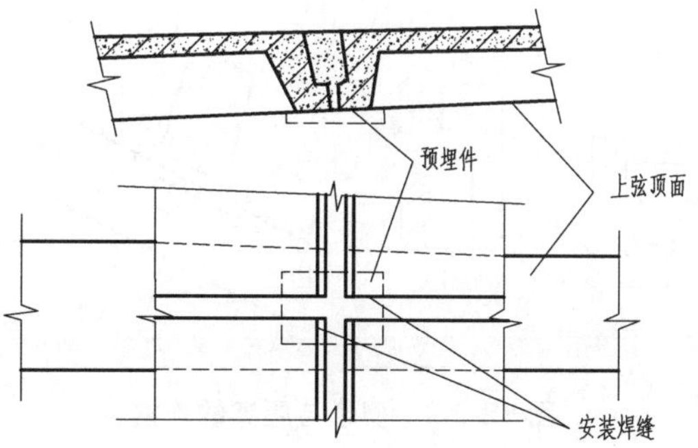

（c）屋面板与屋架的连接

图 12-2-7　屋面板及其连接

② 天沟板。

a. 截面形式。预应力混凝土天沟板的截面形状为槽形，两边肋高低不同，低肋依附在屋面板边，高肋在外侧。天沟板宽度可根据屋架的跨度和排水方式而确定。

b. 天沟板与屋架的连接。天沟板端底部的预埋件与屋架上弦的预埋件四点焊接，与屋面板间的缝隙加通长钢筋，用不低于 C15 细石混凝土填实，如图 12-2-8 所示。

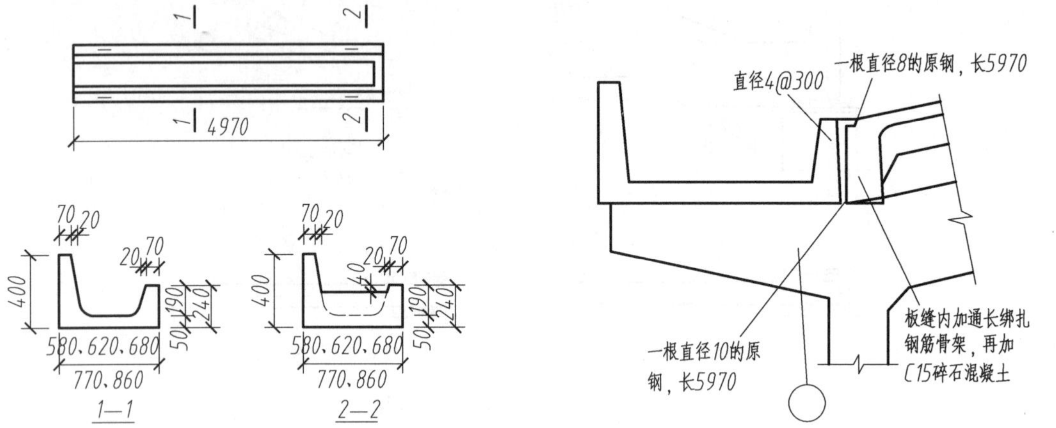

（a）天沟板　　（b）天沟板与屋架的连接

图 12-2-8　屋面天沟板及其连接

③ 檩条。

檩条起着支承槽瓦或小型屋面板等作用，并将屋面荷载传给屋架。檩条有钢筋混凝土、型钢和冷弯钢板檩条。檩条应与屋架上弦连接牢固，以加强厂房纵向刚度。檩条与屋架上弦的连接一般采用焊接，如图 12-2-9 所示。两根檩条在屋架上弦的对头空隙应以水泥砂浆填实。檩条搁置在屋架上可以立放也可以斜放，但后者较常用。

2. 柱

柱是厂房结构的主要承重构件，它承受着屋盖、吊车梁、墙体上的荷载，以及山墙传来的风荷载（通过山墙抗风柱的顶端传给屋架，再由屋架分别传给柱子）等。柱是搁置在柱基础上的，根据作用和位置不同可分为排架柱和抗风柱。

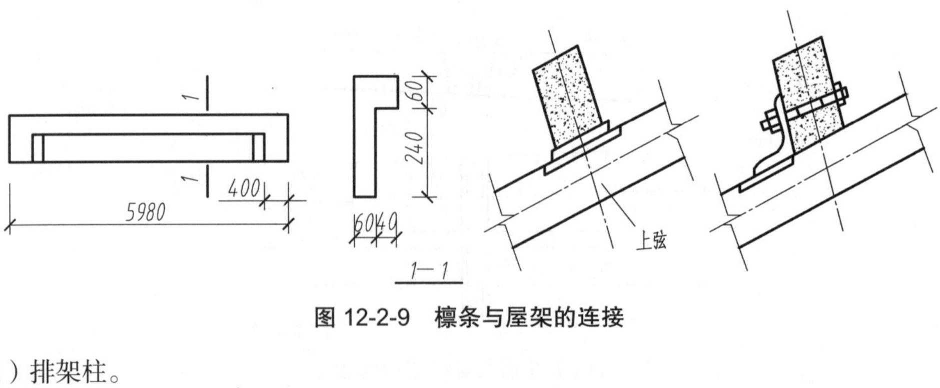

图 12-2-9　檩条与屋架的连接

（1）排架柱。

排架柱又称承重柱，是厂房的竖向承重构件，主要承受屋盖和起重机梁等竖向荷载、风荷载及起重机产生的纵向和横向水平荷载；有时还承受墙体、管道设备等荷载，并且将这些荷载连同自重全部传递至基础。

① 排架柱的分类。

从柱的位置可分为边列柱、中列柱、高低跨柱等。

按柱的材料可分为钢柱、钢筋混凝土柱、砖柱，目前钢筋混凝土柱应用较广泛。

以柱的截面形式可分为单肢柱、双肢柱两大类。单肢柱适用于中型、大型厂房；双肢柱一般应用于大吨位起重机的厂房中。

② 排架柱的截面形式。

单肢柱截面形式有矩形、工字形及单管圆形，如图 12-2-10 所示。矩形柱外形简单、自重大、混凝土用量较大，适用于中小厂房。工字形柱比矩形柱省混凝土 30%～50%，截面高度较大；此外，工字形带孔柱还可利用空腹板穿孔架设一些管道。

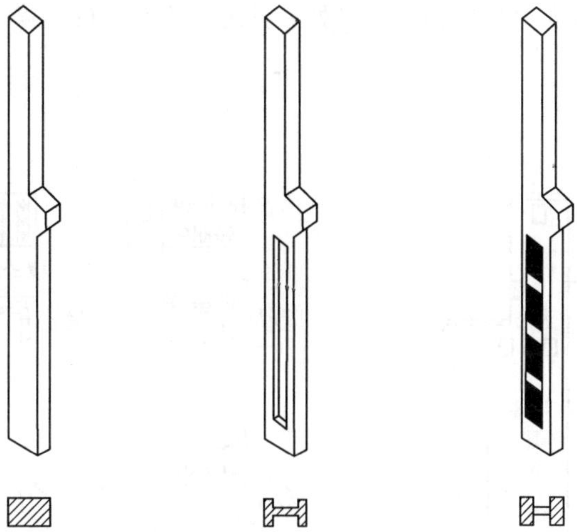

（a）矩形柱　（b）工字形柱　（c）双肢工字形柱

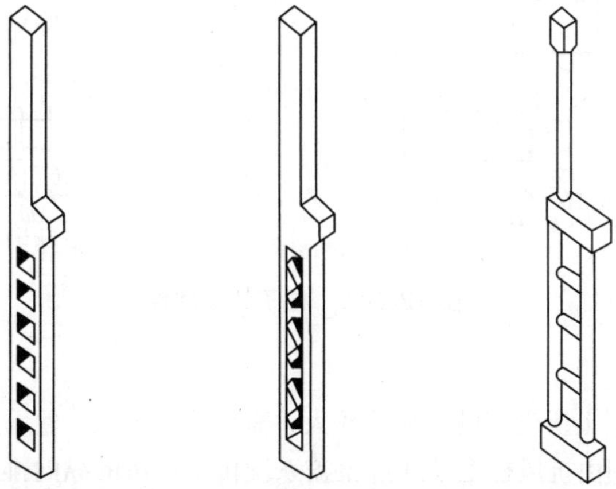

（d）平腹杆双肢柱　（e）斜腹杆双肢柱　（f）双肢管柱

图 12-2-10　钢筋混凝土柱的类型

双肢柱由两肢矩形截面或圆形截面用腹杆连接而成。平腹杆制作方便，节省材料，便于安装各种不同管线；斜腹杆比平腹杆的受力性能更为合理。双肢管柱是在离心制管机上加工成型的，与墙体连接不如工字形柱方便，也可在钢管内注入混凝土做成管柱。

③ 排架柱的截面尺寸。

柱的截面尺寸应根据柱的高度及受力等情况由计算确定，同时还必须满足构造方面的要求。柱的上柱（牛腿以上部分）的截面尺寸一般为 400 mm × 400 mm、400 mm × 500 mm 或 400 mm × 600 mm；下柱（牛腿以下部分）的截面尺寸一般为 400 mm × 600 mm、400 mm × 800 mm 或 400 mm × 1 000 mm。为支承起重机梁或其他构件，柱上设有牛腿。

④ 排架柱的预埋件。

钢筋混凝土柱除了按结构计算需要配置一定数量的钢筋外，还要根据柱的位置以及柱与其他构件连接的需要，在柱上预先埋设铁件。如柱与屋架、柱与起重机梁、柱与连系梁（或圈梁）、柱与砖墙或大型墙板及柱间支撑等处相互连接处。预埋件必须准确无误地设置且不能遗漏，如图 12-2-11 所示。

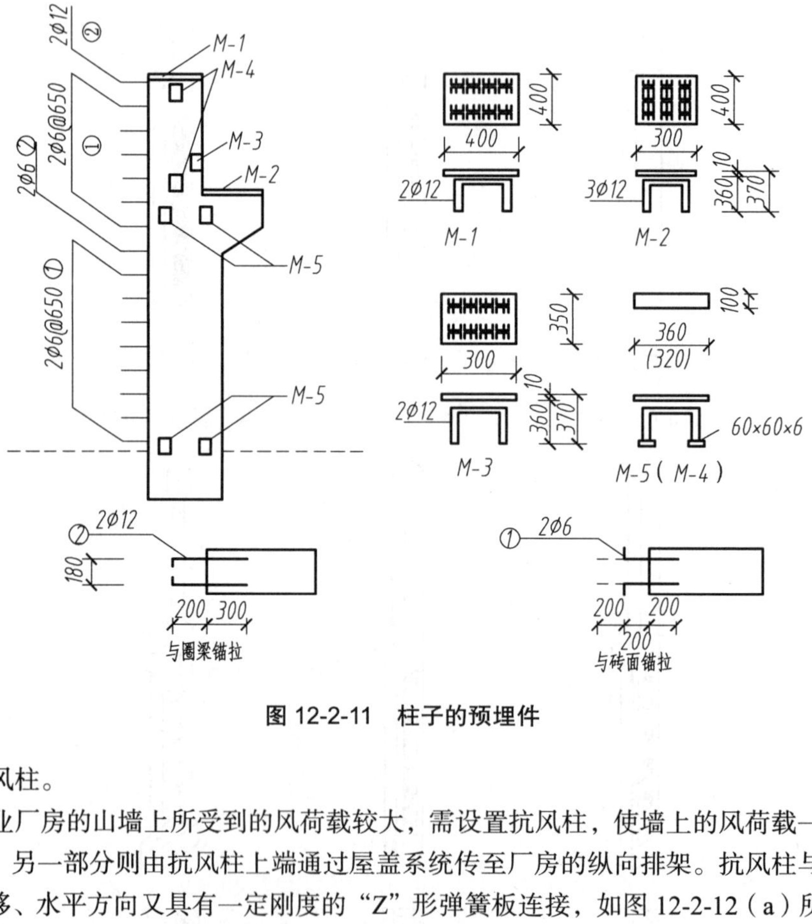

图 12-2-11　柱子的预埋件

（2）抗风柱。

单层工业厂房的山墙上所受到的风荷载较大，需设置抗风柱，使墙上的风荷载一部分由抗风柱传至基础，另一部分则由抗风柱上端通过屋盖系统传至厂房的纵向排架。抗风柱与屋架间一般采用竖向位移、水平方向又具有一定刚度的“Z”形弹簧板连接，如图 12-2-12（a）所示，同时屋架与抗风柱间留有不小于 150 mm 的空隙。当厂房沉降较大时可采用图 12-2-12（b）所示的螺栓连接方式。一般情况下抗风柱只需与屋架上弦连接，当屋架设有下弦横向水平支撑时，则抗风柱可与屋架下弦相连接，作为抗风柱的另一支点。

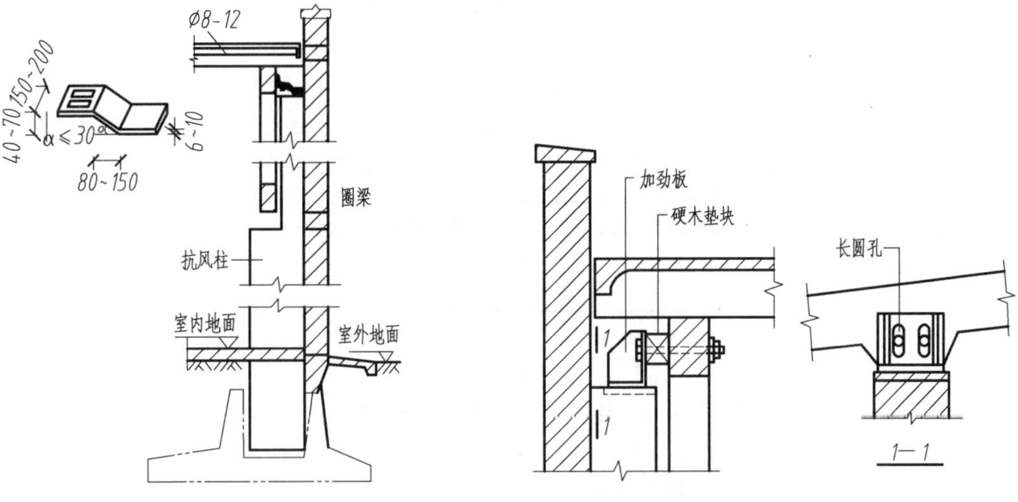

（a）　　　　　　　　（b）

图 12-2-12　抗风柱与屋架的连接

3. 基础与基础梁

（1）基础。

基础是厂房结构中的重要构件之一，支承厂房上部结构的全部重量，然后传递至地基。

① 基础的形式。单层工业厂房一般采用独立柱基础，如杯形基础、板肋基础、薄壳基础等。基础所用混凝土等级一般不低于 C20，为方便厂房施工放线和保护钢筋，基础底部通常要铺设 C7.5 的素混凝土垫层，厚度一般为 100 mm。

② 基础与柱的连接。

a. 预制柱下基础：钢筋混凝土预制柱下基础的顶部应做成杯口形，将柱安装在杯口内，这种基础称为杯形基础，如图 12-2-13 所示。预制柱下基础是目前应用最广泛的一种形式，有时为了使安装在埋置深度不同的杯形基础中的柱子规格统一、便于施工，可以把基础做成高杯基础。在伸缩缝处，双柱的基础可以做成双杯口形式。

b. 现浇柱下基础：当采用现浇钢筋混凝土柱时，应在基础顶面留出插筋，以便与柱连接。钢筋的数量和柱中纵向受力钢筋相同，其伸出长度应根据柱的受力情况、钢筋规格及接头方式（如焊接还是绑扎接头）来确定。

（2）基础梁。

当厂房采用钢筋混凝土排架结构时，仅起围护或隔离作用的外墙或内墙通常设计成自承重的。但是，当地基土层构造复杂、压缩性不均匀、基础将会产生不均匀沉降时，常将厂房外墙或内墙砌筑在基础梁上，基础梁两端搁置在柱基础的杯口顶面上，保持基础梁随柱基础一起沉降，确保受力度。

① 基础梁的截面形状。基础梁的截面形状常用梯形，有预应力与非预应力混凝土两种，其外形与尺寸，如图 12-2-14 所示。梯形基础梁预制较为方便，它可利用已制成的梁做模板。

② 基础梁顶面标高。基础梁顶面标高至少应低于室内地坪标高 50 mm，比室外地坪标高至少应高 100 mm，并且不单独作防潮层。基础梁底回填土时一般不需要夯实，并留有不小于 100 mm 的空隙，以利于基础梁随柱基础一起沉降。

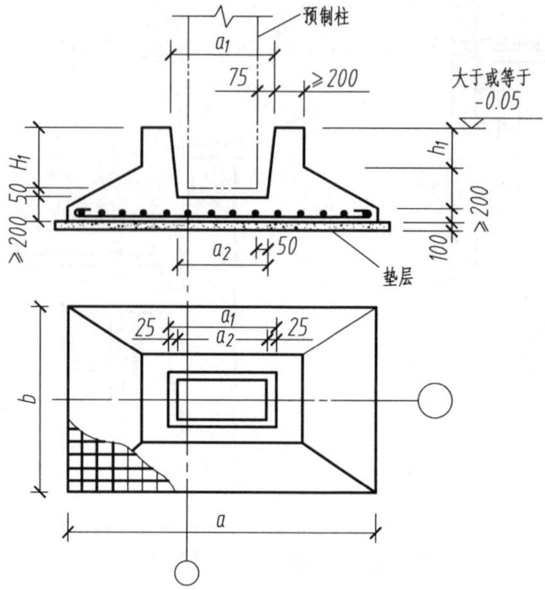

图 12-2-13　预制柱下杯形基础

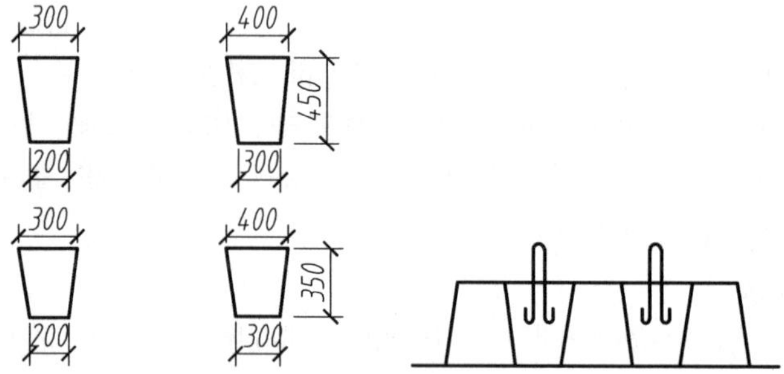

图 12-2-14　基础梁的截面形式

在保温、隔热厂房中，为防止热量沿基础梁流失，可铺设松散的保温、隔热材料，如炉渣、干砂等；同时，在外墙周围做散水坡，松散材料的厚度宜大于 300 mm，如图 12-2-15 所示。

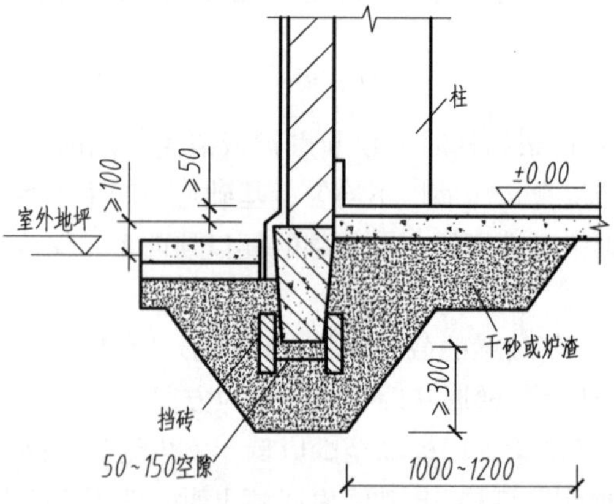

图 12-2-15　基础梁搁置构造要求及防措施

（3）基础梁搁置方式。基础梁搁置在杯形基础顶面的方式，视基础埋置深度而异，如图 12-2-16 所示。当基础杯口顶面与室内地坪的距离不大于 500 mm 时，则基础梁可直接搁置在杯口上。当基础杯口顶面与室内地坪的距离大于 500 mm 时，可设置 C15 混凝土垫块搁置在杯口顶面，垫块的宽度当墙厚 370 mm 时为 400 mm、墙厚 240 mm 时为 300 mm。当基础埋置很深时，也可设置高杯口基础或在柱上设牛腿来搁置基础梁。

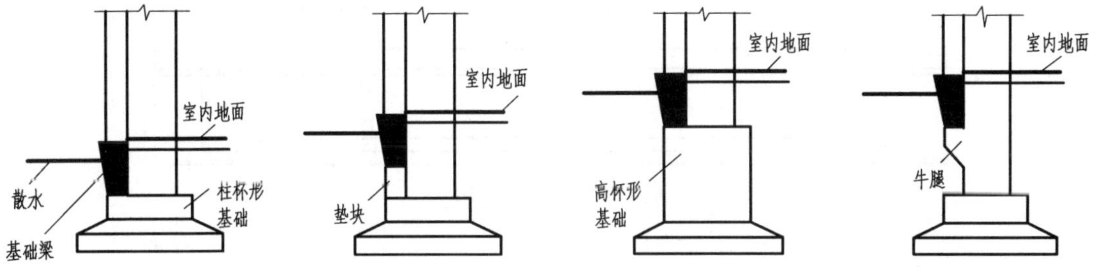

（a）放在柱基础顶面　（b）放在混凝土垫块上　（c）放在高杯口基础上　（d）放在牛腿柱上

图 12-2-16　基础梁与基础的连接

4. 吊车梁

当厂房设有桥式起吊车（或支承式梁式吊车）时，需在柱牛腿上设置吊车梁，并在吊车梁上敷设轨道供起重机运行。因此，吊车梁直接承受吊车的自重和起吊物件的重量，以及刹车时产生的水平荷载。

（1）吊车梁的类型。吊车梁一般用钢筋混凝土制成，有非预应力和预应力混凝土两种，此外，也可采用型钢及砖拱等制作。常见的吊车梁截面形式有等截面和变截面两种：等截面有 T 形、工字形等；变截面有折线形、鱼腹形、格架式等。

T 形吊车梁的上部翼缘较宽，扩大了梁的受压面积，安装轨道也方便，如图 12-2-17 所示。其适用于 6 m 柱距，5 ~ 75 t 的重级工作制、3 ~ 30 t 的中级工作制。

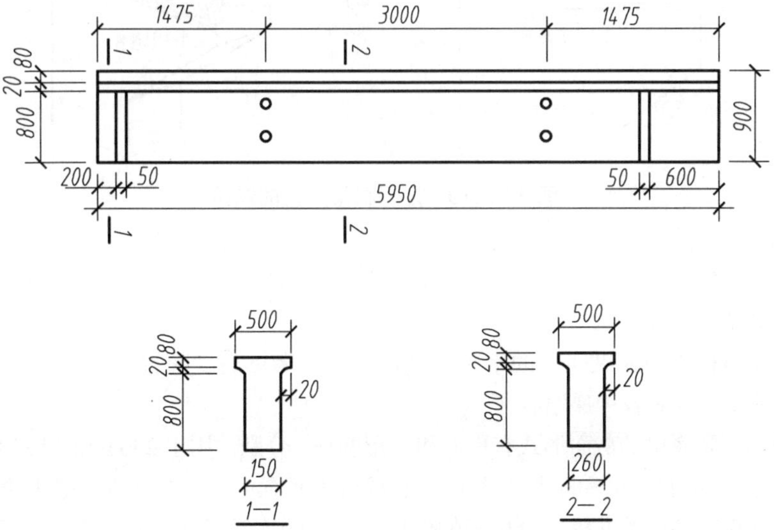

图 12-2-17　T 形起重机梁

（2）吊车梁的预埋件。吊车梁两端上下边缘各埋有钢件，以便与柱子连接，如图 12-2-18 所示。由于端柱外、伸缩缝处的柱距不同，应注意此位置处吊车梁上的预埋件位置。在吊车梁的上翼缘处留有固定轨道用的预留孔，腹部预留滑触线安装孔。有车挡的吊车梁应预留与车挡连接用的钢管或预埋件。

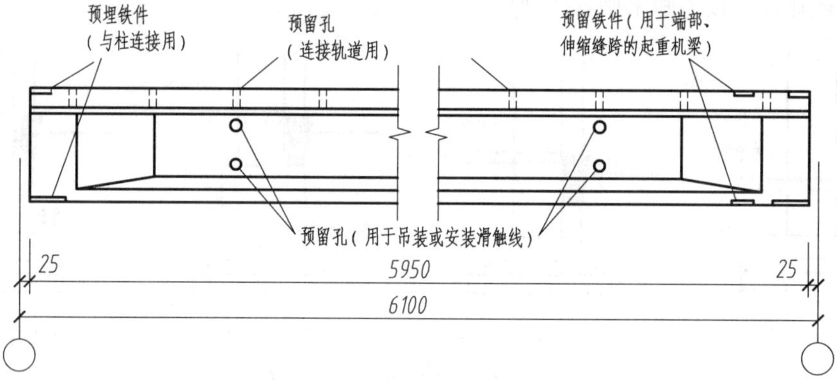

图 12-2-18 起重机梁的预埋件

（3）吊车梁与柱的连接。吊车梁与柱的连接多采用焊接。为承受吊车横向的水平刹车力，吊车梁上翼缘与柱间需用钢板或角钢与柱焊接。为承受吊车梁竖向压力，吊车梁底部安装前应焊接上一块垫板（或称支承钢板）与柱牛腿顶面预埋钢板焊牢，如图 12-2-19 所示。吊车梁的对头空隙、吊车梁与柱之间的空隙均需用 C20 混凝土填实。

吊车梁钢轨的截面有方形和工字形两种。吊车梁与轨道的安装通过垫木、橡胶垫等进行减震。

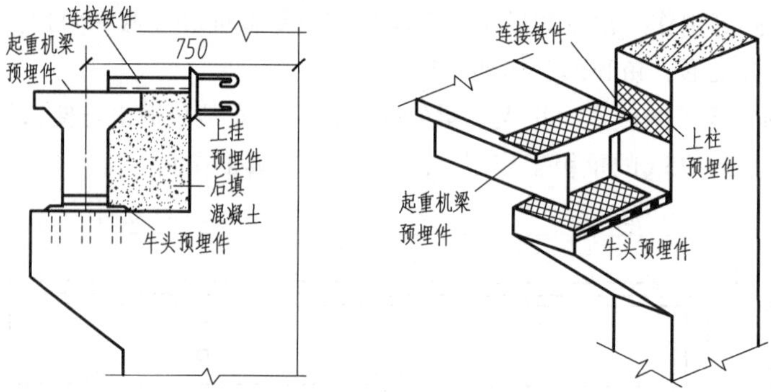

图 12-2-19 起重机梁与柱的连接

5. 连系梁与圈梁

（1）连系梁。

连系梁是柱与柱之间在纵向上的水平连系构件，当墙体高度超过 15 m 时宜设置。其作用是承受上部墙体荷载并将荷载传递给柱子。

① 截面形式。连系梁的截面形式有矩形和 L 形两种，分别适用于 240 mm 和 370 mm 的砖墙中。

② 类型。连系梁有承重和非承重两种。非承重连系梁的主要作用是增强厂房的纵向刚度、传递风荷载，而不起将墙体重量传给柱子的作用；承重的连系梁除了可以起非承重连系梁的作用外，还承受上部墙体重量，并传给柱子。

③ 连系梁与柱的连接。非承重连系梁一般只需要用螺栓或钢筋与柱拉结；承重的连系梁须搁置在柱的牛腿上并用焊接或螺栓使之与柱牢固连接，如图 12-2-20 所示。

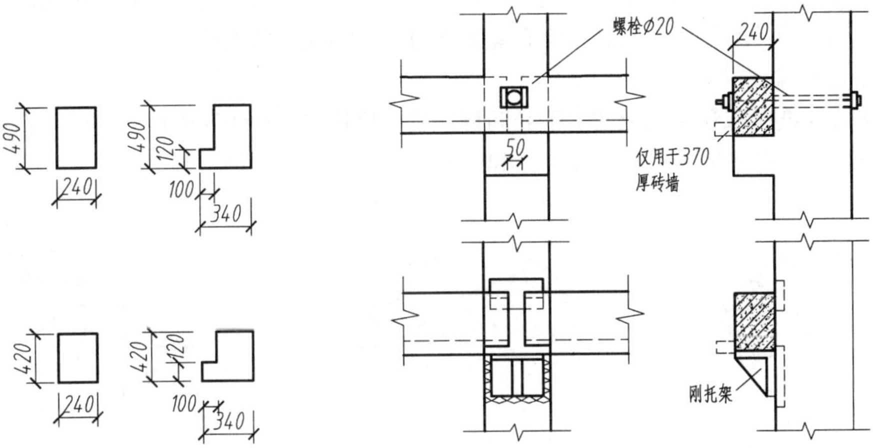

（a）连系梁截面尺寸　　（b）连系梁与柱的连接

图 12-2-20　连系梁与柱的连接

（2）圈梁。

圈梁的作用是将墙体同厂房的排架柱、抗风柱连在一起，以加强整体刚度和稳定性，如图 12-2-21 所示。根据厂房高度、荷载和地基等情况以及抗震设防要求，在墙体中可设置一道或几道圈梁，并按照上密下疏的原则每 5 m 左右加一道，其断面高度应不小于 180 mm。

① 截面形式。圈梁一般为现浇的，其截面常为矩形或 L 形。

② 圈梁与墙的连接。圈梁的位置通常设在柱顶或起重机梁、窗过梁等处，圈梁在墙体内并应与柱子伸出的预埋筋进行连接，如图 12-2-22 所示。

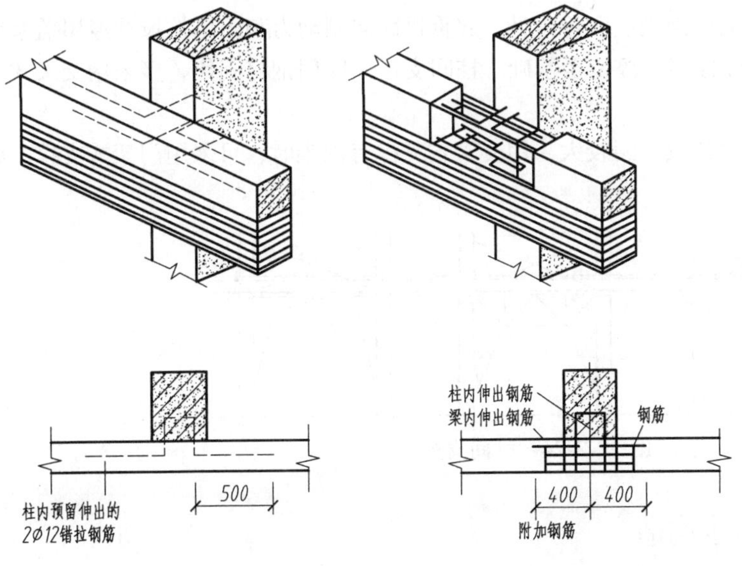

（a）现浇钢筋混凝土圈梁　　（b）预制现浇接头圈梁

图 12-2-21　圈梁与柱的连接

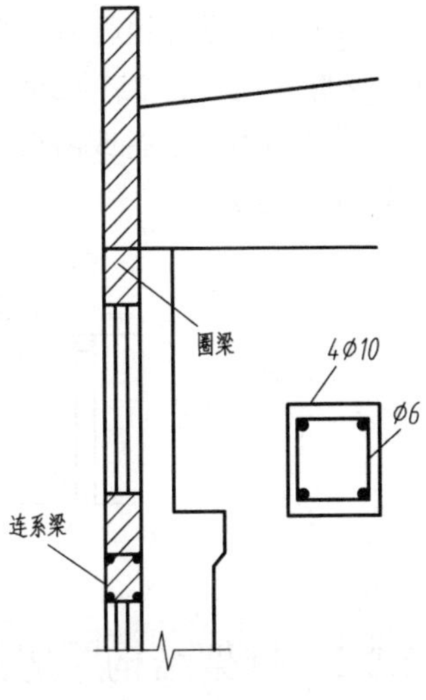

图 12-2-22　圈梁的位置

6. 支撑系统

支撑的作用是使厂房形成整体空间骨架，以保证厂房的空间刚度；同时能传递水平荷载以及保证厂房结构和构件的稳定。支撑系统有屋盖支撑和柱间支撑两大部分。

（1）屋盖支撑。

屋盖支撑主要是保证屋架上弦、下弦间杆件受力后稳定，并传递山墙受到的风荷载。它包括横向水平支撑、纵向水平支撑、垂直支撑和纵向水平系杆（加劲杆）等，如图 12-2-23 所示。

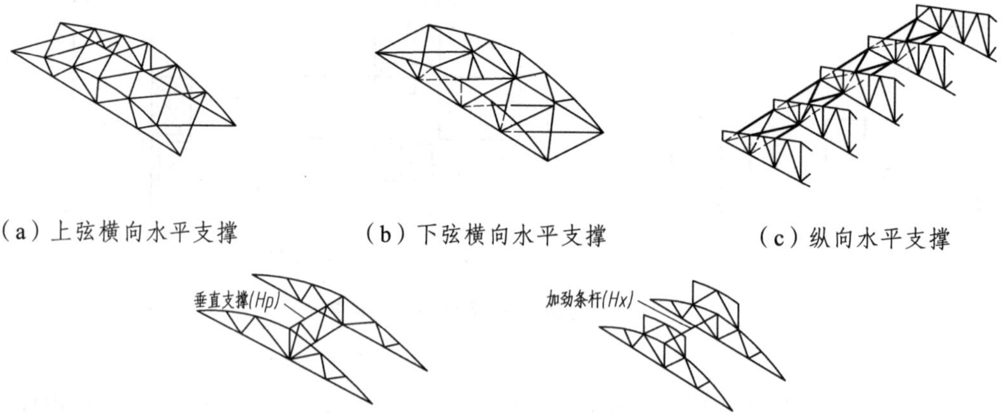

（a）上弦横向水平支撑　（b）下弦横向水平支撑　（c）纵向水平支撑

（d）垂直支撑　（e）纵向水平系杆

图 12-2-23　屋架支撑的种类

横向水平支撑和垂直支撑一般布置在厂房端部和伸缩缝两侧的第二（或第一）柱间上。通常，水平支撑布置在两端屋架上弦和下弦之间，沿柱距横向布置或沿跨度纵向布置。

（2）柱间支撑。

柱间支撑主要是提高厂房的纵向刚度和稳定性。起重机纵向制动力和山墙抗风柱经屋盖系统传来的风力及纵向地震力，均经柱间支撑传至基础。柱间支撑一般用钢材制作，多采用交叉式，其交叉倾角通常为 35° ~ 55°。

当柱间需要通行或需放置设备或柱距较大采用交叉式支撑有困难时，可采用门架式支撑，如图 12-2-24 所示。

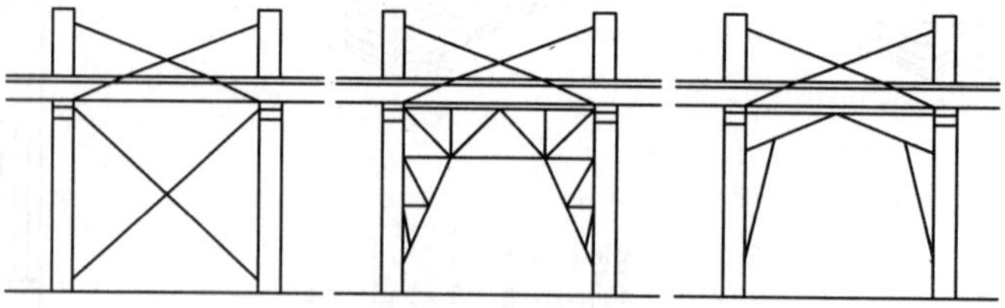

图 12-2-24　柱间支撑

12.2.2　排架结构厂房其他构造

在厂房建筑中，除了支承各种荷载作用的构件所组成的结构外，还有外墙、屋面、侧窗、大门、天窗及地面等构造。

1．外　墙

单层厂房外墙按其材料不同可分为砖墙、砌块墙、板材墙、轻型板材墙等；按其承重形式可分为承重墙、承自重墙、填充墙等，如图 12-2-25 所示。

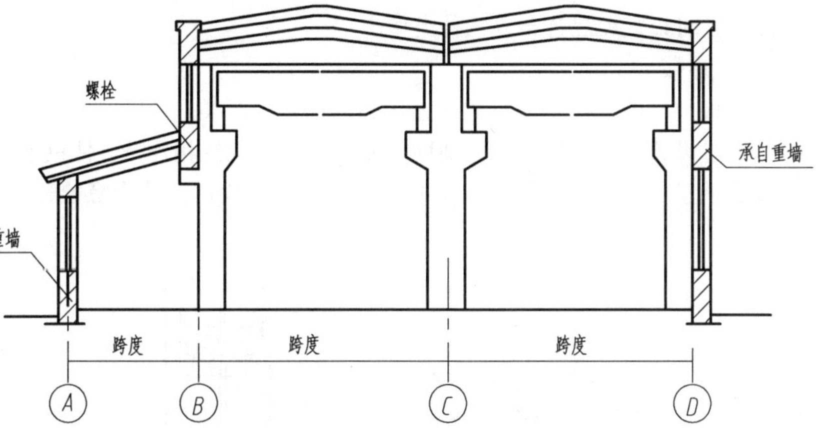

图 12-2-25　单层厂房外墙类型

（1）砖墙、砌块墙。

排架结构单层厂房的外墙一般属于承重墙，多为砖墙或砌块墙，为防止厂房外墙由于风力、地震或振动等荷载作用，保证墙体足够的稳定性和刚度，在构造上应注意墙与柱、山墙与抗风柱、墙与屋架（屋面梁）可靠连接。

墙与柱的连接。通常做法是在柱子高度方向每隔 600 mm 预埋 2ϕ6 拉结钢筋，砌墙时把伸出的钢筋砌在墙缝内，如图 12-2-26、12-2-27 所示。

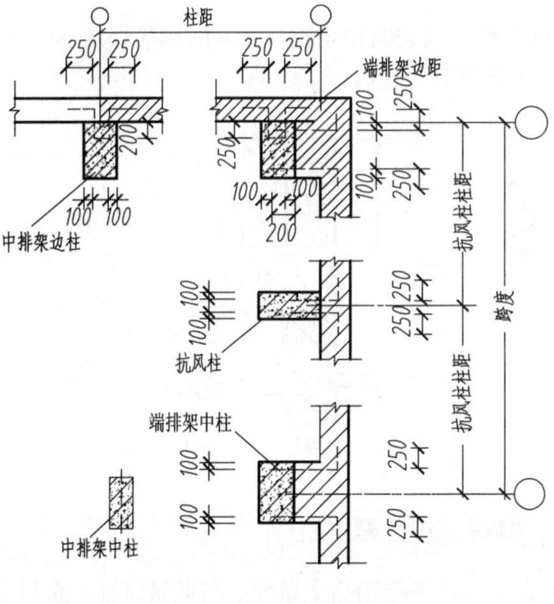

图 12-2-26　墙与柱的连接

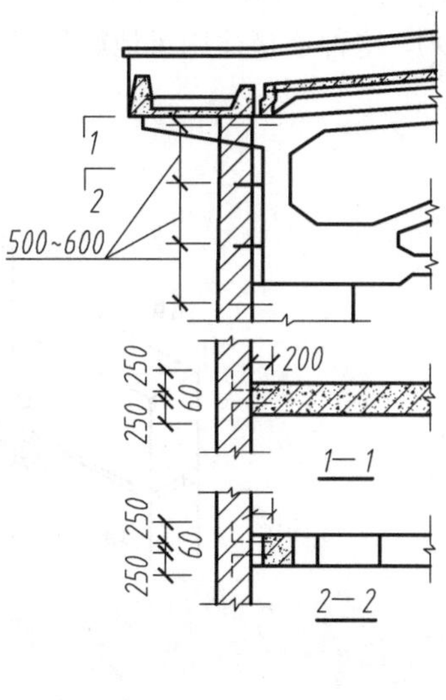

图 12-2-27　墙与屋架的连接

墙与屋架（屋面梁）的连接。屋架上、下弦或屋面梁可采用预埋钢筋拉结墙体；若在屋架的腹杆上预埋钢筋不方便时，可在腹杆预埋钢筋上焊接钢筋与墙体拉结，如图 12-2-27 所示。

（2）板材墙。

为了加快厂房的建造速度、减轻墙体重量，厂房可采用板材墙。板材墙有单一材料的墙板（如钢筋混凝土槽形板、空心板和配筋轻混凝土墙板等）和复合墙板（如轻质高强夹心墙板），其布置可分为横向布置、竖向布置和混合布置三种类型。

① 墙板与柱的连接。

单层厂房的墙板与柱的连接一般有柔性连接和刚性连接两类：

柔性连接是通过设置预埋铁件和其他辅助件使墙板与排架柱相连接，柱只承受由墙板传来的水平荷载，墙板的重量由基础梁或勒脚墙承担。其最简单的构造方法为螺栓连接，如图 12-2-28 所示。

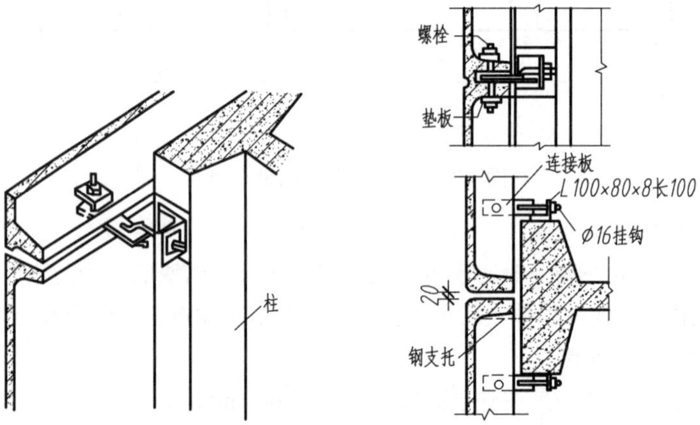

图 12-2-28　墙板与柱螺柔性连接

刚性连接是在柱和墙板中先分别设置预埋铁件，安装时用角钢或 ϕ16 的钢筋焊接连牢（见图 12-2-29）。这种连接适用于地震烈度为 7 度及 7 度以下的地区。

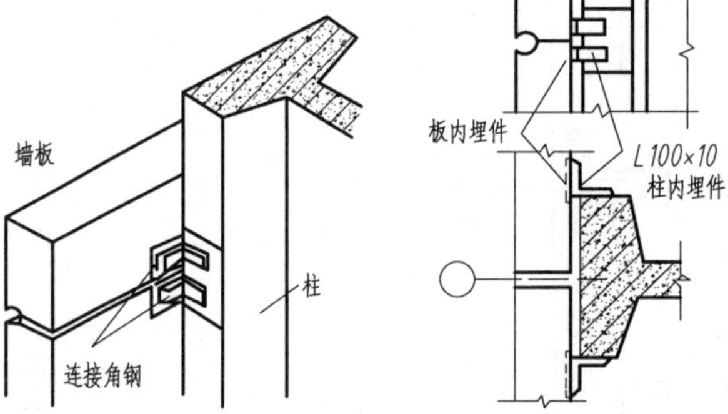

图 12-2-29　墙板与柱刚性连接

② 墙板缝的处理。板缝分为水平缝和垂直缝：水平缝包括平口缝、高低错口缝、企口缝等，如图 12-2-30 所示；垂直缝包括直缝、喇叭缝、单腔缝、双腔缝等，如图 12-2-31 所示。

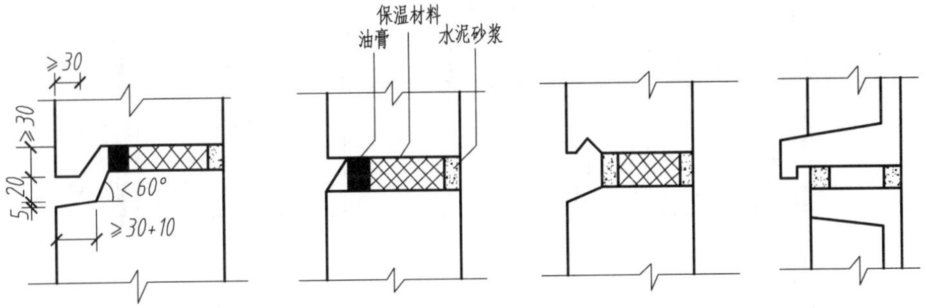

（a）水平板缝的形状　　（b）水平缝的处理

图 12-2-30　水平板缝的形状与水平缝的构造

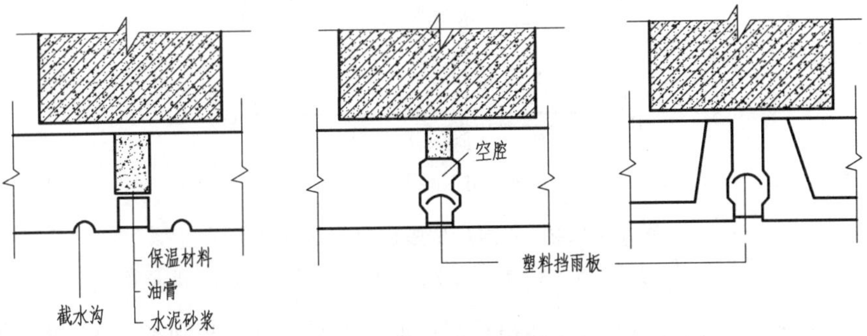

图 12-2-31　垂直板缝构造

2. 屋　面

屋面的排水和防水是厂房屋面构造的主要问题，要防排结合、统筹兼顾。

（1）屋面排水。

由于单层厂房的屋面面积较大、排水不利，屋面接缝较多、防水不利以及屋面振动、高温、腐蚀性气体、积灰等因素，使其屋面的排水和防水有一定的特殊性。同民用建筑的无组织排水和有组织排水划分一样，常见厂房的有组织排水又细分为有组织内排水和有组织外排水，如挑檐沟外排水、长天沟外排水、内落外排水和内排水等形式，如图 12-2-32 所示。

① 挑檐沟外排水。挑檐沟外排水应用较广，具有构造简单、施工方便、造价低且不影响车间内部工艺设备的布置等特点。挑檐沟一般采用钢筋混凝土槽形天沟板，天沟板在屋架端部的水平挑梁上。

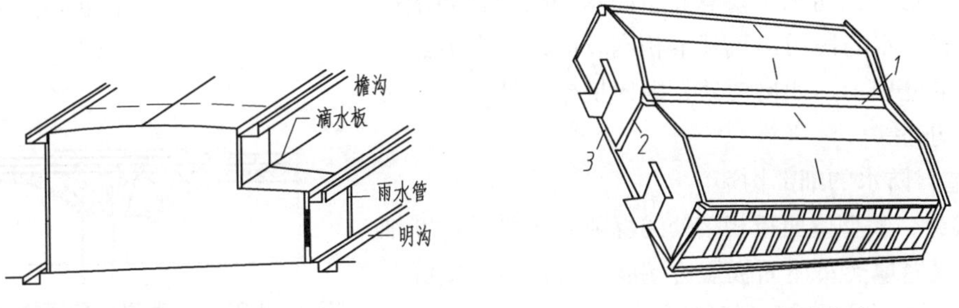

（a）外天沟外排水　　（b）长天沟外排水

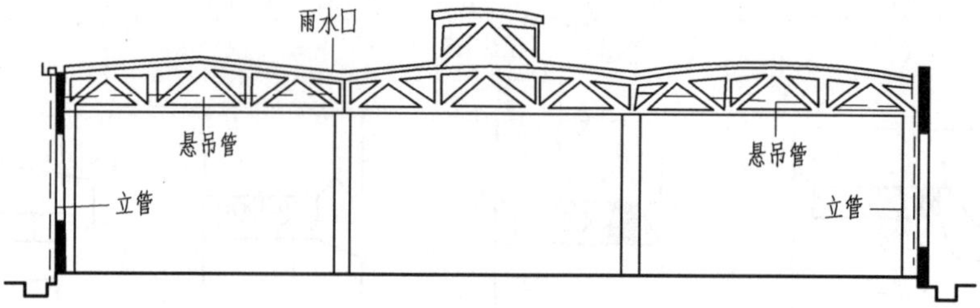

（c）内落外排水

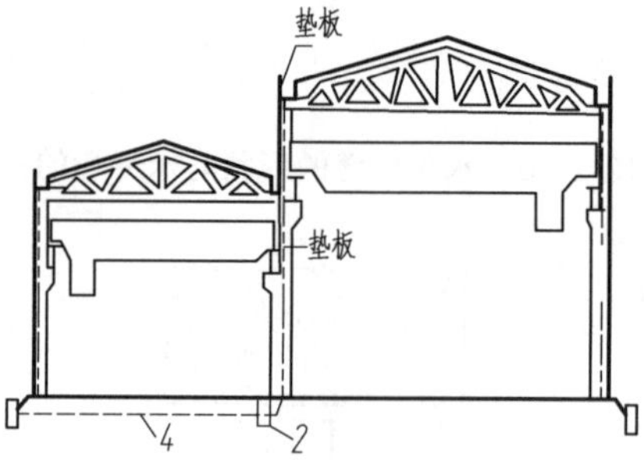

（d）内排水

图 12-2-32　单层厂房屋面有组织排水方式

1—天沟；2—立管；3—明（暗）沟；4—地下雨水管；5—悬吊管

② 长天沟外排水。长天沟外排水是沿厂房纵向设通长天沟汇集雨水，天沟内的雨水由端部的雨水管排至室外地坪的排水方式，具有构造简单、施工方便、造价低等特点。由于天沟长度大，采用时应充分考虑地区降水雨量、汇水面积、屋面材料、天沟断面和纵向坡度等因素。当采用长天沟外排水时，需在山墙上留出洞口，天沟板伸出山墙，并在天沟板的端壁上方留出溢水口。

③ 内排水。内排水是将屋面雨水由设在厂房内的雨水管及地下雨水管沟排出的排水方式。其具有不受厂房高度限制、排水灵活等特点，但屋面构造复杂、造价及维修费用较高，且室内雨水管容易与地下管道、设备基础、工艺管道等相突。内排水常用于多跨厂房、严寒多雪地区的采暖厂房和有生产余热的厂房等。

④ 内落外排水。内落外排水是将屋面雨水先排至室内的水平管（水平管内设 0.5% ~ 1% 的纵向坡度），由室内水平管将雨水导致墙外的排水立管排出的排水方式。其克服了一般内排水在厂房地面下设雨水地沟、室内雨水管影响工艺等缺点，但水平管易被堵塞，不宜用于屋面有大量积尘的厂房。

（2）屋面防水。

单层厂房屋面防水主要有卷材防水和构件自防水等类型，卷材防水与民用建筑基本相同，区别仅在节点与细部构造的处理上，如接缝处、纵向挑檐沟处、中间天沟、长天沟处等。

① 卷材防水的细部构造。

a. 接缝：大型屋面板相接处的缝隙，必须用 C20 细石混凝土灌缝填实；屋面板短边端肋的交接缝（横缝）处一般应加铺一层干铺卷材延伸层的做法，如图 12-2-34

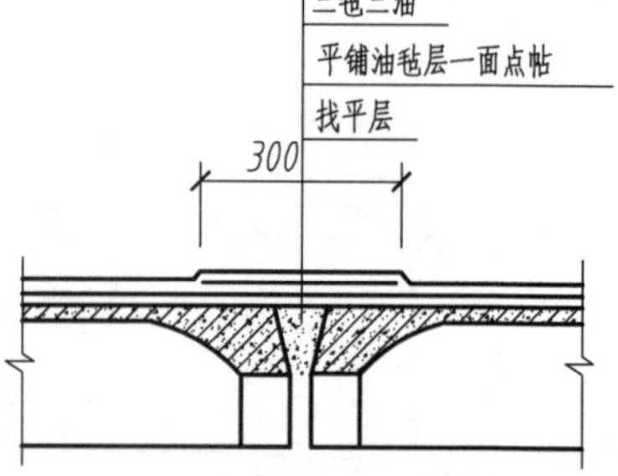

图 12-2-33　无保温层屋面板横缝的处理

所示。屋面板的长边主肋的交接缝（纵缝）一般不需要特别处理。

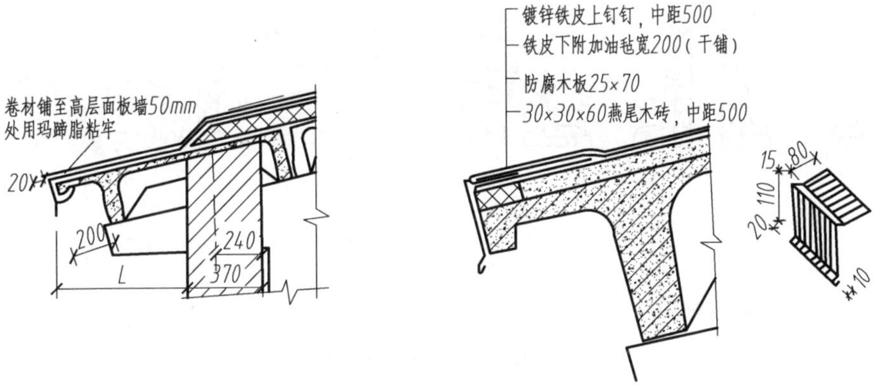

（a）卷材自然收头　　（b）附加镀锌铁皮收头

图 12-2-34　挑檐构造

b. 纵向挑檐沟：檐沟的卷材防水屋除与屋面相同外，另在檐沟内加铺一层卷材，并在雨水口周围附加玻璃布两层，同时应注意收头的处理。为保证屋面检修、清灰的安全，可在沟外壁设铁栏杆，如图 12-2-35 所示。

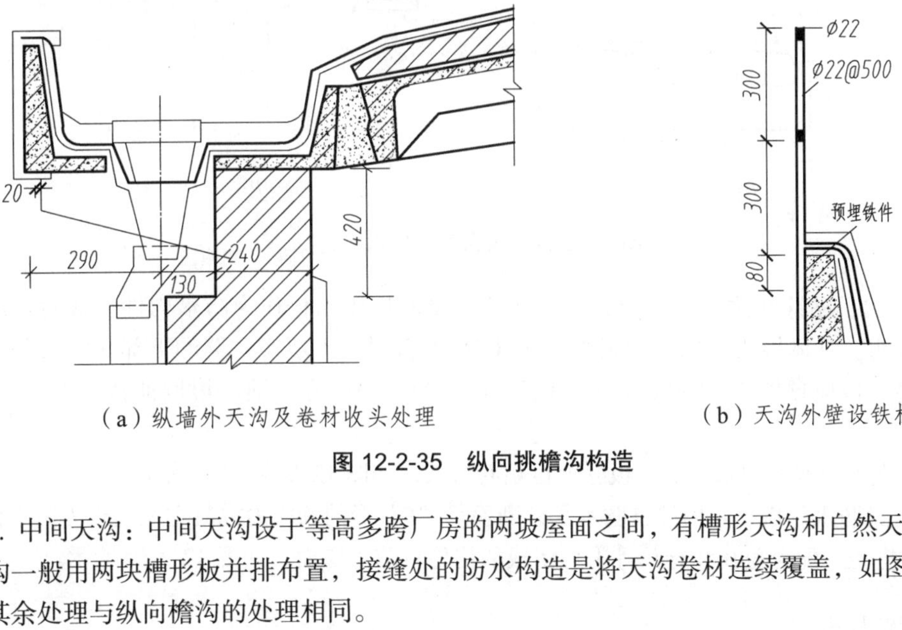

（a）纵墙外天沟及卷材收头处理　　（b）天沟外壁设铁栏杆

图 12-2-35　纵向挑檐沟构造

c. 中间天沟：中间天沟设于等高多跨厂房的两坡屋面之间，有槽形天沟和自然天沟两种。槽形天沟一般用两块槽形板并排布置，接缝处的防水构造是将天沟卷材连续覆盖，如图 12-2-36 所示，其余处理与纵向檐沟的处理相同。

d. 长天沟：长天沟外排水必须在山墙上留洞口，天沟板伸出山墙，该洞口兼作溢水口，洞口上方应设置钢筋混凝土过梁，注意长天沟及洞口处卷材的收头处理，如图 12-2-37 所示。

② 构件自防水。

构件自防水屋面的屋面板有钢筋混凝土屋面板、钢筋混凝土“F”形板等，主要起板面防水和板缝防水两方面的作用。板面防水主要是依靠屋面板自身的密实性和抗渗性防止渗漏；板缝防水主要有嵌缝式、贴缝式和搭盖式等类型。

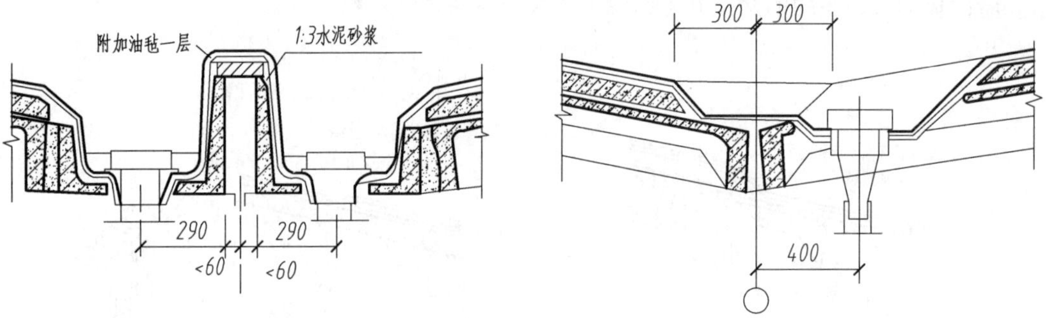

（a）槽形天沟　　　　（b）自然天沟

图 12-2-36　中间天沟构造

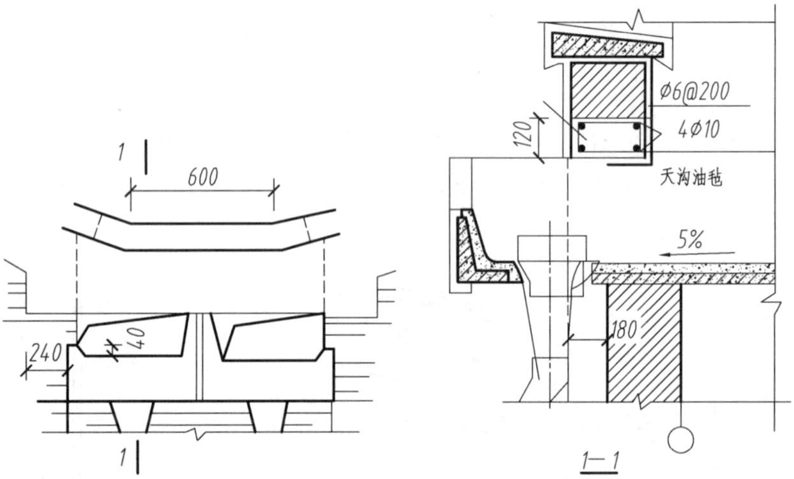

图 12-2-37　长天沟外排水构造

a. 嵌缝式、贴缝式防水：嵌缝式构件自防水是利用屋面板作为防水构件，板缝嵌油膏防水的一种屋面。具体做法是先清扫板缝后用 C20 细石混凝土填实，缝的下部在浇捣前应吊木条，浇捣时上口应预留 20 ~ 30 mm 的凹槽，待干燥后刷冷底子油，填嵌油膏，如图 12-2-38（a）所示。

贴缝式在油膏嵌缝的基础上，板缝处再贴卷材条，如图 12-2-38（b）所示。

b. 搭盖式防水。搭盖式构件自防水是以断面呈“F”形的预应力混凝土屋面板为防水构件，屋面板相互搭盖，配合盖瓦和脊瓦等附件组成的构件自防水屋面，如图 12-2-39 所示。

3. 侧窗与大门

（1）侧窗。

单层厂房的侧窗除满足采光和通风的要求外，还应根据生产工艺要求满足其他方面的要求，如泄压、保温隔热、防尘、密封等特殊要求。

单层厂房的侧窗一般为单层窗，寒冷地区的采暖车间在距地 3.0 m 时应设双层窗，有特殊生产要求（如恒温恒湿、洁净车间等）时可全部采用双层窗。

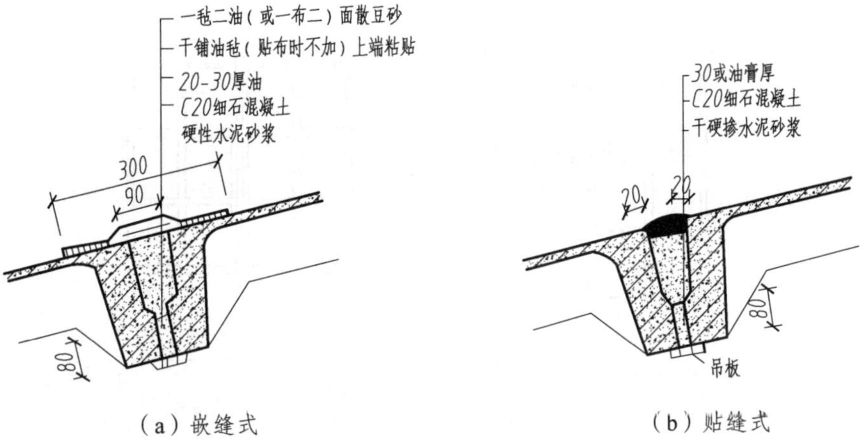

（a）嵌缝式　　　　（b）贴缝式

图 12-2-38　嵌缝式、贴缝式板缝构造

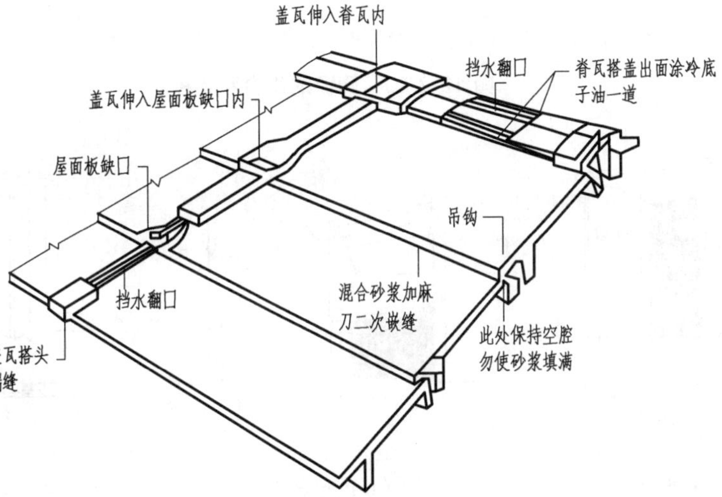

图 12-2-39　F 形屋面板的搭盖构造

侧窗按开启方式不同有中悬窗、平开窗、垂直旋转窗和固定窗；按材料不同有木侧窗、金属侧窗（如钢窗、铝合金窗和塑料窗）。

侧窗的布置形式：一种是被窗间墙隔开的单独的窗口形式；另一种是厂房整个墙面或墙面大部分做成大片玻璃墙面或带状玻璃窗。此时可将侧窗进行拼接组合，如图 12-2-40 所示。

（2）大门。

厂房大门按用途不同可分为一般大门和特殊大门。其中，特殊大门根据使用要求可分为保温门、防火门、冷藏门、射线防护门、防风纱门、隔声门、烘干室门等；按门扇制作材料可分为木门、钢板门、钢木门、空腹薄壁钢板和铝合金门等；按开启方式可分为平开门、平开折叠门、推拉门、推拉折叠门、上翻门、升降门、卷帘门、偏心门、光电控制门等，如图 12-2-41 所示。

厂房各类大门的构造各不相同，一般均有标准图可供选择。

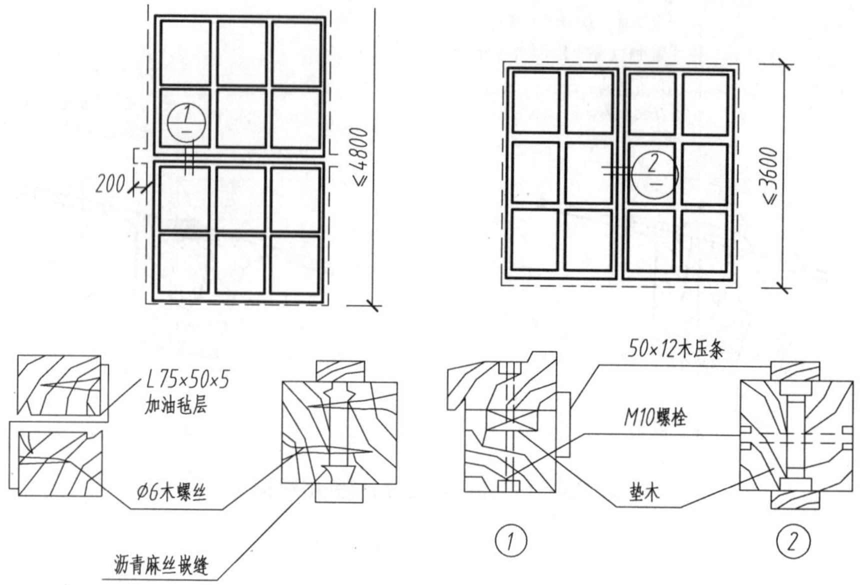

图 12-2-40　侧窗的组合和拼框

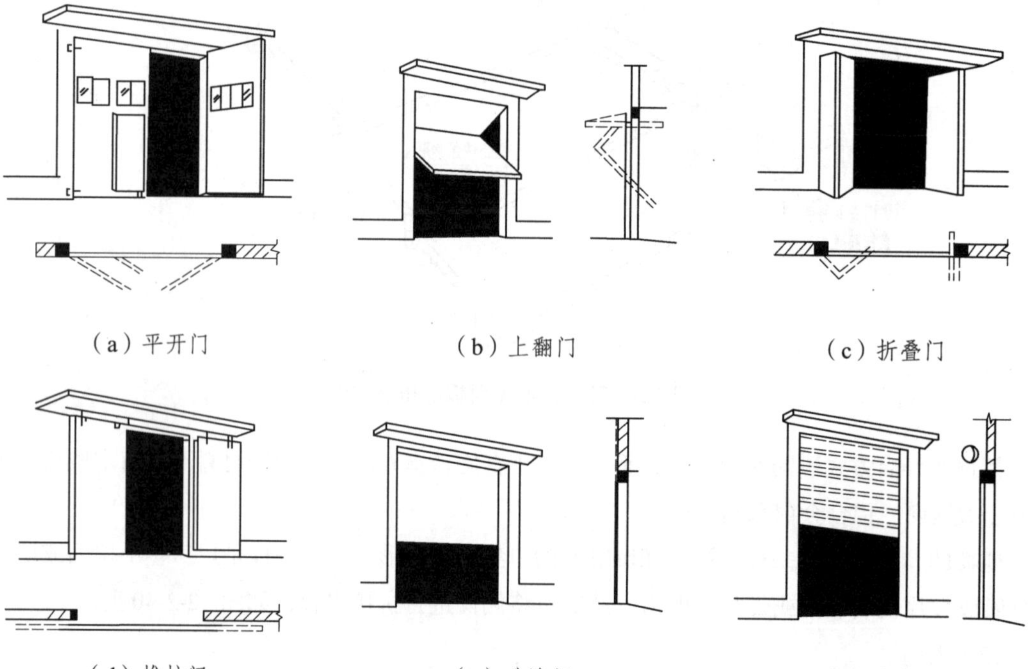

（a）平开门　（b）上翻门　（c）折叠门

（d）推拉门　（e）升降门　（f）卷帘门

图 12-2-41　厂房大门常见开启方式

4. 天　窗

大跨度或多跨的单层厂房中，为满足天然采光与自然通风的要求，需在屋面上设置天窗，如主要用作采光的有矩形天窗、锯齿形天窗、平天窗、三角形天窗、横向下沉式天窗等；主要用作通风的有矩形避风天窗、纵向或横向下沉式天窗、井式天窗、M 形天窗等，如图 12-2-42 所示。

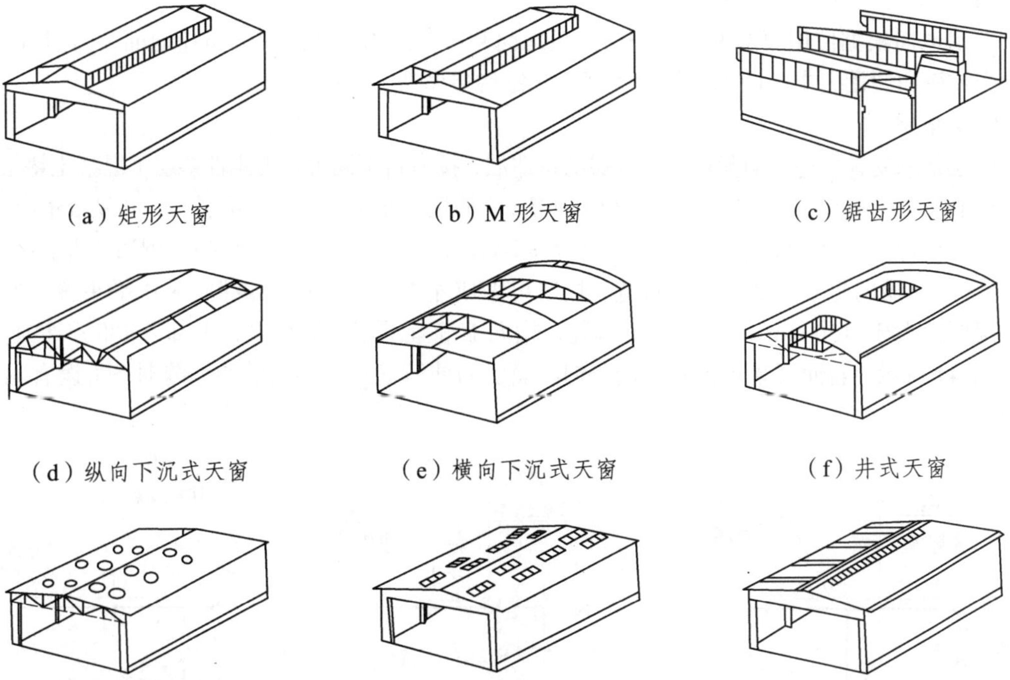

（a）矩形天窗　（b）M 形天窗　（c）锯齿形天窗

（d）纵向下沉式天窗　（e）横向下沉式天窗　（f）井式天窗

（g）采光板天窗　（h）采光罩天窗　（i）采光带天窗

图 12-2-42　各种天窗示意

各种天窗类型中以矩形天窗应用最为广泛。矩形天窗两侧的采光面垂直，采光通风效果好，但其构造复杂、自重大、造价较高。一般沿厂房纵向布置，但在厂房两端和横向变形缝的第一个开间通常不设，以留置消防通。矩形天窗通常由天窗架、天窗屋顶、天窗端壁、天窗侧板及天窗扇组成，如图 12-2-43（b）所示。

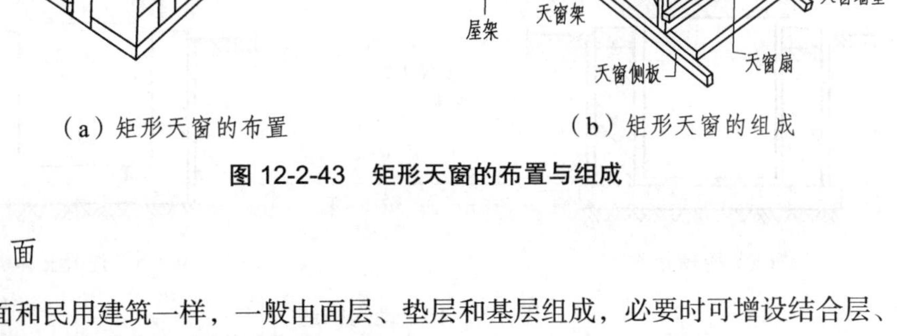

（a）矩形天窗的布置　（b）矩形天窗的组成

图 12-2-43　矩形天窗的布置与组成

5. 地　面

厂房地面和民用建筑一样，一般由面层、垫层和基层组成，必要时可增设结合层、找平层、隔离层、保温层、隔绝层、隔声层等构造层次。

（1）面层。

厂房地面根据使用要求不同可分为一般地面和特殊地面（如防腐、防爆地面），选择时应结合生产特征和使用要求等因素，按有关规定确定构造做法。

（2）垫层。

垫层是承受并传递地面荷载至土壤层的构造层，按材料不同可分为刚性垫层（混凝土垫层、沥青混凝土垫层和钢筋混凝土垫层等）、柔性垫层（夯较的砂垫层、素炉渣垫层等）和复合垫层三种。

垫层的厚度，主要根据作用在地面上的荷载确定。由于温度变化影响，混凝土垫层在纵向每 3 ~ 6 m 和横向每 6 ~ 12 m 应设接缝，接缝可做成缩缝形式。纵向缩缝宜采用平头缝，当混凝土垫层厚度大于 150 mm 时，应设企口缝；横向缩缝宜采用假缝形式，上部有缝但不贯通，如图 12-2-44 所示。若面层采用细石混凝土时，面层的伸缩缝宜与垫层的伸缩缝对齐（设有隔离层的例外）。

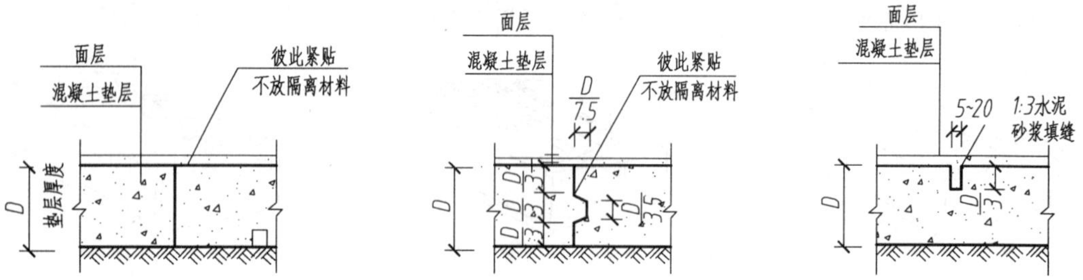

（a）　　（b）　　（c）

图 12-2-44　混凝土垫层接缝

（3）细部构造。

① 地沟及盖板。地沟由底板、沟壁、盖板三部分组成，常用的地沟有砖砌地沟和混凝土地沟两种。砖砌地沟沟壁一般为 120 ~ 490 mm，顶部应设混凝土垫梁以支承盖板，砖砌地沟须做防潮处理，具体为在沟壁外刷冷底子油一道、热沥青两道再抹 20 mm 厚 1∶2 水泥砂浆内掺 3% 防水剂，如图 12-2-45 所示。

② 大门坡道。厂房的室内外高差一般为 150 mm，为了便于车辆通行，在大门外侧需设置坡道。坡道宽度应比门洞大约 1 200 mm，坡度一般为 10% ~ 15%，最大不超过 30%；坡度大于 10% 时，应在坡道表面做齿槽防滑。

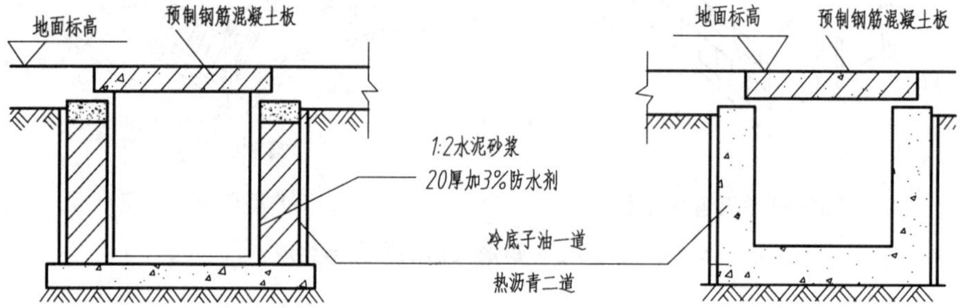

（a）砖砌地沟　　（b）混凝土地沟

图 12-2-45　地沟构造

6. 其他设施

厂房中常需要用到平台与钢梯。按用途分为作业平台、吊车平台以及作业平台钢梯、吊车钢梯与消防检修钢梯等。钢梯的宽度一般为 600 ~ 800 mm，每级踏步高 300 mm 左右。按材料分为钢平台和钢筋混凝土平台。

12.3 轻钢结构单层工业厂房

12.3.1 轻钢结构单层工业厂房简介

钢结构一般由横向框架（横梁和柱子）、屋盖结构（檩条、屋架、天窗架、托架和屋盖支撑系统）、支撑体系（屋盖支撑和柱间支撑）、吊车梁与制动梁、墙架等组成，如图 12-3-1 所示。

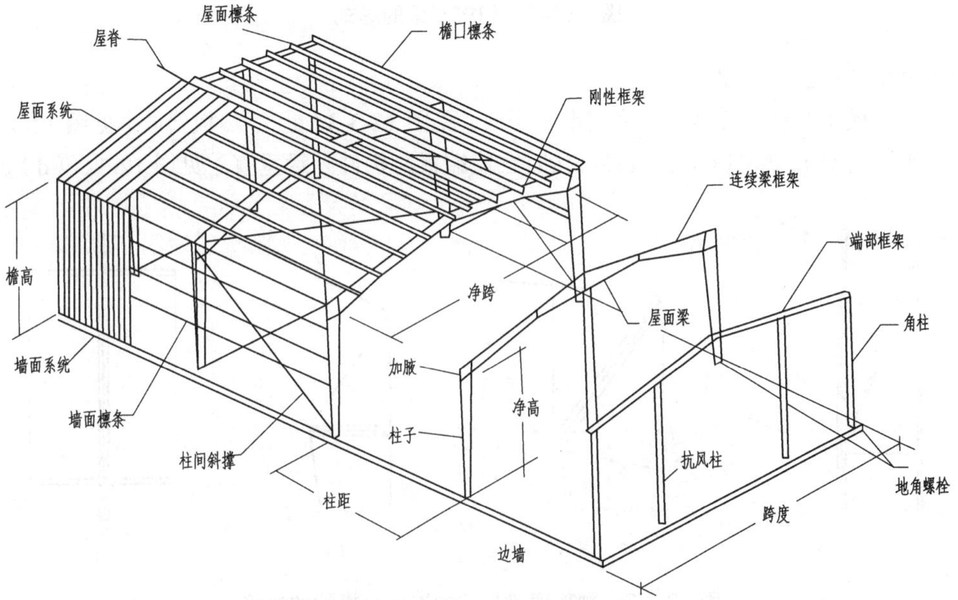

图 12-3-1 钢结构厂房组成

轻钢结构是在普通钢结构的基础上发展起来的一种新型结构形式，主要是指轻型冷弯薄壁型钢、轻型焊接与高频焊接、薄钢板、薄壁钢管、轻型热扎及以上各种构件拼接、焊接而成的组合构件等为主要受力构件，并大量采用轻质围护材料的单层和多层轻钢结构建筑。其具有自重轻、钢材用量省、加工制造简单、工业化程度高、运输及安装方便、施工速度快、抗震性能强等性能指标。

门式刚架是轻钢建筑应用最为广泛的一种结构形式。

12.3.2 门式刚架结构工业厂房

1. 门式刚架的组成

门式刚架是将柱和屋架（横梁）合并为同一个构件，屋架与柱刚接、柱与基础铰接（必要时刚接)。刚架上设檩条、屋面板，下设柱基础，柱外侧有轻质墙架，柱内侧可设吊车梁，屋面与柱间可设支撑。

门式刚架分为单跨、双跨或多跨的单、双坡门式刚架，如图 12-3-2 所示。

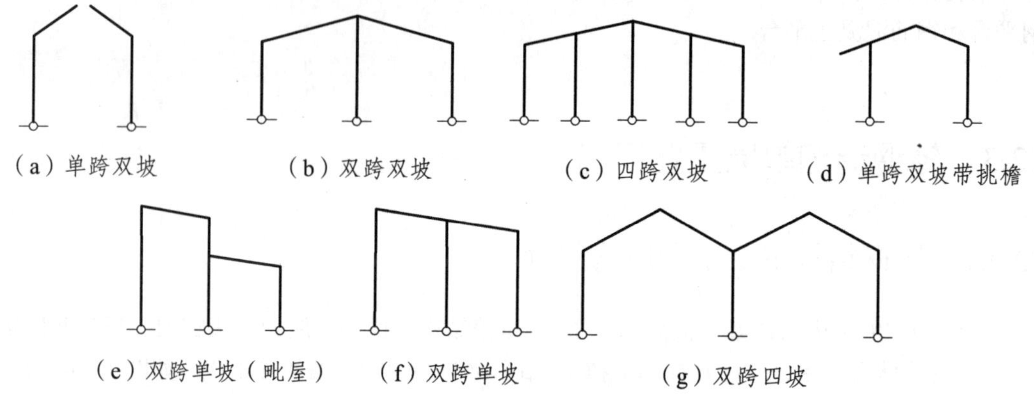

图 12-3-2 门式刚架的形式

(1)横梁和柱连接刚结

门式刚架横梁与柱的连接，可采用端板竖放[见图 12-3-3(a)]、端板斜放[见图 12-3-3(b)]和端板平放[见图 12-3-3(c)]。横梁拼接时宜使端板与构件外缘垂直[见图 12-3-3(d)]。

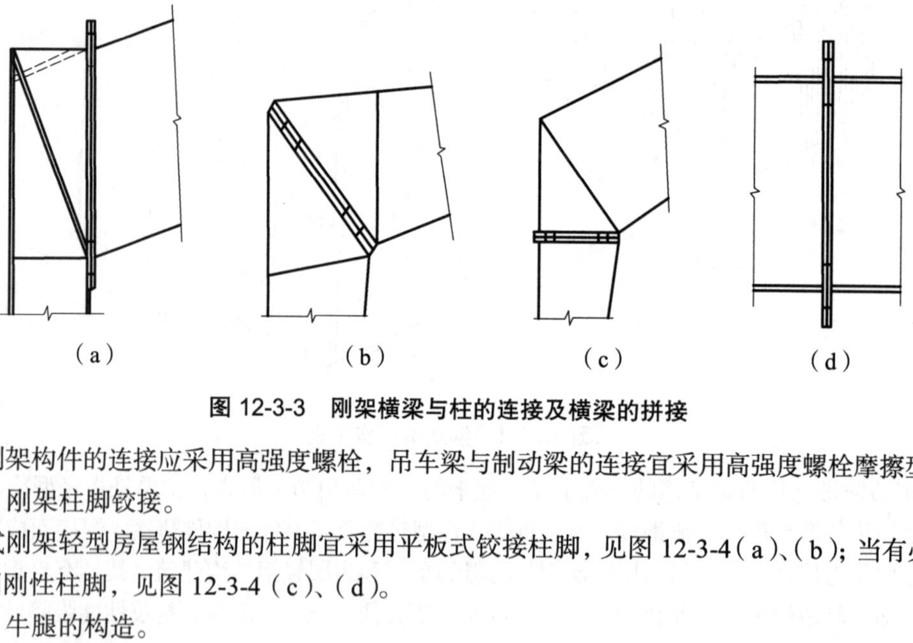

图 12-3-3 刚架横梁与柱的连接及横梁的拼接

主刚架构件的连接应采用高强度螺栓，吊车梁与制动梁的连接宜采用高强度螺栓摩擦型连接。

(2)刚架柱脚铰接。

门式刚架轻型房屋钢结构的柱脚宜采用平板式铰接柱脚，见图 12-3-4(a)、(b)；当有必要时，也可采用刚性柱脚，见图 12-3-4(c)、(d)。

(3)牛腿的构造。

牛腿的构造见图 12-3-5。

2. 门式刚架的结构构件

(1)屋架的结构形式。

屋架的结构形式主要取决于所采用的屋面材料和房屋的使用要求。常见的有轻型钢屋架和轻型梯形屋架。

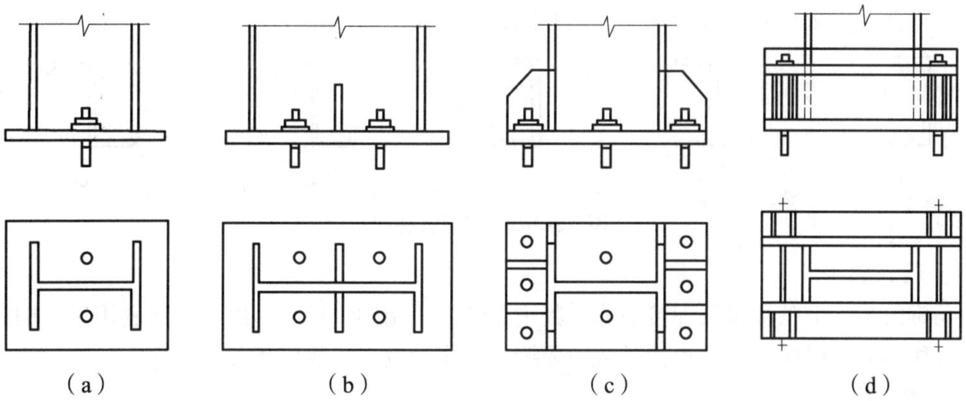

图 12-3-4　钢架柱脚

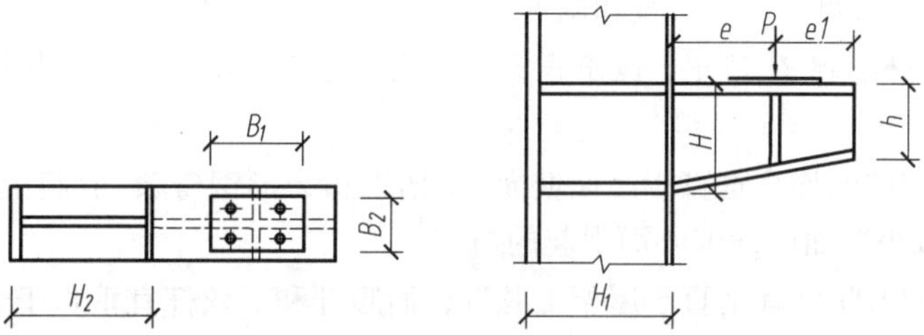

图 12-3-5　牛腿的节点构造

轻型钢屋架：以三角形屋架、三角拱屋架和梭形屋架为主。与普通钢屋架的设计方法原则相同，只是轻型钢屋架的杆件截面尺寸较小，连接构造和使用条件稍有不同。

轻型梯形屋架：如图 12-3-6 所示，属平坡屋架，屋面系统空间刚度大，受力合力，施工方便。屋架跨度一般为 15 ~ 30 m，柱距 6 ~ 12 m，通常以铰接支承于混凝土柱顶。屋架的杆件材料一般采用角钢、T 形钢、热轧 H 形钢或高频焊接轻型 H 形钢以及冷弯薄壁型钢（截面见图 12-3-7）。双角钢可组成 T 形或十字形截面。

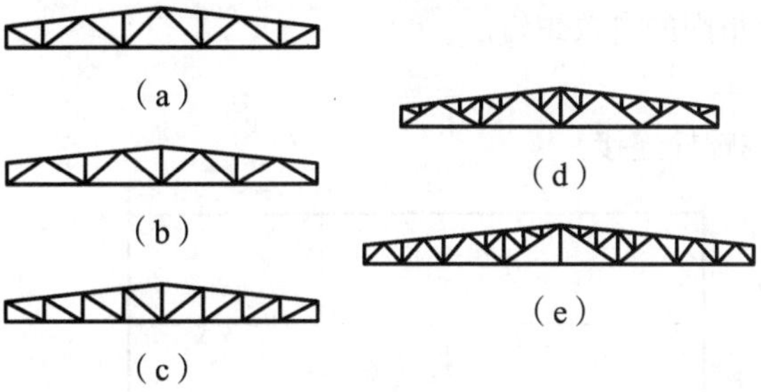

图 12-3-6　轻型梯形钢屋架

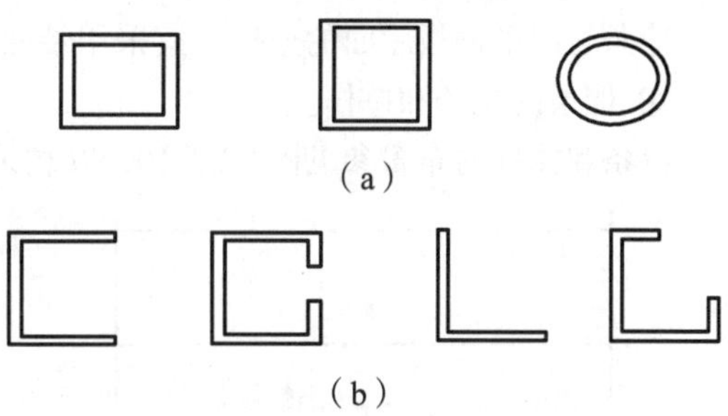

图 12-3-7　冷弯薄壁型钢屋架杆件截面

（2）檩条。

① 檩条的形式。

檩条宜优先采用实腹式构件，也可采用空腹式或格构式构件。

a. 实腹式檩条。

包括槽钢檩条、高频焊接轻型 H 形钢檩条、卷边槽形冷弯薄壁型钢檩条、卷边 Z 形冷弯薄壁型钢檩条（直卷边 Z 形和斜卷边 Z 形），其截面形式如图 12-3-8 所示。

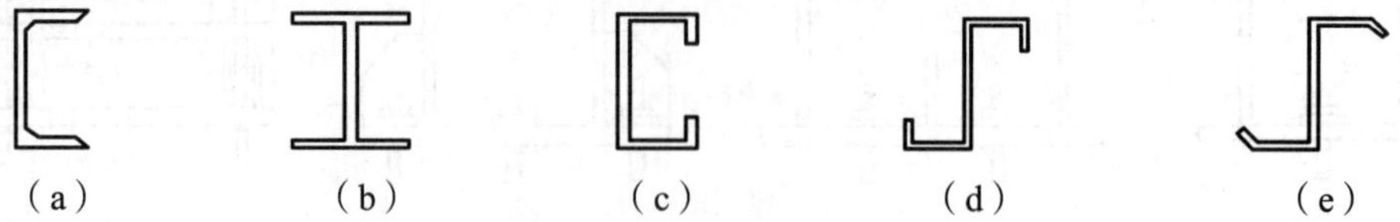

图 12-3-8　实腹式檩条

b. 空腹式檩条。

由角钢的上、下弦和缀板焊接组成，其主要特点是用钢量较少，能合理地利用小角钢和薄钢板。但这种檩条因缀板间距较密，拼装和焊接的工作量较大，故应用较少。

c. 格构式檩条。

可采用平面桁架式、空间桁架式及下撑式檩条。

② 檩条在屋架（刚架）上的布置和搁置。

a. 为使屋架上弦杆不产生弯矩，檩条宜位于屋架上弦节点处。当采用内天沟时，边檩应尽量靠近天沟。

b. 实腹式檩条的截面均宜垂直于屋面坡面。对槽钢和 Z 形钢檩条，宜将上翼缘肢尖（或卷边）朝向屋脊方向，以减小屋面荷载偏心而引起的扭矩。

c. 桁架式檩条的上弦杆宜垂直于屋架上弦杆，而腹杆和下弦杆宜垂直于地面。

d. 脊檩方案。

实腹式檩条应采用双檩方案，屋脊檩条可用槽钢、角钢或圆钢相连，见图 12-3-9。桁架式檩条在屋脊处采用单檩方案时，虽用钢量较省，但檩条型号增多，构造复杂，故一般以采用双檩为宜。

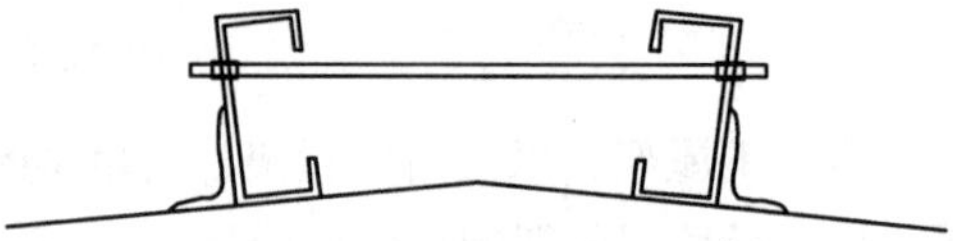

图 12-3-9　脊檩方案（双檩）

③ 檩条与屋面的连接。

檩条与屋面应可靠连接，以保证屋面能起阻止檩条侧向失稳和扭转的作用，这对一般不需验算整体稳定性的实腹式檩条尤为重要。

檩条与压型钢板屋面的连接，宜采用带橡胶垫圈的自攻螺钉。

④ 檩条的拉条和撑杆。

拉条和撑杆的布置参见图 12-3-10，互相采用螺栓连接。

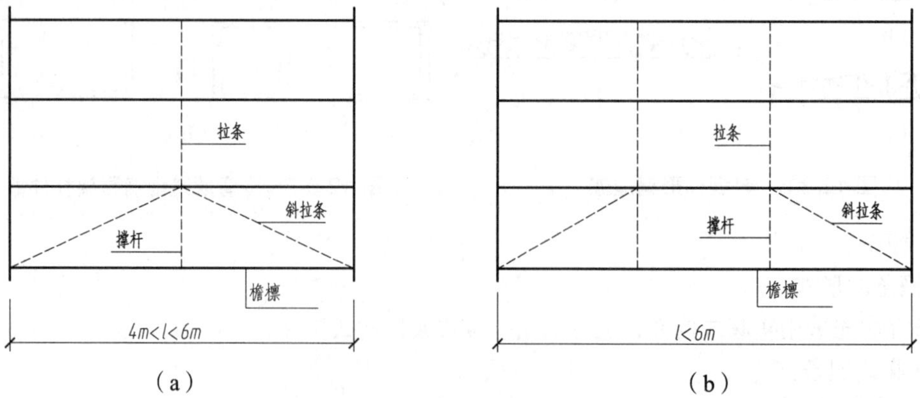

图 12-3-10　拉条和撑杆布置

（3）轻型围护结构。

技能训练 9：单层工业厂房建筑施工图识读

1. 技能学习目的

熟悉单层工业厂房建筑施工图的表达内容和图示特点，掌握工业厂房施工图制图的标准，熟悉厂房施工图中各种图例代号，具备正确识读厂房建筑施工图的能力。

2. 技能训练识读条件

机修车间厂房的平面图、立面图、剖面图及主要构件详图。

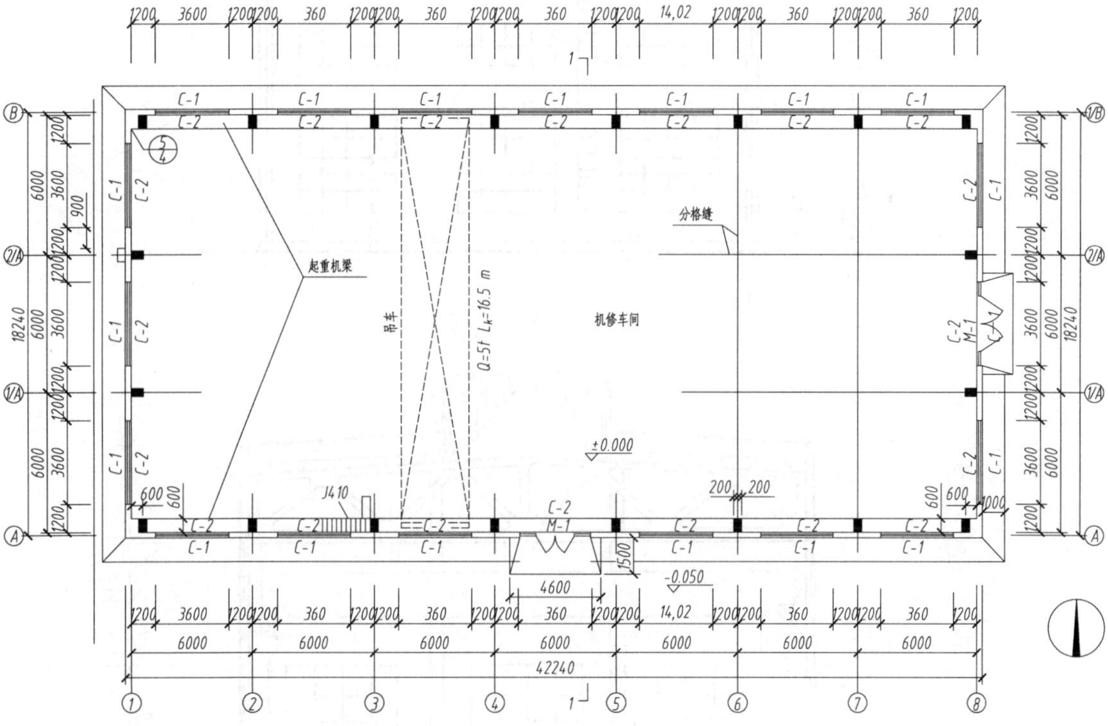

平面图 1:100

3. 技能训练识读任务

识读单层工业厂房建筑施工图，完成以下内容：

（1）①～⑩号定位轴线间的距离是多少？它与总长的关系是什么？

（2）$A \sim B$ 号定位轴线间的距离是多少？它与总宽的关系是什么？

（3）该厂房的跨度是多少？

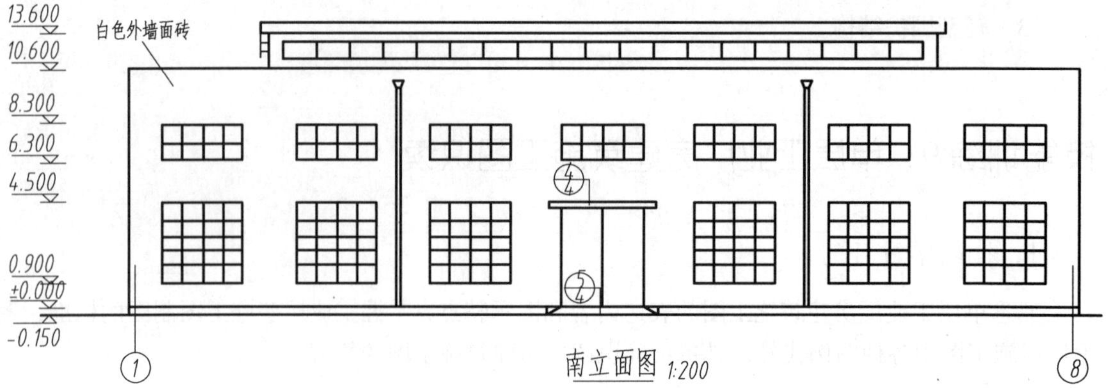

南立面图 1:200

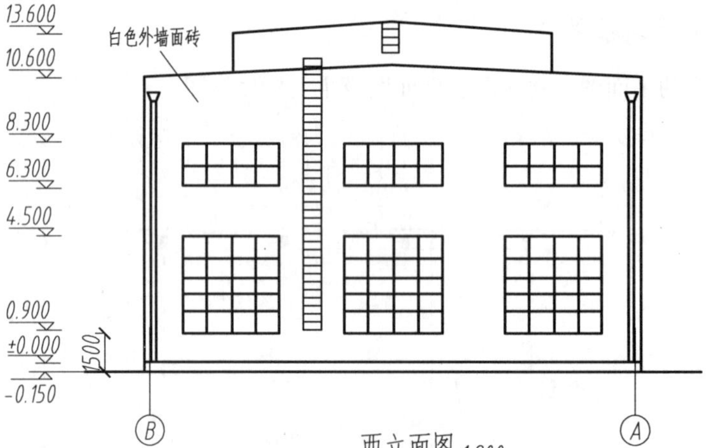

西立面图 1:200

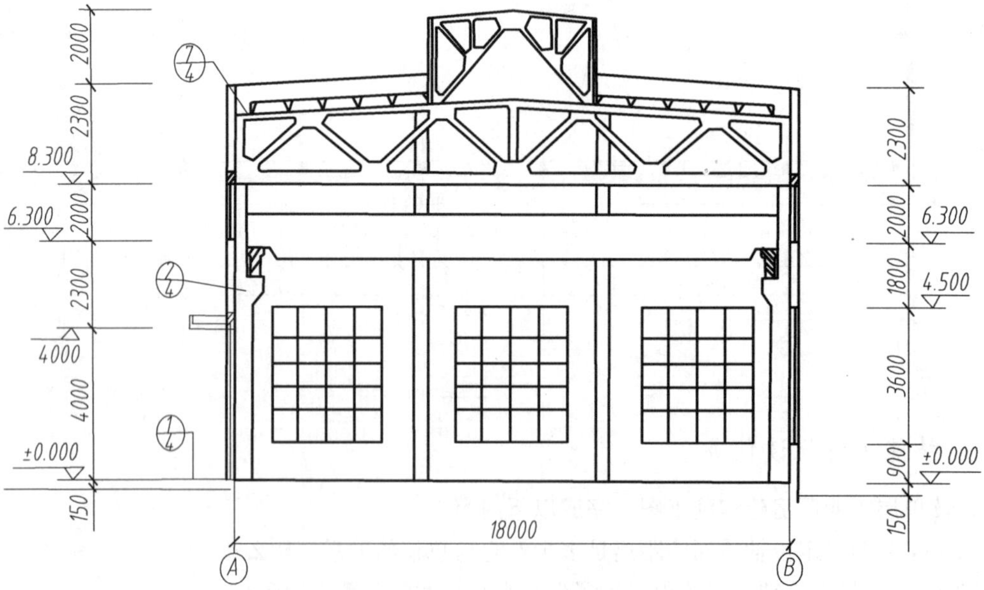

1—1剖面图 1:100

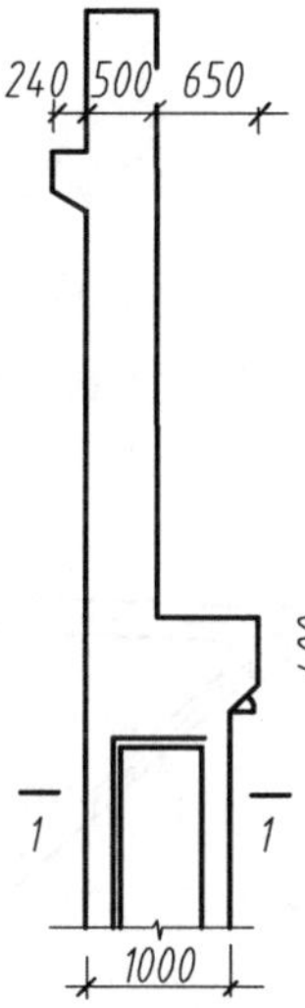
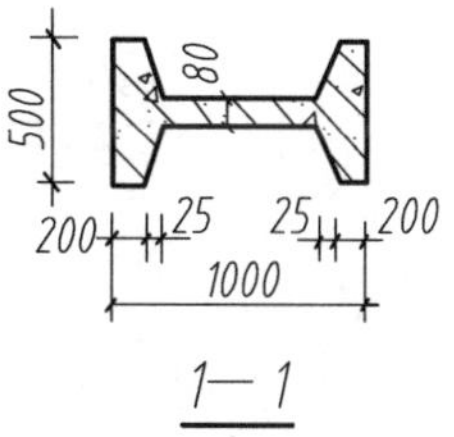

柱断面

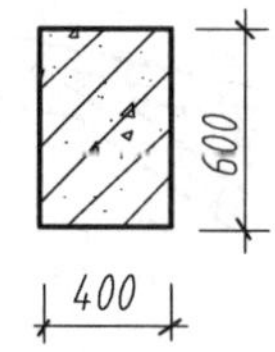

抗风柱下柱断面

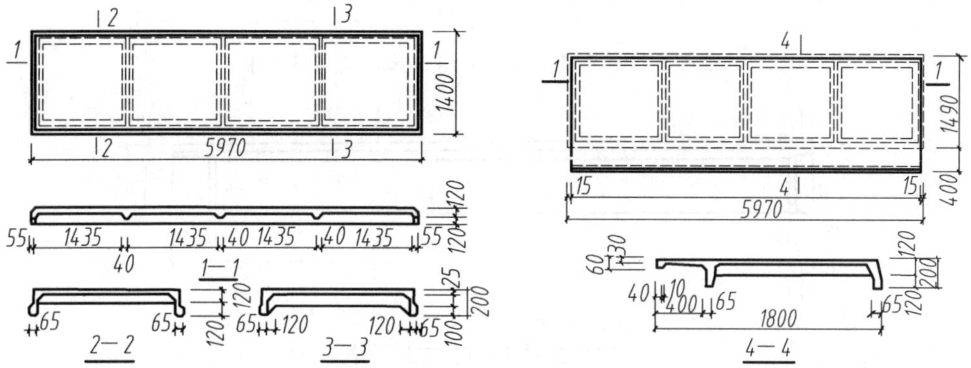

1.5 m×6.0 m 预应力钢筋混凝土屋面板

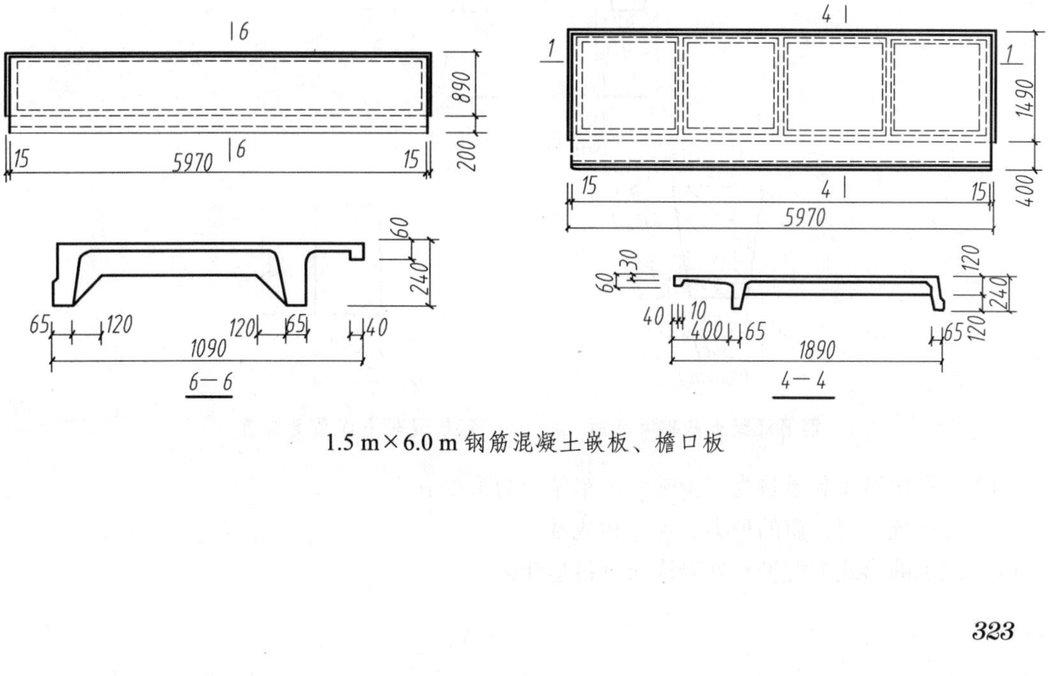

1.5 m×6.0 m 钢筋混凝土嵌板、檐口板

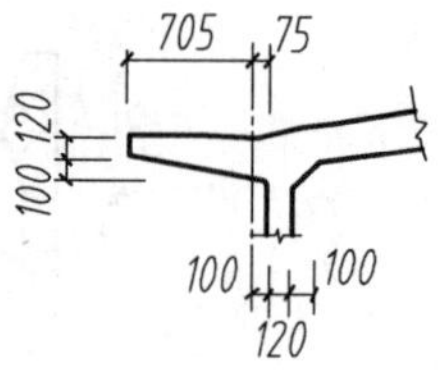

外天沟上弦端节点

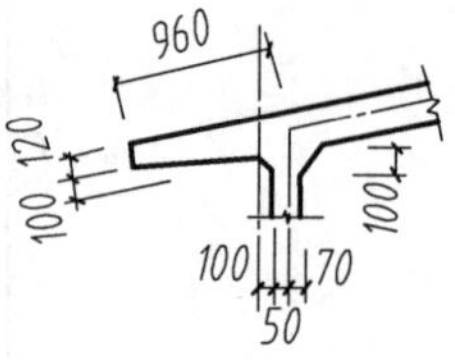

自由落水上弦端节点

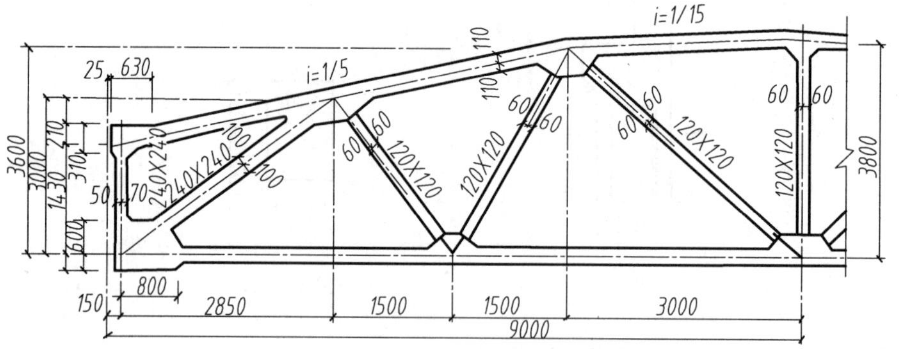

预应力钢筋混凝土屋架（18 m 跨、卷材防水）

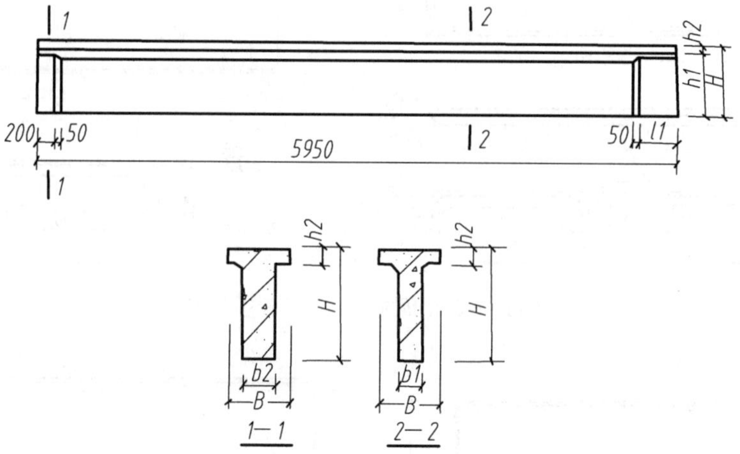

钢筋混凝土吊车梁

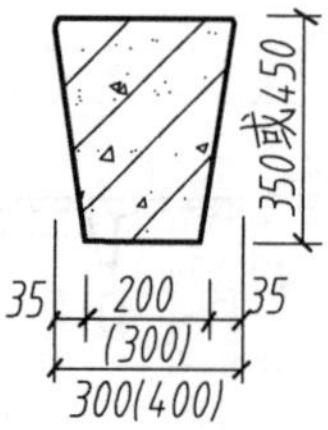

钢筋混凝土基础梁断面

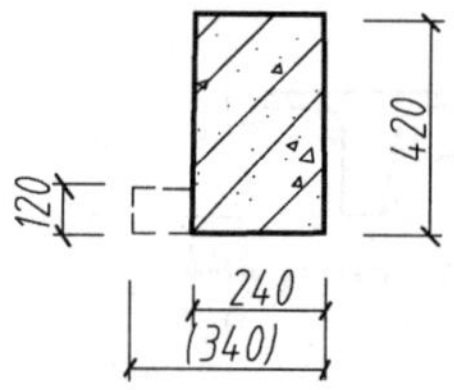

钢筋混凝土连系梁断面

（4）本厂房吊车起重量为多少吨？吊车轮距为多少 m？

（5）分层统计门、窗的种类、尺寸和数量。

（6）屋顶的形式为哪种？外墙饰面材料是什么？

（7）厂房的室内外高差是多少？下段窗台标高是多少？窗顶标高是多少？上段窗台标高是多少？窗顶标高是多少？

（8）排架柱柱顶标高是多少？排架柱的牛腿设置在什么高度？

（9）吊车梁断面形式是什么？吊车梁梁顶标高是多少？

（10）天沟板、屋面板的尺寸为多少？

（11）基础梁、连系梁的断面形式和尺寸是多少？

准备知识 8——单层工业厂房施工图识读

工业厂房施工图的识读方法与民用建筑施工图一样，只是由于生产工艺条件不同、对厂房要求不同所反映出某些内容或图例符号略有不同。

1. 平面图的识读

平面图主要确定柱网尺寸、通道设置和大门尺寸及位置，明确表示墙体、门窗的位置、型号和数量，以及生产辅助用房的布置位置及形状。例如：

（1）纵、横向定位轴线。

厂房的平面为 L 形布置，柱网尺寸为厂房的柱距为 6 m，距度为 18 m，柱网尺寸为 6 m×18 m；图中①、②、③、④、⑤、⑥轴为横向定位轴线，Ⓐ~Ⓖ轴为纵向定位轴线等。

（2）墙体、门窗布置。

门窗的表示方法和民用建筑相同，在表示门窗的图例旁边注写代号，门的代号是 M，窗的代号是 C，在代号后注写数字表示门窗的不同型号。单层工业厂房的墙体一般为自承重墙，主要起围护作用，一般沿四周布置。墙厚为 240 mm。

（3）吊车设置。

单层工业厂房平面图应标明吊车的起重量及吊车轮距，这是它与民用建筑的重要区别，如平面图所示。

（4）辅助用房的布置。

辅助用房是为了实现工业厂房的功能而布置的，布置较简单，如图中的⑦、⑧轴×Ⓐ、Ⓑ轴的两个办公室。

（5）尺寸标注。

通常沿厂房长、宽两个方向分别标注三道尺寸：第一道是门窗宽度、墙段尺寸以及联系尺寸、变形缝尺寸等；第二道是定位轴线间尺寸；第三道是厂房的总长和总宽。

（6）画出指北针、剖切符号、索引符号。

它们的画法、用途与民用建筑相同。

2. 立面图的识读

（1）屋顶、门、窗、雨篷、台阶、雨水管等细部的形状和位置。

（2）室外装修及材料做法等。

（3）立面外貌及形状。

（4）室内外地面、窗台、门窗顶、雨篷底面及屋顶等处的标高。

（5）立面图两端的轴线编号及图名、比例。

3. 剖面图的识读

（1）表明厂房内部的柱、吊车梁断面、屋架、天窗架、屋面板以及墙、门窗等构配件的相互关系。

（2）各部位竖向尺寸和主要部位标高尺寸。

（3）屋架下弦底面标高及吊车轨顶标高，它们是单层工业厂房的重要尺寸。

4. 详图的识读

一般包括檐口、屋面节点详图以及墙、柱节点详图等。从这些图样上可详尽地看到它们所有的位置及其构造情况。

12.4 单层厂房的定位轴线

厂房的定位轴线是确定厂房主要构件的位置及其标志尺寸的基线，同时也是设备定位、安装及厂房施工放线的依据。定位轴线的划分是在柱网布置的基础上进行的，并与柱网布置一致。

厂房柱子纵横定位轴线在平面上形成有规律的网格称为柱网。柱子的纵向定位轴线间的距离为跨度，横向定位轴线间的距离为柱距。柱网尺寸的确定，实际上就是确定厂房的跨度和柱距。

横向定位轴线：与横向排架平面平行的轴线称为横向定位轴线，可确定吊车梁、屋面板、连系梁、基础梁及墙板等纵向构件标志尺寸端部的位置。

纵向定位轴线：与横向排架平面垂直的轴线称为纵向定位轴线，可确定屋架或屋面大梁等横向构件标志尺寸端部的位置，也可确定大型屋面板边缘的位置。

确定柱网尺寸时，首先要满足生产工艺的要求，其次应考虑建筑材料、结构形式、施工技术水平、经济效益以及提高建筑工业化程度和建筑处理、扩大生产、技术改造等方面的因素。

根据国家标准《厂房建筑模数协调标准》对单层厂房柱网尺寸做了如下规定：

跨度：单层厂房的跨度在 18 m 以下时，应采用扩大模数 30M 数列，即 9、12、15、18 m；跨度在 18 m 以上时，应采用扩大模数 60M 数列，即 24、30、36 m 等。

柱距：单层厂房的柱距应采用扩大模数 60M 数列，根据我国实际情况，为钢筋混凝土或钢结构时，常采用 6 m 柱距，有时也可采用 12 m 柱距。单层厂房山墙处的抗风柱柱距宜采用扩大模数 150M 数列，即 4.5、6、7.5 m，见图 12-4-1。

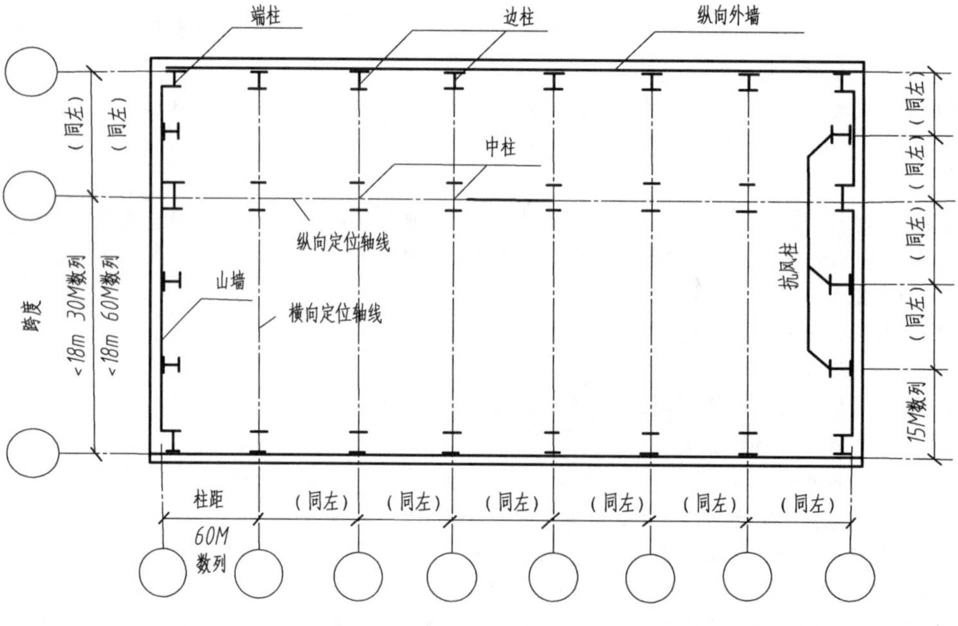

图 12-4-1 跨度和柱距示意图

12.4.1 横向定位轴线

横向定位轴线一般与屋面板、吊车梁、连系梁、基础梁、墙板、支撑等纵向构件长度的标志尺寸相一致，并尽可能与屋架及柱的中心线相重合。一般情况下，横向定位轴线的距离等于纵向构件的标志尺寸。

1. 中间柱与横向定位轴线的关系

除了靠山墙的端部柱和横向变形缝两侧柱外，厂房纵向柱列（包括中柱列和边柱列）中的中间柱的中心线应与横向定位轴线相重合，且横向定位轴线通过屋架中心线和屋面板、吊车梁等构件的横向接缝，如图 12-4-2（a）所示。

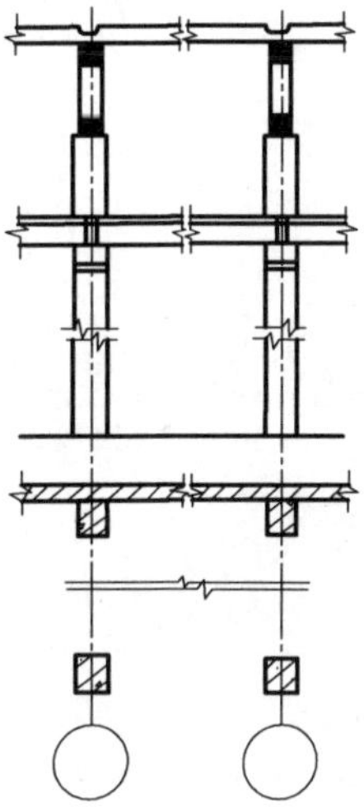

（a）中间柱与横向定位轴线的关系

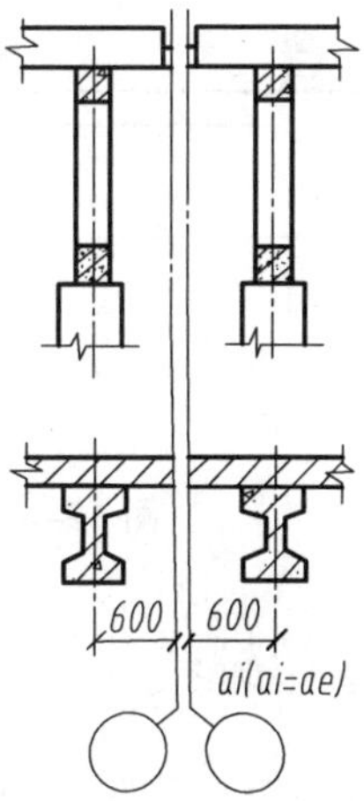

（b）横向变形缝出柱子与横向定位轴线之间的关系其中

图 12-4-2 横向定位轴线

a_i—插入距；a_e—变形缝宽度

2. 横向变形缝处柱子与横向定位轴线的关系

在横向伸缩缝或防震缝处，应采用双柱与两条定位轴线，且柱的中心线均应自定位轴线向两侧各移 600 mm，如图 12-4-2（b）所示。

3. 山墙处柱子与横向定位轴线的关系

（1）当山墙为非承重墙时，墙内缘应与横向定位轴线重合，且端部柱及端部屋架的中心线应自横向定位轴线向内移 600 mm，见图 12-4-3（a）。由于山墙内侧的抗风柱需要通至屋架上弦或屋面梁上翼并与之连接，同时定位轴线在山墙内缘，可与屋面板的标志尺寸端部重合，形成“封闭结合”。

（2）山墙为承重墙时，墙内缘与横向定位轴线间的距离应按砌体的块材类别分别为半块或者半块的倍数或墙厚的一半，见图 12-4-3（b）。此时屋面板直接伸入墙内，并与墙上的钢筋混凝土梁垫连接。

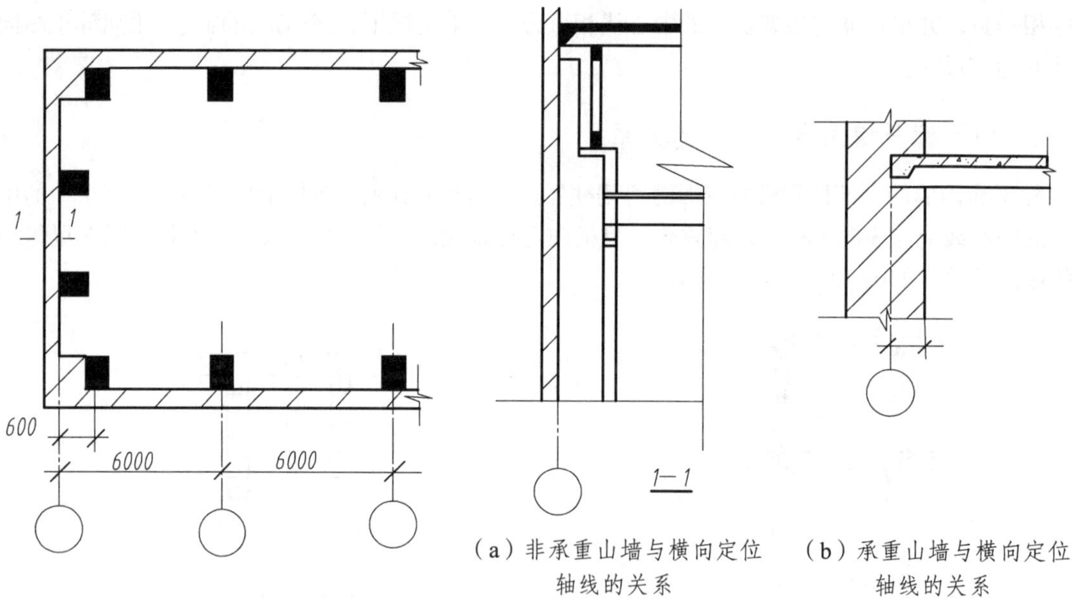

图 12-4-3 山墙处柱子与横向定位轴线的关系

12.4.2 纵向定位轴线

纵向定位轴线一般与屋架或屋面梁横向构件的标志尺寸相一致，从屋架跨度的标志尺寸从其两端垂直引下来的。一般情况下，纵向定位轴线间的距离等于横向构件的标志尺寸。

1. 边柱与纵向定位轴线的关系

在有梁式或桥式吊车的厂房中，纵向定位轴线的标定与吊车桥架端头长度、桥架端头与上柱内缘的安全缘隙宽度以及上柱宽度有关。为了使厂房结构和吊车规格协调，保证吊车和厂房尺寸的标准化，并保证吊车的安全运行，厂房跨度与吊车跨度两者关系规定为

$$L-L_k=2e$$

式中 L——厂房跨度，m；

L_k——吊车跨度（吊车轮距），m；

e——轴线至吊车轨中心线的距离（一般取 750 mm；当吊车起重量大于 50 t 时或有构造要求时，可取 1 000 mm；砖混结构的厂房中，当采用梁式吊车时允许取 500 mm，如图 12-4-5 所示）。

其中，吊车轨道中心线至厂房纵向定位轴线间的距离 e 根据厂房上柱的界面高度 h、吊车侧方宽度尺寸 B（吊车端部至轨道中心线的距离）、吊车侧方间隙（吊车运行时，吊车端部与上柱内缘间的安全间隙尺寸）C_b 等因素决定。上柱截面高度 h 由结构设计确定，常用尺寸为 400 mm 或者 500 mm。吊车侧方间隙 C_b 与吊车起重量有关，当吊车的起重量不大于 5 t 时 C_b 为 80 mm，当吊车的起重量大于 63 t 时 C_b 为 100 mm；吊车的侧方跨度尺寸 B 随吊车跨度和起重量的增大而增大，国家标准《通用桥式吊车界限尺寸》中规定了各种吊车界限尺寸和的安全尺寸。

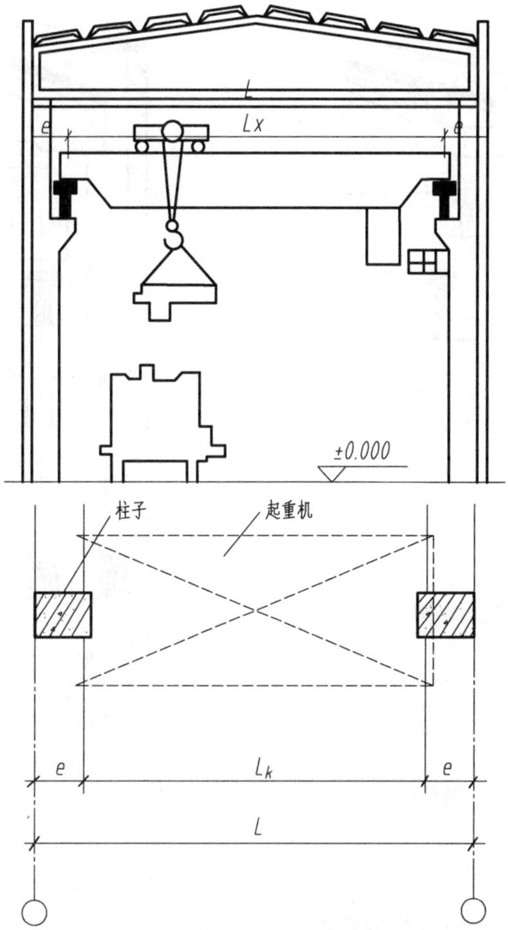

图 12-4-5　吊车跨度与厂房跨度的关系

实际工程中，由于吊车形式、起重量、厂房跨度、高度和柱距不同，以及是否设置安全走道板等条件不同，外墙、边柱和纵向定位轴线的关系有“封闭结合”和“非封闭结合”两种。

（1）封闭结合（$h+B+C_b \leqslant e$）。

对于无吊车或只设悬挂式吊车的厂房以及柱距为 6 m，吊车起重量不大于 20/5 t 的厂房，如图 12-4-6 所示。

安全缝隙宽度大于允许宽度，即 $h+B+C_b \leqslant e$。

此时边柱外缘、墙内缘宜与纵向定位轴线相重合，屋架端部与墙内缘与重合形成“封闭结合”的构造。这时，用标准屋面板便可铺满这个屋面，不需要补充构件，因此构造简单、施工方便，吊车荷载对柱的偏心距较小，较为经济。

（2）非封闭结合（$h+B+C_b>e$）。

当柱距大于 6 m 时，吊车起重量及厂房跨度较大时，使 B、C_b、h 均可能增大，可能导致 $h+B+C_b>e$，此时继续采用封闭结合便不能满足吊车安全运行所需净空要求，造成厂房结构不安全，因此须将边柱的外缘从纵向定位轴线向外移出一定尺寸 a_c，使 $e+a_c \geqslant h+B+C_b$，以保证结构安全。

为了与墙板模数协调，a_c 应为 300 mm 或其整数倍，但围护结构为砌体时，a_c 值取 50 mm，如图 12-4-7 所示。

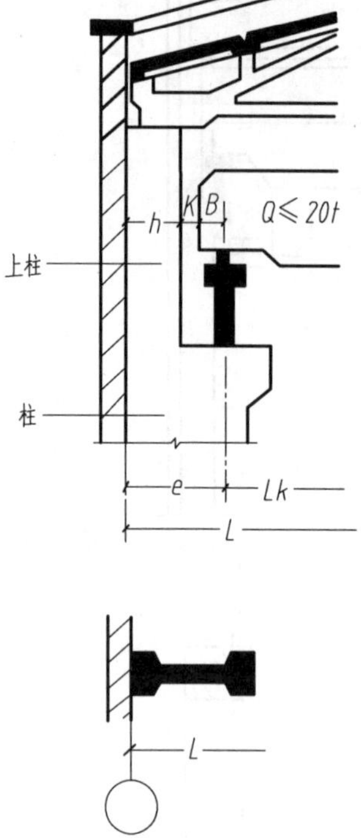

图 12-4-6　封闭结合

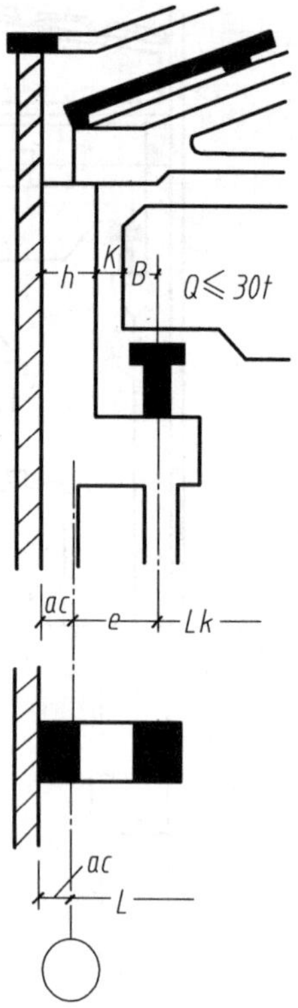

图 12-4-7　非封闭结合

2. 中柱与纵向定位轴线的关系

（1）等高跨中柱与纵向定位轴线的定位。

① 等高跨中柱设单柱时与纵向定位轴线。

等高跨中柱与纵向定位轴线的关系有设下两种情况：

a. 单柱单轴线：双跨及多跨厂房中如设有纵向变形缝时，宜设置单柱和一条纵向定位轴线，且上柱的中心线与纵向定位轴线相重合，如图 12-4-8（a）所示。

b. 单柱双轴线：当相邻跨内的桥式吊车起重量较大时，设两条定位轴线，两轴线间距（插入距）用 a_i 表示。a_c 应为 300 mm 或其整数倍；但围护结构为砌体时，a_c 值取 50 mm，此时上柱中心线与插入距中心线相重合，如图 12-4-8（b）所示。

② 等高跨中柱设双柱时与纵向定位轴线的定位。

当厂房需设置纵向防震缝时，宜采用双柱及两条定位轴线，并设插入距 a_i，插入距 a_i 与相邻两跨吊车起重量大小有关，其确定方式有以下三种：

若相邻两跨吊车起重量不大，其插入距 a_i 等于防震缝宽度 a_e，即 $a_i = a_e$，如图 12-4-9（a）所示。

若相邻两跨中，一跨吊车起重量大，而另外一跨较小，则需在起重量大的一跨设联系尺寸 a_c，此时插入距 $a_i = a_e + a_c$，如图 12-4-9（b）所示。

若相邻两跨吊车起重量都大，两跨都需设联系尺寸 a_c，此时插入距 $a_i = a_c + a_e + a_c$，如图 12-4-9（c）所示。

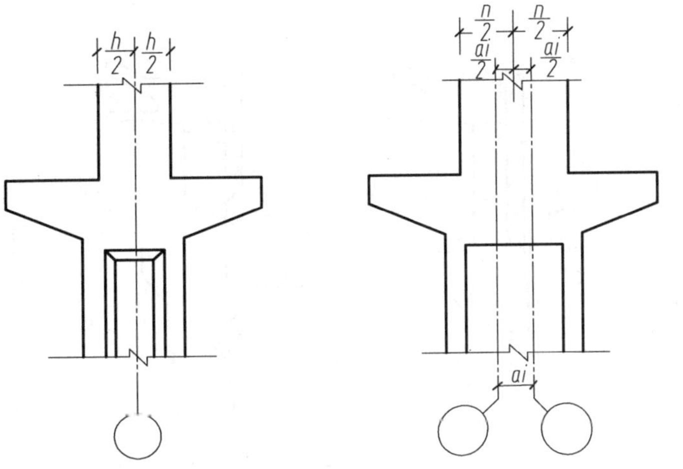

（a）单柱单轴线　　　　（b）单柱双轴线

图 12-4-8　等高跨厂房中柱与纵向定位轴线的关系

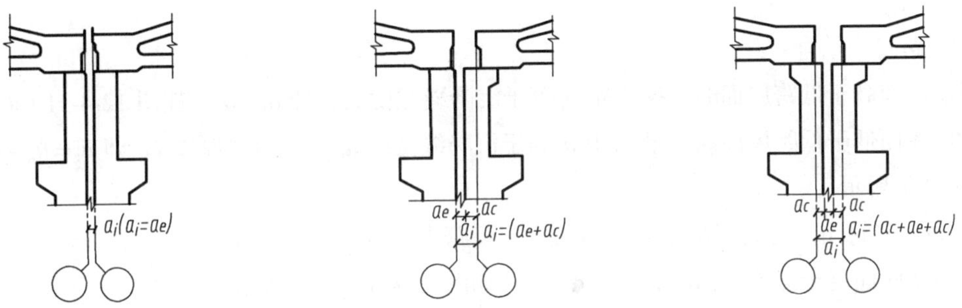

（a）其插入距 a_i 等于防震缝宽度 a_e　　（b）一跨起重量大，一侧设联系尺寸　　（c）两跨其中量都大，两跨都设联系尺寸

图 12-4-9　等高厂房中柱设双柱时的定位

（2）不等高跨中柱与纵向定位轴线的定位

① 不等高跨中柱设单柱（无变形缝）时的定位。

不等高跨不设纵向伸缩缝时，一般采用单柱；若高跨内吊车起重量不大时，根据封墙底面的高低，可以有两种情况：

a. 高跨封闭结合。

封墙底面高于低跨屋面：宜采用一条纵向定位轴线，且纵向定位轴线与高跨上柱外缘、封墙内缘及低跨屋架标志尺寸端部相重合，如图 12-4-10（a）所示。

封墙底面低于低跨屋面：若封墙底面低于低跨屋面时，应采用两条纵向定位轴线，且插入距 a_i 等于封墙厚度 t，即 $a_i = t$，如图 12-4-10（b）示。

b. 高跨非封闭，当高跨吊车起重量大时，高跨中需设联系尺寸 a_c，此时定位轴线也有两种情况。

封墙底面高于低跨屋面：$a_i = a_c$，如图 12-4-10（c）所示；

封墙底面低于低跨屋面：$a_i = a_c + t$，如图 12-4-10（d）所示。

② 不等高跨中柱设双柱（有变形缝）时的定位轴线。

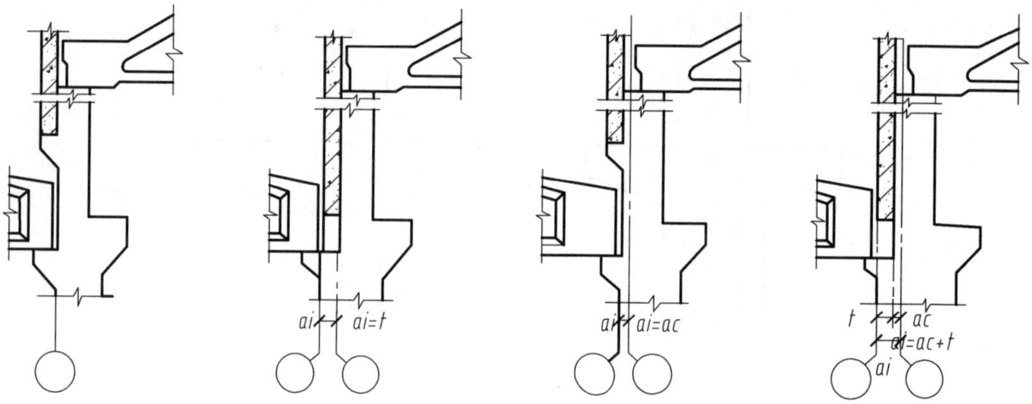

高跨封闭　　　　　　　　　　高跨非封闭

（a）封墙高于低处屋面　（b）封墙低于高处屋面　（c）封墙高于低处屋面　（d）封墙低于高处屋面

图 12-4-10　高低跨处单柱与纵向定位轴线的关系

a. 高跨封闭结合。

封墙底面高于低跨屋面时，插入距 a_i 等于沉降缝宽度 a_e，即 $a_i = a_e$，如图 12-4-11（a）所示。

封墙底面低于低跨屋面时，插入距 a_i 等于沉降缝宽度 a_e 加上封墙厚度 t，即 $a_i = a_e + t$，如图 12-4-11（b）所示。

b. 高跨非封闭，若高跨吊车起重量较大，高跨内需设联系尺寸 a_c：

当封墙底面高于低跨屋面时，$a_i = a_e + a_c$，如图 12-4-11（c）所示。

当封墙底面低于跨屋面时，$a_i = a_c + a_e + t$，如图 12-4-11（d）所示。

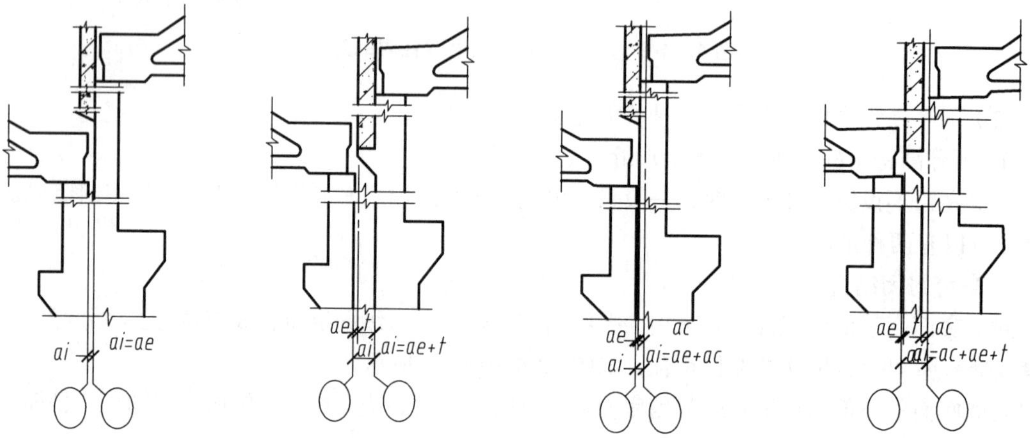

高跨封闭　　　　　　　　　　高跨非封闭

（a）封墙高于低处屋面　（b）封墙低于低处屋面　（c）封墙高于低处屋面　（d）封墙低于低处屋面

图 12-4-11　不等高跨中柱设双柱时的纵向定位轴线

技能训练 10：单层厂房定位轴线布置

1. 布置目的

通过绘制定位轴线平面图和节点详图，掌握单层厂房定位轴线布置的原则和方法。

2. 布置条件

根据某机械加工及装配车间的生产工艺平面图进行设计，见下图某金工车间工艺平面简图。其中，吊车为中级工作制：

（1）10 t 和 20 t/5 t 吊车轨顶至柱顶高度为 2.7 m。

（2）30 t/5 t 吊车轨顶至柱顶高度为 3.0 m。

（3）图中有“△”符号处设大门，大门尺寸为 3 300 mm × 3 300 mm。

（4）外围护墙用 240 mm 砖墙或小型砌块墙。

3. 布置任务

A2 图幅（420 × 594），2 ~ 3 张。要求完成下列内容：

（1）平面图（比例 1：200 ~ 1：100）。

① 进行柱网布置。

② 划分定位轴线并进行轴线编号。

③ 布置围护结构及门窗，入口处布置坡道，墙体四周布置散水。

④ 绘出吊车轮廓线（虚线），吊车轨道中心线（粗点化线），标注吊车吨位 Q、吊车跨度 L_k、轨顶标高 H_1，吊车轨道中心线与纵向定位轴线间的距离 e，柱与轴线的关系，室内外地坪标高。

⑤ 标注两道尺寸（轴线尺寸、总尺寸）。

⑥ 绘出详图索引号。

⑦ 标注图名和比例。

（2）平面节点详图（比例 1：20 ~ 1：5）。

绘出 5 个节点详图，要求绘出屋架、吊车梁、柱、墙、定位轴线及编号，并标注必要的尺寸（或文字代号）。节点详图可在以下范围内绘制：

① 边定位轴线与各构件位置关系图。

② 不等高跨中柱处纵向定位轴线与各构件位置关系图。

③ 端定位轴线与各构件位置关系图。

④ 中柱横向定位位轴线与各构件位置关系图。

⑤ 变形缝处横向定位位轴线与各构件位置关系图。

4. 背景资料

（1）各种预制构件（屋架、屋面梁、屋面板、天窗架、吊车梁、基础梁、连系梁、排架柱、天窗侧板、抗风柱）的形式及尺寸。

（2）吊车轮廓尺寸及相关数据。

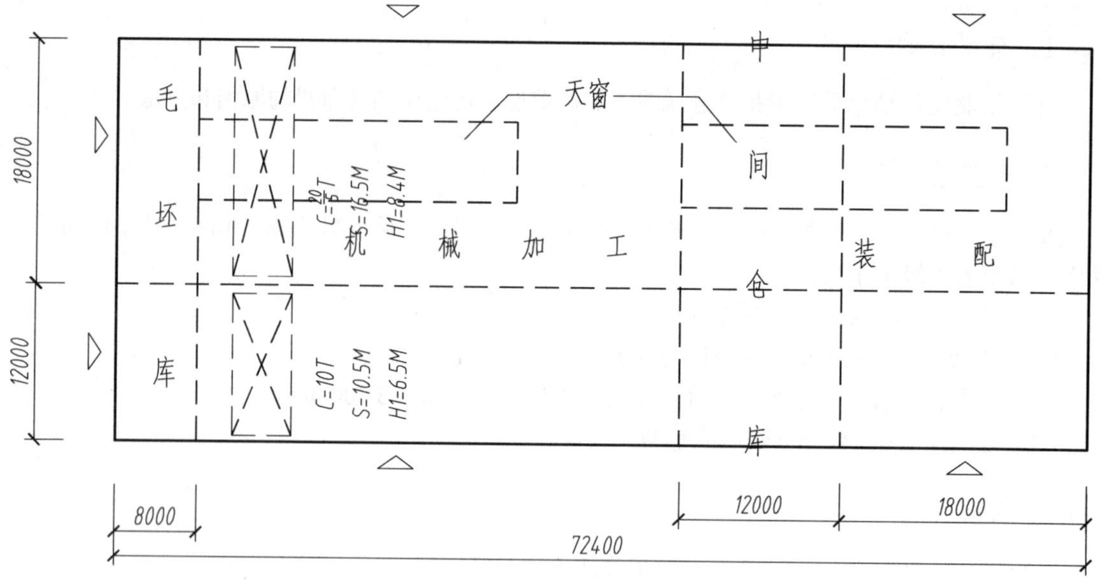

某金工车间平面轮廓示意图
（注△符号处设大门）

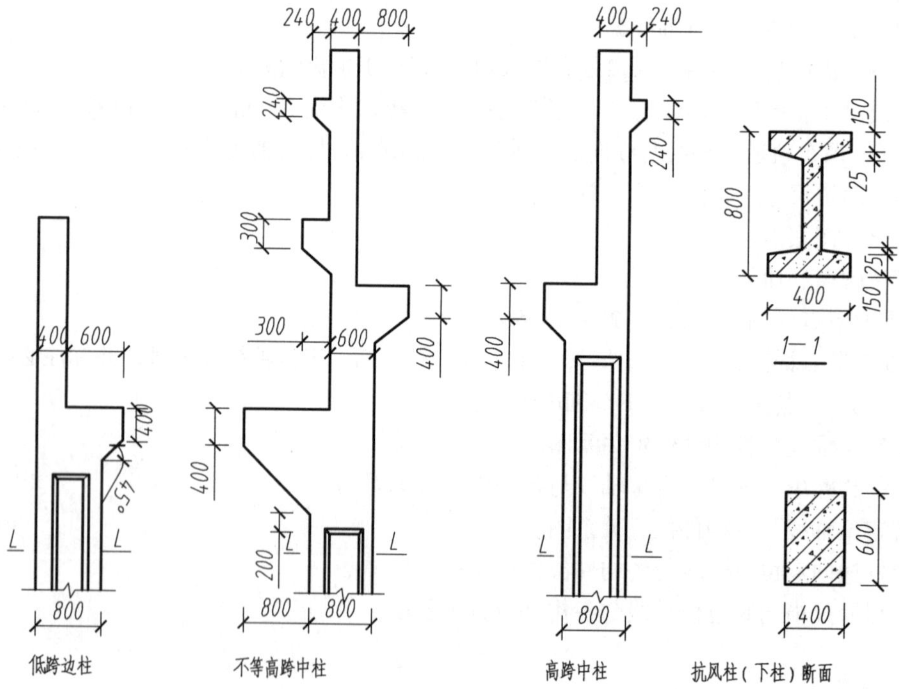

钢筋混凝土柱及断面

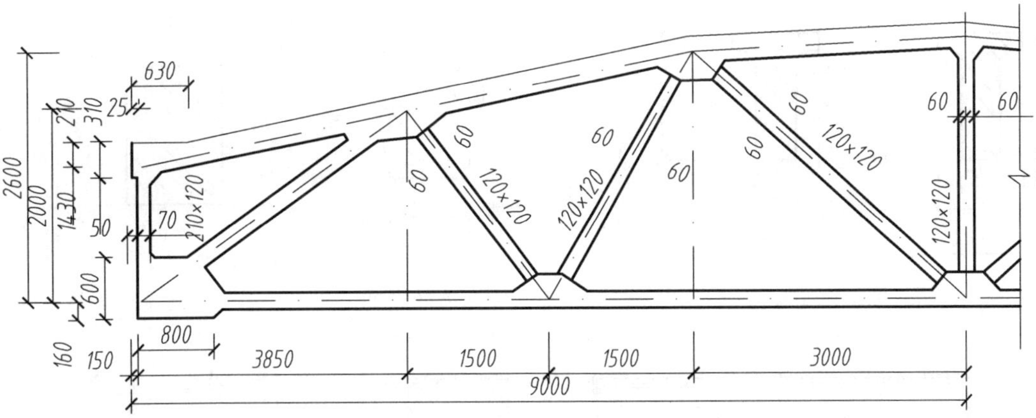

预应力钢筋混凝土折线屋架（18 m 跨，卷材防水）

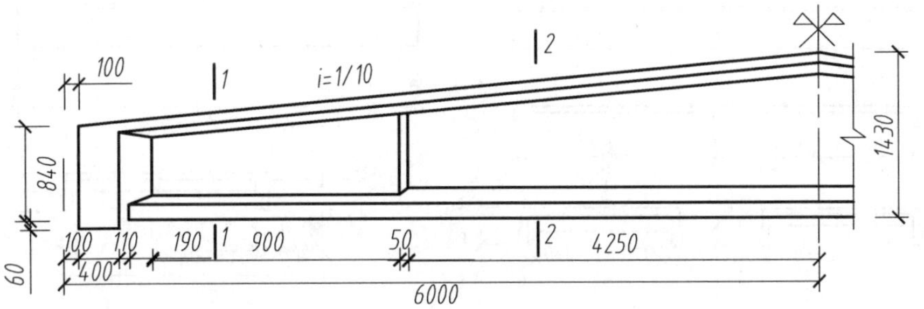

（a）

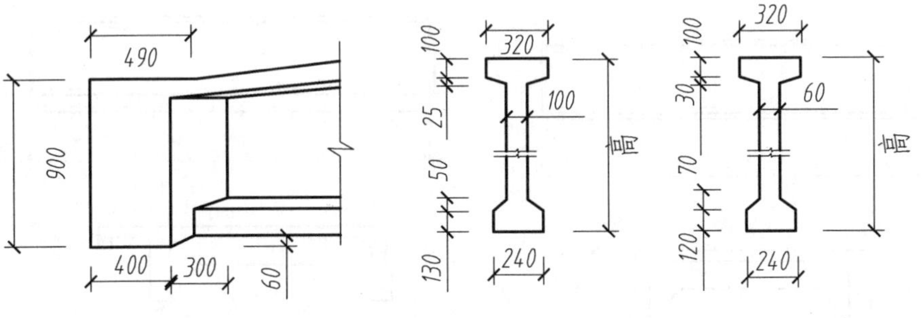

（b）

预应力钢筋混凝土工字形屋面梁（12 m 跨，卷材防水）

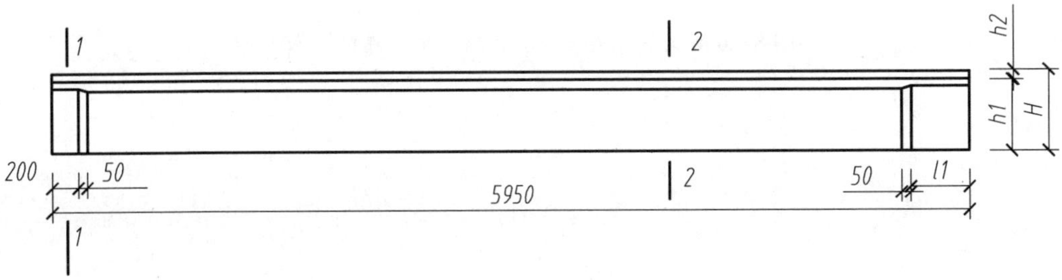

钢筋混凝土吊车梁

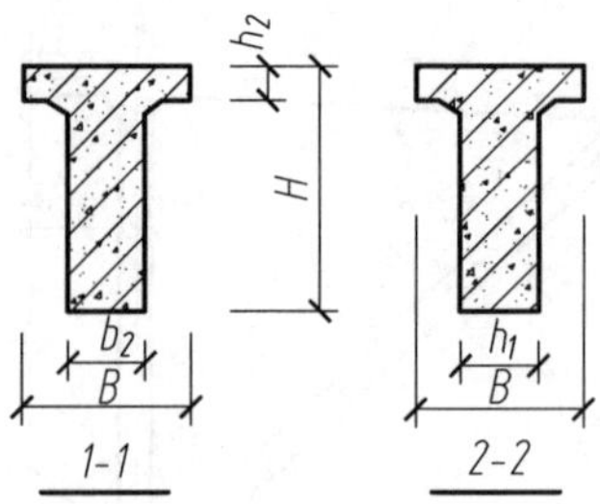

吊车梁截面

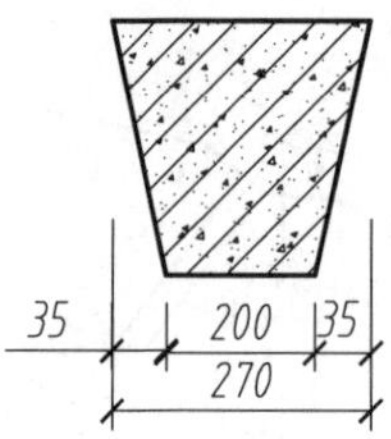

基础梁截面

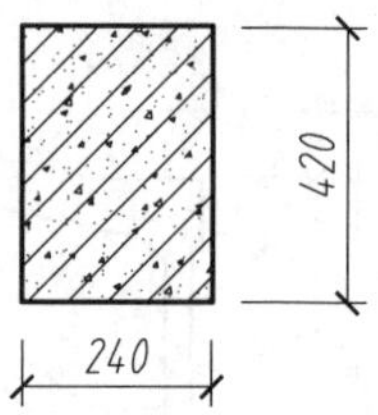

连系梁截面

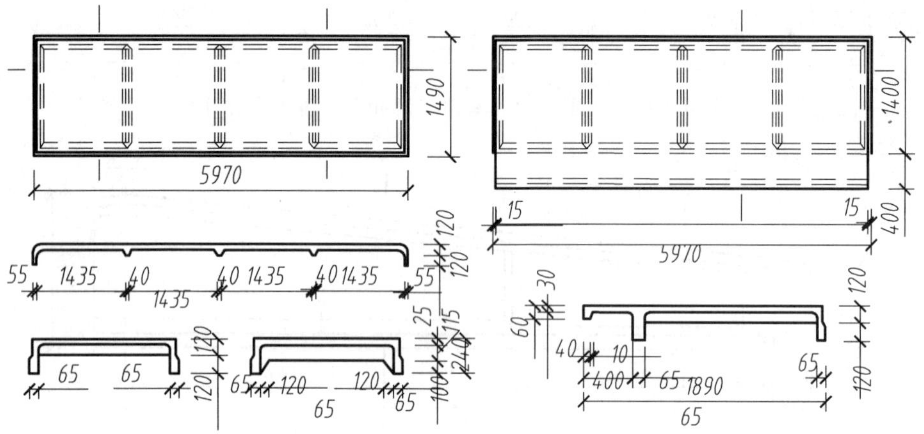

1.5×6.0 m 预应力钢筋混凝土屋面板（卷材防水）

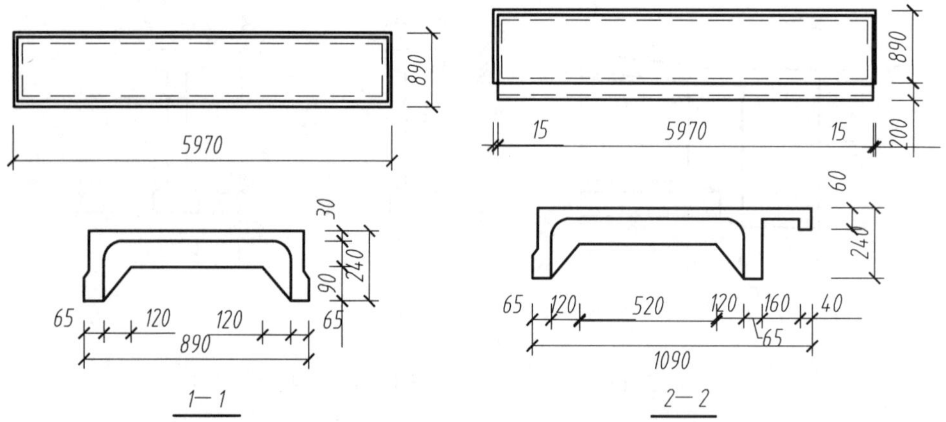

0.9×6.0 m 钢筋混凝土嵌板、檐口板（卷材防水）

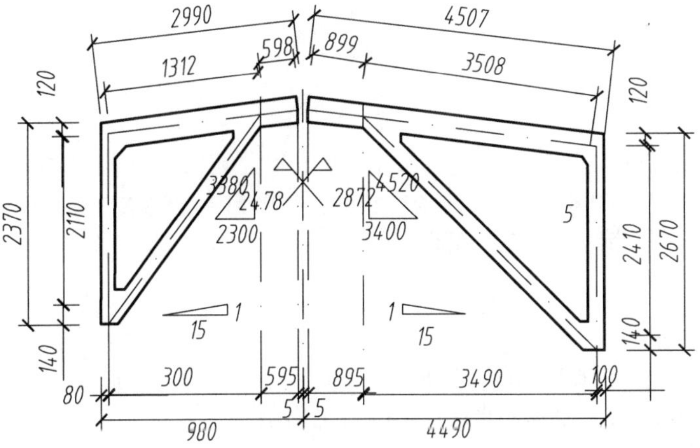

∏形钢筋混凝土天窗架（卷材防水）

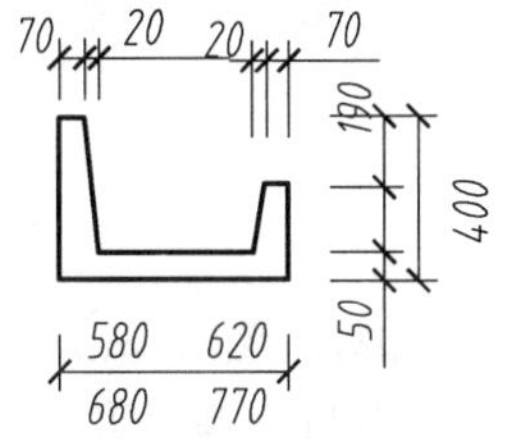

钢筋混凝土天沟板断面

准备知识 9——单层厂房定位轴线绘制

（1）进行柱网选择，即确定跨度和柱距。跨度已由设计条件给出，柱距可为 6 m 和 12 m，用点划线在图纸上表示出柱网。厂房纵跨需要设置变形缝，应留出插入距尺寸。

（2）确定柱与定位轴线的联系。根据柱距和吊车吨位确定属于“封闭结合”还是“非封闭结合”，定出每个柱子的具体位置，绘出柱子断面。

（3）布置围护结构和门窗，围护结构可采用普通砖墙。山墙处设置抗风柱，柱距可取 4.5 ~ 7.5 m。画出门窗洞口并表示出门扇和窗，绘出入口处散水、坡道。

（4）用粗点画线表示吊车轨道中心线，用虚线表示吊车轮廓线。标注吊车吨位 Q、吊车跨度 L_k，标注吊车轨道中心线与纵向定位轴线的距离，绘出详图索引号。

（5）标注两道尺寸并进行轴线编号。

（6）根据平面图绘制节点详图。合理选择节点位置，标注必要尺寸或文字符号，绘出材料符号、轴线号和详图号以及比例。

参 考 文 献

[1] 赵研. 建筑识图与构造. 北京：中国建工出版，2004.
[2] 资料集编写组. 建筑设计资料集（9）. 2版. 北京：中国建工出版.
[3] 资料集编写组. 建筑设计资料集（10）. 3版. 北京：中国建工出版.
[4] 李必瑜. 房屋建筑学. 武汉：武汉工业大学出版社 2000.
[5] 哈尔滨建筑工程学院. 工业建筑设计原理[M]. 北京：中国建筑工业出版社，1988.
[6] 教材编写组. 单层厂房建筑设计. 北京：中国建筑工业出版社，1980.
[7] 刘建荣，黄冠文. 房屋建筑学辅导[M]. 成都：成都科学技术大学出版社，1987.
[8] 林恩生. 房屋建筑学（下册）. 北京：中国建筑工业出版社，1999.
[9] 李祯祥. 房屋建筑学（上册）. 北京：中国建筑工业出版社，1999.
[10] 建筑设计资料集（1）. 北京：中国建筑工业出版社，1994.
[11] 张艳芳，赵辉. 建筑构造与识图. 1版. 北京：人民交通出版社，2007.
[12] 建设计资料集（8）. 北京：中国建筑工业出版社，1996.
[13] 赵研. 建筑识图与构造. 2版. 北京：中国建筑工业出版社，2008.
[14] 陈大钊. 房屋建筑学. 北京：高等教育出版社，2001.
[15] 宋安平. 建筑制图. 北京：中国建筑工业出版社，1997.
[16] 周玉明. 画法几何与建筑制图. 北京：清华大学出版社，2008.
[17] 刘建荣，翁季. 建筑构造（上）、（下）. 4版. 北京：中国建筑工业出版社，2008.
[18] 王子茹. 房屋建筑识图. 北京：中国建筑工业出版社，2000.
[19] 苏炜. 房屋建筑设计与构造. 武汉：武汉理工大学出版社，2002.
[20] 西南五省建设厅. 西南地区建筑标准设计通用图（04版）.
[21] 中国建筑科学研究院. GB/T50001—2001 房屋建筑统一制图标准.
[22] 中国建筑科学研究院. GB/T50103—2001 总图制图标准.
[23] 中国建筑科学研究院. GB/T50104—2001 建筑制图标准.
[24] GB50096—1999. 住宅建筑设计规范（2003年版）.